工程设计与分析系列

Altium Designer 原理图与PCB设计
（第2版）

谢龙汉　李杰鸿　编著

電子工業出版社
Publishing House of Electronics Industry
北京 • BEIJING

内 容 简 介

本书从初学者的角度出发，以全新的视角、合理的布局，系统地介绍了 Altium Designer 16.0 的各项功能和提高作图效率的使用技巧，并以具体的实例详细介绍了 PCB 设计流程。

本书共 11 章，循序渐进地介绍了 Altium Designer 16.0 入门操作、原理图开发环境、绘制电路原理图、原理图设计进阶、PCB 设计环境、绘制 PCB、PCB 设计高级进阶、元器件库操作、仿真等。随书所带光盘中除了有各章节的操作实例之外，还有为读者精心挑选的“网络通信模块设计”、“MP3 播放器电路设计”两个工程实例，这两个实例均通过了实际验证，可以在此基础上完成实际产品的制作。

本书的第 1 版出版以来，受到广大高校师生和技术人员的欢迎，进行了十多次重印，本书在第 1 版的基础上进行改进，内容系统，实用性、专业性强，还特别配有操作视频演示及讲解、实例源文件、教学 PPT 等实用资料。

本书是 Altium Designer 初学者入门和提高的学习宝典，也是从事绘制 PCB，以及电子设计相关领域的专业技术人员极有价值的参考书。

图书在版编目（CIP）数据

Altium Designer原理图与PCB设计 / 谢龙汉，李杰鸿编著. —2版. —北京：电子工业出版社，2017.1
（工程设计与分析系列）
ISBN 978-7-121-30216-9

Ⅰ. ①A… Ⅱ. ①谢… ②李… Ⅲ. ①印刷电路—计算机辅助设计—应用软件 Ⅳ. ①TN410.2

中国版本图书馆CIP数据核字（2016）第258871号

策划编辑：许存权
责任编辑：许存权　　　特约编辑：谢忠玉 等
印　　刷：北京虎彩文化传播有限公司
装　　订：北京虎彩文化传播有限公司
出版发行：电子工业出版社
　　　　　北京市海淀区万寿路173信箱　邮编 100036
开　　本：787×1 092　1/16　印张：31.5　字数：806千字
版　　次：2012 年 1 月第 1 版
　　　　　2017 年 1 月第 2 版
印　　次：2024 年 1 月第16次印刷
定　　价：65.00 元（含 DVD 光盘 1 张）

凡所购买电子工业出版社图书有缺损问题，请向购买书店调换。若书店售缺，请与本社发行部联系，联系及邮购电话：（010）88254888，88258888。

质量投诉请发邮件至 zlts@phei.com.cn，盗版侵权举报请发邮件至 dbqq@phei.com.cn。

本书咨询联系方式：（010）88254484，xucq@phei.com.cn。

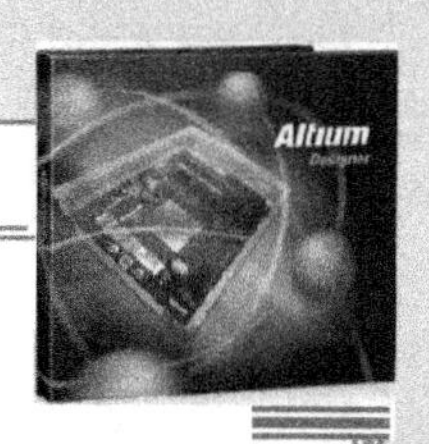

再版前言

Altium Designer 是一款在国内外享有盛名的 PCB 辅助设计软件，它集成了 PCB 设计系统、电路仿真系统、FPGA 设计系统于一体，可以实现从芯片级到 PCB 级的全套电路设计，大大方便了设计人员。

现在市场上常见的 PCB 级设计软件有 Protel、PowerPCB、Cadence、AutoCAD 等，其中，Protel 在国内应用最为广泛，从最早的 Protel 99SE 到后续的 Protel DXP，再到最新版本的 Altium Designer 16.0，Protel 已变得越来越强大，功能越来越完善，使设计者完全从枯燥无味的点与线的体力劳动中解放出来。

Altium 推出了最新版一体化电子产品设计解决方案——Altium Designer 16.0，使电子设计与机械设计两个领域进一步实现了融合。电子产品通常需要某种形式的包装与外壳，但传统上电子设计人员与机械设计人员之间鲜有联系，要将电子产品放进机械外壳中，过去更多是靠运气，而现在设计者在 Altium Designer 中可以一气呵成地完成设计。

全书以典型实例讲解为核心，既注重软件操作细节的介绍，也注重工程设计经验的讲解，因此，可以使读者在学习时有的放矢，避免了空洞的理论说教。本书既适合 Altium Designer 的入门读者，也适合有一定工程经验的设计人员作为参考手册。在 2012 年出版第 1 版以来，获得了读者的广泛欢迎，已十多次重印，并且，很多读者来信介绍了他们具体应用 Altium Designer 的情况，对本书提出了很多宝贵意见和建议。在此基础上，我们根据用户的建议，结合相关企业使用的需求和高校的教学需求修订了第 1 版内容。第 2 版是在最新版本的 Altium Designer 16.0 基础上写作的，更新了大量内容，并且也更加贴合实际应用，相信可以更好地帮助读者深入应用 Altium Designer。

本书主要由谢龙汉、李杰鸿编写，另外，参与本书编写和光盘开发的人员还有林伟、魏艳光、林木议、王悦阳、林伟洁、林树财、郑晓、吴苗、李翔、莫衍、朱小远、唐培培、鲁力、张桂东、尚涛、邓奕、刘文超、刘新东等。由于时间仓促，书中难免有疏漏之处，请读者指正。读者可通过电子邮件（tenlongbook@163.com）与我们交流。希望读者一如既往的支持我们，给我们提出更多的宝贵意见，让我们一起助力中国创造。

编著者

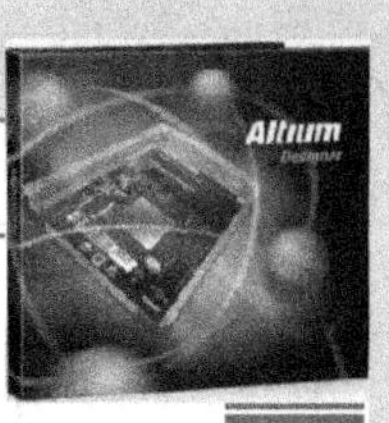

目 录

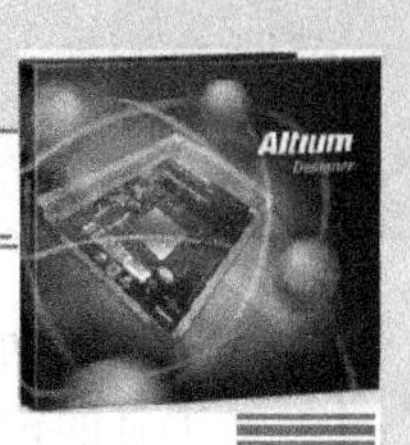

第 1 章　操作基础

随着电子技术的迅速发展和芯片生产工艺的不断提高，印制电路板（PCB）的结构变得越来越复杂，从最早的单层板到常用的双层板再到复杂的多层电路板设计，电路板上的布线密度越来越高，随着 DSP、ARM、FPGA 等高速逻辑元件的应用，PCB 的信号完整性与抗干扰性能显得尤为重要。这就使得 PCB 设计工程师们仅靠原始的手工设计方式来设计复杂的 PCB 变得不现实。随着计算机辅助与仿真技术的发展，各种 PCB 设计与仿真软件迅速发展起来，使得复杂的 PCB 设计变得尤为简单，大大提高了设计者的设计效率，缩短了产品开发周期。

现在市场上常见的 PCB 板级设计软件有 Protel、PowerPCB、Cadence、AutoCAD 等。其中，Protel 在国内应用最为广泛，从最早的 Protel 99SE 到后续的 Protel DXP，再到最新版本的 Altium Designer，Protel 已变得越来越强大，功能越来越完善，使得设计者们完全从枯燥无味的点与线的体力劳动中解放出来。从现在开始，逐步深入这个强大的 PCB 设计工具，看看它是如何简化工作的。

——附带光盘“视频\1.avi”文件

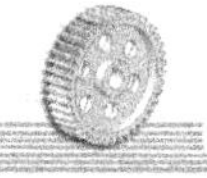

本章内容

- Altium Designer 的组成
- Altium Designer 的安装与启动
- Altium Designer 基本参数设置
- Altium Designer 的面板操作

本章案例

- 整流滤波电路的设计

1.1　Altium Designer 16.0 简介

经过多年的发展，以功能强大而在国内享有良好声誉的 Protel，正式更名为“Altium Designer”，Altium Designer 不仅强化了以前的原理图设计、印制电路板（PCB）设计、电路仿真等功能更加入了 FPGA 设计等众多功能，从此摆脱了 Protel 只是二线品牌的 PCB 设计工具的地位，成为全方位的新一代的电路设计软件。

1.1.1 Altium Designer 发展历史

"Altium Designer"是 Altium 公司推出的新一代电子电路辅助设计软件。Altium 公司前身为 Protel 国际有限公司，由 Nick Martin 于 1985 年创始于澳大利亚，同年推出了第一代 DOS 版 PCB 设计软件，其升级版 Protel for DOS 由美国引入中国大陆，因其方便、易学而得到了广泛的应用。20 世纪 90 年代，随着计算机硬件技术的发展和 Windows 操作系统的推出，Protel 公司于 1991 年发布了世界上第一个基于 Windows 环境的 EDA 工具——Protel for Windows 1.0 版。

1998 年，Protel 公司推出了 Protel 98，它是一个 32 位的 EDA 软件，将原理图设计、PCB 设计、无网格布线器、可编程逻辑元件设计和混合电路模拟仿真集成于一体化的设计环境中，大大改进了自动布线技术，使得 PCB 自动布线真正走向了实用。随后的 Protel 99，以及 Protel 99SE 使得 Protel 成为中国用的最多的 EDA 工具，电子专业的大学生在大学基本上都用过 Protel 99SE，公司在招聘新人的时候也将 Protel 作为考核标准，据统计，在中国有 73%的工程师和 80%的电子工程相关专业在校学生正在使用其所提供的解决方案。

2001 年，Protel Technology 公司改名为 Altium 公司，并于 2002 年推出了令人期待的新产品 Protel DXP，Protel DXP 与 Protel 99SE 相比，不论是操作界面还是功能上都有了非常大的改进。而 2003 年推出的 Protel 2004 又对 Protel DXP 进行了进一步的完善。

2006 年，经过多次蜕变，Protel DXP 正式更名为 Altium Designer，Altium Designer 6.0 的推出，集成了更多的工具，实用方便，功能更强大，特别是在 PCB 设计这一块性能大大提高。2011 年推出的 Altium Designer 10.0 将 ECAD 和 MCAD 两种文件格式结合在一起，在一体化设计解决方案中为电子工程师带来了全面验证机械设计（如外壳与电子组件）与电气特性关系的能力。还加入了对 OrCad 和 PowerPCB 的支持能力，使其功能更加完善。另外，2015 年推出的 Altium Designer 16.0 在 Altium Designer 14.0 的基础上，进一步提升了各种 PCB 原理图工具的功能，优化了电子电路 PCB 设计环境。

1.1.2 Altium Designer 16.0 新特性

2015 年推出的 Altium Designer 16.0 为 Altium Designer 的最新版本，该版本有如下主要的亮点。

- 可视化的安全边界。
- 智能化元器件布局系统。
- 更智能的 xSignals s 向导。
- 片内管脚长度定义。
- 网络颜色同步。
- 备选元器件系统。
- 3D 模型生成向导。
- 钻孔公差。

1.2 Altium Designer 的组成

Altium Designer 16.0 并不是一个简单的电子电路设计工具，而是一个功能完善的电路设计、仿真与 PCB 制作系统，它由以下四大设计模块组成。

- 原理图（SCH）设计模块。
- 原理图（SCH）仿真模块。
- PCB 设计模块。
- 可编程逻辑元件（FPGA）设计模块。

1.2.1 原理图设计系统

原理图系统主要用于电路原理图的设计，并生成原理图的网络表文件，以便于进行下一步的电路仿真或是 PCB 的设计，图 1-1 所示为一个典型的电路原理图设计界面。

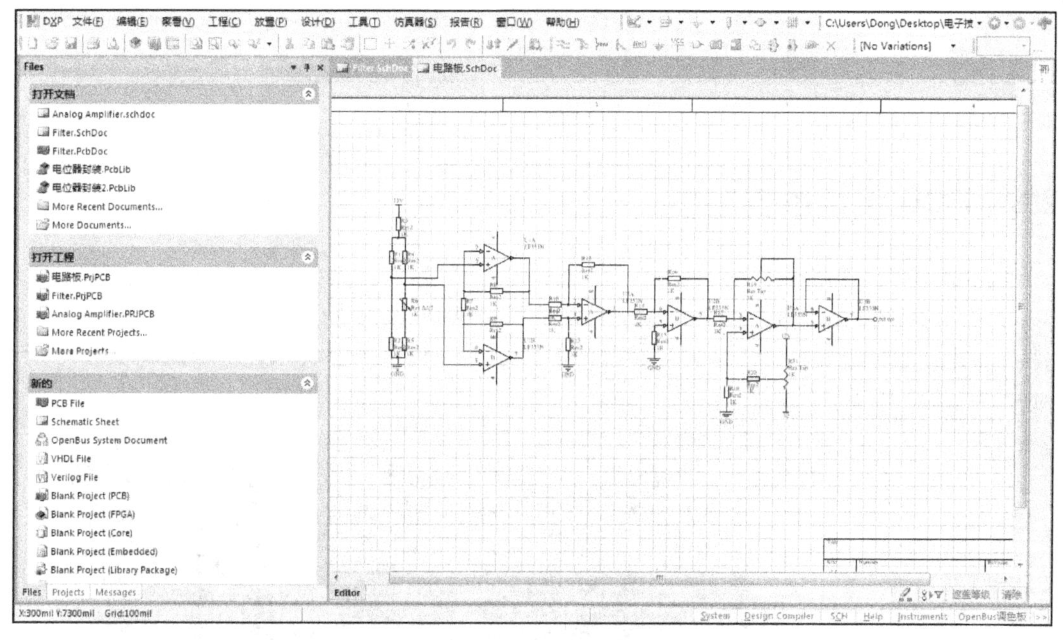

图 1-1　电路原理图设计界面

1.2.2 电路原理图仿真系统

图 1-2 所示为 Altium Designer 16.0 的电路仿真系统界面，该系统主要用于电路原理图的模拟运行，用来检验电路在原理设计过程中是否存在意想不到的缺陷，它可以通过对设计电路引入运行的必备条件，使电路在模拟真实的环境下运行，从而检验电路是否达到理想的运行效果。

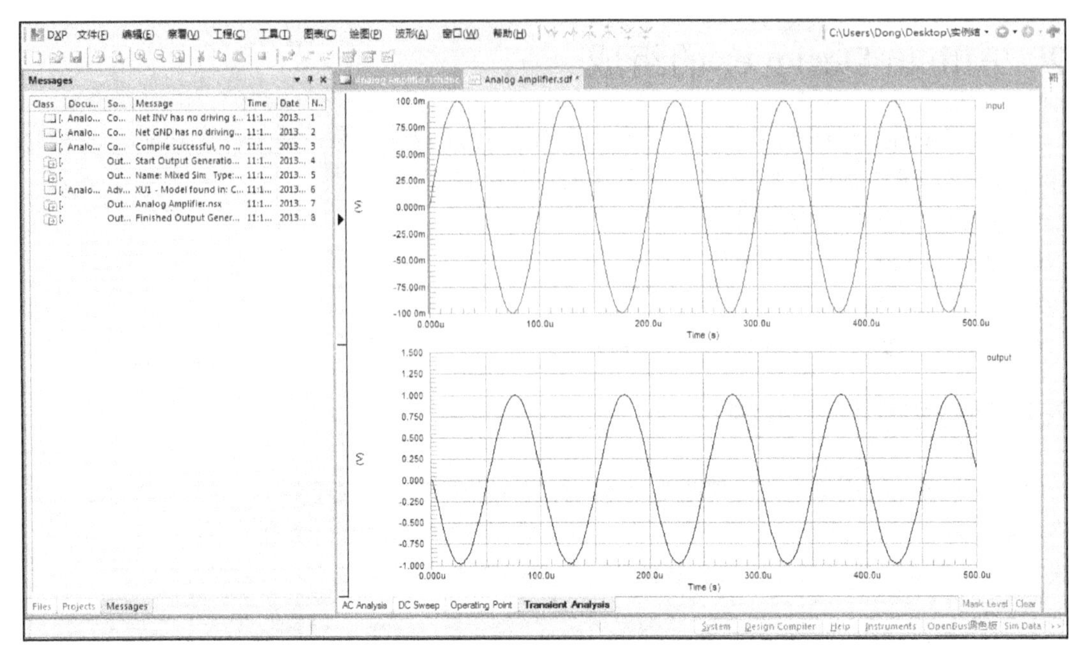

图 1-2　电路原理图仿真系统界面

1.2.3　PCB 设计系统

图 1-3 所示为 Altium Designer 16.0 的 PCB 设计系统，在该系统中将 SCH 原理图设计成现实的印制电路图，由它生成的 PCB 文件将直接应用到 PCB 的生产。

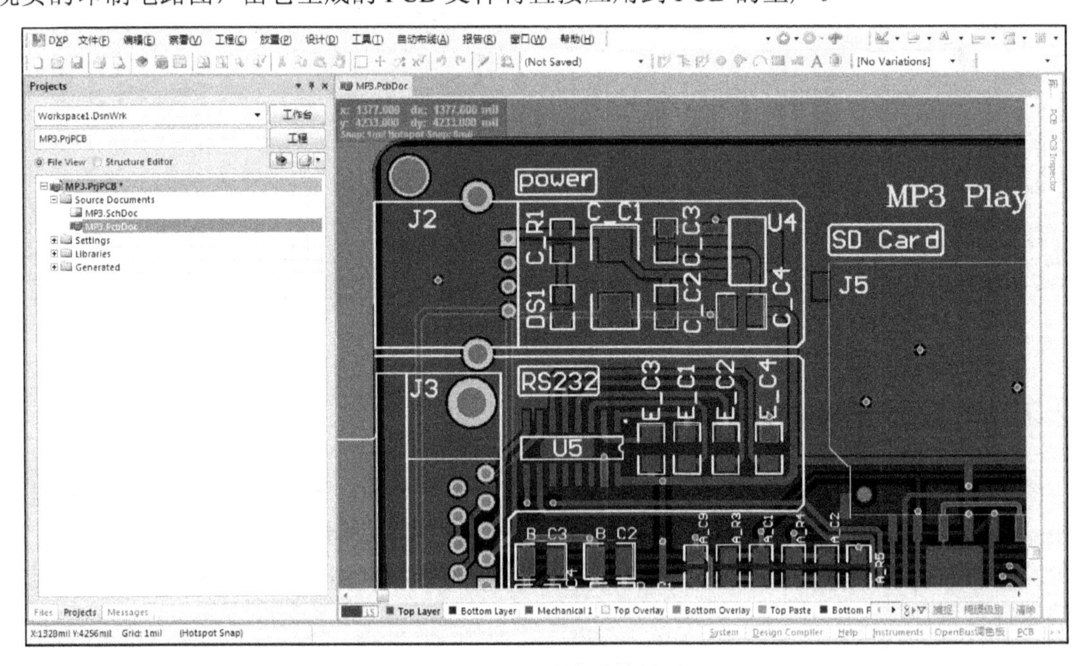

图 1-3　PCB 设计系统界面

1.2.4 可编程逻辑元件设计系统

图 1-4 所示为 Altium Designer 16.0 的 VHDL 编辑系统。该系统可对 PCB 上的可编程逻辑元件（如 CPLD，FPGA 等）编程，通过编译后，再将文件烧录到逻辑元件中，生成具备特定功能的元件。

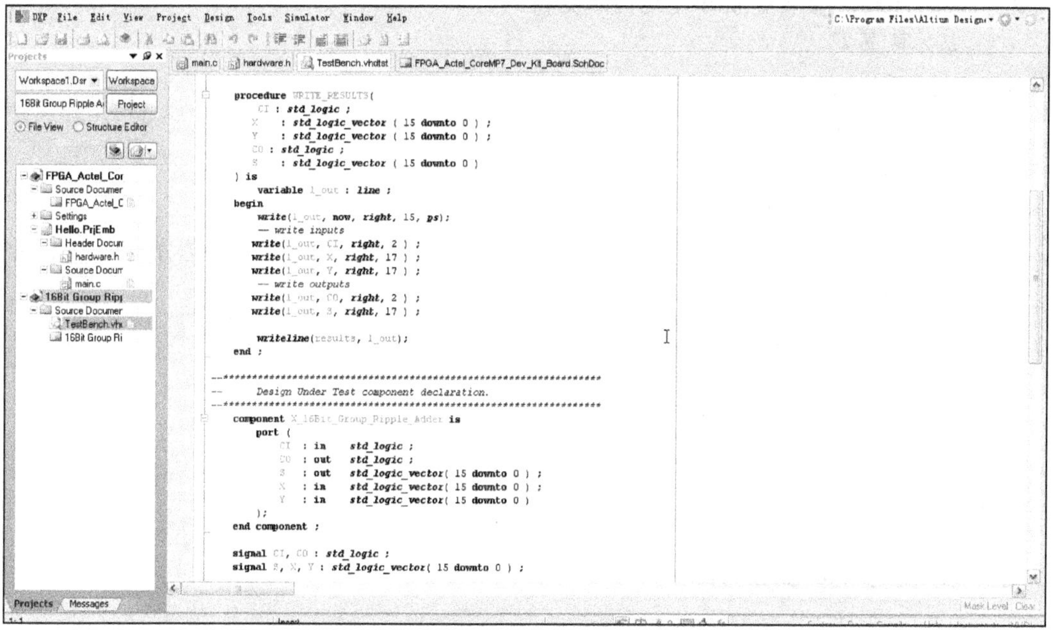

图 1-4　Attium Designer 13.0 的 VHDL 编辑系统

1.3 Altium Designer 16.0 的安装和启动

Altium Designer 16.0 是一个功能强大，内容丰富的电路设计自动化软件，其安装与启动也异常简单，下面就介绍该软件的安装与启动过程。

1.3.1 Altium Designer 16.0 运行的系统需求

Altium Designer16.0 与以前的 Protel 版本之间的巨大差异，使得其对计算机系统的配置有了更高的要求，要想在自己的计算机上顺利安装并正常运行 Altium Designer 16.0，计算机必须至少具备以下配置。

（1）建议配置

- Windows XP SP2 Professional 或更新版本 1。
- 英特尔® 酷睿™ 2 双核/四核 2.66 GHz 或同等或更快的处理器。
- 2 GByte RAM。
- 10 GB 硬盘空间（系统安装 + 用户文件）。
- 双重显示器，屏幕分辨率至少 1680x1050（宽屏）或者 1600×1200 (4:3)。

- NVIDIA® GeForce® 80003 系列，256 MB 或更高显卡 2 或者同等显卡。
- 并口（连接 NanoBoard-NB1）。
- USB2.0 端口（连接 NanoBoard-NB2）。
- Adobe® Reader® 8 或更高版本。
- DVD 驱动器。
- 因特网连接，获取更新和在线技术支持。

（2）基本配置

- Windows XP SP2 Professional1。
- 英特尔® 奔腾™ 1.8 GHz 处理器或同等处理器。
- 1 GByte RAM。
- 3.5 GB 硬盘空间（系统安装+用户文件）。
- 主显示器的屏幕分辨率至少 1280×1024 强烈推荐：次显示器的屏幕分辨率不得低于 1024×768。
- NVIDIA® Geforce® 6000/7000 系列，128 MB 显卡 2 或者同等显卡。
- 并口（连接 NanoBoard-NB1）。
- USB2.0 端口（连接 NanoBoard-NB2）。
- Adobe® Reader® 8 或更高版本。
- DVD 驱动器。

1.3.2 安装过程与启动

Altium Designer 16.0 软件包的安装非常简单，整个过程只需按照提示选择相关的选项即可完成，具体步骤如下。

① 将 Altium Designer 16.0 安装光盘置于光盘驱动器中，默认情况下系统会自动读取光盘内容并开始安装程序，倘若系统禁止的光盘驱动器自动运行功能，可自行打开 Altium Designer 16.0 安装程序文件夹，选择 AltiumInstaller.exe 图标并双击，屏幕即会出现如图 1-5 所示的欢迎界面。

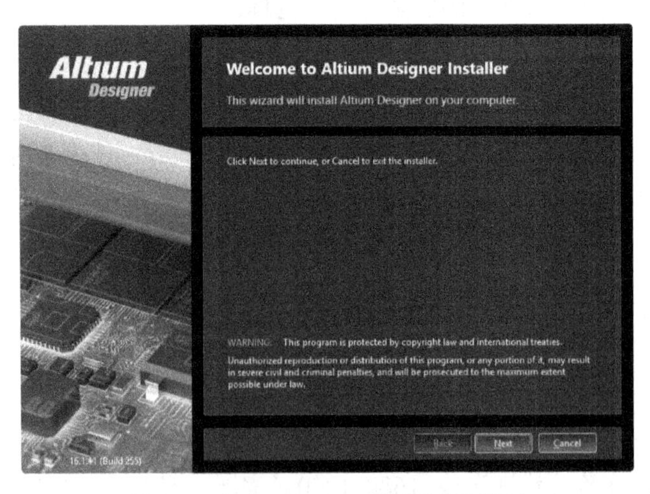

图 1-5 Altium Designer 安装欢迎界面

② 单击【Next】按钮，进入许可证协议对话框，只有接受软件的使用许可才能进行下一步操作，选中【I accept the agreement】，如图 1-6 所示，单击【Next】按钮后进入版本选择界面，让用户选择所需的版本，直接保持默认状态直接单击【Next】按钮，如图 1-7 所示。

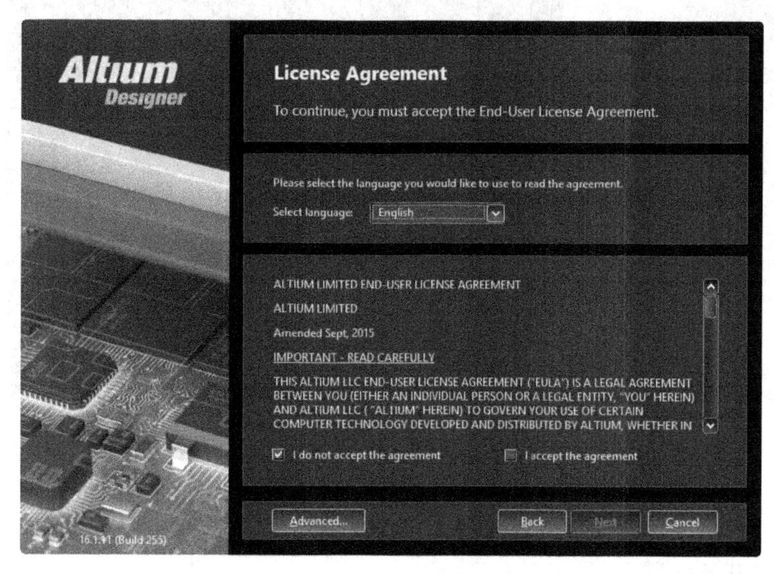

图 1-6　许可证协议确认界面

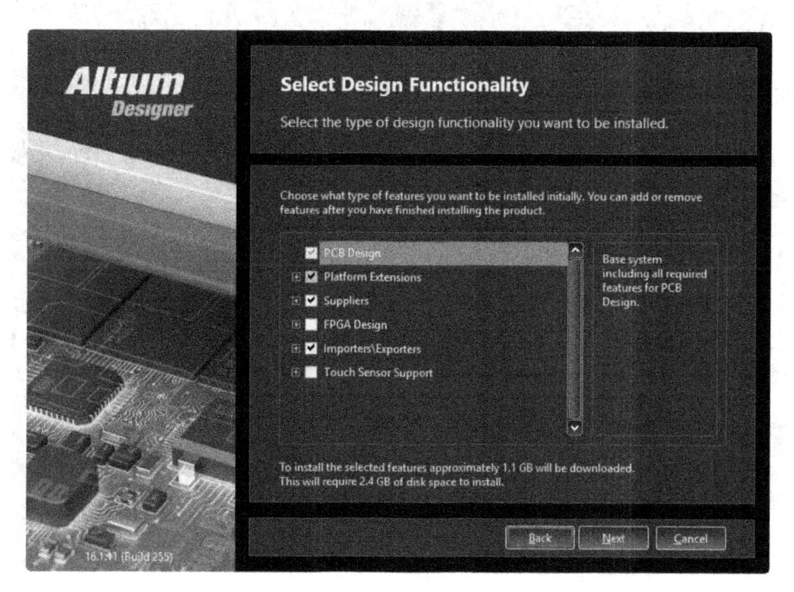

图 1-7　选择安装版本

③ 单击【Next】按钮继续，下一步是安装路径选择界面，如图 1-8 所示，软件默认的安装路径是“C:\Program Files (x86)\Altium\AD13”，若是不满意也可单击输入栏右侧的按钮来选择安装路径。

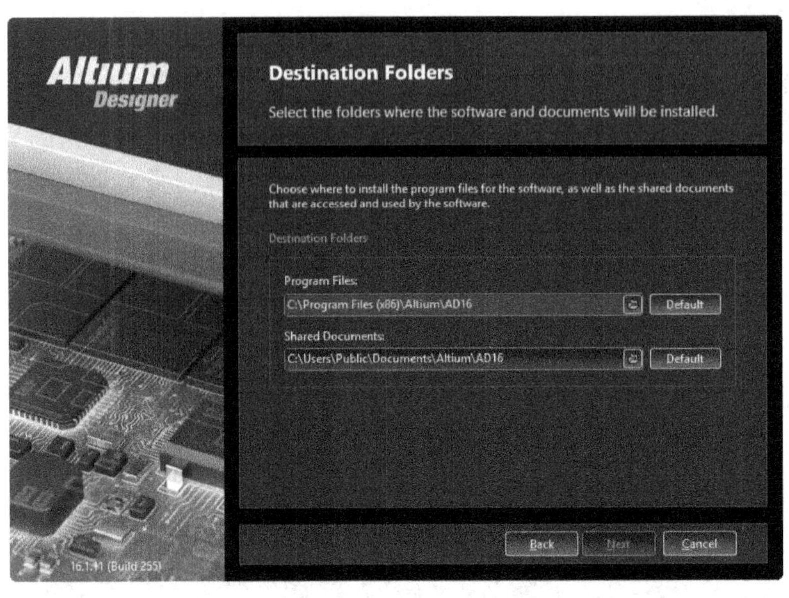

图 1-8　安装路径设置界面

④ 软件的安装设置已经完成，图 1-9 所示为安装开始确认界面，此时，若发现前面设置有错误的地方可单击【Back】按钮返回重新设置，倘若信息准确无误即可单击【Next】按钮，软件正式开始安装。

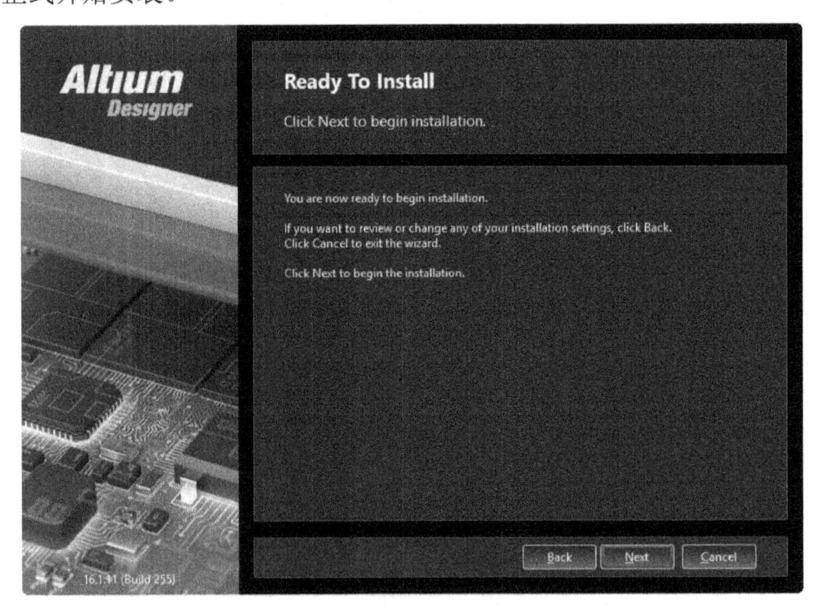

图 1-9　安装开始确认界面

⑤ 整个安装过程无需人工干预，正常情况，大约几分钟后屏幕便会出现软件安装完成的界面，表明 Altium Designer 16.0 已经成功安装到目标计算机，单击【Finish】按钮完成安装。

⑥ 程序安装成功后会在开始目录里生成程序链接，如图 1-10 所示，该链接的名称为"Altium Designer"，单击这个链接即可启动 Altium Designer 16.0。

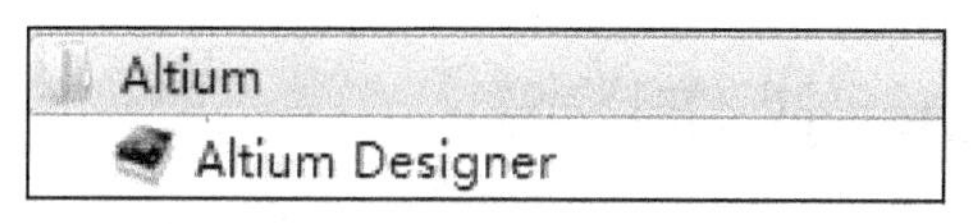

图 1-10　程序启动链接位置

⑦ Altium Designer 16.0 首次启动的界面如图 1-11 所示，大型软件的启动过程都需要一定的等待时间，图 1-11 所示为 Altium Designer 16.0 的启动等待界面。由于是第一次启动，系统会提示为添加产品使用许可证。用户可按照提示通过网络和邮件来获得软件的使用权限，或是通过现成的使用许可文件来激活软件。软件激活后，可以自由的享受 Altium Designer 16.0 所带来的便利，如图 1-12 所示。

图 1-11　Altium Designer 16.0 启动等待界面

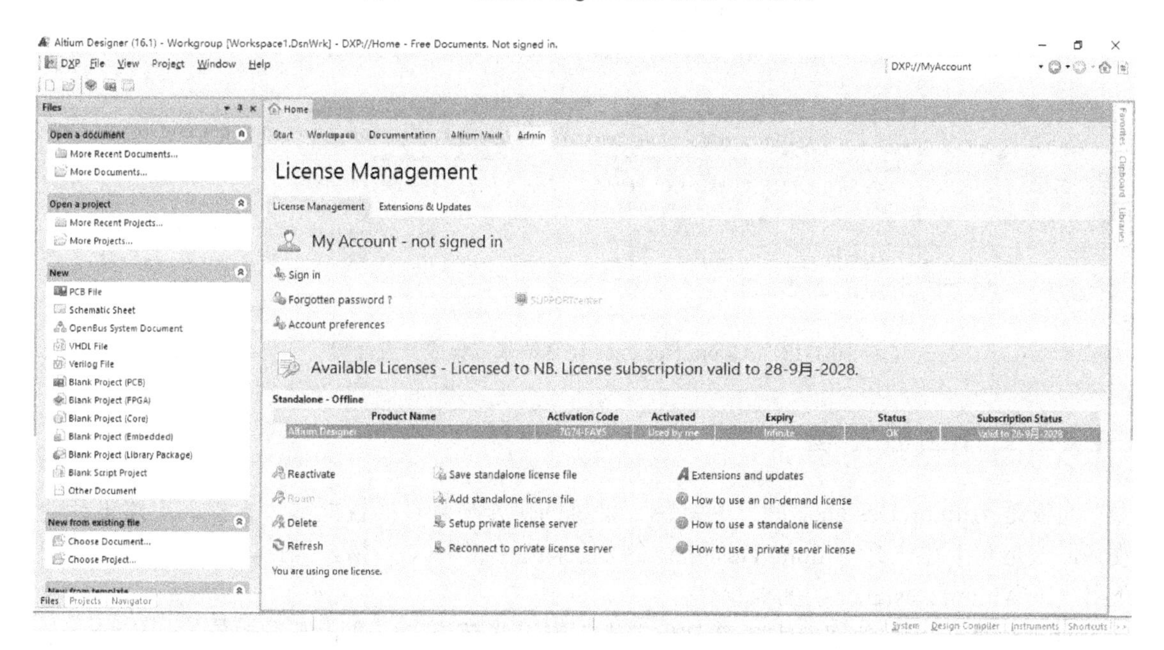

图 1-12　软件注册激活后的界面

1.4 Altium Designer 操作环境

与以往的 Protel 等版本不同，Altium Designer 给用户提供了一个赏心悦目的智能化操作环境，下面将详细介绍 Altium Designer 的工作环境和基本参数设置，使读者对 Altium Designer 的工作环境及其设置有所了解。

1.4.1 工作环境

“工欲善其事，必先利其器”，要想熟练的使用 Altium Designer 16.0，首先必须对 Altium Designer 16.0 的工作环境了若指掌，图 1-13 所示为 Altium Designer 16.0 的基本集成开发环境，整个工作环境主要包括菜单栏、工具栏、面板控制栏、工作区等项目，其中，工具栏、菜单栏里面的项目都会随着所打开的文件的属性而不同。

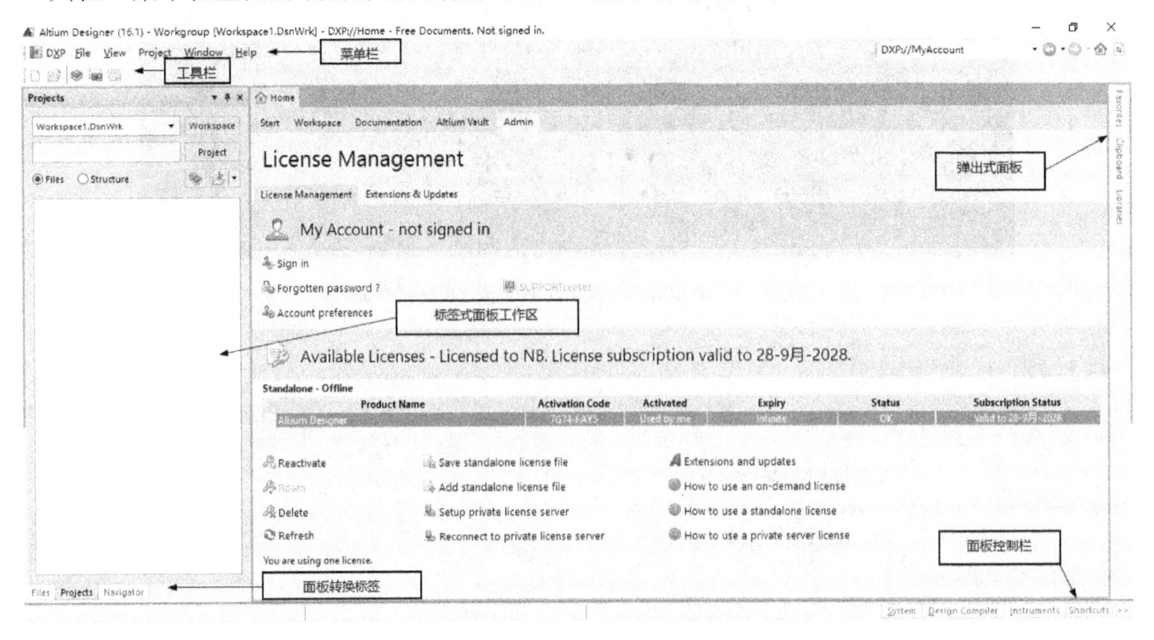

图 1-13　Altium Designer 16.0 的基本集成开发环境

1.4.2 工作面板管理

面板是 Altium Designer 的一大特色，熟练的操作与管理面板能够大大提高电路设计的效率，但是新手往往对 Altium Designer 的复杂面板操作不知所措，因此，有必要在此详细介绍一下 Altium Designer 的面板操作。

Altium Designer 的面板大致可分为三类：弹出式面板、活动式面板和标签式面板，各面板之间可以相互转换，各种面板形式如图 1-14 所示。

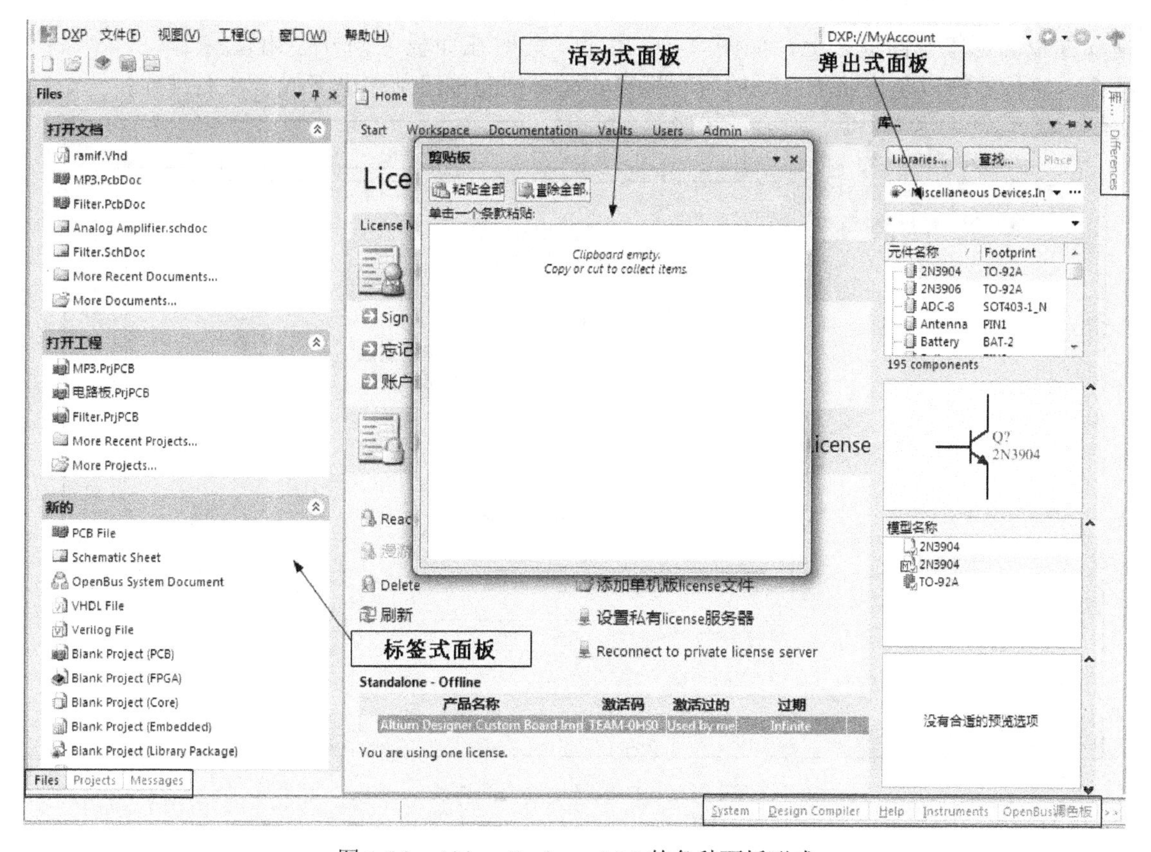

图 1-14　Altium Designer 16.0 的各种面板形式

- 弹出式面板。就是只有用鼠标单击或触摸时才能弹出。如图 1-14 所示，在主界面的右上方有一排弹出式面板栏，当用鼠标触摸隐藏的面板栏（鼠标停留在标签上一段时间，不用单击），即可弹出相应的弹出式面板；当指针离开该面板后，面板会迅速缩回去。倘若希望面板停留在界面上而不缩回，可用鼠标单击相应的面板标签，需要隐藏时再次单击标签面板即自动缩回。
- 活动式面板。界面中央的面板即为活动式面板，可用鼠标拖动活动式面板的标题栏使面板在主界面中随意停放。
- 标签式面板。界面左边为标签式面板，左下角为标签栏，标签式面板同时只能显示一个标签的内容，可单击标签栏的标签进行面板切换。

各种模式的面板是可以相互切换的，标签式面板和弹出式面板可以转变成活动式面板，拖住标签式面板和弹出式面板的标签，拽至屏幕的中央，此时，标签式面板和弹出式面板就变成了活动式面板，如图 1-15 所示，同时，屏幕中央还会出现四个方向按钮，若是拖着面板使鼠标停留在上并释放鼠标左键，面板就会停靠在界面左方成为标签式面板；若是拖至上释放按键，面板就会停靠在界面右边成为弹出式面板；若拖动面板至或上并释放按键，面板就会变为相应的上贴式或下贴式活动面板。

同样，标签式面板的排列位置也是可以改变的，可以在标签面板区上下排列，也可以左右排列，当然一般情况下是呈标签式重叠排列的。若要调整标签式面板的排列位置，可拖动面板的标签至面板之上，如图 1-16 所示，此时在面板区同样会出现四个按钮，将标签拖放至按钮上并释放后，标签式面板便会按照顺序上下或者左右排列。

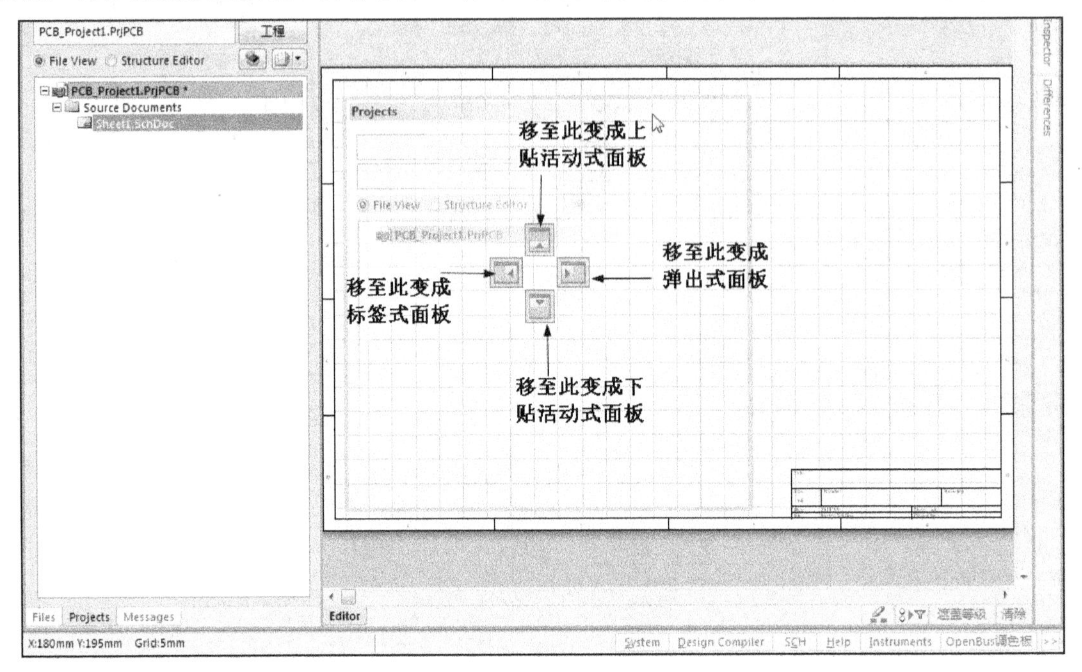

图 1-15　面板显示方式的切换

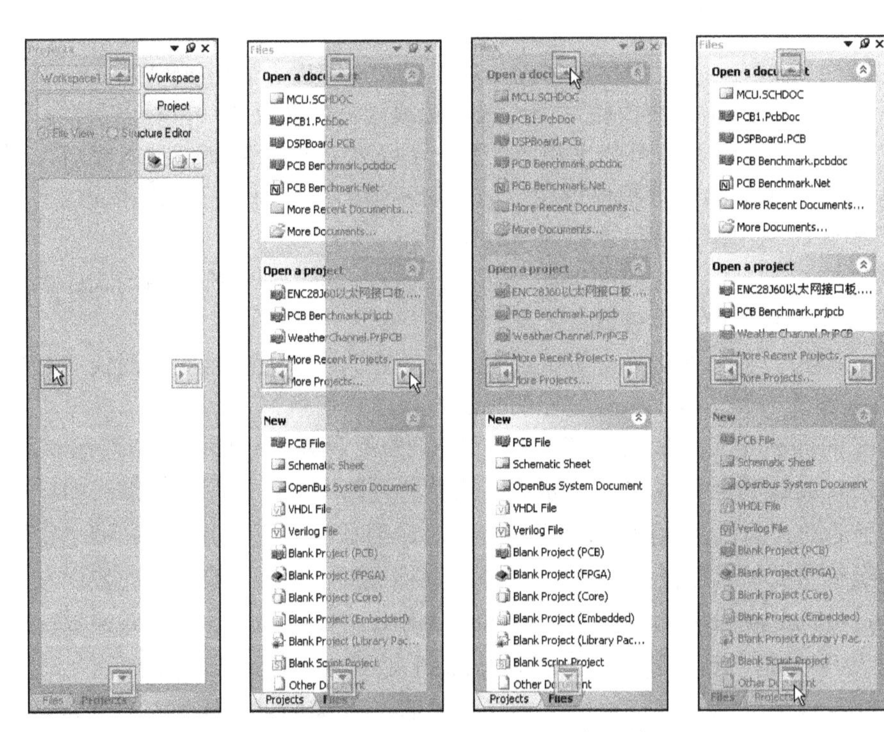

图 1-16　标签式面板排列位置的切换

系统界面的右下方有一个面板控制栏，如图 1-17 所示，控制栏上有六个选项按钮：【System】、【Design Compiler】、【SCH】、、【Help】、【Instruments】【OpenBus 调色板】，通过该面板控制栏可设置相应的面板是否在界面上显示。单击各选项按钮后弹出的菜单项目参见表 1-1，若希望显示相应的面板，只需用鼠标单击相应的项目，此时在该菜单项目前会有“√”出现，表示该面板已在主界面显示，当再次单击该项目后，相应的已经显示的面板会关闭，同时“√”消失，表示该面板隐藏。面板最右侧的【>>】为面板控制栏显示控制按钮，单击【>>】按钮面板控制栏会自动隐藏，同时【>>】变为【<<】，单击【<<】按钮则面板控制栏会再次出现。

System | Design Compiler | SCH | Help | Instruments | OpenBus调色板 | >>

图 1-17　面板控制栏

表 1-1　面板控制栏显示菜单项

按钮菜单	选　项	对应面板
【System】 系统面板开关按钮	Clipboard	剪切板面板
	Favorites	收藏夹面板
	Files	文件面板
	Libraries	元件库面板
	Messages	信息面板
	Output	输出面板
	Projects	项目面板
	Snippets	切片面板
	Storage Manager	存储管理器面板
	To-Do	执行面板
按钮菜单	选　项	对应面板
【Design Compiler】 设计编译器面板开关按钮	Compile Errors	编译错误信息面板
	Compiled Object Debugger	编译对象调试器面板
	Differences	差异面板
	Navigator	导航面板
【Help】 帮助面板开关按钮	Knowledge Center	知识中心面板
	Shortcuts	快捷键面板
【Instruments】 FPGA 设计仪表架面板开关按钮	Instrument Rack-Hard Devices	硬件装置的仪表架面板
	Instrument Rack-Nanoboard Controllers	纳米板控制器的仪表架面板
	Instrument Rack-Soft Devices	软件装置的仪表架面板

Altium Designer 16.0 的面板操作是十分灵活的，正是这种灵活的操作使得电子电路的设计变得十分方便。当然，如此丰富的面板功能可能很多平时都用不到，所以应在操作中多多实践，形成自己的操作习惯。

1.4.3　窗口管理

当在 Altium Designer 中同时打开多个窗口时，可以将各个窗口按不同的方式在主界面中排列显示出来。对窗口的管理可通过【窗口（Window）】菜单，或是通过右击工作窗口的标签栏，在弹出的菜单中进行设置，如图 1-18 所示。

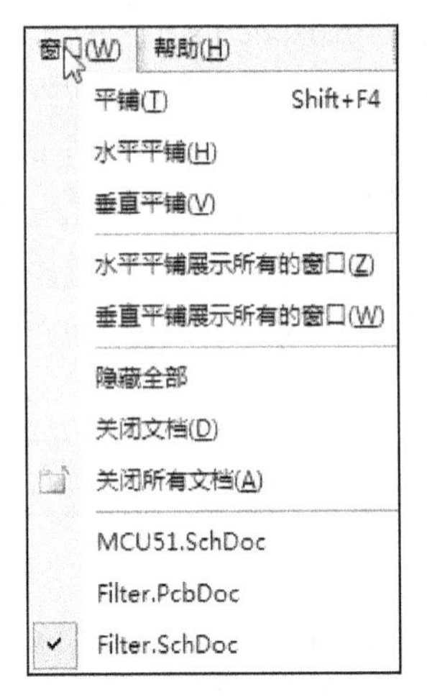

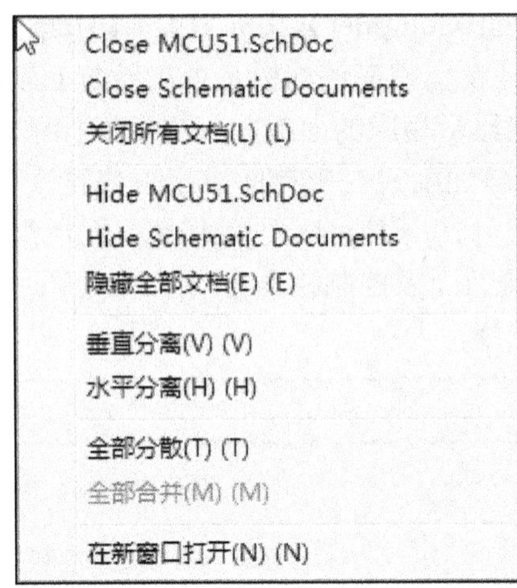

图 1-18　窗口管理菜单项

- 平铺窗口。执行【窗口（Window）】→【平铺（Tile）】命令，即可将当前所有打开的窗口在工作区平铺显示，如图 1-19 所示。
- 垂直平铺显示。执行【窗口（Window）】→【垂直平铺（Tile Vertically）】命令，即可将当前所有打开的窗口垂直平铺显示，如图 1-20 所示。
- 水平平铺显示。执行【窗口（Window）】→【水平平铺（Tile Horizontally）】命令，即可将当前所有打开的窗口水平平铺显示，执行效果如图 1-21 所示。

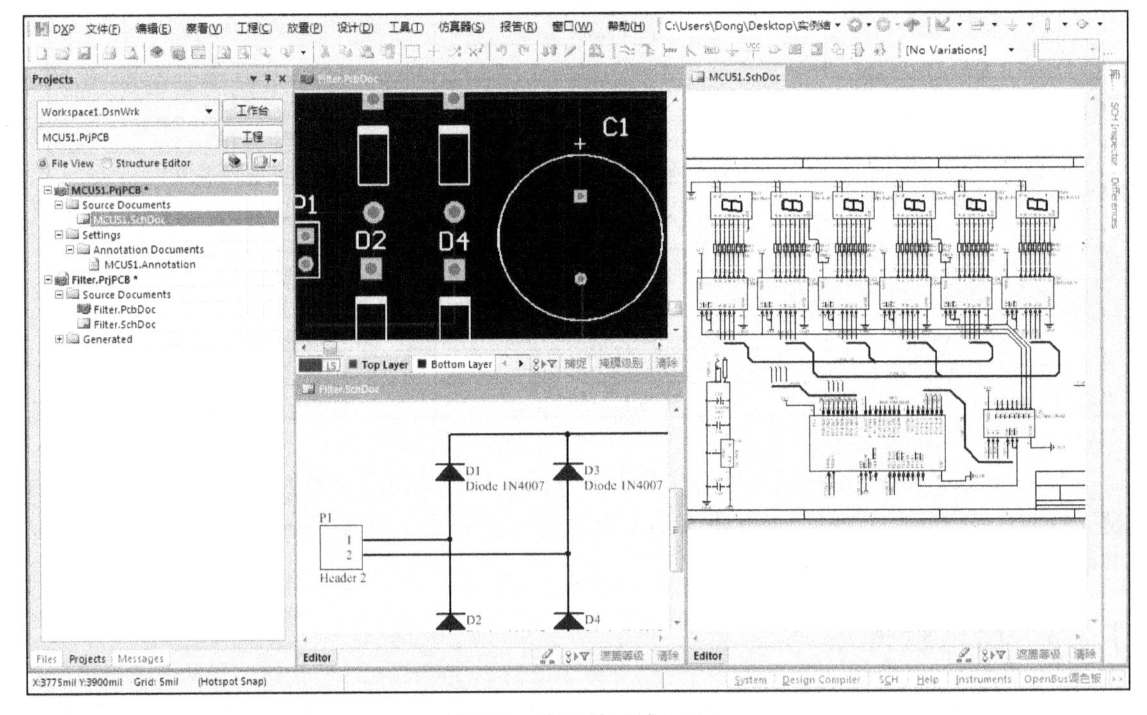

图 1-19　窗口的平铺显示

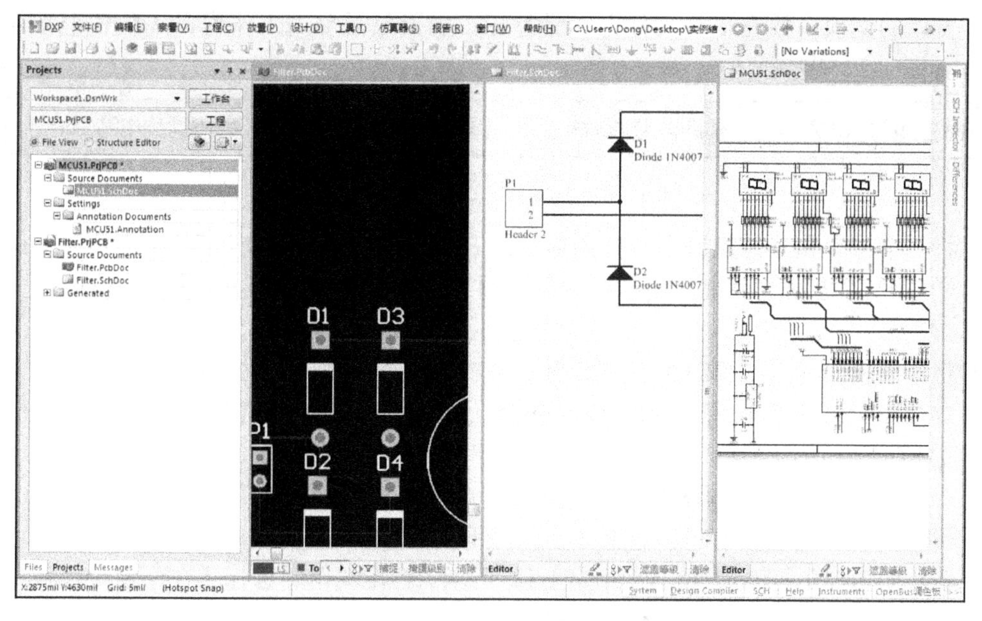

图 1-20　窗口的垂直平铺显示

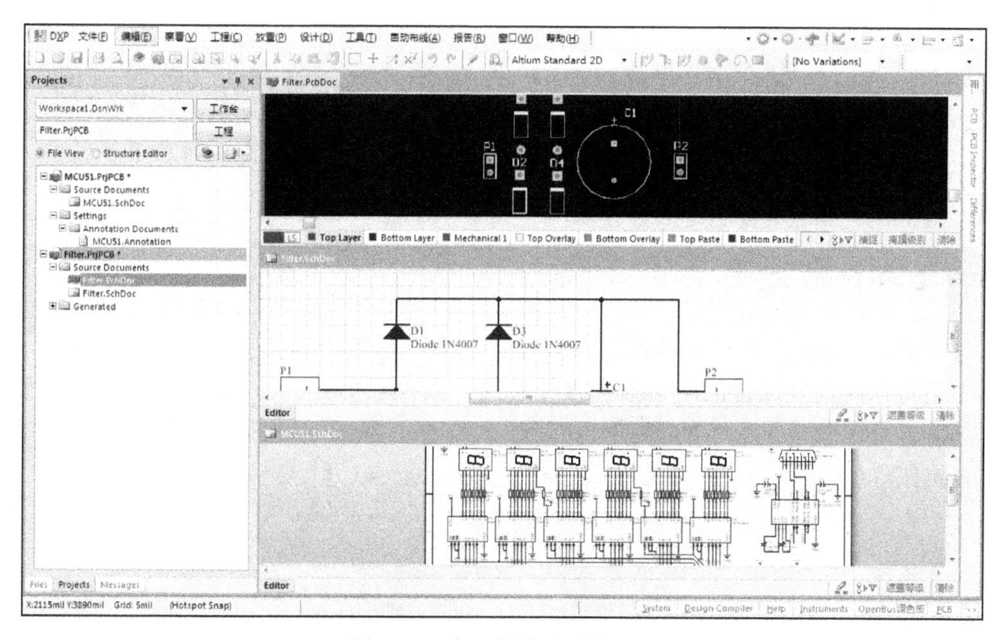

图 1-21　窗口的水平平铺显示

- 隐藏所有窗口。执行【窗口（Window）】→【隐藏全部（Hide All)】命令，可以将当前所有打开的窗口隐藏。
- 关闭文件。执行【窗口（Window）】→【关闭所有文档（Close All)】命令，关闭当前所有打开的文件并关闭相应的窗口；执行【窗口（Window）】→【关闭文档（Close Documents)】则关闭当前打开的文件。

- 窗口的切换。要在多个文件之间进行窗口切换只需单击工作窗口中的各个文件名。如图 1-22 所示。

图 1-22 不同文件之间窗口的切换

- 将一个窗口和其他窗口垂直分割显示。右键单击标题栏，在如图 1-18 所示的弹出菜单中选择【垂直分离（Split Vertical）】命令，即可将该窗口与其他窗口垂直分割显示。
- 将一个窗口和其他窗口水平分割显示。右键单击标题栏，在如图 1-18 所示的弹出菜单中选择【水平分离（Split Horizontal）】命令，即可将该窗口与其他窗口水平分割显示。
- 合并所有窗口。在如图 1-18 所示的弹出菜单中选择【全部合并（Merge All）】选项，可将所有窗口合并，只显示一个窗口。
- 在新的窗口中打开文件。在如图 1-18 所示的弹出菜单中选择【在新窗口打开（Open In New Window）】，程序会自动打开一个新的 Altium Designer 16.0 界面，并单独显示该文件。

> 【Tile Vertically】所有的窗口垂直平铺显示，而【Split Vertical】是将当前文件窗口与其他文件窗口分开来垂直分割显示。

1.4.4 基本参数设置

尽管 Altium Designer 16.0 默认的参数设置已十分完善，但由于每个人习惯不同，设计者当然希望将系统设置成自己所习惯的操作模式。Altium Designer 16.0 向用户提供了个性化设置功能。单击软件左上角的 DXP 按钮弹出如图 1-23 所示的菜单，较常用的设置选项包括【自定制（Customize）】和【参数选择（Preferences）】。

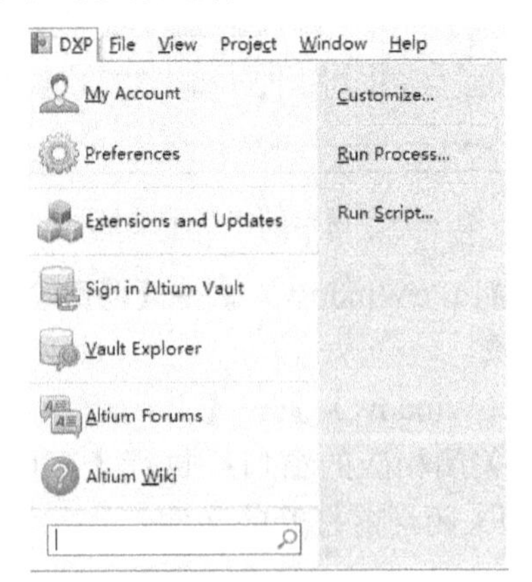

图 1-23 【参数设置】选项

【自定制（Customize）】选项主要是操作上的个性化设置，单击【自定制（Customize）】按钮，弹出【个性化设置】选项卡，如图 1-24 所示，个性化设置选项卡包括【命令（Commands）】和【工具栏（Toolbars）】两个选项，其中，【命令（Commands）】用于设置常用的命令及其快捷方式，选项卡的左边为命令分类，右边则为命令列表，双击相应的命令，如【打开（Open）】即可显示该命令的详细信息，如图 1-25 所示。在此可以设置该命令对应的执行进程、参数、标题、功能描述、图标文件，以及快捷方式等，使之符合用户的操作习惯。

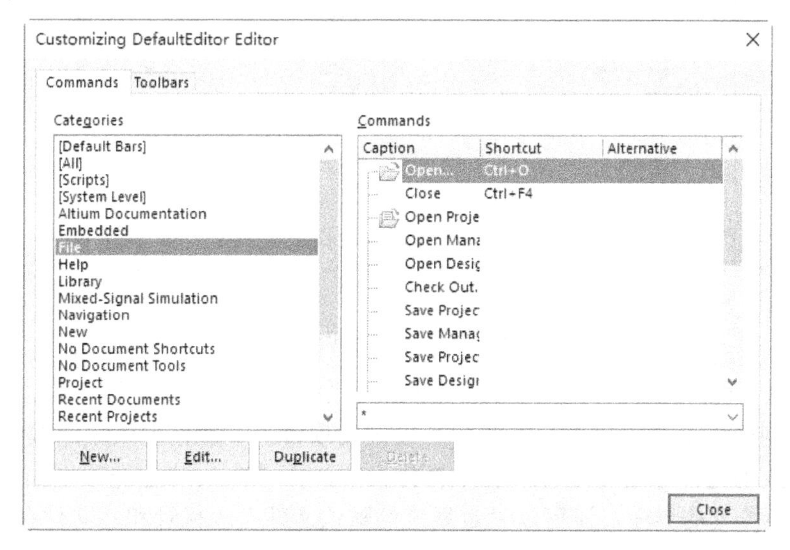

图 1-24 【命令（Commands）】选项卡

图 1-25 命令的编辑

【工具栏（Toolbars）】选项卡用于设置 Altium Designer 操作界面的上方是否显示菜单栏，工具栏等项目，默认情况下是均显示，若想隐藏相关的项目，只需取消其后的复选框，如图 1-26 所示。

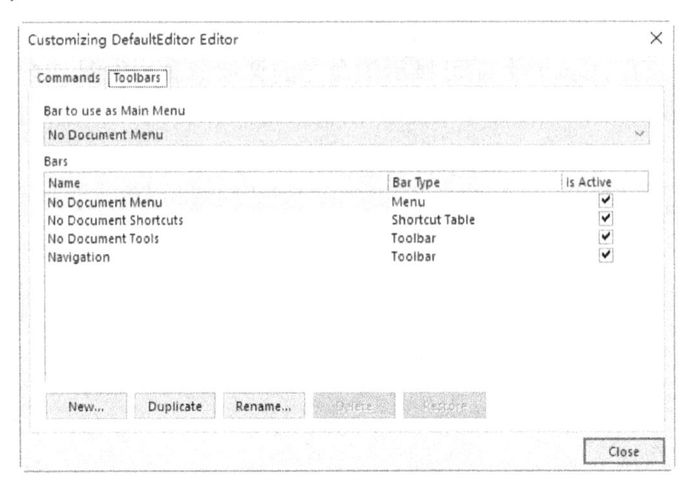

图 1-26　【工具栏（Toolbars）】选项卡

【参数选择（Preferences）】选项卡用于设置系统整体和各模块的参数。如图 1-27 所示，选项卡左侧列出了系统中所有需要参数设定的项目，一般情况下是不需要对系统默认参数进行任何改动的，不过可进行一些个性化设置，如【General】选项里面就可以设定系统启动时默认所打开的界面，还可以设定系统的默认文件存放目录和库文件存放目录。

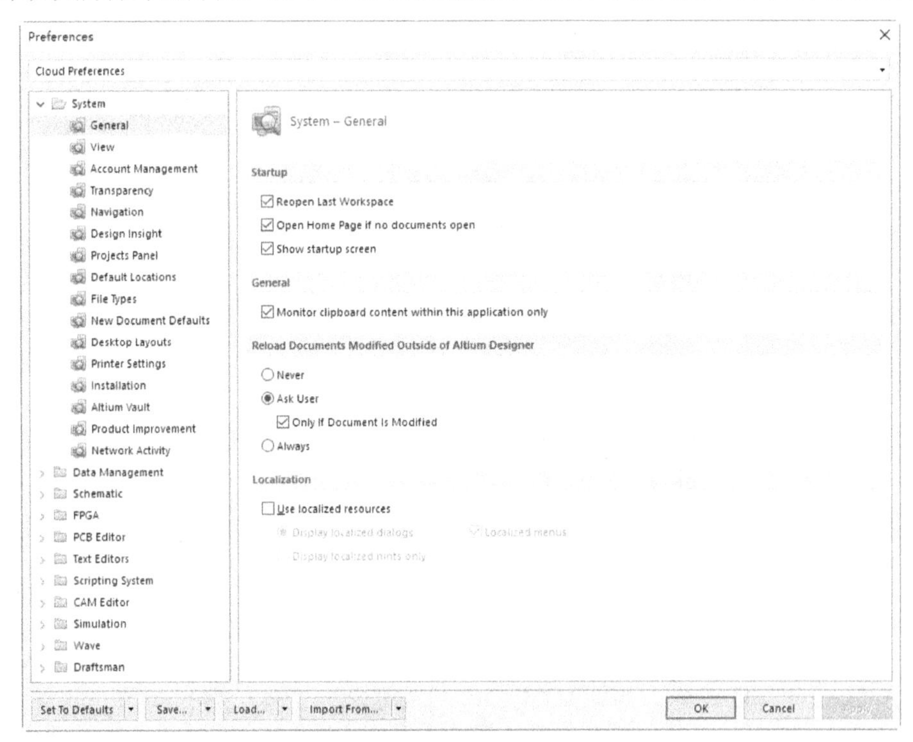

图 1-27　【参数选择（Preferences）】选项卡

Altium Designer 16.0 相对于这前的版本在汉化界面中有了很大的完善，可以在【参数选择（Preferences）】选项卡里进行设定。选中【General】项目，选择图 1-27 中的【Use Localized resources】选项，此时，屏幕会弹出如图 1-28 所示的对话框，单击【OK】按钮确认，当 Altium Designer 16.0 下次启动时，系统就变成如图 1-29 所示的中文操作界面。

由图 1-29 也可以看出，Altium Designer 16.0 的中文支持水平已经相当完善，大部分菜单都是中文的，只有一小部分是英语的。为了方便各位读者学习使用该软件，在本书中均采用中文版的操作界面。另外，为了满足使用英语原版软件的读者，在中文按钮名称后的括号内会标出相应的英语名称。

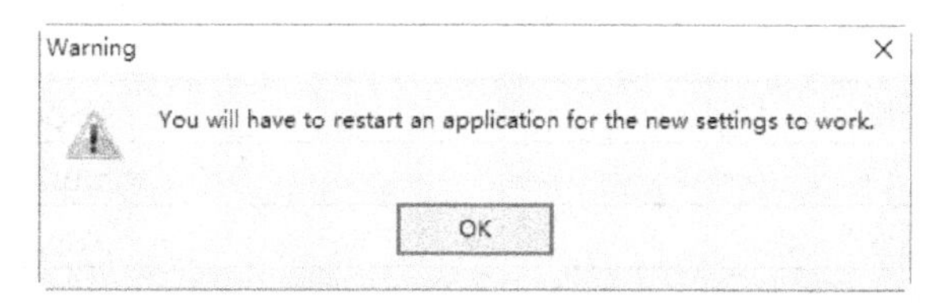

图 1-28　改变设置警告框

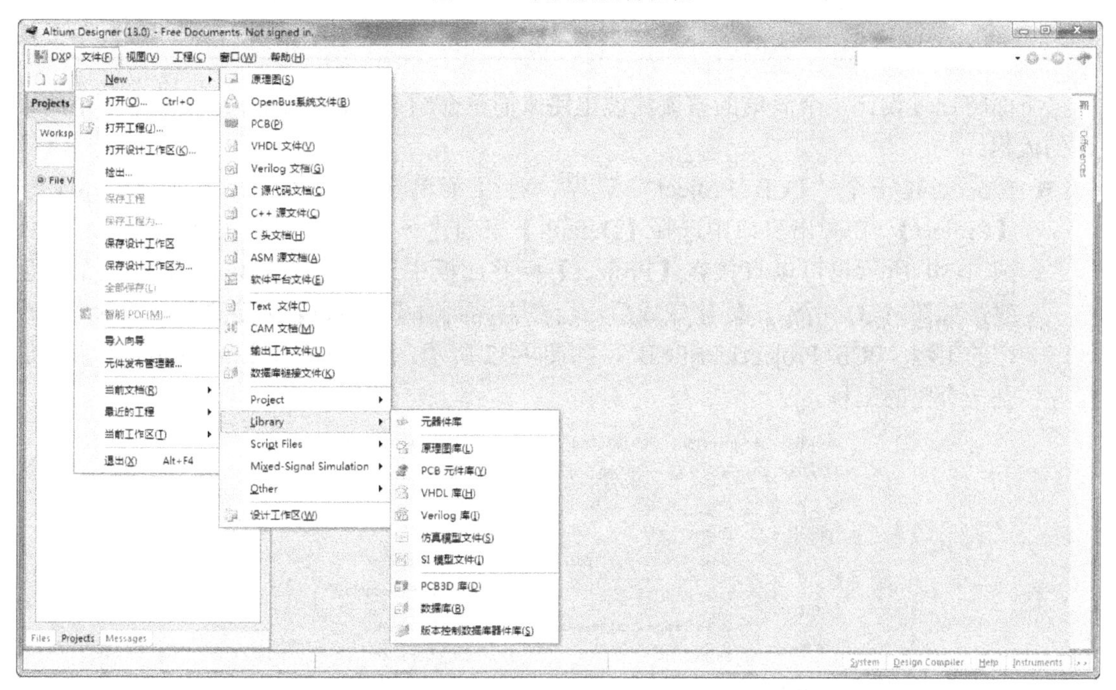

图 1-29　Altium Designer 16.0 的中文操作界面

1.5　Altium Designer 电路设计的基本流程

前面的各小结已经详细的介绍了 Altium Designer 16.0 的操作环境，至此，对 Altium Designer 16.0 的基本界面操作有了大致的了解，这一节中将介绍 Altium Designer 的文件系统和电子电路设计流程，并通过一个简单的实例来演练整个电路绘制，以及 PCB 设计的流程。

1.5.1 文件系统

使用过 Protel 99SE 的都知道，在 Protel 99SE 中，整个电路设计项目是以数据库（DDB）的形式存储的，并不能单独打开或是编辑单个的 SCH 和 PCB 文件。Altium Designer 16.0 则采用了目前流行的软件工程中工程管理的方式组织文件，各电路设计文件单独存储，并生成相关的项目工程文件，它包含有指向各个设计文件的链接和必要的工程管理信息。所有文件置于同一个文件夹中，便于管理维护常见的 Altium Designer 设计文件参见表 1-2。

表 1-2　常见的 Altium Designer 设计文件

设计文件	扩展名
电路原理图文件	*.SchDOC
PCB 文件	*.PCBDOC
原理图原器件库文件	*.SchLib
PCB 元件库文件	*.PcbLib
PCB 项目工程文件	*.PRJPCB
FPGA 项目工程文件	*.PRJFPG

下面将通过设计一个简单的整流滤波电路来简单介绍 Altium Designer 16.0 电子电路设计的流程。

- 首先创建一个“PCB Project”工程，打开菜单【文件（File）】→【New】→【Project】，在弹出窗口中选择【Default】来创建一个新的 PCB 电路设计工程，如图 1-30 所示也可以直接在【Project】标签面板中选择创建【Blank Project】来创建，如图 1-31 所示。创建完成后，会在主界面的【Project】标签菜单中显示出一个空的工程“PCB_Project1.PrjPCB”，如图 1-32 所示，【No Documents Added】表明这是一个空的工程。

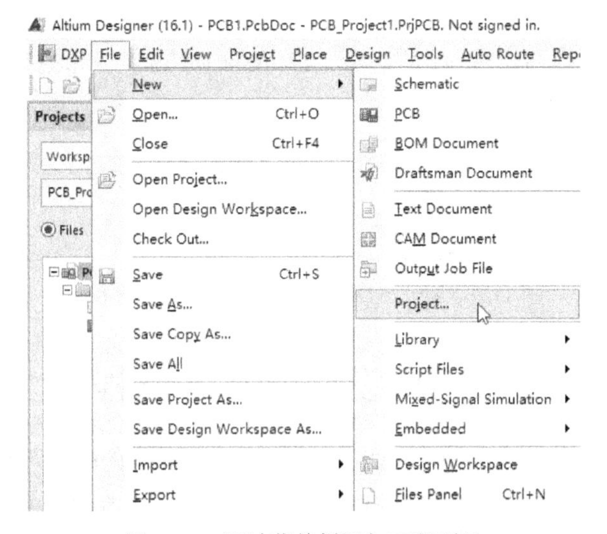

图 1-30　通过菜单栏添加工程项目

- 添加电路原理图设计文件，打开菜单【文件（File）】→【新建（New）】，选择【原理图（Schematic）】添加一个原理图设计文件，也可以将一个现成的“Free Documents”文件添加到工程中，如图 1-33 所示，直接将“Free Documents”中的原理图文件拖入工程里面即可。若要将相关设计文件从工程中移除也只需将文件从工程中拖到下面的空白处就行。
- 添加 PCB 设计文件，和添加原理图设计文件一样，从菜单【文件（File）】→【新建（New）】中选择【PCB】来添加新的文件，也可以从【Files】标签面板中选择添加。至此，一个全新的电子电路设计工程创建完毕了，单击菜单【文件（File）】中的【保存工程（Save Project As）】命令将工程命名为【Filter.PrjPcb】，并将工程中的其他项目文件保存在同一个文件夹中。

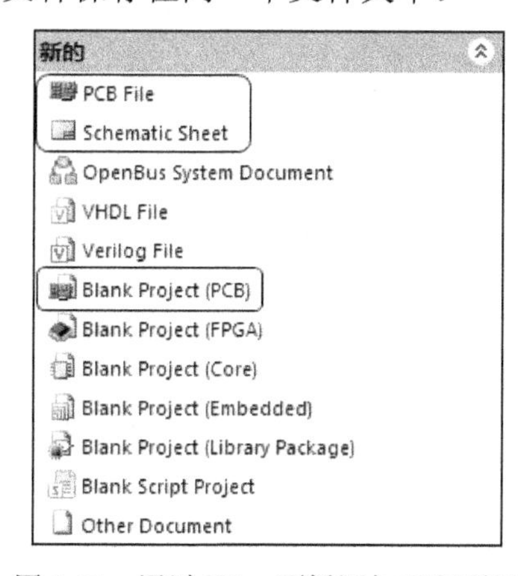

图 1-31　通过 Files 面板添加工程项目

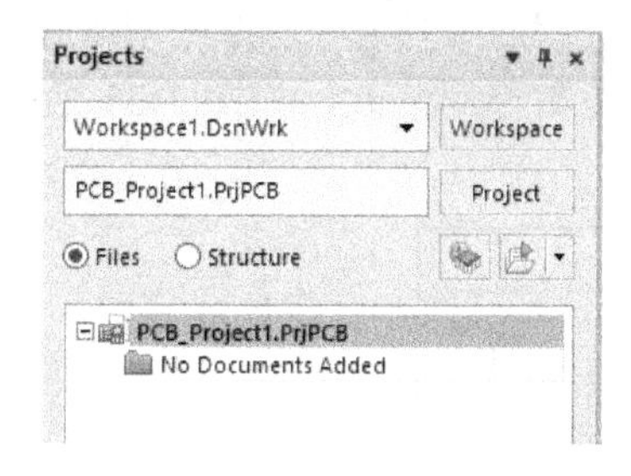

图 1-32　空的 Project 文档

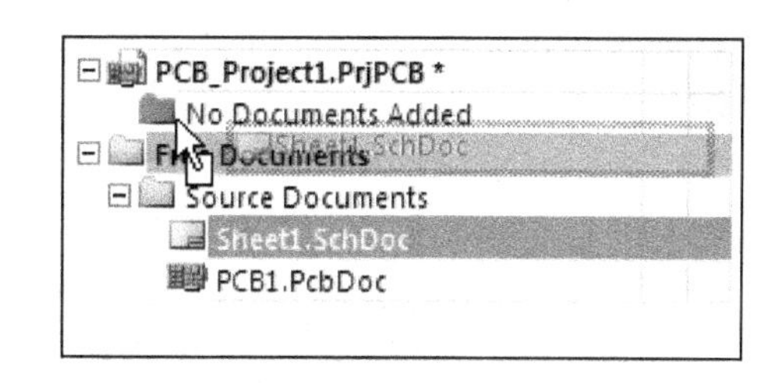

图 1-33　添加原理图文件

> Altium Designer 采用工程文件来对所有的设计文件管理，设计文件应加入到工程中去，单独的设计文件称为 Free Document。

1.5.2　绘制原理图

打开刚刚建立的“Filter.PrjPcb”中的“Filter.SchDoc”文件，准备绘制一个简单的整流滤波电路的原理图。

- 选择二极管。单击右边的【库（Libraries）】弹出式面板，选择【Miscellaneous Devices. IntLib】元件库，并在元件栏中选择 1N4007 二极管，单击右上角的【Place Diode 1N4007】按钮或是双击元件栏中选中的 1N4007 来放置整流二极管，如图 1-34 所示。当鼠标移至绘图区时，光标上将黏附一个二极管的符号，随光标而移动。

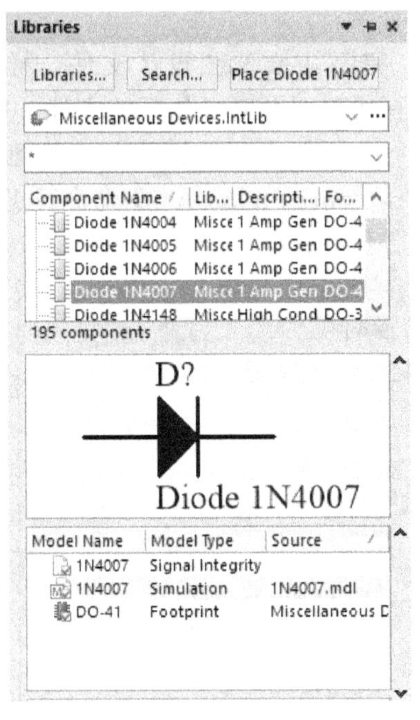

图 1-34　元件的选择

- 设置元件属性。按【Tab】键，界面上将会出现元件参数设置对话框，在【Designator】栏中将元件的标号改为 D1，其他参数不用修改，如图 1-35 所示，并确认。

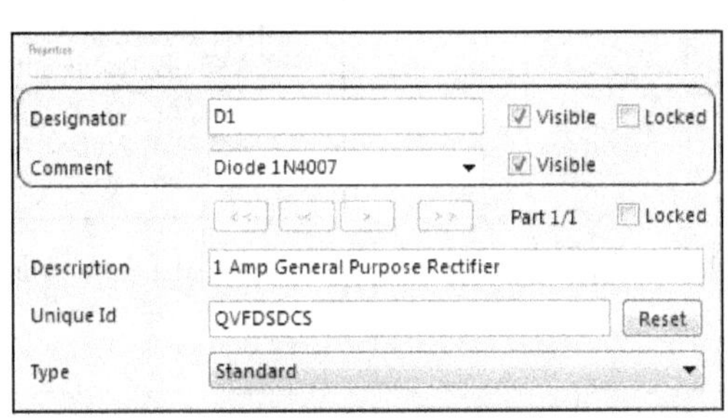

图 1-35　元件属性设置

- 放置二极管。将鼠标移至绘图区的合适位置，单击鼠标左键即可放置一个 1N4007。此时，鼠标上仍会黏附一个二极管，移至另外的位置放置其他的三个 1N4007 形成一个正弦波全波整流电路。最后单击鼠标右键结束三极管的放置。
- 放置其他元件。以相同的方式在元件栏中选择 Cap Pol1 电解电容，并按【Tab】键将其标号改为 C1，Value 值改为 1000u，在绘图区合适位置放置。将如图 1-36 所示的【库（Libraries）】弹出式面板中的元件库改为【Miscellaneous

Connectors.Intlib】，并选择其中的 Header2 接口元件分别作为输入和输出接口放置。放置好元件的电路如图 1-36 所示。

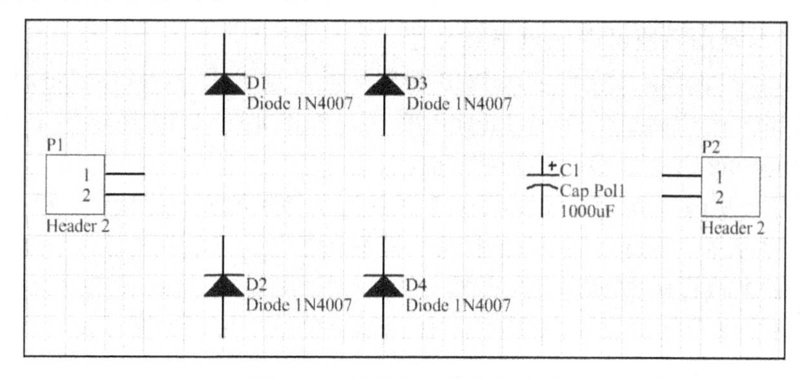

图 1-36　放置好元件的电路图

- 绘制线路。单击工具栏的按钮进入电气连线状态，此时，鼠标指针多出一个十字状的捕捉指针，当鼠标移至指定元件的引脚时，引脚上会显现出一个红色的“×”，单击引脚即开始连线，随着鼠标的移动会有相应的引线跟随，当鼠标移至另一个引脚时，引脚上会出现对应的红色“×”，单击引脚完成此次连线，如图 1-37 所示。以相同的方法完成其他连线，最后单击鼠标右键退出连线状态。完成连线后的最终原理图，如图 1-38 所示。

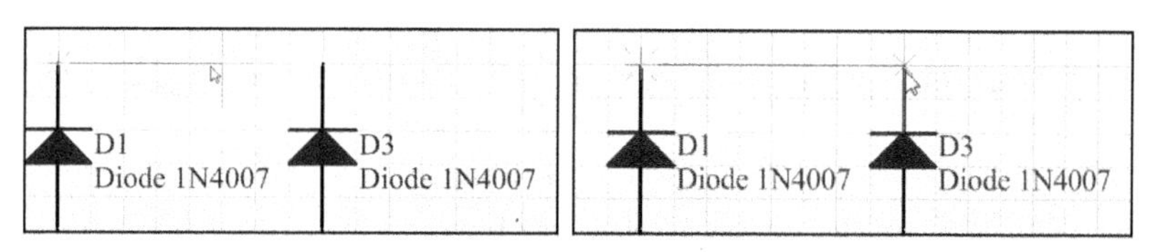

图 1-37　元件的连线

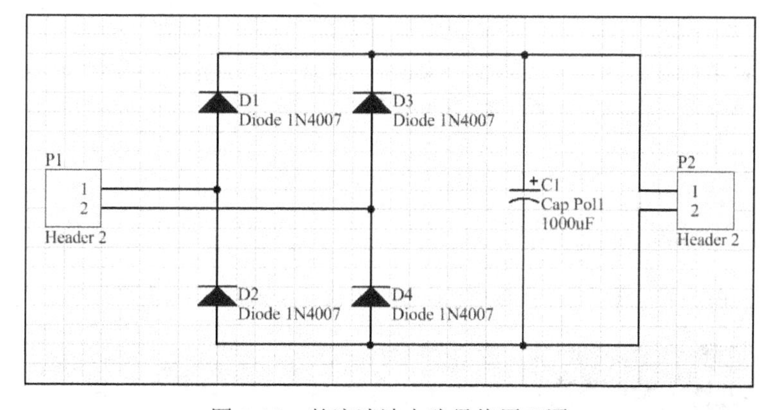

图 1-38　整流滤波电路最终原理图

在用鼠标选择需要的器件后但未放置的状态下，可按键盘的空格键来旋转器件，便于布线。

1.5.3 绘制 PCB 图

设计好电路原理图后便可进行 PCB 绘制了。

- 打开“Filter.PcbDoc”文件进入 PCB 编辑环境，进入【设计（Design)】菜单，选择执行【Import Changes From Filter.PrjPcb】，弹出如图 1-39 所示的【工程更改顺序（Engineering Change Order)】对话框。
- 单击【生效更改（Validate Changes)】按钮对所做的改变进行验证。原理图验证无误时右方【状态（Status)】栏会出现一排绿色的“√”。单击【执行更改（Execute Changes)】执行所做的改变，再单击【关闭（Close)】按钮关闭对话框。这时生成的所有元件和网络连线会出现在 PCB 编辑区的右下角，如图 1-40 所示，电气连线以预拉线的形式存在。
- 单击棕色元件放置区里没有元件的位置，按住鼠标将所有元件拖至编辑区内，再次单击放置区里没有元件的位置选中放置区间，并按键盘上的【Del】键将区间删除，只留下元件。
- 接下来开始元件布局。用鼠标左键选中需要移动的元件，按住不放便可把元件拖动至所需的位置，元件按照电流信号流向来布局，布局时可按键盘空格键来旋转元件。元件布局结果如图 1-41 所示，此时导线以预拉线的形式显示。

Engineering Change Order

Modifications					Status		
Enable	Action	Affected Object		Affected Document	Check	Done	Message
	Add Components(7)						
✔	Add	C1	To	Filter.PcbDoc	✔		
✔	Add	D1	To	Filter.PcbDoc	✔		
✔	Add	D2	To	Filter.PcbDoc	✔		
✔	Add	D3	To	Filter.PcbDoc	✔		
✔	Add	D4	To	Filter.PcbDoc	✔		
✔	Add	P1	To	Filter.PcbDoc	✔		
✔	Add	P2	To	Filter.PcbDoc	✔		
	Add Nets(4)						
✔	Add	NetC1_1	To	Filter.PcbDoc	✔		
✔	Add	NetC1_2	To	Filter.PcbDoc	✔		
✔	Add	NetD1_1	To	Filter.PcbDoc	✔		
✔	Add	NetD3_1	To	Filter.PcbDoc	✔		
	Add Component Classes(1)						
✔	Add	Filter	To	Filter.PcbDoc	✔		
	Add Rooms(1)						
✔	Add	Room Filter (Scope=InComponentCla	To	Filter.PcbDoc	✔		

Validate Changes　Execute Changes　Report Changes...　Only Show Errors　Close

图 1-39 【工程更改顺序（Engineering Change Order)】对话框

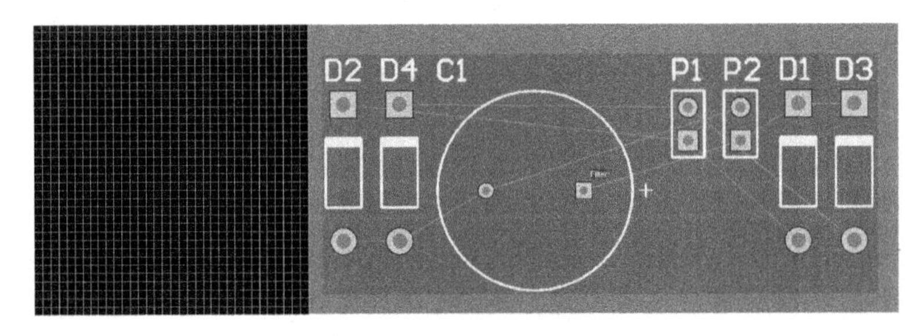

图 1-40 元件和电气连线

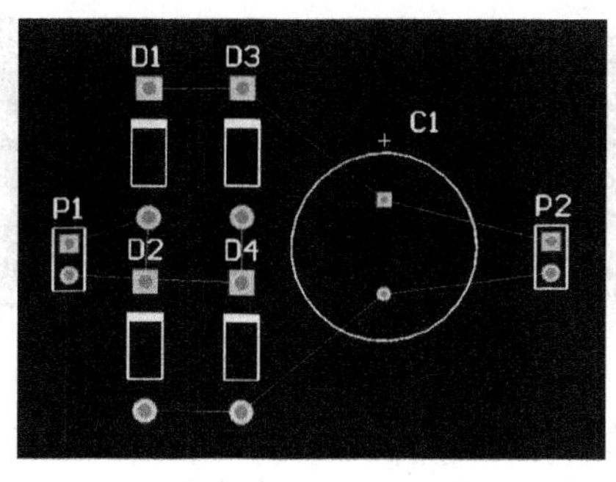

图 1-41　元件布局示意图

● 电路布线是 PCB 设计最为关键的部分，由于设计的电路十分简单，在此选用单层板布线，顶层用于放置元件，底层则用于电气走线。在编辑区的底层有一排布线板层切换栏，如图 1-42 所示，选择蓝色的【Bottom Layer】切换到底层，并单击工具栏的 按钮开始交互式布线。

图 1-42　板层切换栏

● 布线还得对导线宽度等进行设置，在交互式布线的状态下按下键盘的【Tab】键弹出【交互式布线】设置框，如图 1-43 所示，在这里设置导线的线宽与导孔大小等参数，设置为合适值后确认关闭。

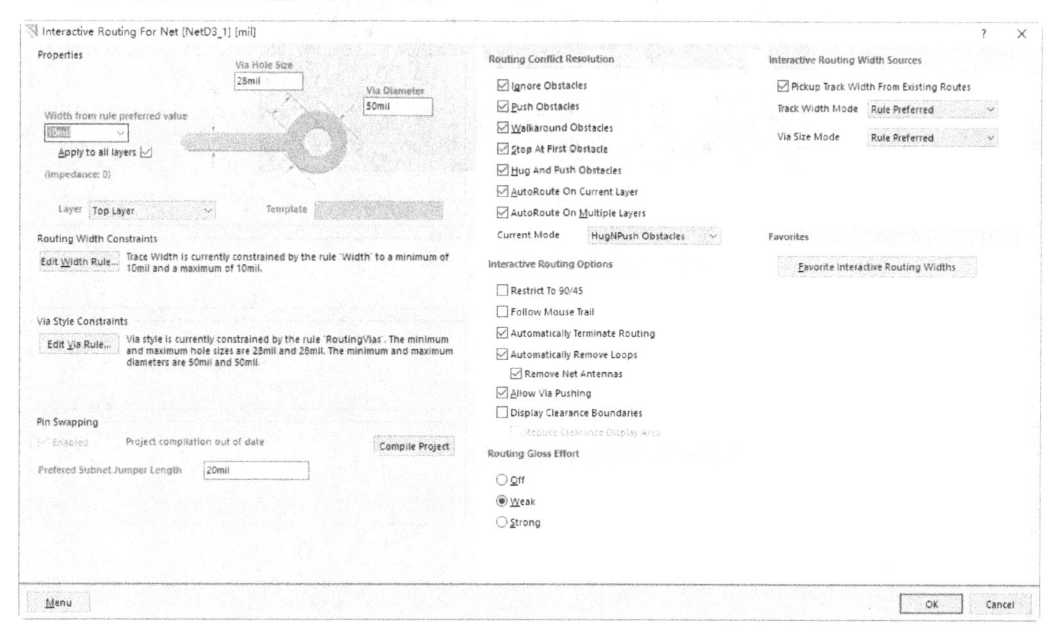

图 1-43　【交互式布线】设置框

● 单击元件的引脚，移动指针即可拉出一条蓝色的连线。到达下一个元件引脚后再单击鼠标左键即可完成一条电气导线的连接。用同样的方法完成其他导线的连接，最后单击鼠标右键推出交互式布线状态，如图 1-44 所示。

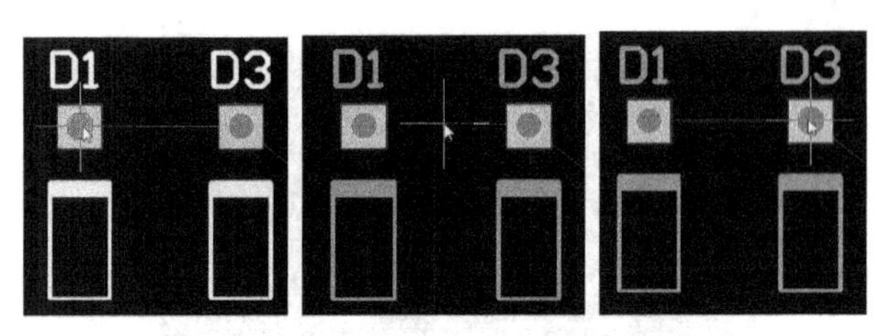

图 1-44 电气连线过程

- 至此，一块完整的整流滤波 PCB 就设计完成了，最终完成电路如图 1-45 所示。从最初的电路原理图设计到最后的 PCB 的绘制完成仅仅是简单的几步而已，是不是觉得用 Altium Designer 16.0 来设计电子电路非常简单，其实，Altium Designer 16.0 是一个强大的电子电路设计系统，功能远不止这些，在下面的章节中，将详细的介绍电路原理图和 PCB 设计，以及电路仿真的具体方法。会发现电路设计真的是这么简单。

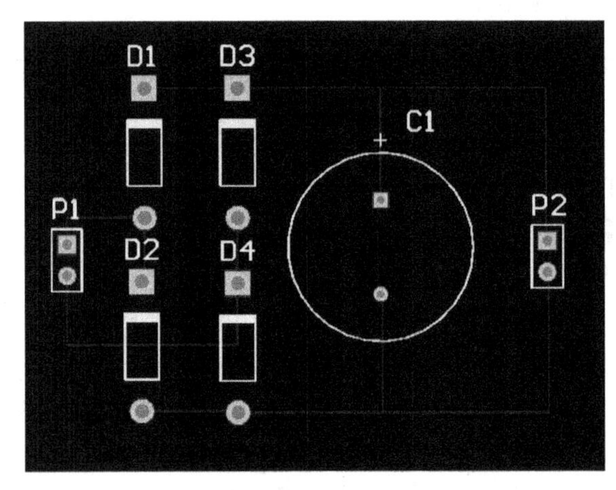

图 1-45 整流滤波电路 PCB 完成图

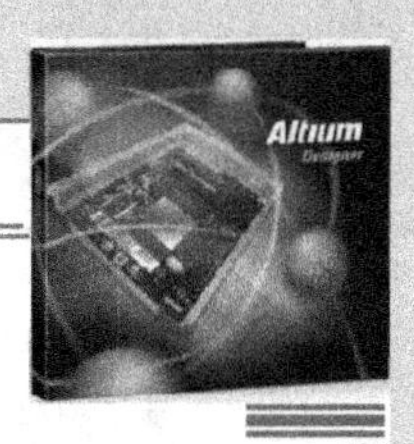

第2章　原理图开发环境

在第1章中，已经对Altium Designer 16.0有了大致的了解，并通过整流滤波电路设计对电子电路设计流程有了感性的认识。从本章起，本书将带领读者正式步入Altium Designer设计的殿堂，随着对Altium Designer的进一步认知，会发现Altium Designer真的太神奇了。

制作出一块完美的PCB，首先当然要设计出一套性能完善的电路原理图，电路原理图的设计是PCB制作的基础，本章将详细介绍Altium Designer 16.0的原理图编辑环境和相关参数的设置。

动画演示——附带光盘“视频\2.avi”文件

本章内容

- 电路设计工程的管理
- 原理图编辑系统
- 视图的操作
- 原理图图纸的参数设置
- 电路图首选项的参数设定

2.1　Altium Designer原理图编辑环境

第1章已经对Altium Designer 16.0的工作环境有过初步介绍，下面将详细介绍Altium Designer 16.0的原理图编辑系统和原理图文件的创建。

2.1.1　电路原理图的设计步骤

在设计电路原理图之前有必要对电路原理图的设计步骤有所了解，因为电路原理图的设计好坏直接决定最终PCB能否正常工作。一张好的电路原理图首先得保证原理图的元件选择及连线准确无误；其次还得保证原理图结构清晰，布局合理，便于设计人员阅读。一份完整的 Altium Designer 电路原理图设计大致可分为以下步骤，如图 2-1 所示。

- 新建原理图：创建一个新的电路原理图文件。
- 界面设置：根据原理图的大小来设置图纸的大小。
- 载入元件库：将电路图设计中需要的所有元件的
- Altium Designer 库文件载入内存。
- 放置元件：将相关的元件放置到图纸上。
- 调整元件的位置：根据设计需要调整位置，便于布线和阅读。
- 电气连线：利用导线和网络标号确定元件的电气关系。
- 添加说明信息：在原理图中必要的地方添加说明信息，便于阅读。
- 检查原理图：利用 Altium Designer 提供的校验工具对原理图进行检查，保证设计准确无误。
- 输出：打印输出电路原理图或是输出相应的报表。

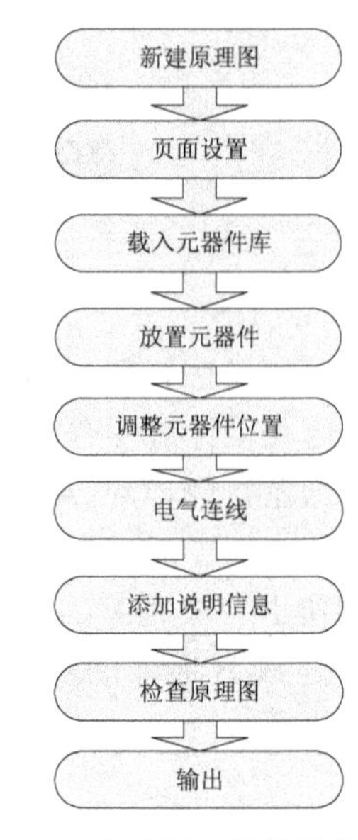

图 2-1　电路原理图设计流程图

2.1.2　创建新的原理图设计文档

与绘画需要图纸一样，绘制电路原理图首先要建立一个新的原理图文档，原理图文档的建立可以通过系统的【文件（File）】菜单或是【文件（File）】面板来创建。

- 通过【文件（File）】菜单建立一个新的原理图文档：在【文件（File）】菜单中选择【New】→【原理图（Schematic）】创建一个新的文档，如图 2-2 所示。
- 通过【文件（File）】面板建立一个新的原理图文档：在标签式面板栏的【文件（File）】面板中直接选择【Schematic Sheets】来创建新的文档，如图 2-3 所示。

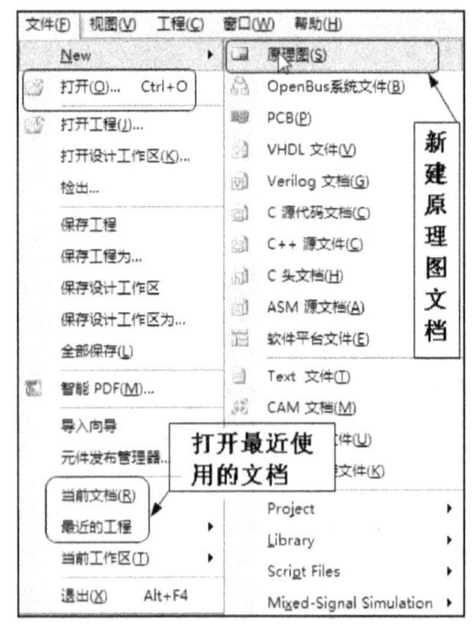

图 2-2　通过【文件（File）】菜单创建原理图文档

2.1.3 打开已有的原理图设计文档

打开现有的原理图文档可在【文件（File)】菜单中选择【打开（Open)】命令，弹出如图 2-4 所示的【选择文件】对话框，选择其中的“SchDoc”文件并双击即可打开相应的原理图设计文件。

也可在如图 2-2 所示的【文件（File)】菜单中选择【当前文档（Recent Documents)】选项，在弹出的菜单中选择相应的最近打开的文件。

图 2-3 通过【File】面板创建原理图文档

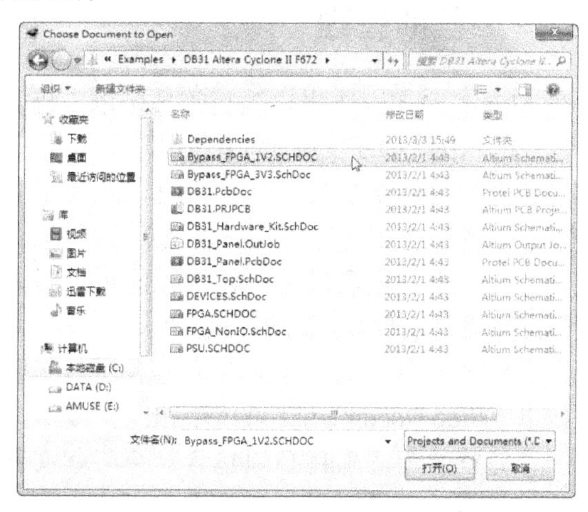

图 2-4 打开现有的“SchDoc”文档

2.1.4 原理图的保存

细心的读者会发现，新建的电路原理图系统会自动命名为“Sheet1.SchDoc”，现在要根据自己的要求来给文件命名并保存，如图 2-5 所示。

● 打开【文件（File)】菜单，选择其中的【保存（Save)】选项，或是直接单击菜单栏的 图标，也可以使用【Ctrl+S】快捷键，即可弹出如图 2-6 所示的【设置原理图保存位置】与【重命名】的对话框。

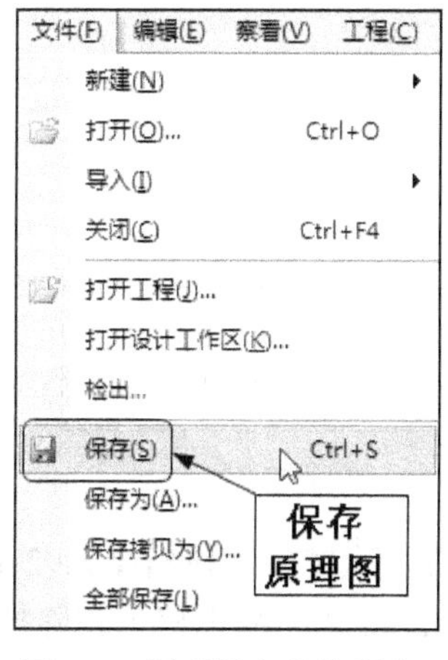

图 2-5 原理图文件的保存

图 2-6 文件的命名及保存

- 选择合适的保存路径，并修改文件名，单击【保存】按钮，新建的原理图文件即成功保存。与此同时还发现，原来的原理图选项卡名称也发生了变化，从原来的“Sheet1. SchDoc”变为了“MySch.SchDoc”，如图 2-7 所示。

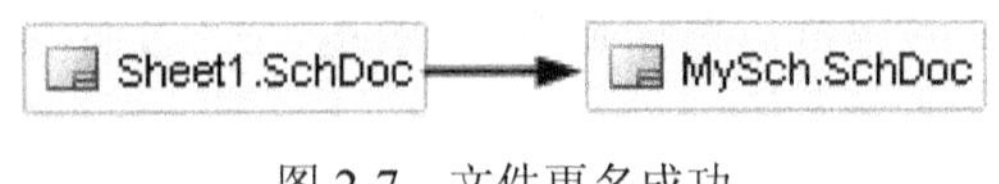

图 2-7　文件更名成功

2.1.5　工程的管理

在 Altium Designer 中，项目管理是以工程文件的形式组织设计文件的。与 Protel 99SE 采用单一的压缩 DDB 文件 DDB 不同，Altium Designer 的工程由若干个设计文件组成，单个的设计文件可以单独打开，并且可以从属于不同的工程项目。工程文件中包含了指向组成该工程的各设计文件的信息，以及工程的整体信息。

当打开一个工程项目时，在工程面板中会以文件树的形式显示该工程的结构，包括该工程的组成设计文件和元件库信息等。

由于单个的设计文件里面并不包含所属工程的信息，所以，当打开单个设计文档时，该文档以“Free Documents”的形式出现，如图 2-8 所示。

一个完整的工程项目必须包含一个工程文件和多个设计文件。新建工程与新建原理图设计文档类似，在【文件（File)】→【新建（New)】→【工程（Project)】菜单栏中选择【PCB 工程（PCB Project)】就建立了一个空的工程项目，空的工程如图 2-9 所示，里面并不包含任何设计文档。

可以向工程中添加新的设计文档或是将现成的设计好的文档添加到工程中去，在工程面板中右键单击工程名，弹出如图 2-10 所示的菜单，单击【给工程添加新的（Add New to Project)】来添加新的设计文档或是单击【添加现有的文件到工程（Add Existing to Project)】将设计好的文档添加到工程中。

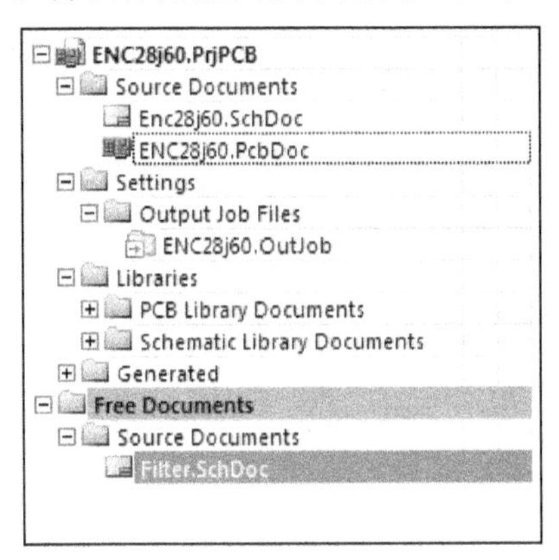

图 2-8　工程的管理

图 2-9　空的工程

设计文档可以从工程目录中删除掉，右键单击需要删除的设计文档，弹出图如 2-11 所示的菜单，从中选择【从工程中移除（Remove from Project)】将文档从工程中删除掉，需注意：此时仅仅是将设计文档从工程目录中删除，而不是将实际的文件删除，实际的文档则变成了“Free Document”。

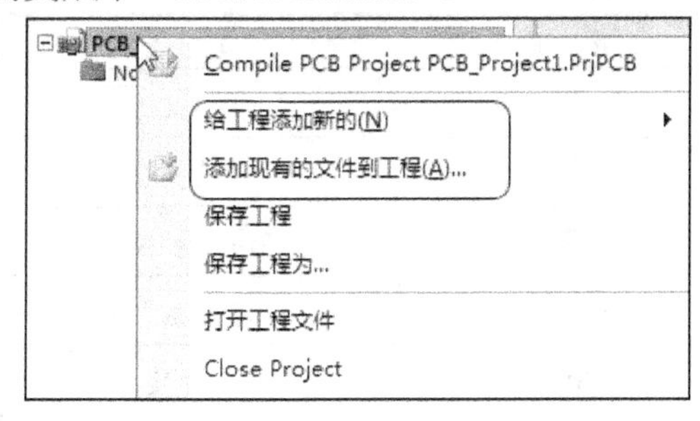

图 2-10　向工程添加文件

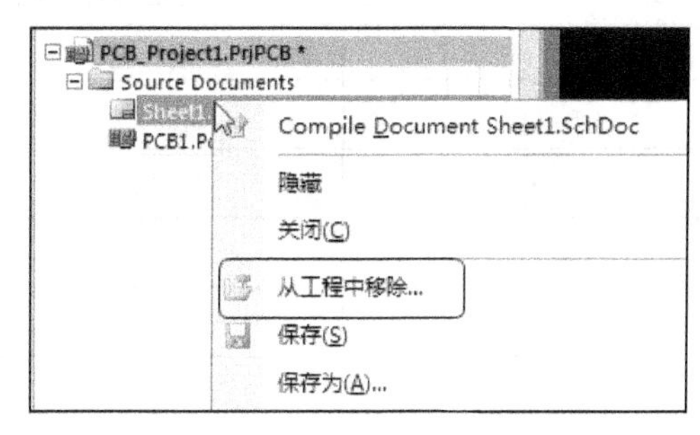

图 2-11　移除工程中的文件

2.2　原理图编辑系统

在前一章中已经对 Altium Designer 16.0 的各组成部分的编辑环境有过详细的介绍，本单元则详细介绍 Altium Designer 16.0 的原理图编辑环境。

2.2.1　编辑器环境

原理图编辑环境如图 2-12 所示，整个界面可分为若干个工具栏和面板，下面简要介绍各工具栏和面板的功能，参见表 2-1。

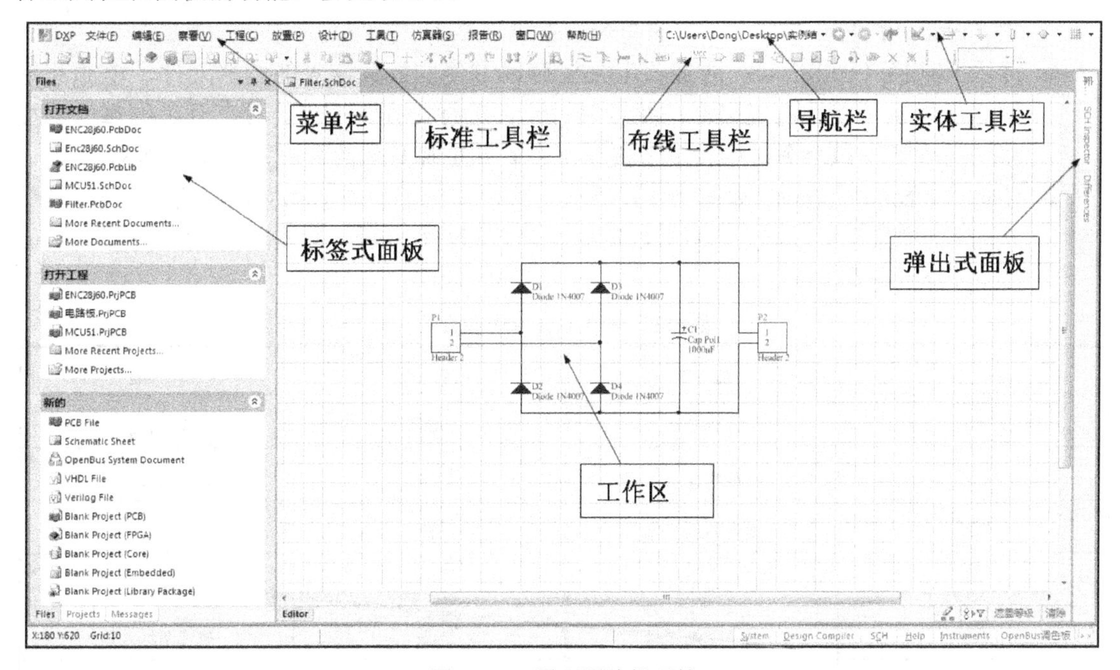

图 2-12　原理图编辑环境

- 标准工具栏（Schematic Standard）：该工具栏提供新建、保存文件、视图调整、元件编辑和选择等功能。

表 2-1　标准工具栏功能介绍

按　钮	功　能	按　钮	功　能
	新建文档		打开文档
	保存文档		打印文档
	打印预览		打开元件视图
	适合文档显示		选择区域放大显示
	适合选择区域显示		下划线
	剪切		复制
	粘贴		橡皮图章工具
	选择区域内元件		移动元件
	取消所有选择		清空过滤器
	撤消操作		重新执行
	层次式电路图切换		
	打开元件库浏览器		

- 布线工具栏（Wiring）：该工具栏提供了电气布线时常用的工具，包括放置导线、总线、网络标号、层次式原理图设计工具，以及和 C 语言的接口等快捷方式，在【放置（Place）】菜单中有相对应的命令，参见表 2-2。
- 实体工具栏（Utilities）：通过该工具栏可以方便的放置常见的电器元件、电源和地网络，以及一些非电气图形，并可以对元件进行排列等操作。该工具栏的每一个按钮均包含了一组命令，可以单击按钮来查看并选择具体的命令，参见表 2-3。
- 导航栏（Navigation）：如图 2-13 所示，该栏列出了当前活动文档的路径，单击按钮和按钮可以在当前打开的所有文档之间进行切换，单击按钮则打开 Altium Designer 的起始界面。

表 2-2　布线工具栏功能介绍

按　钮	功　能	按　钮	功　能
	放置导线		放置总线
	放置线束		放置总线入口
	放置网络标号		放置地
	放置电源		放置元件
	放置图纸符号		放置图纸入口
	放置元件图纸符号		放置线束连接器
	放置线束入口		放置端口
	放置 No ERC 标志		

表 2-3 实体工具栏介绍

按钮	功能	按钮	功能
	绘图工具		排列工具
	电源工具		元件放置工具
	仿真工具		网格设置

E:\Project\Altium Designer 7使J

图 2-13 导航栏

2.2.2 视图的操作

电路设计时要时常调整原理图的大小以便于设计，Altium Designer 16.0 的视图操作十分方便，可以通过多种方式来查看原理图。

- 原理图的预览：将鼠标置于工作区上部的文档标签上或是【Projects】面板中相应的文档标签上停留一小段时间便会弹出如图 2-14 所示的原理图预览界面。

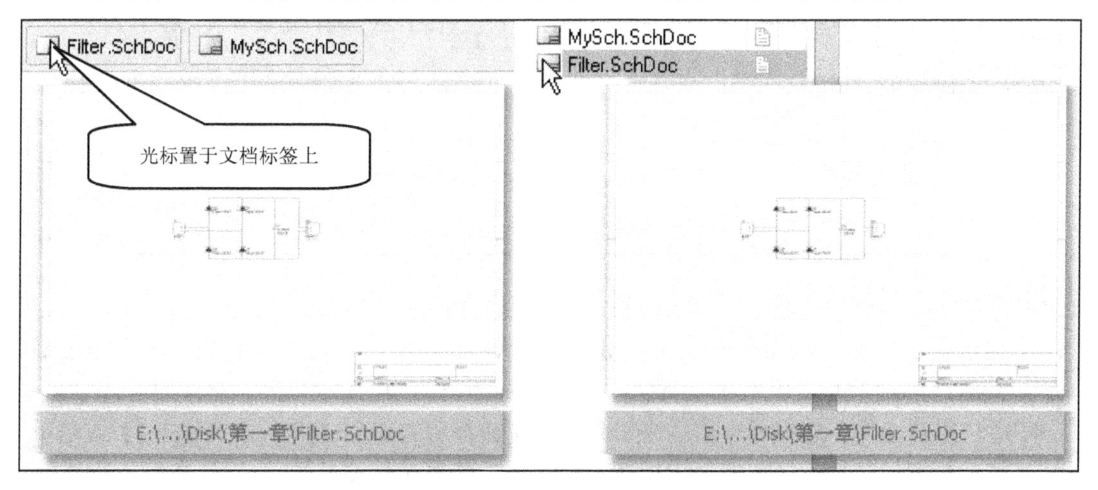

图 2-14 电路原理图的预览界面

需注意的是，只有当鼠标置于文件名前的图标上时才会有预览图出现。

- 原理图的移动：鼠标移动原理图功能是 Altium Designer 相对于 Protel 99SE 编辑功能的一个很大的改善，用鼠标右键单击原理图的任何部位并抓住不放直到光标由变为小手状，这时就可以用鼠标拖动原理图任意移动了，非常方便。

也可以在【图纸（Sheet）】面板中移动图纸，单击主界面右侧的【图纸（Sheet）】弹出式面板标签，这时会弹出如图 2-15 所示的设计图纸全图，红色的方框里的预览正是主界面工作区内所显示的界面，拖动红色方框即可让工作区里显示的原理图移动。

● 原理图的放大与缩小：选择【察看（View)】菜单中的【放大（Zoom In)】命令或是使用快捷键【PgUp】来放大视图；选择【察看（View)】菜单中的【缩小（Zoom Out)】命令或是使用快捷键【PgDn】来缩小视图，如图 2-16 所示。

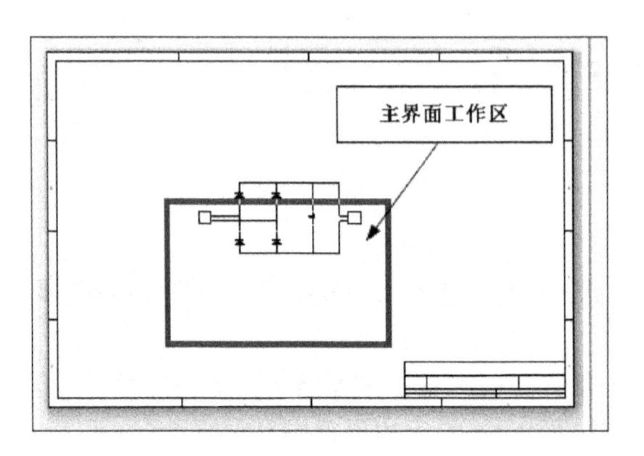

图 2-15　在【图纸（Sheet）】面板中移动图纸

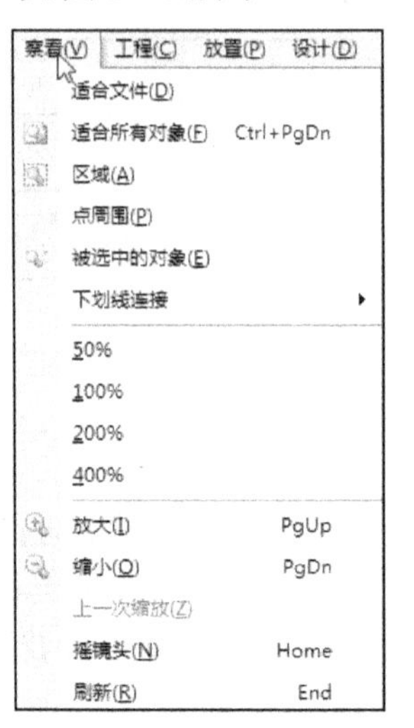

图 2-16　通过【察看（View）】菜单调整视图显示

对于使用滚轮鼠标的用户,可以在按住键盘【Ctrl 】键的同时滚动鼠标滚轮来放大或缩小视图。

● 适合文档：选择【察看（View)】→【适合文档（Fit Document)】，则整个图纸完全显示在窗口中，该命令有利于设计者查看整张图纸的布局，但当图纸较大时很难看到电路的细节。
● 适合所有元件：选择【察看（View)】→【适合所有对象（Fit All Objects)】或是单击工具栏的按钮，则设计图中的元件刚好全部显示在窗口中，而不是像【适合文档（Fit Document)】那样整张图纸全部显示。
● 适合所有选中元件：选择【察看（View)】→【被选中的对象（Selected Objects)】，或是单击工具栏的按钮，则原理图中处于选中状态的元件将布满整个窗口显示，与【适合所有对象（Fit All Objects)】不同点在于【适合所有对象（Fit All Objects)】显示所有元件，而【被选中的对象（Selected Objects)】仅铺满显示选中的元件。
● 区域显示：执行【察看（View)】→【区域（Area)】命令，或是单击工具栏的按钮，则光标变成十字状，在图纸上选择一个矩形区域，该矩形区域即被放大布满整个窗口，该命令在查看原理图的细节时非常有用。
● 以点为中心显示：执行【察看（View)】→【点周围（Around Point)】命令，画出一个矩形区域，该区域即被填充布满整个窗口。该命令与【区域（Area)】命令不同点在于【区域（Area)】选择区域时为矩形区域的两个对角点，而【点周围

（Around Point）】命令则为矩形区域的中点和一个角点。【区域（Area）】命令和【点周围（Around Point）】命令的效果如图 2-17 和图 2-18 所示。

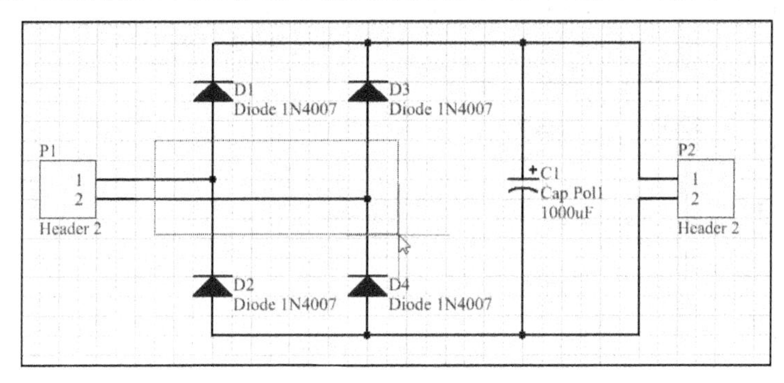

图 2-17　使用【区域（Area）】命令前

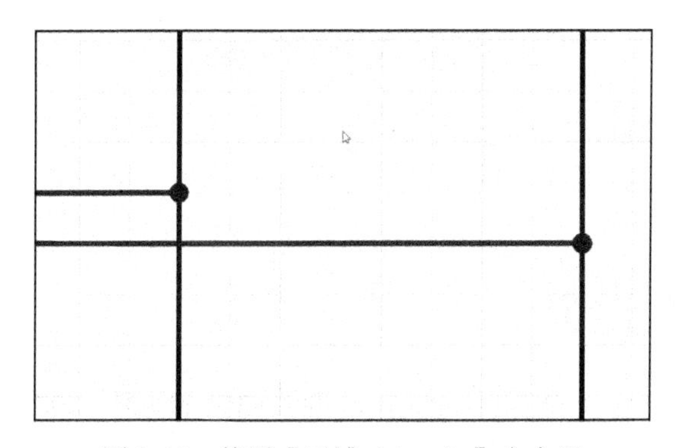

图 2-18　使用【区域（Area）】命令后

● 摇景显示：选择【察看（View）】→【摇镜头（Pan）】，则系统将把光标所在的位置移至绘图区中央重新显示图纸，实际应用中则是将鼠标移至欲置于图纸中央的位置后，按下键盘快捷键【Home】。如图 2-19 所示，电容 C1 处于原理图的右侧，若想将 C1 的位置移至中央，只需将鼠标移至 C1 上，然后按下【Home】快捷键，电容 C1 就移至了图纸中央，如图 2-20 所示。

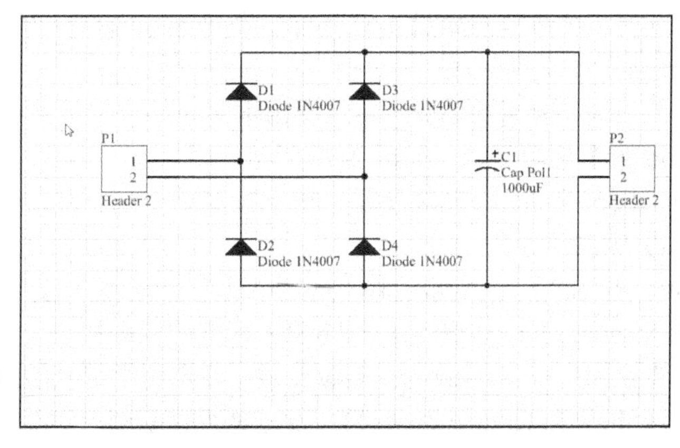

图 2-19　摇景显示前

● 刷新电路图：电路图可能由于多次操作而产生重叠的幻想，这时只需执行【察看

（View）】→【刷新（Refresh）】命令或是按下快捷键【End】，图纸便会刷新显示。

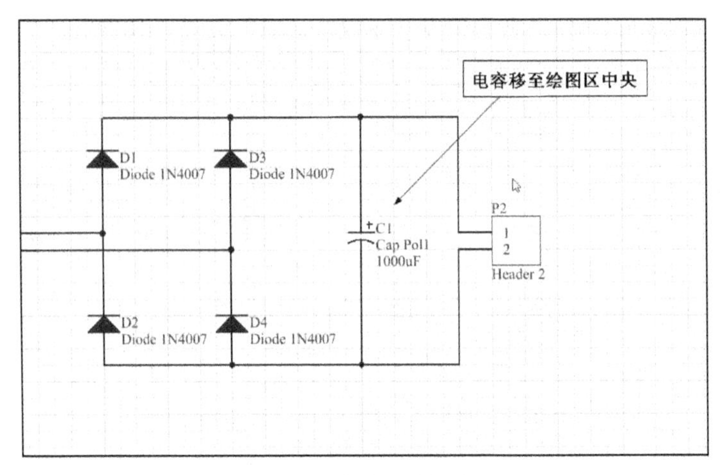

图 2-20　摇景显示的效果

原理图视图的操作介绍了这么多可能觉得太复杂了，其实在实际绘图中用的较多的也只有图形的放大、缩小、区域显示和刷新等命令。熟悉鼠标的视图操作和键盘快捷键的应用对电路图的设计非常有用。

2.3　原理图图纸设置

在绘制电路图前，首先要进行图纸设置，设置图纸的大小、方向、标题、网格参数等信息。图纸参数设定得当绘制的电路图才会更加美观，设计时才得心应手。

单击菜单的【设计（Design）】→【文档选项（Document Options）】命令，弹出如图 2-21 所示的图纸设置对话框。该对话框由【图纸选项】、【设计信息】和【单位】三个选项卡组成，下面将详细介绍各个选项卡参数设置。

2.3.1　【图纸选项】选项卡参数设置

该选项卡设置图纸的相关参数，如图 2-21 所示，整个选项卡可分为若干区域。

（1）【模板（Template）】选项区域

该区域用来设定图纸设计套用的模板，可以看出本例中并没有使用模板。

（2）【选项（Options）】选项区域，如图 2-22 所示。

- 【定位（Orientation）】：图纸方向设置，在下拉菜单中选择【Landscape】横向放置或是【Portrait】纵向放置。
- 【标题块（Title Block）】：用于设置图纸上是否显示标题栏，选中该项后，还要选择标题栏采用【Standard】标准型还是【ANSI】标准的标题栏。
- 【方块电路数量空间（Sheet Numbers Spaces）】：设定图纸编号的间隔。
- 【显示零参数（Show Reference Zones）】：设定是否显示图纸边沿的栅格参考区。
- 【显示边界（Show Border）】：设定是否显示图纸边框。
- 【显示绘制模板（Show Template Graphics）】：设定是否显示模板图形，模板图形就是模板内的文字、图形、专用字符串等。

- 【板的颜色（Border Color）】：单击其右边的色块可以设定图纸边框的颜色。
- 【方块电路颜色（Sheet Color）】：单击其右边的色块可以设定图纸的底色。

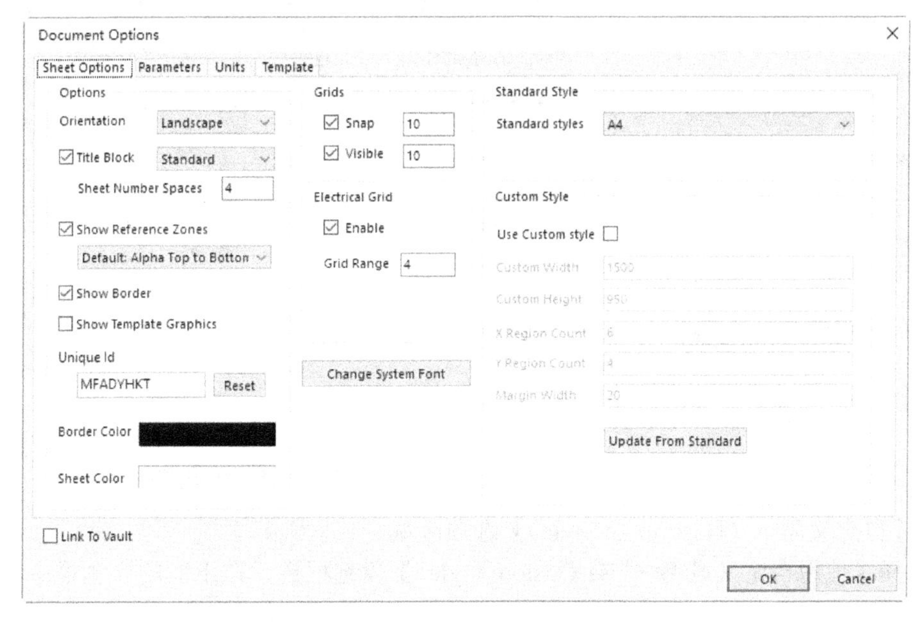

图 2-21 【图纸】选项卡

（3）【栅格（Grids）】选项区域

该区域包括【捕捉（Snap）】捕获和【可见的（Visible）】显示两个选项。

- 【捕捉（Snap）】：用来设置光标在图纸中移动时的最小距网络间隔，默认值为 10mil（10 毫英寸），若需要更精确的绘图可将【捕捉（Snap）】值设为需要值或干脆取消【捕捉（Snap）】选项，此时，光标移动最小间隔为 1mil。
- 【可见的（Visible）】：用来设置是否在图纸上显示网格，可在后面文本框中指定网格的间距。

（4）【电栅格（Electrical Grid）】选项区域

用来设置是否启用电气网格。选择【使能（Enable）】选框，并在【栅格范围（Grid Range）】选框中填入电气网格捕获范围，即距离电气端多远时被该电气端点捕获而连接。

（5）【更改系统字体（Change System Font）】按钮

单击该按钮后在随后的【字体】对话框中设置字体和大小，如图 2-23 所示。

（6）【标准风格（Standard Style）】选项区域

该下拉框提供了 Altium Design 16.0 支持的图纸尺寸，可供选择的尺寸如下。

- 公制：A0、A1、A2、A3、A4；
- 英制：A、B、C、D、E；
- Orcad 图纸：OrcadA、OrcadB、OrcadC、OrcadD、OrcadE；
- 其他类型图纸：Letter、Legal、Tabloid。

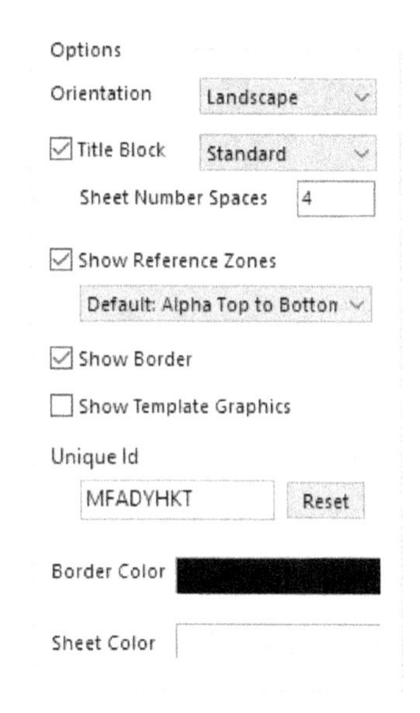

图 2-22 【选项（Options）】选项区域

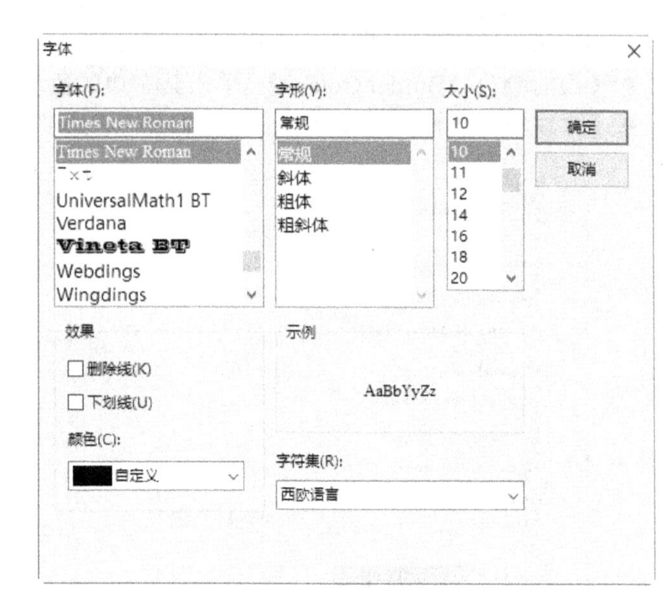

图 2-23 【字体】对话框

(7)【自定义风格（Customize Style）】选项区域

当选择【使用自定义风格（Use Custom style）】复选框后，在下面的文本框中填入自定义图纸参数。

- 【定制宽度（Custom Width）】：设定图纸宽度；
- 【定制高度（Custom Height）】：设定图纸高度；
- 【X 区域计数（X Region Count）】：设定横向参考网格数量；
- 【Y 区域计数（Y Region Count）】：设定纵向参考网格数量；
- 【刃带宽（Margin Width）】：设定图纸与边框之间的距离。

2.3.2 【设计信息】选项卡参数设置

在【文档选项（Document Options）】对话框中，单击【参数（Parameters）】标签，进入【设计信息】选项卡，如图 2-24 所示，该选项卡主要记录设计图纸的相关信息。对于专业公司的某个电子产品完整的电路设计，对设计信息进行一定的标注、记录是必须的。

在列表中显示了一些系统默认的信息参数，设计人员也可以根据自己的需要修改或添加相关的设计信息，选项卡的下方有【添加（Add）】、【移除（Remove）】、【编辑（Edit）】、【添加规则（Add as Rule）】四个编辑按钮，要修改系统默认的信息时可以双击相关信息的【名称（Name）】栏，或是选中该信息后单击【编辑（Edit）】按钮，便弹出如图 2-25 所示的【参数属性】对话框，可在其中的【值（Value）】栏中填入相关属性。

例如，如果想在自己的设计图纸上显示自己的公司名，先得修改设计信息选项卡里面的【CompanyName】选项，双击【CompanyName】选项，在弹出的属性框的【值（Value）】栏中填入“广州电子设计有限公司”并确认。然后在图纸的编辑区内放置一个“=CompanyName”的字符串，公司名就会在图纸中显示。

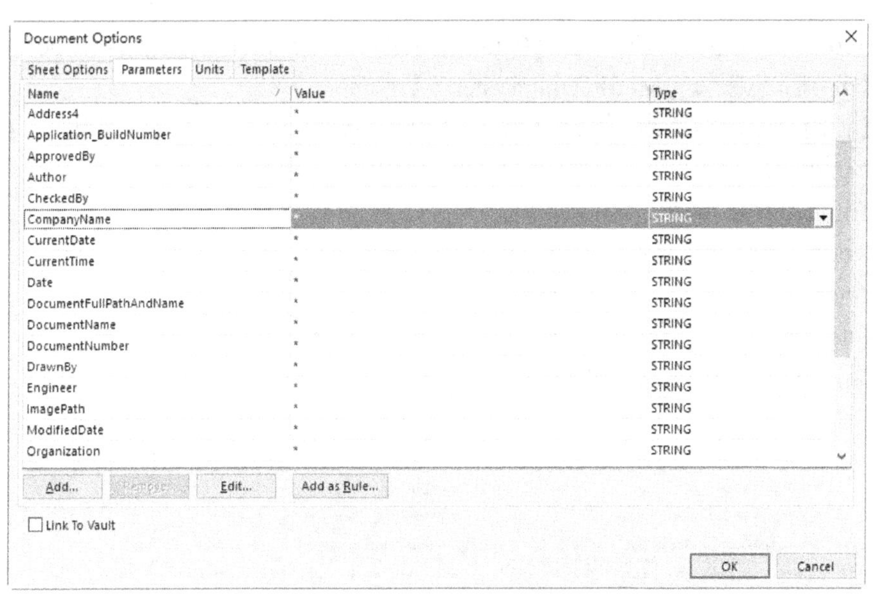

图 2-24 【设计信息】选项卡

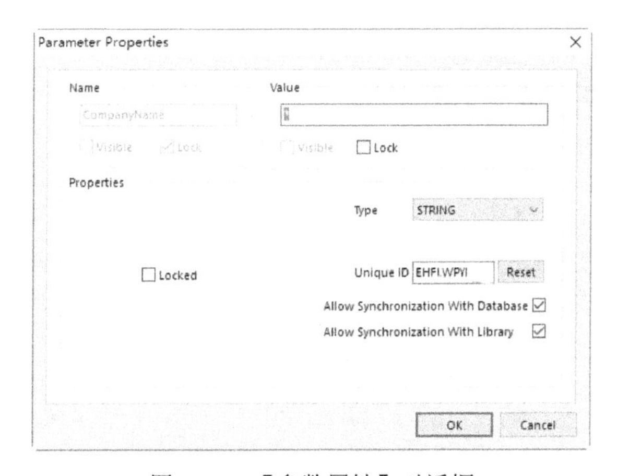

图 2-25 【参数属性】对话框

2.3.3 【单位】选项卡参数设置

在【Document Options】对话框中，单击【单位（Units)】标签，进入【图纸单位设置】选项卡，如图 2-26 所示。在该选项卡中可以设置使用英制单位系统还是公制单位系统。

（1）【英制单位系统（Imperial Unit System)】

当选择【使用英制单位系统（Use Imperial System)】的复选框时，系统设计就采用英制单位。在下面的【习惯英制单位（Imperial unit used)】下拉菜单中可以选择具体的英制单位，系统提供的英制单位系统如下所示。

- 【Mils】：密耳，1mil = 1/1000 英寸 = 0.0254mm；
- 【Inches】：英寸，1Inch = 2.54cm；
- 【DXP Defaults】：DXP 默认值，1 = 10mil；

● 【Auto-Imperial】：自动英制，500mil 下采用 mil，500mil 以上采用 Inches。

（2）【公制单位系统（Metric Unit System）】

选择【使用公制单位系统（Use Metric Unit System）】后系统采用公制单位。【习惯公制单位 Metric unit used】下拉菜单中可供选择的公制单位系统有如下所示。

● 【Millimeters】：毫米；
● 【Centimeters】：厘米；
● 【Meters】：米；
● 【Auto-Metric】：自动公制，100mm 以下采用 mm、100mm 以上采用 cm、100cm 以下采用 cm、100cm 以上采用 m。

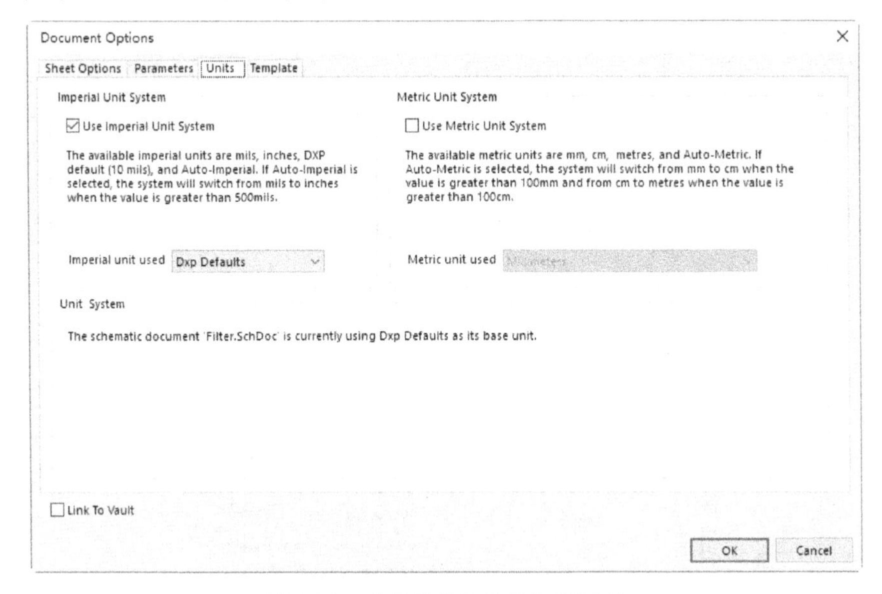

图 2-26 【图纸单位设置】选项卡

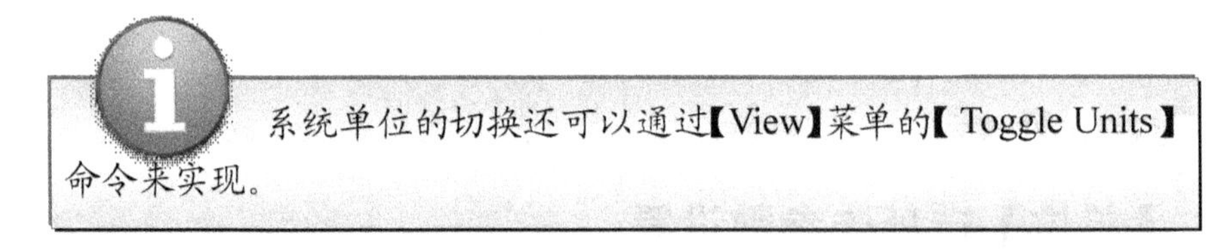

系统单位的切换还可以通过【View】菜单的【Toggle Units】命令来实现。

2.3.4 【模板】选项卡参数设置

点开下拉菜单，可以选择不同的模板。点击【从模板更新（Update From Tmplate）】可以把图纸更新为模板样式；点击【清除模板（Clear Tmplate）】可以将刚刚所选的模板清除。

在窗口右侧勾选【使用 vault 模板（Use Vault Tmplate）】后，可以使用从网络获得的模板。

2.4 电路图首选项设定

与 Protel 99SE 和 Protel DXP 简单的【Preferences】设定不同，Altium Designer 16.0 提供了一个强大而详细的【参数选择（Preferences）】首选项设定系统。可以通过多种方法启动首选项系统。在菜单栏的 DXP 菜单中选择【参数选择（Preferences）】选项，或者在各编辑系统的界面中选择【工具（Tools）】→【参数选择（Preferences）】命令来启动。需注意的是，在不同的编辑系统下【工具（Tools）】菜单中首选项的名称不同，例如，在原理图编辑环境中，首选项的名称为【设置原理图参数（Schematic Preferences）】。打开后的【首选项设定】对话框如图 2-27 所示。

在【Schematic】选项中共有 11 个子选项来分别设定原理图编辑环境的不同属性。在介绍各分项之前先介绍一下原理图首选项的整体操作。

属性的整体操作共有【缺省设置（Set To Defaults)】、【保存（Save)】、【载入（Load)】和【导入（Import From)】4 个按钮。

- 【缺省设置（Set To Defaults)】：设置为默认值，单击此按钮则原理图编辑器的设定恢复到系统默认状态，按钮旁边的下拉菜单可供选择是仅仅恢复当前页的设置还是恢复所有项目的设置。

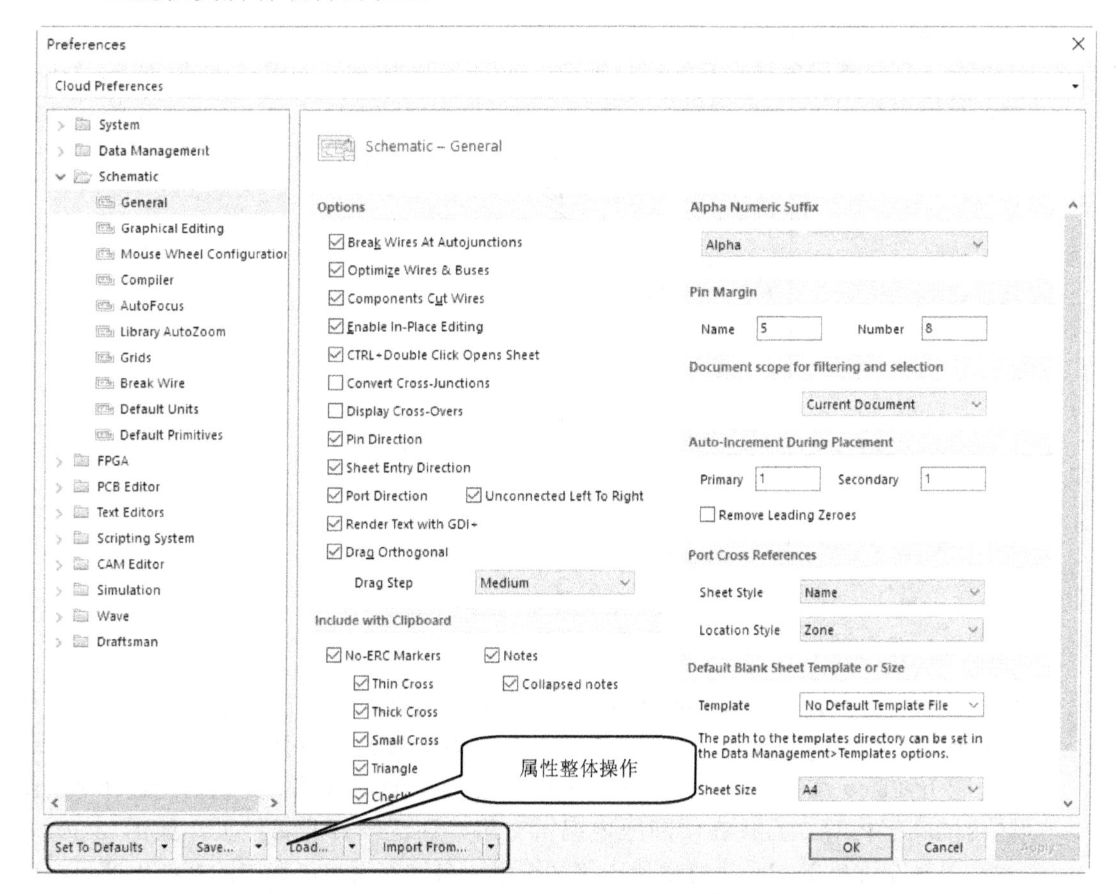

图 2-27 【首选项设定】对话框

- 【保存（Save)】：将当前的系统设置保存下来，保存的文件名为“*.DXPPrf”。
- 【载入（Load)】：加载系统设置文件“*.DXPPrf”。当设计者形成了自己的操作习惯时可将系统设置信息保存下来，以便在一个全新的环境下使用 Altium Designer 时可以将设置文件加载，尽快的适应新的环境。
- 【导入（Import From)】：导入其他版本的操作设置。

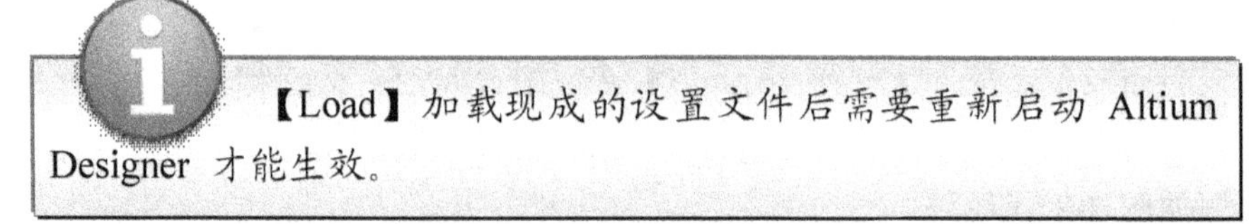
【Load】加载现成的设置文件后需要重新启动 Altium Designer 才能生效。

2.4.1 【General】通用设定

【General】选项包括了 Altium Designer 原理图的一些常规设定，如图 2-27 所示，现分成各区域分别介绍。

（1）【Options】选项区域

- 【Break wire at autojunctions】：在自动节点处打断导线。
- 【Optimize Wires&Buses】导线和总线优化：该优化是针对布线的，在线路出现重复走线时，优化程序会将重复的部分去掉。如图 2-28 所示，先画从 A 到 B 的导线，然后继续走线到 C 点完成画线，此时，如果没有启动优化选项的话，画出的导线由 AB 和 BC 两段组成，C 点为交点，启动优化选项后系统会删掉重复的 BC 走线。

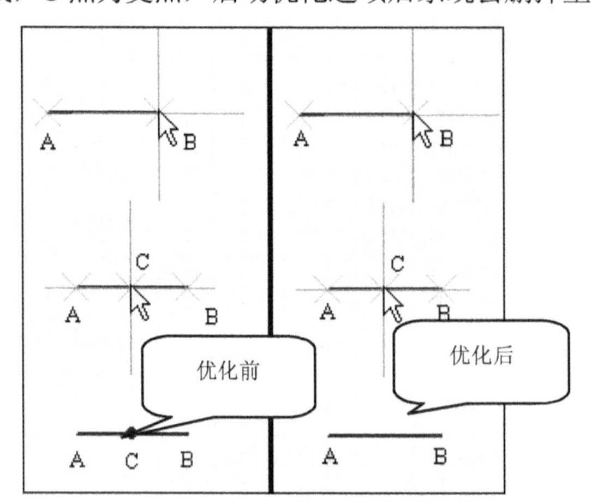

图 2-28　导线优化效果

- 【元件割线（Components Cut Wires)】元件切除导线：该功能设定当元件插入到导线中时是否将元件自动串入导线，启用前后的效果如图 2-29 所示。
- 【使能 In-Place 编辑（Enable In-Place Editing)】允许在线编辑：该功能是针对绘图区内的文字内容，直接在绘图区内编辑文字，而无须打开属性页。如图 2-30 所示，鼠标左键单击 R1 字符串选中该字符串，再次左键单击选中的字符串即可进入在线编辑状态。

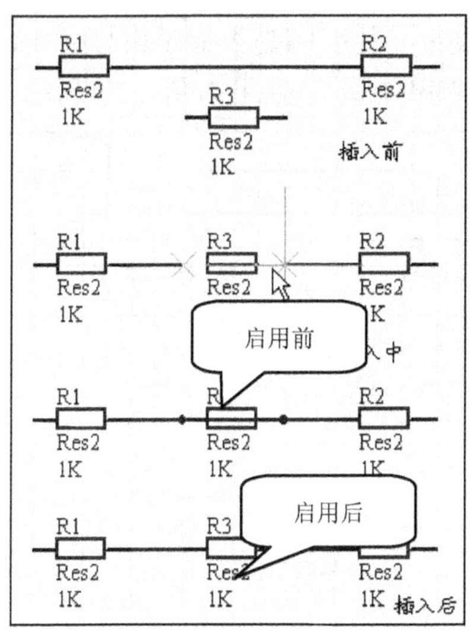

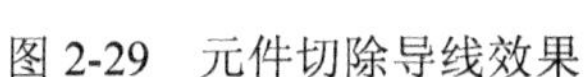
图 2-29 元件切除导线效果

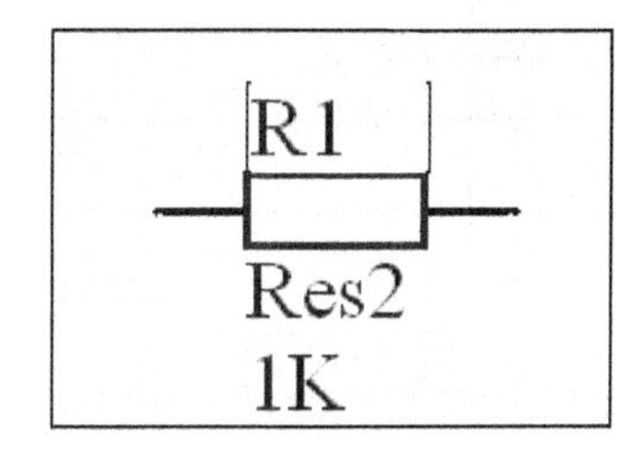

图 2-30 允许在线编辑

- 【Ctrl +双击打开图纸（Ctrl+Double Click Opens Sheet）】按住【Ctrl】键+鼠标双击打开图纸：在层次式电路图设计中，选择此项后按住【Ctrl】键+鼠标左键双击选定的图纸符号，即可打开相关联的图纸。
- 【转换交叉点（Convert Cross-Junctions）】自动生成交叉节点：该选项用于设定当两条导线相交时是否自动产生电气节点。选择后将在导线的连接处产生交叉式电气节点形成电气连接，不选择，则两条导线仅仅是外观上的相交而并没有电气关系。效果如图 2-31 所示。
- 【显示 Cross-Overs（Display Cross-Overs）】显示交叉跨越：选择该选项后，两条没有电气关系的导线相交时会在相交处显示弧形跨越符号，若是没有选择该项，交叉处仅仅是直角相交。效果如图 2-32 所示。

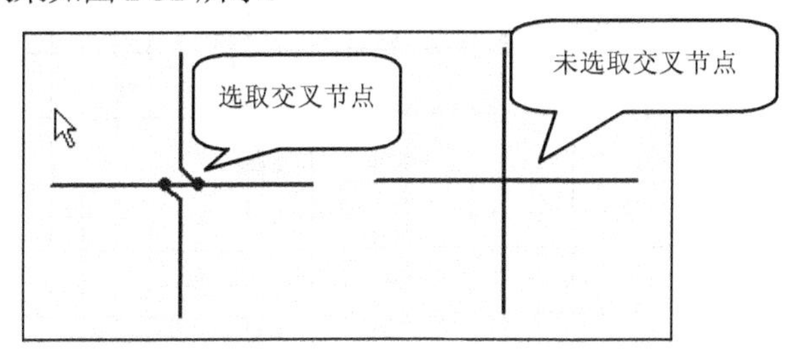

图 2-31 交叉节点效果图

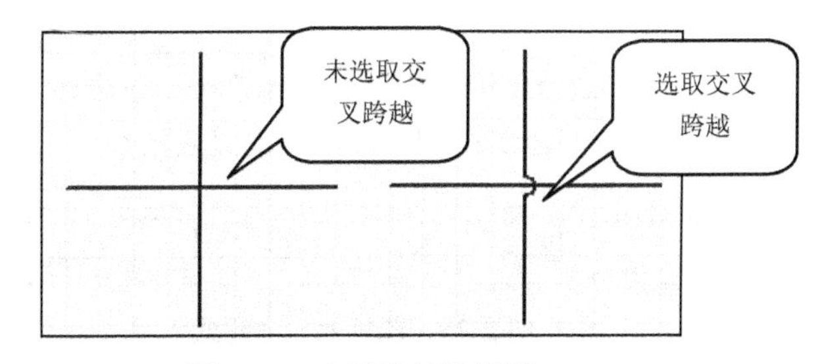

图 2-32 交叉跨越效果图

- 【Pin 方向（Pin Direction)】引脚方向：设定元件引脚是否显示信号方向，选择此项则在元件的引脚上显示信号流向；反之，则不显示。效果如图 2-33 所示。

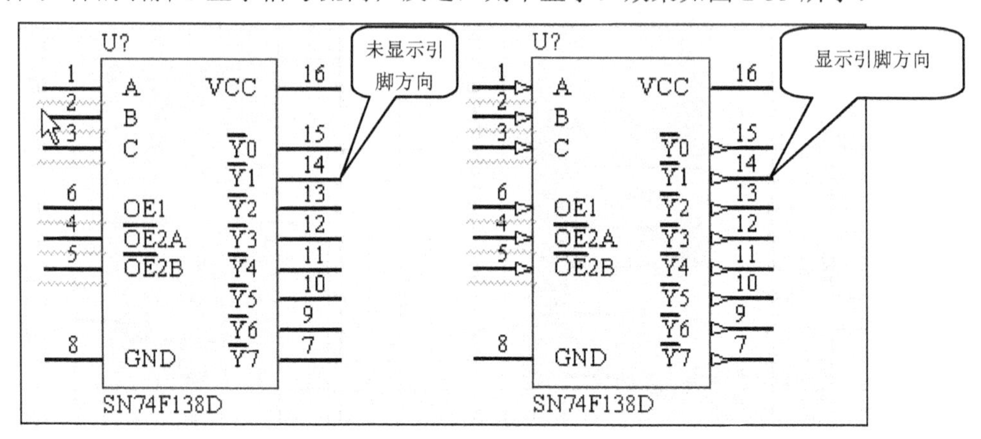

图 2-33 引脚方向显示效果

- 【图纸入口方向（Sheet Entry Direction)】图纸入口方向：该选项用来设定采用层次式原理图设计时子图的入口方向设置。双击图纸入口 0 符号。弹出如图 2-34 所示的对话框，该对话框中有【类型（Style)】和【I/O 类型（I/O Type)】两个下拉菜单设置项。【类型（Style)】用来设置该图纸入口符号的样式，而【I/O 类型（I/O Type)】则用来设定该 I/O 口的信号流向。倘若选择了【图纸入口方向（Sheet Entry Direction)】选项，则该图纸入口符号的方向由【I/O 类型（I/O Type)】参数设定，反之，则由【类型（Style)】参数设定。图纸入口的样式如图 2-35 所示。

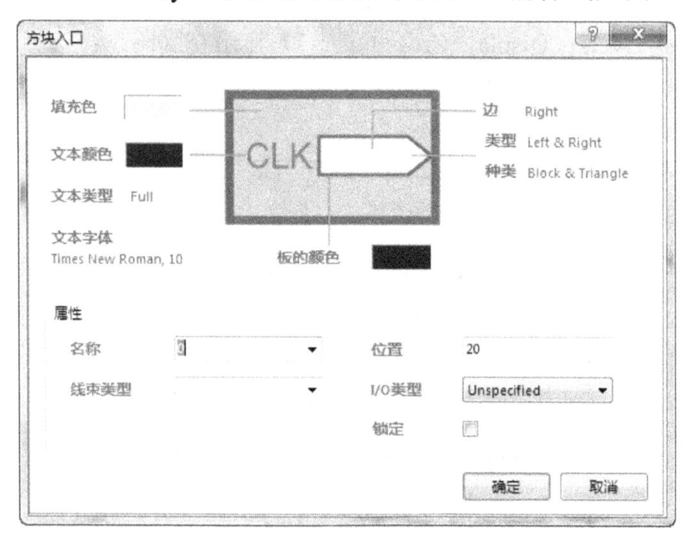

图 2-34 图纸入口属性设置

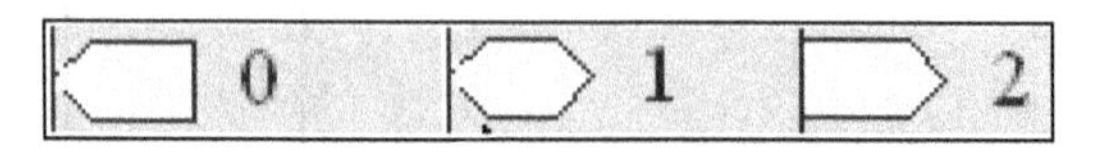

图 2-35 图纸入口的样式

- 【端口方向（Port Direction）】端口入口方向设置：该选项与【图纸入口方向（Sheet Entry Direction）】图纸入口方向设置类似，如图 2-36 所示。选择该项时，端口方向由【I/O 类型（I/O Type）】参数决定；未选择该参数则由【类型（Style）】参数决定。端口的样式如图 2-37 所示。

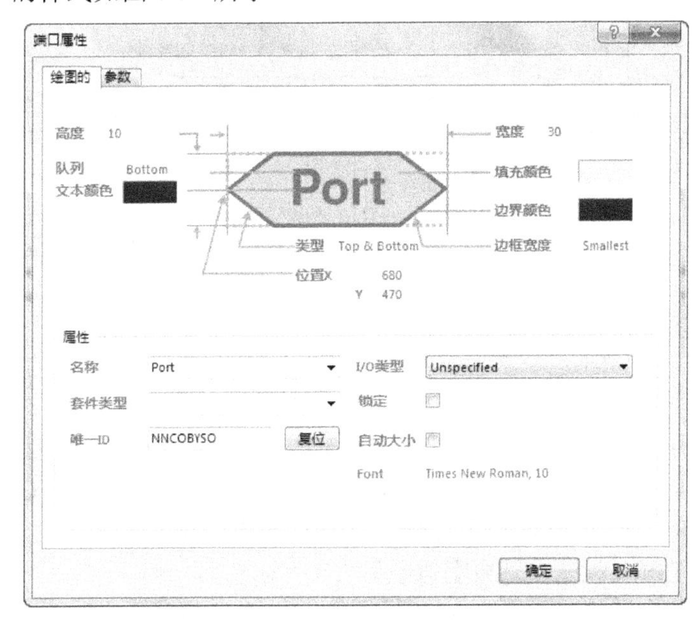

图 2-36　端口属性设置

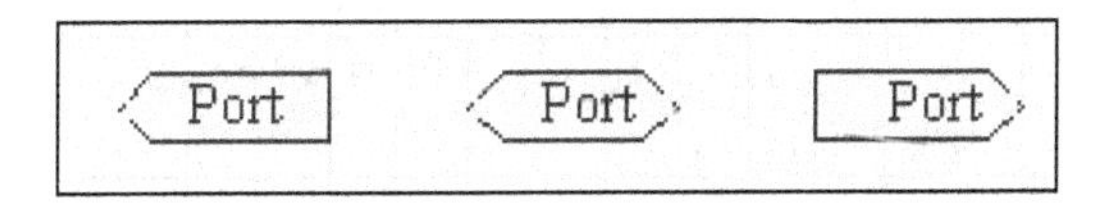

图 2-37　端口的样式

- 【未连接从左到右（Unconnected Left To Right）】：该选项用来设定图纸中未连接的端口样式一律采用从左到右的方式。必须在选择【端口方向（Port Direction）】选项时该选项才有效，若不选择该选项，端口的样式由其属性对话框中的【I/O 类型（I/O Type）】参数设置。
- 【使用 GDI+渲染文本（Render Text with GDI+）】：使用 GDI+渲染文本字体，使字体更加清晰，此项应该打开。
- 【直角拖拽（Drag Orthogonal）】：拖拽与移动不同，移动元件时元件上的电器连线不会随着移动，所以会破坏原先的电气连接；拖拽则是在保持电气连接关系的情况下移动元件。拖拽可以选择【编辑（Edit）】菜单的【移动（Move）】→【拖动（Drag）】命令，即可使鼠标进入拖拽状态，进而拖拽元件。直角拖拽时，电气连线会以直角的模式走线，而非直角拖拽时，电气连线可以沿任何方向走线。直角拖拽的效果如图 2-38 所示。可以从下拉选项中选择直角拖拽的幅度，分别有：最小、小、中等和大等的四个幅度。

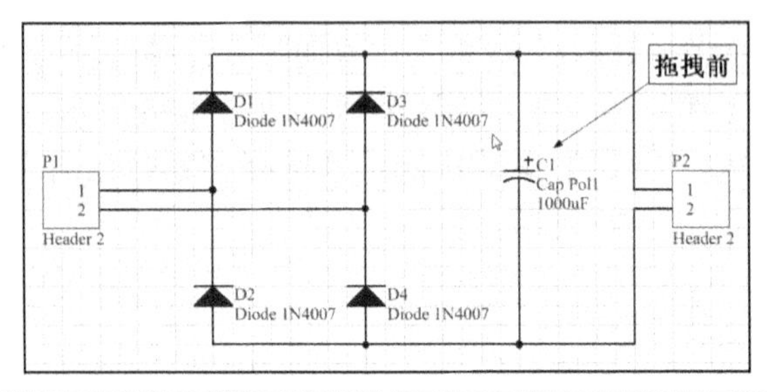

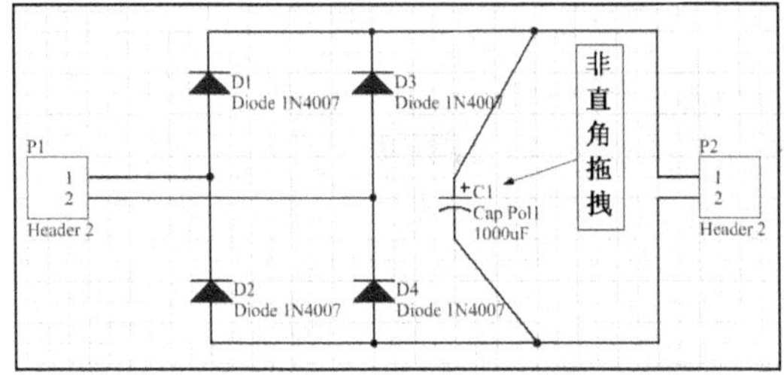

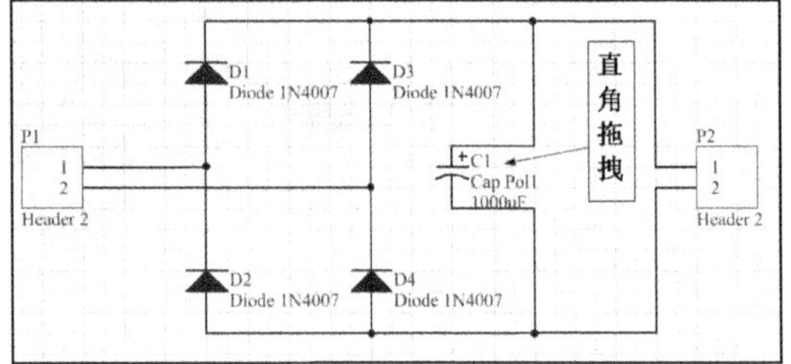

图 2-38　直角拖拽效果

（2）【包括剪贴板（Include With Clipboard and Prints）】选项

该选项可以设定在使用剪切和打印功能时是否包含【No-ERC 标记（No-ERC Markers）】忽略 ERC 标记、【注释】、【微十字光标】、【隐藏注释】、【大十字光标】、【小十字光标】、【三角形】和【检查对话框】等设置。

（3）【Alpha 数字后缀（Alpha Numeric Suffix）】字母数字后缀选项

该选项用于设定当放置具有复合封装元件里面的单个元件时，各单位元件的标号显示方式。【字母（Alpha）】表示以字母的形式显示；【数字（Numeric）】则表示以数字的形式显示。如图 2-39 所示，放置 SN74F00D 与非门，由于一块芯片里面包含有多个门单元，当放置第一个单元后，标号会自动增加为同一块芯片的第二个单元，图中为选择不同后缀的效果。

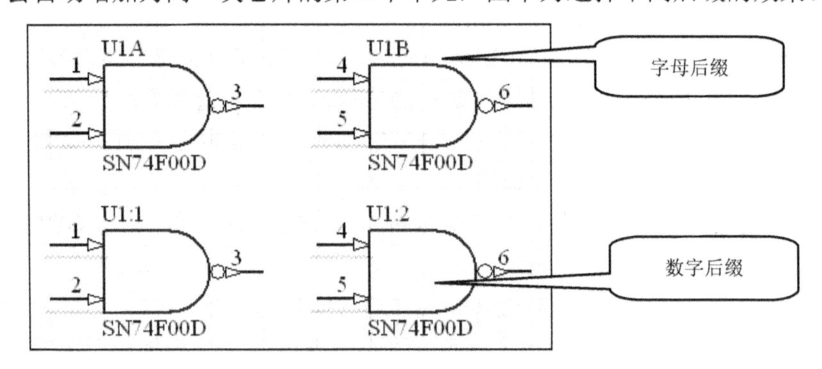

图 2-39　单元器件后缀选择

（4）【管脚余量（Pin Margin）】引脚边距选项

该选项用于设定元件名称与元件引脚数字编号和元件边框之间的距离，其中，【名称（Name）】用于设定元件名称与边框之间的距离；【数量（Number）】用于设定引脚编号与元件边框之间的距离。如图 2-40 所示。

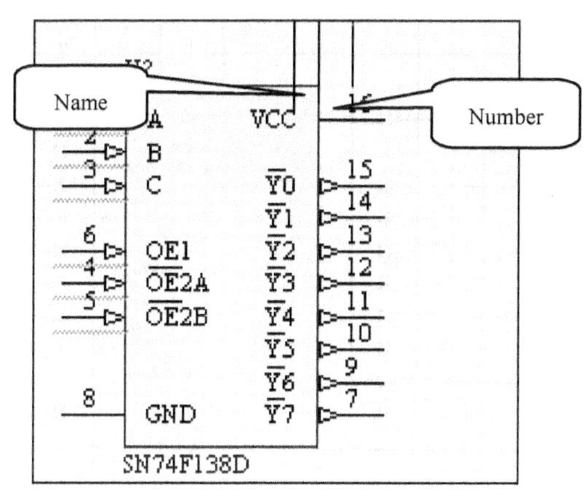

图 2-40　边距设定

（5）【过滤和选择的文档范围（Document scope for filtering and selection）】文档过滤和选择的范围选项

该选项用于设定进行筛选或是选择时的作用域，其下可选择的范围如下所示。

- 【Current Document】：当前文档。
- 【Open Documents】：所有打开的文档。

（6）【分段放置（Auto-Increment During Placement）】放置元件时自动增加选项

该选项用于设定连续的放置图件时，倘若元件上包含有数字，如元件标号、网络标号、引脚标号等，标号数字量自动增加的大小，如图 2-41 所示，放置电阻 R1 后，再次放置电阻时其标号会自动增加为 R2。【首要的（Primary）】和【次要的（Secondary）】分别用来设定电路图编辑和元件编辑里面数字增量的大小，即步长。

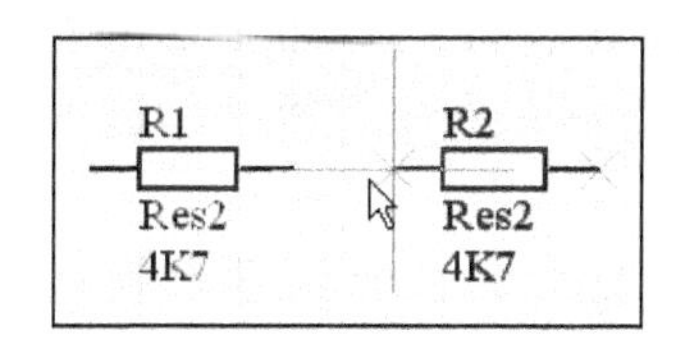

图 2-41　标号的自动增加

（7）【端口交叉参考（Port Cross References）】

该选项用于设定端口交叉引用时的样式。可以设定【图纸类型（Sheet Style）】和【位置类型(Location style)】：包括是否显示图纸名、显示图纸名或是编号，以及显示坐标的样式。

（8）【默认空图表尺寸（Default Blank Sheets Template or Size）】默认空白图纸模板或尺寸选项

该选项用于设定新建电路图纸时默认模板或图纸的尺寸大小，默认为无默认模板文件，而相关尺寸已经在 2.3.3 节的选项中介绍过。

2.4.2　【Graphical Editing】图形编辑设定

【Graphical Editing】选项中包含了电路图图形设计时的相关设定，设置主界面如图 2-42 所示。

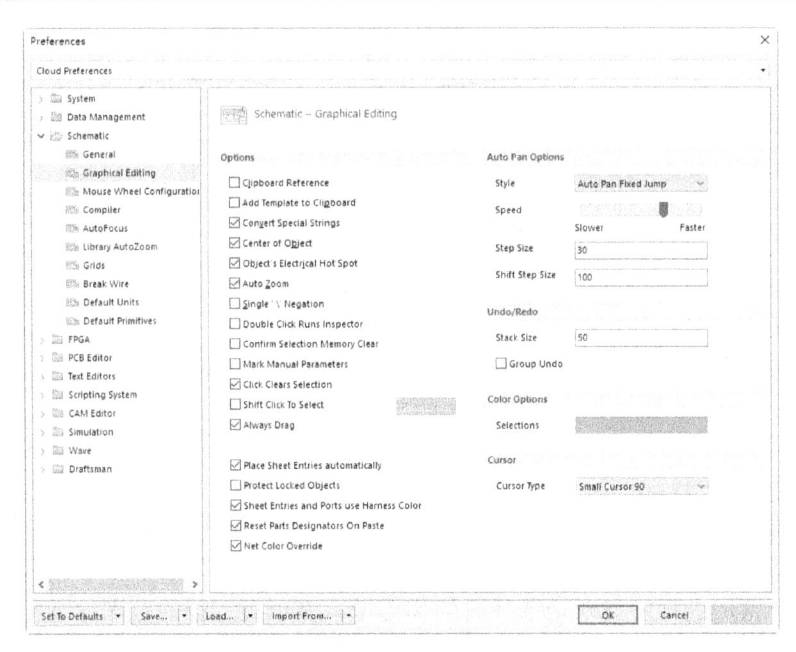

图 2-42　【图形编辑设定】对话框

（1）【选项区域（Options）】选项区域

- 【剪贴板参考（Clipboard Reference）】剪贴板参考点：该选项用于设定在剪切和复制操作时，执行剪切或复制命令后是否还要用鼠标选择一个参考点，粘贴时再以该参考点为原点放置图件。该选项是为了适应 Protel 99SE 用户而设定的，在以前的版本中为了定位的准确剪切和复制操作需要选择参考点。
- 【添加模板到剪切板（Add Template to Clipboard）】将模板加入到剪切板：该选项用于设定执行剪切和复制命令时是否将模板一起选入，若选择该选项，图纸中的模板会一同复制到剪切板中。
- 【转化特殊字符（Convert Special Strings）】转换特殊字符串：该选项用于设定是否将特殊字符串转化为其内容显示。如图 2-43 所示，当选择该项后，对应的 CompanyName 就会变成实际的公司名显示，特殊字符串的设置可参考 2.3.2 节的设计信息参数设置。

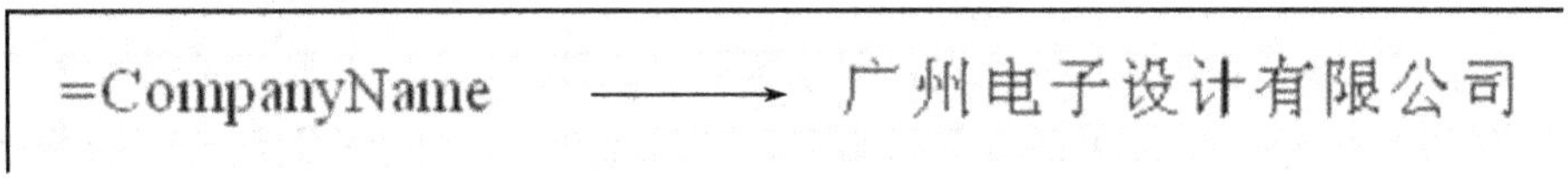

=CompanyName ——→ 广州电子设计有限公司

图 2-43　特殊字符串的转化

- 【对象的中心（Center of Object）】对象居中：若选择该选项，当鼠标拖拽圆形、矩形等非电气对象时，鼠标指针会指向该对象的中心点；如不选择该项，则鼠标指针则会固定在最初的选择点。
- 【对象电气热点（Objects Electrical Hot Spot）】对象的电气热点：该选项用于设置选择电气对象时光标的位置。若选择该项，选择电气对象并拖动时，光标会移至离光标最近的引脚；若不选择该项，则光标会固定在最初的选择点。

- 【自动缩放（Auto Zoom）】自动缩放：该选项用于设定当着重显示某个电气元件时，编辑区是否自动缩放以便将该元件以最佳的方式显示。
- 【否定信号“\”（Single “\” Negation）】单字符“\”表示否定：该选项用于设定在设置网络名时，是否可以在网络名前添加“\”符号，从而使整个网络名的上方出现上划线。如网络“\Net”在原理图中实际显示为“$\overline{\text{Net}}$”。

“\Net”与“N\e\t\”在原理图中均显示为“$\overline{\text{Net}}$”，但并不属于同一个网络，没有电气关系。

- 【双击运行检查（Double Click Runs Inspector）】双击运行检查器：该选项用于设定当双击图件时，该图件的属性是以属性对话框的形式显示还是以 Inspector 的形式显示，两种不同的显示效果如图 2-44 所示。

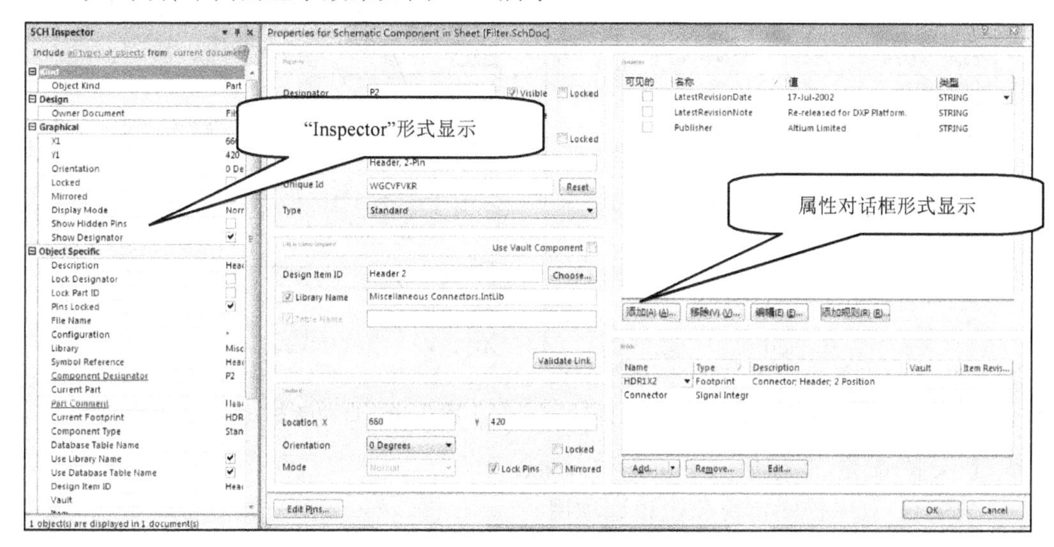

图 2-44　图件属性显示方式

- 【确定被选存储清除（Confirm Selection Memory Clear）】：该选项设定的当清除选定的内存区域时是否需要确认。
- 【掩膜手册参数（Mark Manual Parameters）】标记人工参数：该选项用于设定是否显示人工参数标记。
- 【单击清除选择（Click Clears Selection）】单击清除选择：该选项用于设定当编辑区内选择了元件时若要取消选择，只需将鼠标移至绘图区空白处后单击即可。若是不选择该项，取消选择就只能通过【编辑（Edit）】菜单的【取消选中（DeSelect）】命令或按钮来执行。
- 【Shift+单击选择（Shift Click To Select）】：按住【Shift】键单击鼠标选择：选择该选项后选择图件时需要按住【Shift】键的同时单击鼠标左键才能选中图件。单击【元素（Primitives）】按钮后会弹出如图 2-45 所示的必须按住【Shift】键来选择对话框，设定哪些图件选择时需按住【Shift】键。

- 【一直拖拉（Always Drag)】总是拖拽：前面已经介绍过拖拽与拖动的区别，该选项用于设定当用鼠标左键选择电气元件并移动时系统默认是拖动还是拖拽，若选择该项，则元件移动时保持原来的电气关系不变，不选择该项则元件原先的电气连接会改变。
- 【自动放置图纸入口（Place Sheet Entries Automatically)】自动产生图纸入口：该选项用于设定当有元件连线至图纸符号时，图纸是否自动产生一个图纸入口，图 2-46 所示为选择该项后自动产生图纸入口的效果。

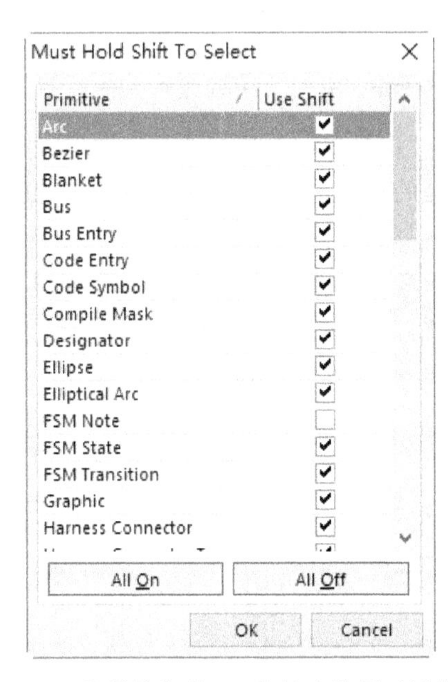

图 2-45　必须按住【Shift】键来选择对话框

图 2-46　自动产生图纸入口的效果图

- 【保护锁定的对象（Protect Locked Objects)】保护锁定对象：该选项用于设定是否保护锁定了的对象。若选择该项且当对象属性设定为锁定时，该对象不能进行拖动或拖拽等操作；若没有选择该项，锁定的对象移动时会产生如图 2-47 所示的【锁定对象操作确认】对话框。

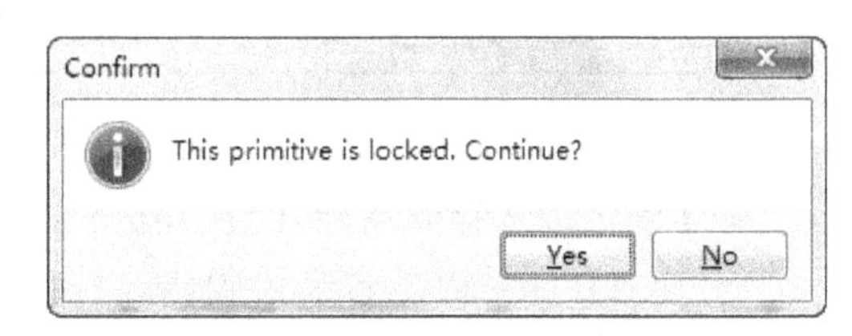

图 2-47　【锁定对象操作确认】对话框

- 【图纸入口和端口使用 Harness 颜色（Sheet Entries and Ports use Harness Color)】该选项用于设定图纸入口和端口是否使用和 Harness 相同的颜色设置。
- 【重置粘贴的元件标号】该选项用于设定粘贴后的元件是否重置其标号。
- 【净色覆盖（Net Color Override)】该选项用于选择图形的净色覆盖。

（2）【自动扫描选项（Auto Pan Options)】自动边移选项区域

该选项区域用来设置当光标移至绘图区的边缘时，图纸自动边移的样式。

- 【类型（Style)】自动边移样式选项：【Auto Pan Off】表示自动边移关闭，当光标移至绘图区边缘时，图纸不自动移动；【Auto Pan Fixed Jump】表示当光标移至绘图区边缘时，图纸以固定的步长移动；【Auto Pan ReCenter】表示当光标移至绘图区边缘时，系统会将此时光标所在的图纸位置移至绘图区中央，即将图纸整体移动半个绘图区位置。

- 【速度（Speed）】：自动边移速度设置，拖动滑块向右移动，则自动边移的速度变快；向左移动则自动边移的速度变慢。
- 【步进步长（Setp Size）】：图纸自动边移时的步长，此选项必须配合【Auto Pan Fixed Jump】设置。
- 【Shift 步进步长（Shift Step Size）】：此选项设置按住【Shift】键时自动边移的步长，同理，此选项也需配合【Auto Pan Fixed Jump】设置。

（3）【撤消/取消撤消（Undo/Redo）】选项

此选项用来设置最多【撤消/取消撤消（Undo/Redo）】指令的次数，可在【堆栈尺寸（Stack Size）】文本框中设置；【取消组（Group Undo）】复选框是设置相同的操作指令可以一次性全部撤消。

（4）【颜色选项（Color Options）】选项

该选项用来设置原理图中处于选中状态的图件所标示的颜色，单击【选择（Selections）】后面的颜色框，弹出如图 2-48 所示的【选择颜色】对话框，可从中选择合适的颜色设置。

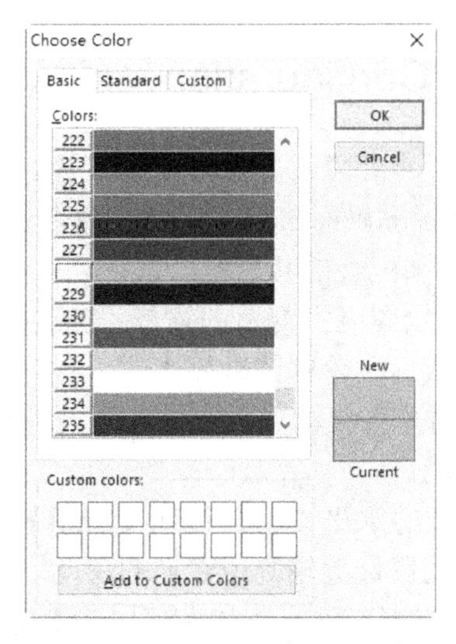

图 2-48 【选择颜色】对话框

（5）【光标（Cursor）】光标选项

该选项用来设置鼠标处于选择状态时的光标样式，有四种【指针类型（Cursor Type）】供用户选择。

- 【Large Cursor 90】：90°的大游标，贯穿整个绘图区。
- 【Small Cursor 90】：90°的小游标，正常的十字形指针。
- 【Small Cursor 45】：45°的小游标，正常的“×”形指针。
- 【Tiny Cursor 45】：45°微型指针：微型“×”形指针。

各种光标样式如图 2-49 所示。

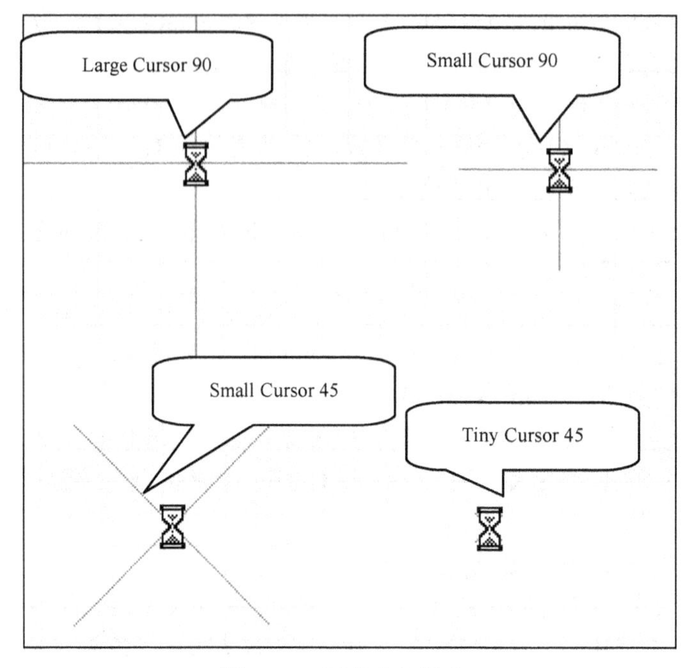

图 2-49　四种光标样式

2.4.3　【Mouse Wheel Configuration】鼠标滚轮设定

倘若使用的是带有中间滚轮的鼠标还需要对鼠标滚轮进行设置，使用鼠标滚轮可以方便原理图的操作。如图 2-50 所示，鼠标滚轮可对四个命令进行快捷操作，选择其中的复选框就可以设置滚动鼠标滚轮时必须配合的功能键。

- 【Zoom Main Window】绘图区主窗口的缩放：按住【Ctrl】键的同时向上滚鼠标滚轮则图纸放大，向下滚鼠标滚轮则图纸缩小。
- 【Vertical Scroll】图纸的垂直滚动：向上滚动鼠标滚轮则图纸向上移动，向下滚动鼠标滚轮则图纸向下移动。
- 【Horizontal Scroll】图纸的水平滚动：按住【Shift】键的同时向上滚动鼠标滚轮则图纸向左移动，向下滚动鼠标滚轮则图纸向右移动。
- 【Change Channel】：同时按住【Ctrl】键和【Shift】键并滚动鼠标滚轮则图纸在不同的通道之间进行切换。

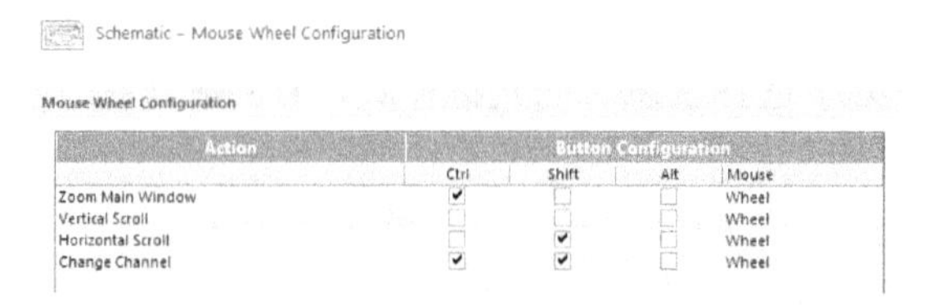

图 2-50　鼠标滚轮设置

2.4.4 【Compiler】编译器设定

【Compiler】选项页主要负责编译时产生的错误和警告的提示，以及节点样式的设定，如图 2-51 所示。

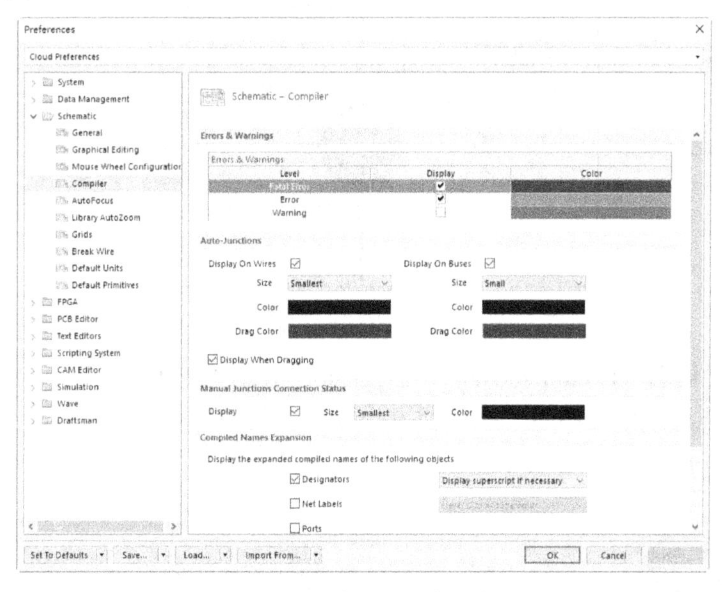

图 2-51 【编译器设定】选项

（1）【错误和警告（Errors&Warnings）】区域

该区域设置不同等级的错误的显示样式。错误信息主要分为三个等级【Fatal Error】致命错误、【Error】错误和【Warning】警告。在其后的【显示（Display）】复选框中可以设置该类型的错误是否在绘图区显示，显示的颜色在颜色框里面选择。如图 2-52 所示，显示了元件由于输入引脚悬空导致的编译错误，将光标置于错误上并停留一段时间系统便会自动显示错误的具体信息。

（2）【Auto-Junction】自动节点区域

该区域用于设置布线时系统自动产生的节点的样式，其中有线路节点【显示在线上（Display On Wires）】和总线上的节点【显示在总线上（Display On Buses）】，可以分别设置节点的大小和颜色。如图 2-53 所示，是设置节点为【Large】型的显示效果。

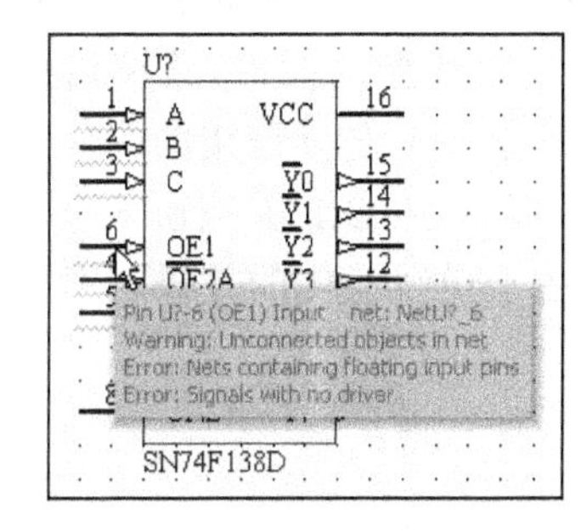

图 2-52 编译错误的提示

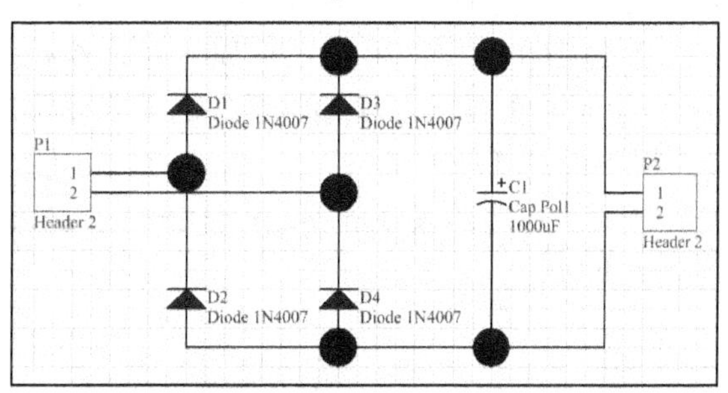

图 2-53 【Large】型节点显示效果

（3）【手动连接状态（Manual Junctions Connection Status）】手动添加节点连接状态显示

如图 2-54 所示，可以通过【放置（Place）】菜单的【手工节点（Manual Junction）】命令来手动添加电气节点，手动添加的电气节点可以无实际的电气连接，通过设定有电气连接的节点外显示圆晕来区分有无电气连接，本选项区域则用于设置这种状态圆晕的样式。

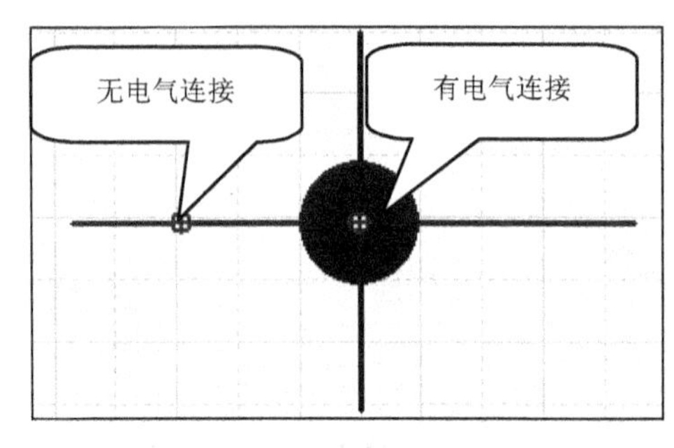

图 2-54　手动添加节点效果

（4）【编译扩展名（Compiled Names Expansion）】编译扩展名

该选项针对层次式原理图设计或多通道设计时，将逻辑电路图展开为实际电路图的具体展开项目设置，还可以设定编译后的文档以灰度的形式显示，下面的拖动框调整灰度显示的强度。

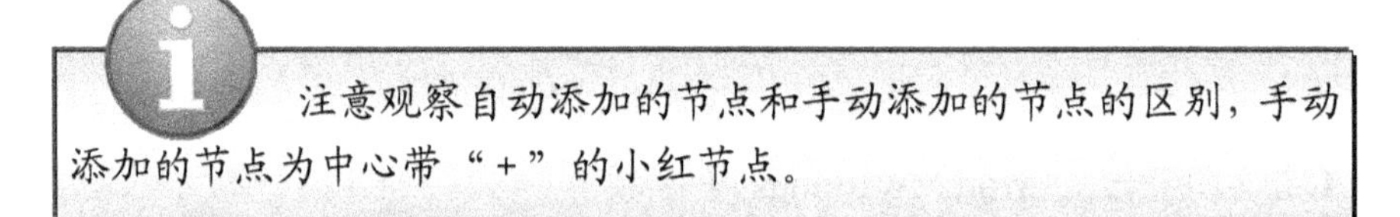

注意观察自动添加的节点和手动添加的节点的区别，手动添加的节点为中心带“+”的小红节点。

2.4.5　【Auto Focus】自动对焦设定

自动对焦功能是为了原理图编辑时方便使用者，突出显示待编辑的图件，主要有三个方面自动对焦的设定，如图 2-55 所示。

（1）【淡化未链接的目标（Dim Unconnected Objects）】淡化显示其他未连接的对象

图 2-56 所示为淡化显示的效果。淡化显示其他未连接对象区域内有四个复选框：【放置时（On Place）】是指放置图件时，淡化显示其他未与其连接的图件；【移动时（On Move）】是指移动图件时，淡化显示未与其连接的图件；【图形编辑时（On Edit Graphically）】是指在编辑图件的图形属性时，淡化显示未与其连接的图件；【编辑放置时（On Edit In Place）】是指在线编辑图件的文字属性时，淡化显示未与其连接的图件。还可以单击复选框下面的【所有的打开（All On）】和【所有的关闭（All Off）】按钮来全部选择和全部取消选项；右边的【Dim 水平（Dim Level）】滑块用于设置淡化的效果，滑块越靠右淡化效果越明显。

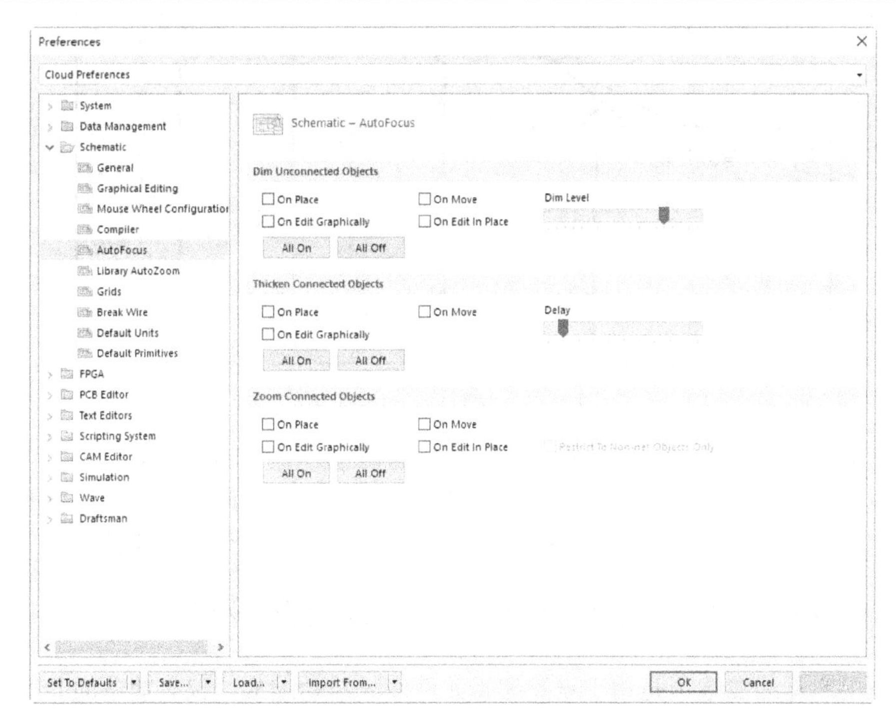

图 2-55 【自动对焦设定】选项

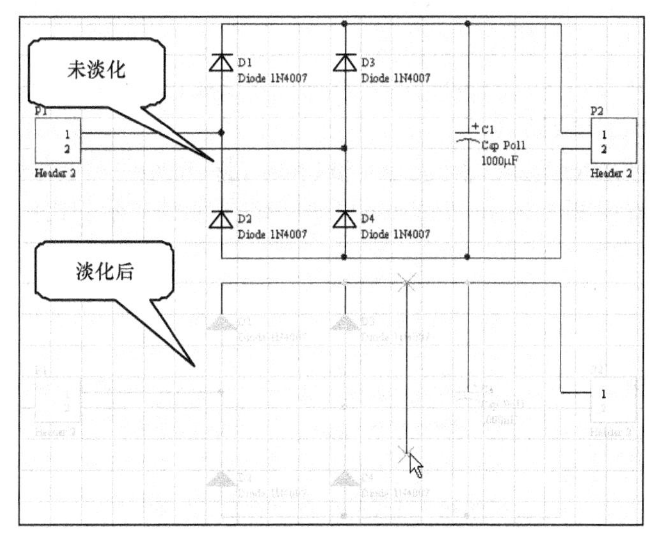

图 2-56 淡化显示效果图

（2）【使连接物体变厚（Thicken Connected Objects）】加粗连接对象

启用该功能后，放置对象时，加粗显示对象连接的导线和元件的引脚，显示效果如图 2-57 所示。设置区域的【延迟（Delay）】滑块设置连接导线加粗显示的时间。

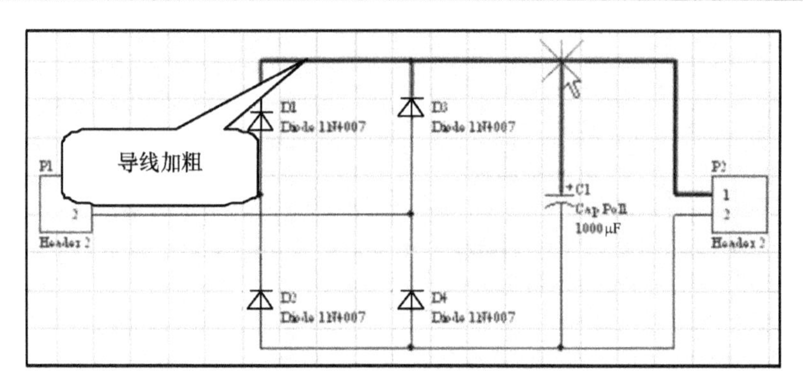

图 2-57　加粗显示对象效果

（3）【缩放连接目标（Zoom Connected Objects）】放大显示连接对象

当放置导线或元件时，放大显示所有与其连接的元件。区域内的【仅约束非网络对象（Restrict To Non-net Objects Only）】是指自动放大功能仅限于无网络的图件。

2.4.6　【Library AutoZoom】元件库自动缩放设定

元件库的自动缩放选项是用于设置编辑元件库时自动缩放，仅有简单的几项设置，如图 2-58 所示。

- 【在元件切换间不更改（Do Not Change Zoom Between Components）】：该项是设定在元件库之间移动元件时是否缩放。
- 【记忆最后的缩放值（Remember Last Zoom For Each Component）】：在元件库之间移动元件时按照上次比例显示。
- 【元件居中（Center Each Component In Editor）】：将元件置于元件编辑库中间显示，后面的【缩放精度（Zoom Precision）】用于设置元件显示的比例。

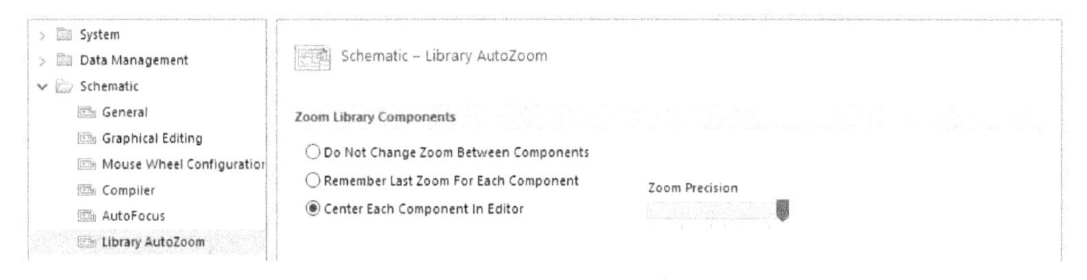

图 2-58　【元件库自动缩放】选项

2.4.7　【Grids】网格设定

【网格设定】选项用于设定网格的显示方式，以及捕获网格、电气网格和可视网格的大小。

（1）【格点选项（Grids Option）】格点选项

里面的【可视化栅格（Visible Grid）】设置网格显示的样式，可以选择【Dot Grid】点网络或是【Line Grid】线网络如图 2-59 所示，后面的颜色框可以设置网络的显示颜色。

（2）【英制网格预设（Imperial Grid Presets）】英制网格预设项目

该区域设置预置的网格大小，在编辑中可以按快捷键【G】来进行不同大小网格的切换。如图 2-60 所示，网格设置包括【跳转栅格（Snap Grid）】、【电气栅格（Electrical Grid）】和【可视化栅格（Visible Grid）】。单击前面的【Altium 推荐设置（Presets）】按钮预设按钮弹出如图 2-61 所示的选项框。其中包括 6 组设置，可以选定其中的一组设置，在右边会详细显示该组设置的具体网格规格，在绘图时可按【G】键在不同的网格规格之间切换。

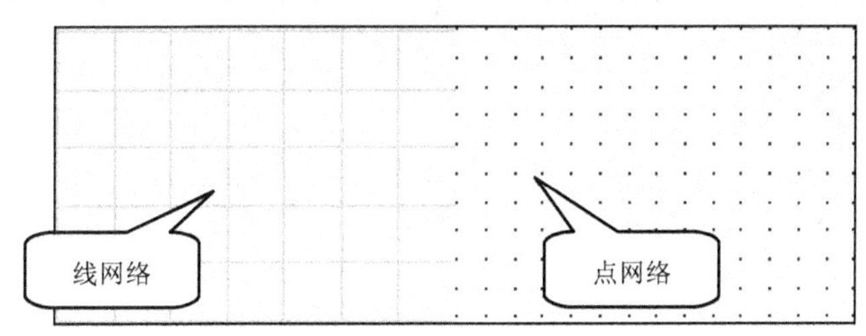

图 2-59　线网络与点网络

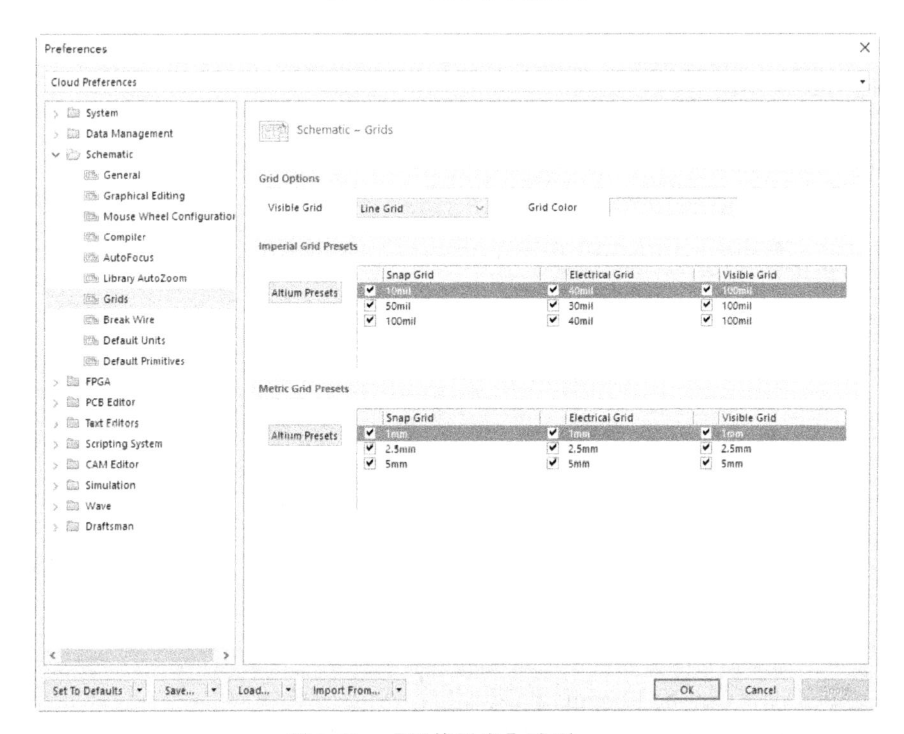

图 2-60　【网格设定】选项

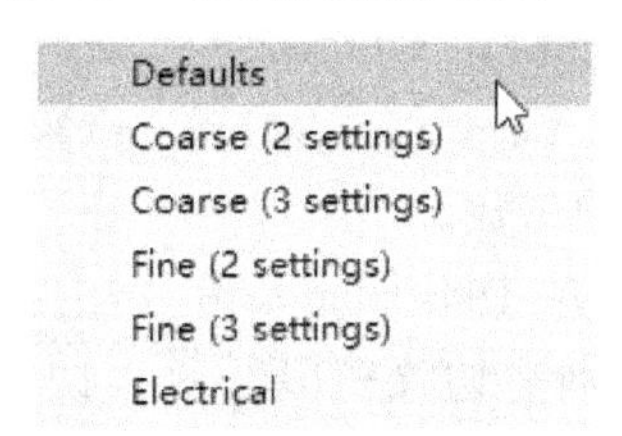

图 2-61　【预设网格】选项

（3）【Metric Grid Presets】公制网格预设项目

该区域的设置与英制网格预设相同，只不过采用了公制单位。单击【Altium 推荐设置（Presets）】预设按钮选定相应的设置，在绘图时就可以使用了。

视频教学

2.4.8 【Break Wire】切线设定

切线是指切断电气连线，选择【编辑（Edit)】→【Break Wire】就可以执行切线命令，在这里是对切线的尺寸，以及样式进行设定，如图 2-62 所示。

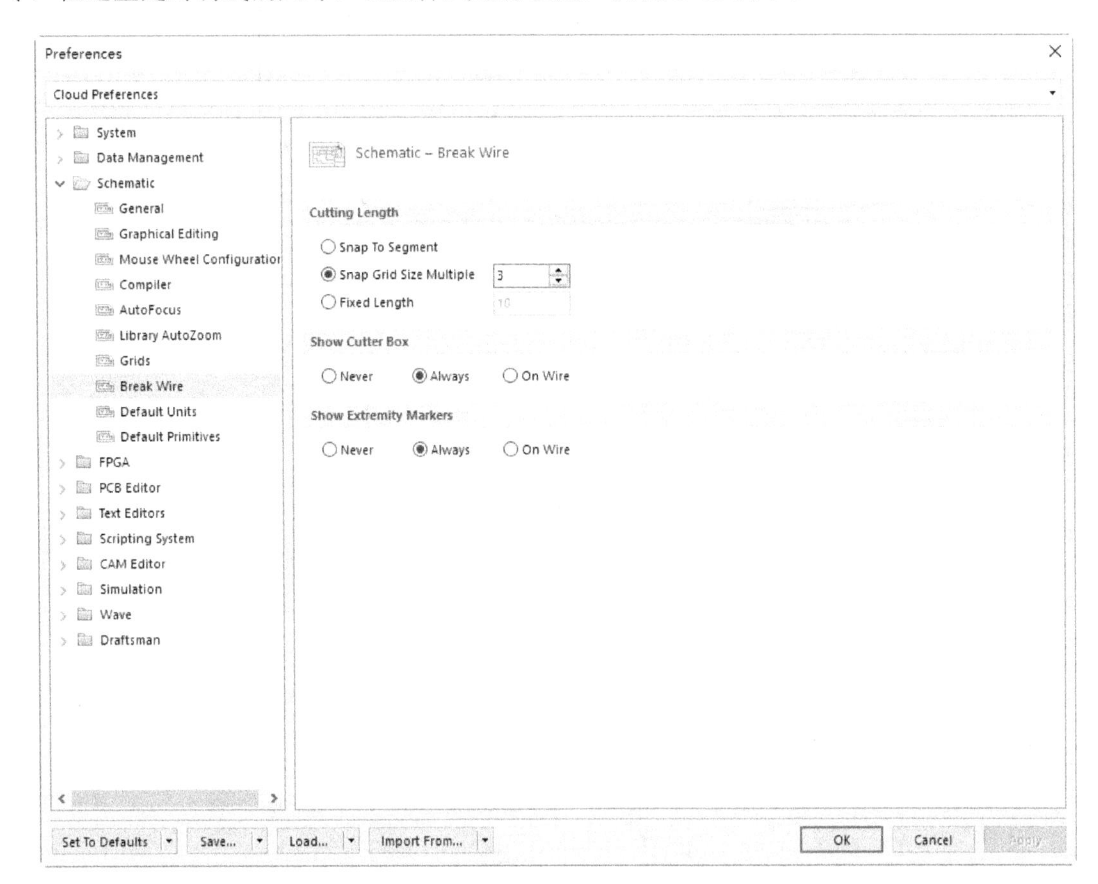

图 2-62 【切线设定】选项

（1）【切割长度（Cutting Length)】切割长度

即执行一次切线命令所截断的电气走线长度，有三个选项如下所示。

- 【折断片断（Snap To Segment)】：切除整段，即切除光标所选择的一段电气走线。
- 【折断多重栅格尺寸（Snap Grid Size Multiple)】：切除网格大小的整数倍，在其后的文本框中设置网格大小的倍数。
- 【固定长度（Fixed Length)】：切除固定长度，在后面的文本框中设置切除的长度。

切除效果如图 2-63 所示，分别为切除整段线段、切除网格大小的 20 倍和切除固定长度为 10 的线段。

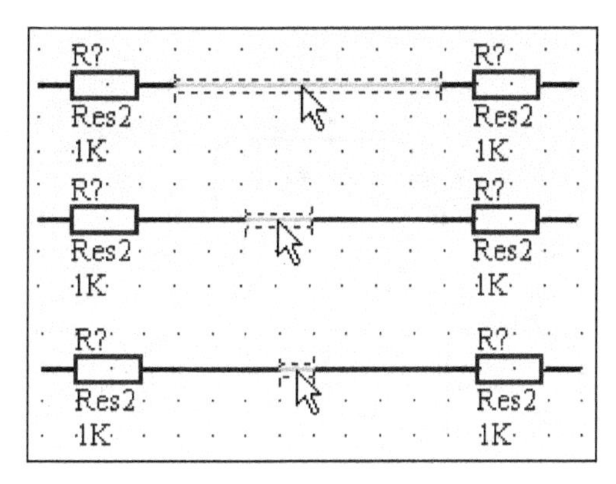

图 2-63　切除效果图

（2）【显示切割边框（Show Cutter Box）】显示切割边框

可以设定【从不（Never）】、【总是（Always）】或者【线上（On Wire）】显示切割边框，切割边框的显示效果如图 2-64 所示，上面显示了切割边框，而下面选择从不显示。

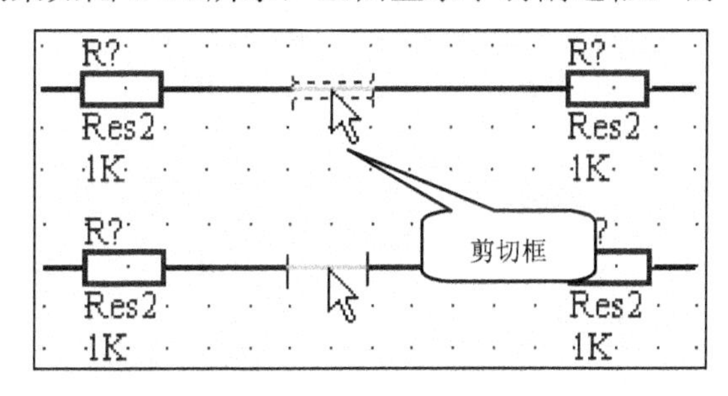

图 2-64　切割边框显示效果

（3）【显示（Show Extremity Markers）】显示末端标记

可以设定【从不（Never）】、【总是（Always）】或者【线上（On Wire）显示末端标记，末端标记的显示效果如图 2-65 所示，上面显示了末端标记，而下面选择从不显示。

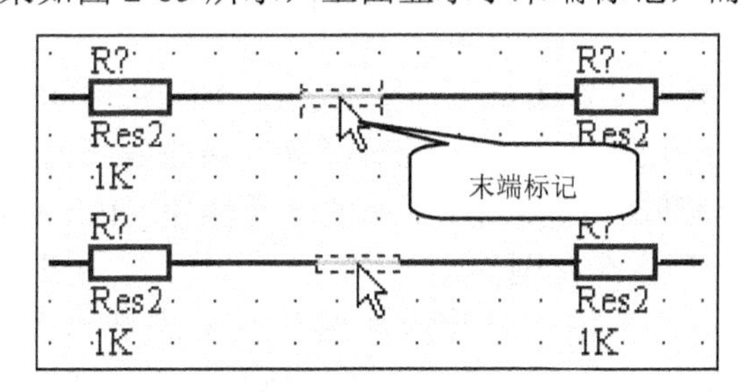

图 2-65　显示末端标记效果

2.4.9　【Default Units】默认单位设定

系统的单位设定主要是指采用英制系统还是公制系统，可以在如图 2-66 所示的选项中选择英制系统或是公制系统，并在下拉菜单中选用系统的单位大小；下面的【单位系统（Unit System）】显示了当前系统所采用的单位制。详细的单位设置可参考 2.3.3 节中【单位】选项卡参数设置，在此就不详细论述。

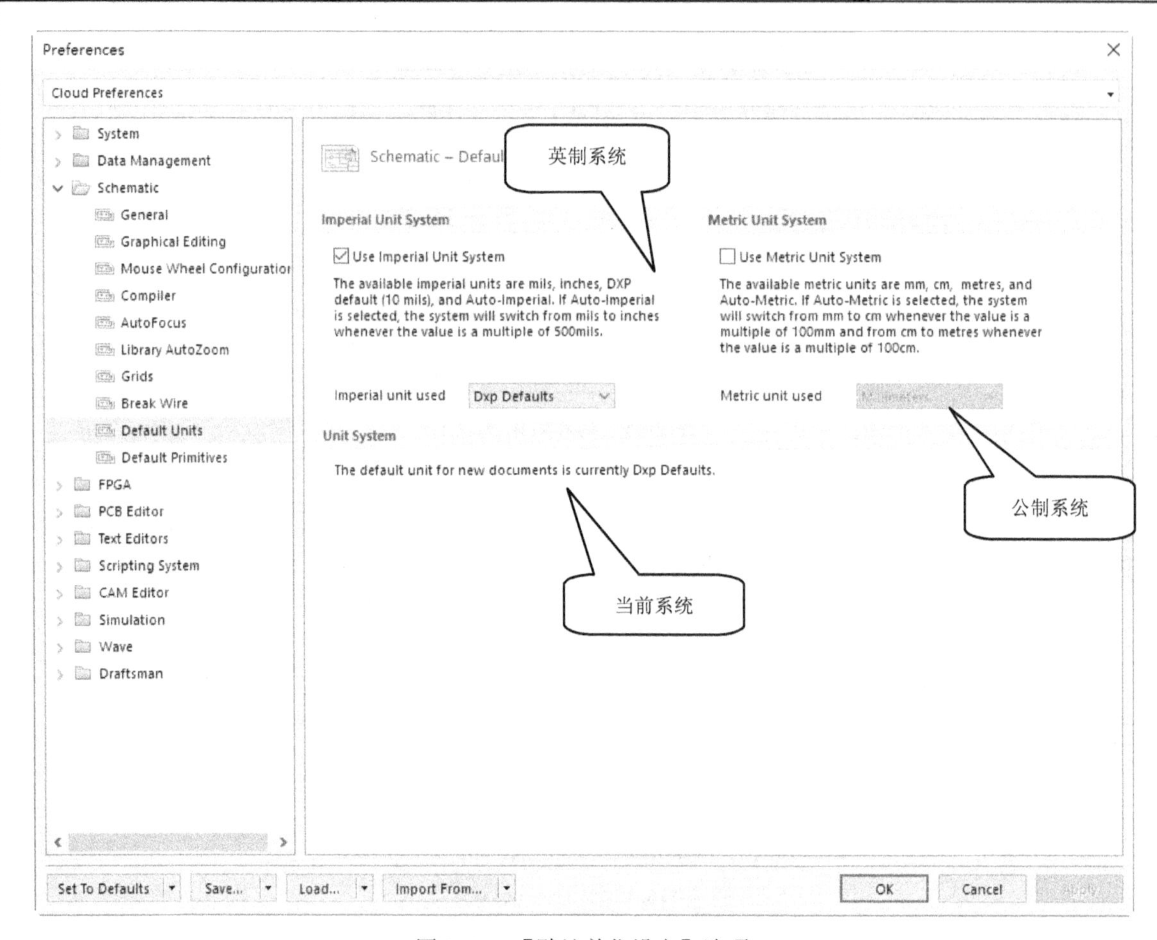

图 2-66 【默认单位设定】选项

2.4.10 【Default Primitives】默认图件参数设定

默认图件参数设定是用来设置编辑原理图放置图件时图件的默认参数，如图 2-67 所示，【元件列表（Primitives List)】为图件的分类表，单击该下拉菜单，可看到如图 2-68 所示的图件的分类，选择相应的分类则在下面的【元器件（Primitives)】框中显示该分类所有的图件，【All】选项为显示全部图件。

在【元器件（Primitives)】中选择相应的图件双击或是单击下面的【编辑值（Edit Values)】按钮打开【图件默认属性设置】对话框，例如，双击【Wire】选项打开如图 2-69 所示的导线默认属性对话框，该对话框与布线时按下【Tab】键所显示的属性对话框相同，只不过这里设置的是放置图件时的默认属性。

图 2-67 所示的【编辑值（Edit Values)】下方还有【复位（Reset)】、【复位所有（Reset All)】两个按钮，【复位（Reset)】复位选中图件，【复位所有（Reset All)】则是复位英制或者公制单位下所有图件属性。另外还可以分别对【Mils】英制和【MMs】公制下的默认参数分别设定。

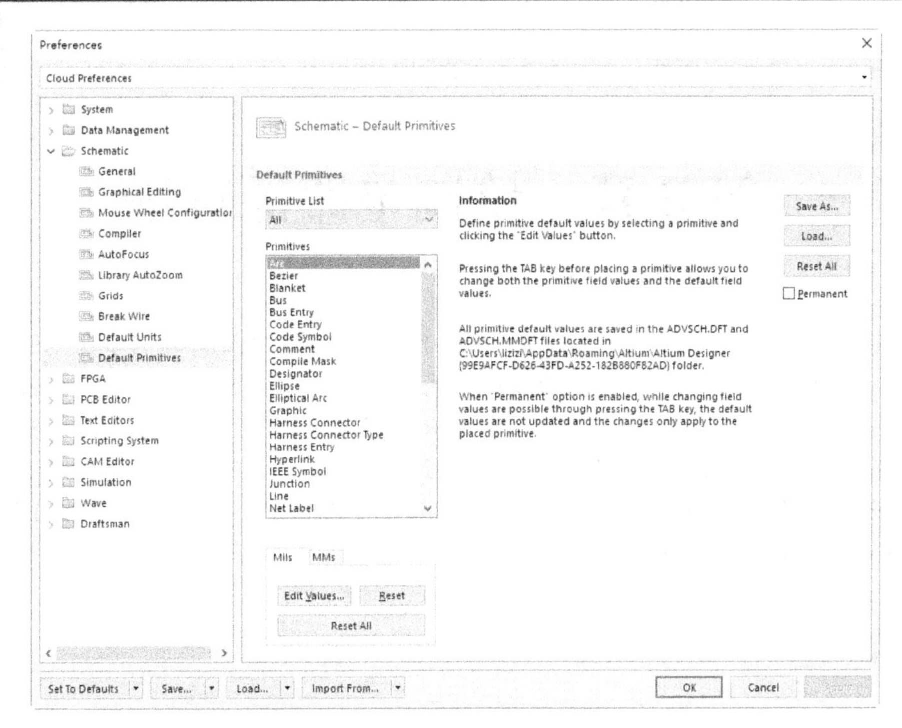

图 2-67 【默认图件参数设定】选项

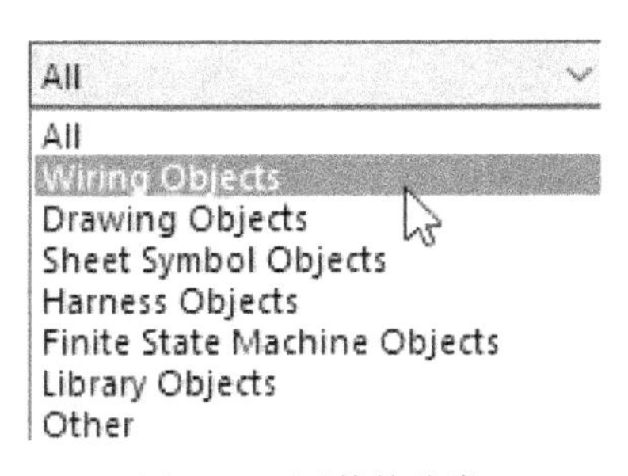

图 2-68 图件的分类

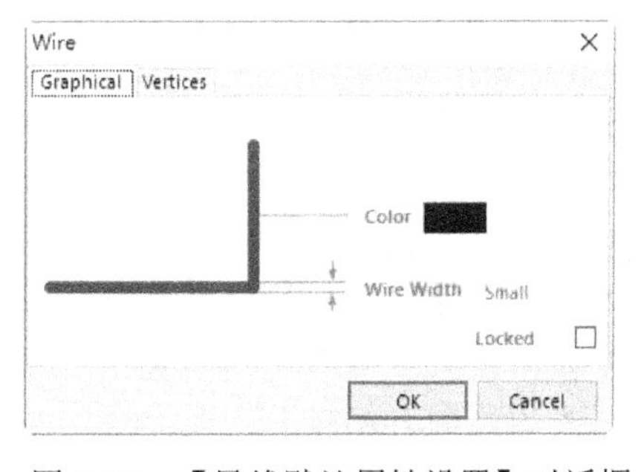

图 2-69 【导线默认属性设置】对话框

图 2-67 所示的中间的【信息（Information）】选项显示了图件操作的相关帮助信息。右方有三个按钮，其中，【保存为（Save As）】可将当前的图件默认属性设置保存为“*.dft”文件；同理，【装载（Load）】按钮可以载入现成的“*.dft”图件默认属性设置文件；【复位所有（Reset All）】则是复位所有图件包括英制和公制的默认属性。

【永久的（Permanent）】永久设置选框：设定默认参数的改变是否在原理图的整个编辑过程中都有效。若不选择该项，则在原理图中第一次放置该图件时，图件的属性与系统设置的默认属性相同，但是在放置过程中按下【Tab】键修改图件属性后，下次放置同类的图件时，图件的默认属性就变成了修改后的值；选择该选项后，在原理图的绘制过程中不论修改图件的属性多少次，新放置的同类图件的属性均为系统设定的默认值。

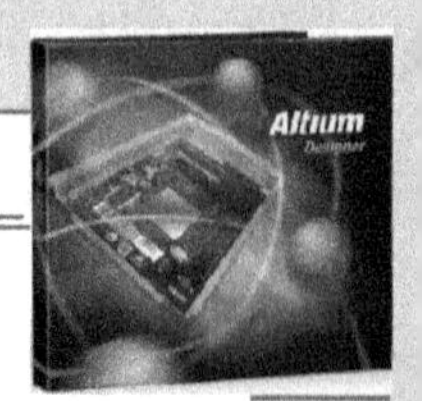

第 3 章　绘制电路原理图

通过第 2 章的学习，对 Altium Designer 16.0 的原理图编辑环境有了深刻的了解。本章将以一个 51 单片机工作系统为总体脉络，详细介绍 Altium Designer 原理图的编辑操作和技巧，该单片机系统以 Philips 公司的 P89C51RC2HBP 单片机为核心实现一个实时时钟数码管显示的功能，并能够通过 RS-232 串口与上位机通信。打开附带光盘中的“源文件\MCU51.PrjPCB”工程或者自己建立一个“MCU51.PrjPCB”来跟随本书循序渐进的学习 Altium Designer 的原理图编辑。

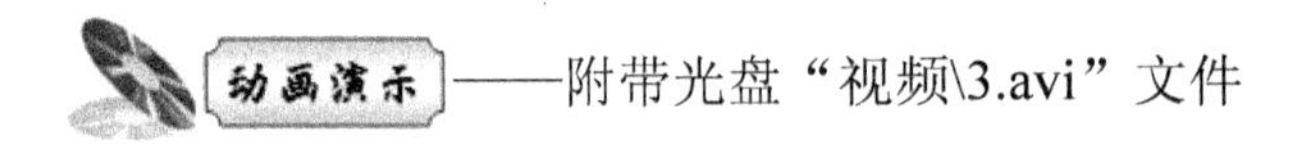

本章内容

- 元件库的操作
- 查找与放置元件
- 元件的属性编辑
- 元件的选择、剪切与移动
- 导线的绘制与编辑
- 总线的绘制与编辑
- 网络标号的应用
- 几何图形的绘制
- 字符串、文本框和注释的操作
- 常见指示符的应用

本章案例

- 单片机控制的实时时钟数码管显示系统

3.1　元件库操作

在第 1 章的实例中，已经简单地介绍过 Altium Designer 的元件调用操作，在用 Altium Designer 绘制原理图时，首先要装载相应的元件库，只有这样设计者才能从元件库中选择自己需要的元件放置到原理图中。

与 Protel 等老版本不同，Altium Designer 使用的是集成元件库，扩展名为“*.IntLib”。集成元件库就是将各元件绘制原理图时的元件符号、绘制 PCB 时的封装、模拟仿真时的 SPICE 模型，以及 PCB 信号分析时用的 SI 模型集成在一个元件库中，使得设计者在设计完成原理图后无需另外加载其他的元件库就可以直接进行电路仿真或者是 PCB 设计。也可以根据自己的需要来设计单独的元件库，如原理图库（*.SchLib）、PCB 封装库（*.PcbLib）等，另外，Altium Designer 还兼容 Protel 99SE 的元件库（*.Lib）。

3.1.1 元件库的加载与卸载

Altium Designer 的元件库非常庞大，但是分类明确，采用两级分类的方法来对元件进行管理，调用相应的元件时只需找到相应公司的相应元件种类就可方便的找到所需的元件。

用鼠标单击弹出式面板栏的【库（Libraries）】标签打开如图 3-1 所示的【库（Libraries）】元件库弹出式面板。如果弹出式面板栏没有【库（Libraries）】标签，可在绘图区底部的面板控制栏中选择【System】菜单，选择其中的【库（Libraries）】即可显示原器件库面板。

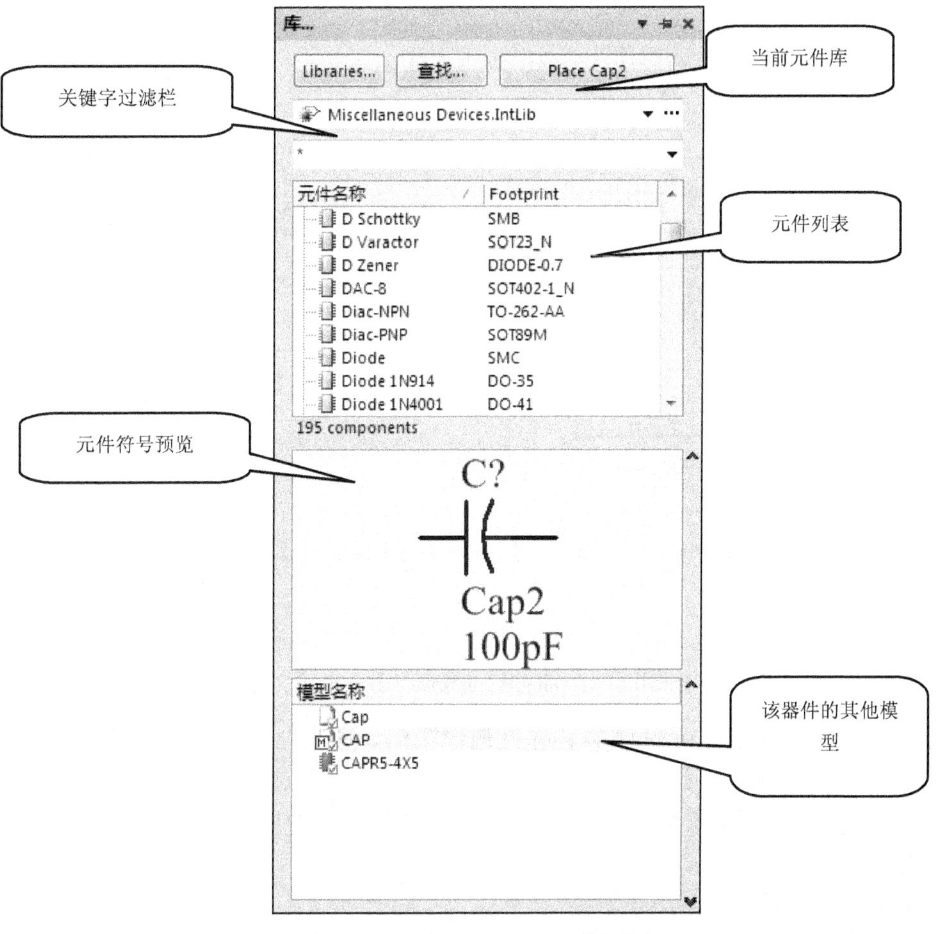

图 3-1 【库（Libraries）】面板

单击【当前元件库】的下拉菜单可以看到系统已经装入几个元件库，其中，“Miscellaneous Devices.IntLib”通用元件库和“Miscellaneous Connectors.IntLib”通用插件库是原理图绘制时用的最多的两个库。选择【元件列表栏】中的某个元件，在下面就会出现该元件的原理图符号预览，同时还会出现该元件的其他可用模型，如仿真分析、信号完整性和 PCB 封装。

通常为了节省系统资源，针对特定的原理图设计，只需加载少数几个常用的元件库文件就能满足需求，但是有时往往在现有的库中找不到自己所需的文件，这就需要自己另外加载元件库文件。

单击【库（Libraries）】面板中的【Libraries】按钮，打开如图 3-2 所示的【可用库（Available Libraries）】当前可用元件库对话框。在【安装（Installed）】选项卡中列出了当前所安装的元件库，在此可以对元件库进行管理操作，包括元件库的装载、卸载、激活，以及顺序的调整。

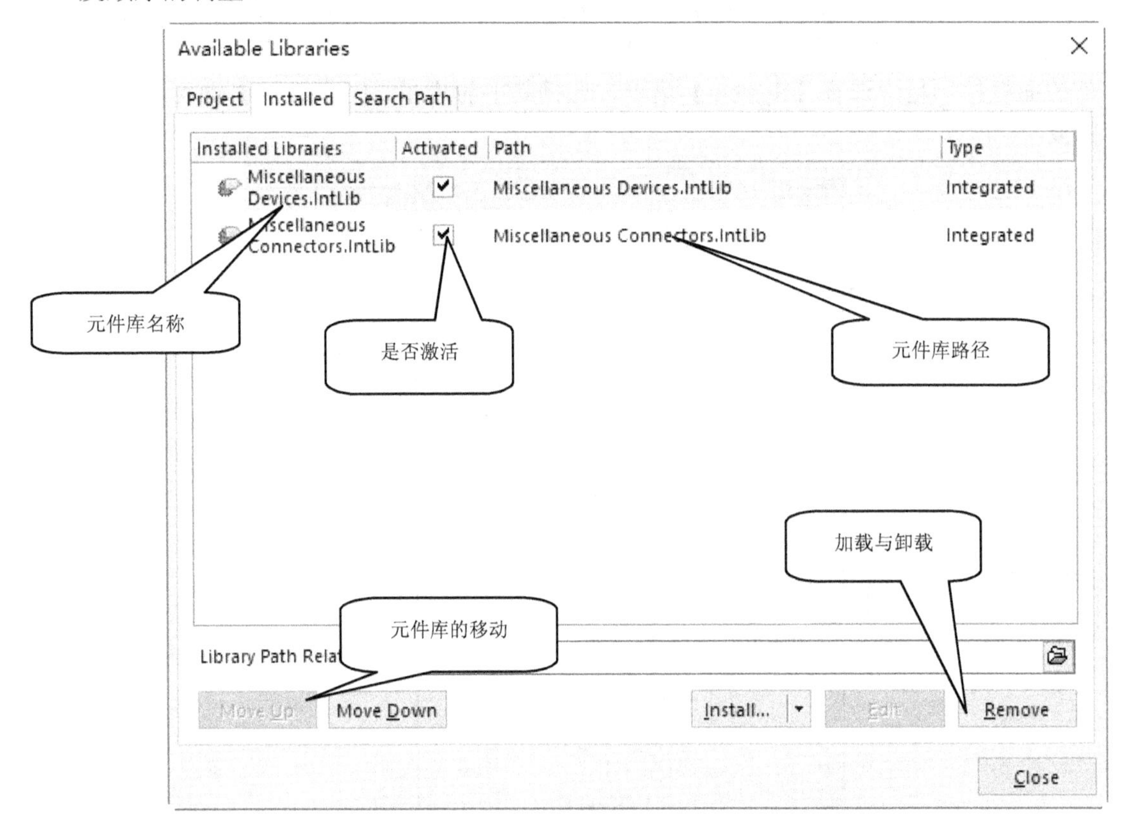

图 3-2 【可用库（Available Libraries）】元件库文件操作

如图 3-2 所示，列出了元件库的名称、是否激活、所在路径，以及元件库的类型等信息。【上移（Move Up）】与【下移（Move Down）】按钮，在选中相应的元件库后可将元件库的顺序移上或者移下，【安装（Install）】按钮用来安装元件库，【删除（Remove）】按钮则可移除选定的元件库。

现在来详细介绍元件库的加载。

单击【安装（Install）】按钮，选择【Install from file】弹出如图 3-3 所示的【打开元件库】对话框，Altium Designer 16.0 的元件库全部放置在“C:\Users\Public\Documents\Altium\AD16\Library”文件夹中，并且以生产厂家名分类放置，因此，可以非常方便的找到自己所需要的元件模型。

图 3-3 【打开元件库】对话框

如果想要找到 Philips 公司生产的 89C51 单片机芯片，可以选择“Philips”文件夹，如图 3-4 所示，该文件夹内列出了 Philips 公司所生产的常见元件模型的分类。选择其中的“Philips Microcontroller 8-Bit.IntLib”元件库文件，该元件库包含了 Philips 公司生产的 8 位微处理器芯片，单击【打开】按钮，该元件库就成功加载到系统中。如图 3-5 所示，该库文件里面包含了 89C51 等常见的单片机芯片。如果没找到“Philips”文件夹，说明软件还没有安装这个库，读者可以上软件官网进行下载：“techdocs.altium.com/display/ADOH/Download+Libraries”，在网站页面中点击：“Download all Libraries,in single ZIP file”，即可下载所有元件库，当然，读者可以选择自己需要的元件库进行下载，建议下载全部的元件库。

以上元件库的加载与卸除是在如图 3-2 所示的【可用库（Available Libraries)】对话框中的【已安装（Installed)】选项卡中进行的，设计者也可以在该对话框的【工程（Project)】选项卡中加载或卸载元件库。如图 3-5 所示，【工程（Project)】选项卡与【已安装（Installed)】选项卡类似，元件库的操作也相同，唯一不同在于【已安装（Installed)】选项卡中加载的元件库对于 Altium Designer 打开的所有工程均有效，而【工程（Project】选项卡中加载的元件库仅对本工程有效。

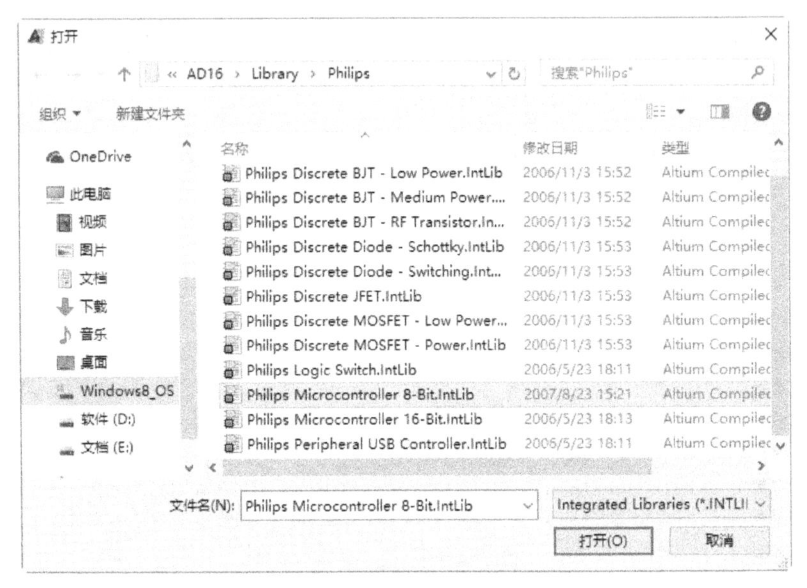

图 3-4　选择所需的元件库

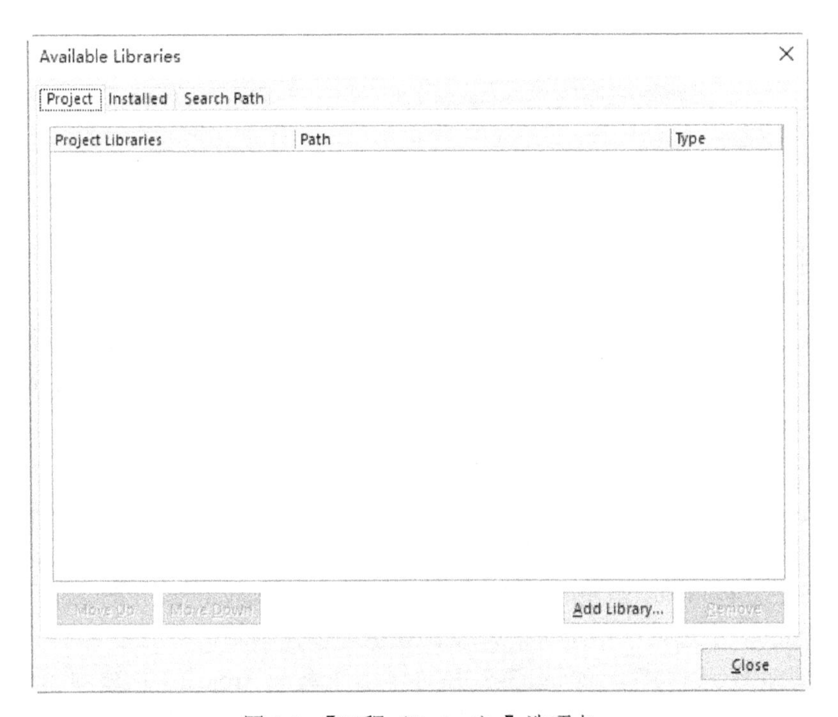

图 3-5　【工程（Project）】选项卡

【搜索路径（Search Path)】选项卡则是在指令路径中搜索元件库，切换到如图 3-6 所示的【搜索路径（Search Path)】选项卡，单击【路径（Paths)】按钮弹出如图 3-7 所示的工程搜索路径选项卡，再单击【添加（Add)】按钮，弹出如图 3-8 所示的【编辑搜索路径（Edit Search Path)】选项卡，在其中的【路径（Path)】对话框中填入搜索的地址，在【过滤器（Filter)】中填入搜索的文件类型，并单击【确定（OK)】按钮，即可在指定的目录中搜索有效的元件库文件，搜索到的库文件将自动加载到系统中。

视频教学

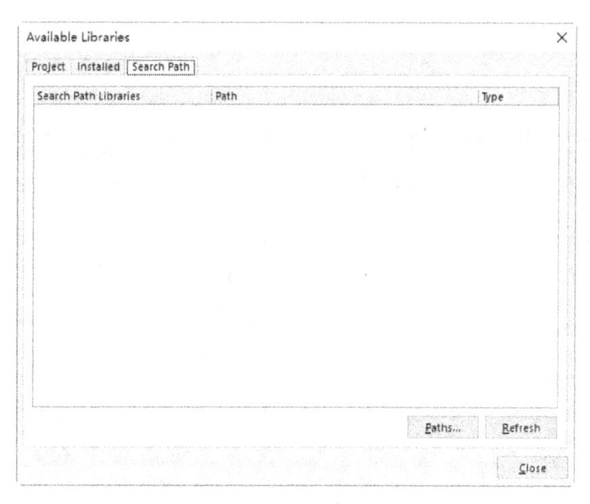

图 3-6 【搜索路径（Search Path）】选项卡

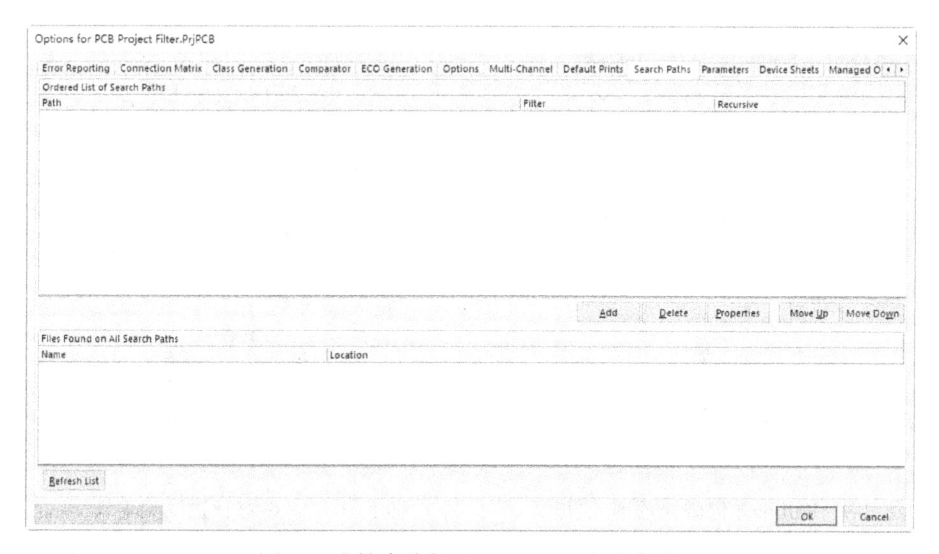

图 3-7 【搜索路径（Search Path）】设置

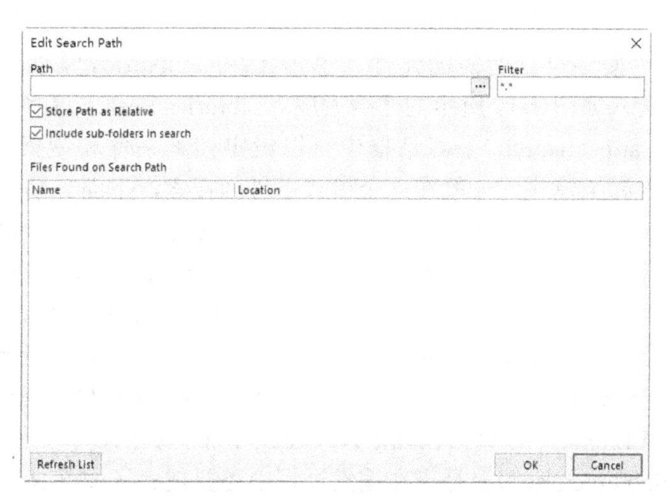

图 3-8 【编辑搜索路径（Edit Search Path）】选项卡

3.1.2 查找元件

Altium Designer 提供的元件库十分丰富，有时候即使知道了芯片所在的元件库并且加载到系统中了，也很难在众多的元件中找到自己所需的芯片，在这种情况下可以使用元件筛选的功能。元件筛选的功能主要应用于知道元件的名称并且已经载入该元件所在的库，由于元件太多不便于逐个查找的情况。例如，要在前面所加载的“Philips Microcontroller 8-Bit.IntLib”元件库中快速找到 89C51 芯片，可以在如图 3-1 所示的关键字过滤栏中填入“*89C51*”，系统马上过滤出该库文件中所有的 89C51 芯片，如图 3-9 所示，该元件库共有 472 个元件，但是只显示所有的名称中带有 89C51 字样的元件。过滤关键字支持通配符“？”和“*”，“？”表示一个字符，而“*”表示任意多个字符，例如，“*89C51*”表示只要元件中带有 89C51 就符合过滤条件，如图 3-10 所示。

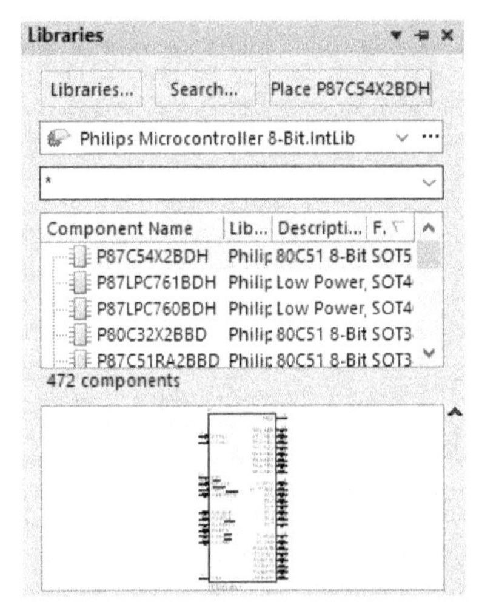

图 3-9 Philips 8 位微处理器元件库

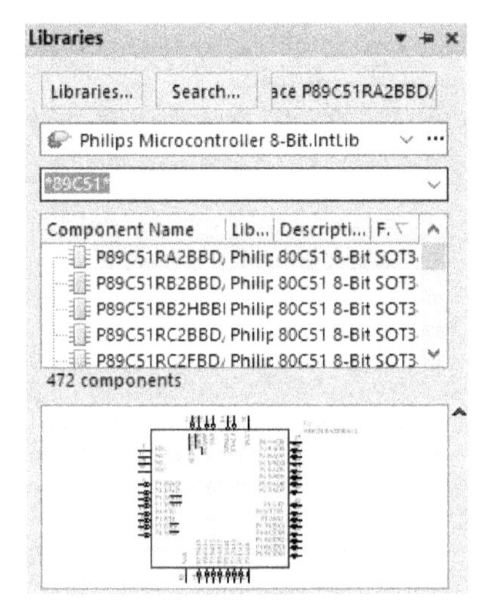

图 3-10 “*89C51*过滤结果”

可能在大多数情况下，设计者并不知道使用的芯片的生产公司和分类，或者系统元件库中根本就没有该元件的原理图模型，但可以寻找不同公司生产的类似元件来代替，这就需要在系统元件库中搜寻自己所需的元件。单击【库（Libraries）】面板左上角的【查找（Search）】按钮，进入如图 3-11 所示的【搜索库（Libraries Search）】对话框。

【搜索库（Libraries Search）】对话框中可以设定搜索条件和搜索范围等内容，单击“>>Advanced”进入高级模式，一般在这个模式下进行搜索，下面分别介绍。

- 【范围（Scope）】：设定搜索的范围，可以选择【可用库（Available Libraries）】选项，当前加载的元件库；【库文件路径（Libraries on path）】在右边指定的搜索路径中；【精确搜索（Refine last search）】在上次搜索的结果中搜索。
- 【路径（Path）】：设定搜索的路径，只有选择【库文件路径（Libraries on path）】在指定路径中搜索后才需要设置此项。通常将路径设置为“C:\Users\Public\Documents\Altium\AD16\Library\”，即 Altium Designer 16.0 的默认库文件夹。【包括子目录（Include Subdirectories）】是指在搜索过程中还要搜索子文件夹。“File Mask”文件过滤用来设定搜索的文件类型，可以设定为“*.PcbLib” PCB 封装库文件”、“*.SchLib”

原理图元件库文件”或是“*.*”所有文件等。

图 3-11 【搜索库（Libraries Search）】对话框

- 【查找（Search）】：查找按钮是开始搜索，设置好搜索条件后，单击【查找（Search）】按钮，系统将关闭元件搜索对话框，并在【库（Libraries）】面板中显示搜索的结果。
- 【清除（Clear）】：清除按钮是清空搜索条件框中的搜索条件，以便进行下一次全新的搜索。
- 【助手（Helper）】：搜索助手，单击该按钮将打开如图 3-12 所示的【Query Helper】对话框。搜索助手是辅助用来生成搜索条件的，同样也由若干部分组成。

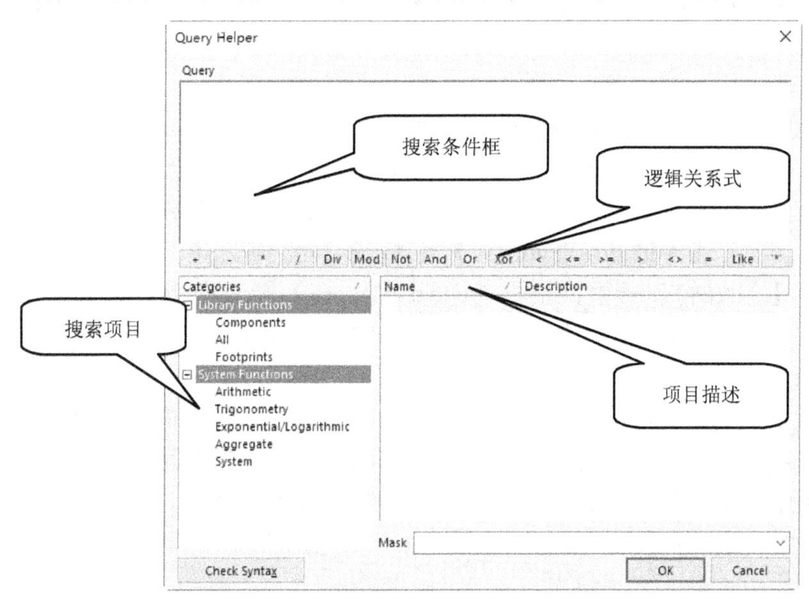

图 3-12 【Query Helper】对话框

➢ 【Query】：搜索条件框，该框是用来填写搜索元件的，可以直接在文本框中填入搜索的条件，也可以利用下面的工具生成搜索条件。搜索条件框有自动完成功能，当输入某条命令的首字母后，系统会提示所有相关的命令和辅助函数的列表，如图 3-13 所示，可以用鼠标选择或者将光标移到相应的命令上后按【Enter】键确认。

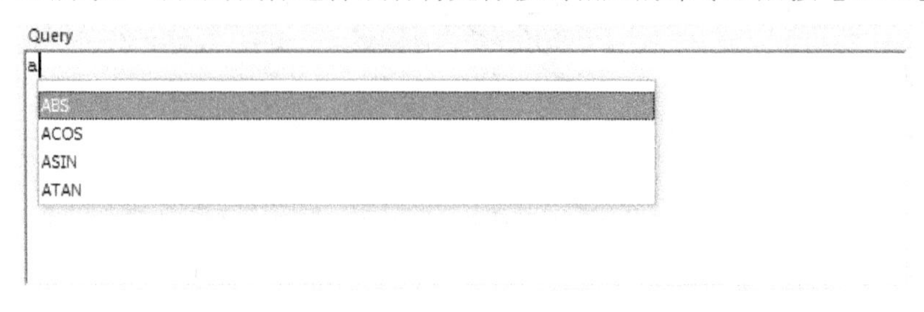

图 3-13　搜索条件的自动完成

- 【逻辑关系式】：搜索条件框下面是一排逻辑关系式按钮，该排按钮包括了常见的逻辑关系式，同计算器一样，使用时只需单击就可以选择，十分方便。
- 【Categories】搜索项目：搜索项目列表框中包括【Library Functions】和【System Functions】两个分类。【Library Functions】元件库函数提供了【Components】元件、【All】全部和【FootPrints】封装三大搜索项目，单击某一项目右边会列出该项目的详细信息；【System Functions】系统函数则提供了搜索常用的表达式和数学函数。
- 【搜索表达式】：由上面的介绍可以看出 Altium Designer 的搜索条件编辑即包含了元件的属性，还包括各种逻辑表达式和数学函数，如同一门编程语言般非常复杂。其实在绝大部分应用中并不需要这些复杂的条件编写。只需要记住基本的搜索表达式：

“（元件种类 like‘条件 1’）逻辑运算（搜索条件 2）”，

例如，要搜索单片机 89C51 但是并不知道该元件在哪个元件库中，可以在搜索条件框中输入：

(Name like '*89C51*') or (Description like '*89C51*')

- 【History】：搜索历史，单击如图 3-11 所示的【历史（History）】按钮弹出如图 3-14 所示的【搜索历史】对话框，对话框中列出了以前搜索过的条件。下面列出了几个应用按钮，单击【Add to Favorites】可将选中的搜索条件加入到【偏好的（Favorites）】喜好管理器中；单击【Clear History】则清空所有的搜索条件表达式；单击【Apply Expression】则可以执行选中的搜索条件。
- 【偏好的（Favorites）】喜好管理：单击如图 3-11 所示的【偏好的（Favorites）】按钮弹出如图 3-15 所示的【喜好收藏管理】对话框。设计者可将自己的搜索喜好加入到该收藏管理器中以方便调用。该对话框中列出了当前所收藏的搜索条件，搜索条件可以从【History】搜索历史选项卡中加入到喜好管理器中。下面的按钮可对喜好管理器中的收藏进行管理。

图 3-14 【搜索历史】对话框

➢【Remove】移除：单击【Remove】按钮可以将选中的搜索条件从喜好管理器中移除；
➢【Rename】重命名：加入喜好管理器的搜索条件默认名称为“Favorite_+数字”，单击则可以对搜索条件更名；
➢【Edit】编辑搜索条件：单击【Edit】命令弹出如图 3-16 所示的对话框。在这里主要设置对绘图区里的元件进行搜索的相关设置。【Name】文本框里可以编辑搜索条件的名称；【Expression】则是对搜索条件的编辑；下面还有【Objects passing the filter】通过筛选器的对象和【Objects not passing the filter】未通过筛选器的对象两个区域：【Objects passing the filter】可以将通过筛选器的对象设置为选中状态（选中【Select】复选框），还可以将搜索到的对象放大到整个绘图区（选中【Zoom】复选框）；【Objects not passing the filter】可以将未通过筛选器的对象设置为未选中状态（选中【Deselect】复选框），还可以将其进行淡化处理（选中【Mask out】复选框）。

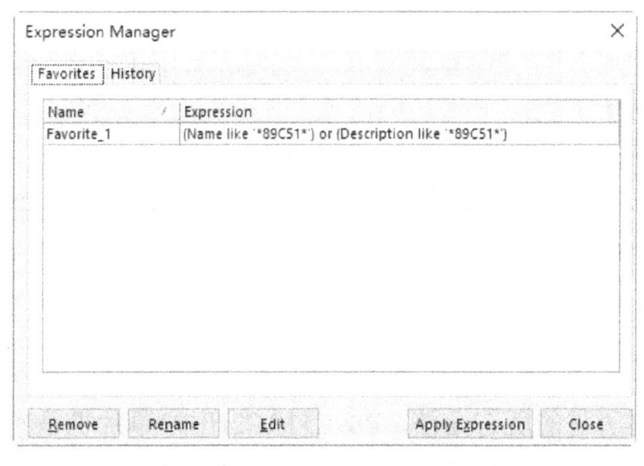

图 3-15 【Favorites】对话框

图 3-16 编辑搜索条件

➢【Apply Expression】：单击【Apply Expression】则可以执行选中的搜索条件。

讲了这么多元件的搜索，读者可能感觉太复杂了，其实平时常用的搜索功能就是在如

图 3-11 所示的对话框中填入搜索条件，然后单击下方的【查找（Search）】按钮就可以搜出自己需要的元件。

至此，Altium Designer 16.0 的元件搜索功能就讲解完毕，Altium Designer 16.0 的元件库十分丰富，新手往往对此难以适应，其实只要掌握了元件库的基本的搜索功能，元件的操作就会得心应手。

3.2 元件操作

学会了元件库的操作后，下一步将正式开始原理图的绘制，打开已经建立好的“MCU51.PrjPCB”工程，进入原理图编辑环境并添加“MCU51.SchDoc”文件。

编辑完成的原理图文件如图 3-17 所示，系统以 P89C51RC2HBP 单片机为核心，通过译码器 74HC138 和数码管驱动芯片 CD4511 来驱动 6 个共阴极数码管显示实时时钟，当整点时系统还会驱动蜂鸣器报时，并且通过 RS-232 串口电平转换芯片 MAX232 与计算机通信。

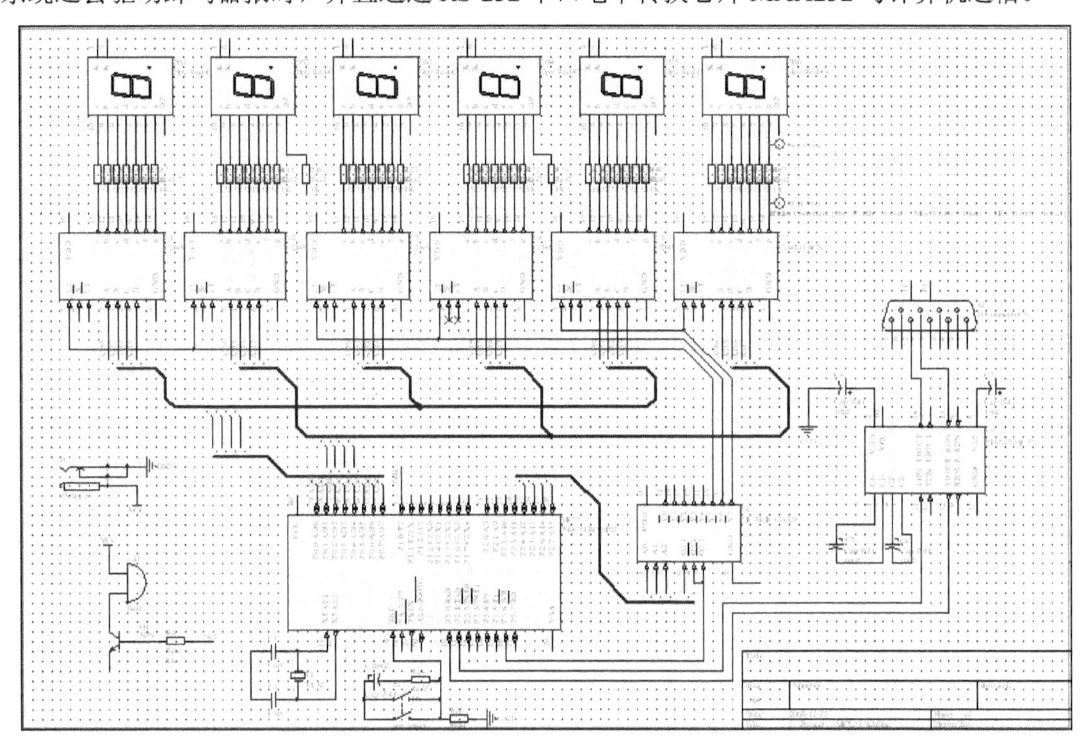

图 3-17 单片机时钟显示系统原理图

3.2.1 放置元件

绘制电路原理图首先得找到绘制电路所需的所有元件，P89C51RC2HBP 单片机是系统的核心，因此，先放置该元件然后以单片机为中心再扩展其他的外围元件。在【库（Libraries）】面板中载入“Philips Microcontroller 8-Bit.IntLib”元件库，并选择其中的 P89C51RC2HBP 单片机模型，单击右上角的【Place P89C51RC2HBP】按钮，就可以在绘图区放置 P89C51RC2HBP 单片机了。

由于前面的学习，对元件库元件的操作已经轻车熟路了，其实元件的放置并不止通过【库（Libraries)】面板这一种方法，还可以选择【放置（Place)】菜单的【器件（Part)】命令或是直接单击工具栏的放置器件（Place Part） 按钮来选择所需的元件。例如，下一步要放置共阴极数码管来显示时间，单击工具栏的按钮，弹出如图3-18所示的【放置元件】对话框。

对话框的【物理元件（Physical Component)】下拉菜单中列出了最后一次放置的元件，单击下拉菜单还可以看到最近几次放置的元件，单击【历史（History)】按钮则可以看到最近放置元件的详细信息。【放置元件】对话框下面还列出了最后一次放置元件的详细属性信息，这些属性信息将在下一节进行详细解说，在此就不再赘述。

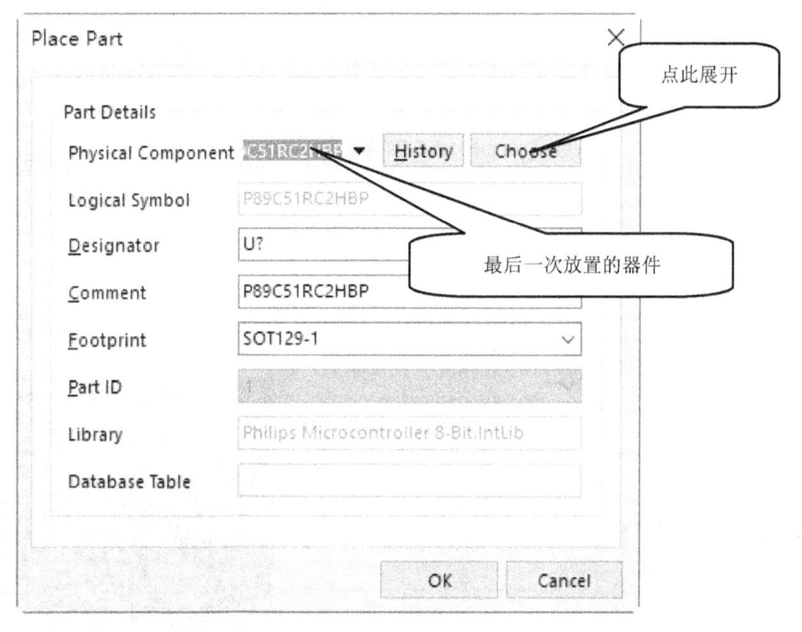

图3-18 【放置元件】对话框

读者也许会感到困惑，在【放置元件】对话框中是否只能放置以前放置过的元件。其实不然，单击【放置元件】对话框中的【选择】按钮，将弹出偌大一个【浏览库（Browse Libraries)】对话框，如图3-19所示。

发现该对话框与【库（Libraries)】元件库弹出式面板比较相似，【库（Libraries)】面板里面能实现的功能该对话框中都能实现。仔细观察一下【浏览库（Browse Libraries)】对话框：【库（Libraries)】里列出了当前显示的元件库；【对比度（Mask)】则是关键字过滤栏；【元件名称（Component Names)】里面列出了该元件库里所有的元件名；右边则显示了选中元件的SCH符号预览和PCB封装的3D图像预览。

不仅【浏览库（Browse Libraries)】对话框里的项目与【库（Libraries)】面板一样，功能也一模一样。单击对话框中的按钮，弹出和如图3-2所示的【可用（Available Libraries)】当前可用元件库对话框，在此可以加载或者卸载元件库。要放置共阴极数码管但是不知道该元件在哪个元件库，应单击【发现（Find)】按钮，弹出如图3-11所示的【搜索库（Libraries Search)】对话框，按照前面所讲述的填入搜索条件“Name like '*red*'”，并单击下面的【查找（Search)】按钮，系统便很快搜索到一大串带有“red”字符的元件，发现里面的“Dpy Red-CC”正是自己要找的元件。选中“Dpy Red-CC”元件后单击【OK】按钮回到如图 3-18 所示的【放置元件】对话框，此时，对话框中的元件已经变成了“Dpy Red-CC”，再次单击【OK】按钮确认。

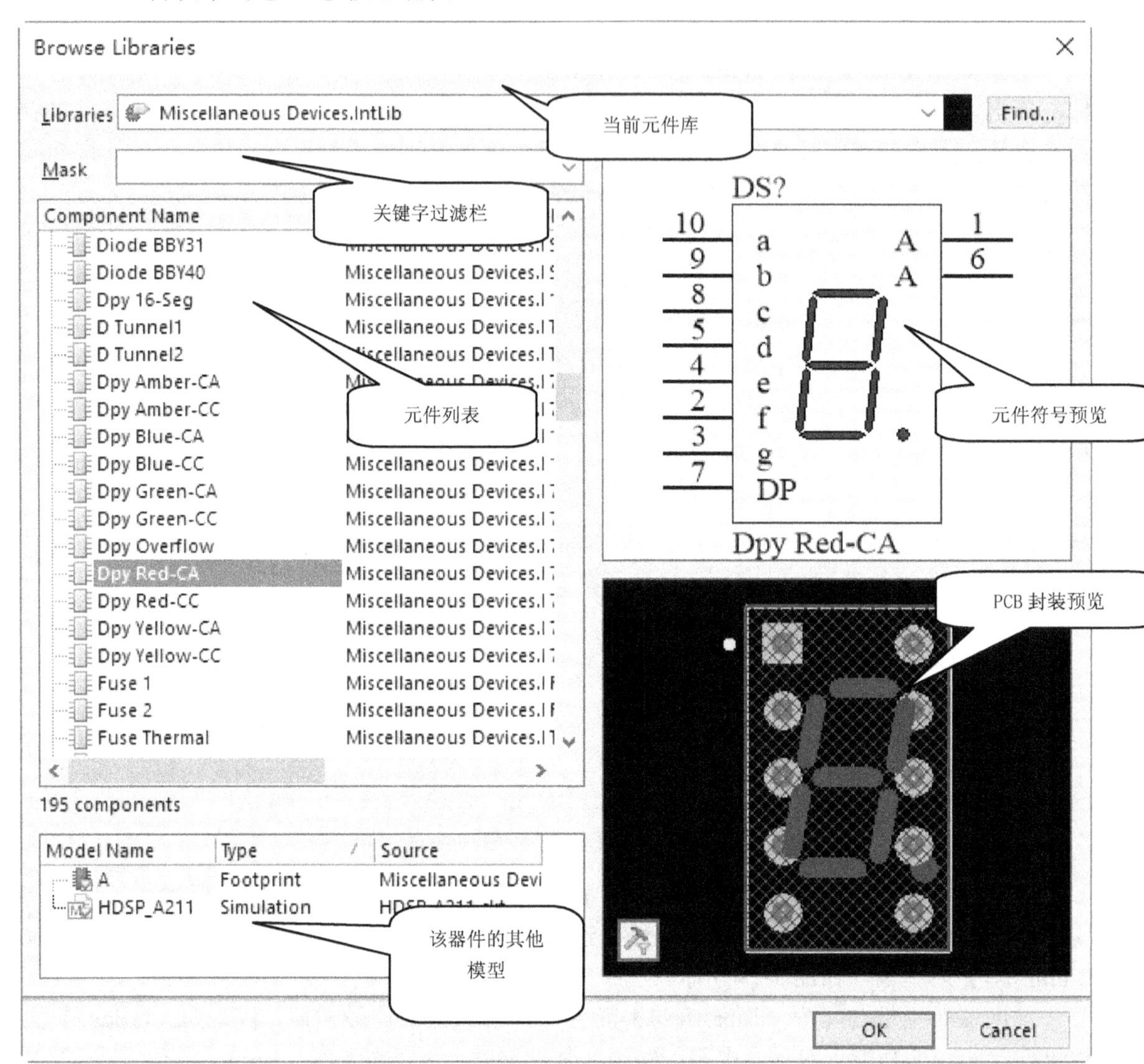

图 3-19 【浏览库（Browse Libraries）】对话框

将鼠标移至图纸上，此时光标上附着一个数码管的图标，将鼠标移到合适的位置单击左键放置，但是光标上仍然附着另外一个数码管图标，如图 3-20 所示，将鼠标移至其他位置再次放置其他的 5 个数码管用于分别显示小时、分钟与秒，最后单击鼠标右键退出数码管的放置状态。

也许单击按钮选择元件比从【库（Libraries)】面板选择来的复杂，关键是找对自己习惯的操作方式。接下来请读者按照自己喜好的方式放置剩下的元件，倘若不知道元件放在哪里，可以试一试 Altium Designer 强大的搜索功能。各元件所在的元件库参见表 3-1。

放置器件的快捷方式是按两次【P】键，比单击 按钮来的方便。

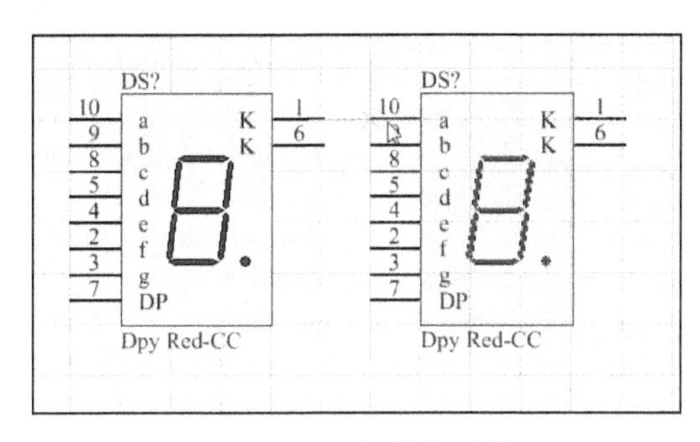

图 3-20　连续放置元件

表 3-1　元件所在元件库分布

元　件	元件名	所在元件库
单片机	P89C51RC2HBP	Philips Microcontroller 8-Bit.IntLib
数码管	Dpy Red-CC	Miscellaneous Devices.IntLib
数码管驱动芯片	CD4511BCN	FSC Interface Display Driver.IntLib
译码器	MC74HC138AD	Motorola Logic Decoder Demux.IntLib
晶振	XTAL	Miscellaneous Devices.IntLib
三极管	NPN	Miscellaneous Devices.IntLib
串口电平转换芯片	MAX232ACPE	Maxim Communication Transceiver.IntLib
9 针接口	D Connector 9	Miscellaneous Connectors.IntLib
蜂鸣器	Bell	Miscellaneous Devices.IntLib
按钮	SW-DPST	Miscellaneous Devices.IntLib
电解电容	Cap Pol1	Miscellaneous Devices.IntLib
瓷片电容	Cap	Miscellaneous Devices.IntLib
电阻	Res2	Miscellaneous Devices.IntLib
电源插头	PWR2.5	Miscellaneous Connectors.IntLib

3.2.2　编辑元件属性

Altium Designer 里面所有的元件都有详细的属性设置，包括元件的名称、标注、大小值、PCB 封装、甚至生产厂家等，设计者在绘图时需要根据自己的需要来设置元件的属性。打开【元件属性设置】对话框有两种方法：可以在选择了元件后移动光标到绘图区，当元件图标还处在悬浮状态时按下【Tab】键；或者是在元件放置好后双击元件，即可打开如图 3-21 所示的【元件属性设置】对话框，属性设置可分为几大区域，下面就来详细介绍元件的各属性设置。

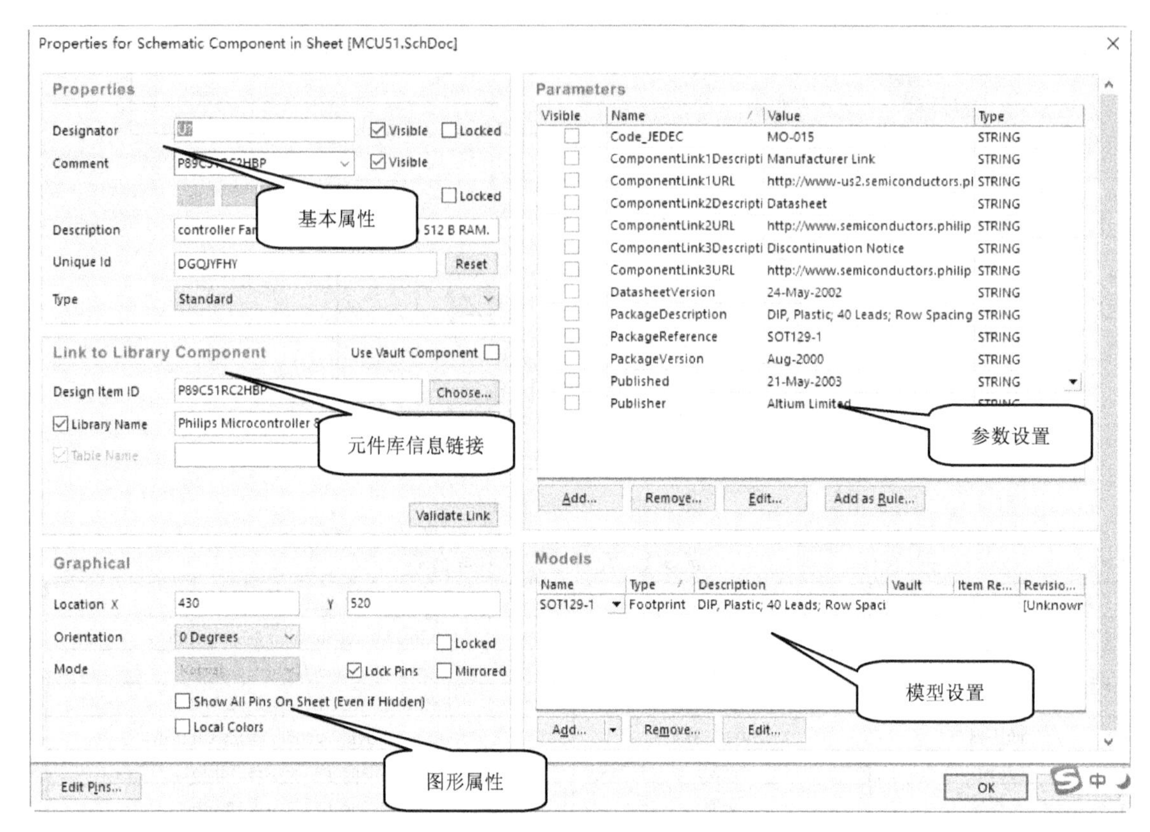

图 3-21 【元件属性设置】对话框

- 【Properties】基本属性设置：该区域设置原理图中元件的最基本属性。
- ➢ 【Designator】元件标号：元件的唯一标示，用来标志原理图中不同的元件，因此，在同一张原理图中不可能有重复的元件标号。不同类型的元件的默认标号以不同的字母开头，并辅以“？”号，如芯片类的默认标号为“U？”，电阻类的默认标号为“R？”，电容类的默认标号则为“C？”。可以单独在每个元件的属性设置对话框中修改元件的标号，也可以在放置完所有元件后再使用系统的自动编号功能来统一编号，还有一种方法就是在放置第一个元件时将元件标号属性中的“？”号改成数字“1”，则以后放置的元件标号会自动以 1 为单位递增。元件标号还有【Visible】可见和【Locked】锁定属性：【Visible】设定该标号在原理图中是否可见；选择【Locked】后元件的标号将不可更改。
- ➢ 【Comment】注释：通常可以设置为元件的大小值，例如，电阻的阻值或是电容的容量大小，可随意修改元件的注释而不会发生电气错误。
- ➢ 【Part】:【Comment】属性设置下面还可以设置元件的【Part】属性，如图 3-22 所示。对于一些常见的数字逻辑芯片，如门、非门等在 Altium Designer 里面是以其数字逻辑符号显示而不是具体芯片的引脚排列，但是在这一类的芯片中往往一片芯片含有多个逻辑元件，如非门 74HC04 就含有 6 个逻辑单元，如图 3-23 所示，因此，可以设置该非门是 74HC04 芯片内的哪个单元：单击 << 可以设置为芯片

的第一个单元；单击 >> 可设置成芯片的最后一个单元； < 和 > 按钮则是设置为元件的前一个或后一个单元。

图 3-22 【Part】属性

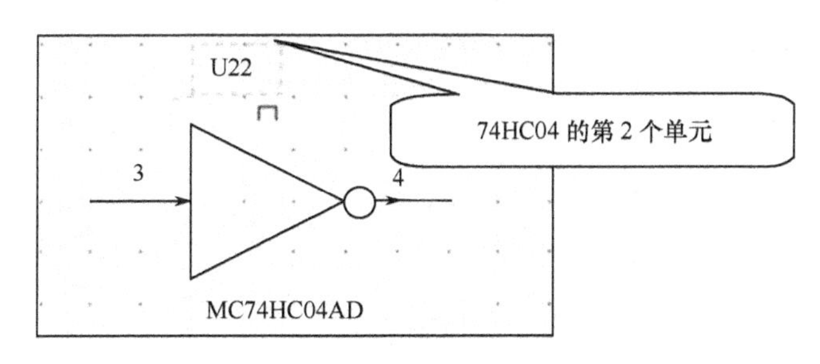

图 3-23 多单元芯片

- 【Unique ID】：唯一 ID，系统的标识码，可以忽略，P89C51RC2HBP 的 ID 是“DGQJYFHY”。
- 【Type】元件的类型：可以选择【Standard】标准元件、【Mechanical】机械元件、【Graphical】图形元件、【Net Tie】网络连接元件。在此，无须修改元件的类型。
- 【Link Library Componet】元件库信息连接：在此列出了元件的元件库信息。【Designer Item ID】是元件所属的元件组；【Library Name】显示了元件所属的元件库，均不用修改。
- 【Graphical】元件的图形属性设置：下面列出的元件模型的外观属性。
- 【Location X】、【Location Y】：元件在图纸中位置的 X 坐标和 Y 坐标；
- 【Orientation】：元件的旋转角度，有时候元件默认的摆放方向不便于设计者绘图，可设置元件的旋转角度为 0°、90°、180°、270°。
- 【Locked】锁定：元件锁定后将不能移动或旋转。
- 【Mirrored】镜像：选中后元件将左右方向翻转。
- 【Lock Pins】锁定元件引脚：若不选择该选项则元件的引脚可在元件的边缘部分自由移动，选择后将锁定。
- 【Show All Pins On Sheet(Even if Hidden)】：显示元件的所有引脚，包括隐藏的。
- 【Local Colors】：使用自定义颜色，选择该项后会弹出如图 3-24 所示的自定义颜色色块，可以单击相应的色块设置元件的填充颜色、元件外框颜色和引脚颜色。

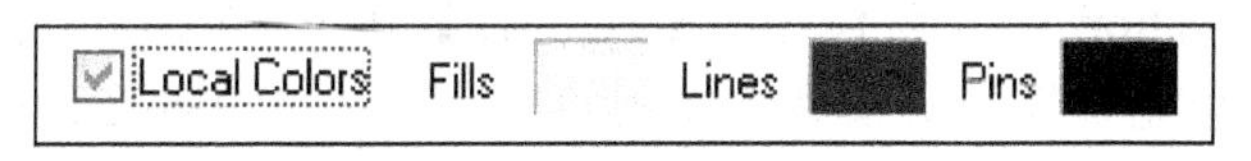

图 3-24 元件的自定义颜色

- 【Parameters】参数设置区域：该区域用来设置元件的一些其他非电气参数，如元件的生产厂家、元件信息链接、版本信息等，这些参数都不会影响到元件的电气特性。需要注意：对于电阻、电容等需要设定大小值的元件还有 Value 值这一属性，默认其“Visible”属性是选中的，也就是在图纸中显示，如图 3-25 所示。可以双击相应的信息或者选定信息后单击【编辑（Edit）】按钮，在弹出的如图 3-26 所示中修改相应的信息，也可自行添加其他信息，在此不再赘述。

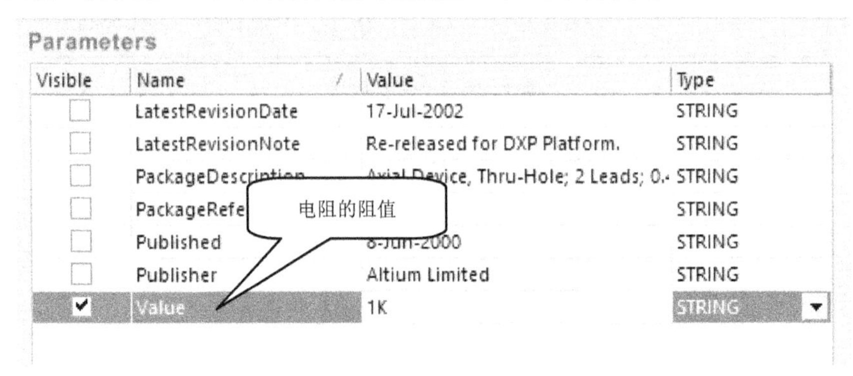

图 3-25　元件的参数信息

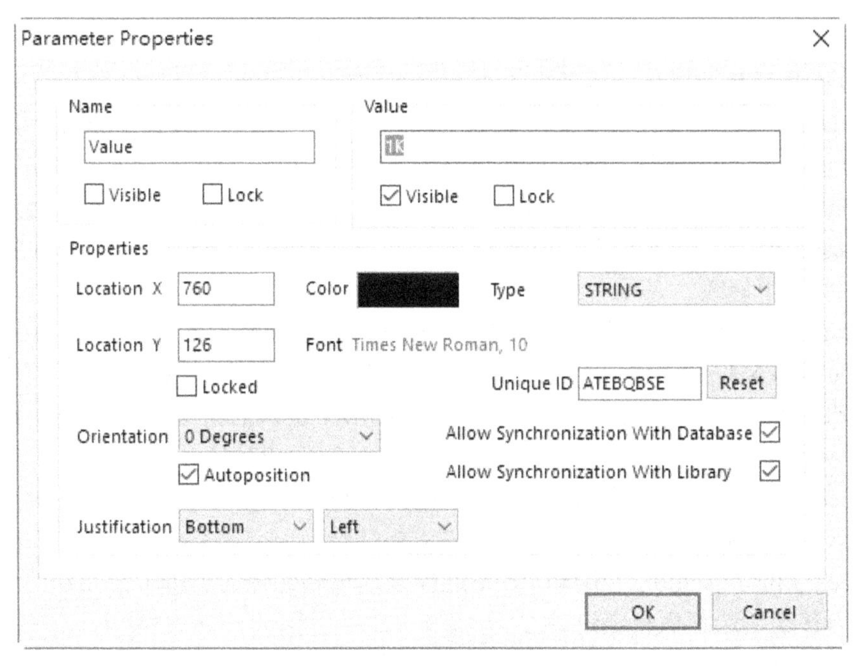

图 3-26　【参数属性】对话框

- 【Models】元件模型：该区域列出了元件所能用的模型，其中包括【Footprint】PCB 封装模型、【Simulation】仿真模型、【PCB3D】PCB 立体仿真图模型和【Signal Integrity】信号完整性分析模型。如图 3-27 所示， P89C51RC2HBP 元件仅仅有 PCB 封装模型，所以并不能进行仿真分析，可以单击【Add】按钮，自己设计添加仿真模型。如果图中所列出的 PCB 封装模型与元件的实际尺寸不一样的话，可以另行选择其他的封装。

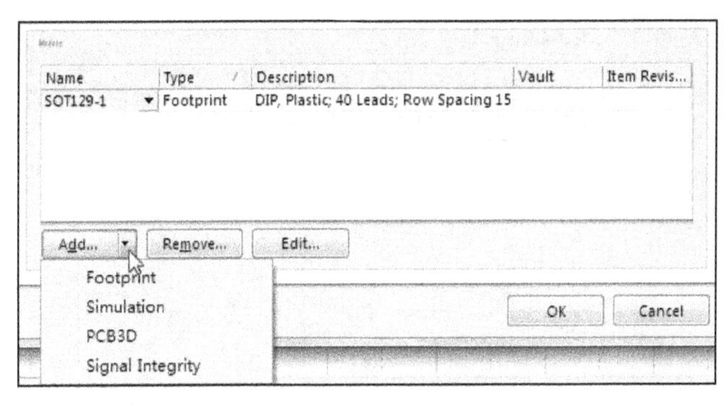

图 3-27　元件模型属性

① PCB 封装模型的编辑：双击如图 3-27 所示的封装模型，或是选中模型后单击【Edit】按钮，进入【PCB 模型】对话框，如图 3-28 所示。其实在该对话框中能供读者改变的属性很少，此时，【浏览（Browse）】按钮呈灰色，不能更换封装。仅仅能改变的是元件的引脚与模型引脚之间的映射，单击【Pin Map】按钮，弹出如图 3-29 所示的引脚映射关系框，倘若元件的实际引脚与原理图模型的引脚顺序不一致可以双击右边【Model Pin Designator】栏中的相应数字直接进行编辑。

② PCB 封装模型的预览：如图 3-28 所示为【PCB 模型】对话框的下部是元件的预览图，此时元件封装是以 3D 图像的模式显示的，可以用鼠标拖动模型进行旋转。倘若只想观察元件的平面布局效果可以单击预览框左下角的图标，取消其中的“3D”显示，图 3-30 所示为元件模型的平面显示效果。

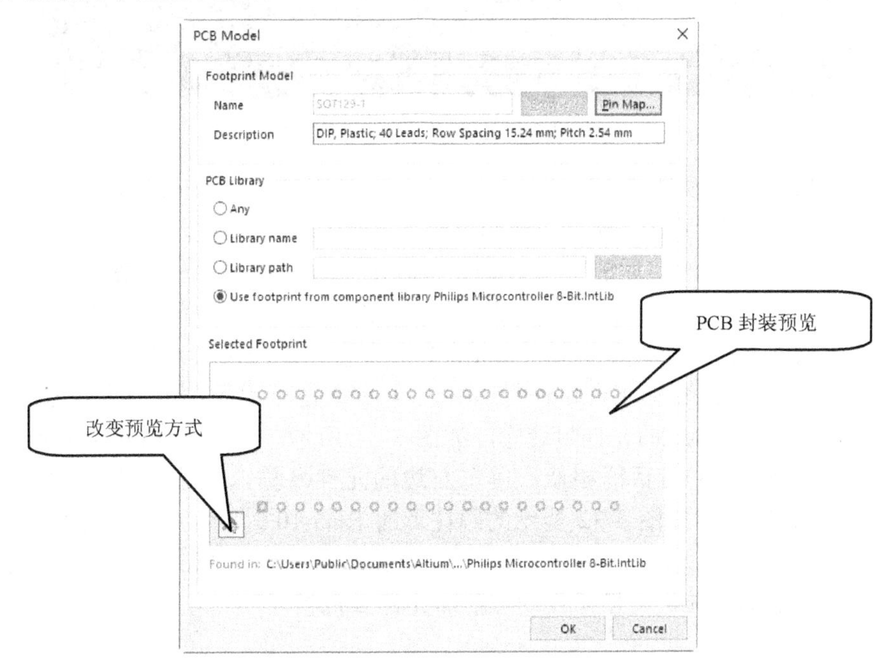

图 3-28　【PCB 封装模型】对话框

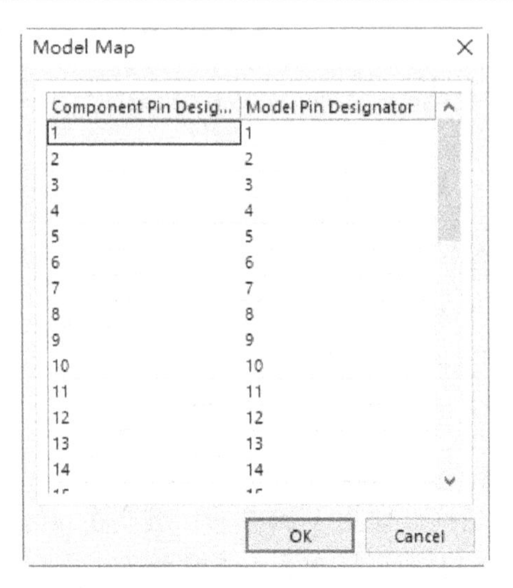

图 3-29　元件引脚映射关系框

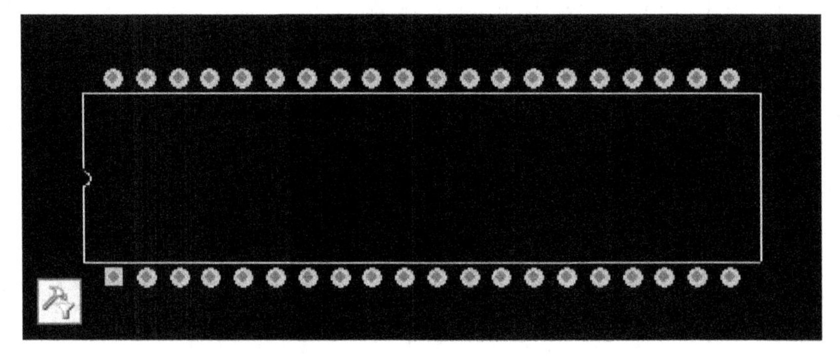

图 3-30　封装的平面方式浏览

③ 添加 PCB 封装模型：当系统默认的 PCB 封装模型与实际元件不一致时最好的解决办法就是添加新的封装模型。例如，绘制原理图中的蜂鸣器元件，其默认的封装模型是长方形的“PIN2”封装，而实际能够买到的蜂鸣器往往是圆柱形的和电解电容类似的封装，方法是用大小一样的电容点封装来替换是一个不错的选择。单击如图 3-27 所示的元件模型属性区域中的【Add】按钮，选中【Footprint】选项，弹出与图 3-28 所示的封装模型一样的对话框，所不同的是此时的【浏览（Browse)】按钮是可用的。单击【浏览（Browse)】按钮浏览 Altium Designer 的元件封装库，如图 3-31 所示。发现与如图 3-19 所示的【浏览库（Browse Libraries)】对话框相似。单击左边的元件名称，右边的浏览框中显示元件的 3D 图像，可以自行找到如图 3-32 所示的圆柱形的 RB5-10.5 封装，若是找不到同样可以单击⋯按钮进行元件库加载操作或是单击【发现（Find)】按钮在 Altium Designer 丰富的封装库中寻找自己所需的封装，一切操作均与前面元件查找相同。

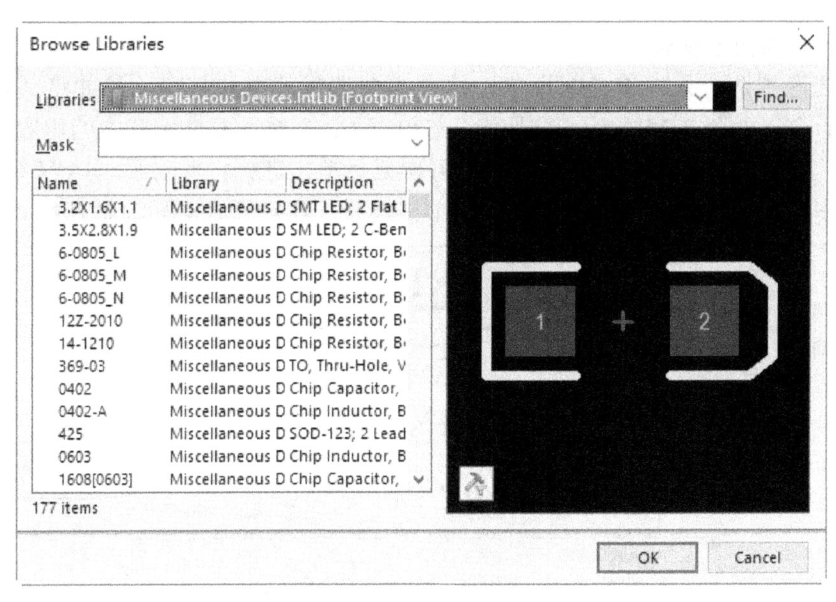

图 3-31　浏览封装库

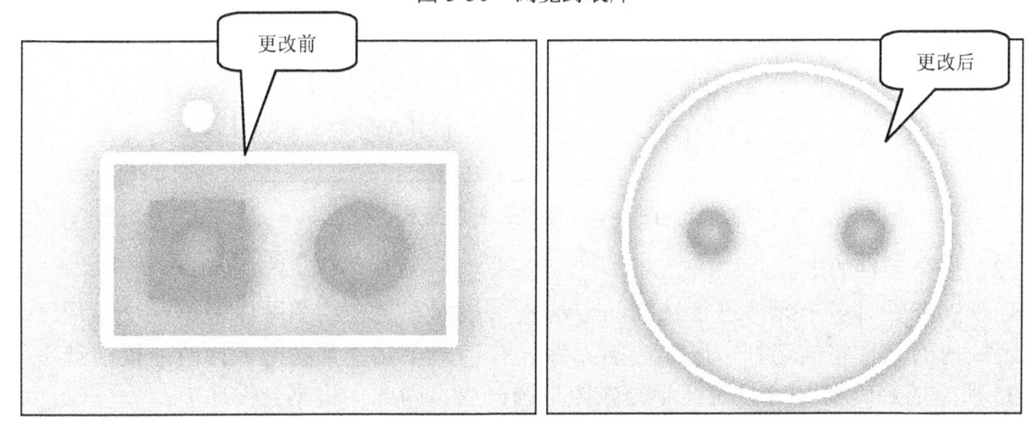

图 3-32　更改元件的封装

3.2.3　元件的选择

元件的选择、复制、剪切与粘贴功能是原理图编辑过程中用的最多的操作，对于一名熟练的绘图者来说，使用鼠标和快捷键就能完成大部分的元件编辑操作，但是通过菜单的相关命令有时候却能大大提高绘图的效率，下面来分别详细讲解。

（1）单个元件的选择

元件的选择包括选择单个元件和选择多个元件，选择单个元件操作很简单，用鼠标左键直接单击相关元件就能使元件处于选中状态。如图 3-33 所示，当元件处于选中状态时元件周围将有绿色的方框，此时光标变成“+”字箭头的形状，若是保持光标停留在选中元件上一段时间不动，光标下将出现元件的提示信息；需要注意：不要把元件的选择与元件属性字符串的选择弄混了，单击元件的属性字符串后字符串将处于选中状态，此时，该字符串被绿色的虚线框包围，而元件周围则是白色的端点，再次单击字符串则字符串处于在线编辑状态，可对其内容编辑。

有时候会遇到两个元件重叠的现象，这是需要选择其中的某个元件并将其移走，如何选择其中的一个。如图3-34所示，电阻R1与电容C2重叠，要选中其中的电容，用鼠标单击其中一个，可此时显示电阻R1被选择，再次鼠标单击选择，此时显示电容C2电容被选中。当有更多的元件重叠时，以此类推，每单击选择一次，元件会轮流被选择。

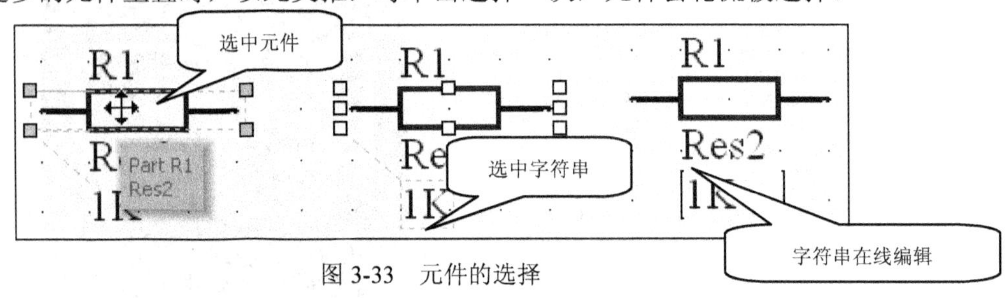

图3-33　元件的选择

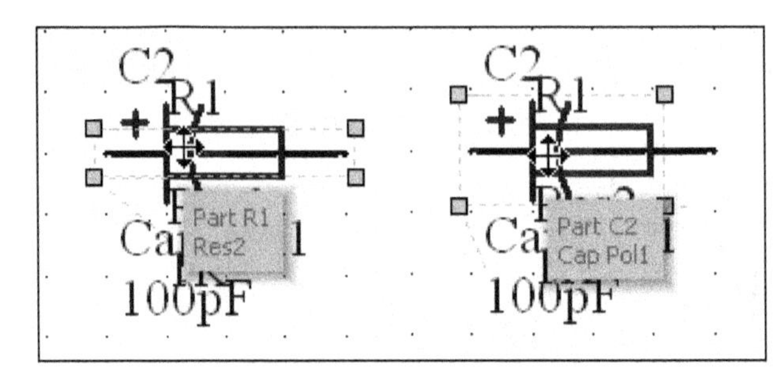

图3-34　重叠元件的选择

（2）多个元件的选择

有时候需要对多个元件进行选择的方法是用鼠标左键在绘图区内拖出一个矩形区域，在该区域内的元件将被选择。区域内的元件只有当整个元件都在区域内时才能被选中，如图3-35所示的蜂鸣器LS4只有一半处在矩形选框内，因此，将不会被选中。

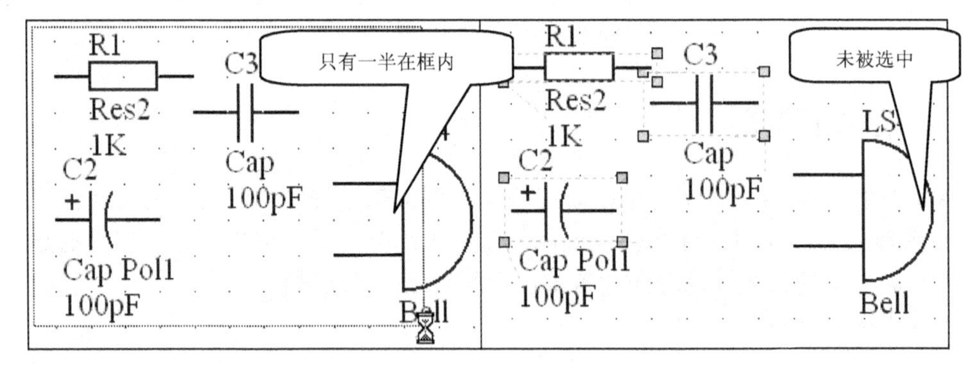

图3-35　多个元件的选择

当需要选择的多个元件呈不规则分布时，可以在按住键盘【Shift】键的同时单击选择各个元件，此时，所有被单击的元件将全部被选择。同理，若要将处于选中状态的若干个元件中的一个去除，只需按住【Shift】键然后鼠标单击该元件。若要取消全部元件的选中状态则只需将鼠标移到绘图区的空白位置单击左键即可。

（3）选择的菜单命令

还可以通过系统菜单来选择元件，尽管繁杂，但有时候却用得到，其实记住某些菜单命令的快捷键对编辑是很有好处的。单击【编辑（Edit)】→【选中（Select)】，弹出如图 3-36 所示的命令菜单。

- 【内部区域（Inside Area)】：区域内选择，选择该命令后鼠标将呈现“十”形，可以在绘图区拖出一个矩形区域来选择区域内的元件，相当于刚才介绍的用鼠标拖出矩形区域来框选，快捷键为【S】+【I】或单击工具栏的⬚按钮。
- 【外部区域（Outside Area)】：区域外选择，与区域内选择的区别是只有矩形区域外的元件才能被选中，其快捷键为【S】+【O】。
- 【Touching Rectangle】:类似于区域选择，选择该命令后，选择该命令后可以在绘图区拖出一个矩形区域，任何接触到矩形区域的元件都会被选中。
- 【Touching Line】：选择该命令后，选择该命令后可以在绘图区拖出一条直线，任何接触到该直线的元件都会被选中。
- 【全部（All)】：选择绘图区的所有元件，快捷键为【Ctrl】+【A】。
- 【连接（Connection)】：选择实际连接，包括与该连接相连的其他连接，如导线、节点，以及网络标号等。选择该命令后鼠标将呈现“十”形，单击某电气连接则该电气连接处于选中状态并放大铺满绘图区显示，此时，除了连接之外的所有元件均淡化显示，单击鼠标右键结束选择命令，单击绘图区右下方的 清除 按钮可取消淡化显示，该操作的快捷键为【S】+【C】。
- 【切换选择（Toggle Selection)】：切换选择状态，选择该命令后鼠标将呈现“十”形，单击绘图区的元件，元件的选择状态将反转，以前处于选中状态的将取消选中状态，以前处于未选中状态的将转为选中状态，其快捷键为【S】+【T】。

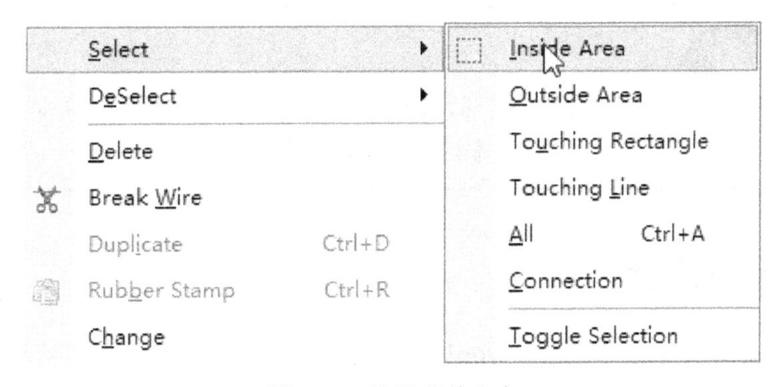

图 3-36　选择菜单命令

- 【编辑（Edit)】菜单中还有一个专门的取消选择的命令菜单【取消选中（DeSelect)】，如图 3-37 所示。

DeSelect　　Inside Area
Delete　　Outside Area
Break Wire　　Touching Rectangle
Duplicate　Ctrl+D　　Touching Line
Rubber Stamp　Ctrl+R　　All On Current Document
Change　　All Open Documents
Move　　Toggle Selection

图 3-37　取消选择菜单命令

- 【内部区域（Inside Area）】区域内取消选择：与区域内选择刚好相反，选择的矩形区域内的元件将被取消选择。
- 【外部区域（Outside Area）】区域外取消选择：与区域外选择刚好相反，选择的矩形区域外的元件将被取消选择。
- 【Touching Rectangle】:选择该命令后，选择该命令后可以在绘图区拖出一个矩形区域，任何接触到矩形区域的元件都将被取消选中。
- 【Touching Line】：选择该命令后，选择该命令后可以在绘图区拖出一条直线，任何接触到该直线的元件都将被取消选中。
- 【所有打开的当前文件（All On Current Document）】取消选择所有打开的当前文件：取消当前文档上所有处于选中状态的元件与连线。可以选择工具栏的按钮执行该命令。
- 【所有打开的文件（All Open Document）】取消选择所有打开的文件：取消当前所有打开的文档上处于选中状态的元件与连线。
- 【切换选择（Toggle Selection）】：与【选中（Select）】菜单中的该命令相同。

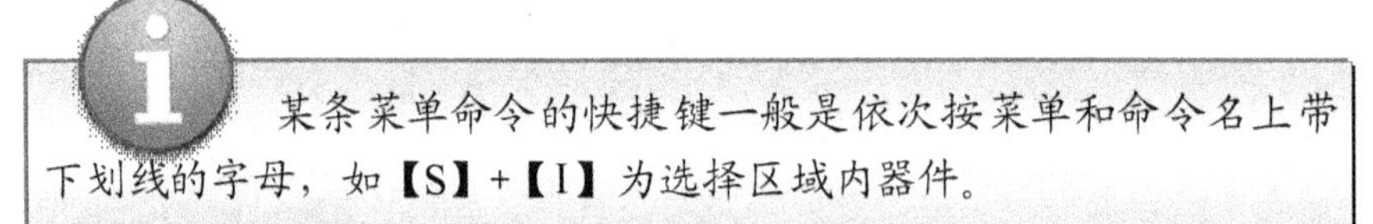

某条菜单命令的快捷键一般是依次按菜单和命令名上带下划线的字母，如【S】+【I】为选择区域内器件。

3.2.4　元件剪切板操作

用过 Word 编辑软件的都知道，Word 的剪切板功能十分强大，能够存储若干次剪切或复制到剪切板的内容，非常幸运的是 Altium Designer 也采用了这一功能，单击弹出式面板的【剪贴板（Clipboard）】标签，弹出如图 3-38 所示的剪切板面板。若是弹出式面板标签栏没有【剪贴板（Clipboard）】标签可在绘图区右下方的【System】里面选择。

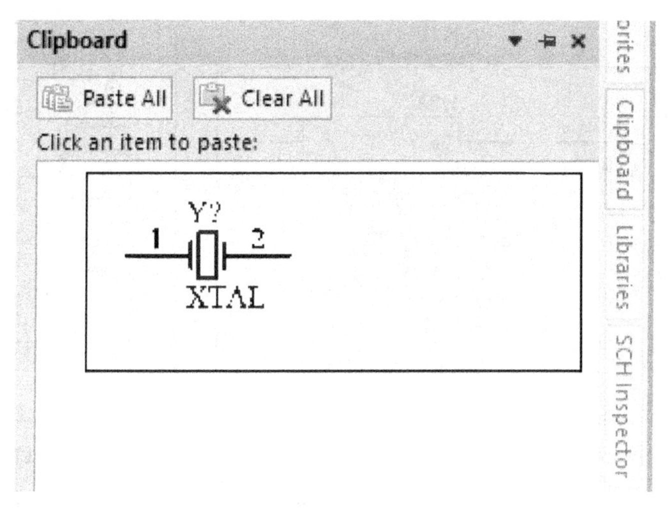

图 3-38　剪切板面板

- 元件的复制：通过复制或是剪切操作可将选中的元件放入到剪切板中，当元件处于选中状态时可以通过【编辑（Edit)】菜单栏的【拷贝（Copy)】命令或是单击工具栏的按钮，还可以使用快捷键【Ctrl】+【C】就可以将元件复制。
- 元件的剪切：当元件处于选中状态时可以通过【编辑（Edit)】菜单栏的【剪切（Cut)】命令或是单击工具栏的按钮，还可以使用快捷键【Ctrl】+【X】就可以将元件剪切，此时，原来的元件将不存在。
- 元件的粘贴：可以通过【编辑（Edit)】菜单栏的【粘贴（Paste)】命令或是单击工具栏的按钮，还可以使用快捷键【Ctrl】+【V】将最近一次剪切或复制的内容粘贴。

其实，在 Altium Designer 中不仅可以粘贴最后一次剪切或复制的内容，如图 3-38 所示，Altium Designer 的剪切板采用堆栈结构，可以存储多次剪切或复制内容，只不过每次粘贴都是使用的最后一次内容，要想粘贴以前的内容可以单击相应的内容，若要想将剪切的元件全部粘贴板则单击剪切板面板上方的粘贴全部按钮，将元件依次粘贴到绘图区，直除全部可清除剪切板内的所有内容。

- 其他复制操作：要想快速的在绘图区放置相同的元件最快捷的方法是按住【Shift】键的同时用鼠标左键拖动相应的元件，如图 3-39 所示，此时，元件的标号会自动增加。

也可以使用其他的复制方法，如使用【编辑（Edit)】菜单的【复制（Duplicate)】命令，使用该命令后在原来选择元件的右下方会重叠出一个一样的元件，如图 3-40 所示，连编号都相同，再自行将其移至其他地方。

还可以用系统的橡皮章工具，选择元件后单击工具栏的按钮后，光标上会附着一个新的元件，可在绘图区多次单击放置如同【库（Libraries)】面板放置元件一样，只不过无论放多少元件，编号仍然保持不变，如图 3-41 所示。

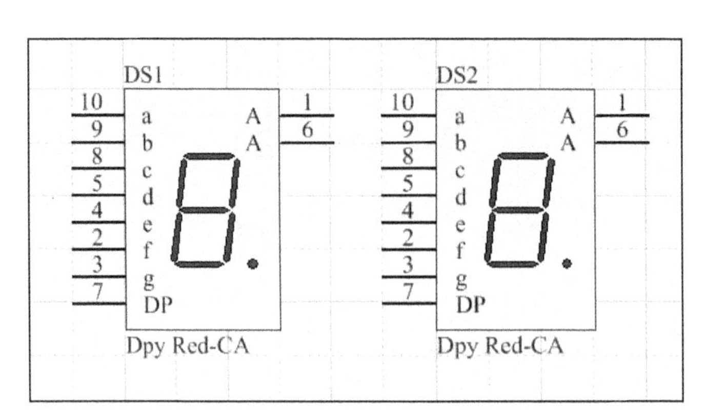

图 3-39 拖动复制

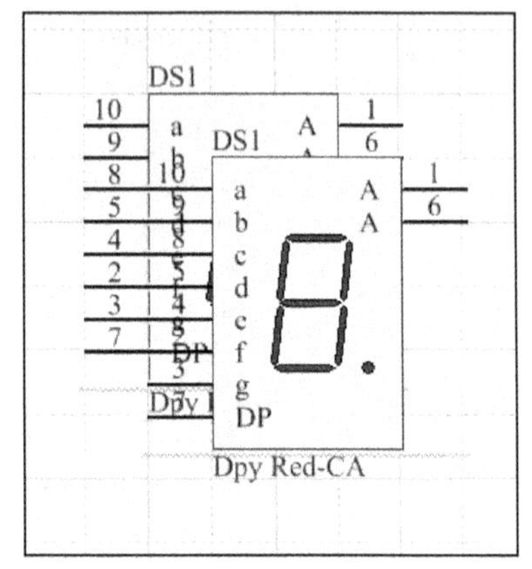

图 3-40 【复制（Duplicate）】命令复制

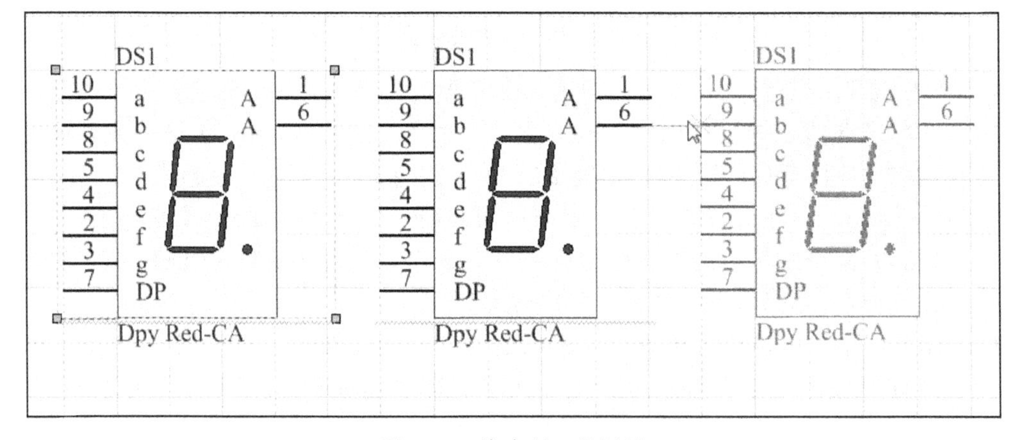

图 3-41 橡皮章工具复制

- 元件的删除：可以采用两种方法删除元件。
  - 选择【编辑（Edit)】菜单的【删除（Delete)】命令，光标变成“×”悬浮状后在绘图区选择相应需删除的元件；
  - 选中需删除的元件后，执行【编辑（Edit)】菜单的【清除（Clear)】命令，或是直接按键盘的【Del】键。

在执行各种复制粘贴命令时需注意，元件的编号可能会重复导致编译出错。

3.2.5 撤消与重做

- 撤消操作：如果误删了不该删除的元件或连线，执行【编辑（Edit)】菜单的【Undo】命令或是单击工具栏的按钮就可以撤消上次操作，可以多次单击按钮来撤消上几步的操作。该操作的快捷键是【Ctrl】+【Z】。

● 重做操作：有撤消就必定有重做，执行【编辑（Edit）】菜单的【Redo】命令或是单击工具栏的 按钮就可以撤消上次操作，可以多次单击 按钮来重复上几步的操作。该操作的快捷键是【Ctrl】+【Y】。

3.2.6 元件的移动与旋转

一张漂亮的电路原理图当然有元件排列整齐，布线得当，这就涉及到元件的移动、旋转和排列，系统提供的元件位置调整工具十分丰富，下面分别介绍。

● 元件的移动：在 Altium Designer 中元件的移动靠鼠标就能快捷的完成，若是熟悉了系统提供的其他移动功能则有助于绘图效率的提高。
● 移动的鼠标操作：鼠标操作永远是最为快捷方便的。首先，鼠标左键单击需移动的元件，使元件处于选中状态；再次，用鼠标左键按住元件不放，光标会移到最近的引脚上并呈“×”形悬浮状，此时就可以抓住元件随意移动了。如果感觉用鼠标单击两次太麻烦，直接用鼠标左键抓住元件就能移动，如图 3-42 所示。

要是同时移动多个元件。如图 3-43 所示，要移动左右两边的元件，但是保持中间数码管的位置不变。很简单，照着上面介绍的方法，按住【Shift】键的同时选中两个元件，再次单击其中的一个元件就能将选中的两个元件移动了。

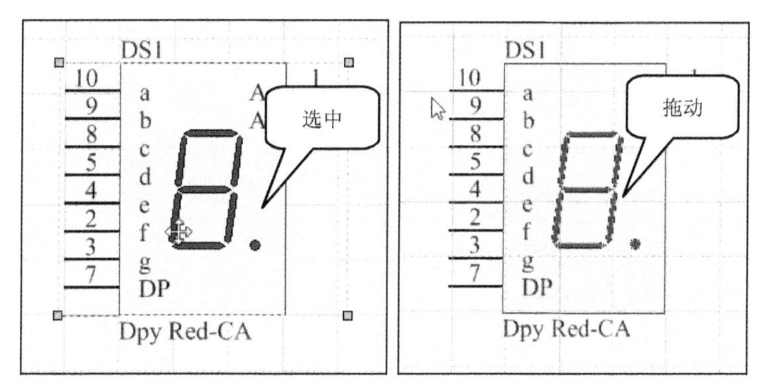

图 3-42　拖动单个元件

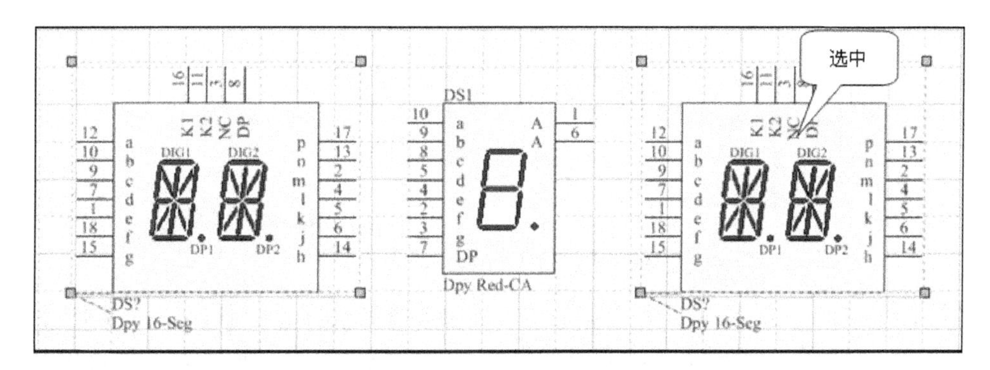

图 3-43　拖动多个元件

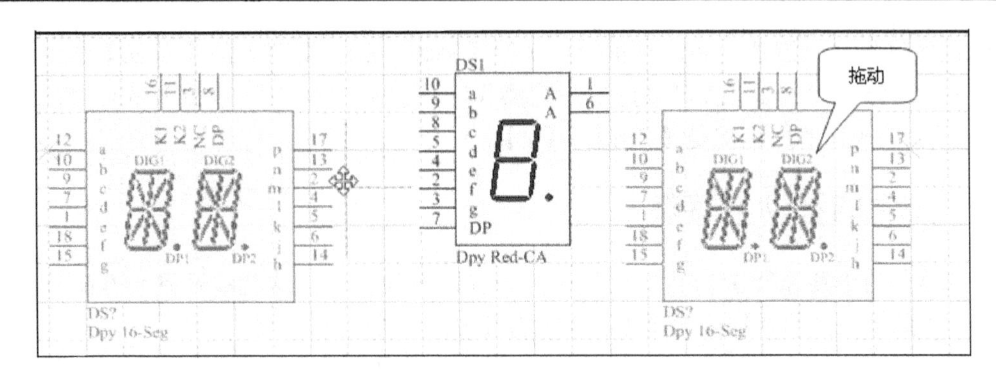

图 3-43　拖动多个元件（续）

- 【移动（Move）】菜单命令的操作：使用菜单命令虽说比较繁杂，但是有些功能确实简单的鼠标操作难以完成的，选择【编辑（Edit）】下的【移动（Move）】选项，弹出如图 3-44 所示的【移动（Move）】菜单命令，下面来详细介绍个命令功能。

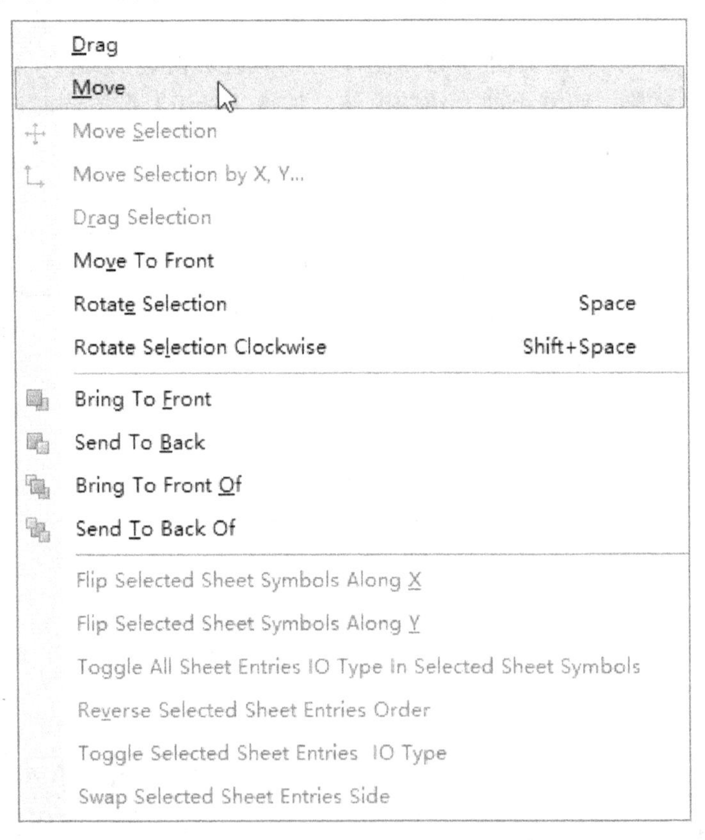

图 3-44 【移动（Move）】菜单命令

➢ 【拖动（Drag)】：保持元件之间的电气连接不变移动元件位置，如图 3-45 所示，选择该命令后，光标上浮动着“×”形光标，然后就可以拖动元件保持电气连接移动了，拖拽完成后单击鼠标右键退出拖拽状态。其实，拖拽元件最简单的方法就是按住【Ctrl】键的同时用鼠标拖动元件，实现不断线拖拽。

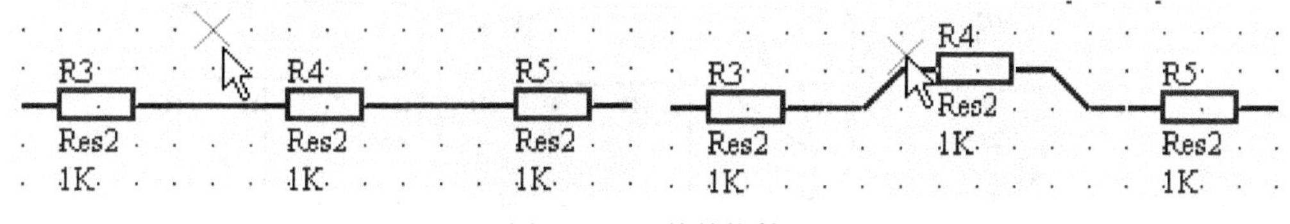

图 3-45 元件的拖拽

➢ 【移动（Move）】：元件的移动动与拖动类似，只不过移动时不再保持原先的电气关系，如图 3-46 所示。可以在【Schematic Performances】的【Graphical Editing】里面设置系统默认鼠标按住元件移动是拖动还是拖拽，具体的设置可参考第 2.2.3 节。

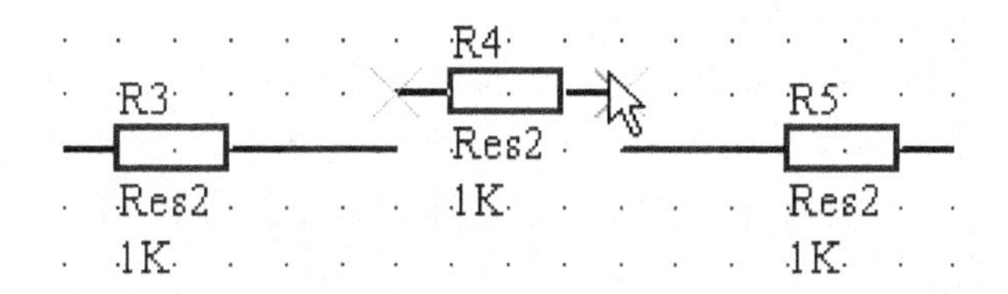

图 3-46 元件的拖动

➢ 【移动选择（Move Selection）】移动选定的元件：与【移动（Move）】操作类似，只不过先要使移动的元件处于选中状态，然后再执行该命令，单击元件就可以移动了，该操作主要用于多个元件的移动。

➢ 【通过 X，Y 移动选择（Move Selection by X，Y）】将元件移动到指定的位置：执行该命令首先要选中需要移动的元件，选择该命令后会弹出如图 3-47 所示的对话框，在框中填入所需移动的距离，如 X 表示水平移动，右方向为正，Y 表示垂直移动，上方向为正，最后单击【确定】按钮确认，元件即移动到指定位置。

➢ 【拖动选择（Drag Selection）】拖动选中对象：该操作与【移动选择（Move Selection）】类似，在移动过程中保持电气连接不变。

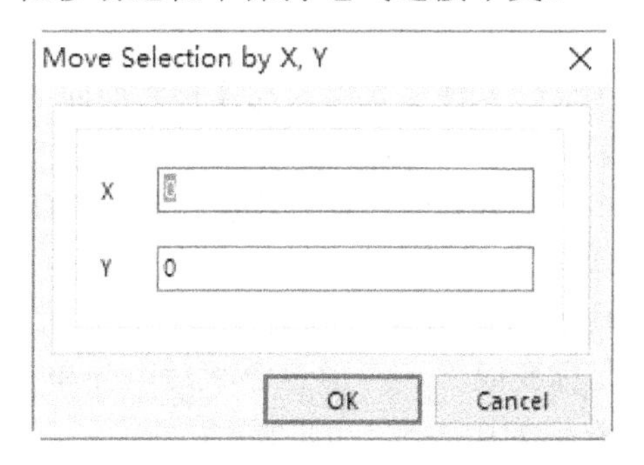

图 3-47 【通过 X，Y 移动选择（Move Selection by X，Y）】对话框

➢【移到前面（Move To Front)】移至最顶层：该操作是针对非电气对象的，如图 3-48 所示，椭圆的图形与矩形相重叠，椭圆置于顶层，先要将矩形移至绘图区的顶层。选择【移到前面（Move To Front）】命令，单击矩形，矩形就移至绘图区的最顶层，此时，矩形仍处于浮动状态，可移动鼠标将矩形移动到绘图区的任何位置。

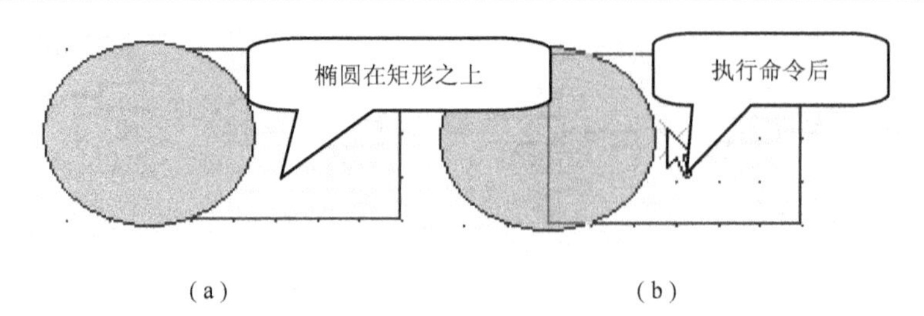

（a）　（b）

图 3-48　移至最顶层操作

- 【旋转选择（Rotate Selection）】逆时针旋转选中元件：首先选中对象，然后执行该命令，则选中的元件逆时针旋转 90°，每执行一次该命令元件便旋转 90°，可多次执行。该命令的快捷键为键盘空格键。
- 【顺时针旋转选择（Rotate Selection Clockwise）】顺时针旋转选中对象：首先选中对象，然后执行该命令，则选中的元件顺时针旋转 90°，每执行一次该命令元件便旋转 90°，可多次执行。该命令的快捷键为【Shift】+【空格】键。元件的旋转如图 3-49 所示。

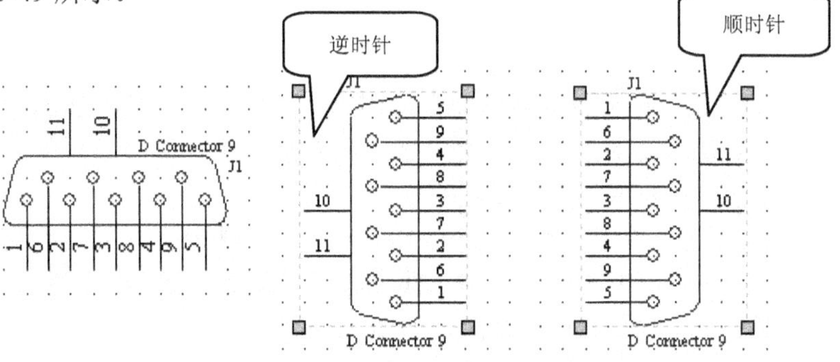

图 3-49　元件的旋转

- 【移到前面（Bring To Front）】移至顶层：与【Move To Front】命令类似，该命令只能将非电气图件移至最顶层，移完后对象不能水平移动。
- 【送到后面（Send To Back）】移至底层：与【移到前面（Bring To Front）】命令类似，只不过是移至所有对象的最下面。
- 【移到…前面（Bring To Front Of）】移至对象之上：当有多个非电气图件重叠时，需要调整个图件的层次关系，如图 3-50（a）所示，矩形在最底层，扇形在最顶层，椭圆处在中间。现要将矩形移至椭圆之上，可执行【移到…前面（Bring To Front Of）】命令，待光标变成“×”形悬浮状后，先单击要移动的矩形，再单击参考对象椭圆，移动效果如图 3-50（b）所示。

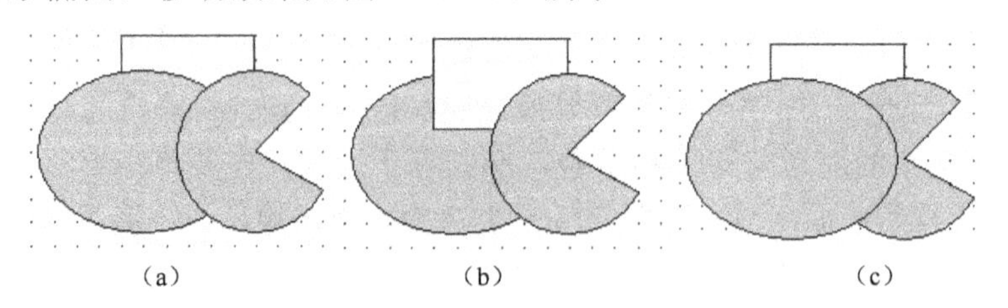

（a）　（b）　（c）

图 3-50　图件的层移

➢【送到…后面（Send To Back Of)】移至对象之下：与【移到…前面（Bring To Front Of)】类似，现将如图 3-50（a）所示的扇形移至椭圆之下，可执行【送到…后面（Send To Back Of)】命令，待光标变成“×”形悬浮状后，先单击要移动的扇形，再单击参考对象椭圆，移动效果如图 3-50（c）所示。

● 元件的水平与垂直翻转：已经介绍了【移动（Move)】菜单中图件的顺时针和逆时针旋转，其实图件还可以镜像水平和垂直翻转。用鼠标左键按住元件不放，此时元件处于悬浮状态，如图 3-51（a）所示，再按键盘【X】键则元件水平镜像翻转，如图 3-51（b）所示；按键盘【Y】键则垂直镜像翻转，如图 3-51（c）所示。

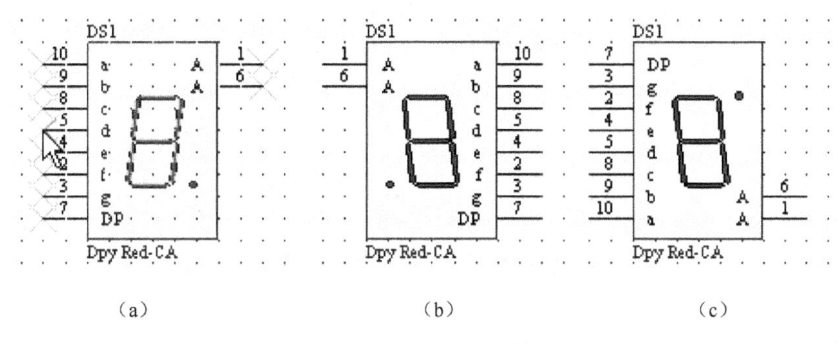

（a）　（b）　（c）

图 3-51　元件的翻转

3.2.7　元件的排列

放置好元件后还要将元件排列整齐以便连线，Altium Designer 提供了一系列的图件排列对齐命令，使图件的布局更加方便，快捷。图件的排列都是针对选中的对象，所以，在执行排列命令前要选择一组对象。可以通过两种方式来执行排列命令：选择【编辑（Edit)】→【对齐（Align)】弹出如图 3-52（a）所示的图件【排列命令】；或是直接单击工具栏的按钮，弹出如图 3-52（b）所示命令。两者之间的命令是相互对应的，现以菜单命令为例详细介绍各排列操作。

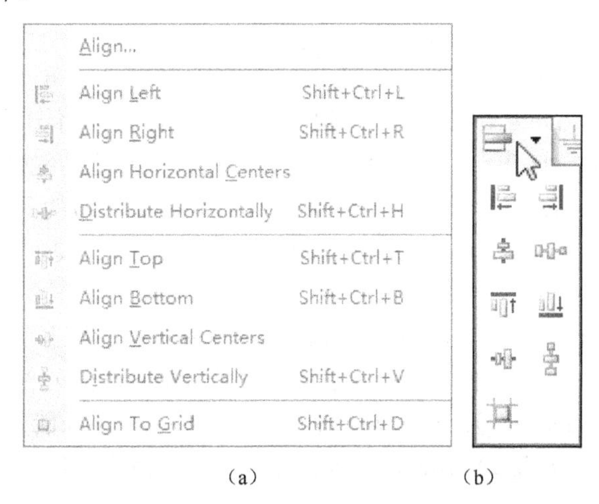

（a）　（b）

图 3-52　【图件的排列】命令

①【对齐（Align）】：选中需要对齐的元件后执行该命令，则弹出如图 3-53 所示的【对齐操作设置】命令。该设置可分为三个部分。

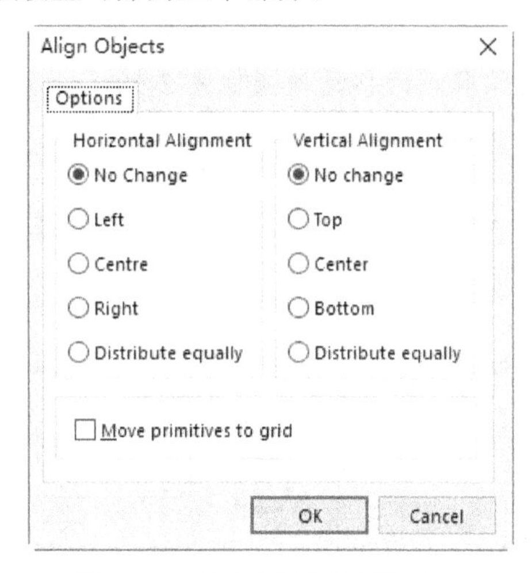

图 3-53 【对齐操作设置】命令

- 【水平排列（Horizontal Alignment）】：用于设置图件水平方向的对齐方式。
- ➢【不改变（No Change）】：保持原图件在水平上的排列顺序不变；
- ➢【左边（Left）】：所有图件水平方向靠左对齐；
- ➢【居中（Centre）】：所有图件水平方向居中对齐；
- ➢【右边（Right）】：所有图件水平方向靠右对齐；
- ➢【平均分布（Distribute equally）】：水平方向等距离均匀分布。
- 【垂直排列（Vertical Alignment）】：与水平对齐相对应，用于设置图件竖直方向的对齐方式。
- ➢【不改变（No Change）】：保持原图件在竖直上的排列顺序不变；
- ➢【置顶（Top）】：所有图件竖直方向靠上对齐；
- ➢【居中（Centre）】：所有图件竖直方向居中对齐；
- ➢【置底（Bottom）】：所有图件竖直方向靠下对齐；
- ➢【平均分布（Distribute equally）】：竖直方向等距离均匀分布。
- 【按栅格移动（Move Primitives to Grid）】：移动图件时，将图件对齐到附近的网络。

②【左对齐（Align Left）】：执行该命令后所有元件以最左边的元件为基准靠左对齐。

③【右对齐（Align Right）】：执行该命令后所有元件以最右边的元件为基准靠右对齐。

④【水平中心对齐（Align Horizontal Centers）】：执行该命令后所有元件以垂直方向的中线为基准水平居中对齐。

⑤【水平分布（Distribute Horizontally）】：执行该命令后所有元件水平上方向等距离分布。

⑥【顶对齐（Align Top）】：执行该命令后所有元件以最上面的元件为基准向上对齐。

⑦【底对齐（Align Bottom）】：执行该命令后所有元件以最下面的元件为基准向下对齐。

⑧【垂直中心对齐（Align Vertical Centers）】：执行该命令后所有元件以水平方向的中线为基准垂直居中对齐。

⑨【垂直对齐（Distribute Vertically）】：执行该命令后所有元件垂直上方向等距离分布。

⑩【对齐到栅格上（Align To Grid)】：执行该命令后所有元件对齐到附近的网络。水平和垂直对齐操作的效果图分别如图 3-54 和图 3-55 所示。

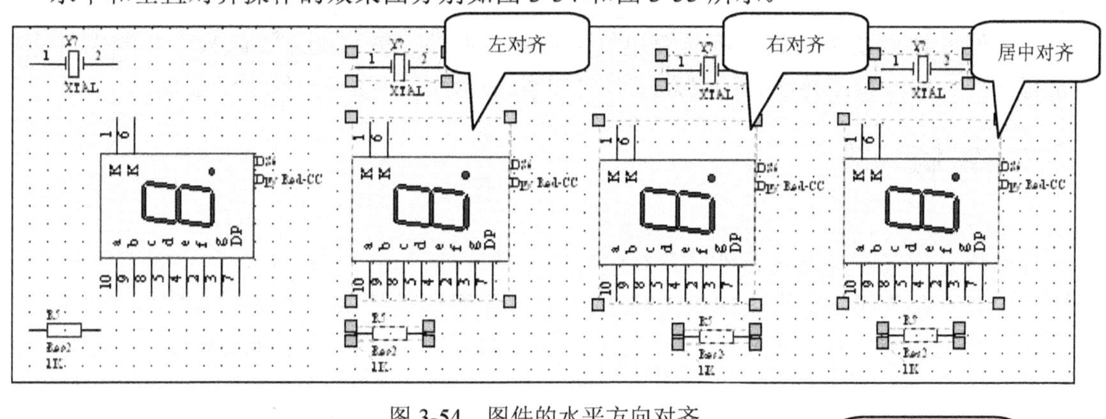

图 3-54　图件的水平方向对齐

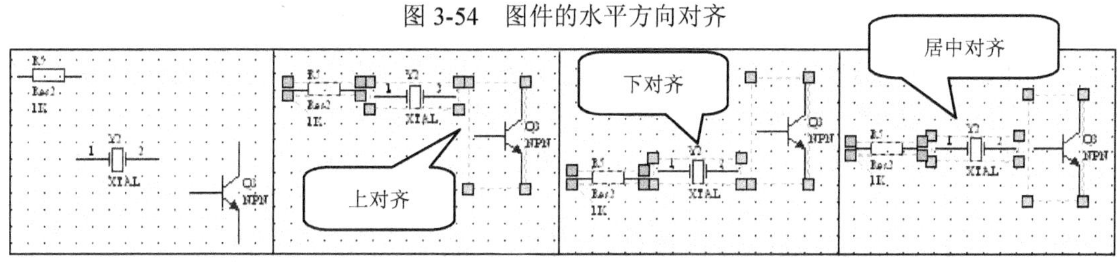

图 3-55　图件的垂直方向对齐

至此，整个单片机数码显示系统的元件选择及布局就完成了，按照上面介绍的操作步骤自己练习元件的操作，位置布置好的元件分布图如图 3-56 所示，中间留出了足够的位置供电气连线，可供读者参考。

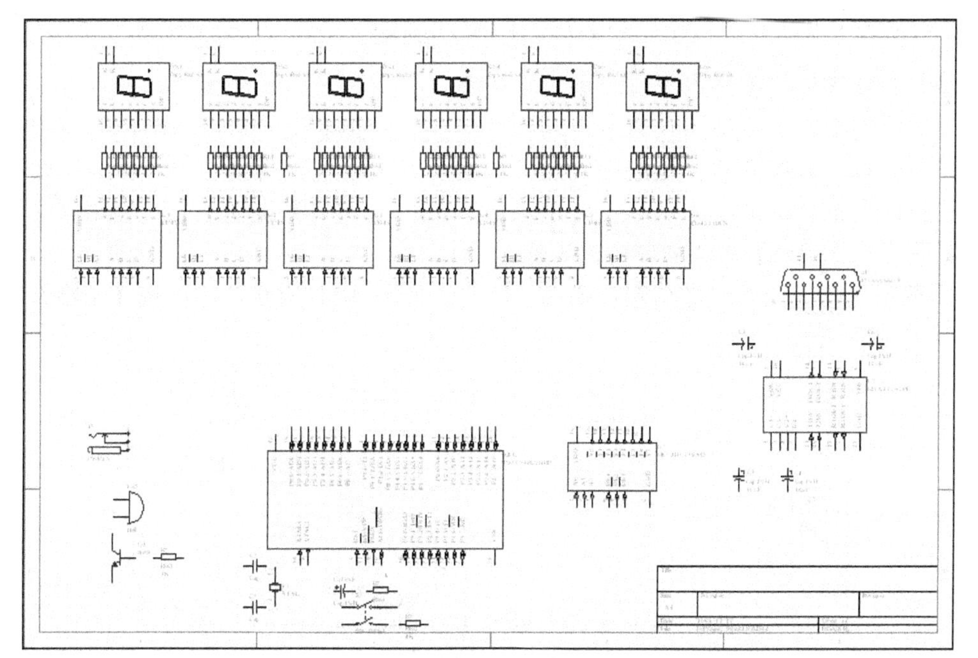

图 3-56　单片机数码显示系统布局图

3.3　电气连接

排列好元件后紧接着就得将具有电气关系的元件端口或引脚连接起来，绘制电气连接通常有三种方法：绘制导线、绘制总线和放置线路标示，下面将分别详细描述。

3.3.1　绘制导线

导线就是用来连接电气元件的具有电气特性的连线，可以执行【放置（Place）】菜单的【线（Wire】命令或是单击菜单栏的按钮进入导线绘制状态，当光标移入绘图区后会变成“×”状的白色光标，此时，可在绘图区的任意区域单击鼠标左键绘制导线的起始点，起始点可以是元件的引脚，当光标移至元件的引脚时，光标会自动捕捉到元件的引脚，此时，光标变成红色的“*”字状，单击即可选择元件引脚为起始点，如图 3-57 所示。选择起始点后便可拖动光标绘制导线，当光标移至另外一个元件引脚时光标变成红色的“×”状，单击引脚就完成了一段导线的绘制。此时，光标仍处在绘制导线状态，可以继续连接其他的引脚，也可以按【Esc】键或单击鼠标右键退出绘制导线状态。

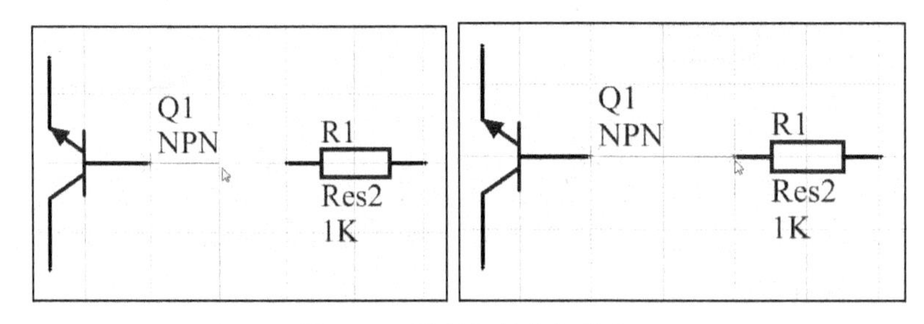

图 3-57　选择起始点与终点

当绘制的导线起点和终点不在一条水平或垂直线上时，导线会转弯以便垂直走线，但是在一条导线的绘制过程中系统只会自动转弯一次，要想多次转弯可在转弯处单击鼠标左键形成一个节点。系统有多种走线模式，其中有垂直水平直角模式、45° 布线模式、任意角度模式和自动布线模式各种模式之间可按【Shift】+【空格】键切换，在使用其中一种模式布线时又可按【空格】键改变转弯的方向。

- 系统默认的走线方式是垂直走线直角转弯，如图 3-58 所示，可以按【空格】键改变直角转弯方向。

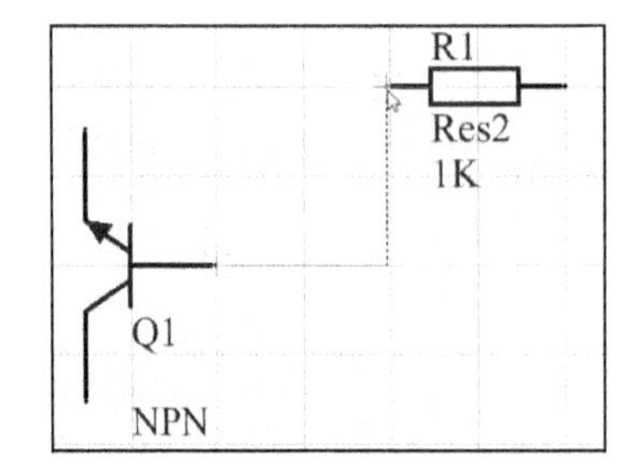

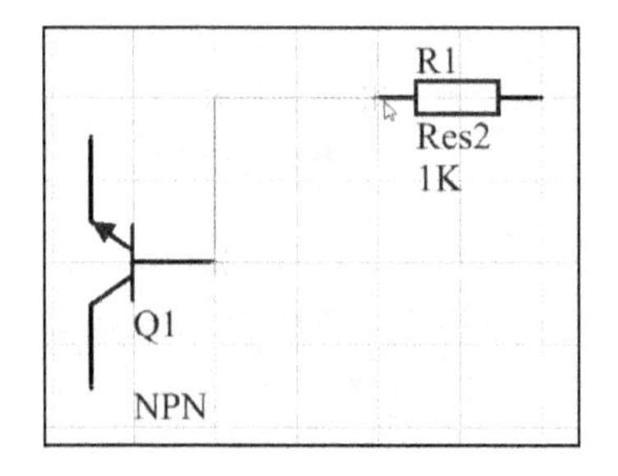

图 3-58　直角转弯

- 图 3-59 所示为 45° 走线模式，转弯处可以是 90° 角或者 45° 角，按【空格】键改变转角方向。

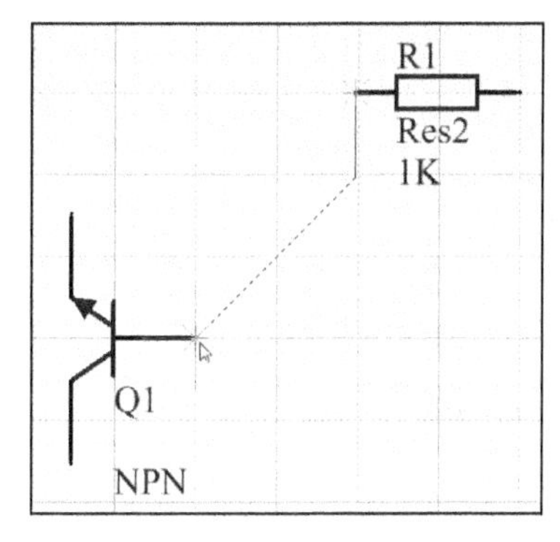

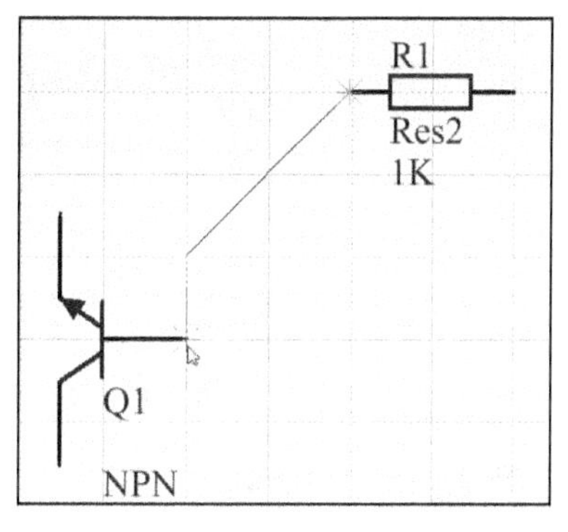

图 3-59　45° 转弯模式

图 3-60 所示为任意角度和自动布线模式，任意角度模式下系统布线将没有固定的角度，直接连接两个连线的引脚；自动布线模式则是系统自动寻找水平和垂直布线模式下的最佳路径，先选出需连接的两个元件引脚，此时路径呈虚线直接连接，如图 3-60（b）所示，确认后系统将自动连线，结果如图 3-60（c）所示。在自动布线时可以按【Tab】键进入如图 3-61 所示的自动布线设置框：【Time Out After(s)】是指系统计算最佳走线路径时最多允许计算时间，超过此时间则停止自动走线；【Avoid cutting wires】是指设定自动走线时避免切除交叉走线的程度。

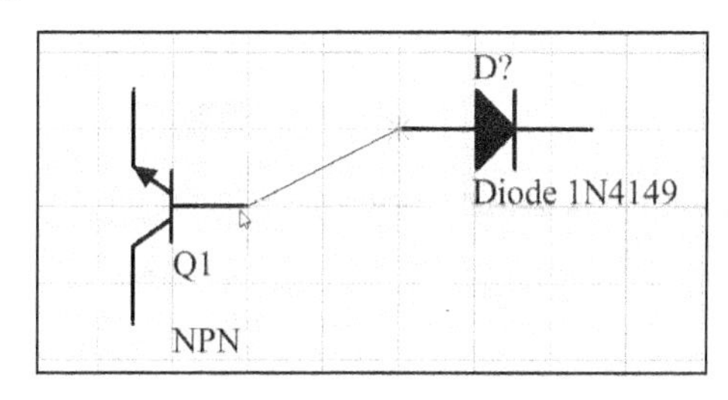

（a）

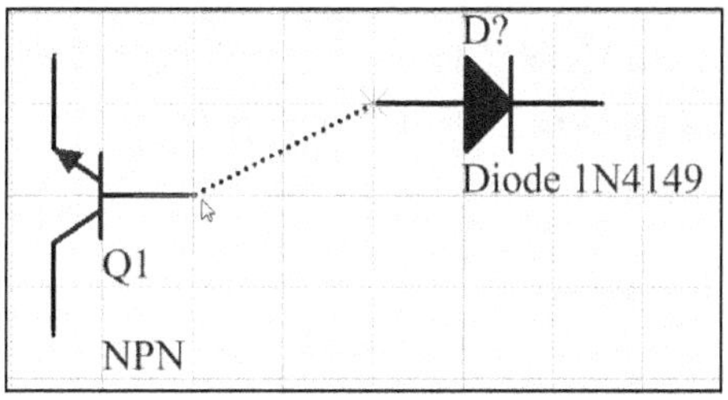

（b）

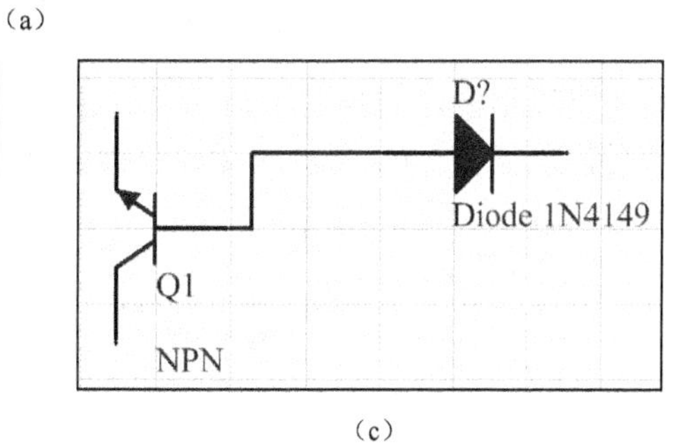

（c）

图 3-60　任意角度和自动布线模式

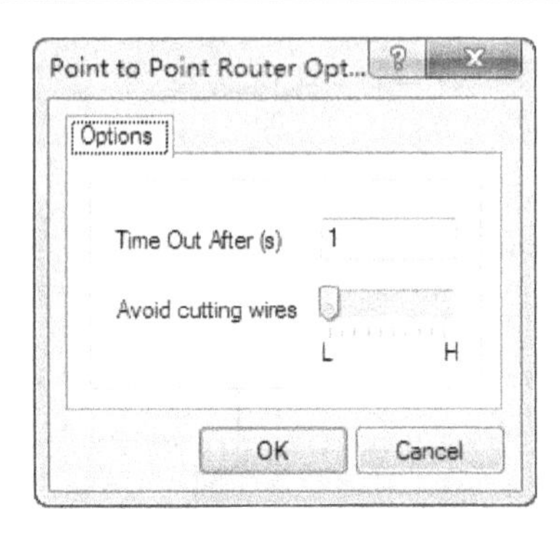

图 3-61　自动布线模式设置

3.3.2　导线的属性与编辑

和元件一样，导线也有自己的属性，可以在绘制导线时按【Tab】键或是绘制完成后双击相应的导线打开如图 3-62 所示的【导线属性编辑】对话框。在【绘图的（Graphic）】选项卡中可以设置导线的线宽和颜色，导线默认的线宽是深蓝色，可单击【颜色（Color）】颜色框设置自定义颜色。系统提供了四种线宽：Smallest（最小）、Small（小）、Medium（中）、Large（大），单击【线宽（Wire Width）】右边的线宽可弹出线宽的选项及其预览。

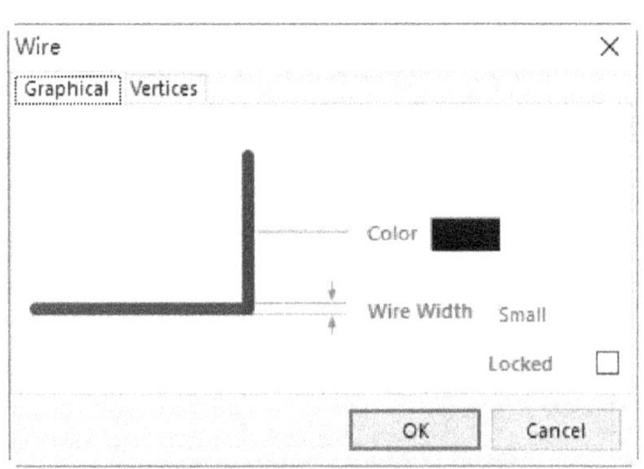

图 3-62　【导线属性编辑】对话框

导线还可以锁定，选择右下角的【锁定（Locked）】复选框后，每当对该导线进行编辑操作时就会弹出如图 3-63 所示的【导线锁定确认】对话框，可以防止误操作。

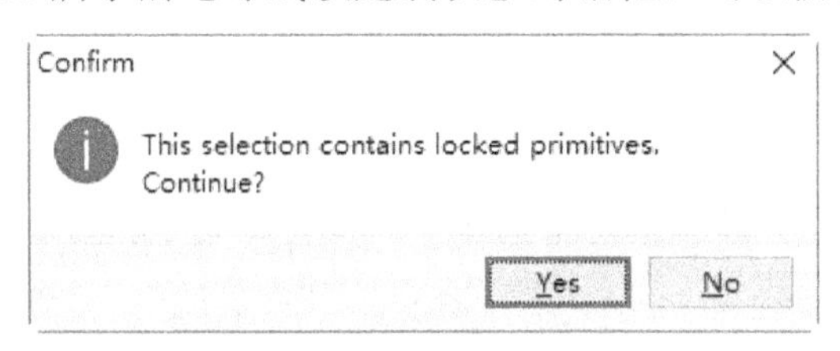

图 3-63　【导线锁定确认】对话框

【导线属性设置】对话框中的【顶点（Vertices）】选项卡用来设置导线的节点位置。如图 3-64（a）所示，虽说该条导线转了几个弯，但在电气上仍属于一条导线。该条导线共有 6 个节点，其中包括两端的两个端点和中间的四个节点。如图 3-64（b）所示，分别列出了这 6 个节点的坐标值，可以直接双击坐标值进行编辑而改变节点位置，也可以单击右边的【添加（Add）】按钮增加新的节点或是【删除（Remove）】按钮删除选定的节点。单击【Menu】按钮后弹出节点编辑菜单，与上面介绍的功能一样，不再赘述。

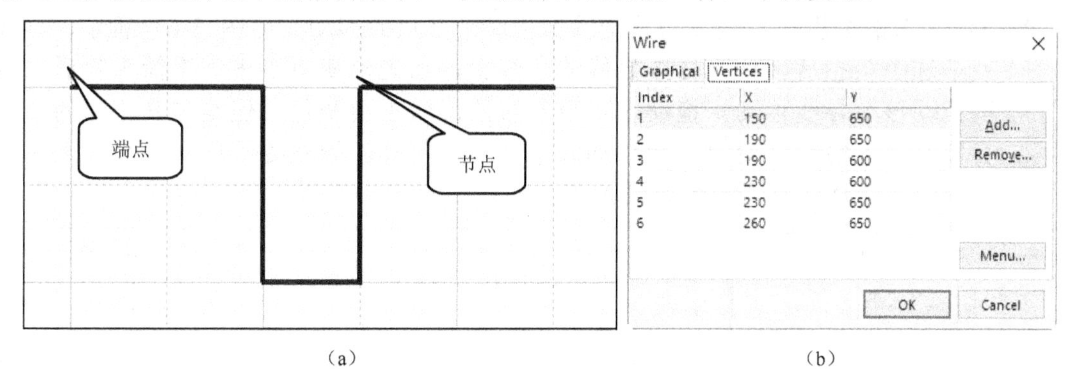

（a）　　（b）

图 3-64　导线节点设置

导线可以在绘图区直接用鼠标进行拖拽编辑，根据拖拽导线的部位不同，可以分为导线端点的编辑、中间节点的编辑，导线的小节编辑。首先来认识一下导线的组成，如果一段导线有转弯现象则该端导线由若干小节即若干直线组成，每个转弯的拐点就是一个节点，其中整段导线的起始节点和终止节点又称为端点。在用鼠标对导线进行编辑前首先要选中导线，若是导线呈绿色的选中状态，下面来分别介绍导线的各种编辑方法。

- 导线端点的编辑：如图 3-65 所示，首先选中需要编辑的导线，将光标移至导线的端点上（每段导线有且只有两个端点），当光标将呈右斜的双箭头状后就可以用鼠标左键拖动端点进行移动了。拖动端点沿着导线的方向移动可以增长或缩短导线；斜方向移动则导线会自动增加一个节点和一段小节并沿直线走线；当端点移至与其相邻的节点时两个节点会合并为一个端点，并使这段导线减小一段小节。

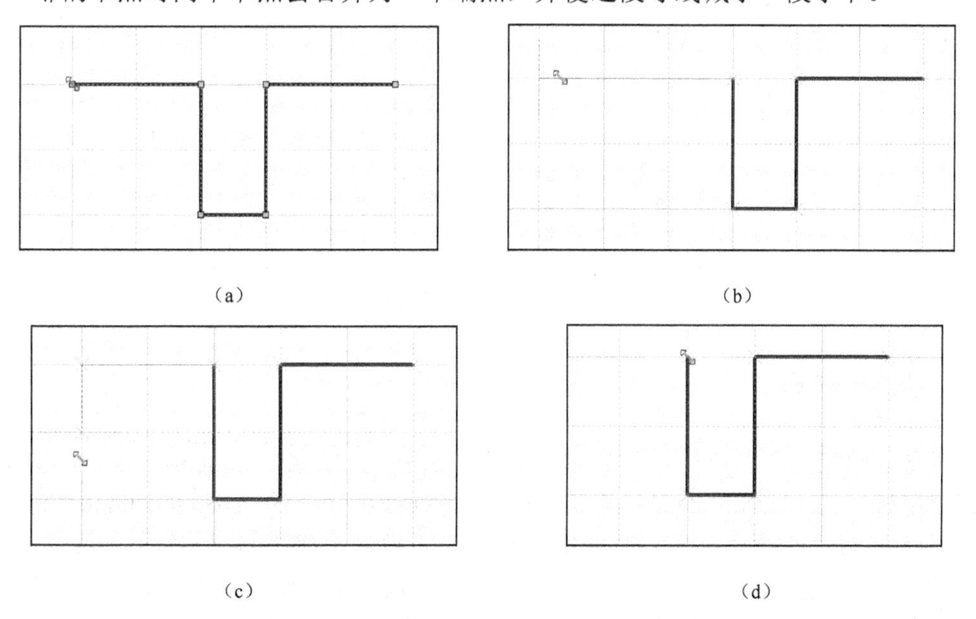

（a）　　（b）

（c）　　（d）

图 3-65　端点的编辑

- 导线中间节点的编辑：如图 3-66 所示，与端点的编辑类似，当光标变成斜的双箭头状后可以拖动节点移动，不同之处在于拖动节点并不能新增节点，当拖动节点至相邻的节点后两个节点会合并，并减少一段小节。
- 导线小节的编辑：导线节的移动其实是两个节点的移动。如图 3-67 所示，导线处于选中状态后移动光标至导线的一节上，当光标变成“＋”字箭头状后就可以拖动该节导线移动。拖动时本段导线的形状不会变化，但是与其相邻的导线会伸长、缩短或是变斜。当移动的小节导线与其他导线处于同一条直线上时两节导线就会合并为同一节导线。

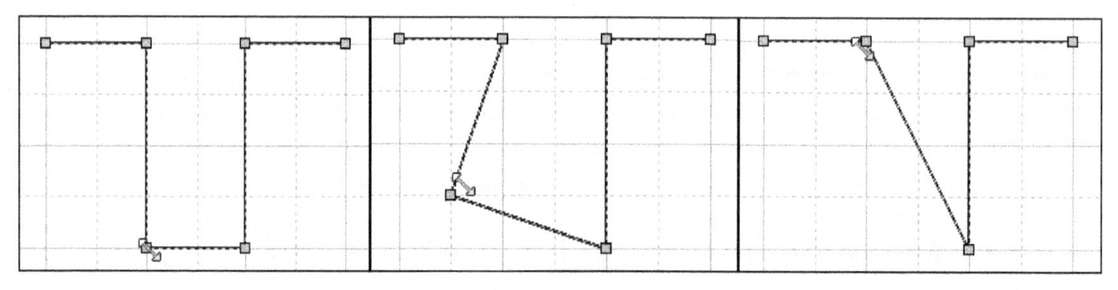

图 3-66　中间节点的编辑

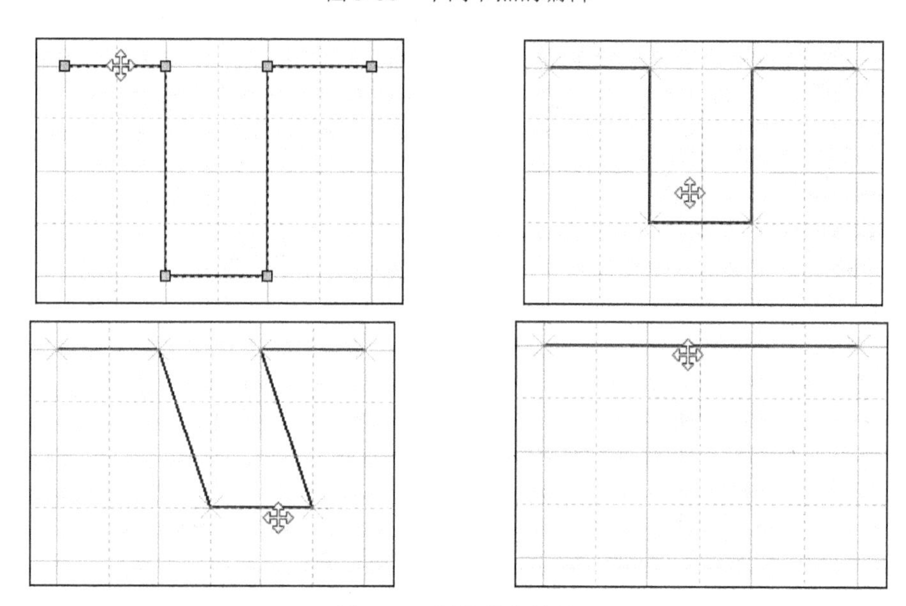

图 3-67　导线的节编辑

3.3.3　放置节点

当两条导线相交并要确定电气连接时就需要放置电气节点（Junction），一般情况下绘制导线时鼠标左键单击相交的导线系统就能自动生成电气节点（Auto-Junction），但是自动节点在导线移动时可能会消失，有时需要自己手工放置电气节点（Manual-Junction）。如图 3-68 所示，分别为自动节点和手动节点，自动节点默认为蓝色的实心原点，而手工节点则为暗红色的十字纽扣状，其中有电气连接的手工节点外还有蓝色的圆晕。关于节点的相关默认设置可参考 2.4.4 节的【Compiler】编译器设定。

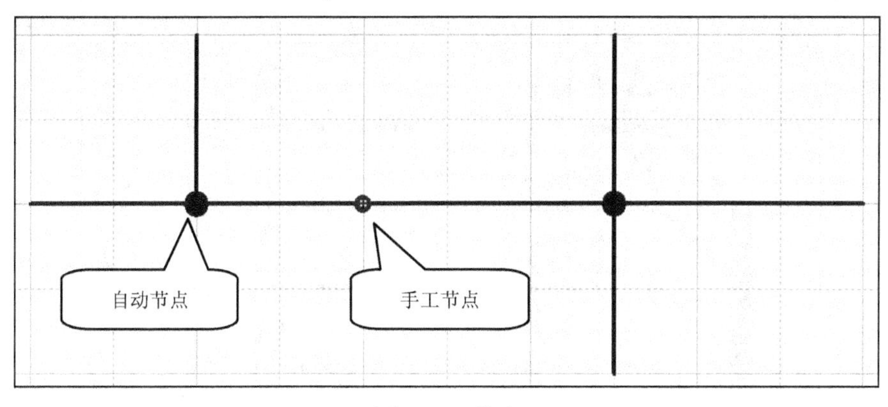

图 3-68　节点

要放置手动节点可选择【放置（Place）】菜单的【手工接点（Manual Junction）】命令，或是使用快捷键【P】和【J】。节点的放置与其他对象的放置一样，放置过程中按【Tab】键可编辑节点的属性。如图 3-69 所示，手工节点的设置包括节点的颜色、位置、大小和锁定选项。单击【颜色（Color）】选项旁的颜色框可以选择自定义颜色；【位置】（Location）】的坐标值可以直接编辑，从而改变节点位置；【大小（Size）】下拉菜单则可以选定节点的大小，系统默认是最小的。【锁定（Locked）】复选框可以锁定节点防止错误操作。

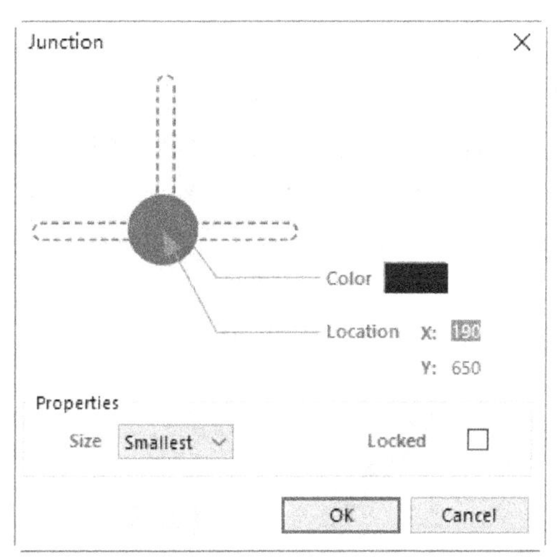

图 3-69　节点的属性

3.3.4　绘制总线

总线是一系列导线的集合，是为了方便布线而设计的一种线路，其实总线本身是没有任何电气意义的，只有和总线入口、总线标示组成总线入口才能起到电气连接的作用。总线通常用在元件的数据总线和地址总线上，利用总线和网络标号进行元件之间的连接不仅可以简化原理图，还可以使整个原理图更加清晰明了，如图 3-70 所示。

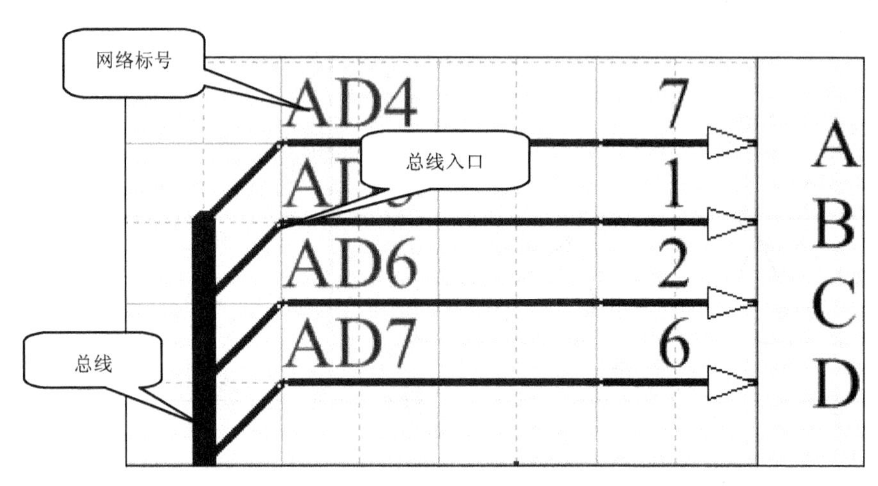

图 3-70　总线使用示例

- 绘制总线：选择【放置（Place）】菜单的【总线（Bus）】命令，或是单击工具栏的按钮进入总线绘制状态。会发现总线其实就是较粗的导线，因此，总线的绘制方法和属性设置与导线一样，在绘制总线过程中可以按下【Tab】键设置总线属性，如图 3-71 所示，各属性项目与导线均相同，在此就不再赘述，请读者参考 3.3.1 节。
- 放置总线入口：总线入口就是总线与其组成导线之间的接口，其实总线入口与普通的导线连接没有本质的区别，所以，总线入口也可以用普通的导线连接代替，如图 3-72 所示，两者之间的区别仅在于总线入口，以及和其相连导线的连接端点为“+”形状。

选择【放置（Place）】菜单的【总线入口（Bus Entry）】命令，或是单击工具栏的按钮进入总线入口放置状态，放置过程中可以按【空格】键改变总线入口的状态，即总线入口的四个方向，如图 3-73 所示。也可以按【Tab】键设置总线入口的属性，如图 3-74 所示，和导线一样，总线入口也可以设置其颜色、位置和线宽等属性。

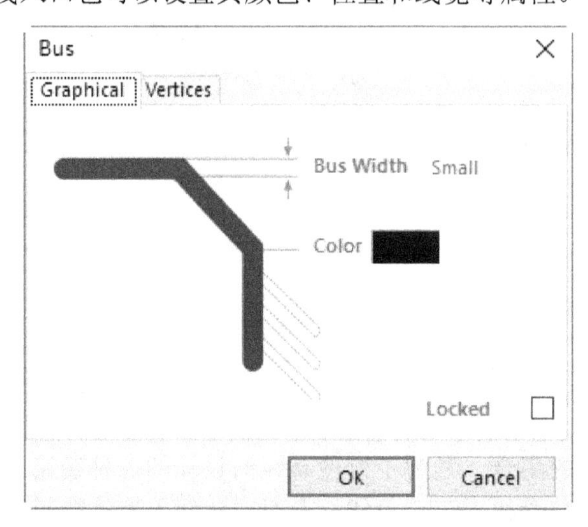

图 3-71　【总线属性设置】对话框

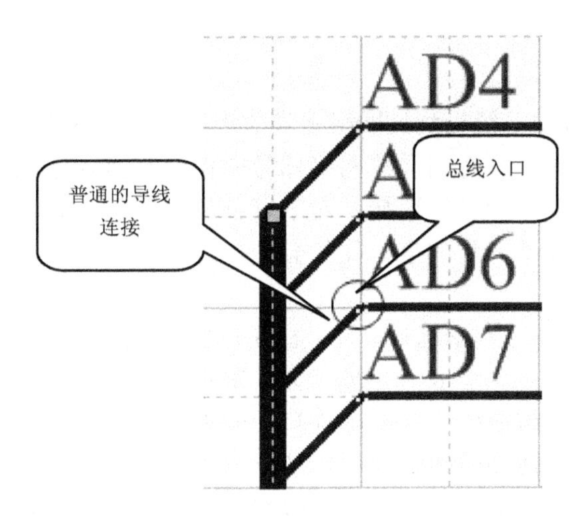

图 3-72　放置总线入口与普通导线连接

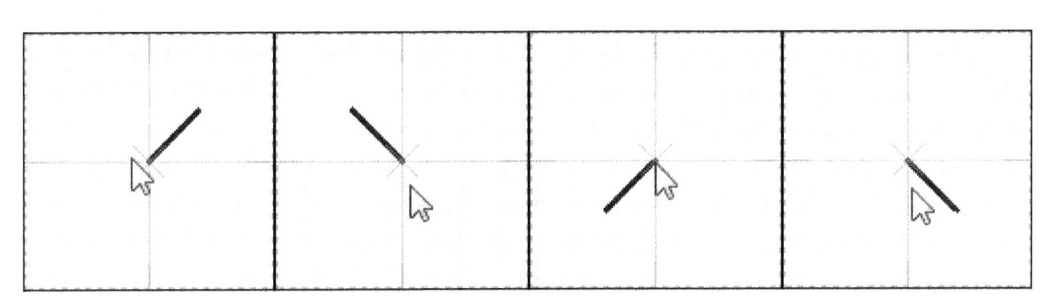

图 3-73　总线入口的四种状态

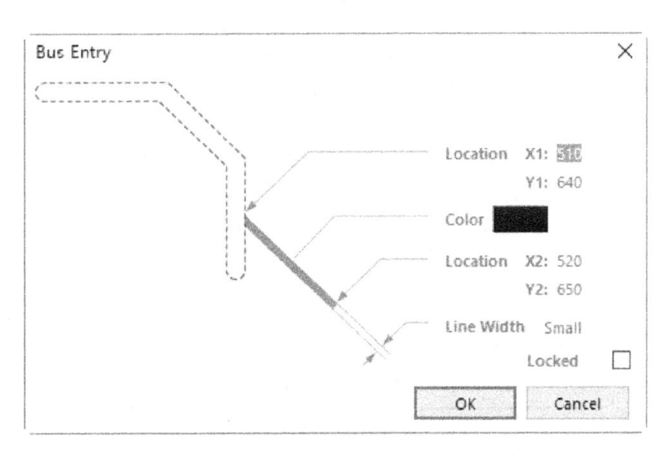

图 3-74　总线入口属性设置

● 放置网络标号：放置网络编号是总线系统所必须的，没有网络编号的总线没有任何实际的电气意义。总线所连接的两端的元件具有相同标号的引脚将具备电气连接关系。由于总线系统常常用来表示芯片的地址总线和数据总线，所以，与总线相连的各导线通常命名为“AD0~AD8”等。在放置第一个网络标示时按【Tab】键将网络名改为“AD0”，则以后放置的网络名标号会自动递增。网络标号的放置与设置将在下节详细讲解。

3.3.5 放置网络标号

在 3.3.4 节总线的放置过程中已经提到过网络标号的应用，其实网络标号的应用远不如此，网络标号是一种无线的导线，具有相同的网络标号的电气节点在电气关系上是连接在一起的，不管他们之间是否有实际的导线连接，对于复杂的电路设计要将各种有电气连接的节点用导线连接起来是一件很不容易的事，往往会使电路变得难以阅读，而网络标号正好能够解决这个问题。

执行【放置（Place）】菜单的【网络标号（Net Label）】命令或是单击工具栏的 Net 按钮进入网络标号放置状态。此时，鼠标会变成白色"×"形光标状，上面附带着一个网络标号，如果网络标号中带有数字，每放置一次网络标号中的数字将会自动增加，移动光标到导线上，光标捕获到导线时会变成和网络标号一样的"×"状，此时，单击鼠标左键就成功放置了网络标号，同时，该导线网络名也更名为网络标号名，如图 3-75 所示。

在 Altium Designer 的电路设计中，每一条实际的电气连线都有属于一个网络并拥有网络名，当鼠标停留在导线上一段时间，系统就会自动提示出该导线所属的网络名，如图 3-76（a）所示。net: NetC3_1 是指该网络是连在电容 C3 的第一脚上的，当放置名称为 AD1 的网络标号后，该条网络的网络名就变成了 AD1。

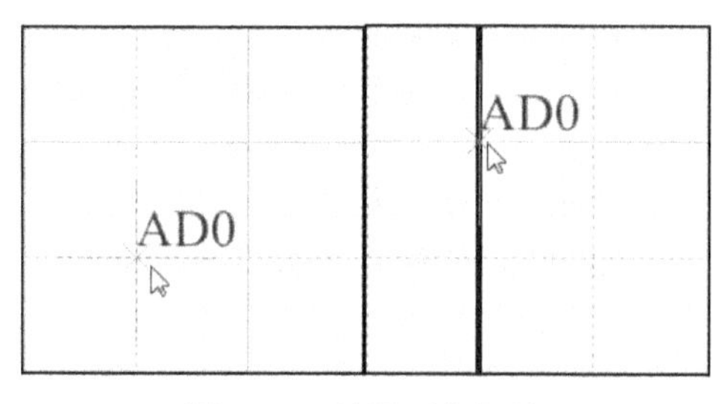

图 3-75 放置网络标号

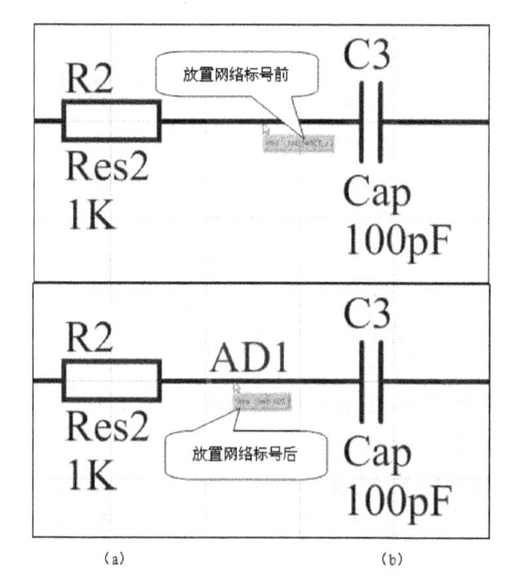

图 3-76 导线网络名的变化

网络标号最重要的属性就是所属网络的网络名称，在放置网络标号时按【Tab】键或双击放置好的网络标号弹出如图 3-77 所示的【网络标号属性设置】对话框。可以在【Net】文本框状填入网络标号的名称，或者下拉菜单中选择已经存在的网络标号名称，使之属于同一网络。另外还可以设置网络标号的颜色、位置、旋转角度和字体等，与前面所讲的导线和元件的属性设置一致，就不再赘述了。

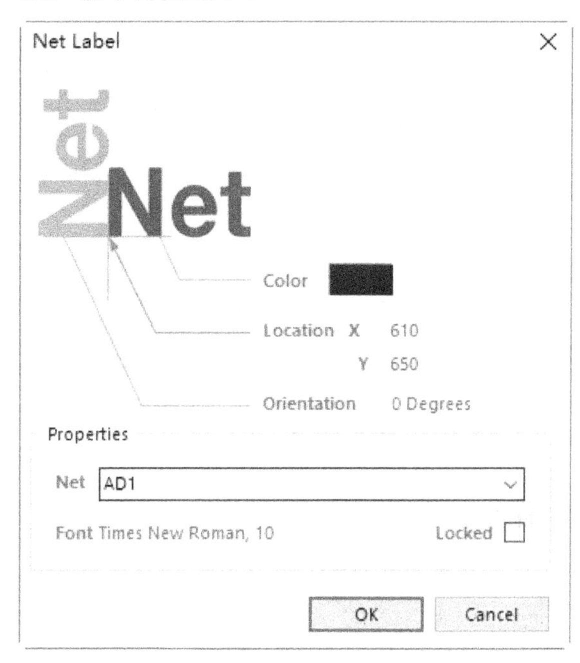

图 3-77 【网络标号属性设置】对话框

3.3.6 放置电源和接地

Altium Designer 提供了专门的电源和接地符号，统称为电源端口。电源和接地其实是一种特别的网络标号，只不过提供了一种比较形象的表示方法而已，电源和接地符号的网络名其实可以随便更改，连接到任意网络。

选择【放置（Place）】菜单的【电源端口（Power Port）】命令，或是单击工具栏上的⏚或VCC按钮进入电源端口放置状态。前者表示放置接地符号，后者表示电源符号，其实两者功能均相同，只是外形不同而已。Altium Designer 还提供了一个专门的电源端口放置，单击实体工具栏的⏚▾按钮，打开如图 3-78 所示的电源端口菜单，这里提供了常见的电源和接地符号，可以方便的选择。

电源端口有自己的属性设置，在放置时按【Tab】键或是双击放置后的电源端口进入【电源端口属性设置】对话框，如图 3-79 所示。和网络标号的属性设置相同，电源端口可以设置自身的颜色、位置、旋转角度等。除此之外，电源端口还可以选择自己的外形形状，单击【类型（Style）】右边的下拉菜单可以看到有 7 种外形形状可供选择，各种符号的意义如下。

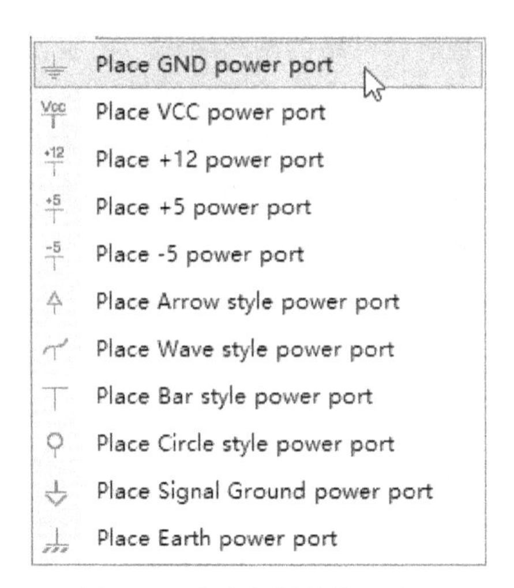

图 3-78　各式各样的电源端口

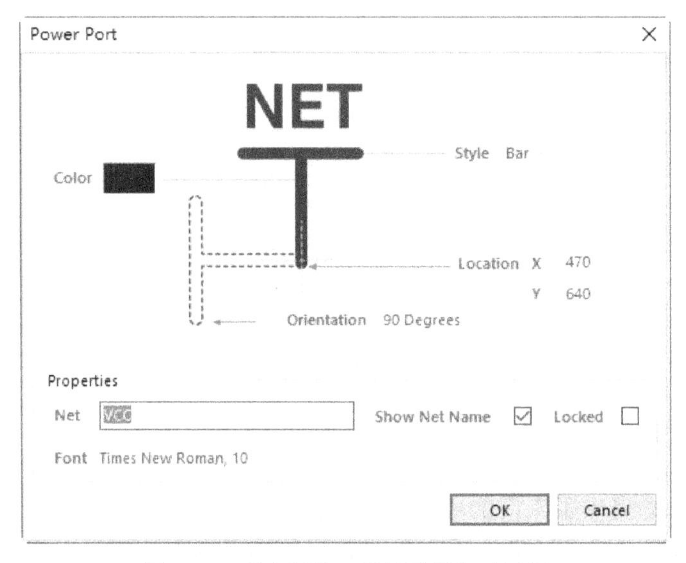

图 3-79　【电源端口属性设置】对话框

- Bar：条形端口，通常用来放置电源供电接口，所以，在如图 3-78 所示中，还提供了不同的电压等级供选择。
- Wave：波浪端口。
- Arrow：三角箭头形端口。
- Circle：圆形接口。
- Power Ground：电源地。
- Signal Ground：信号地。
- Earth：大地。

不论电源接口选择怎样的形状，起决定作用的还是电源端口的【网络（Net）】，即网络标号属性。

电源端口还有【显示网络名（Show Net Name）】显示网络名属性，即在电源接口上面显示自身所属的网络。通常需要选择这一项，因为前面已经讲过，电源端口所属网络并不取决于端口的形状，而是由【网络（Net）】属性决定，若不显示很容易造成误读。

3.4 放置非电气对象

非电气对象包括字符串、文本框、各式各样的图形和注释等的放置，非电气对象的放置均在【放置（Place）】菜单下，也可以单击实体工具栏的 按钮，弹出如图 3-80 所示的放置菜单。这些对象并没有任何的电气意义，但是可以增加电路图的可读性，下面将分别讲解。

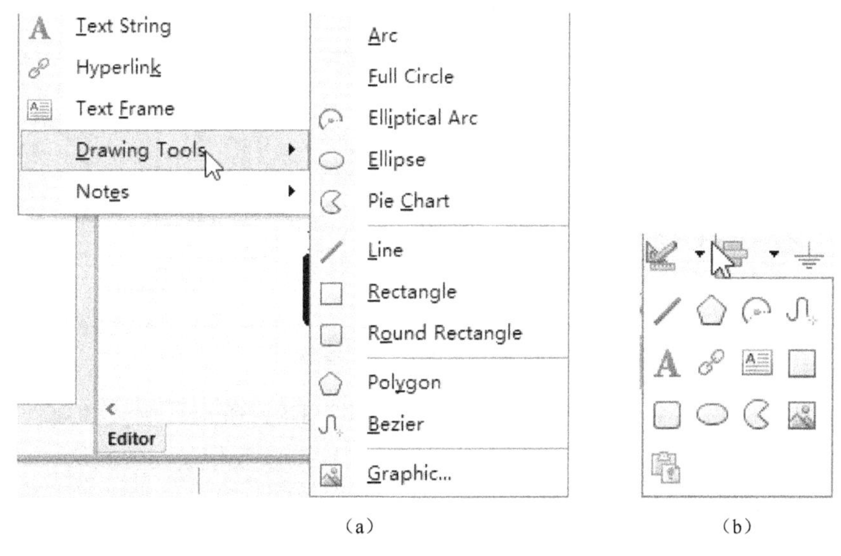

（a）　　（b）

图 3-80　放置非电气对象

3.4.1　绘制图形

在 Altium Designer 中可以自己绘制各式各样的图形，这其中包括圆弧、椭圆弧、椭圆、饼图、直线、矩形、圆角矩形、多边形、贝塞尔曲线，以及图形。

（1）放置圆弧

放置圆弧可分四步完成，如图 3-81 所示，执行【放置（Place）】→【绘图工具】→【弧（Arc）】命令，鼠标上会黏附一个圆弧图案，将光标移至绘图区合适的地方，单击鼠标左键，这时圆弧的圆心就选定了；再次移动光标选定合适的半径单击鼠标确认；光标移至了圆弧的一端，单击鼠标确认圆弧的起点；选定圆弧的另一端确定圆弧的终点。这时一个完整的圆弧就绘制完毕了，但是光标上仍然附着一个同样大小的圆弧等着下一次操作，可以单击鼠标右键退出圆弧绘制。

若对圆弧的绘制不够满意还可以对圆弧进行在线编辑，如图 3-82 所示，首先选中需编辑的圆弧，圆弧会显示出自己的圆心和半径。若要移动圆弧整体，将光标移至圆弧上，当光标变成“+”字箭头状时即可拖动圆弧移动；若要改变圆弧直径，可将光标移至圆弧上，当光标变成“—”字箭头状时即可拖动圆弧改变直径；若要改变圆弧起点或终点，则将光标移至圆弧的相应点，待光标变成斜的双向箭头状时即可拖动圆弧改变弧长。

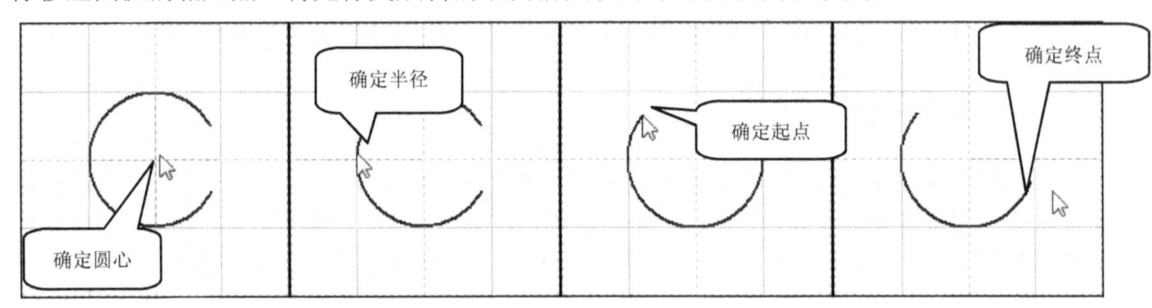

图 3-81　绘制圆弧四部曲

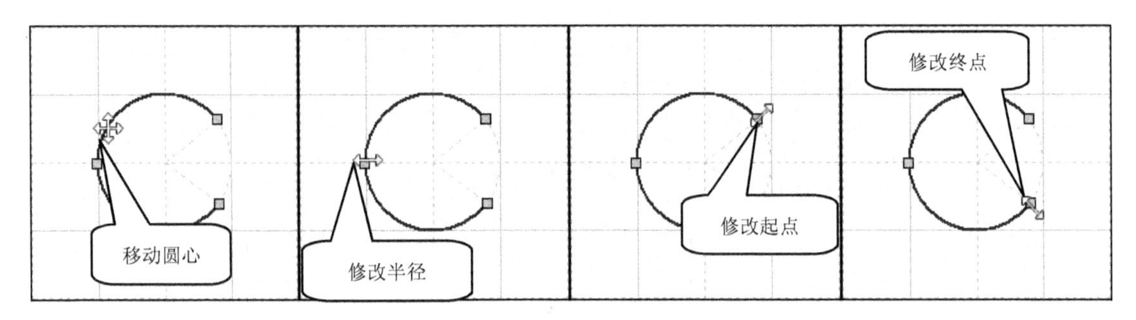

图 3-82　圆弧的在线编辑

双击放置完毕的圆弧对圆弧属性进行编辑，如图 3-83 所示。圆弧的属性包括圆心位置、圆弧半径、起点和终点角度、颜色和线宽等，可直接修改相关的参数。

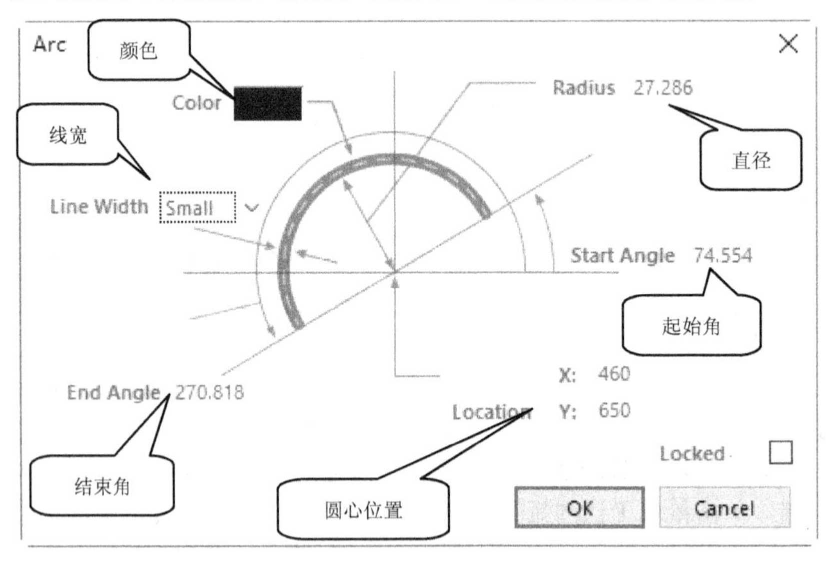

图 3-83　圆弧的属性编辑

（2）放置椭圆弧

椭圆弧的放置与圆弧类似，不过椭圆弧的绘制要分 5 步来完成。

- 执行【放置（Place）】→【绘图工具】→【椭圆弧（Elliptical Arc）】命令放置椭圆弧，第一次放置椭圆时光标上会附着一个圆弧，选定合适的位置后放置椭圆弧的圆心；

- 选定合适的距离后确定椭圆弧的 X 轴半径；
- 选定合适的距离后确定椭圆弧的 Y 轴半径；
- 选定合适的位置后确定椭圆弧的起点位置；
- 选定合适的位置后确定椭圆弧的终点位置。

放置完毕后，光标上会附着一个同样的圆弧等着下一次绘制，此时可以单击鼠标右键结束绘制。椭圆弧的在线编辑和属性设置与圆弧一样，只不过多了一项 X 轴半径和 Y 轴半径的设置，如图 3-84 所示。

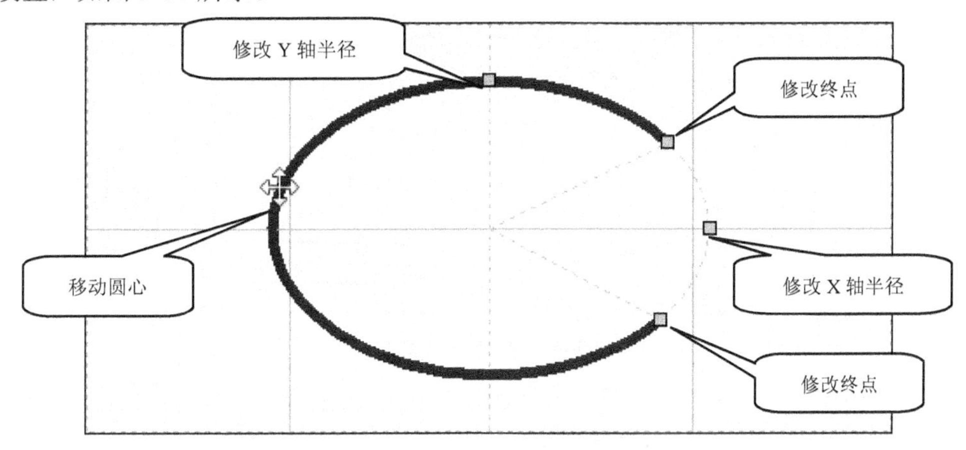

图 3-84　椭圆弧的在线编辑

（3）放置椭圆

椭圆的绘制只需以下三步。

- 执行【放置（Place）】→【绘图工具】→【椭圆（Elliptical）】命令放置椭圆，第一次放置椭圆时光标上会附着一个圆，所以，Altium Designer 并没有专门的绘制圆的指令，选定合适的位置后放置椭圆的圆心；
- 选定合适的位置后确定椭圆的 X 轴半径；
- 选定合适的位置后确定椭圆的 Y 轴半径。

至此椭圆绘制完毕，如图 3-85 所示。双击放置好的椭圆进入椭圆属性设置对话框，椭圆与椭圆弧不同，有两点需要注意：系统默认椭圆是灰色的实心椭圆，读者可在【填充色（Fill Color）】后的颜色框中设置椭圆的颜色；椭圆还可以设置是否透明，选择【透明的（Transparent）】则椭圆变成半透明状。若要放置一个完全透明的椭圆，可取消选择【拖拽实体（Draw Solid）】。填充颜色及透明效果如图 3-86 所示。

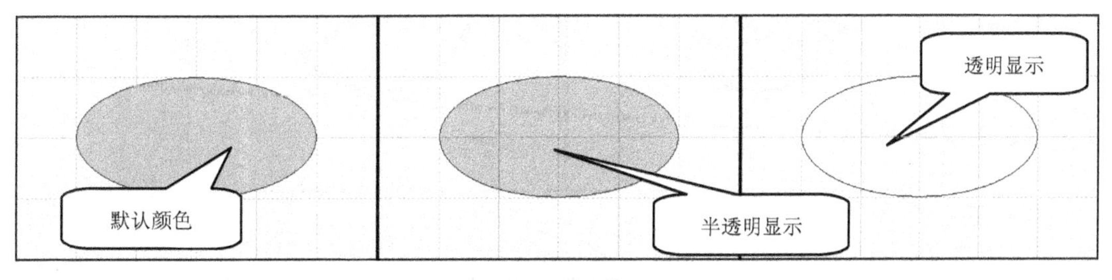

图 3-85　绘制椭圆

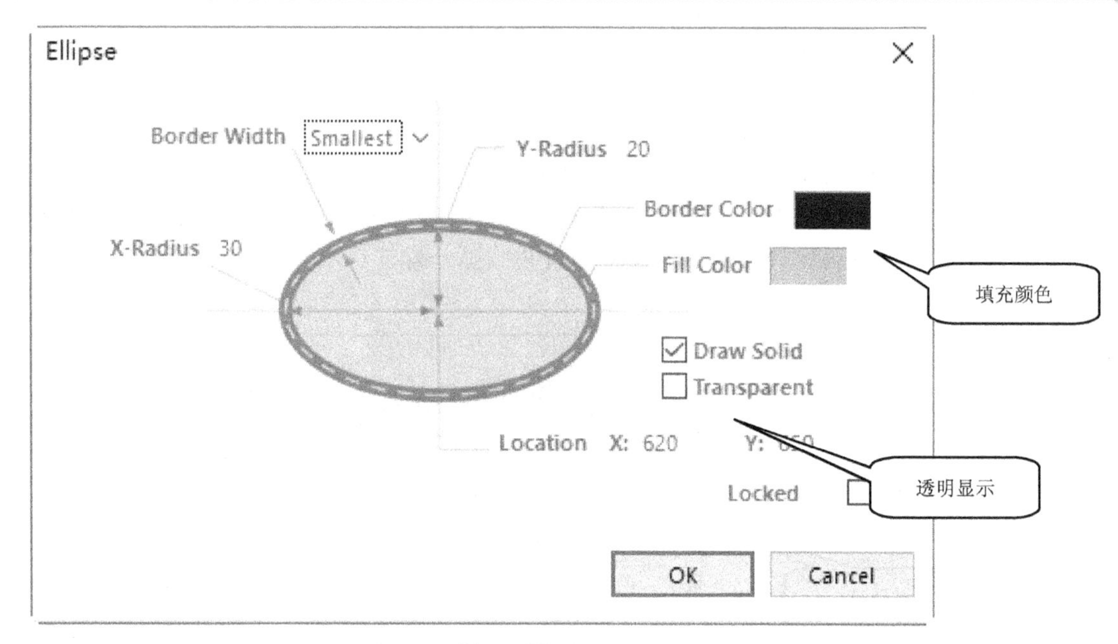

图 3-86 椭圆属性设置

（4）放置饼图

饼图的绘制与圆弧类似分以下四步完成。

- 执行【放置（Place)】→【绘图工具】→【饼形图（Pie Chart)】命令放置饼图，选定合适的位置后放置饼图的圆心；
- 选定合适的距离后确定饼图的半径；
- 选定合适的位置后确定饼图的起点位置；
- 选定合适的位置后确定饼图的终点位置。

饼图的属性设置与椭圆属性设置类似，不同之处在于，饼图属性没有【透明的（Transparent)】透明这一项，只有【拖拽实体（Draw Solid)】，系统默认是实心绘制的，取消该选项后的效果如图 3-87（b）所示。

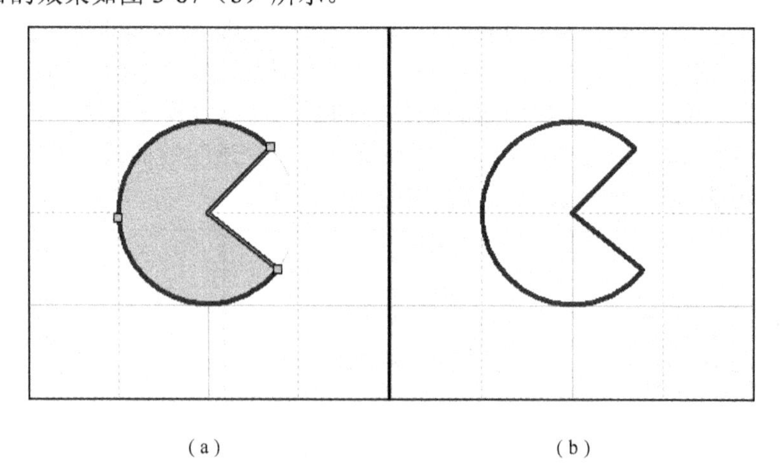

（a）　　（b）

图 3-87 饼图的绘制

（5）放置直线

直线绘制与电气导线的绘制类似，只不过直线是没有电气属性的，执行【放置（Place）】→【绘图工具】→【线（Line）】命令进入直线绘制状态，在绘图区选定合适的位置后单击鼠标左键确认直线起点；拖动鼠标拉出线段，找到下一个位置单击鼠标左键确认中间的节点；绘制多个中间节点，要确认终点时只需双击鼠标左键然后单击鼠标右键完成直线的绘制。再次单击鼠标右键可退出直线绘制状态，如图 3-88 所示。

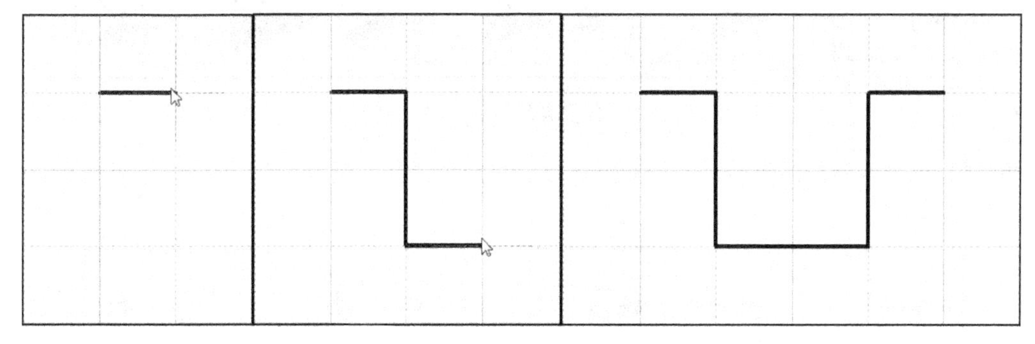

图 3-88　绘制直线

直线的编辑与导线类似，可以在绘制过程中按【空格】键改变走线方式，也可以在绘制完成之后进行在线编辑改变直线的操作，操作过程与导线一模一样。不过直线的属性设置就比导线丰富的多，绘制过程中按下【Tab】键或是双击绘制完毕的导线，弹出如图 3-89 所示的【直线属性设置】对话框。

- 【开始线外形（Start Line Shape）】和【结束线外形（End Line Shape）】的直线起始端点形状：直线的起始端点形状可以设置为无、空心箭头、实心箭头、空心箭尾、实心箭尾、圆形和方形。如图 3-90 所示，分别为上述各个端点形状。
- 【线外形尺寸（Line Shape Size）】端点大小：端点形状的大小可以设定为极小、小、中等和大四种状态，效果分别如图 3-91 所示，当端点的属性设置为【None】时，该项设置是没有效果的。

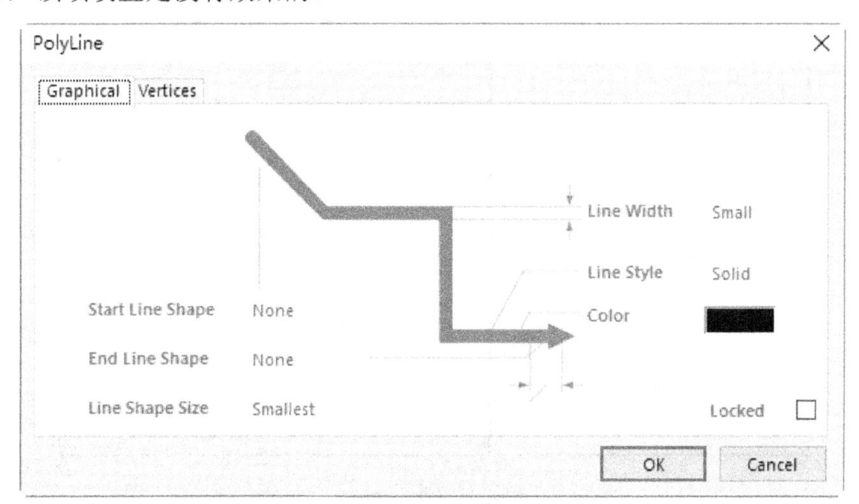

图 3-89　【直线的属性设置】对话框

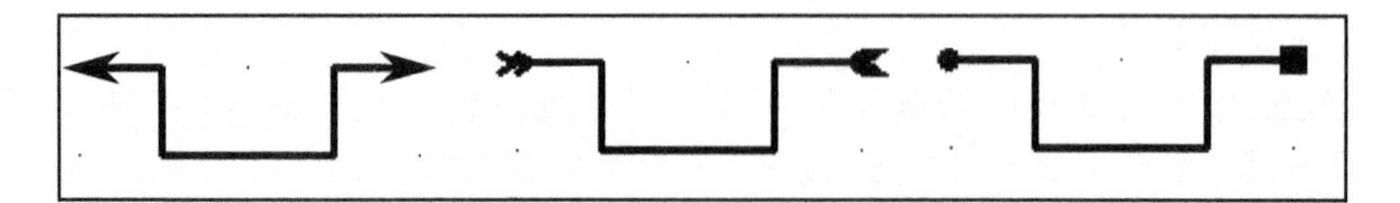

图 3-90　各式各样的直线端点样式

图 3-91　各式各样的端点大小设置

- 【Line Style】直线样式：直线的样式可以设定为实线、虚线、点线，效果分别如图 3-92 所示。

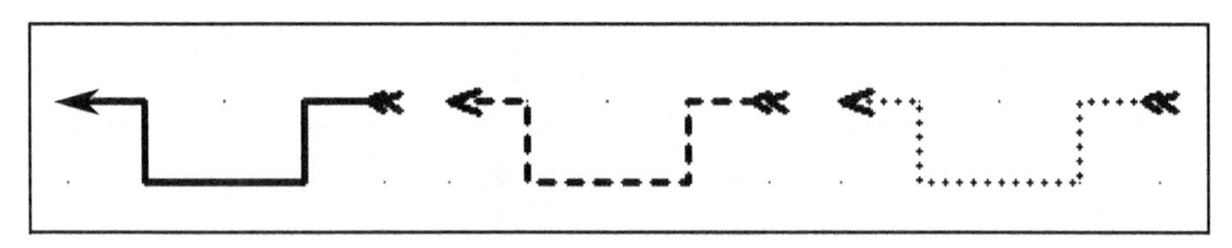

图 3-92　各式各样的直线样式

（6）放置矩形

矩形的放置很简单，执行【放置（Place）】→【绘图工具】→【矩形（Rectangle）】命令，光标上便会附着一个黄色的矩形，这时光标并不一定会在矩形的中央，找到合适的位置单击鼠标左键固定矩形的一个角，光标便会自动移至矩形的另一个对角，拖动光标可移动矩形的对角线，再次单击鼠标就可以固定矩形了，如图 3-93 所示。

单击选中矩形就可以对矩形进行在线编辑了，选中后矩形周围会出现 8 个控制点，拖动控制点移动鼠标可以调整矩形的形状大小；光标移至矩形中央时会变成“＋”字箭头状，此时，可以拖动矩形调整矩形位置，如图 3-94 所示。

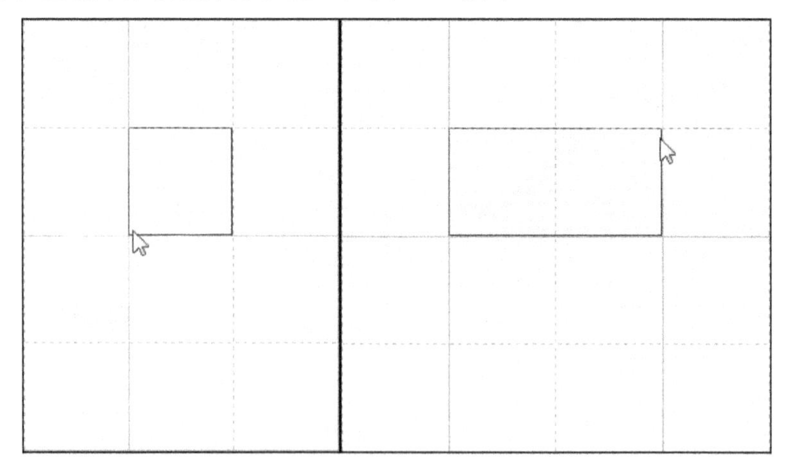

图 3-93　矩形的绘制

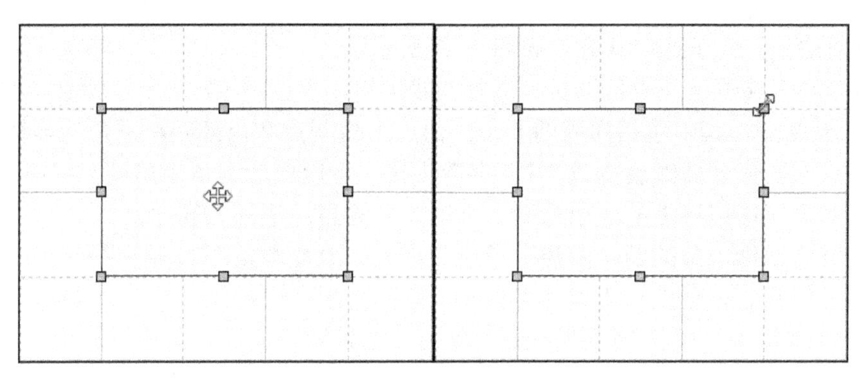

图 3-94 矩形的在线编辑

双击矩形区域弹出如图 3-95 所示的【矩形属性设置】对话框，与前面其他几何图形的属性类似，矩形的主要属性设置包括对角线两点的坐标值、线宽、边界颜色和填充颜色，还有是否透明显示和实心绘制。需注意：若不选中实心绘制选框，则绘制出来的矩形有效区域仅包括矩形的边界线，边界线内的区域不属于矩形，所以，要选中非实心绘制的矩形必须要在矩形的边界线上单击鼠标。

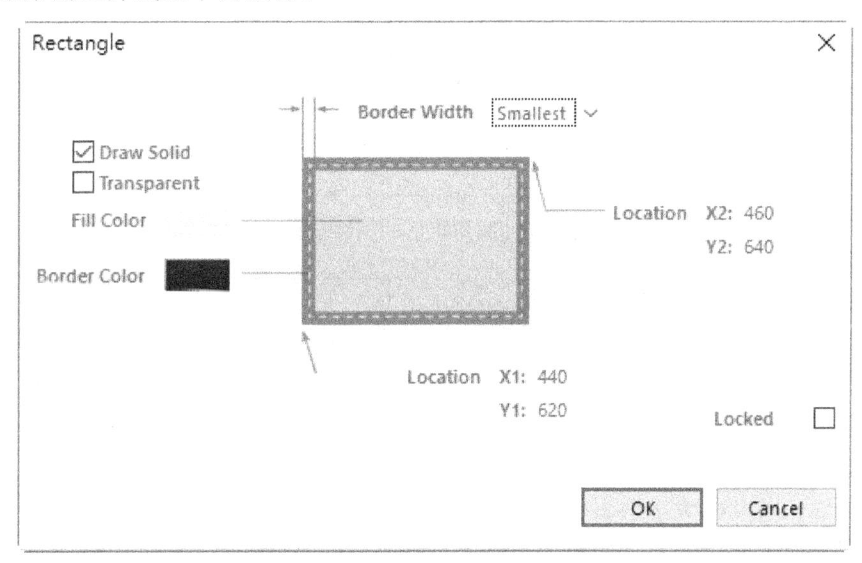

图 3-95 【矩形属性设置】对话框

（7）放置圆角矩形

圆角矩形的放置与矩形类似，执行【放置（Place）】→【绘图工具】→【圆角矩形（Round Rectangle）】命令，光标上便会附着一个灰色的圆角矩形，移到合适的位置后先确定圆角矩形的第一个对脚，再移动鼠标确定圆角矩形的另一个对角，一个圆角矩形便绘制完成了。

双击圆角矩形区域进行圆角矩形的属性设置，如图 3-96 所示，相对于矩形，圆角矩形多出了圆角的 X 轴半径和 Y 轴半径参数，可直接在对话框中对参数进行修改。圆角矩形也有【拖拽实体（Draw Solid）】实心绘制属性，但是与矩形不同，未选中圆角矩形的实心绘制选项时，圆角矩形呈透明状显示，但是内部的区域仍然属于圆角矩形，可以单击圆角矩形的边界或内部使其处于选中状态，如图 3-97 所示。

圆角矩形处于选中状态时可以对其进行在线编辑，如图 3-97 所示，此时，圆角矩形上会出现 12 个控制点，其中包括四周的 8 个外形大小控制点和内部四个圆角的半径控制点。

- 光标进入图形区域时会变成“+”字箭头状，可以拖动圆角矩形进行移动；
- 拖动圆角矩形边界上的 8 个控制点可以改变圆角矩形的长和宽；
- 拖动圆角矩形内部的四个圆角半径控制点可以改变圆角的 X 轴半径和 Y 轴半径；
- 当圆角的圆心移至圆角矩形的中央时，圆角矩形变成椭圆；
- 当圆角的 X 轴半径和 Y 轴半径变为零时，圆角矩形变成直角矩形。

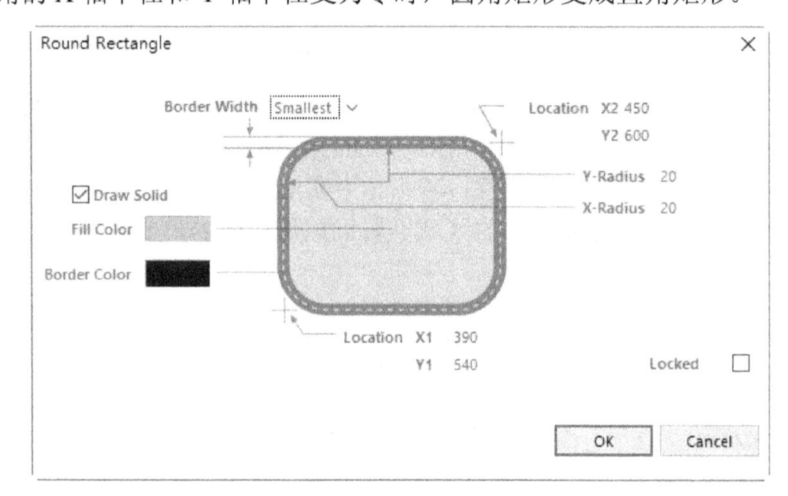

图 3-96 圆角矩形的属性设置

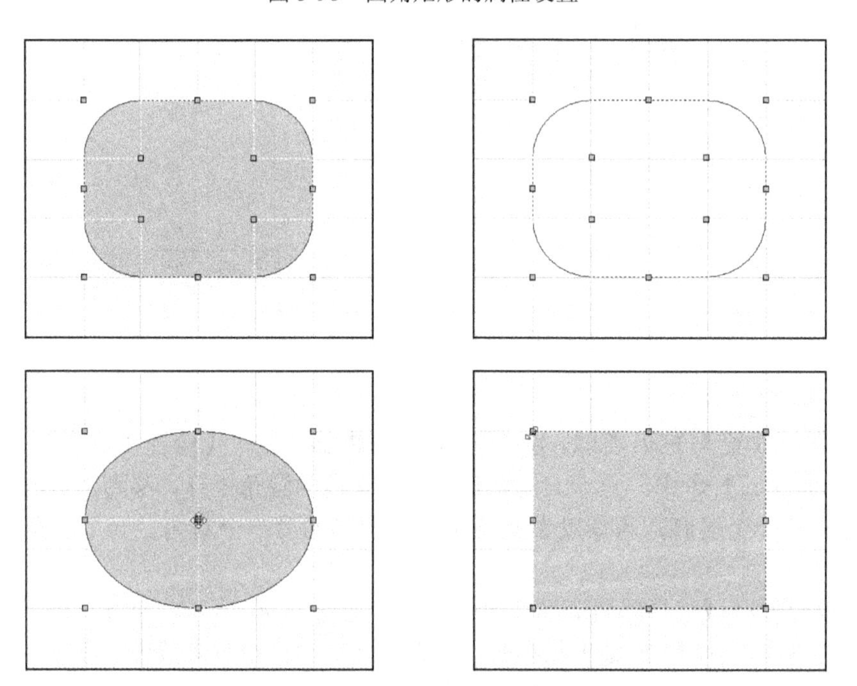

图 3-97 圆角矩形的编辑

（8）放置多边形

执行【放置（Place）】→【绘图工具】→【多边形（Polygon）】命令进入多边形绘制状态。如图 3-98 所示，多边形的绘制与直线的绘制过程类似，首先放置多边形的第一个节点，然后放置多边形的第二个节点，不同之处在于放置过程中第一个节点和最后放置的一个节点总是相连的，即绘制出来的图形总是一个封闭的图形。放置完最后一个节点后双击鼠标左键再单击鼠标右键结束多边形的绘制。

双击多边形进行属性设置，如图 3-99 所示，与直线的属性类似，有【绘图的（Graphical）】图形和【顶点（Vertices）】定点选项卡。【绘图的（Graphical）】选项卡用来设置多边形的颜色、线宽等属性；【顶点（Vertices）】则设置多边形的各定点位置。图 3-100 所示为多边形的实心非透明显示、非实心显示和实心透明显示三种显示状态。

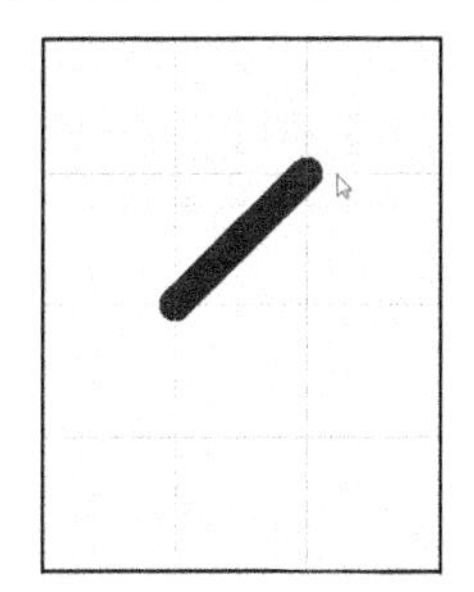
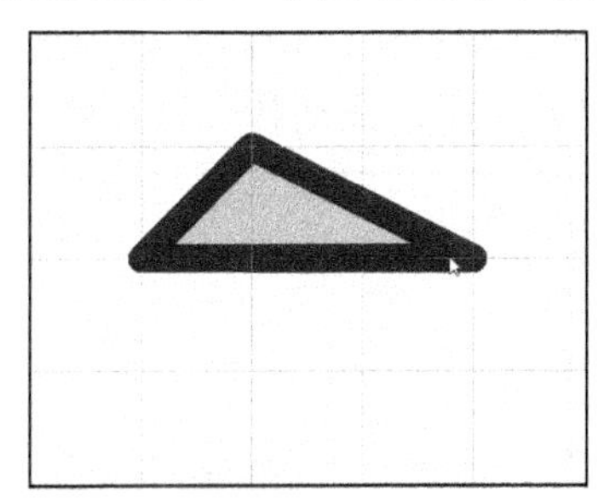
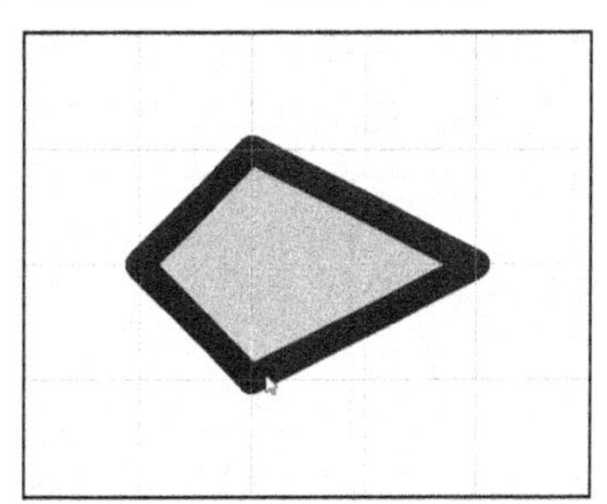

图 3-98　多边形的绘制过程

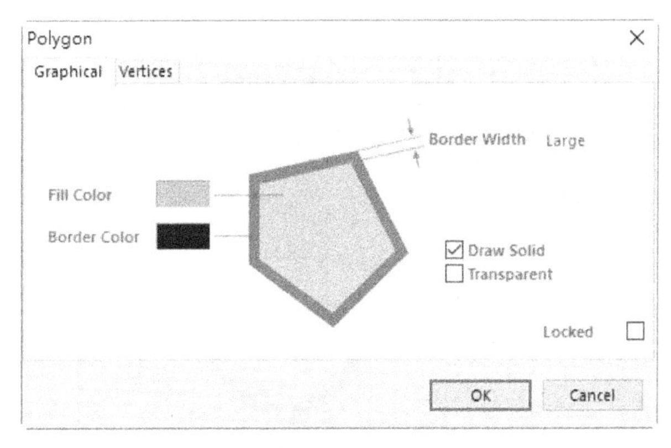

图 3-99 【多边形（Polygon）】选项

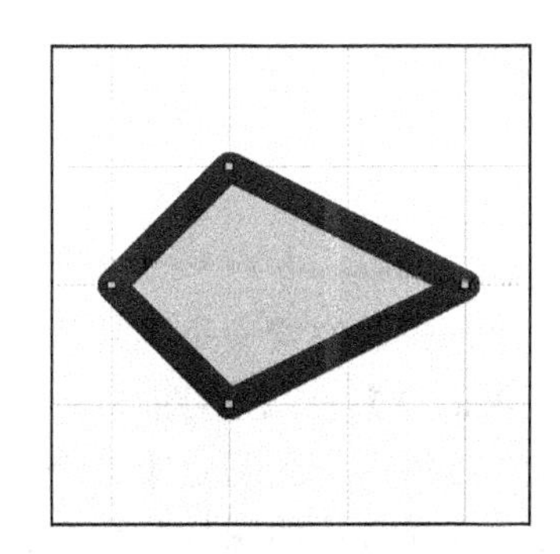
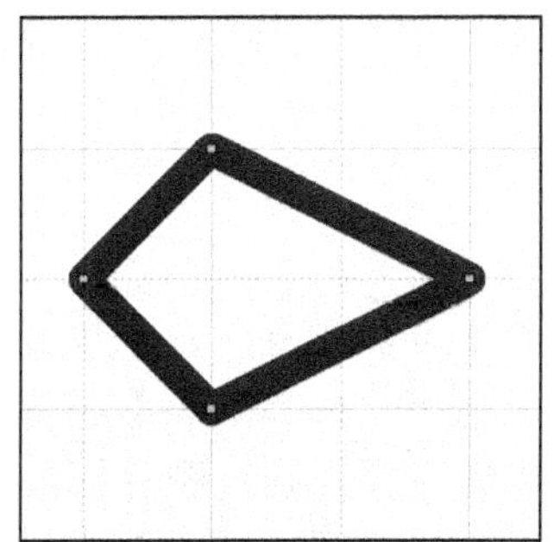
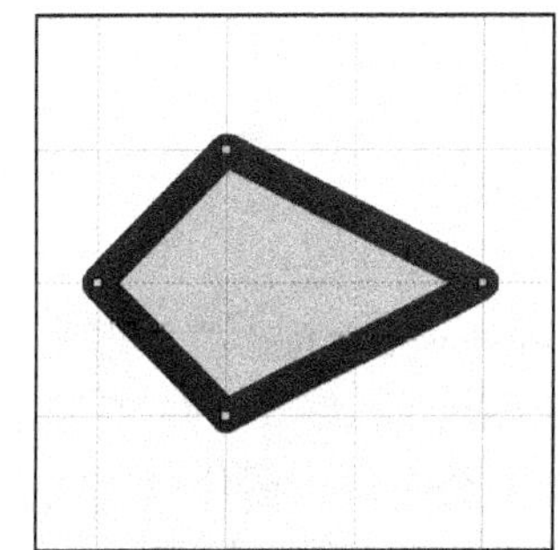

图 3-100　多边形的各种显示状态

（9）放置贝塞尔曲线

贝塞尔曲线的形状由四个点来确定，因此，其绘制过程也可以分为四步，如图 3-101 所示。

- 执行【放置（Place）】→【绘图工具】→【贝塞尔曲线（Bezier）】命令，移动鼠标确定曲线的起点；
- 移动光标拉出曲线，确定第二个控制点，此时曲线显示为直线；
- 移动光标使直线发生弯曲，确定第三个控制点，此时曲线呈圆弧状；
- 再次移动光标产生第二个圆弧，确定第四个点。此时曲线已经绘制完毕，可继续绘制下一条贝塞尔曲线，下一条曲线将与本条曲线首尾相连。

双击贝塞尔曲线进入属性设置状态，如图 3-102 所示，只需设置曲线的线宽和颜色选项。若要对曲线的控点进行重新编辑可以单击曲线使曲线处于选中状态，这时曲线的四个控点就会显示出来，如图 3-101 所示的最右图，拖动各个控点就可以改变曲线的弧度。

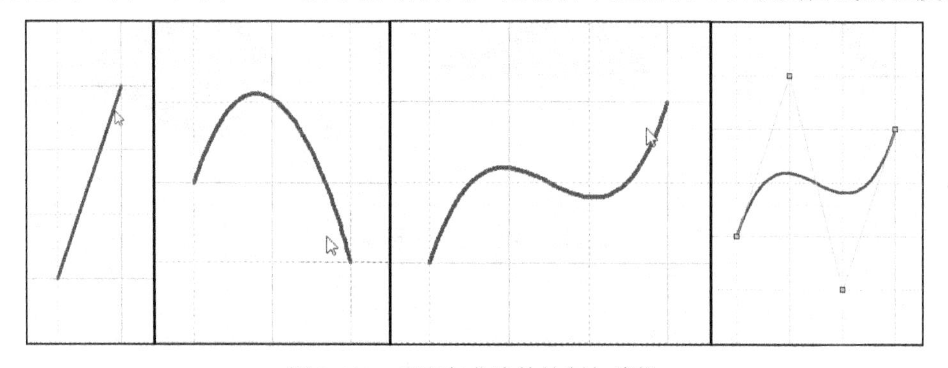

图 3-101　贝塞尔曲线的绘制与编辑

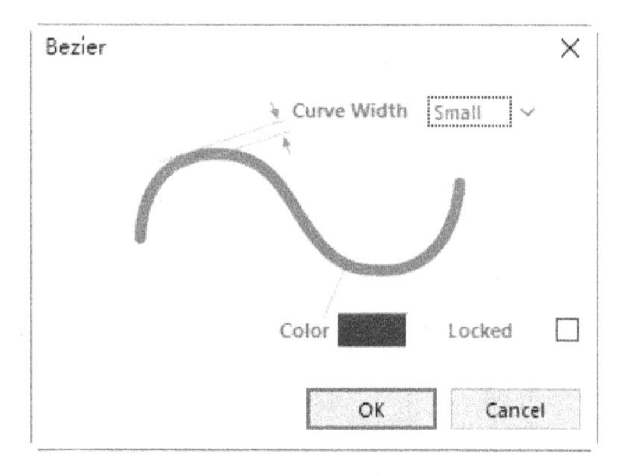

图 3-102　贝塞尔曲线属性设置

（10）放置图片

Altium Designer 的原理图文档中可以放置图片。放置图片时先要放置一个图片框，图片框是图片的载体，与矩形的放置相似：选择【放置（Place）】→【绘图工具】→Graphic】命令进入图片放置状态，然后分别确定图片框的两个对角点，当确定第二个对角点后系统会自动弹出如图 3-103 所示的【图片选择】对话框。选择合适的图片确认，鼠标上会附着一个矩形图片框，移至图片放置位置单击鼠标左键确认，图片就能成功插入。

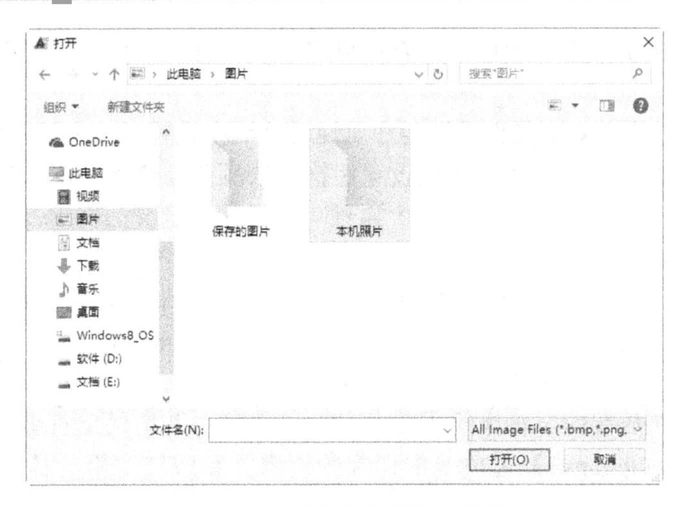

图 3-103 【图片选择】对话框

双击图片设置图片的属性，如图 3-104 所示。上面的属性设置与矩形类似，在下面的【属性（Properties）】属性区域中可以重新设置图片框中的图片，单击【浏览（Browse）】按钮浏览新的图片；可以选中【嵌入式（Embedded）】选框设置图片嵌入到电路图中；选中【边界上（Border On）】则可以显示图片的边框；选中【X∶Y 比例 1∶1】则图片的长宽比为 1∶1。

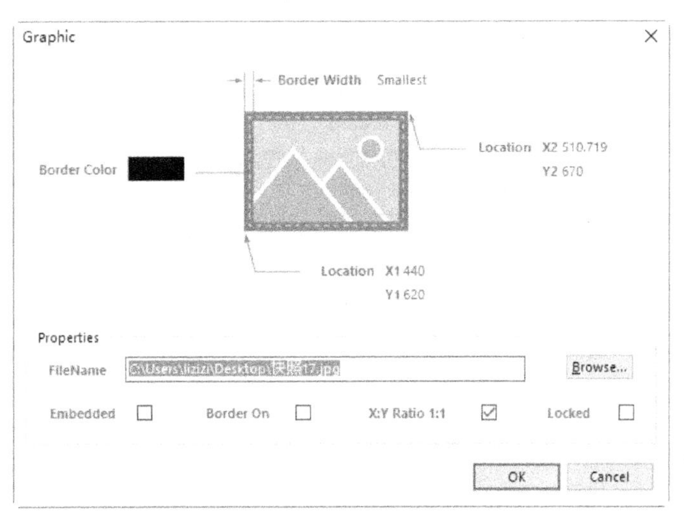

图 3-104 【图片属性设置】对话框

3.4.2 放置字符串

在 Altium Designer 中可以使用【文本字符串（Text String）】字符串来显示原理图的相关信息。执行【放置（Place）】菜单的【文本字符串（Text String）】命令，或是单击【Utilities】工具栏的 A 按钮，进入字符串放置状态。此时，光标上黏附了一个“Text”字样的字符串，移到合适的位置单击鼠标左键就能放置字符串。

放置的字符串默认的文本属性为“Text”，可根据需要进行修改，最简单的修改文本的方法是在线编辑，使字符串处于选中状态后再次单击字符串即可对字符串的内容进行在线编辑了。

要对字符串进行更高级的属性设置需在属性对话框中设置，双击字符串弹出如图 3-105 所示的【属性设置】对话框。在此可以设置字符串的颜色、位置、旋转角度、鼠标抓住字符串时光标在字符串上的位置等，【Text】属性可以设置自定义的文本，也可以选择系统的特殊字符串。

单击【Text】下拉菜单弹出如图 3-106 所示的左边的特殊字符串选择菜单。这里的特殊字符串是与【设计（Design)】菜单中的【文档选项（Document Options)】选项卡中的特殊字符串设置相对应的，可以在【文档选项（Document Options)】选项卡中设置相关系统字符串的内容，然后在放置的字符串的【文本（Text)】选中相应的字符串就可以显示在【文档选项（Document Options)】选项卡中设置的内容。系统字符串具体的设置方法可参考 2.3.2 节中【设计信息】选项卡参数设置。

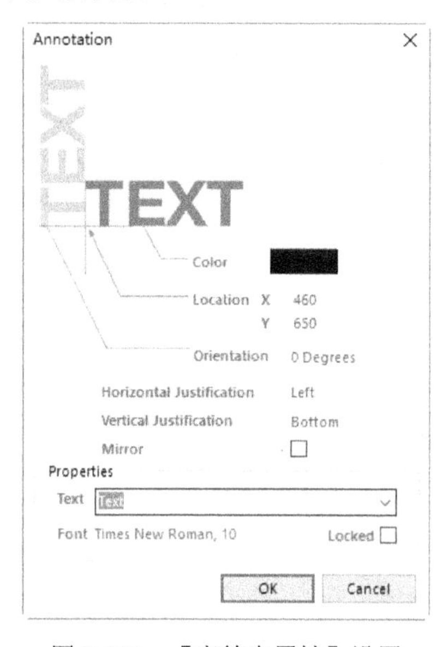

图 3-105 【字符串属性】设置

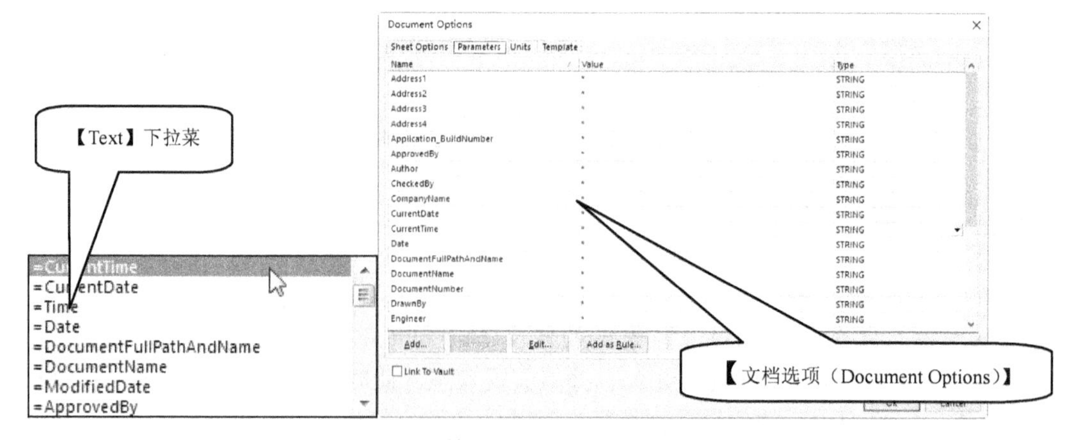

图 3- 106 特殊字符串的对应关系

3.4.3 放置文本框

【文本字符串（Text String)】字符串可以对电路图进行简单的文字说明，若要进行较多的文字说明，可以使用文本框，在文本框中可以放置整段文字，或整篇文章。选择【放置（Place)】菜单的【文本框（Text Frame)】命令，并与绘制矩形相同的方法绘制出一个文本框。

双击文本框进入【属性设置】对话框，对话框的上部为文本框的外观设置，与矩形的属性设置相同，在对话框下方需要对文本的【属性（Properties)】属性进行设置，如图 3-107 所示。

- 【文本（Text)】：单击【改变（Change)】按钮弹出如图 3-108（a）所示的文本内容编辑框，在此可以对大段的文本进行编辑；
- 【字体（Font)】：单击右边的按钮在弹出的【字体设置】对话框中设置文本的字体；
- 【自动换行（Word Wrap)】：设置文本是否自动换行；
- 【修剪范围（Clip to Area)】：设置当文字超过文本框的范围时是否显示；
- 【锁定（Locked)】：是否锁定文本框，防止错误操作。

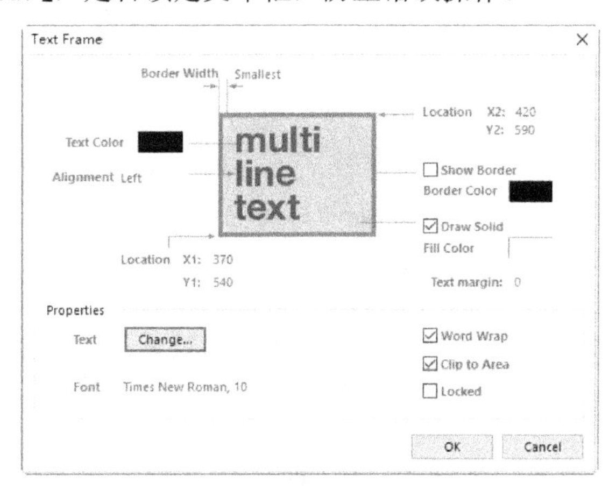

图 3-107 文本框的属性编辑

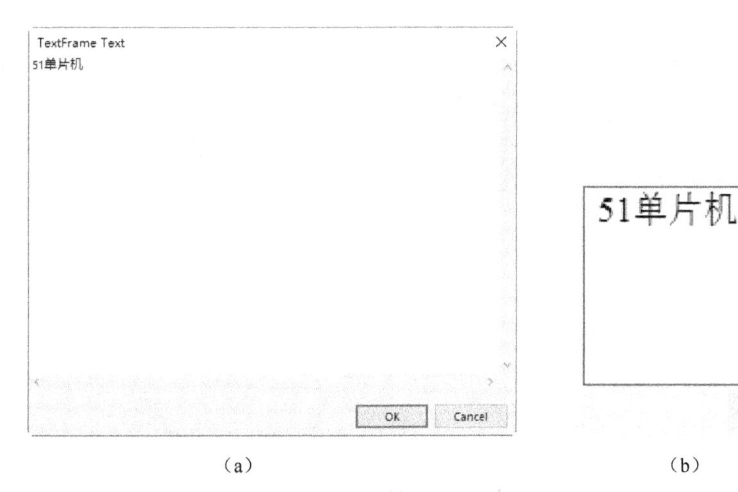

（a） （b）

图 3-108 文本框内容编辑的两种方法

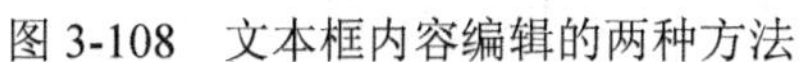

文本框的内容除了在上面所述的在其属性对话框中进行设置外还可以在线编辑。单击文本框使文本框处于选中状态，这时可以拖动文本框四周的 8 个控制点改变文本框的大小。再次单击文本框则使文本框进入在线内容编辑状态，如图 3-108 的（b）所示，编辑完成后单击右下角的“√”完成并保存修改，或是单击“×”放弃修改。

3.4.4 放置注释

【注释（Notes）】的功能与文本框相同，都是为了给原理图提供说明信息，不过注释的应用更为灵活，如图 3-109 所示，注释有两种显示状态：展开显示状态和叠起状态。展开显示时与文本框显示一样，单击注释左上角的小箭头就可使注释卷叠起来，如图 3-109 所示，这样可以节省原理图的空间，此时若是将光标移至叠起的三角形上，则系统会提示该注释的具体信息，再次单击小三角形注释就会自动展开。

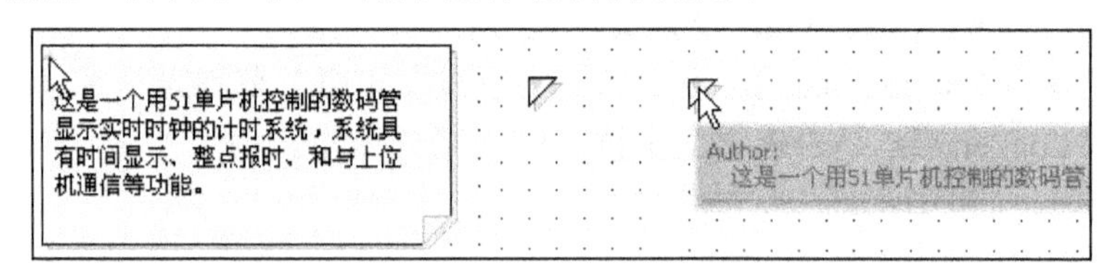

图 3-109　注释的显示状态

注释的放置与文本框一样：选择【放置（Place）】菜单的【注释（Note）】命令进入注释绘制状态，再用鼠标拖出一个矩形的注释框即可完成注释放置。

注释的属性设置也与文本框类似，如图 3-110 所示，只是多出了【作者（Author）】和【崩溃（Collapsed）】两个选项。【作者（Author）】是指添加该注释的作者，因为一张电路原理图可能经过多个设计者审阅，每个审阅者会有不同的意见，因此要添加作者信息；【崩溃（Collapsed）】卷叠，上面已经介绍过注释的展开显示和卷叠状态，当注释处于卷叠状态时该选项是选择的。

注释的内容也可以进行在线编辑，与文本框一模一样，在此就不再赘述。

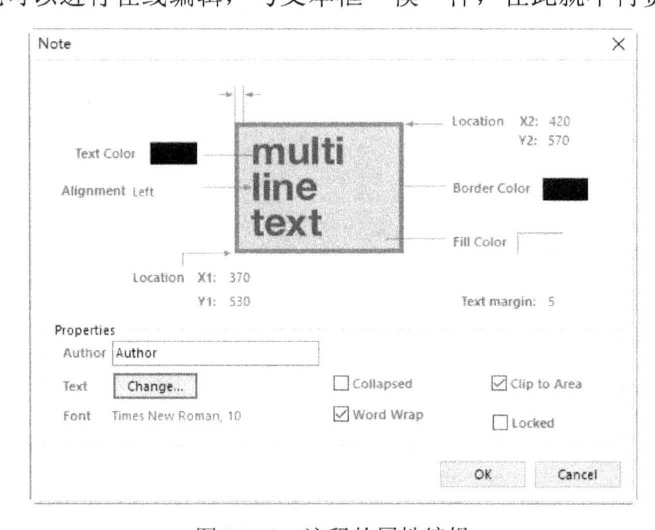

图 3-110　注释的属性编辑

3.5 放置指示符

Altium Designer 16.0 为用户提供了一系列的指示符操作。【指示（Directives）】本身不具备电气意义，也不会对电路的电气功能发生影响，但是它却为电路的设计提供了附加的功能，方便用户的设计过程。单击【放置（Place）】菜单下的【指示（Directives）】，弹出所有的指示符命令，如图 3-111 所示，下面就讲解一些常用的指示符功能。

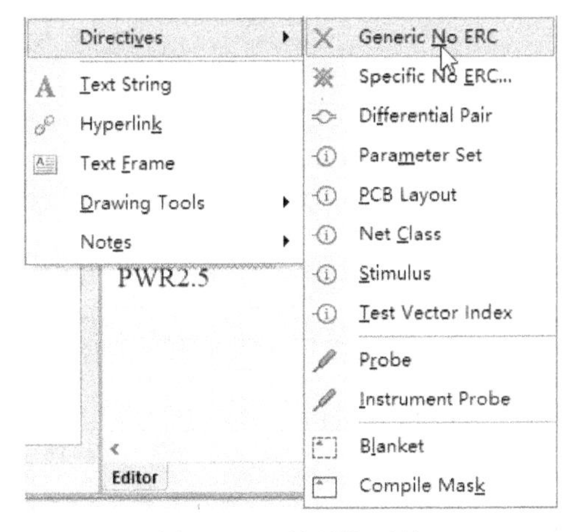

图 3-111 放置指示符

3.5.1 放置忽略错误规则检查

电路规则检查（Electrical Rule Check，ERC）是电路设计完成后必不可少的一步。ERC 可以帮助设计者找出电路中常见的连接错误。但是有时候设计者并不需要对所有的元件或连接进行 ERC 检查，这时只要在不需要进行 ERC 的元件引脚上放置【Generic No ERC】标记就能避开检查。如图 3-112 所示，单片机系统中的 CD4011 芯片由于 BI 和 LT 两个输入引脚并没有信号输入导致了系统编译报错，可以放置【Generic No ERC】标记来避免这种错误。选择【放置（Place）】→【指示（Directives）】下的【Generic No ERC】命令，将鼠标上黏附的红色“×”标记放置在报错的引脚上，再次编译系统就不再报错了。

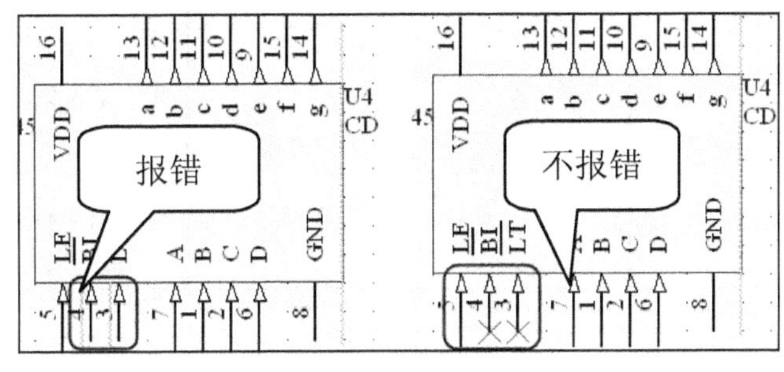

图 3-112 No ERC 效果

双击【Generic No ERC】标记进入【Generic No ERC】标记属性设置对话框，如图 3-113 所示，只需设置标记的颜色和位置。

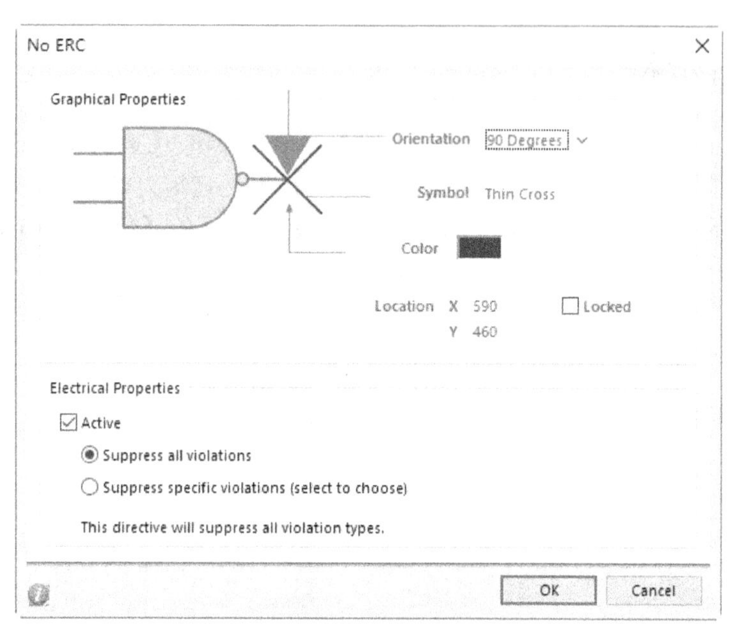

图 3-113　No ERC 标记属性设置

3.5.2　放置编译屏蔽

【Generic No ERC】标记可以对单个元件的引脚的错误规则检查进行屏蔽，当有大量不同元件的不同的错误需要屏蔽检查时可以使用【编译屏蔽（Compile Mask）】工具，编译屏蔽工具是用来告诉编译器在指定的区域内不进行规则检查。

如图 3-114 所示的电路中，用于单片机与上位机通信的 MAX232 有引脚未连接和未定义标号等多种错误，若要用【Generic No ERC】标记来屏蔽检查显然不可能。选择【放置（Place）】→【指示（Directives）】下的【编译屏蔽（Compile Mask）】命令，此时光标上会黏附一个矩形选框，用光标在所要屏蔽的区域拉出合适大小的屏蔽区域，则选框内所有的错误都将被屏蔽，同时，选框内所有被屏蔽的元件和导线连接等都呈暗灰色显示。

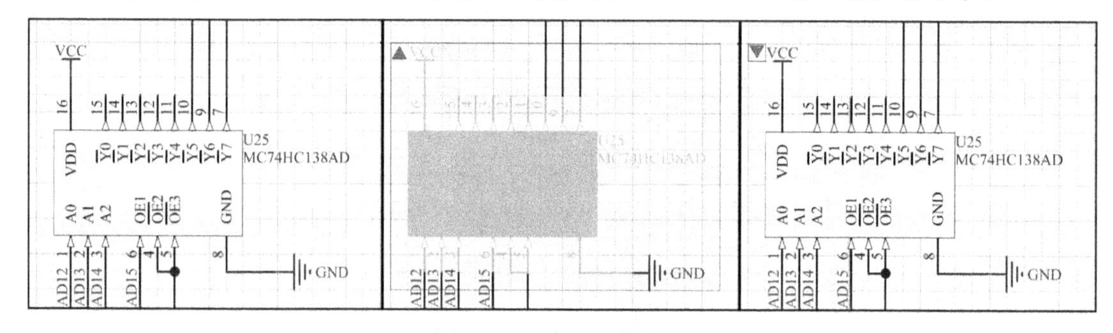

图 3-114　编译屏蔽效果

双击暗灰色的屏蔽层，在弹出的属性对话框中设置编译屏蔽的属性，如图 3-115 所示。在此可以设置屏蔽层的填充颜色（默认为暗灰色）和边框颜色，以及矩形的对角点位置。

编译屏蔽还有一个特殊的属性设置，那就是【崩溃并失败（Collapsed and Disabled）】，即取消编辑屏蔽，选择此项后，屏蔽层将会收叠呈小三角形状，如图 3-114 的最右图所示，同时，屏蔽功能也失效。在编辑区内直接单击屏蔽层左上角的小三角形就能使屏蔽层消失，取消编译屏蔽；再次单击则恢复屏蔽功能。

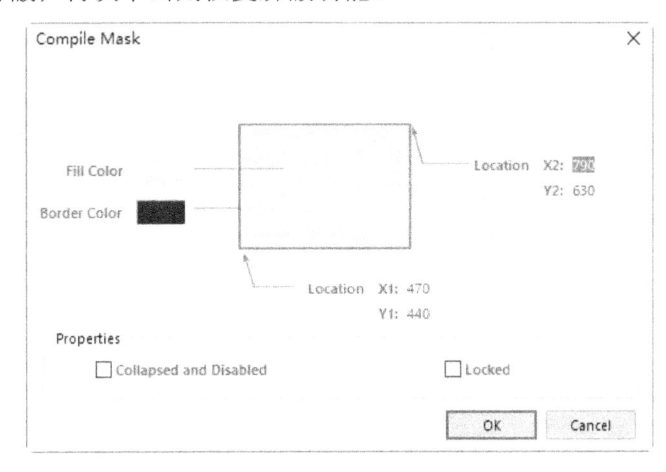

图 3-115　编译屏蔽属性设置

3.5.3　放置 PCB 布局

电路原理图设计中可能要对特定的电气连线进行特殊的 PCB 布线，对此可以使用【PCB 布局（PCB Layout）】工具。【PCB 布局（PCB Layout）】工具不仅仅是对特定的线路起到提示的作用，更可以将规则添加到 PCB 设计的规则中去，因此，对下一步的 PCB 设计是非常有用的。

选择【放置（Place）】→【指示（Directives）】下的【PCB 布局（PCB Layout）】命令，光标变成白色的“×”状，并带有一个 PCB Rule 标记，将光标上的 PCB Rule 图标放到合适的线路上，当光标变成红色的“×”状时就可以放置 PCB 布局工具了，如图 3-116 所示。

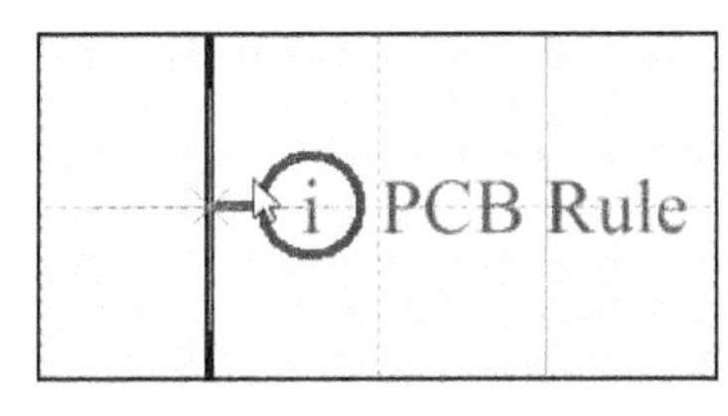

图 3-116　放置 PCB Layout

PCB 布局工具的应用关键是其属性的设置，双击 PCB Rule 图标进入【PCB 布局工具属性设置】对话框，如图 3-117 所示，新放置的【PCB 布局（PCB Layout）】标志是没有任何规则的，可以单击左下角的【添加（Add）】按钮添加提示信息（并不会设置为 PCB 布局规则）或是单击【添加规则（Add as Rule）】添加 PCB 布局规则。

单击【加规则（Add as Rule）】按钮弹出如图 3-118 所示的【PCB 布局（PCB Layout）规则属性】对话框，在此可以设置规则的外观属性和具体的布线规则，单击图中的【编辑（Edit Rule Values）】编辑具体的规则值。有关 PCB 规则的详细设置可参见第 5 章 PCB 设计的基本规则。

添加规则后还要选择如图 3-118 所示的规则前的【可见的（Visible）】属性才能使规则在原理图上显示。添加规则后的 PCB 布局（PCB Layout）标记如图 3-119 所示。

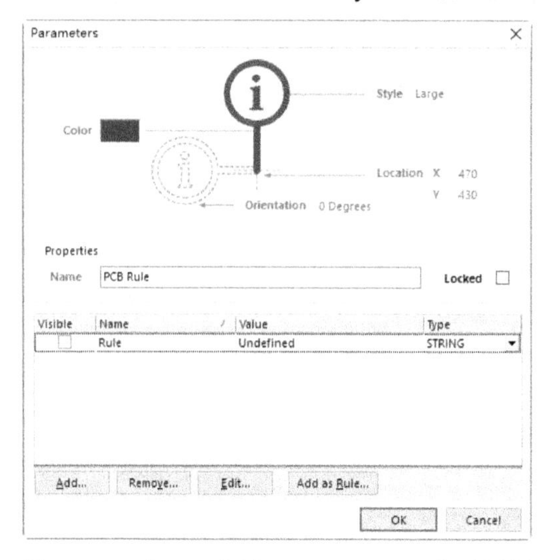

图 3-117 【PCB 布局（PCB Layout）】对话框

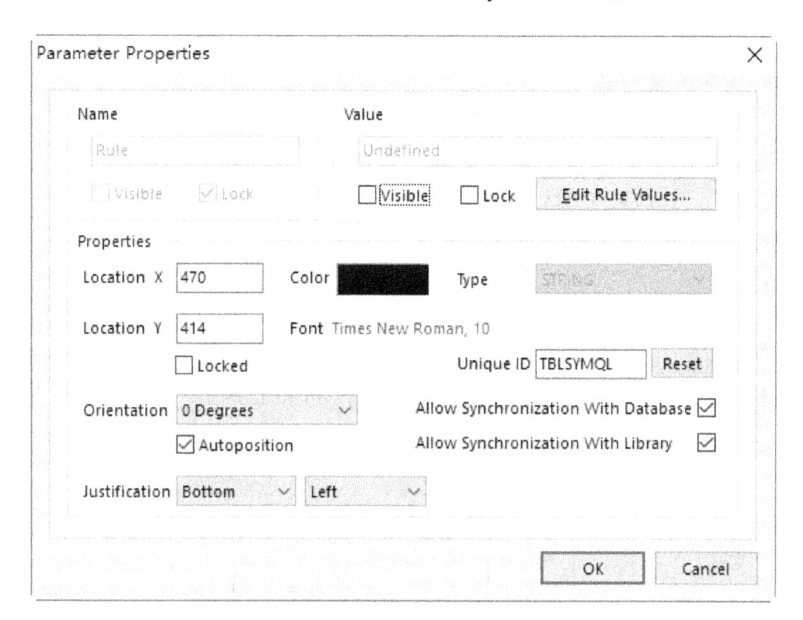

图 3-118 【PCB 布局（PCB Layout）规则属性设置】对话框

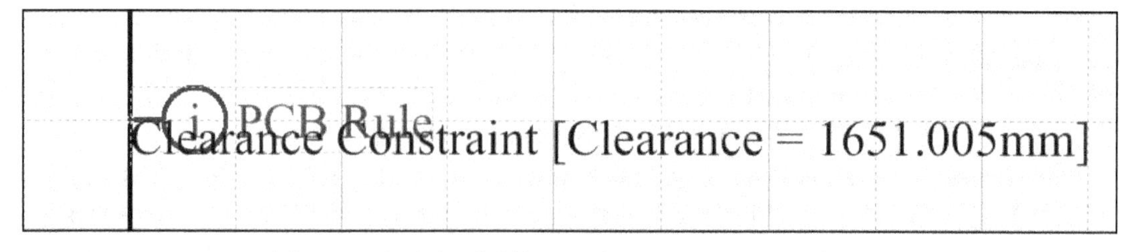

图 3-119 添加规则后的 PCB 布局（PCB Layout）标记

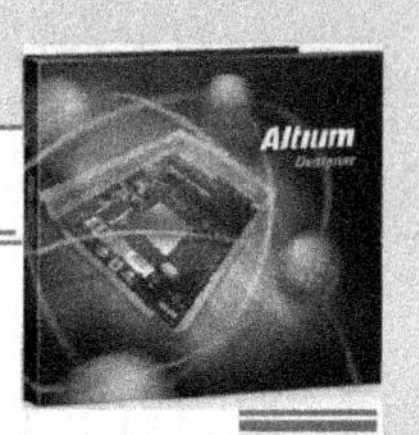

第 4 章　原理图设计进阶

第 3 章对 Altium Designer 16.0 的原理图设计进行了详细的讲解，则完全可以独立设计出精美的电路原理图。本章将讲解一些 Altium Designer 原理图设计系统的高级应用，这些功能并不是原理图设计所必须的，但是，掌握了这些技能则可以使绘图的效率大大提高。

——附带光盘“视频\4.avi”文件

本章内容

- 原理图的全局编辑
- 模板的应用
- 多电路原理图的设计
- 层次式电路原理图的设计
- 编译与查错
- 生成各种报表
- 打印输出

本章案例

- 单片机控制的实时时钟数码管显示系统

4.1　原理图的全局编辑

Altium Designer 16.0 提供了强大的全局编辑功能，可以对工程中或所有打开的文件进行整体操作，在这里将介绍元件标号的全局操作，以及元件属性和字符的全局编辑。

4.1.1　元件的标注

原理图设计中每一个元件的标号都是唯一的，倘若标注重复或是未定义系统编译都会报错。但是，Altium Designer 在放置元件时元件的默认都是未定义状态，即“字母+？”，例如，芯片的默认标号为“U？”、电阻为“R？”、电容为“C？”，需要为每个元件重新编号。可以为每一类的第一个元件编号，然后其他同类的元件系统会自动递增编号，但是元件增加难免也会出错误。最好的解决方法是在原理图编辑完成后利用系统的 Annotate 工具统一为元件编号。

Altium Designer 提供了一系列的元件标注命令，单击【工具（Tools）】菜单栏，在展开的命令中有各种方式的元件标注功能，如图 4-1 所示，其实各命令都是以【注解（Annotate Schematic）】命令为基础，并在此基础上进行简化或者应用于不同的范围，下面先详细介绍【注解（Annotate Schematic）】命令的应用。

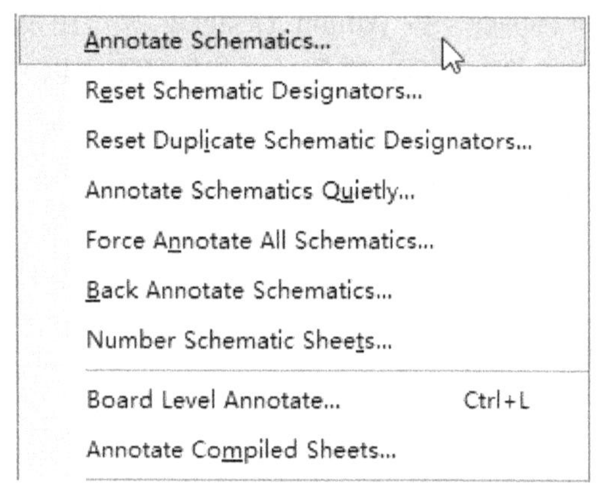

图 4-1　元件标注命令

执行【工具（Tools）】菜单下的【注解（Annotate Schematic）】命令，弹出如图 4-2 所示的【元件标注工具】对话框，下面分别介绍各选项的意义。

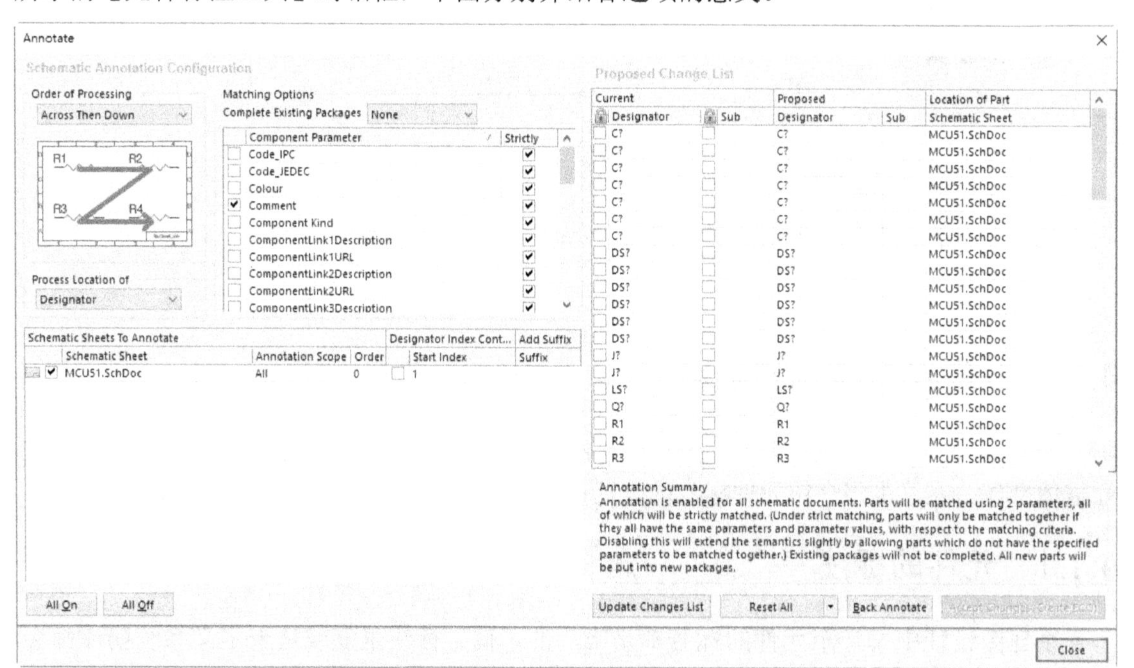

图 4-2　【元件标注工具】对话框

- 【处理顺序（Order of Processing）】排序执行顺序：即元件编号的上下左右顺序，Altium Designer 16.0 提供了四种编号顺序。

➢【Up Then Across】先由下而上，再由左至右；

➢【Down Then Across】先由上而下，再由左至右；

➢【Across Then Up】先由左至右，再由下而上；

➢【Across Then Down】先由左至右，再由上而下。

四种排序的顺序如图 4-3 所示。

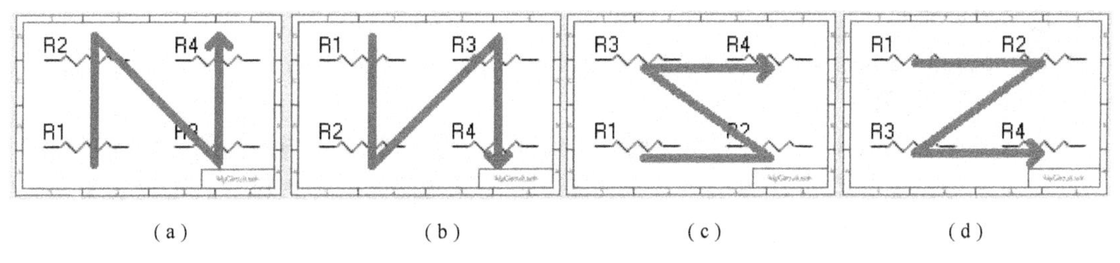

（a）　（b）　（c）　（d）

图 4-3　四种排序顺序

- 【匹配选项（Matching Options）】：在此主要设置复合式多模块芯片的标注方式。例如，74HC04 内部含有 8 个非门单元的一类元件，系统按照怎样的顺序进行标注。Altium Designer 提供了三个选项。

➢【None】：全部选用单独封装，若原理图中有 5 个非门，则放置 5 个 74HC04；

➢【Per Sheet】：同一张图纸中的芯片采用复合封装，若工程中一张图纸中有三个非门，而另一个图纸中有 5 个非门，则在这两张图纸中均各采用一个复合式封装。

➢【Whole Project】：整个工程中都采用符合封装：若工程中一张图纸中有三个非门，而另一个图纸中有 5 个非门，则整个工程采用一个 74HC04。

【元件参数（Component Parameter）】选项提供了属于同一复合元件的判断条件。左边的复选框用于设定判断条件，系统默认的条件是元件的【Comment】和【Library Reference】属性相同就可判断为同一类元件；【严格地（Strictly）】选项设定是否严格匹配。

- 【原理图页面注释（Schematic Sheets To Annotate）】：该选项用来设定参与元件标注的文档，如图 4-4 所示，系统默认是工程中所有原理图文档均参与元件自动标注，可以单击文档名前的复选框来选中或取消相应的文档。

原理图页面注释				位号索引控制		添加后缀
	原理图页面	注释范围	顺序		启动索引	后缀
✓	MCU51.SchDoc	All	0	☐	1	
✓	Sheet1.SchDoc	All	0	☐	1	
✓	Sheet2.SchDoc	All	1	☐	1	

图 4-4　元件标注作用范围设定

➢【注释范围（Annotate Scope）】：各图纸中参与标注的元件范围，单击文本框内容会弹出一个下拉菜单，供选择的内容有【All】：该图纸中所有元件均参与标注；【Ignore Selected Parts】：忽略选中的元件；【Only Selected Parts】：仅有选中的元件参与标注。

➢【顺序（Order）】：定义了工程中参与标注的图纸的顺序，可以单击字段中的具体内容直接进行编辑。

➢【启动索引（Start Index）】：起始标号，用来定义各图纸中元件的起始标号，若某张图纸需要从特定的值开始编号，则要选择前面的复选框然后在【启动索引（Start Index）】文本框中填入具体的起始值；若不选择该项，则图纸的编号接着比其优先级高的图纸继续编号。

➢【后缀（Suffix）】用来设定是否对某张图纸的元件标号加上特定的后置，后缀可以是字母或符号。

- 【Proposed Change List】变更列表：在该区域内列出了元件的当前标号和执行标注命令后的新标号，如图 4-5 所示。

➢【当前的（Current）】：当前栏中列出了前面所设置的所有参与标注的元件的当前标号。若要设置其中的某些元件不参与标注可选择其前面的复选框；若要设置某些元件的标号后面不带后缀可选择元件后面的复选框。

➢【被提及的（Proposed）】：该栏显示的是执行标注命令后元件的新标号，当标注前后两者的标号一样时说明还没开始执行命令或者现有的命令已经符合要求。

➢【器件位置（Location of Part）】：该栏列出了元件所属的原理图文档。

图 4-5　元件标号的对比

- 【更新更改列表（Update Changes List）】执行变化列表：单击该按钮后将弹出如图 4-6 所示的对话框，提示将有多个元件的标号发生变化。再次单击【确认】会发现如图 4-5 所示的区域内的【Proposed Designer】发生了变化，这时显示的是即将被修改的标注，不过还只是列表显示，并没有在原理图中改动。

- 【Reset All】：复位所有元件标号，将所有元件的标号都复位到未编号状态，即“字母+？”的初始状态。同样，执行该命令后会弹出如图 4-6 所示的【更改数量】对话框；该按钮右边的下拉菜单可以选择【重置全部（Reset All）】或者【重置副本（Reset Duplicates）】。

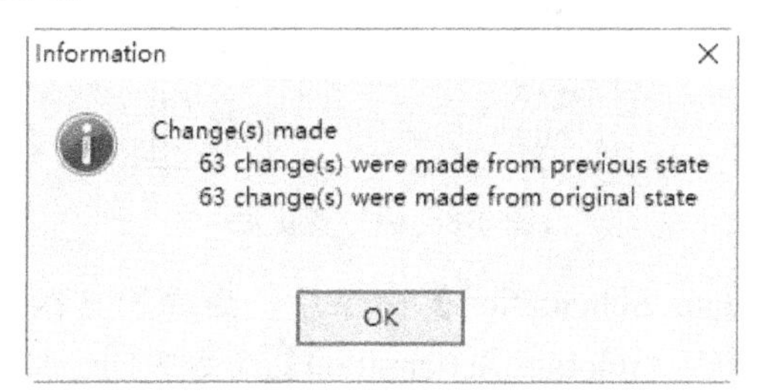

图 4-6　提示即将改动的数目

- 【返回注释（Back Annotate）】重新标注：单击该按钮会弹出一个文件框，用来选择现成的“was”或“eco”文件来给元件标注。
- 【接收更改（Accept Changes）】执行改变：前面的操作仅仅是对元件标注的预操作，产生了标注前后的对比列表供用户参考，而并没有真正的修改原理图。单击该按钮后将弹出如图 4-7 所示的【工程变更单】对话框，该对话框中显示了所有将发生的变化。单击下面的【生效更改（Validate Changes）】将对所做的变化进行验证，如果所有变化都通过验证，则右方的【检测（Check）】栏显示全为绿色的“√”，单击【执行更改（Execute Changes）】更新所有标注。

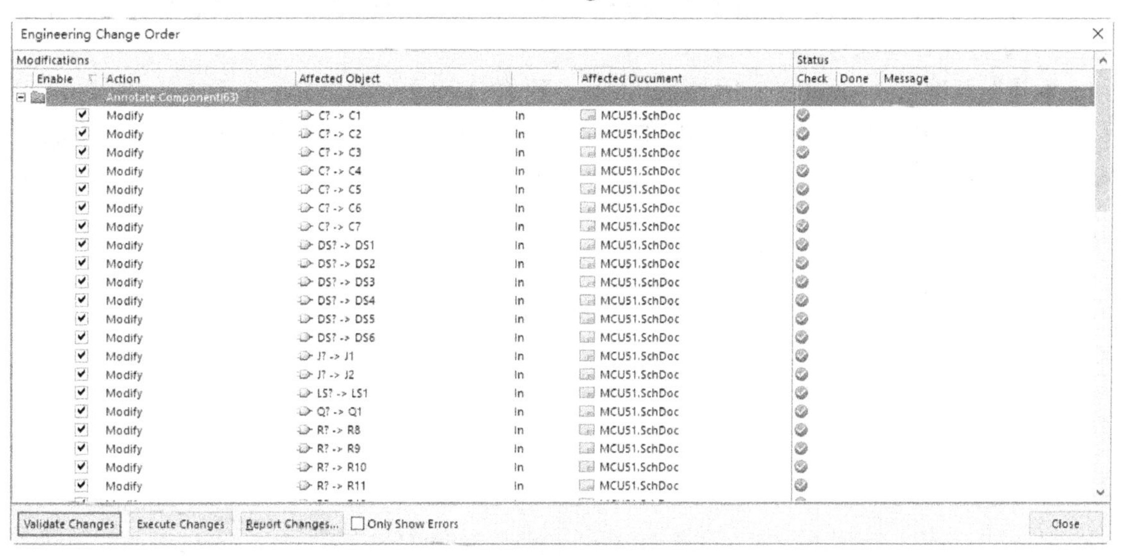

图 4-7　【工程变更单】对话框

需注意的是，元件在标号变更后会在新的标号的旁边以很浅的颜色显示变更前的标号，如图 4-8 所示，便于设计者对比。

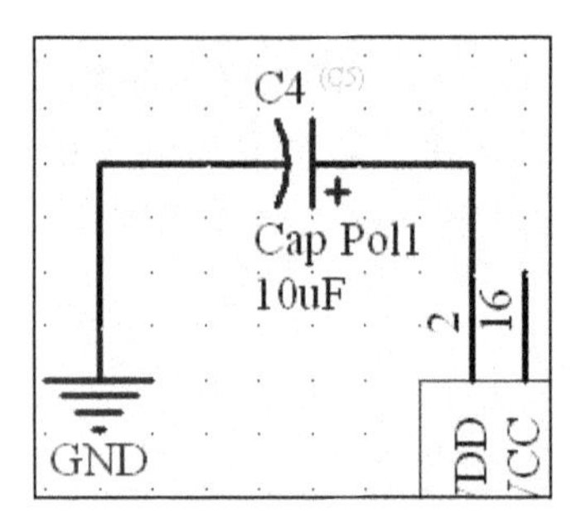

图 4-8　标号变更后

熟悉了【注解（Annotate Schematic)】命令后，后面的其他元件标注命令应用就简单了，下面的命令只是【注解（Annotate Schematic)】命令中的一部分或是内部一系列命令的组合。

- 【复位标号（Reset Schematic Designators)】：重新设置所有的元件标号，执行该命令后原理图中所有的元件均恢复到原始的未编号状态。
- 【复位重复（Reset Duplicate Schematic Designators)】：重新设置所有重复元件的标号，该命令仅仅是对有重复标号的元件标号初始化。
- 【静态注解（Annotate Schematic Quietly)】：快速标注原理图，对原理图中为未编号的元件进行快速编号。
- 【标注所有器件（Forces Annotate All Schematics)】：强制执行所有原理图的元件标号。
- 【反向标注（Back Annotate Schematics)】：根据现有的“was”文件或“eco”文件来更改元件的标号。
- 【图纸编号（Number Schematic Sheets)】：给工程文件中所有原理图文件进行图纸和文档编号。执行该命令后弹出如图 4-9 所示的对话框，其中列出了当前工程中的所有原理图文件，以及各个文件的文档编号和图纸编号。

图 4-9　【工程图纸编号设置】对话框

➢【自动方块电路数量（Auto Sheet Number)】：单击该按钮则对对话框中列出的所有原理图进行图纸编号。单击按钮旁边的箭头则弹出如图 4-10 所示的对话框，在此可以选择图纸编号的算法：【显示次序（Display Order)】图纸显示的顺序、【Depth First】深度有限算法或是【Breadth First】广度优先算法。右边的复选框则设置编号的方法：可以选择【Increasing】递增、或【Decreasing】递减。

➢【Auto Document Number】：单击该按钮则对对话框中列出的所有原理图进行文档编号，具体设置如图 4-10 所示，编号方法与图纸编号类似。

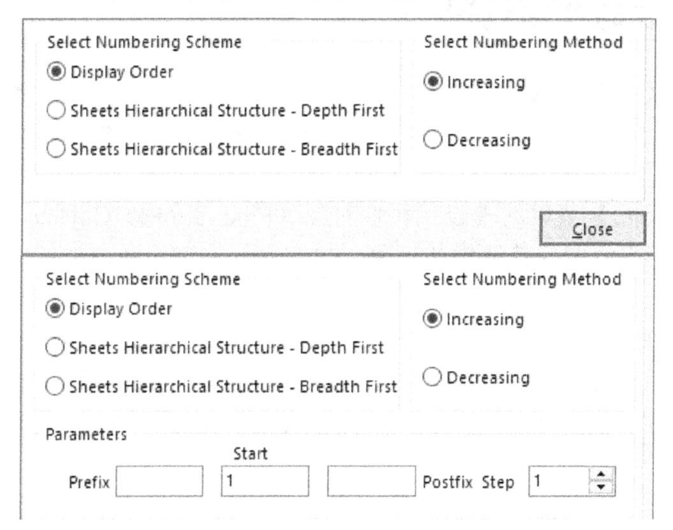

图 4-10　【图纸编号与文档编号】对话框

➢【更新方块电路计数（Update Sheet Count）】：更新图纸数量，单击后，在【SheetTotal】栏中显示当前总的图纸数。

➢【上移（Move Up）】：将选中的原理图文件在图 4-9 中顺序上移。

➢【下移（Move Down）】将选中的原理图文件在图 4-9 中顺序下移。

执行图纸编号和文档编号的效果如图 4-11 所示，采用默认的排序方法。

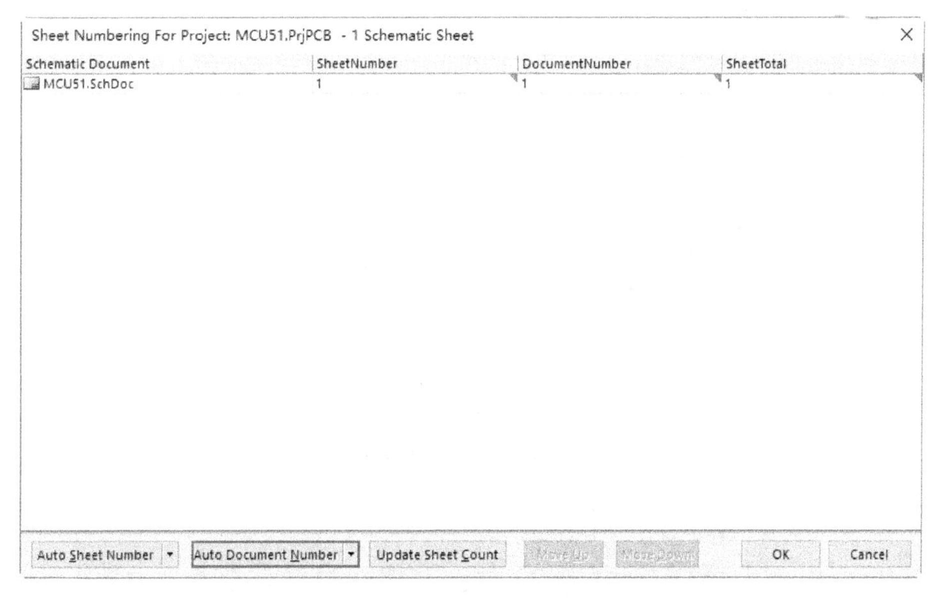

图 4-11　原理图图纸编号和文档编号的效果

● 【板级标注（Board Level Annotate）】：电路板级元件标注。
● 【标注编译过的图纸（Annotate Compiled Sheets）】：仅仅标注编译过的图纸。

4.1.2　元件属性的全局编辑

Altium Designer 提供了【查找相似对象（Find Similar Objects）】命令来对属性相似的元件进行整体操作，该功能类似于 Protel 99SE 里面 【Global】属性的应用，但是功能却强大得多。

选择【编辑（Edit）】菜单的【查找相似对象（Find Similar Objects）】命令，光标变成“×”状，移动光标在绘图区待编辑的对象上单击鼠标左键，弹出如图 4-12 所示的【查找相似对象（Find Similar Objects）】对话框，在此设置需要进行全局编辑的元件的属性匹配条件。例如，要对所有的“CD4511”芯片的 PCB 封装进行修改，首先得选中所有的“CD4511”芯片，在【查找相似对象（Find Similar Objects）】对话框中将【Symbol Reference】这一选项后面的【Any】关系改成【Same】。再来看看对话框下方的复选框区，如图 4-13 所示，有一排操作选项。

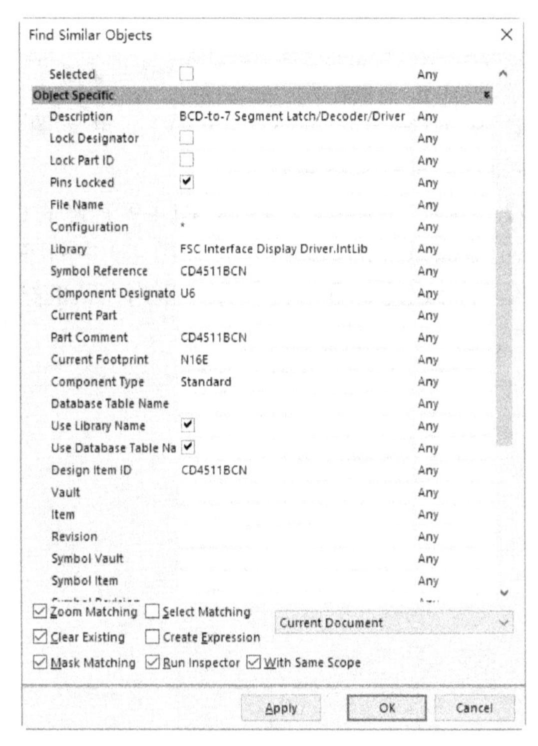

图 4-12　【Find Similar Objects】对话框

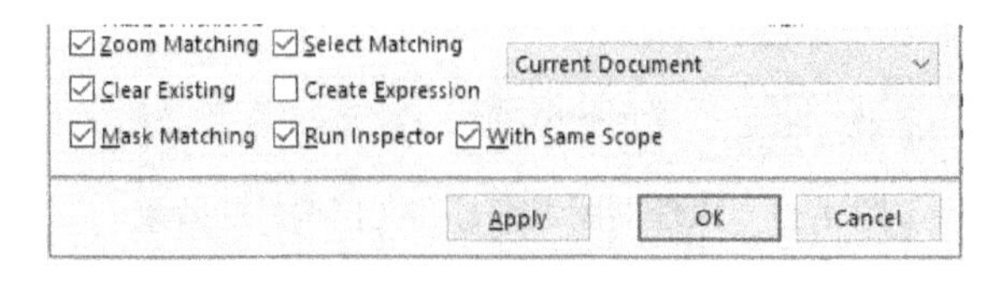

图 4-13　匹配操作设置

- 【缩放匹配（Zoom Matching)】放大显示：选择该项后，所有匹配符合的元件将放大到整个绘图区显示。
- 【选择匹配（Select Matching)】选中符合：选择该项后，所有符合条件的元件都将被选中，必须选中该选项，否则匹配后不能进行【下一步】编辑操作。
- 【清除现有的（Clear Existing)】清除当前选定：在执行匹配之前处于选中状态的元件将清除选中状态。
- 【创建表达（Create Expression)】创建表达式：选择该项后将在原理图过滤器（SCH Filter）面板中创建一个搜索条件逻辑表达式。
- 【隐藏匹配（Mask Matching)】掩膜显示：选择该项后除了符合条件的元件外其他的元件都呈浅色显示。
- 【运行检查器（Run Inspector)】启动检查器面板：选择该项后执行完匹配将启动检查器面板。
- 【Current Document】匹配范围：可以选择【Current Document】当前文档，或是【Open Documents】所有打开的文档。

设置好匹配选项后单击【确定（OK)】按钮，则显示如图 4-14 所示的匹配结果，同时会弹出【SCH Inspector】面板。编辑区内的元件除了符合匹配条件的外都呈浅色显示，可以单击编辑区右下角的【清除（Clear)】按钮取消这种掩膜显示。

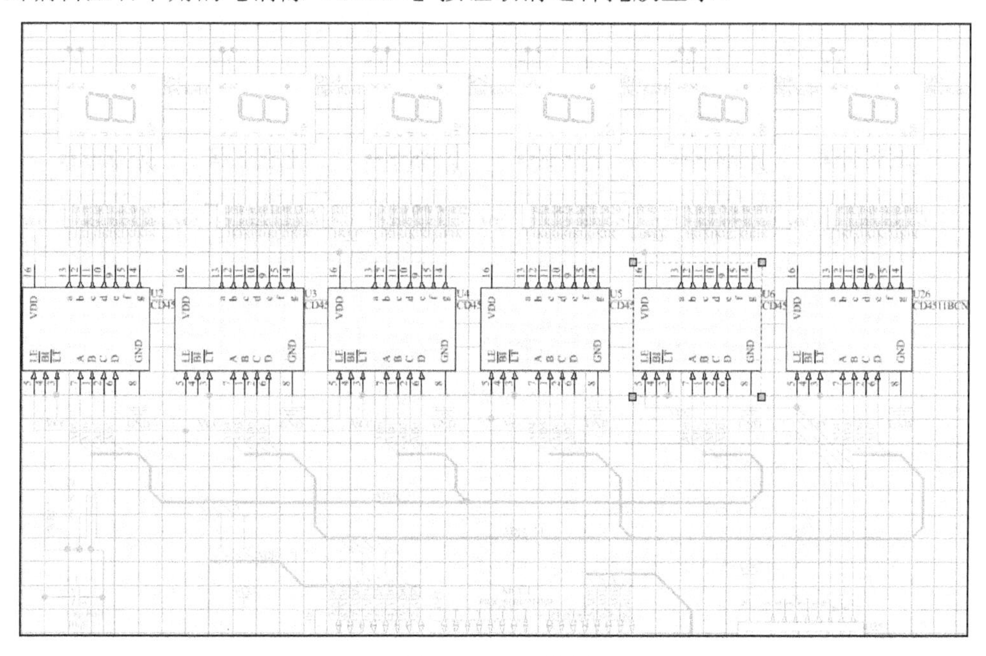

图 4-14　匹配结果

元件属性的整体修改可以在【SCH Inspector】面板中进行，如图 4-15 所示，这里列出了元件所有可供修改的共同属性，若要修改【Description】属性可以单击【Description】选项右边的具体内容，直接在文本框中填入需要的内容，或是单击右边的【…】按钮在弹出的智能编辑【Smart Edit】对话框中进行编辑，如图 4-16 所示。

也可以对匹配条件的各元件的属性进行单独修改，执行【察看（View）】→【工作区面板（Workspace Panels）】→【SCH】→【SCH List】弹出如图 4-17 所示的原理图元件列表面板，双击需要修改的元件就可以弹出其【属性设置】对话框编辑其属性。

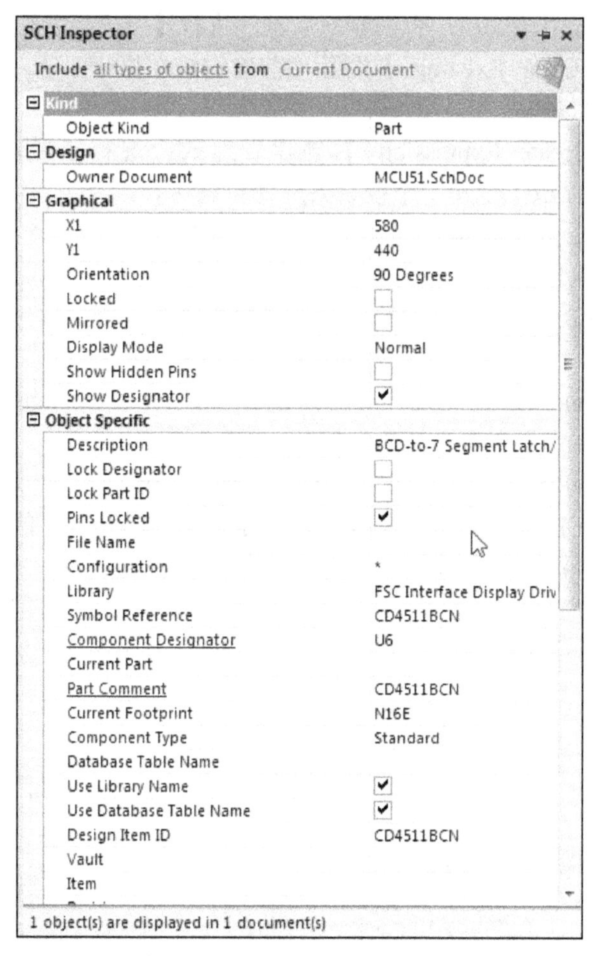

图 4-15　原理图检查器面板

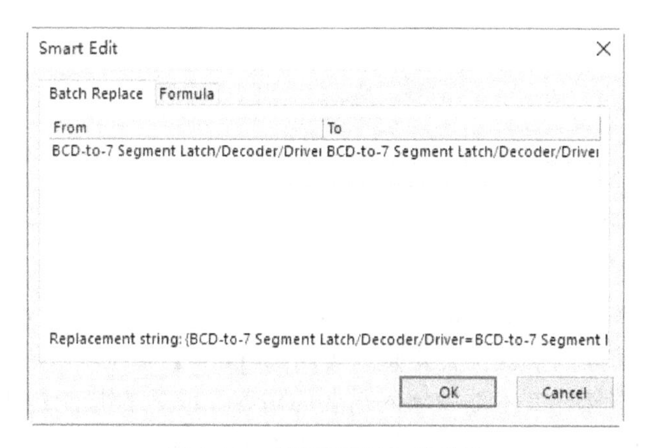

图 4-16　【智能编辑】对话框

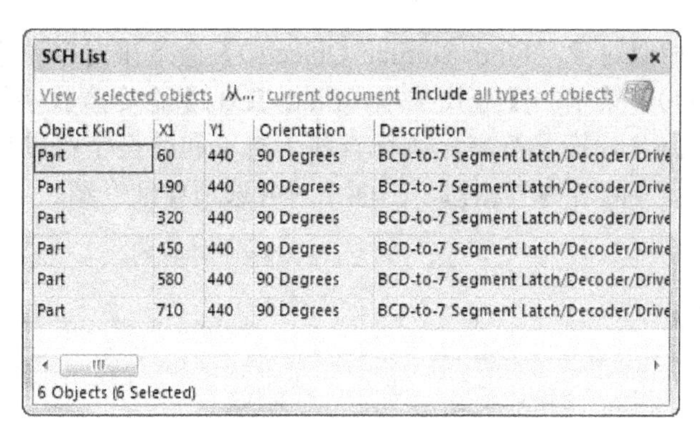

图 4-17　原理图列表

4.1.3　字符串的全局编辑

【查找相似对象（Find Similar Objects）】命令除了对元件的属性进行全局编辑外还可以对原理图中的字符串进行隐藏、字体设置等全局编辑。在需要编辑的字符串上单击右键，选择【查找相似对象（Find Similar Objects）】命令，或是在【编辑（Edit）】菜单中选择【查找相似对象（Find Similar Objects）】命令后单击字符串均可打开如图 4-18 所示的【查找相似对象（Find Similar Objects）】设置匹配条件对话框。操作与元件属性的匹配条件相同，只不过都是字符串的一些操作。确认后，同样可在【SCH Inspector】面板中修改选中字符串的属性，如图 4-19 所示。

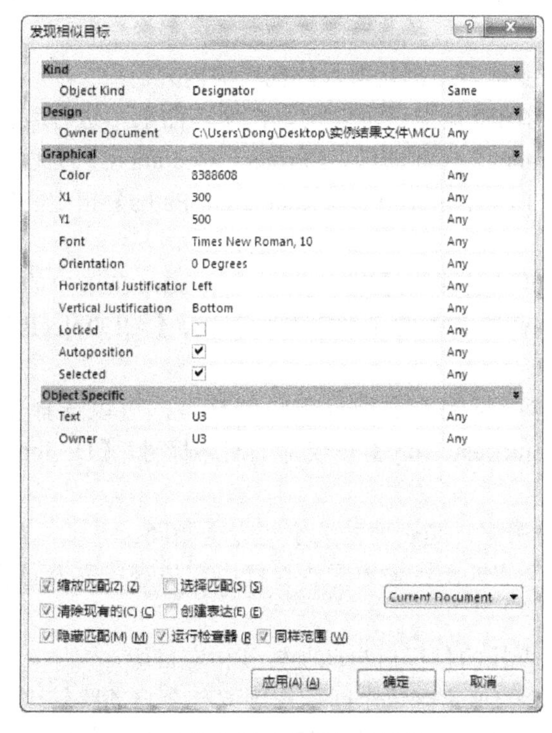

图 4-18　【设置匹配条件】对话框

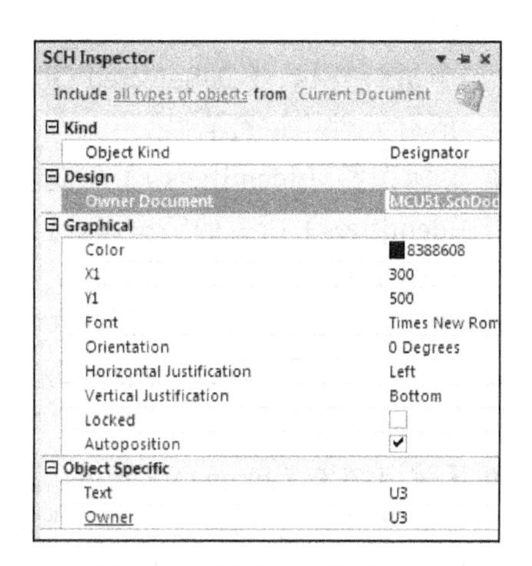

图 4-19　属性全局修改

除了使用【查找相似对象（Find Similar Objects）】命令来对字符串进行整体操作外还可以使用【编辑（Edit）】菜单的【查找文本（Find Text）】命令查找字符串，或用【替代文本（Replace Text）】命名替换字符串。执行查找字符串和替换字符串后弹出的窗口分别如图 4-20（a）、（b）所示，两者内容相似，下面来对各选项详细介绍。

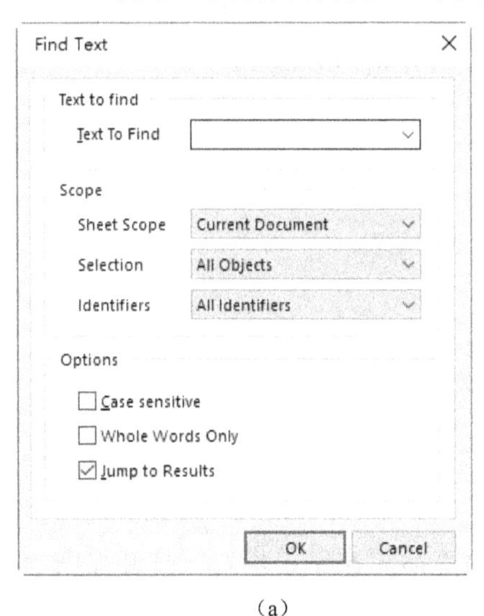

（a）

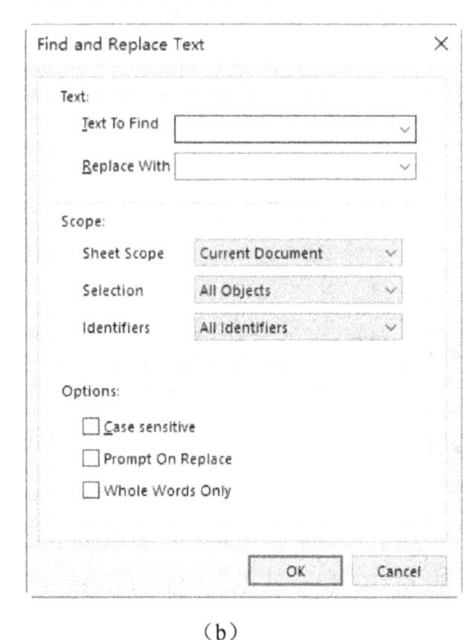

（b）

图 4-20 查找与替换字符串

- 【本文被发现（Text To Find）】需要查找的字符串：在此填入相应的字符串或者在下拉菜单中选择以前搜索过的字符串。
- 【替代（Replace With）】将要替代的字符串：在此填入替代后的内容。
- 【Sheet 范围（Sheet Scope）】查找的图纸范围：可以设定在哪些图纸中进行查找，其中包括四个选项：【Current Document】当前图纸、【Project Document】工程中的所有图纸、【Open Document】所有打开的图纸、【Documents On Paths】指定路径上的图纸。
- 【选择（Selection）】选择的对象：可以设置为【Selected Objects】，在选中的元件中进行查找、【DeSelected Objects】在未选中的元件中进行查找、【All Objects】在所有元件中进行查找。
- 【标识符（Identifiers）】筛选的内容：设置需要查找哪些字符串，可以选择【All Identifiers】所有的字符串、【Net Identifiers Only】仅仅筛选网络标号、【Designators Only】仅仅筛选元件标号。
- 【敏感案例（Case sensitive）】大小写敏感：是否要求大小写完全相同。
- 【仅完全字（Whole Words Only）】全字匹配：设定是否目标内容与查找内容必须完全一致。
- 【跳至结果（Jump to Results）】找到查找的目标后自动跳转到相应目标。

设置完毕后单击【OK】按钮开始搜索，若搜索到单个匹配选项屏幕会自动跳转到搜索到的字符串处，若搜索到多个匹配选项系统会跳转到第一个匹配字符串处并弹出如图 4-21 所示的【查找结果】对话框，并提示共有多少个匹配结果，可以单击【前面的

（Previous）】和【下一步（Next）】按钮查看前后的结果。

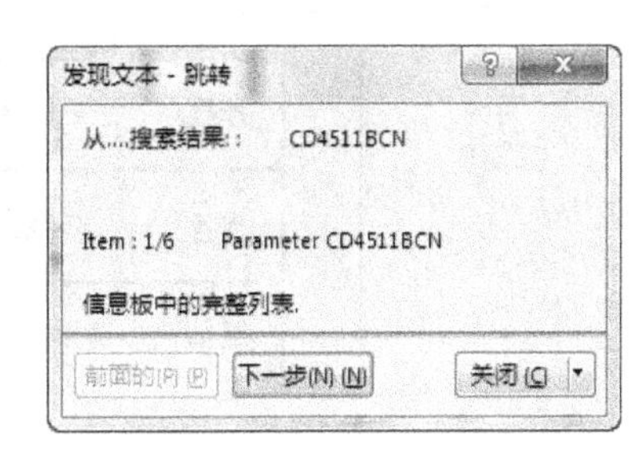

图 4-21 【查找结果】对话框

4.2 模板的应用

Altium Designer 中的模板（Template）是一种半成的电路图，集成了电路图设计图纸中的标题栏、外观属性设置，以及元件等，使得开发人员可以在此基础上进行进一步的开发，简化开发流程。

4.2.1 设计模板文件

使用模板设计电路原理图首先需有现成的可供使用的模板，Altium Designer 为用户提供了丰富的模板，存储在 Altium Designer 安装目录下的“Templates”目录中。当然大多数情况下设计者还是要根据自己的要求来设计模板，以第 3 章介绍的单片机时间显示系统为例，设计一个单片机系统设计的模板。

- 首先新建一个【原理图（Schematic）】原理图设计文档，命名为“MCU.SchDot”并保存。
- 设置模板的图纸属性：打开【设计（Design）】菜单下的【文档选项（Document Options）】选项卡，可以自行设置图纸的颜色、大小等各项属性，并取消【标题块（Title Block）】选项框，因为下面要自己设计标题栏，如图 4-22 所示。

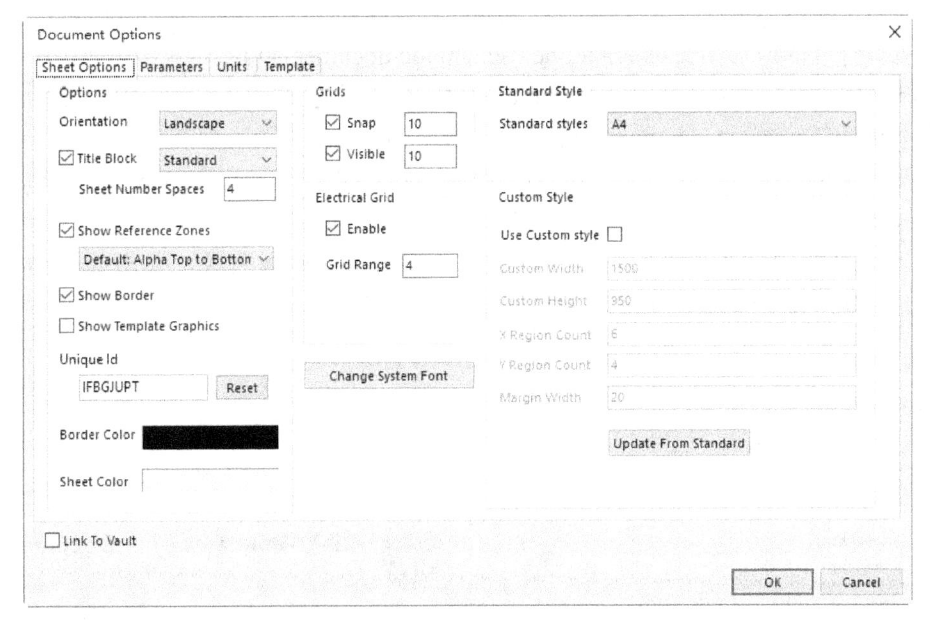

图 4-22 模板的图纸属性设置

- 图纸属性设置完毕后再自定义一个个性化的标题栏，如图 4-22 所示，用直线绘制一个标题栏，并放置相应的字符串文字。

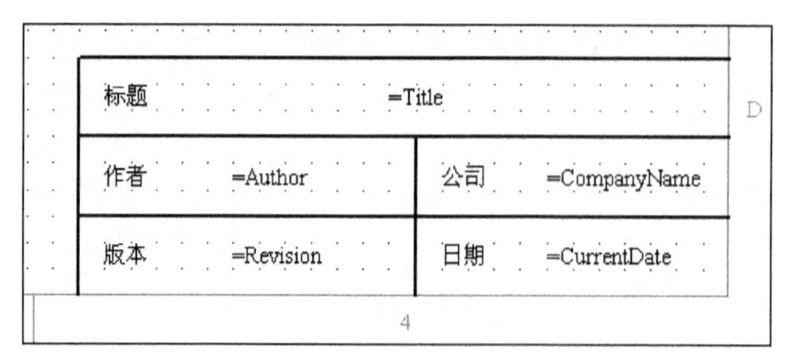

图 4-23　绘制标题栏

至此，一个完整的原理图模板就设计完成了，下一节将讲解如何用该模板设计电路原理图。

4.2.2　调用模板文件

新建或打开需要使用模板的原理图文件，执行菜单命令【设计（Design）】→【项目模板（Project Template）】→【选择一个文件（Choose a File）】，在随后弹出的文件选择对话框中选中刚才设计并保存的“MCU.Schdot”模板文件。随即弹出如图 4-24 所示的【Update Template】模板设置对话框。

该对话框用来设置模板的应用范围，下面分别介绍各选项的意义。

- 【选择文档范围（Choose Document Scope）】选择使用模板文档范围，共有三个选项。

➢【仅该文档（Just this document）】;

➢【当前工程的所有原理图文档（All schematic document in the current project）】;

➢【所有打开的原理图文档（All open schematic documents）】。

- 【选择参数（Choose Parameter Actions）】，用来设定如何应用模板中的参数。

➢【不更新任何参数（Do not update any parameters）】;

➢【仅添加模板中存在新参数（Add new parameters that exist in the template only）】;

➢【替代全部匹配参数（Replace all matching parameters）】。

不用改变系统的默认设置，单击【确定（OK）】按钮应用模板，弹出如图 4-25 所示的【模板应用确认】对话框，提示用户一个文档使用了模板。

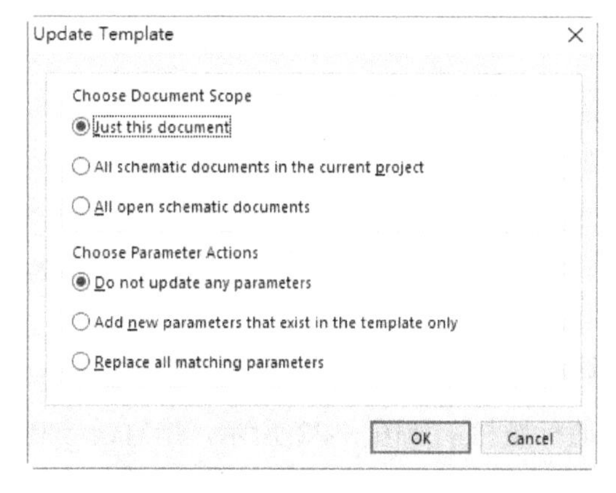

图 4-24　【模板设置】对话框

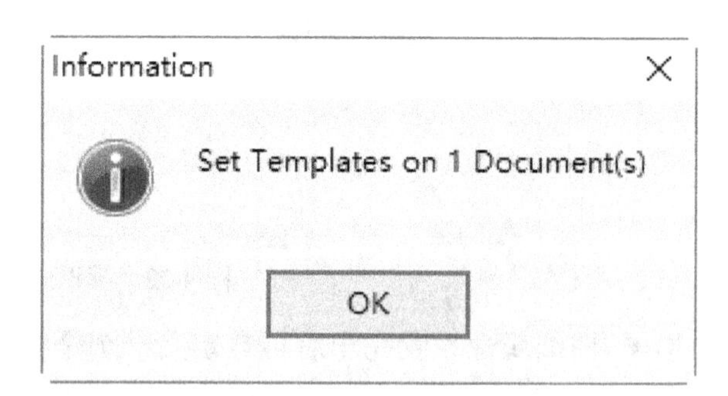

图 4-25　【模板应用确认】对话框

模板应用的效果如图 4-26 所示。如果标题栏的特殊字符串没有显示具体内容，需设置【参数选择（Preferences）】→【Schematic】→【Graphical Editing】选项卡，具体设置方法可参考 2.2.1 图形属性这一节。

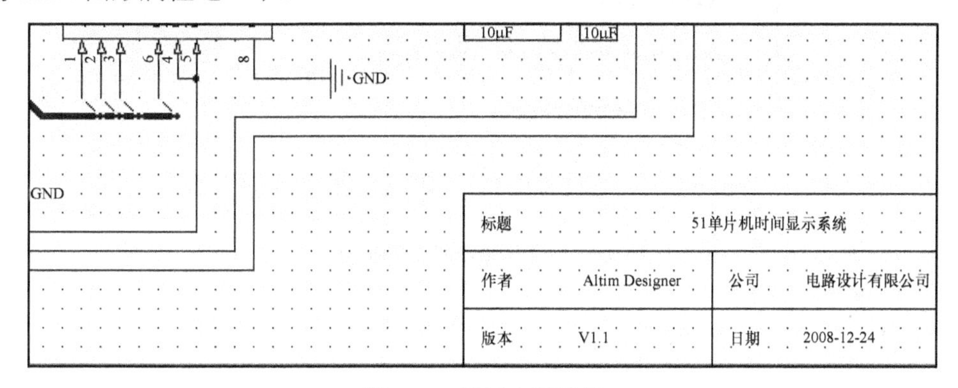

图 4-26　模板应用效果

4.2.3　更新模板

模板作为电路绘制的母体在电路原理图绘制的过程中是无法改变模板中的内容的。若对模板中的内容不满意，需先修改模板，然后执行更新模板命令来改变原来的内容。

在电路图设计中常常需要在模板中加入现成的电路或元件，以便在此基础上进行快速开发。例如，要在上面所设计的模板中加入一个电阻，首先在模板中放入电阻，然后切换到当前使用该模板的电路原理图文档，选择【设计（Design）】→【更新（Update）】命令，则新的模板成功更新到电路原理图上，如图 4-27 所示。需注意：模板中的元件和绘图都是不能进行属性编辑的，但是可以进行电气连线，进一步开发。

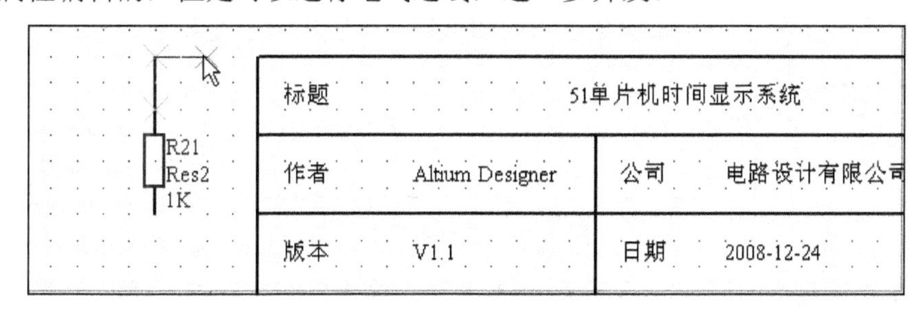

图 4-27　更新模板

4.2.4　删除模板

删除模板很简单，执行【设计（Design）】→【移除当前模板（Remove Current Template）】命令，弹出如图 4-28 所示的【移除模板】对话框，选择移除的文档范围【Just this document】并确认，则当前文档所使用的模板被删除。需注意的是，删除模板后只是原先图纸的标题栏和模板中的图件被删除，图纸的规格并没有改变。

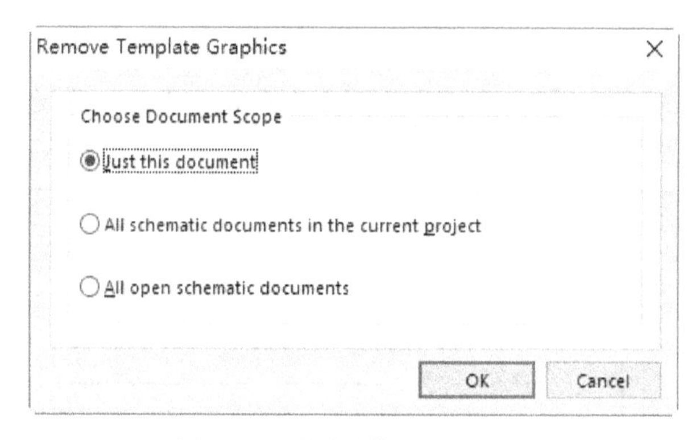

图 4-28　【移除模板】对话框

4.3　多电路原理图的连接

随着技术的发展，电路原理图的复杂程度也越来越高，若是把所有的电路都绘制在同一张原理图上则更显复杂，设计人员也难以看懂。能不能把电路按照功能划分，分别绘制在不同的原理图中然后按照某种方式连接起来。答案是肯定的，Altium Designer 中提供了离图连接（Off Sheet Connector）这一工具，用于连接不同图纸之间的网络。

4.3.1　认识离图连接（Off Sheet Connector）

【离图连接（Off Sheet Connector）】图纸连接器是用于同一工程内不同原理图文档之间的电气连接，如网络标号一样，【网络标号（Net Label）】用于连接同一张原理图中的不同网络，而图纸连接器却能把这种电气连接扩大到整个工程。

执行【放置（Place）】菜单的【离图连接（Off Sheet Connector）】命令，则光标上会附着一个图纸连接器标号，如图 4-29 所示，第一次放置图纸连接器时，其默认名为“OffSheet”，同一工程中不同原理图之间的图纸连接器在电气上是相通的。

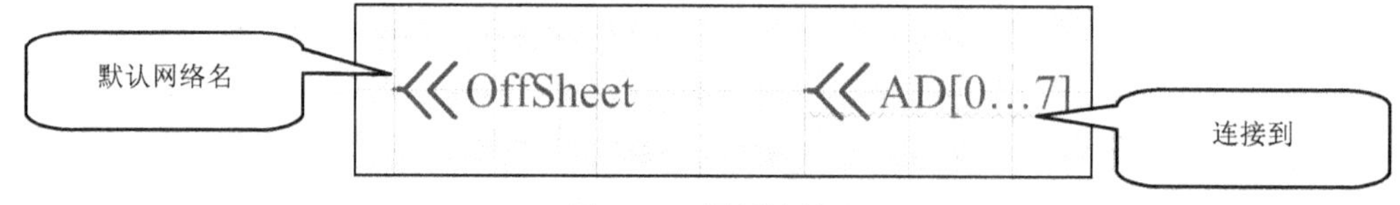

图 4-29　图纸连接器

在放置图纸连接器的过程中按下【Tab】键或是放置完毕后双击图纸连接器标志进行图纸连接器的属性设置，如图 4-30 所示。图纸连接器最重要的属性是其所连接到的网络，也就是【网络（Net）】属性，初次放置时，网络连接器的默认网络名是【OffSheet】，修改【网络（Net）】属性后，网络名会显示在网络连接器的后面。网络连接器还有坐标位置、旋转角度、【类型（Style）】样式和颜色等属性，其中，坐标位置和旋转角度一般在放置的过程中按空格键或是【X】、【Y】键确定；颜色属性则可以单击【颜色（Color）】后面的颜色框在弹出的对话框中设置；Altium Designer 的网络连接器有两种样式可以选择，即【Right】和【Left】，如图 4-31 所示，注意箭头的方向。

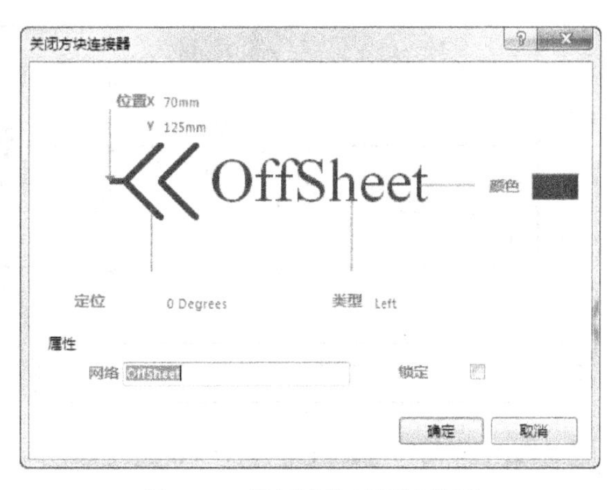

图 4-30 图纸连接器属性设置

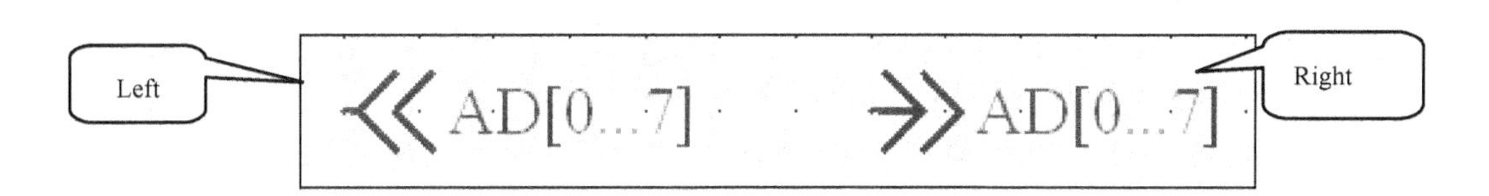

图 4-31 图纸连接器的样式

4.3.2 多电路原理图的绘制

以上例中所绘制的实时时钟显示系统为例，将上例中的电路原理图分别按照功能划分为电源、通信、显示和单片机系统四大部分，并通过图纸连接器连接成一个完整的电路原理图。打开附带光盘中的“多图纸电路. PrjPCB”工程文件或是按照下面的步骤自己建立一个多图纸的电路原理图。

- 建立一个空白的“PrjPCB”工程并命名为“多图纸电路.PrjPCB”保存。
- 添加电源电路原理图。新建一个“SchDoc”文档，命名为“Power.SchDoc”并将第 3 章所设计的“MCU51.SchDoc”原理图中的电源部分复制到“Power.SchDoc”中来，编辑好的电源电路原理图如图 4-32 所示。

> 电源网络VCC和地网络GND属于特殊的网络标号，在多图纸电路设计中具有相同的电气连接而不用另外使用图纸连接器。

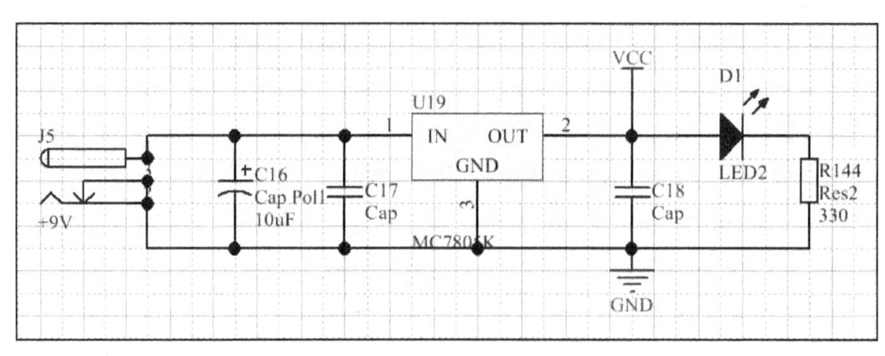

图 4-32 电源电路原理图

- 添加单片机系统原理图。新建一个“SchDoc”文档，命名为“MCU.SchDoc”并将第 3 章所设计的“MCU51.SchDoc”原理图中的 51 单片机系统部分复制到“MCU.SchDoc”中。
- 添加单片机系统的原理图连接器：单片机系统总共有 7 个端口和外面相连，其中包括和时间显示部分的“AD[0…7]”总线接口，“Y5”、“Y6”、“Y7”三个数码管显示控制端，以及串口通信的 “T1IN”、“R1OUT”和蜂鸣器控制 I/O 接口“Bell”。修改完毕的原理图如图 4-33 所示。
- 添加通信系统原理图。新建一个“SchDoc”文档，命名为“Comm.SchDoc”并将第 3 章所设计的“MCU51.SchDoc”原理图中的通信系统部分复制到“Comm.SchDoc”中。

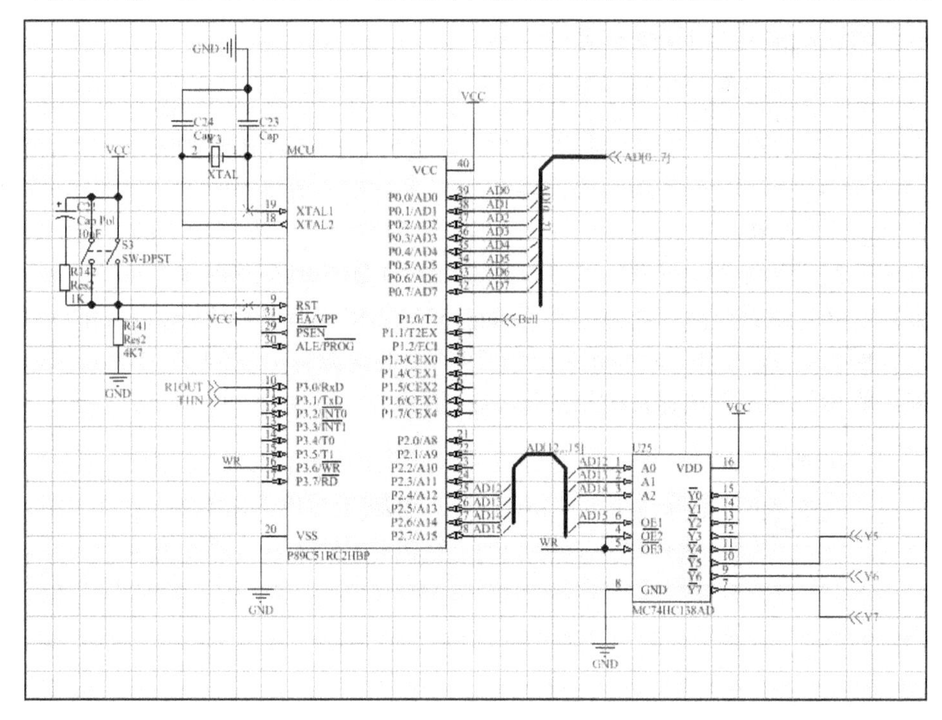

图 4-33 单片机系统原理图

- 添加通信系统的原理图连接器：这一部分的电路中包括了串口通信电平转换芯片和蜂鸣器报警电路，需要和单片机系统中的中的“T1IN”、“R1OUT”和“Bell”相连接，因此，还要添加“T1IN”、“R1OUT”、“Bell”三个原理图连接器，如图 4-34 所示。

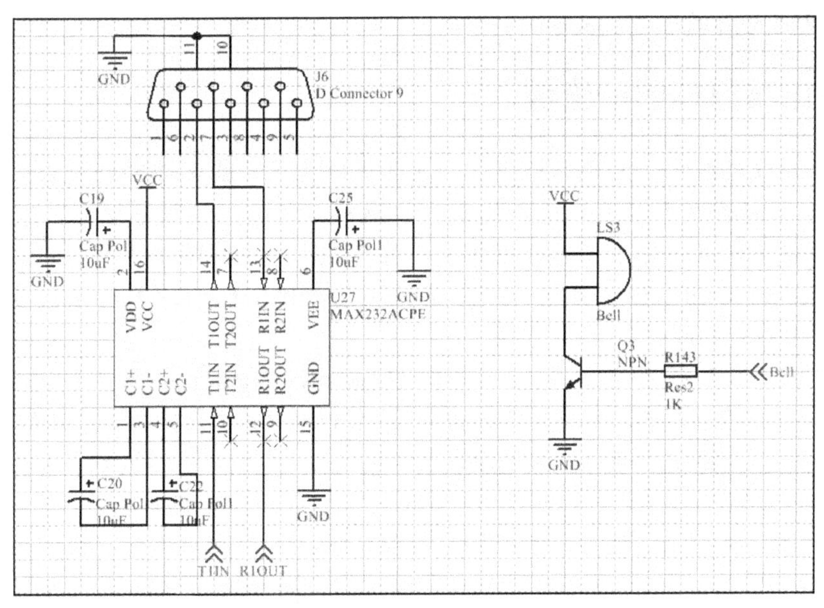

图 4-34　通信电路原理图

- 添加时间显示系统原理图。新建一个“SchDoc”文档，命名为“DSP.SchDoc”并将第 3 章所设计的“MCU51.SchDoc”原理图中的时间显示系统部分复制到“DSP.SchDoc”中。
- 添加时间显示系统的原理图连接器：时间显示系统通过“AD[0…7]”总线，以及“Y5”、“Y6”、“Y7”三跟控制线跟单片机控制系统连接，故添加“AD[0…7]”、“Y5”、“Y6”、“Y7”四个图纸连接器，修改完毕的电路如图 4-35 所示。

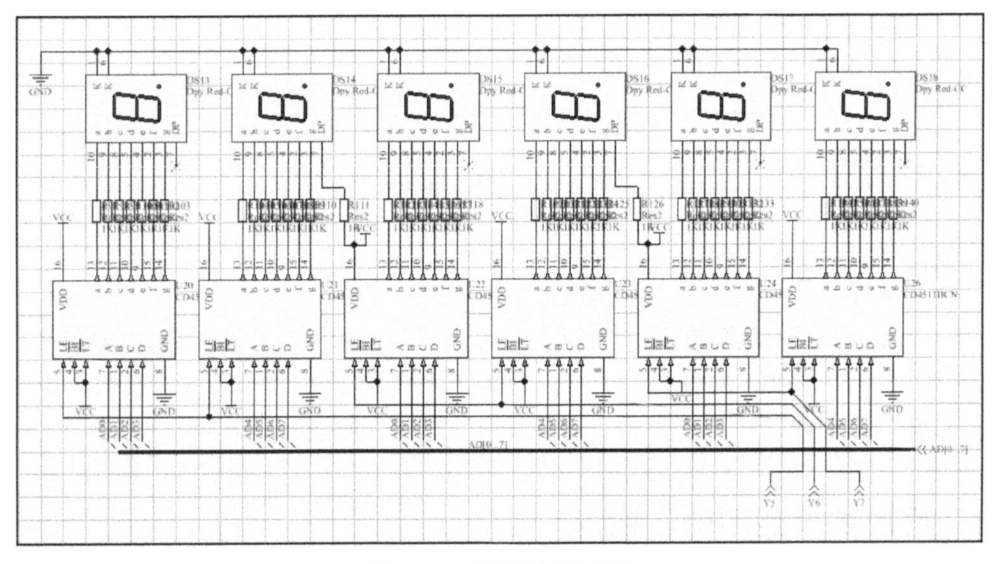

图 4-35　显示电路原理图

● 编译工程：执行【工程（Project）】菜单下的【Compile PCB Project 多图纸电路.PrjPCB】，若原理图连接没有问题编译会顺利通过，此时，一个完整的多文档电路原理图设计就成功完成了。

4.3.3　多电路原理图的查看

用一张大的文档绘制一张电路原理图，虽说图纸大了一点需要翻来覆去的看，但元件之间的电气连线清清楚楚，不会找不到信号的走向。但是当一张原理图分成了四张图之后，不同原理图之间通过原理图连接器相连，如何判断本电路图的连接器究竟连到了那张图，其实，Altium Designer 提供了一个非常好用的查找工具——【上/下层次（Up/Down Hierarchy）】层次间查找。

执行【工具（Tool）】菜单的【上/下层次（Up/Down Hierarchy）】命令或单击工具栏的按钮进入层次间查找状态，此时光标会变成十字状，选择需要查找的图之间连接器。例如，要查找如图 4-36（a）所示的单片机系统原理图中的“Bell”引脚究竟连到了哪张原理图的哪个引脚，将光标移动的“Bell”上单击，则系统会自动打开目标连接器所在的原理图文档并将相应的连接器高亮显示，如图 4-36（b）所示，“Bell”引脚是连到了通信系统原理图的蜂鸣器控制端。此时，光标仍处在层次间查找状态，若是再次单击通信系统原理图中的“Bell”连接器，则屏幕会回到原先的单片机系统原理图中并将“Bell”连接器高亮显示。此时，也可以继续查找其他的连接器的信号走向，或是单击鼠标右键结束查找状态。

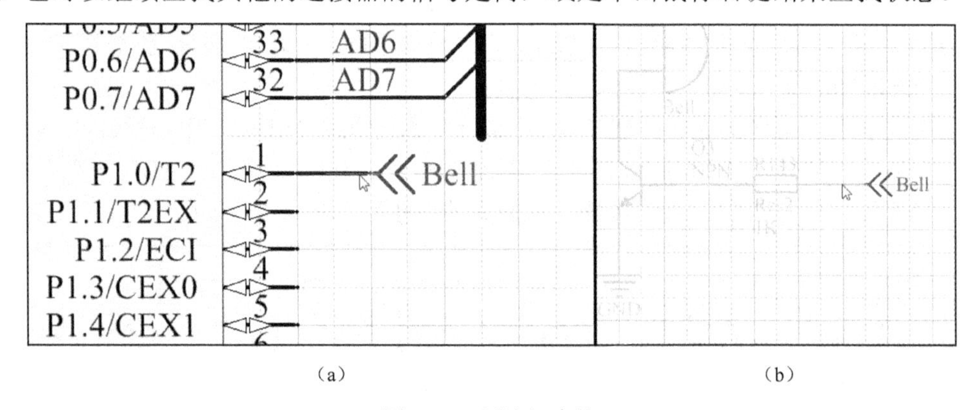

（a）　　　　（b）

图 4-36　层次间查找

4.4　层次式电路原理图设计

在 4.3 节中介绍了原理图连接器在多原理图电路设计中的应用，原理图连接器确实方便了大型电路的设计，可以使一个电路分成若干个部分并由不同的人设计。但是这种多电路图的连接方式不便于工程管理与电路分析，很难看出个电路部分之间的电气关系。为此，Altium Designer 提供了另外一种更为强大的电路原理图设计方案——层次式电路原理图设计。

4.4.1　层次式电路图的结构

层次式电路原理图和用原理图连接器连接的多电路原理图设计类似，也是将复杂的电路分成若干个小的部分分别绘制，但是层次式原理图结构清晰，可读性更强。层次式原理图设计可被看作是逻辑方块图之间的层次结构设计，大致可以将层次式原理图分为层次式母图和层次式子图，层次式母图中电路由若干个图纸符号电气连接构成，而各个图纸符号都连接到不同的层次式子图。层次式子图就是各功能原理图，由具体的元件电气连接构成，然后封装成图纸符号并加上图纸入口在层次式母图中显示。

以单片机控制实时时钟显示系统为例，将其改为层次式电路原理图结构。如图 4-37 所示，该系统将由母图“main.SchDoc”和四个功能子图构成，各功能子图在母图中以图纸符号的形式显示，并构成电气连接，使得各功能子图之间的联系一目了然，因此，层次式电路原理图设计成为了当前最为流行的原理图设计方式。

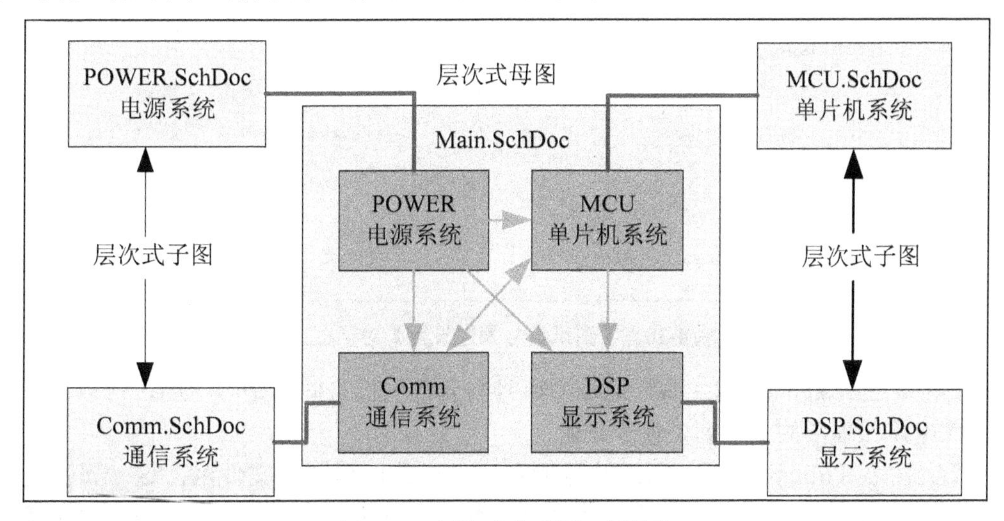

图 4-37　层次式电路原理图结构

4.4.2　图纸符号及其入口和端口的操作

在具体的设计层次式原理图之前，先介绍一下层次式电路原理图设计所必需的图纸符号，以及用来形成电气连接的图纸入口和端口。

（1）绘制图纸符号及其属性设置

图纸符号代表一个实际的电路原理图，执行【放置（Place)】→【图表符（Sheet Symbol)】命令或是单击工具栏的按钮进入图纸符号绘制状态。此时光标变成十字状，单击鼠标左键确定图纸符号对角线的第一个点，然后移动鼠标拖出一个矩形的图纸符号到合适的大小后再次单击鼠标左键确认。至此，一个原理图符号就设置完成了，可以继续放置原理图符号或者单击鼠标右键结束放置状态。

在绘制过程中按【Tab】键或是绘制完成后双击图纸符号进入【图纸符号属性设置】对话框，如图 4-38 所示。图纸符号的外观属性与前面所介绍的矩形等集合图形的设置类似，下面详细介绍【属性（Properties)】选项卡里面的内容。

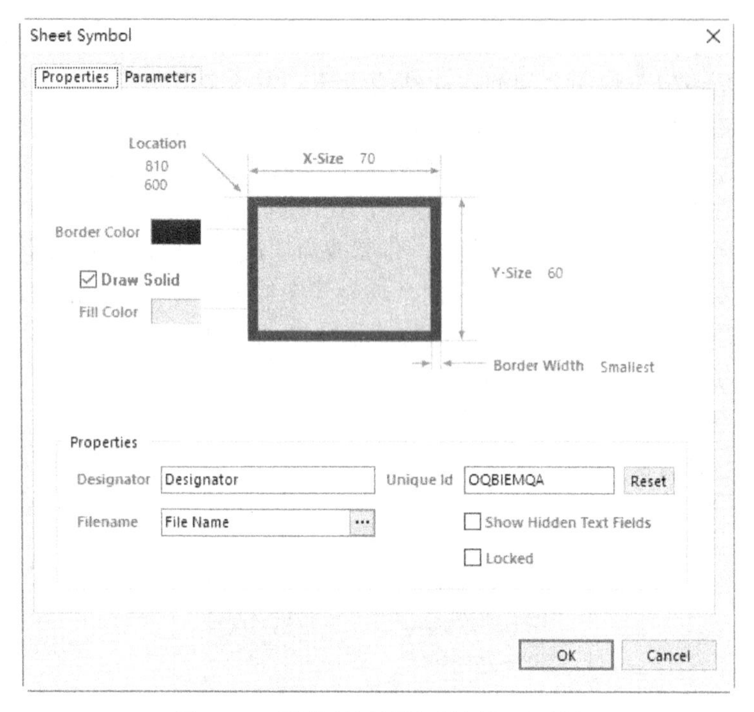

图 4-38　【图纸符号属性设置】对话框

- 【标号（Designator)】：图纸符号的标号与元件的标号同样是唯一的，可以设置为对应电路原理图的文件名，便于理解。
- 【文件名（Filename)】：图纸符号所对应的电路原理图的文件名，这一属性是原理图符号最重要的属性，可以在后面的文本框中填入原理图文件名，或是单击【…】按钮在弹出的【引用文件选择】对话框中选择对应的原理图文件。如图 4-39 所示，该对话框中列出了当前工程文件中所有可供使用的原理图文件，需注意的是，这里的元件名并不支持中文。
- 【唯一 ID（Unique Id)】：该编号由系统自动产生，不用修改。
- 【显示此处隐藏本文文件（Show Hidden Text Field)】：显示隐藏的文字字段。
- 【锁定（Locked)】：锁定该原理图符号，防止错误修改。

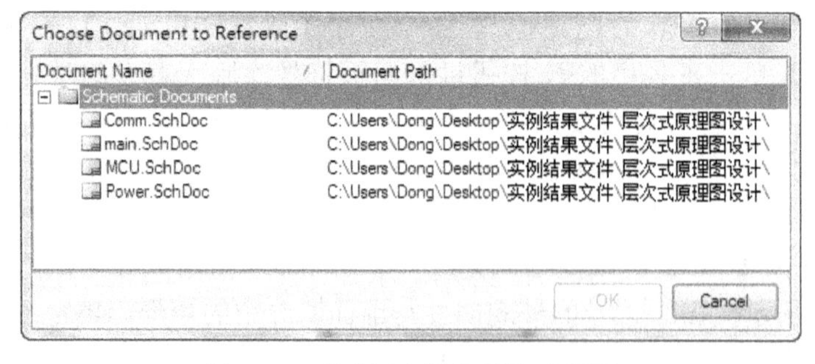

图 4-39　【引用文档选择】对话框

（2）放置图纸入口及其属性设置

图纸符号之间的电气连接通过图纸入口来完成，图纸入口是以图纸符号为载体的，因此，只有在绘制好图纸符号之后才能在图纸符号的上面放置图纸入口。

执行菜单栏的【放置（Place）】→【添加图纸入口（Add Sheet Entry）】命令或是单击工具栏的按钮进入图纸入口放置状态，此时，光标会变成十字状并附带着一个图纸入口符号，如图 4-40（a）所示，此时，图纸符号呈暗灰色显示是因为图纸入口处于图纸符号之外，还没有进入其作用区域。当光标移至图纸符号之内后，图纸符号会自动黏附到图纸符号的四壁，选择合适的位置，单击鼠标左键固定图纸入口符号。

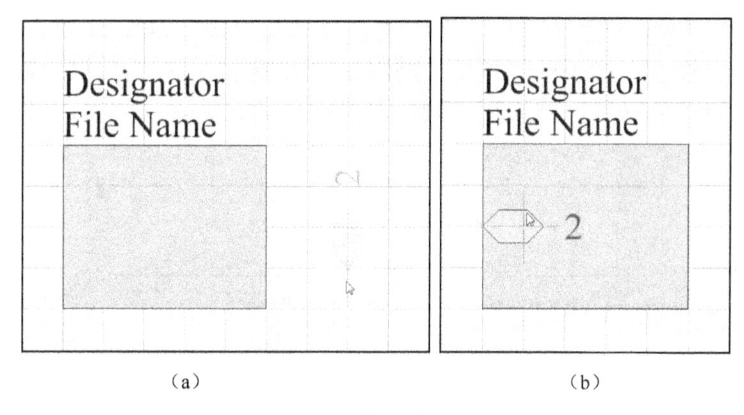

（a）　　（b）

图 4-40　放置图纸入口

在图纸入口的放置过程中按下【Tab】键或是双击放置好的图纸入口进行图纸入口的属性设置，如图 4-41 所示，下面对图纸入口的主要属性设置进行详细介绍。

- 【边（Side）】：即图纸入口符号所在的位置，可以选择为【Left】靠左、【Right】靠右、【Top】靠上和【Bottom】靠下。
- 【类型（Style）】样式：该选项用来设置图纸入口处在不同位置时箭头方向。
- 【种类（Kind）】：Altium Designator 提供了四种箭头的种类，【Block&Triangle】方块加三角形、【Triangle】三角形、【Arrow】箭头状、【Arrow Tail】带箭尾的箭头。四种样式分别如图 4-42 所示。

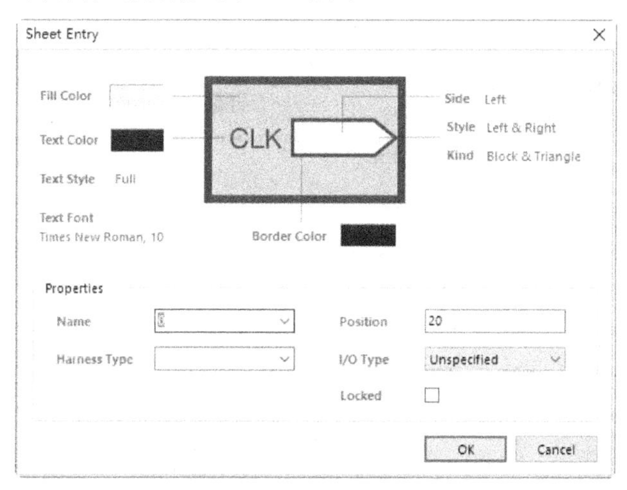

图 4-41　图纸入口属性设置

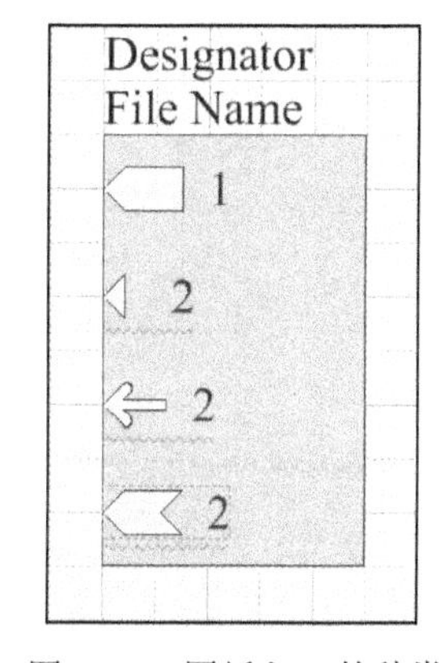

图 4-42　图纸入口的种类

- 【名称（Name）】：这里的名称即为图纸入口的网络名。

● 【I/O 类型（I/O Type）】：该类型即为内层电路的信号流向，可以设置为【Unspecified】未定义的、【Output】输出、【Input】输入，以及【Bidirectional】双向的。需注意的是，该项属性的设置不当会影响到原理图编译的结果。

（3）放置端口及其属性设置

与图纸入口相对应的就是端口，图纸入口只是图纸符号与外部电路的接口，图纸符号要与其对应的电路原理图产生联系就必须通过“Port”端口。

执行【放置（Place）】→【端口（Port）】命令或是单击工具栏的按钮进入电路原理图端口放置状态，此时，十字形的光标上黏附了一个端口符号，移到合适的位置后单击鼠标左键确认端口的一个端点，然后拖动鼠标改变端口的长度，再次单击鼠标左键就能完成端口的绘制。

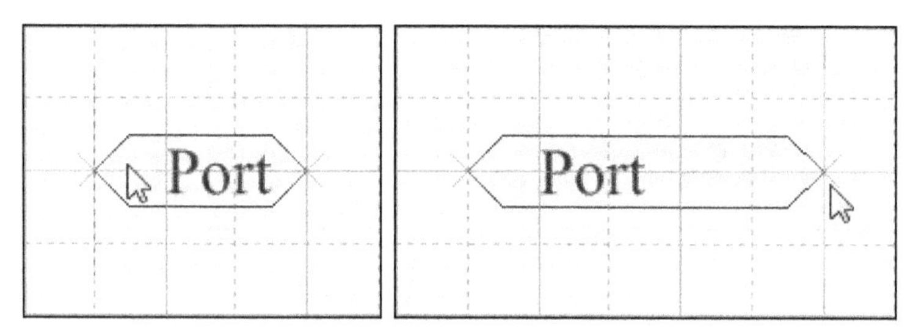

图 4-43　端口的绘制

绘制过程中按下【Tab】键或是双击放置完成的端口，弹出如图 4-44 所示的端口属性设置对话框，端口属性设置有【绘图的（Graphical）】图形和【参数（Parameters）】参数设置两个选项卡，大部分参数和前面所介绍的其他图件设置类似，在此仅介绍几个重要的属性。

● 【队列（Alignment）】对齐方式：设置端口里面文字的对齐方式，可以设置为“Center”居中、“Left”居左、“Right”居右对齐，如图 4-45 所示。

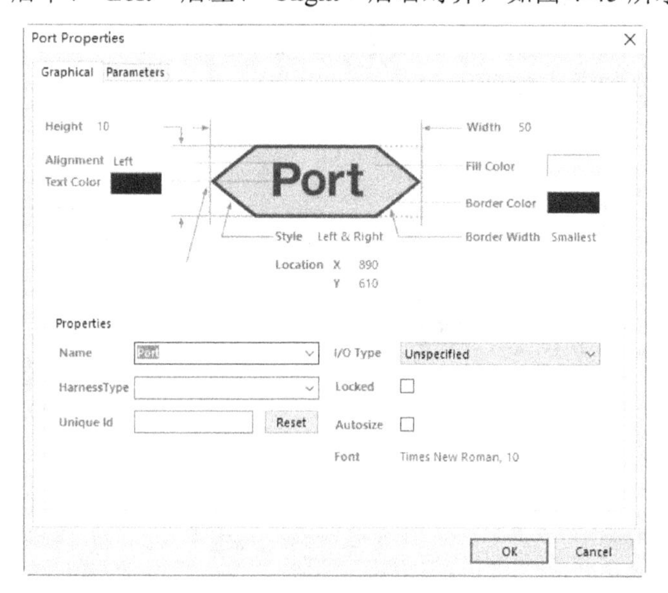

图 4-44　端口参数设置

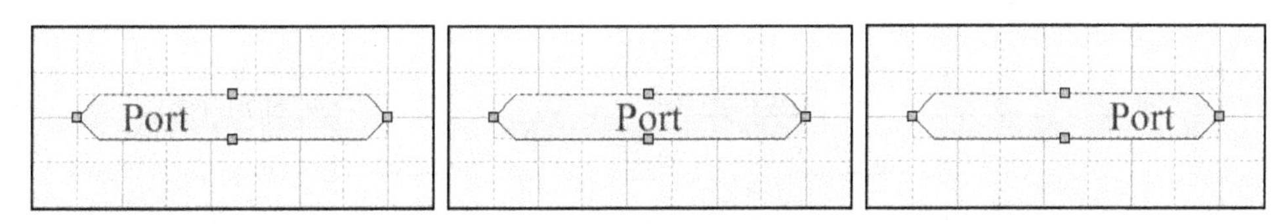

图 4-45　端口中文本的对齐方式

- 【类型（Style）】样式：样式与图纸入口的样式一样，用来设置端口箭头的方向。
- 【名称（Name）】：端口所连接的网络名，通常端口的名称与图纸入口的名称一致。
- 【I/O 类型（I/O Type）】：该类型描述了电路的信号流向，可以设置为【Unspecified】未定义的、【Output】输出、【Input】输入，以及【Bidirectional】双向的。

4.4.3　自上而下的电路原理图设计

上面介绍了层次式原理图中基本组成要素的绘制，接下来，以单片机控制的实时时钟显示系统为例，介绍两种绘制层次式原理图的方法。

根据层次式电路原理图绘制顺序的不同可以分为自上而下和自下而上两种设计方法。自上而下是指根据电路原理将电路划分为若干个组成模块，先在层次式母图中绘制出个模块的方框图，以及电气连线，然后由系统生成各方块图的实际电路图并绘制实际电路。

（1）绘制层次式电路母图

- 创建新的电路原理图工程，命名为“层次式电路图.PrjPCB”，并添加原理图文件“main.SchDoc”用来绘制层次式母图。
- 添加单片机系统功能模块：按照前面所介绍的方法绘制一个图纸符号，命名为“MCU”，并添加显示模块接口“Y5”、“Y6”、“Y7”、“AD[0…7]”和通信模块接口“T1IN”、“R1OUT”、“Bell”，端口的“I/O Style”请按照如图 4-46 所示的示例进行设置。
- 添加电源系统功能模块：绘制一个电源模块的图纸符号，命名为“Power”，该模块中不需要添加图纸入口，因为电源和地网络属于特殊网络，同一工程不同图纸中的电源和地在电气上是相连的，不需要另外用端口来连接。
- 添加显示系统功能模块：绘制一个显示模块的图纸符号，命名为“DSP”，并添加“Y5”、“Y6”、“Y7”和“AD [0…7]”四个图纸入口。
- 添加通信功能模块：绘制通信模块的图纸符号，命名为“Communicate”，并添加“T1IN”、“R1OUT”、“Bell”三个图纸入口。
- 电气连线：绘制导线连接各图纸符号相对应的端口，“AD[0…7]”之间采用总线连接。

绘制好的层次式电路母图如图 4-46 所示。

（2）绘制层次式电路子图

- 由图纸符号生成原理图：执行【设计（Design)】菜单的【产生图纸（Create Sheet From Sheet Symbol)】命令，光标变成十字状，将光标移至名称为“DSP”的图纸符号上单击确认，系统会自动建立一个“DSP.SchDoc”的原理图文件，并且会生成与图纸入口相对应的端口，如图 4-47 所示。

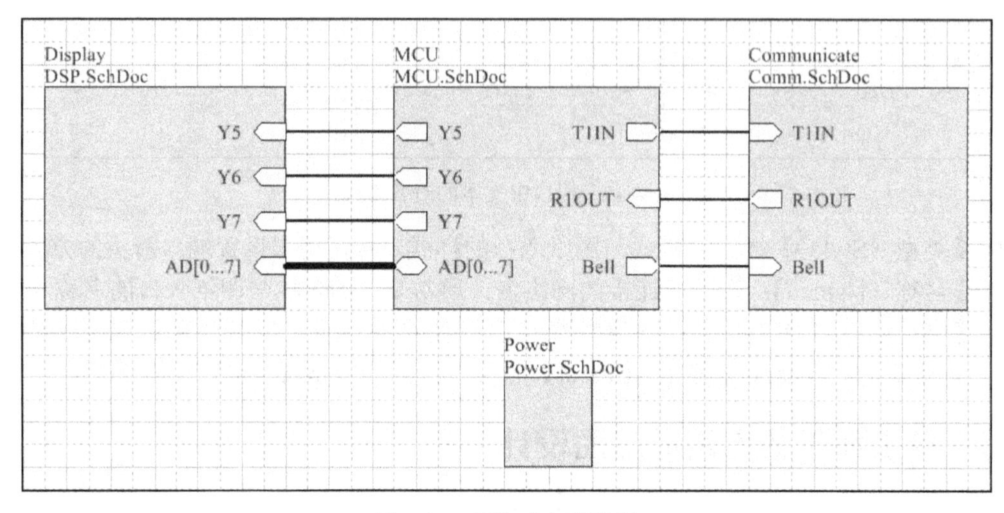

图 4-46　层次式电路母图

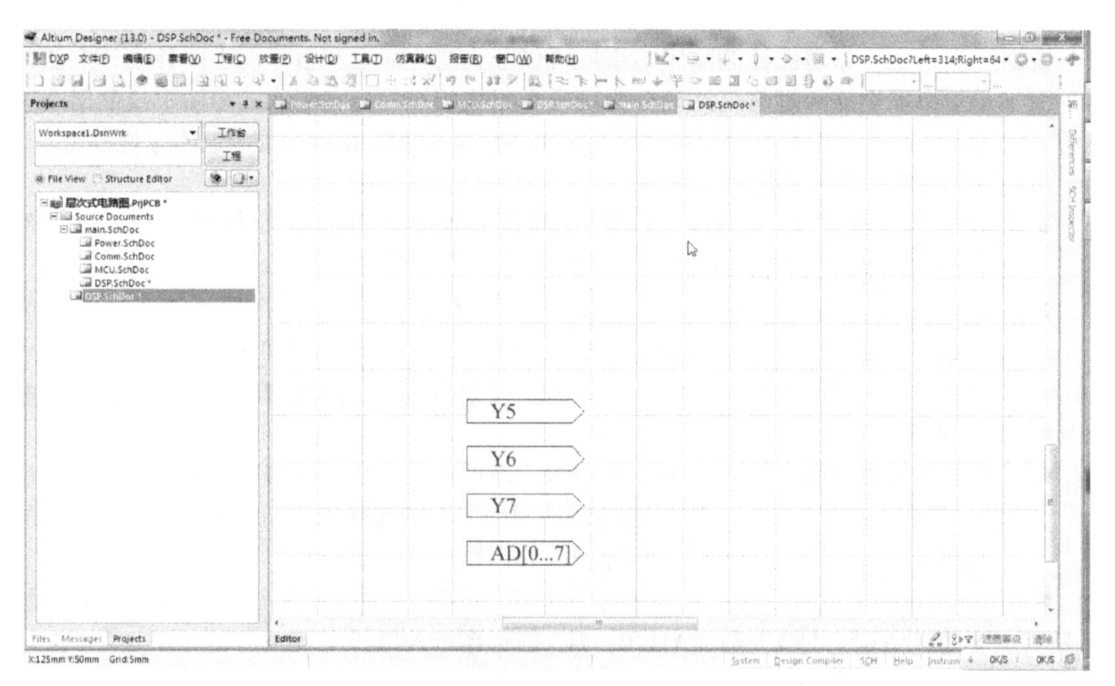

图 4-47　由图纸符号生成原理图

- 绘制显示电路子图：将前面所绘制的单片机控制实时时钟显示系统的数码管显示部分复制到原理图中来，并调整端口的位置，使原理图布局合理，如图 4-48 所示。
- 绘制其他部分的层次式电路子图：单片机系统部分、通信部分和电源部分的层次式子图可参考如图 4-49 所示。
- 编译层次式电路原理图：执行【工程（Project）】菜单的【Compile PCB Project 层次式电路图.PrjPCB】编译工程，编译成功后【Project】面板中的文件会以层次式结构显示，如图 4-50 所示。

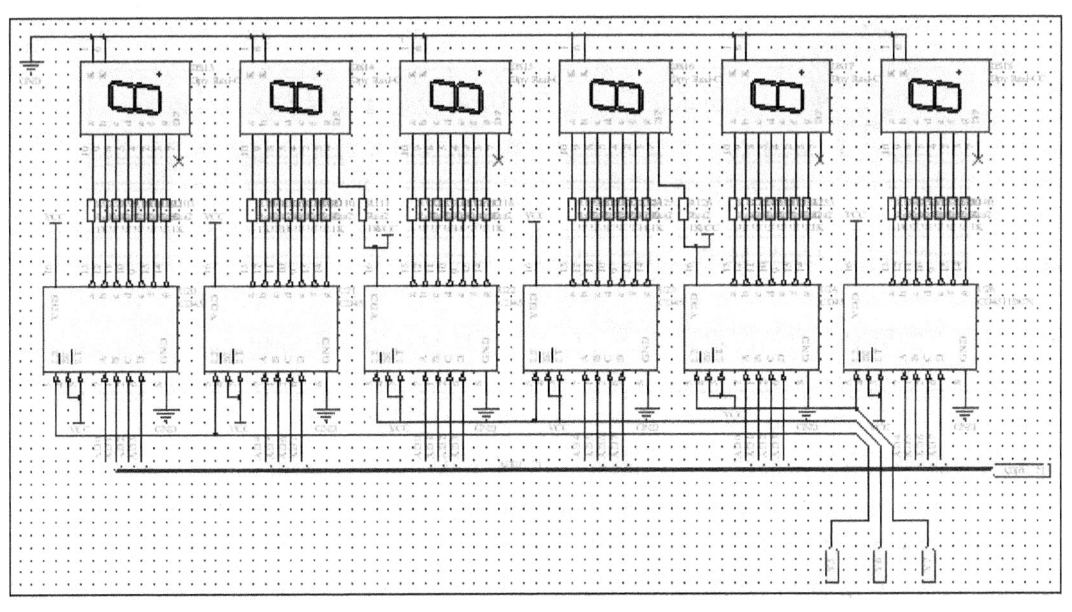

图 4-48　显示部分的层次式电路子图

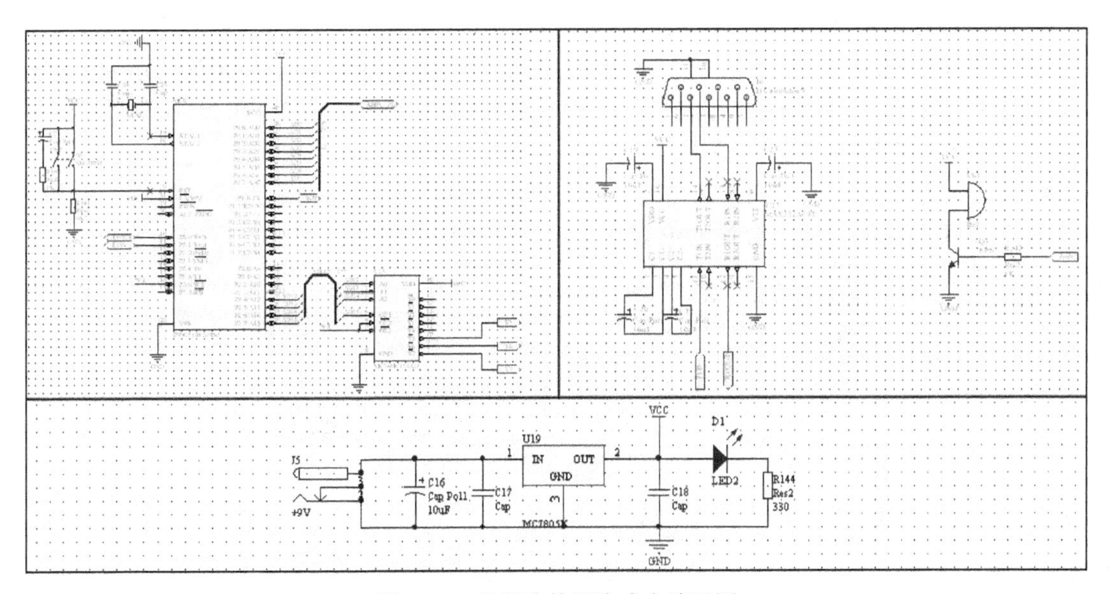

图 4-49　各部分的层次式电路子图

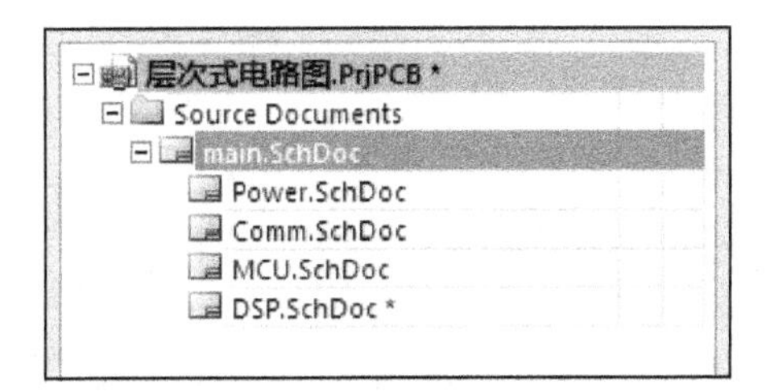

图 4-50　原理图文件的层次式显示

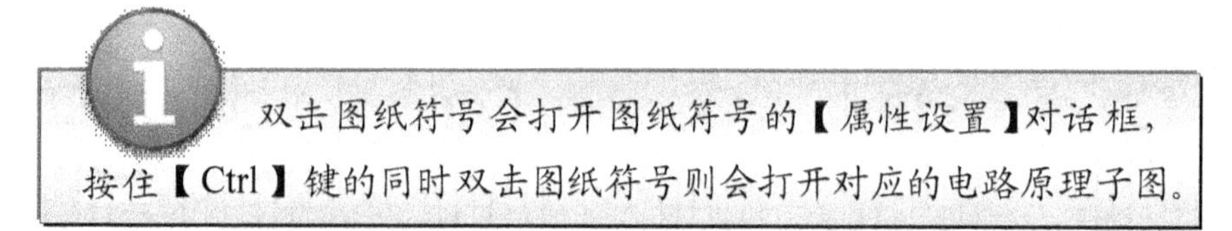
双击图纸符号会打开图纸符号的【属性设置】对话框，按住【Ctrl】键的同时双击图纸符号则会打开对应的电路原理子图。

4.4.4 自下而上的电路原理图设计

自下而上的层次式原理图设计方法与自上而下的设计方法刚好相反，在自下而上的原理图设计中，首先设计好各部分的电路原理子图，然后再由子图来生成层次式原理图母图。采用自下而上的方法重新设计单片机控制的实时时钟显示系统。

- 新建一个工程文件，命名为“自下而上.PrjPCB”并保存。
- 将上例所绘制的层次式原理图各子图复制到与“自下而上.PrjPCB”工程相同的文件夹，并添加到工程中。
- 新建一个层次式电路图母图，不用添加其他元件和图纸符号，命名为“main.SchDoc”并保存。
- 在电路图母图中，执行【设计（Design）】菜单的【HDL 文件或图纸生成图表符（Create Sheet from Symbol or HDL）】命令，弹出如图 4-51 所示的【引用文档选择】对话框，对话框中列出了工程中所有可以用来创建子图的电路原理图，选中“Comm.SchDoc”文档确认。
- 此时，光标变成十字状并黏附一个图纸符号，图纸符号的图纸入口与原理图中的端口是相对应的，移至合适的位置后单击鼠标确认，并修改图纸入口的位置和图纸符号的大小，如图 4-52 所示。

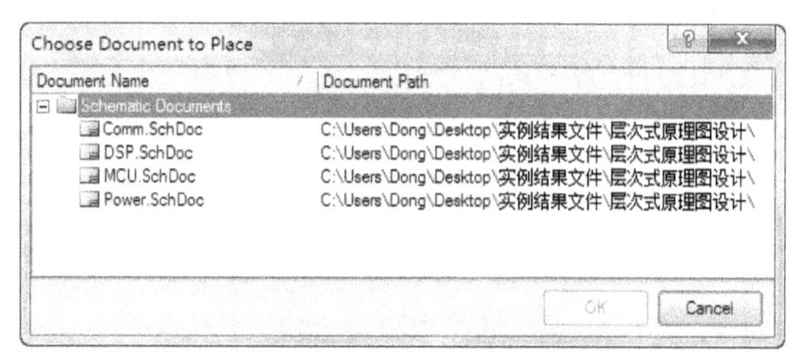

图 4-51 【引用文档选择】对话框

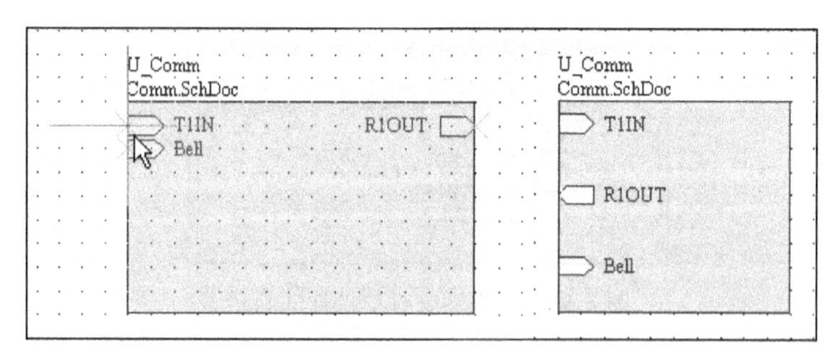

图 4-52 系统自动生成的图纸符号

- 给其他的功能电路模块创建图纸符号，并电气连线，绘制好的层次式电路母图与 4-46 相同。
- 编译工程，编译后工程面板中的原理图文件由原先的并列显示变为层次式显示状态，如图 4-53 所示。

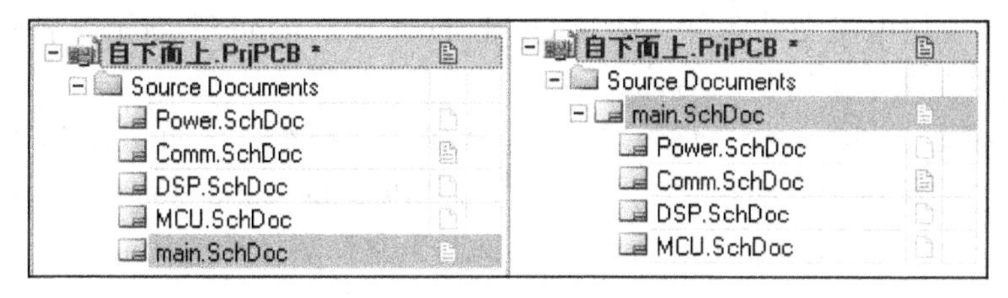

图 4-53　编译前后的文档结构

4.4.5 层次结构设置

层次式原理图设计最大的优点就是结构清晰，但是电路设计中往往会改变电路的结构，Altium Design 提供了设置电路原理图层次结构的工具。

（1）端口与图纸入口之间的同步

无论采用自上而下还是自下而上的方式设计电路原理图，只要是由系统自动生成端口或图纸入口，端口与图纸入口的 I/O 类型总是同步的。但是在图纸编辑过程中也可能出现图纸入口与相对应端口 I/O 类型不一样的情况。执行【设计（Design)】菜单的【同步图纸入口和端口（Synchronizing Sheet Entries and Ports)】命令，弹出如图 4-54 所示的端口与图纸入口同步菜单。图中左侧列出了所有不相符的端口与图纸入口，右侧则列出了相符的端口与图纸入口，选择相应的端口或图纸入口后单击下面的命令按钮进行编辑。

图 4-54　端口与图纸入口的同步

（2）重命名层次式原理图中的子图

在设计中可能要对原理图子图的名称进行修改。执行【设计（Design)】菜单的【子图重新命名（Rename Child Sheet)】命令，弹出如图 4-55 所示的【子图重命名】对话框。各属性的具体意义如下。

➢ 【新建子方块电路文件名称（New child sheet file name)】新子图名称：在此填入层次式原理图子图的新的名称。
➢ 【重命名模式（Rename Mode)】：在此提供了三种重命名的模式。【在当前工程中命名子文档和更新全部相关方块电路符号（Rename child document and update all relevant sheet symbols in the current project)】重命名子图并更新这个项目中所有关联到的图纸符号；【生命名子文档并在当前工作台内更新全部相关方块电路符号（Rename child document and update all relevant sheet symbols in the current workspace)】重命名子图并更新这个工作区中所有关联到的图纸符号；【复制子文档以及仅更新当前方块电路符号（Copy the child document and only update the current sheet symbol)】复制子图并更新当前的图纸符号。
➢ 【重命名后编译工程（Compile Project(s) after rename)】重命名后编译工程。

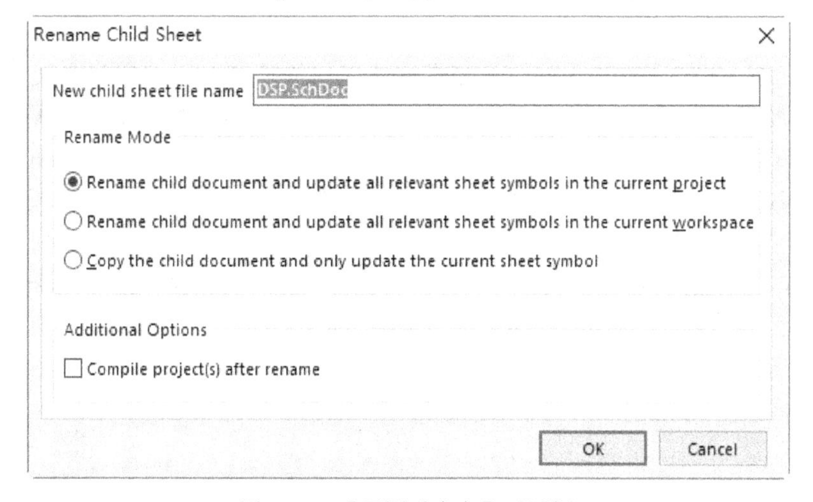

图 4-55　【子图重命名】对话框

4.4.6　层次原理图之间的切换

层次式原理图结构清晰明了，相比于简单的多电路原理图设计来说更容易从整体上把握系统的功能。前面已经提到过，在按住【Ctrl】键的同时双击图纸符号就可以打开图纸符号所关联的电路原理图文件，还有更简单的预览图纸符号所对应的原理图的方法，就是将光标停留在图纸符号上一小段时间，系统会自动弹出图纸符号所对应的电路预览原理图，如图 4-56 所示。

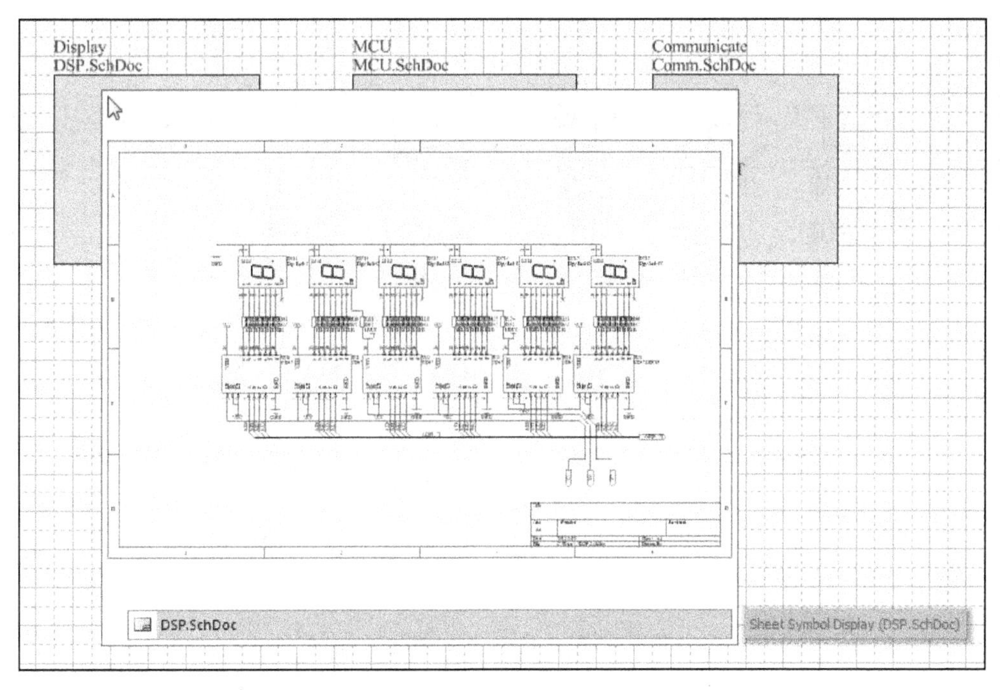

图 4-56　层次式子图预览原理图

Altium Design 提供的【上/下层次（Up/Down Hierarchy)】层次间查找命令则功能更为强大，可以更方便的查看电路原理图的结构和原理图之间信号的流向。

在层次式原理图母图中执行【工具（Tool)】→【上/下层次（Up/Down Hierarchy)】命令或是单击工具栏的按钮进入层次间查找状态，此时光标会变成十字状，在需要查看的图纸符号上单击鼠标左键，则系统会自动打开相应的电路原理图，如图 4-57 与图 4-58 所示，打开的电路原理子图将铺满显示编辑区。

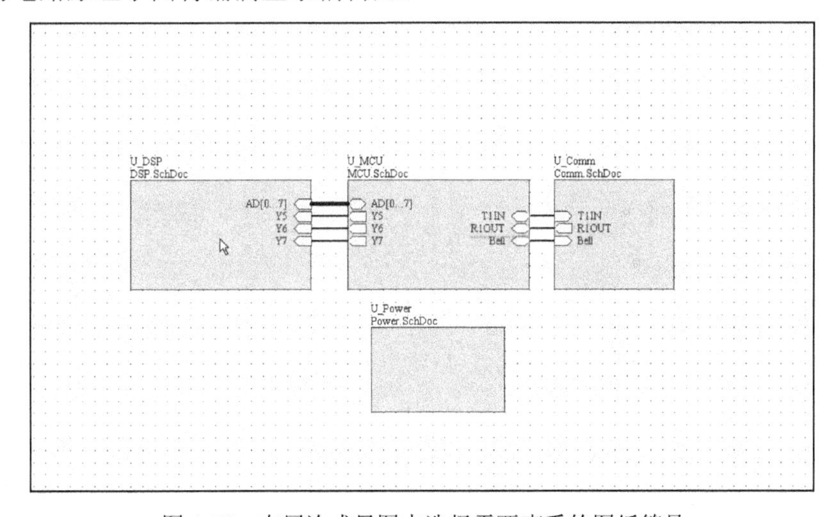

图 4-57　在层次式母图中选择需要查看的图纸符号

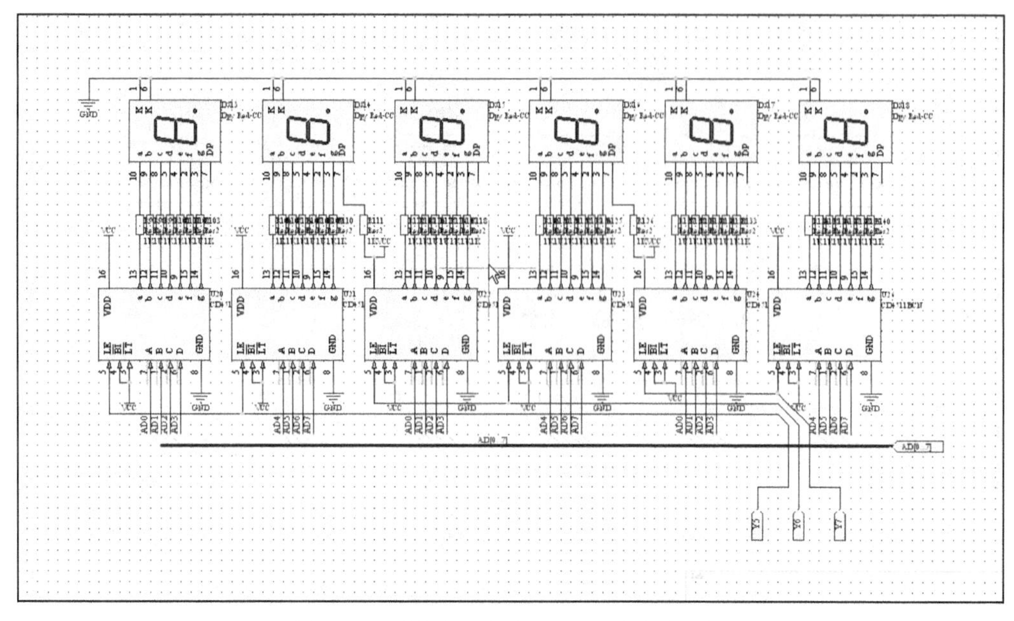

图 4-58　系统自动转入相应的层次式子图

使用【上/下层次（Up/Down Hierarchy）】命令还可以追踪原理图中信号的走向。例如，要追踪显示功能模块中“AD[0…7]”总线信号的走向，则选择【上/下层次（Up/Down Hierarchy）】命令后将光标移至 U_DSP 模块的“AD[0…7]”图纸入口上单击，系统会弹出如图 4-59 所示的原理子图，此时，“AD[0…7]”端口是呈放大高亮显示的。再次单击“AD[0…7]”端口则界面会回到层次式母图中，并将 U_DSP 模块的“AD[0…7]”图纸入口高亮显示。顺着层次式母图中“AD[0…7]”的母线连接继续进入 U_MCU 模块中查看信号的走向，非常方便。

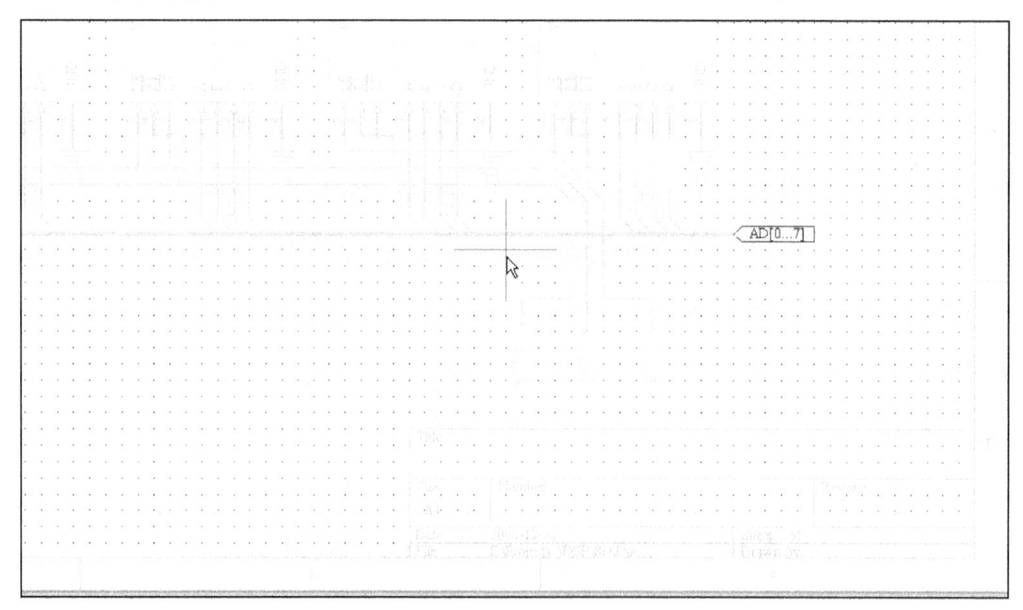

图 4- 59　子图中的对应端口高亮显示

4.5 编译与查错

在电路原理图设计完毕后需要对原理图进行检查，Altium Designer 用编译这一功能代替了原先版本中的 ERC（电气规则检查），同时，Altium Designer 还提供了在线电气规则检查功能，即在绘制原理图的过程中提示设计者可能出现的错误。

4.5.1 错误报告设定

在编译工程前首先要对电气检查规则进行设定，以确定系统对各种违反规则的情况做出何种反应，以及编译完成后系统输出的报告类型。

执行菜单命令【工程（Project）】→【工程参数（Project Options）】命令，弹出如图 4-60 所示的工程选项设置对话框，在这里可以对【Error Reporting】电气检查规则、【Connection Matrix】连接矩阵，以及【Default Prints】默认输出等常见的项目进行设置。

系统默认打开的是错误报告设定选项卡，提供了以下几大类的电气规则检查。

- 【Violations Associated with Buses】总线相关的电气规则检查。
- 【Violations Associated with Code Symbols】代码符号相关的电气规则检查。
- 【Violations Associated with Components】元件相关的电气规则检查。
- 【Violations Associated with Configuration Constraints】配置相关的电气规则检查。
- 【Violations Associated with Document】文件相关的电气规则检。
- 【Violations Associated with Harness】线束相关的电气规则检查。
- 【Violations Associated with Nets】网络相关的电气规则检查。
- 【Violations Associated with Others】其他电气规则检查。
- 【Violations Associated with Parameters】参数相关的电气规则检查。

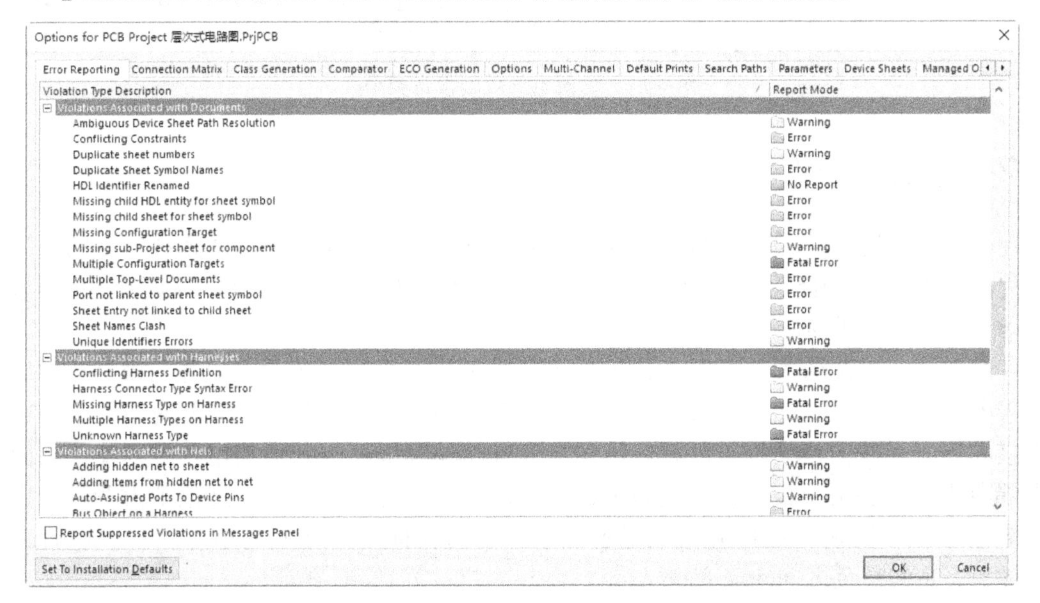

图 4-60 工程选项设置对话框

可以对每一类电气规则中的某个规则的报告类型进行设定，如图 4-61 所示，在需要修改的电气规则上鼠标右键单击，弹出规则设置选项菜单，各选项的意义如下。

- 【所有的关闭（All Off)】：即关闭所有电气规则检查的条款。
- 【所有警告（All Warning)】：所有违反规则的情况均设为警告。
- 【所有错误（All Error)】：所有违反规则的情况均设为错误。
- 【所有致命错误（All Fatal)】：所有违反规则的情况均设为严重错误。
- 【选择的关闭（Selected Off)】：关闭选中的电气规则检查条款。
- 【被选警告（Selected To Warning)】：违反选中条款的情况提示为警告。
- 【被选错误（Selected To Error)】：违反选中条款的情况提示为错误。
- 【被选致命（Selected To Fatal)】选中严重警告：违反选中条款的情况提示为严重警告。
- 【默认（Default)】：关闭选中条款的电气规则检查。

也可以单击某条电气检查规则右边的【报告格式（Report Mode)】区域，弹出报告类型设置下拉菜单，其中绿色为不产生错误报告；黄色为警告提示；橘黄色为错误提示；红色则为严重错误提示。

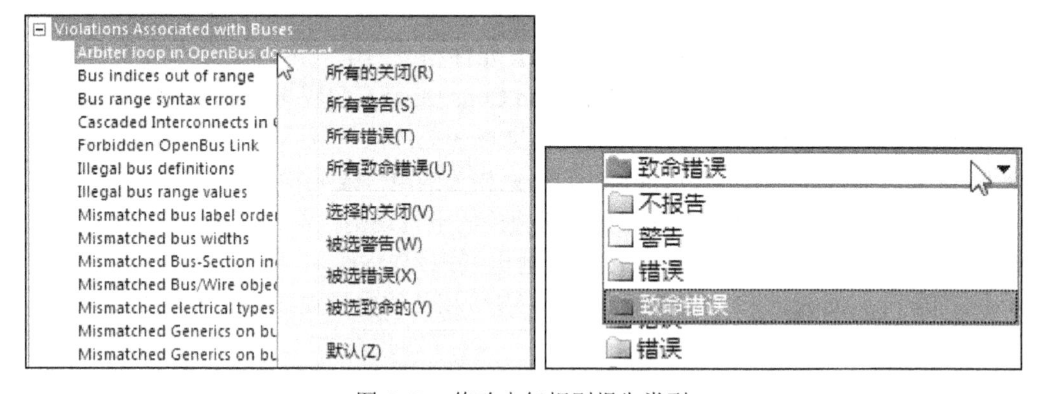

图 4-61　修改电气规则报告类型

4.5.2　连接矩阵设定

连接矩阵是用来设置不同类型的引脚、输入/输出端口间电气连接时系统给出的错误报告种类。在【工程选项设置】对话框中单击【Connection Matrix】标签进入【连接矩阵设置】选项卡，如图 4-62 所示。

各种引脚，以及输入/输出端口之间的连接关系用一个矩形表示，矩阵的横坐标和纵坐标代表着不同类型的引脚和输入/输出端口，两者交点处的小方块则代表其对应的引脚或端口直接相连时系统的错误报告内容。错误报告有四种等级，与其他的电气规则检查相同：其中绿色为不产生错误报告；黄色为警告提示；橘黄色为错误提示；红色则为严重错误提示。要想改变不同端口连接的错误提示等级只需用鼠标单击相应的小方块，颜色就会在红、橘黄、黄和绿色之间轮流变换。

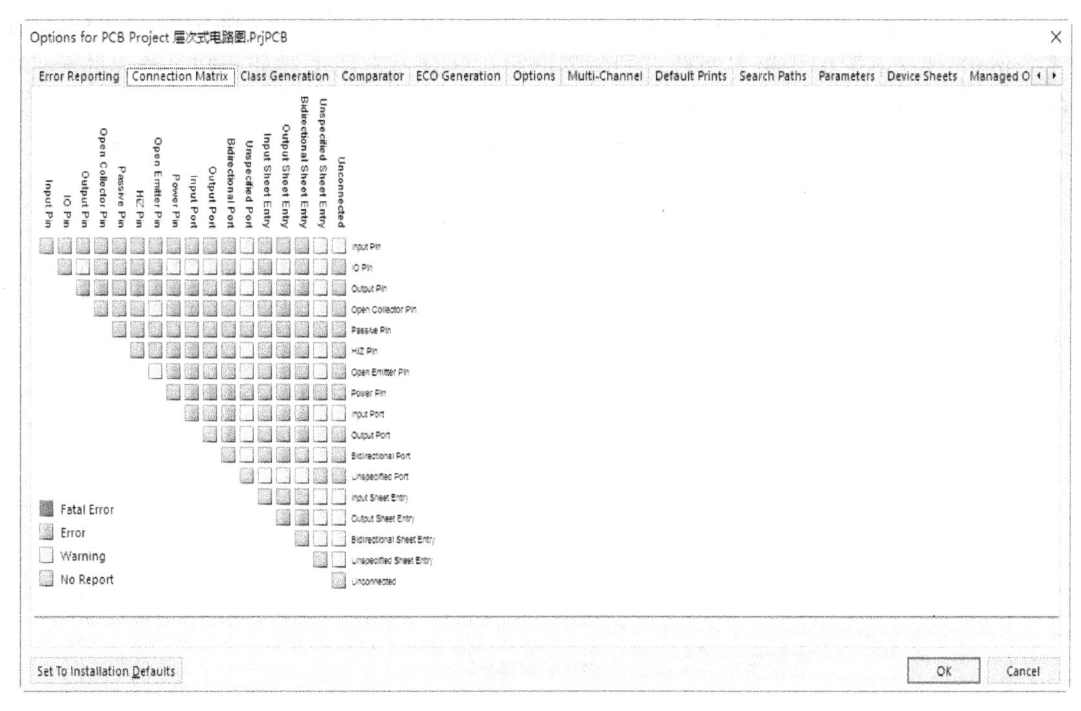

图 4-62　连接矩阵提示

4.5.3　编译工程

电气规则编辑完成后就可以按照自己的要求对原理图或工程进行编译，执行菜单命令【工程（Project）】→【Compile PCB Project MCU51.PrjPCB】对整个工程中所有的文件进行编译，或是执行【Project】→【Compile Document MCU51.PrjPCB】仅仅对选中的原理图文件进行编译。编译完毕后，若电路原理存在错误，系统将会在【Messages】面板中提示相关的错误信息，如图 4-63 所示，【Messages】面板中分别列出了编译错误所在的原理图文件、出错原因，以及错误的等级。

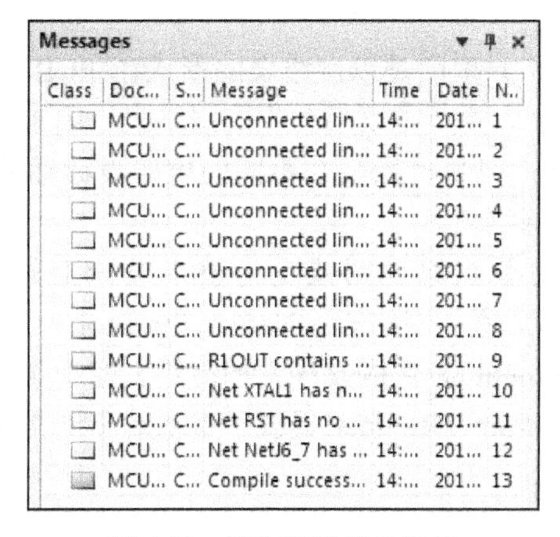

图 4-63　编译错误信息提示

若要查看错误的详细信息可在【Messages】面板中双击错误提示，弹出如图 4-64 所示的【Compile Errors】编译错误面板，同时界面将跳转到原理图出错处，产生错误的元件或连线高亮显示，便于设计者修正错误。

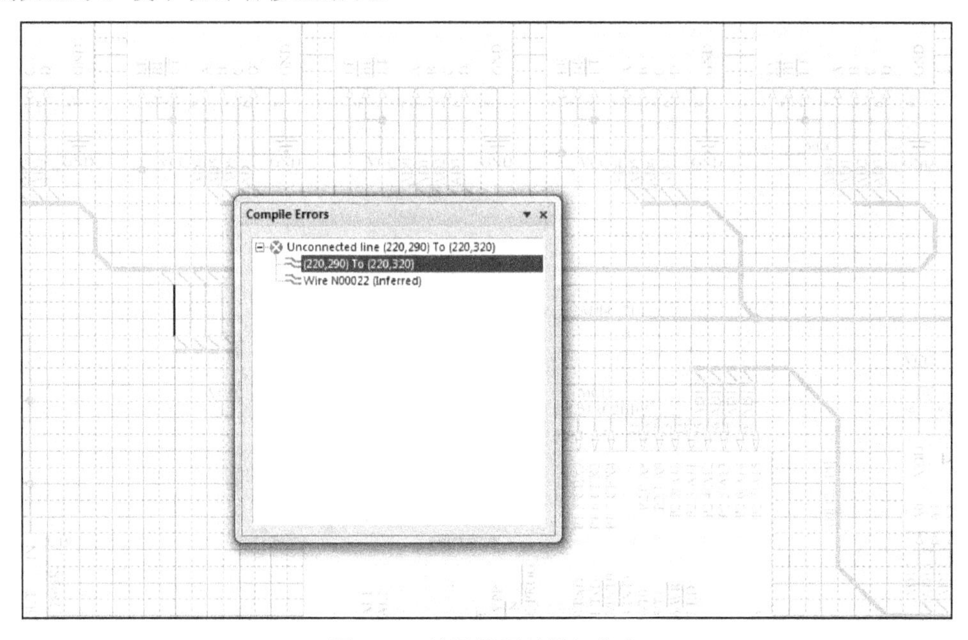

图 4-64　编译错误的详细信息

4.6　生成各种报表

为了方便原理图的设计、查看，以及在不同的电路设计软件之间的兼容，Altium Designer 提供了强大的报表生成功能，能够方便的生成网络表、元件清单，以及工程结构等报表，通过这些报表设计者可以清晰的了解到整个工程的详细信息。

4.6.1　生成网络表

在电路设计过程中，电路原理图是以网络表的形式在 PCB 及仿真电路之间传递电路信息的，在 Altium Designer 中，并不需要手动生成网络表，因为系统会自动生成了网络表在各编辑环境中传递电路信息。但是，当要在不同的电路设计辅助软件之间传递数据时就需要设计者首先生成原理图的网络表。

Altium Designer 可以为单张原理图或是为整个设计工程生成网络表，选择【设计（Design)】菜单，下面有【工程的网络表（Netlist for Project)】生成工程网络表和【文件的网络表（Netlist For Document)】生成设计文档网络表两个子菜单，两者提供的网络表类型相同，如图 4-65 所示，Altium Designer 提供了丰富的不同格式的网络表，可以在不同的设计软件之间进行交互设计。

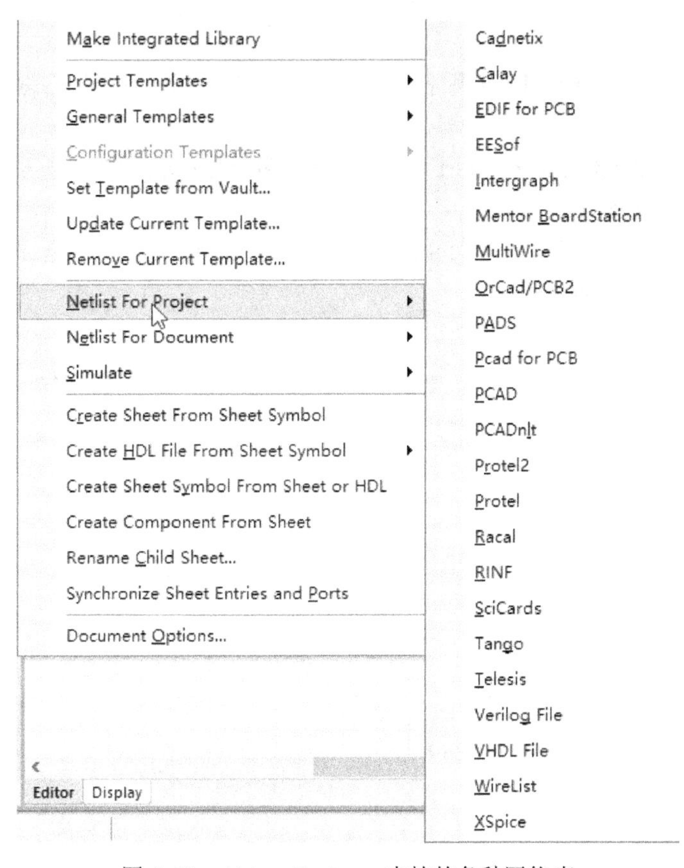

图 4-65 Altium Designer 支持的各种网络表

1．设置网络报表选项

执行菜单命令【工程（Project）】→【工程参数（Project Options）】，在弹出的【工程选项设置】对话框中选择【Options】选项，如图 4-66 所示。下面来分别介绍网络表设置的相关内容。

- 【输出路径（Output Path）】：设置生成报表的输出路径，系统默认路径为当前工程所在的文件夹中创建一个“Project Outputs for **”的文件夹。
- 【ECO 日志路径（ECO Log Path）】：设置检查电气更改命令输出路径。
- 【网络表选项（Netlist Options）】：该选项区域用来设置创建网络报表的条件。

➢【允许端口命名网络（Allow Ports to Name Nets）】：允许系统产生的网络名代替与电路输入/输出端口相关的网络名。

➢【允许方块电路入口命名网络（Allow Sheet Entries to Name Nets）】：允许用系统产生的网络名代替与图纸入口相关联的网络名。

➢【附加方块电路数目到本地网络（Append Sheet Numbers to Local Nets）】：产生网络表时，系统自动把图纸编号添加到各网络名称中，用以识别网络所在的图纸。

- 【网络识别符范围（Net Identifier Scope）】：该选项区域用来指定网络标号的范围，单击右边的下拉菜单有如下四个选项。

➢【Automation(Based on Project contents)】：系统自动在当前工程项目中判别网络

标示。

- 【Flat(Only ports global)】：工程各个图纸之间直接使用全局输入/输出端口来建立连接关系。
- 【Hierarchical(Sheet entry<->port Connections)】：通过原理图符号入口和原理图子图中的端口来建立连接关系。
- 【Global(NetLabels and Ports global)】：工程中各个文档之间用全局的网络标号和输入/输出端口来建立连接关系。

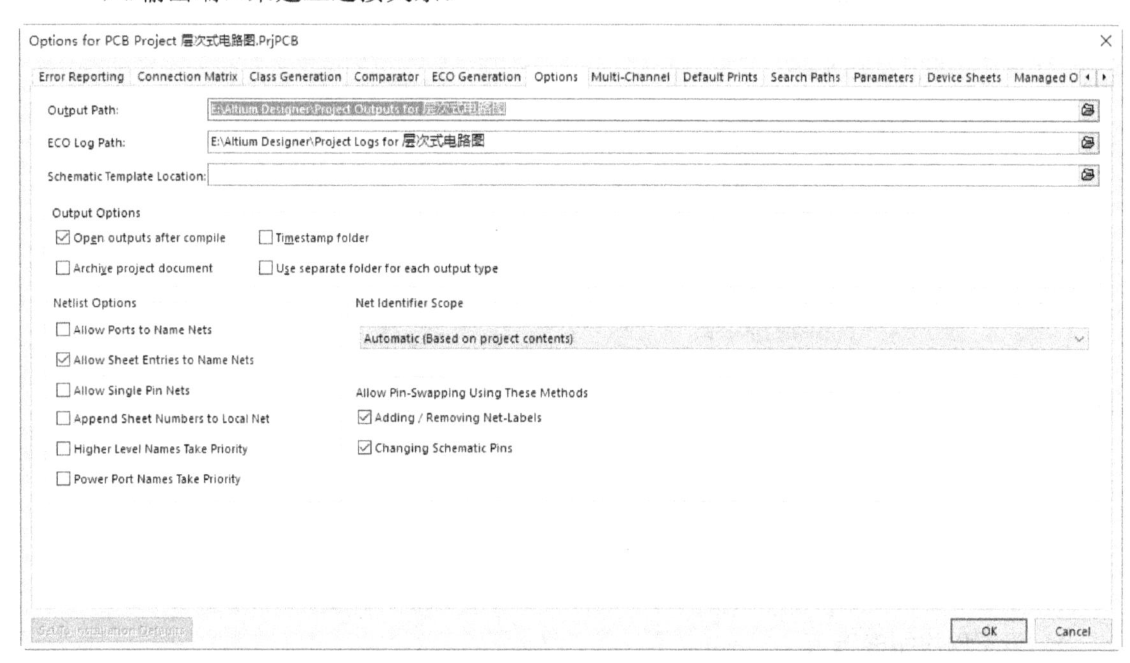

图 4-66　网络表设置

2. 生成网络表

打开附带的“MCU51.SchDoc”原理图文件，执行菜单命令【设计（Design）】→【文件的网络表（Netlist For Document）】→【Protel】，系统会生成当前文档的网络表，并在【Project】面板的工程菜单中生成【Generated】→【Netlist Files】→【MCU52.NET】层次式目录，如图 4-67 所示。

从生成的网络表内容可知，网络表由两部分组成，元件的声明和电气网络的定义。两者分别用不同的符号表示，其中，“[]”之间定义的是电气元件，“()”之间定义的则是电气网络。下面对网络报表的规则进行简单的介绍。

```
[                                   //元件声明开始
Y3                                  //元件的标号（Designator）
R38                                 //元件的PCB封装（FootPrint）
XTAL                                //元件的标注（Comment）
]                                   //元件声明结束
(                                   //电气网络声明开始
```

```
XTAL2                          //网络名称
C24-1                          //标号C24的元件第1脚与网络相连
MCU-18                         //标号MCU的元件第18脚与网络相连
Y3-2                           //标号Y3的元件第2脚与网络相连
)                              //电气网络声明结束
```

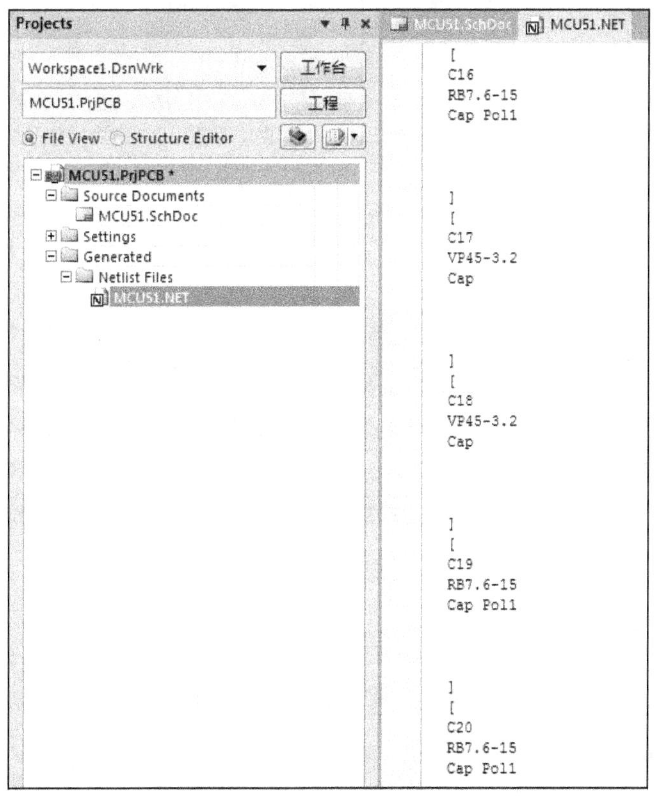

图 4-67　生成网络报表

3. 比较网络报表

在 Altium Designer 中可以对两个不同的原理图网络表进行对比，执行菜单命令【工程（Project）】→【显示差异（Show Differences）】，弹出如图 4-68 所示的【选择文档比较】对话框，该对话框中列出了本工程项目中所以可以参与比较的网络表文件。选中下面的【高级模式（Advanced Modes）】复选框，对话框扩展成如图 4-69 所示，分割成两个区域，里面的内容相同，在亮区域内分别选择需要参与比较的网络表，单击下面的【OK】按钮确认。

比较的结果如图 4-70 所示，列出了两个网络表之间所有不相同的元件、网络，以及描述信息等。单击该对话框中的【报告差异（Report Differences）】按钮，比较的结果将以 PDF 文档的格式显示出来，将其保存或打印，如图 4-71 所示。

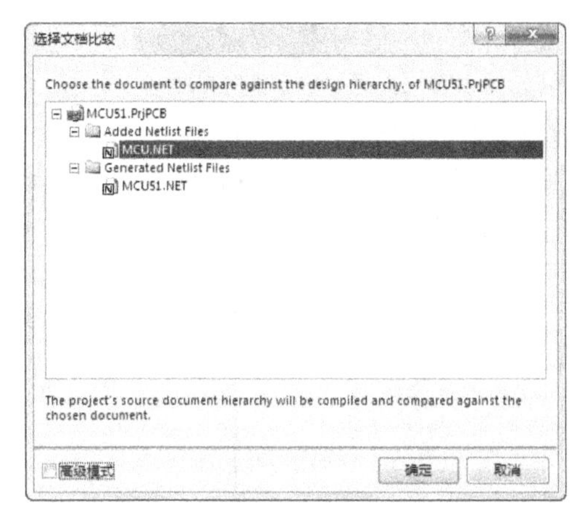

图 4-68 【选择文档比较】对话框

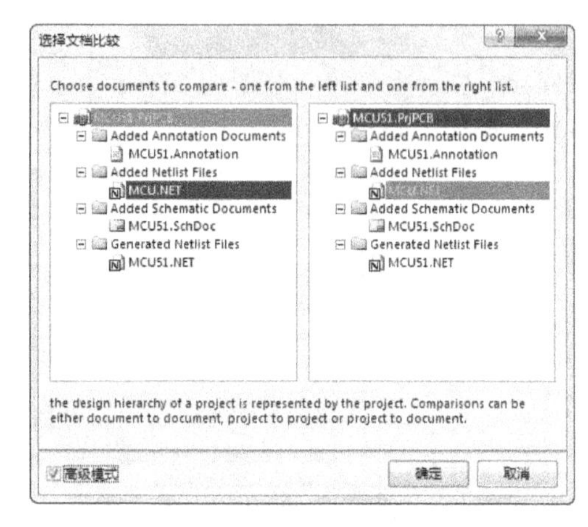

图 4-69 选择需要比较的网络表

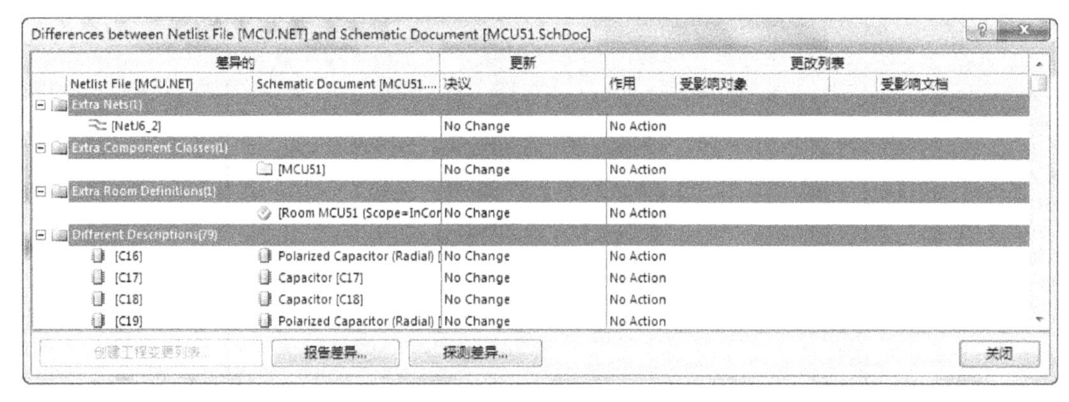

图 4-70 【比较结果】对话框

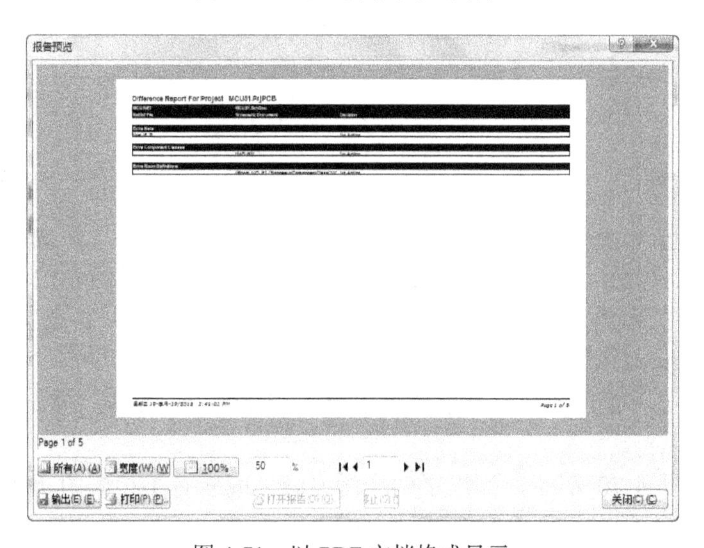

图 4-71 以 PDF 文档格式显示

在如图 4-70 所示的比较结果对话框中选择【探测差异（Explore Differences）】按钮，弹出如图 4-72 所示的【Differences】面板，面板中列出了两个网络表所有不同之处，可以双击各差异项跳转到网络表中具体的位置。

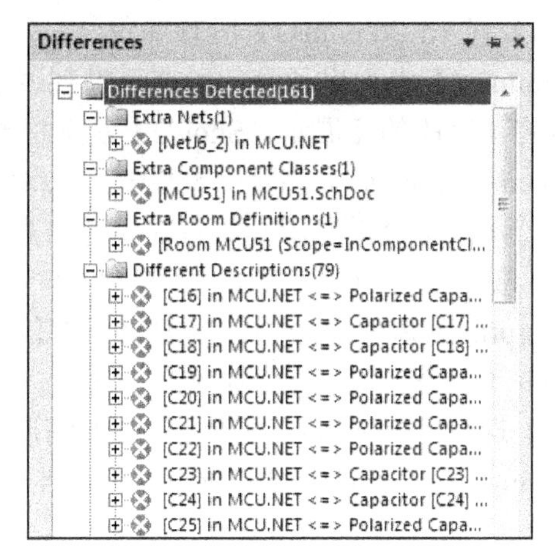

图 4-72　比较结果的详细信息

4.6.2　生成元件表

Altium Designer 可以很方便的生成元件报表（Bill of Materials），即电路原理图中所有元件的详细信息列表，执行菜单命令【报告（Reports）】→【Bill of Materials】，弹出如图 4-73 所示的【工程元件列表】对话框，下面分别对对话框的操作进行详细介绍。

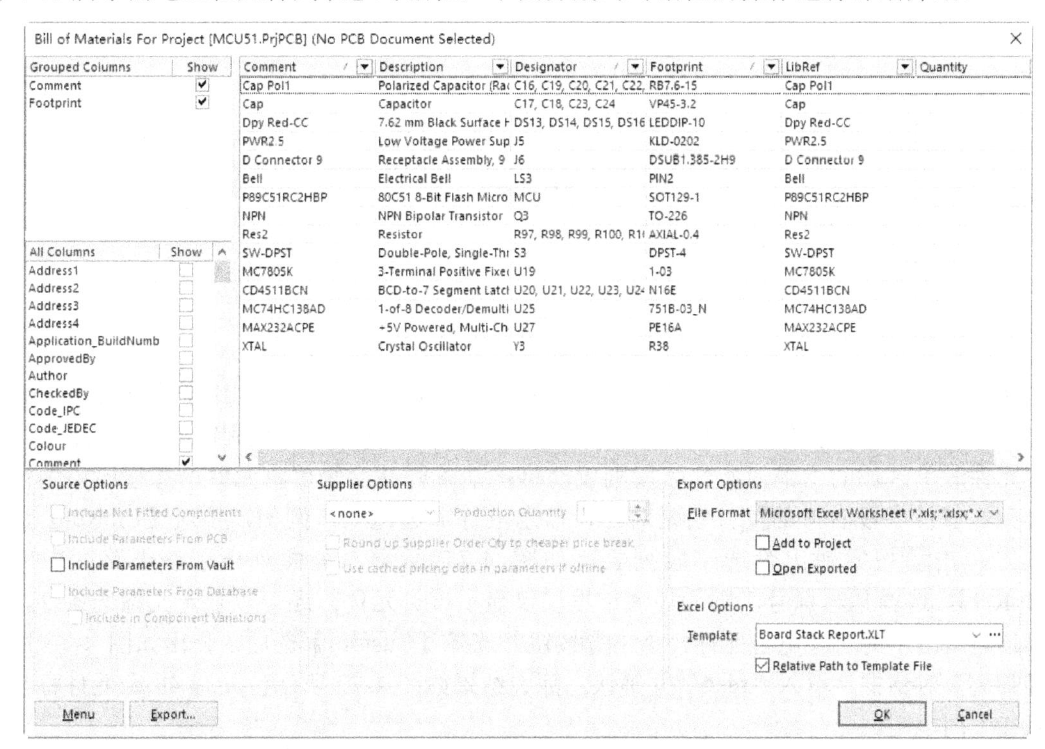

Comment	Description	Designator	Footprint	LibRef	Quantity
Cap Pol1	Polarized Capacitor (Ra	C16, C19, C20, C21, C22,	RB7.6-15	Cap Pol1	
Cap	Capacitor	C17, C18, C23, C24	VP45-3.2	Cap	
Dpy Red-CC	7.62 mm Black Surface I	DS13, DS14, DS15, DS16	LEDDIP-10	Dpy Red-CC	
PWR2.5	Low Voltage Power Sup	J5	KLD-0202	PWR2.5	
D Connector 9	Receptacle Assembly, 9	J6	DSUB1.385-2H9	D Connector 9	
Bell	Electrical Bell	LS3	PIN2	Bell	
P89C51RC2HBP	80C51 8-Bit Flash Micro	MCU	SOT129-1	P89C51RC2HBP	
NPN	NPN Bipolar Transistor	Q3	TO-226	NPN	
Res2	Resistor	R97, R98, R99, R100, R1	AXIAL-0.4	Res2	
SW-DPST	Double-Pole, Single-Thi	S3	DPST-4	SW-DPST	
MC7805K	3-Terminal Positive Fixe	U19	1-03	MC7805K	
CD4511BCN	BCD-to-7 Segment Latc	U20, U21, U22, U23, U2	N16E	CD4511BCN	
MC74HC138AD	1-of-8 Decoder/Demulti	U25	751B-03_N	MC74HC138AD	
MAX232ACPE	+5V Powered, Multi-Ch	U27	PE16A	MAX232ACPE	
XTAL	Crystal Oscillator	Y3	R38	XTAL	

图 4-73　【工程元件列表】对话框

● 如图 4-73 所示，对话框的左半部分包括两个区域：【聚合的纵队（Grouped Columns）】分组设置和【全部纵列（All Columns）】所有字段。

➢【全部纵列（All Columns）】中列出了元件所有可供列表显示的属性字段，若需选择相应的字段，只需将该字段的【展示（Show）】复选框选中。

➢【聚合的纵队（Grouped Columns）】字段分组设置用来设置元件的信息是否按照某属性进行分类显示，若不采用分类显示则所有的元件信息都是单条列出显示，如图 4-73 所示，元件信息列表没有分类，如图 4-74 所示元件信息列表按照【Comment】和【Footprint】属性来分类。若要将元件信息按照某条属性分类，只需在【全部纵列（All Columns）】选中相应的属性，然后拖拽到【聚合的纵队（Grouped Columns）】选项区域中去。同理，若要取消属性分类，则要将【聚合的纵队（Grouped Columns）】选项区域中的相应属性拖拽到【全部纵列（All Columns）】中来。

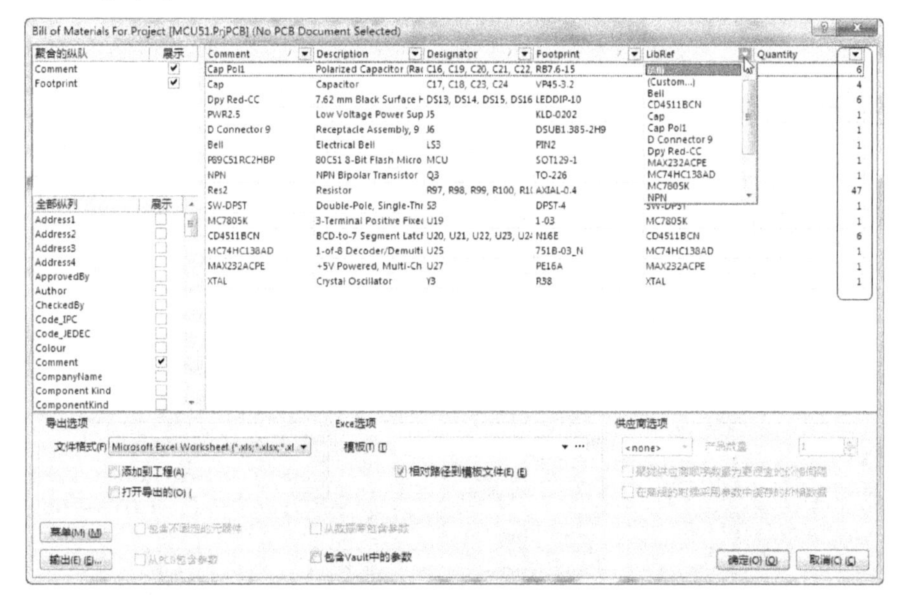

图 4-74　元件清单按属性分类

● 元件清单的操作。对话框的右部为元件信息列表显示区域，列出了原理图中所有元件的详细信息，在此也可以对列表元件进行排序筛选，方便找到需要元件的信息。

元件清单区域的上部为属性字段列表，单击某条属性字段可将元件信息按照该属性进行排列。属性字段右方的▼按钮是对元件信息进行筛选选项，例如，要对【LibRef】进行筛选，单击▼按钮弹出筛选字段列表，如图 4-75 所示，里面列出了该电路图中所有【LibRef】，选择某一标号，则元件清单里仅仅显示该类元件。还可以自定义筛选条件，如要筛选电路图中的所有电阻元件，单击▼按钮并选择【Custom】选项，弹出如图 4-76 所示的【筛选】对话框，填入“res*”并确认，筛选结果如图 4-77 所示，共有 48 个元件标号为“Res2”的电阻。

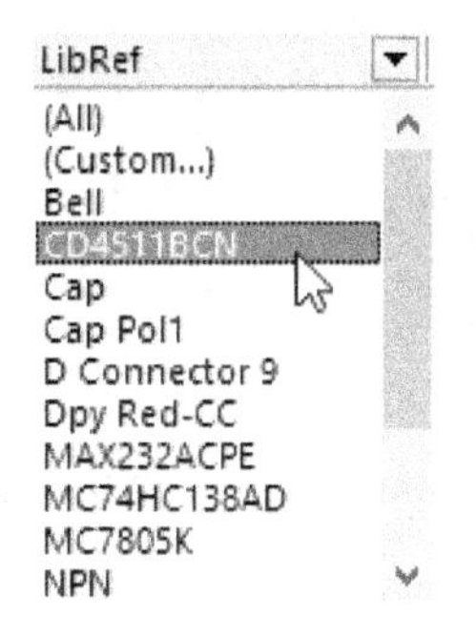

图 4-75　筛选字段列表

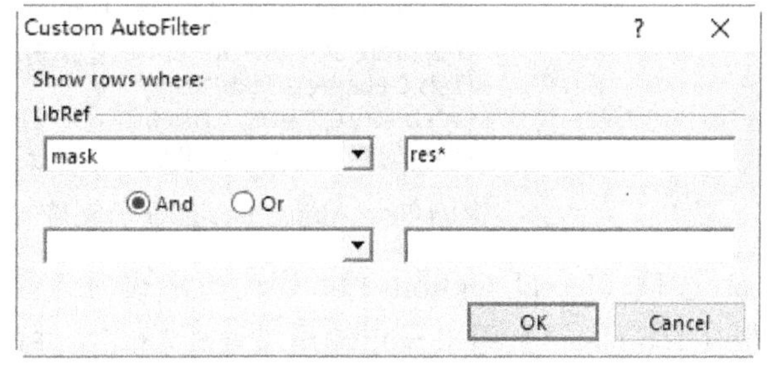

图 4-76　【筛选】对话框

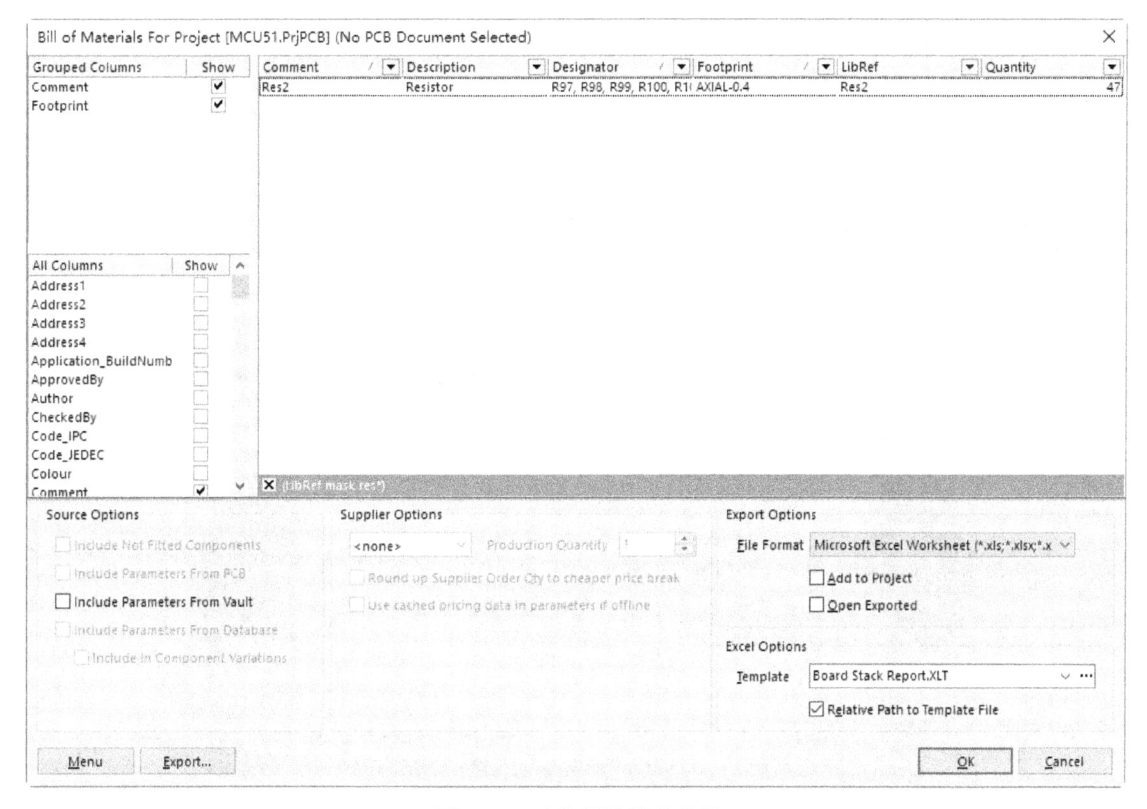

图 4-77　元件属性筛选结果

- 生成元件报表。

➢【导出选项（Export Options）】：该选项区域用来设置导出文件的相关设置，【文件格式（File Format）】是用来设置导出文件的格式，Altium Designer 所支持的导出文件格式，如图 4-78 所示，系统默认是导出 Excel 格式的电子表格，在下拉菜单中自行选择。【添加到工程（Add to Project）】：若选择该选项，则生成的元件清单将加入本项目中；【打开导出的（Open Exported）】：若选择该项，系统在生成报表将自动打开报表。

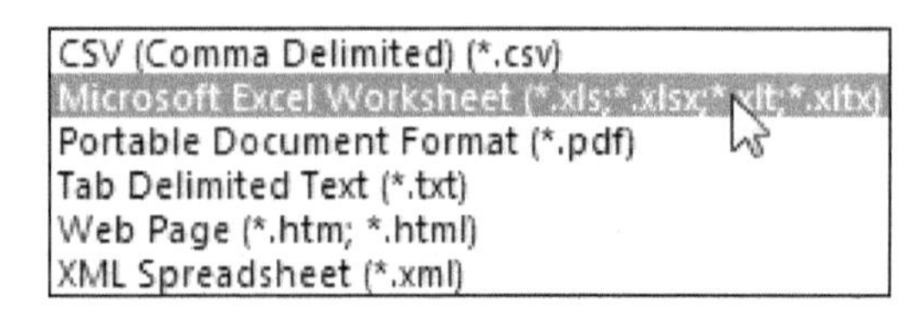

图 4-78 Altium Designer 所支持的导出文件格式

- 【Excel 选项（Excel Options）】：当输出格式为 Excel 文档时还可以在此设置相应选项，【模板（Template）】用来设定输出 Excel 格式文件所采用的模板；【相对路径到模板文件（Relative Path to Template File）】指定模板的路径，若不选择该项，则需要自己设定模板所在的路径。
- 单击【菜单（Menu）】按钮在弹出的菜单项中选择【导出（Export）】命令或是直接单击【导出（Export）】按钮可以将元件报表导出，在弹出的对话框中填入保存的文件名并确认即可生成元件报表。
- 生成元件报表之前还可以对报表进行预览，单击【菜单（Menu）】按钮，在弹出的菜单项中选择【报告（Report）】选项，弹出如图 4-79 所示的元件报表预览框，在此对话框中可以单击【输出（Export）】按钮保存报表或是单击【打印（Print）】按钮打印报表。

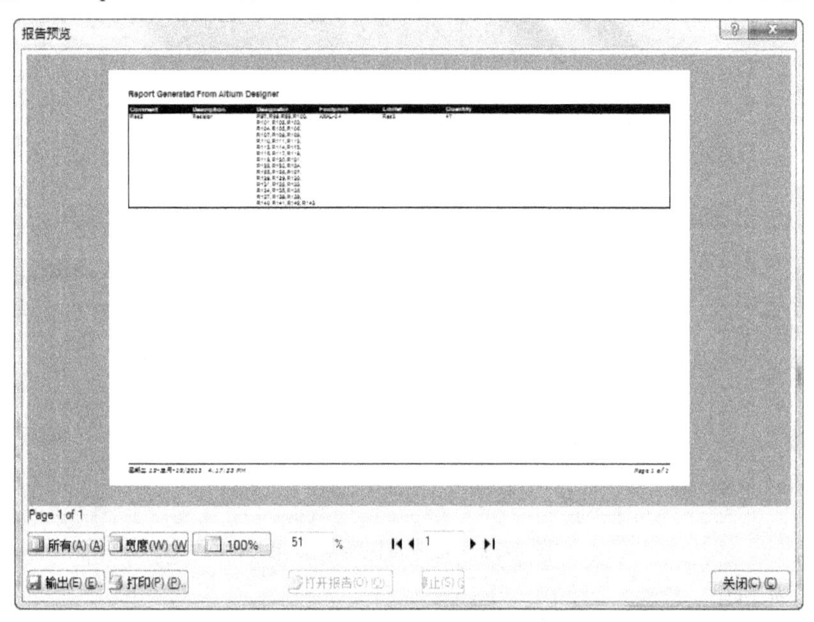

图 4-79 元件报表预览框

4.6.3 生成简单元件表

如果觉得上面所介绍的生成元件报表的步骤比较复杂，可以试试 Altium Designer 所提供的生成简单元件报表的功能。执行菜单命令【报告（Reports）】→【Simple BOM】，系统会自动生成两个不同格式的简单元件表清单。如图 4-80 和图 4-81 所示 ，并在【Project】面板的工程目录中生成一个“Generated”文件夹，其中就用生成的元件表。

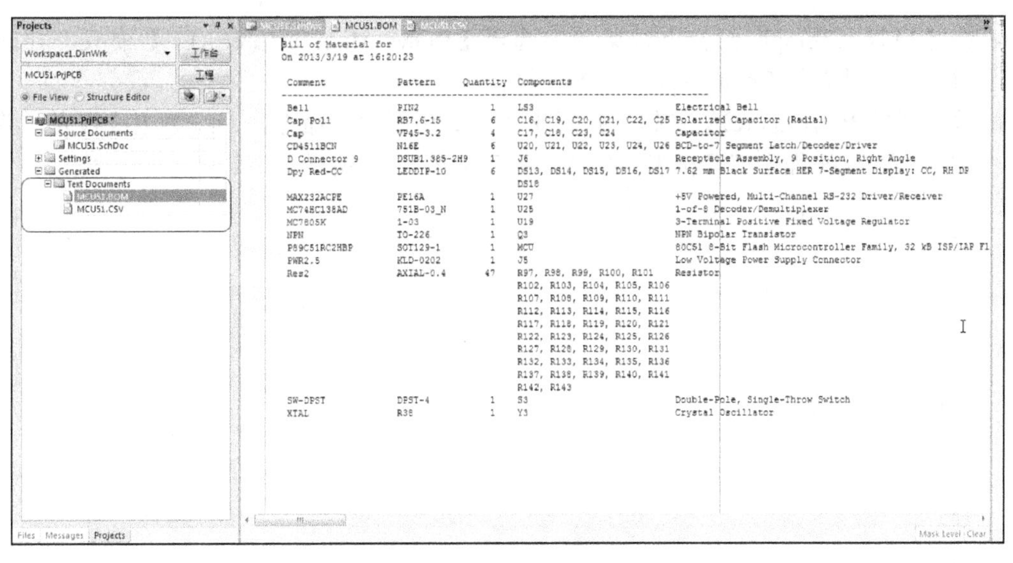

图 4-80 BOM 格式元件清单

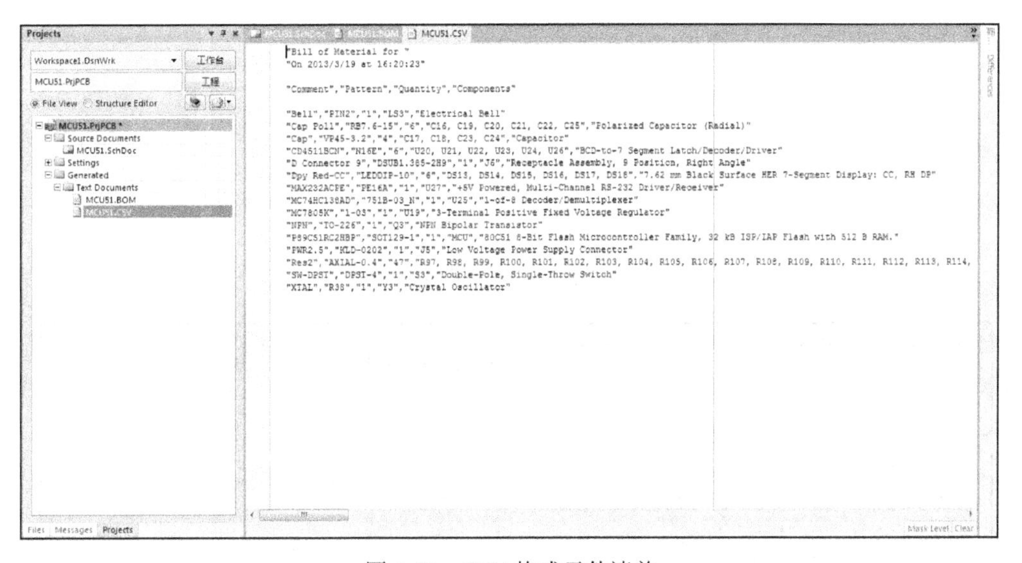

图 4-81 CSV 格式元件清单

其中，CSV 文件格式是最通用的一种文件格式，它可以非常容易的被导入各种 PC 表格及数据库中，在 CSV 格式文件中，数据一般用引号和逗号隔开。

4.6.4 生成元件交叉引用报表

在进行多图纸电路设计时还可以生成元件交叉引用报表，元件交叉引用报表与普通的元件报表类似，不仅列出了元件标识、名称，还列出了元件所在的原理图。生成元件交叉引用报表的步骤如下。

● 打开层次式电路原理图“层次式电路图.PrjPCB”，执行菜单命令【报告（Reports）】→【Component Cross Reference】，系统自动生成元件交叉引用报表，如图 4-82 所示。

- 在【模板（Template）】下拉菜单中选择【BOM Manufacturer.XLT】模板，并选择【打开导出的（Open Exported）】选框。
- 单击【输出（Export）】按钮，执行生成交叉引用报表命令，系统会生成报表，并自动调用 Excel 程序打开报表，生成的报表如图 4-83 所示。

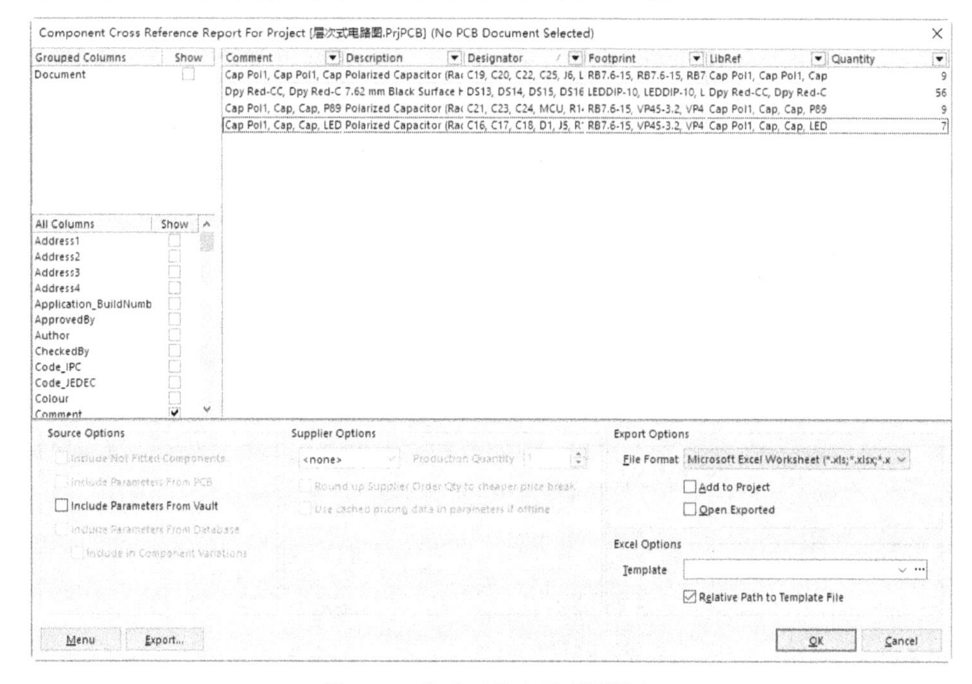

图 4-82　生成元件交叉引用报表

Component list　　<Parameter Title not found>

Source Data From: 层次式电路图.PrjPCB
Project: 层次式电路图.PrjPCB
Variant: None

Report Date: 2013/3/19　22:39:54
Print Date: 20-Mar-13　11:53:32 AM

Description	Footprint	Quantity	Name E	Designator	Column Name Error:Manufacturer	Column Name Error:Manuf
Polarized Capacitor (Radial), Polarized Capacitor (Radial), Polarized Capacitor (Radial), Polarized Capacitor (Radial), Receptacle Assembly, 9 Position, Right Angle, Electrical Bell, NPN Bipolar Transistor, Resistor, +5V Powered, Multi-Channel RS-232 Driver/Receiver	RB7.6-15, RB7.6-15, RB7.6-15, RB7.6-15, DSUB1.385-2H9, FIN2, TO-220, AXIAL-0.4, PE10A	9		C19, C20, C22, C25, J6, LS3, Q3, R143, U27		
7.62 mm Black Surface HER 7-Segment Display: CC, RH DP, 7.62 mm Black Surface HER 7-Segment Display: CC, RH DP, 7.62 mm Black Surface HER 7-Segment Display: CC, RH DP, 7.62 mm Black Surface HER 7-Segment Display: CC, RH DP, 7.62 mm Black Surface HER 7-Segment Display: CC, RH DP, 7.62 mm Black Surface HER 7-Segment Display: CC, RH DP, Resistor, BCD-to-7 Segment Latch/Decoder/Driver, BCD-to-7 Segment Latch/Decoder/Driver, BCD-to-7 Segment Latch/Decoder/Driver, BCD-to-7 Segment Latch/Decoder/Driver, BCD-to-7 Segment Latch/Decoder/Driver, BCD-	LEDDIP-10, LEDDIP-10, LEDDIP-10, LEDDIP-10, LEDDIP-10, LEDDIP-10, AXIAL-0.4, N16E, N16E, N16E, N16E, N16E, N16E	56		DS13, DS14, DS15, DS16, DS17, DS18, R97, R98, R99, R100, R101, R102, R103, R104, R105, R106, R107, R108, R109, R110, R111, R112, R113, R114, R115, R116, R117, R118, R119, R120, R121, R122, R123, R124, R125, R126, R127, R128, R129, R130, R131, R132, R133, R134, R135, R136, R137, R138, R139, R140, U20, U21, U22, U23, U24, U25		
Polarized Capacitor (Radial), Capacitor, Capacitor, 80C51 8-Bit Flash Microcontroller Family, 32 kB ISP/IAP Flash with 512 B RAM., Resistor, Resistor, Double-Pole, Single-Throw Switch, 1-of-8 Decoder/Demultiplexer, Crystal Oscillator	RB7.6-15, VP45-3.2, VP45-3.2, SOT129-1, AXIAL-0.4, AXIAL-0.4, DPST-4, 751B-03_N, R38	9		C21, C23, C24, MCU, R141, R142, S3, U25, Y2		
Polarized Capacitor (Radial), Capacitor, Capacitor, Typical RED	RB7.6-15, VP45-3.2, VP45-3.2, 3.2X1.6X1.1, KLD-0202, AXIAL-0.4, 1-03	7		C16, C17, C18, D1, J5, R144, U19		

图 4-83　生成的元件交叉引用报表

4.6.5　生成层次设计报表

层次式报表用来描述多图纸原理图设计时整个工程项目的文档结构，执行菜单命令【报告（Reports）】→【Report Project Hierarchy】，系统会在工程目录中生成“.REP”层次式报表文件，双击打开层次式报表如图 4-84 所示。

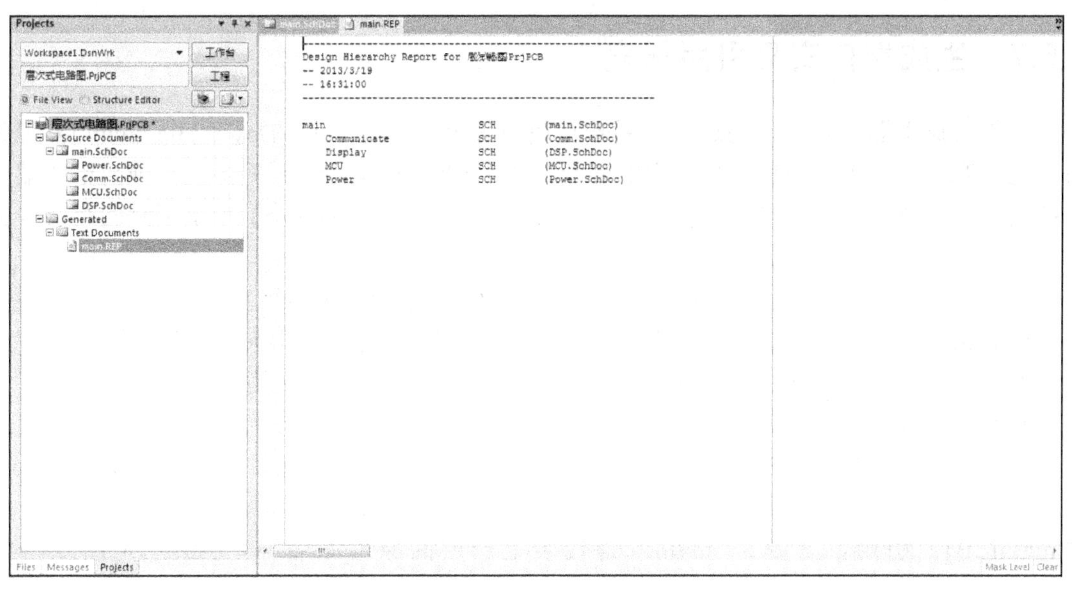

图 4-84　层次式报表

4.6.6　生成单引脚网络报表

任何一条电气网络都必须有两个引脚，Altium Designer 提供了单引脚网络检查功能用于检查电路原理图中的网络连接错误。执行菜单命令【报告（Reports）】→【Report Single Pin Nets】，系统会在工程目录中生成“.REP”单引脚网络报表文件，双击打开单引脚网络报表如图 4-85 所示。

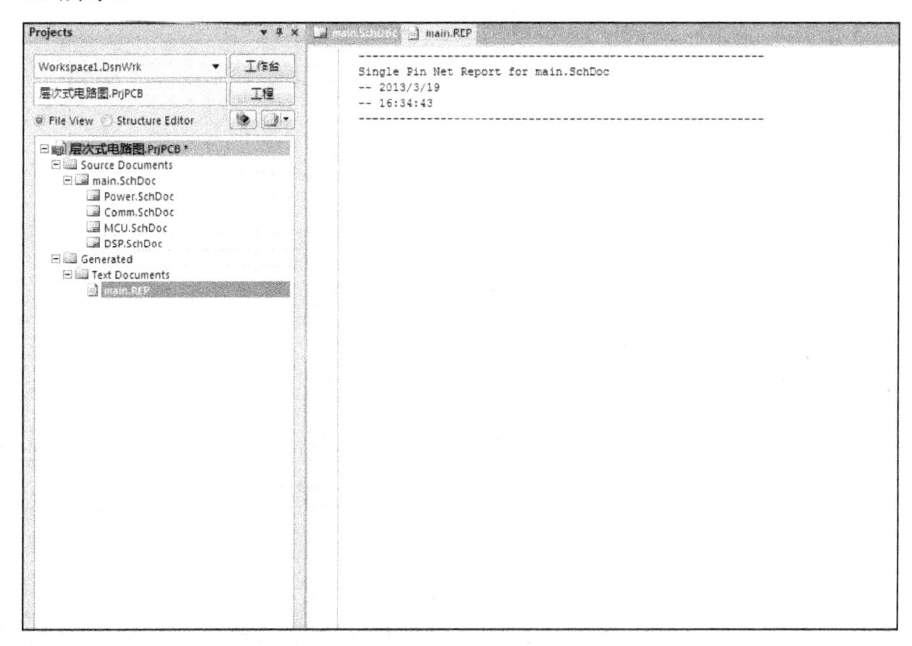

图 4-85　单引脚网络报表

4.6.7 生成端口交叉引用报表

层次式原理图中各端口的连接关系若是使用【上/下层次（Up/Down Hierarchy）】工具查看比较麻烦，是否有一种更加直观的表示方法。Altium Designer 提供了一种简单的端口连接关系表示方法。在【报告（Reports）】→【Port Cross Reference】菜单下有四个命令分别如下。

- 【Add To Sheet】：为当前电路原理图的输入/输出端口添加引用参考；
- 【Add To Project】：为当前工程中所有电路原理图的输入/输出端口添加引用参考；
- 【Remove From Sheet】：移除当前电路原理图中的端口交叉引用参考；
- 【Remove From Project】：移除当前工程所有电路原理图中的端口交叉引用参考。

在“层次式电路图.PrjPCB”工程的“MCU.SchDoc”文档编辑界面下执行【Add To Sheet】命令，交叉引用的添加效果如图 4-86 所示。“Y5”端口添加的是“main[2B]”引用，其中，“main”是代表上一层的原理图名称，“2B”是图纸符号所在位置的坐标。

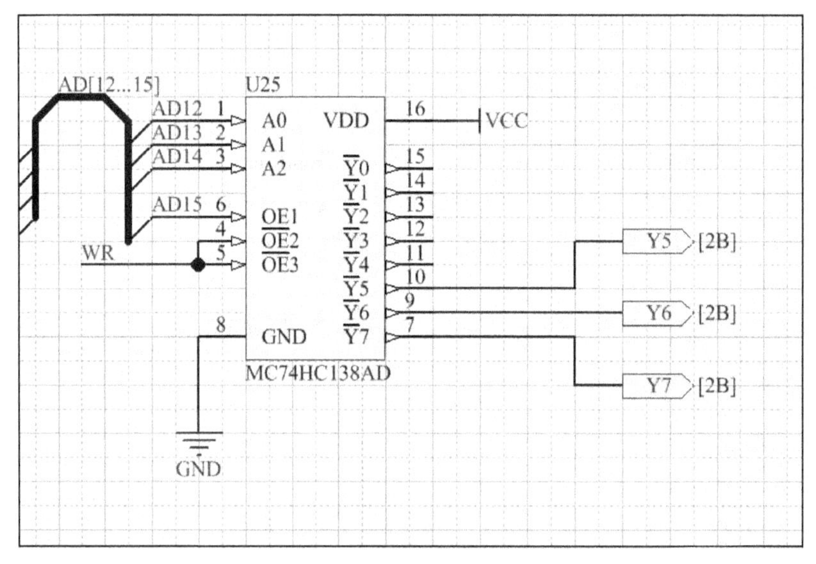

图 4-86 端口交叉引用报表

4.7 打印输出

原理图设计完成后往往需要通过打印机输出或是以通用的文件格式保存，便于技术人员参考或是交流，下面将介绍电路原理图的打印输出和以 PDF 格式保存。

4.7.1 打印电路图

与其他文件打印一样，打印电路原理图最简单的方法就是单击工具栏的按钮，系统会以默认的设置打印出原理图。要是想按照自己的方式打印原理图还得对打印的页面进行设置。执行菜单命令【文件（File）】→【页面设置（Page Setup）】，弹出如图 4-87 所示的【原理图打印属性设置】对话框，下面介绍各参数的意义。

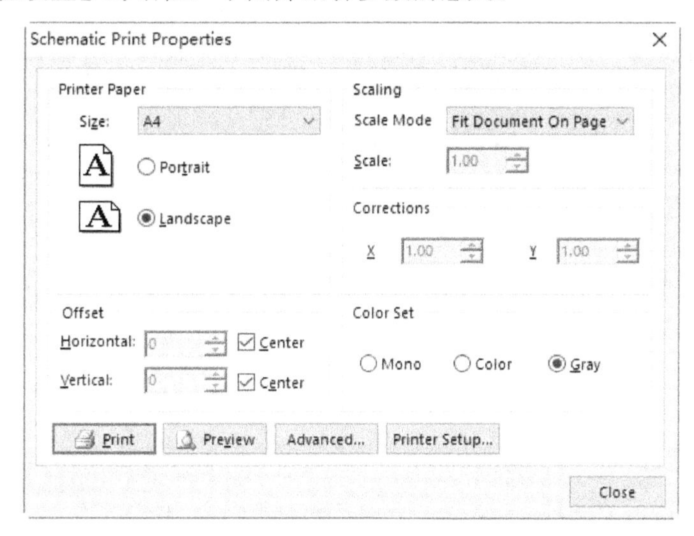

图 4-87 【原理图打印属性设置】对话框

- 【打印纸（Printer Paper）】：在此设置纸张的大小和打印方式。【尺寸（Size）】下拉菜单中选定纸张的大小。选择【肖像图（Portrait）】选项则图纸将竖着打印，选择【风景图（Landscape）】则图纸将横着打印。
- 【页边（Margins）】：可以分别在【水平（Horizontal）】和【垂直（Vertical）】文本框中填入打印纸水平和竖直方向的页边距，也可选择后面的【居中（Center）】选项，使图纸居中打印。
- 【缩放比例（Scaling）】：可以在【缩放模式（Scale Mode）】下拉菜单中选择打印比例的模式，其中，【Fit Document On Page】是指把整张电路图缩放打印在一张纸上；【Scaled Print】则是自定义打印比例，这时还需要在下面的【缩放（Scale）】文本框中填写打印的比例。
- 【修正（Corrections）】：可以在【X】文本框中填入横向的打印误差调整，或是在【Y】文本框中填入纵向的打印误差调整。
- 【颜色设置（Color Set）】：可以选择【单色（Mono）】单色打印、【颜色（Color）】彩色打印或是【灰的（Gray）】灰色打印。

单击【高级（Advanced）】按钮进入打印高级设置界面，如图 4-88 所示，在此可以设置在打印出的原理图中是否显示【No-ERC 图形标志（No-ERC）】、【参数设置（Parameter Sets）】等物理名称参数。

打印之前还要对打印机的相关选项进行设置，执行菜单命令【文件（File）】→【打印（Print）】或是单击【原理图打印属性设置】对话框中的【打印设置（Printer Setup）】按钮进入【打印机配置】对话框，如图 4-89 所示，各主要参数设置项的意义如下。

- 【打印机（Printer）】：这里列出了所有本机可用的打印机及其具体的信息，选用相应的打印机并设置属性。

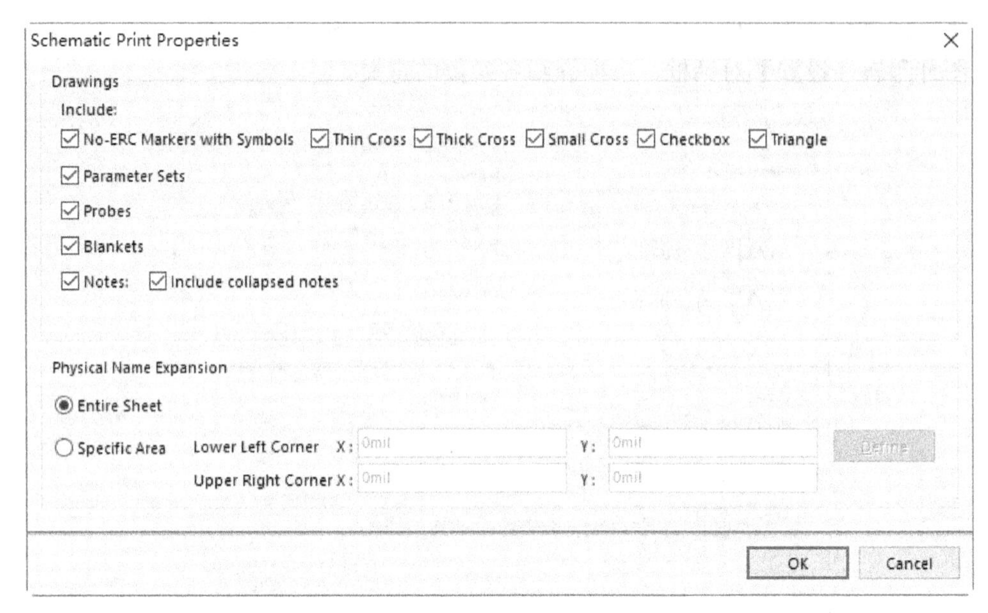

图 4-88　原理图打印高级设置

- 【打印区域（Print Range）】：在这里设置打印文档的范围，可以设定为【所有页（All Pages）】、【当前页（Current Page）】当前界面或是在【页（Pages）】后面的文本框中自己设定打印图纸的范围。
- 【打印什么（Print What）】：选择打印的对象，可以选择【Print All Valid Document】打印所有的原理图；【Print Active Document】打印当前原理图；【Print Selection】打印当前原理图中的选择部分；【Print Screen Region】打印当前屏幕的区域。
- 【页数（Copies）】：在此可以设置打印的原理图的份数。

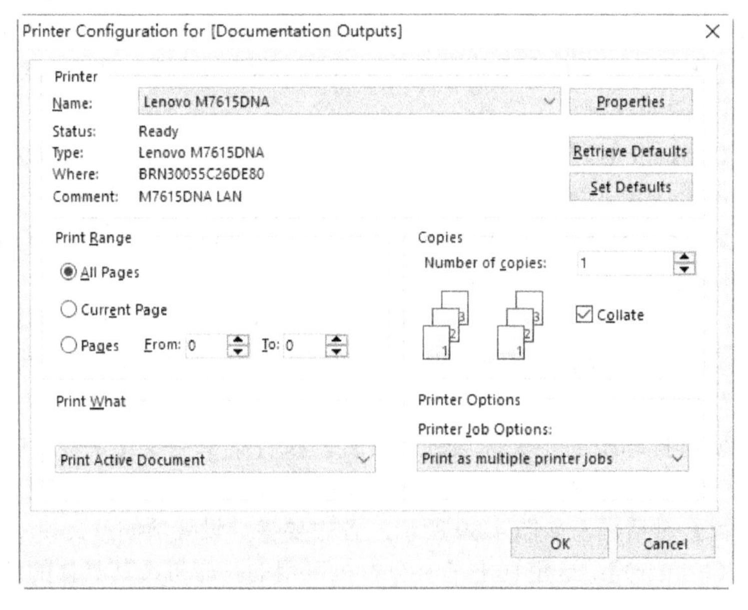

图 4-89　【打印机配置】对话框

以上的选项设置完成之后就可以打印电路图了，不过在打印之前最好预览一下打印的效果，执行菜单命令【文件（File）】→【打印预览（Print Preview）】或是直接在主界面的工具栏中单击按钮，弹出打印预览窗口，如图 4-90 所示。预览窗口的左边是缩微图显示窗口，当有多张原理图需要打印时，均会缩微显示。右边则是打印预览窗口，整张原理图在打印纸上的效果将形象的显示出来。

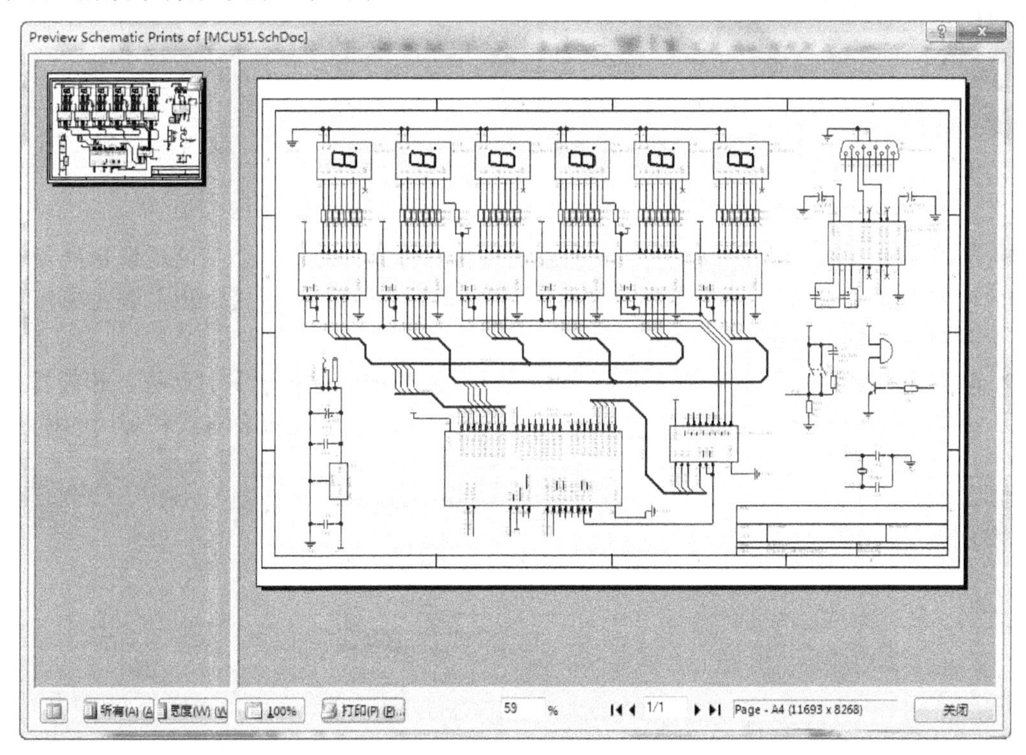

图 4-90　打印预览窗口

若是原理图预览的效果与理想的效果一样，就可以执行【文件（File）】→【打印（Print）】命令打印了。

4.7.2　输出 PDF 文档

PDF 文档是一种广泛应用的文档格式，将电路原理图导出成 PDF 格式可以方便设计者之间参考交流。Altium Designer 提供了一个强大的 PDF 生成工具，可以非常方便的将电路原理图或是 PCB 图转化为 PDF 格式。

- 执行菜单命令【文件（File）】→【智能 PDF（Smart PDF）】，弹出如图 4-91 所示的智能 PDF 生成器启动界面。
- 单击【Next】按钮，进入 PDF 转换目标设置界面，如图 4-92 所示。在此选择转化该工程中的所有文件仅仅是当前打开的文档，并在【输出文件名称（Output File Name）】中填入输出 PDF 的保存文件名及路径。

图 4-91　智能 PDF 生成器启动

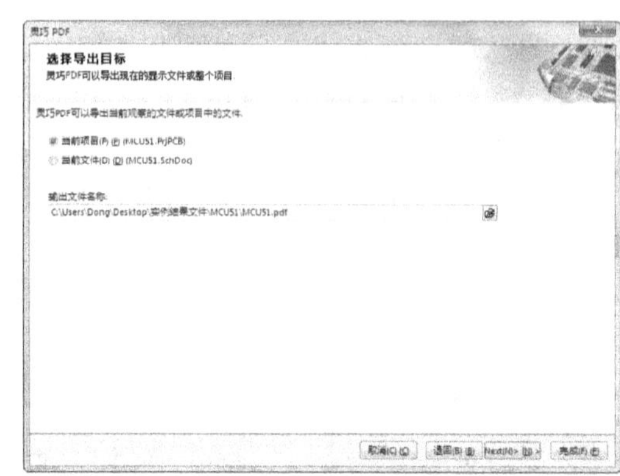

图 4-92　转换目标设置

- 单击【Next】按钮进入如图 4-93 所示的选择目标文件对话框，在这里选择需要 PDF 输出的原理图文件，在选择的过程中可以按住【Ctrl】键或【Shift】键再单击鼠标进行多文件的选择。
- 单击【Next】按钮进入如图 4-94 所示的【是否生成元件报表】对话框，和前面生成元件表的设置一样，在这里设置是否生成元件报表，以及报表格式和套用的模板。

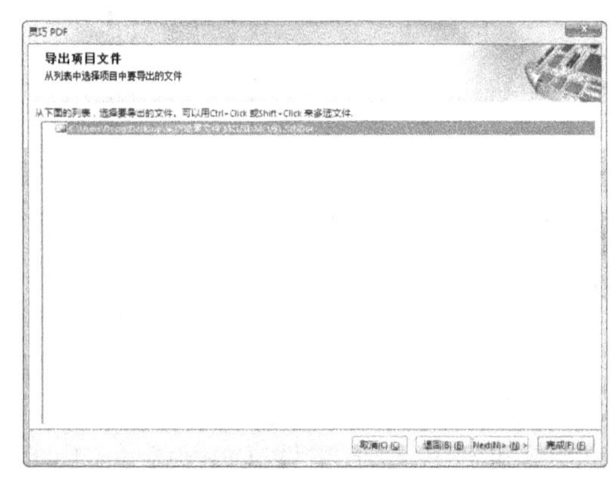

图 4-93　【选择项目文件】对话框

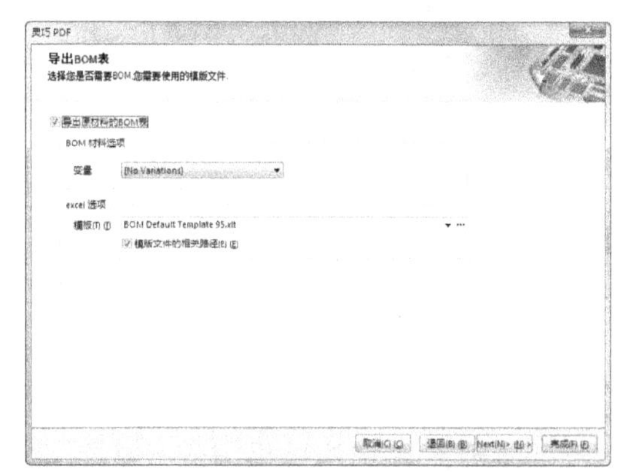

图 4-94　【是否生成元件报表】对话框

- 单击【Next】按钮进入如图 4-95 所示的【PDF 附加选项设置】对话框，下面介绍各设置项的意义。

➢【缩放（Zoom）】：该选项用来设定生成的 PDF 文档，当在书签栏中选中元件或网络时，PDF 阅读窗口缩放的大小，可以拖动下面的滑块来改变缩放的比例。

➢【Additional Bookmark】生成额外的书签：当选择【产生网络信息（Generate nets information）】时，设定在生成的 PDF 文档中产生网络信息。另外还可以设定是否产生【管脚（Pin）】、【网络标号（Net Labels）】、【端口（Ports）】的标签。

➢【原理图选项】：可以设定是否将【No-ERC 标号（No-ERC Markers）】忽略 ERC 检查、【参数设置（Parameter Sets）】、【探测（Probes）】探针工具【覆盖区】、【注释】放置在生成的 PDF 文档中。

➢【原理图颜色模式】：可以设置 PDF 文档的颜色模式：【颜色（Color）】彩色、【灰度（Greyscale）】灰色、【单色（Monochrome）】单色模式可供选择。

➢【PCD 颜色模式（PCB Color Mode)】：在此可以设置 PCB 设计文件转化为 PDF 格式时的颜色模式，可以设置为【颜色（Color)】彩色、【灰度（Greyscale)】灰色、【单色（Monochrome)】单色模式。因为，该工程中没有 PCB 文件，所以该选项为灰色。

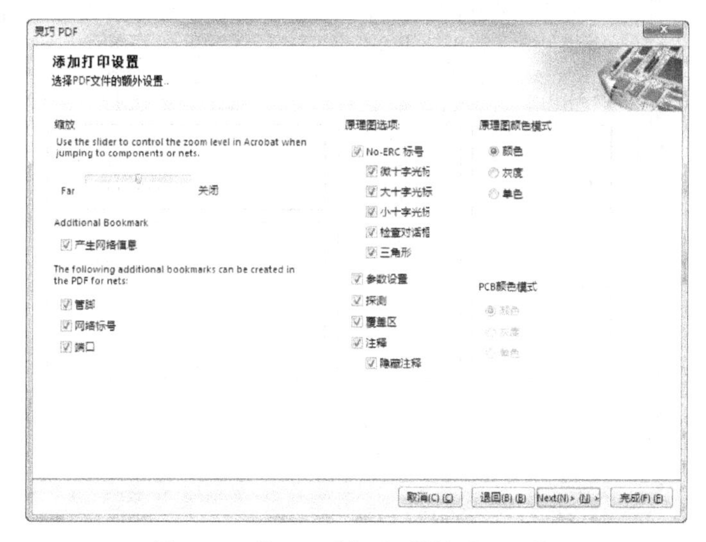

图 4-95 【PDF 附加选项设置】对话框

- 单击【Next】按钮进入如图 4-96 所示的【结构设置】对话框，该功能是针对重复层次式电路原理图或 Multi-Channel 原理图设计的，一般情况下无需更改。
- 单击【Next】按钮进入如图 4-97 所示的【PDF 设置完成】对话框，在此生成 PDF 文档的设置已经完毕，读者还可以设置一些后续操作，如生成 PDF 文档后是否立即打开，以及是否生成“Output Job”文件等。
- 单击【完成（Finish)】按钮完成 PDF 文件的导出，系统会自动打开生成的 PDF 文档，如图 4-98 所示。在左边的标签栏中层次式的列出了工程文件的结构，每张电路图纸中的元件、网络，以及工程的元件报表。可以单击各标签跳转到相应的项目，非常方便。

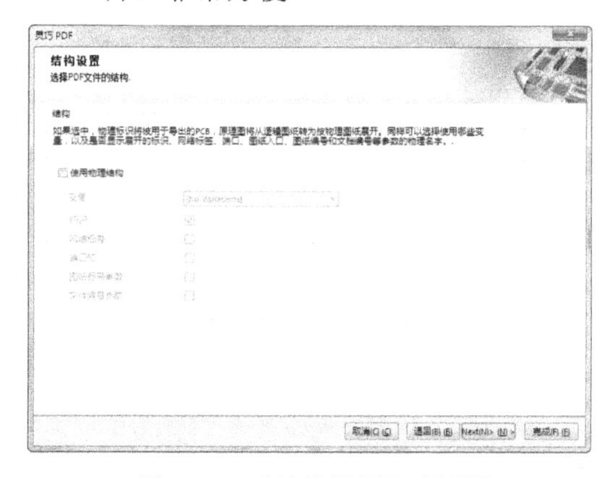

图 4-96 【结构设置】对话框

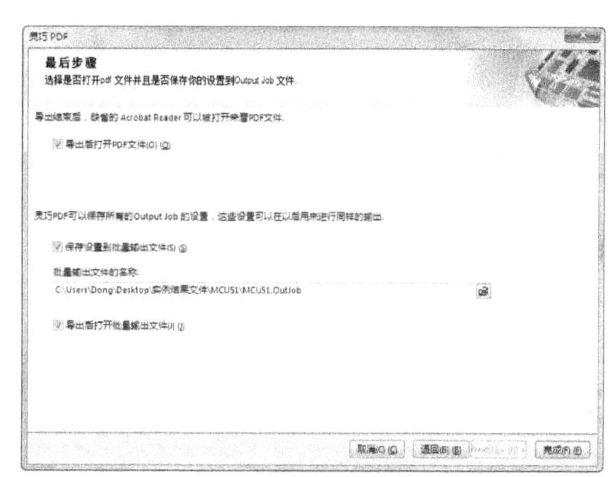

图 4-97 完成 PDF 生成设置

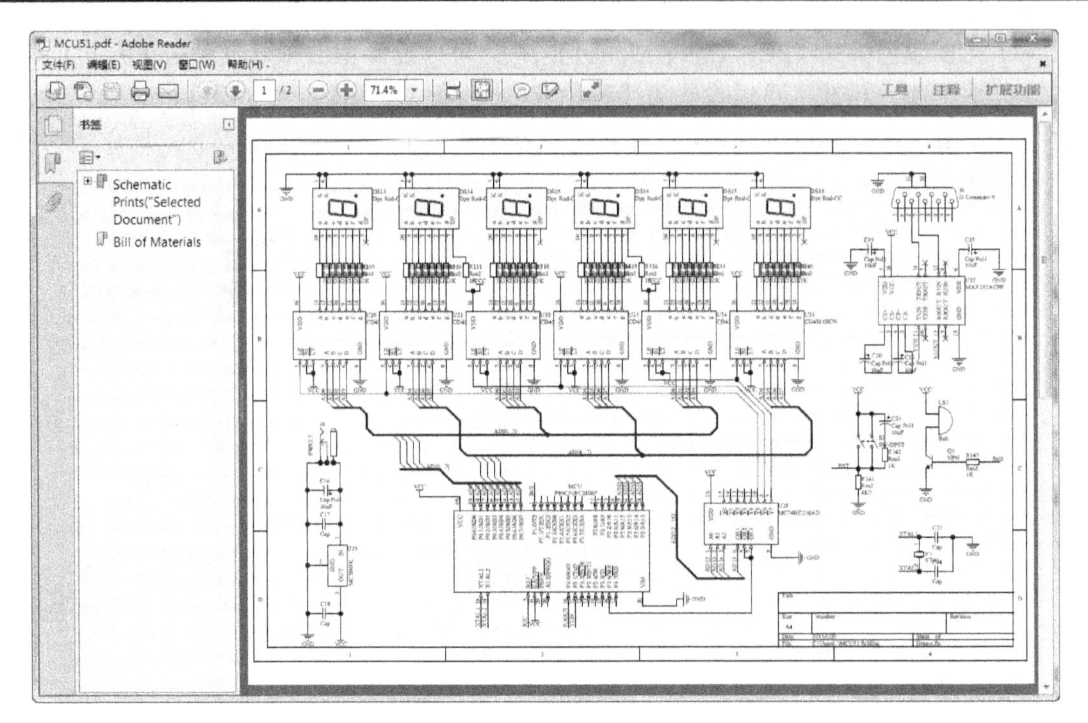

图 4-98　生成的 PDF 文档

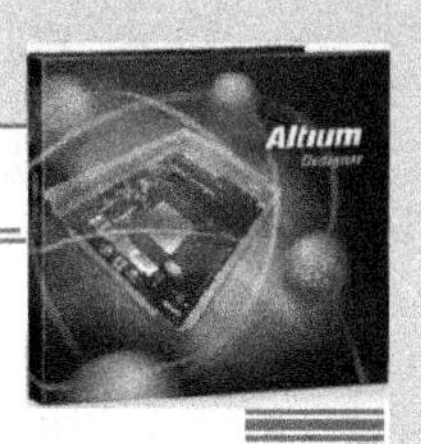

第 5 章　PCB 设计环境

电路原理图设计就是为了最终生成满足生产需要的 PCB。利用 Altium Designer 可以非常简单的从原理图设计转入到 PCB 设计流程，第 1 章中已经介绍了 PCB 设计的简单流程，其实利用 Altium Designer 设计 PCB 是非常简单的，Altium Designer 的 PCB 设计远不止绘制 PCB 这么简单，而是一个集成了板层管理、自动布线、信号完整性分析等强大功能的设计系统。下面的章节将详细介绍 Altium Designer 的 PCB 设计系统，以及利用该系统设计 PCB 的过程。

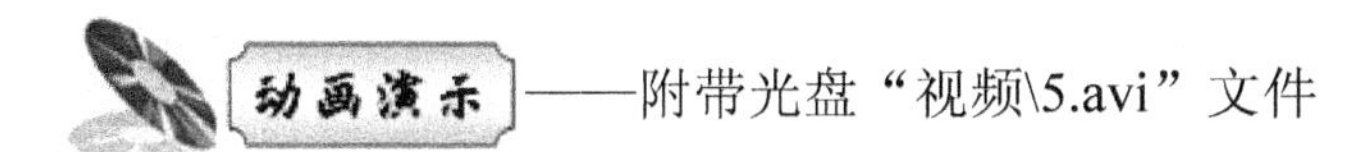

——附带光盘“视频\5.avi”文件

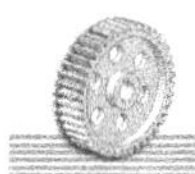

本章内容

- PCB 设计步骤
- PCB 编辑器环境参数设置
- PCB 设计的基本常识
- PCB 编辑器首选项设定
- PCB 电路板设计的基本规则

5.1　Altium Designer PCB 编辑器环境

“工欲善其事，必先利其器”，在具体的绘制 PCB 之前，先认识一下 PCB 的设计步骤，以及开发环境。

5.1.1　PCB 设计步骤

PCB 的设计过程是一个非常繁杂的过程，从最原始的网络表到最后设计出的精美的电路板如同写作一般需要作者非常细心的反复修改，因为，PCB 设计的好坏直接影响到最终产品的工作性能。PCB 的设计大致可以分为一下几个步，如图 5-1 所示。

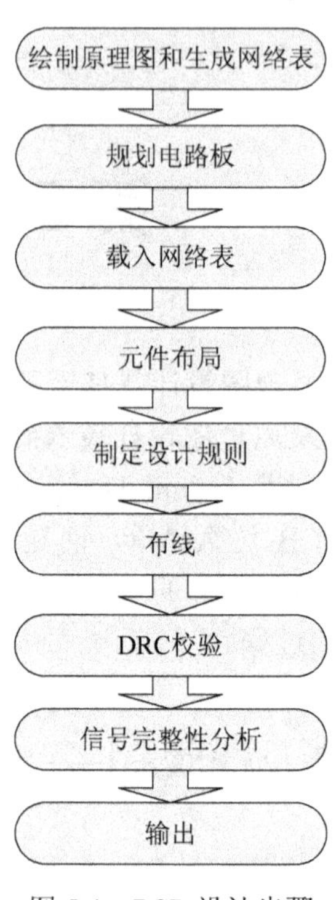

图 5-1　PCB 设计步骤

- 绘制原理图和生成网络表：电路原理图是设计 PCB 的基础，在上面几章中已经详细介绍过电路原理图设计，以及网络表的导出。
- 规划 PCB：进行设计之前还要对 PCB 进行初步的规划，例如，采用几层板，以及 PCB 的物理尺寸等。
- 载入网络表：网络表是原理图与 PCB 设计之间的桥梁，载入网络表后电路图将以元件封装和预拉线的形式存在。
- 元件布局：PCB 元件较少且无特殊需求的情况下可以使用 Altium Designer 提供的自动布局器，不过在实际应用中多需要自己手工布局。
- 制定设计规则：设计规则包括布线宽度、导孔孔径、安全间距等规则，在自动或手动布线过程中，系统会对布线过程进行在线检查。一般在设计过程中还需要根据实际情况不断修改规则。
- 布线：这是 PCB 设计过程中最关键的一步。布线包括自动布线和手工布线，一般是由设计者先对关键或重要的线路进行手工布线，然后在启用系统的自动布线功能布线，最后再对布线的结果进行修改。
- DRC 校验：PCB 设计完成后还要对 PCB 进行 DRC 校验，以确保没有违反设计规则的错误发生。
- 信号完整性分析：对于高速 PCB 设计，在设计完成后还要进行信号完整性分析，当然对于一般的非高速 PCB 的设计完全可以省略这一步。
- 输出：按照 PCB 制板厂家要求的格式输出响应的文件用户生产 PCB。

至此，PCB 的设计就完成了，可以按照 PCB 制板厂家的要求生成相应格式的文件生产实际的 PCB。

5.1.2　创建新的 PCB 设计文档

PCB 设计文档的创建非常简单，与原理图设计文档一样可以通过【文件（File)】菜单或是【File】面板来创建。

- 通过【文件（File)】菜单建立一个新的原理图文档：在【文件（File)】菜单中选择【New】→【PCB】创建一个新的 PCB 设计文档，如图 5-2 所示。
- 通过【File】面板建立一个新的原理图文档：在标签式面板栏的【File】面板中直接选择【PCB File】来创建新的 PCB 设计文档，如图 5-3 所示。

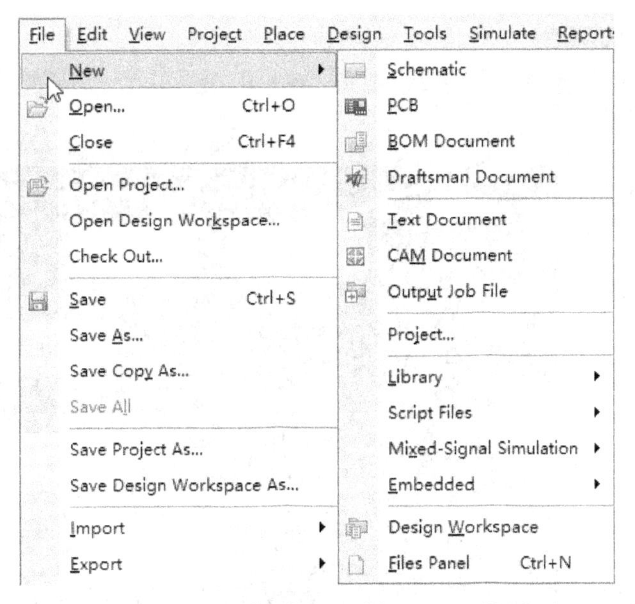

图 5-2　通过【File】菜单创建新的 PCB 设计文档

5.1.3　打开已有的 PCB 设计文档

打开现有的原理图文档可在【文件（File）】菜单中选择【打开（Open）】命令。另外，如图 5-4 所示，也可以在【File】面板的【打开文档（Open a document）】区域中打开最近打开的 PCB 设计文档。

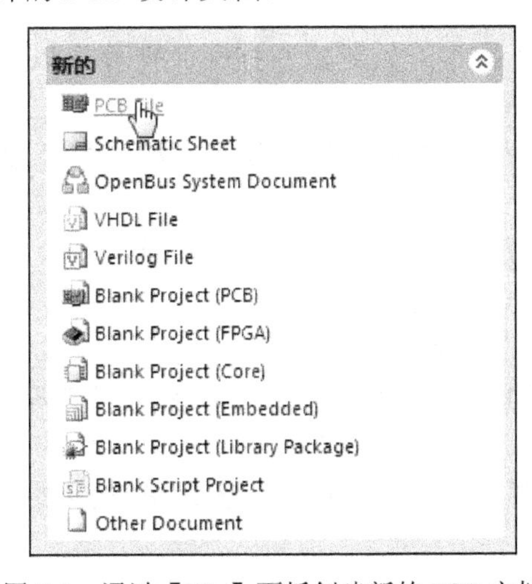

图 5-3　通过【File】面板创建新的 PCB 文档

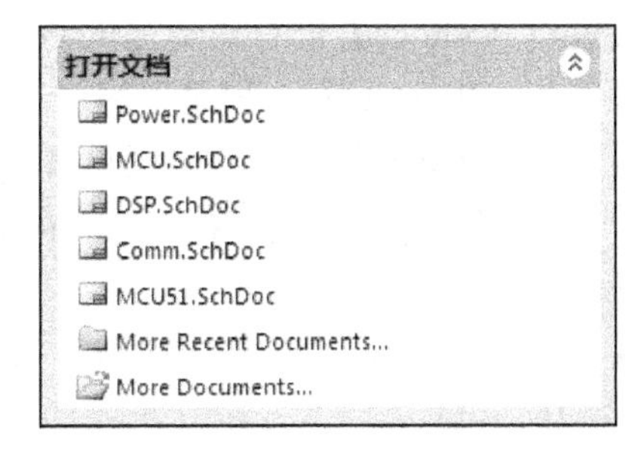

图 5-4　打开现有 PCB 设计文档

5.1.4　PCB 编辑器界面

无论是新建 PCB 设计文档还是打开现有的 PCB 设计文档，系统都会进入 PCB 编辑器设计界面，如图 5-5 所示，整个界面可以分为若干个工具栏和面板，下面就简单介绍一下常用的工具栏的面板的功能。

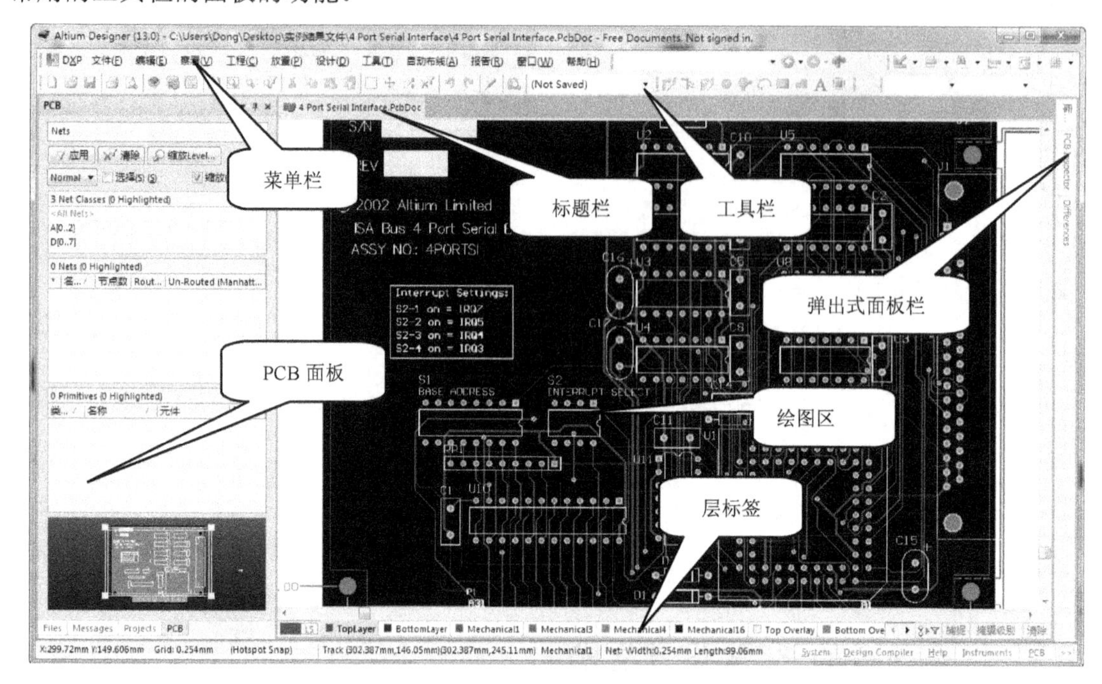

图 5-5　PCB 编辑器界面

● 菜单栏：编辑器内的所有操作命令都可以通过菜单命令来实现，而且菜单中的常用命令在工具栏中均有对应的快捷键按钮。

➢【DXP】该菜单提供了 Altium Designer 中系统高级设定。

➢【文件（File）】文件菜单提供了常见的文件操作，如新建、打开、保存，以及打印等功能。

➢【编辑（Edit）】编辑菜单提供的是 PCB 设计的编辑操作命令，如选择、剪切、粘贴、移动等。

➢【察看（View）】查看菜单提供 PCB 文档的缩放查看，以及面板的操作等功能。

➢【工程（Project）】工程菜单提供工程整体上的管理功能。

➢【放置（Place）】放置菜单提供各种电气图件的放置命令。

➢【设计（Design）】设计菜单提供了设计规则管理，电路原理图同步、PCB 层管理等功能。

➢【工具（Tool）】工具菜单提供了设计规则检查、覆铜、密度分析等 PCB 设计的高级功能。

➢【自动布线（Auto Route）】自动布线菜单提供了自动布线时的具体功能设置。

➢【报告（Reports）】报告菜单提供了各种 PCB 信息输出，以及电路板测量的功能。

➢【窗口（Window）】窗口菜单提供了主界面窗口的管理功能。

➢【帮助（Help）】帮助菜单提供系统的帮助功能。

● 工具栏：Altium Designer 的 PCB 编辑器提供了标准工具栏【PCB 标准（PCB Standard）】、布线工具栏【布线（Wiring）】、导航栏【导航（Navigation）】等，其

中有些工具栏的功能是 Altium Designer 中所有编辑环境所共用的，这里仅介绍 PCB 设计所独有的工具栏。

➢ 布线工具栏：如图 5-6 所示，与原理图编辑环境中的布线工具栏不一样，PCB 编辑器中的工具栏提供了各种各样实际电气走线功能。该工具栏中各按钮的功能参见表 5-1。

表 5-1　布线工具栏各按钮功能

按　钮	功　能	按　钮	功　能
	交互式布线		差分对布线
	放置焊盘		放置导孔
	放置圆弧		放置填充区
	放置覆铜	A	放置文字
	放置元件		

➢ 公用工具栏：如图 5-7 所示，与原理图编辑环境中的公用工具栏类似，主要提供 PCB 设计过程中的编辑、排列等操作命令，每一个按钮均对应一组相关命令。具体功能参见表 5-2。

图 5-6　布线工具栏　　　　图 5-7　公用工具栏

表 5-2 共用工具栏各按钮功能

按　钮	功　能	按　钮	功　能
	提供绘图及阵列粘贴等功能		提供图件的排列功能
	提供图件的搜索功能		提供各种标示功能
	提供元件布置区间功能		提供网格大小设定功能

● 层标签栏：如图 5-8 所示，层标签栏中列出了当前 PCB 设计文档中所有的层，各层用不同的颜色表示，可以单击各层的标签在各层之间切换，具体的 PCB 板层设置将在后面详细介绍。

TopLayer | BottomLayer | Mechanical1 | Mechanical3 | Mechanical4 | Mechanical16 | Top Overlay | Bottom Overlay

图 5-8　层标签栏

5.1.5　PCB 设计面板

Altium Designer PCB 编辑器中提供了一个功能强大的 PCB 设计面板，如图 5-9 所示，在标签式面板中选中 PCB 设计面板，该面板中可以对 PCB 中所有的网络、元件、设计规则等进行定位或是设置其属性。在面板上部的下拉菜单中可以选择需要查找的项目类别，单击下拉菜单可以看到系统所支持的所有项目分类，如图 5-10 所示。

如果要对 PCB 中某条网络的某条走线进行定位，首先在项目选择下拉菜单中选择“Nets”网络项，则在下面的网络类列表框中列出了该 PCB 中的所有网络类。选择其中一个网络类，则中间的网络列表框中列出了该网络类中所有的网络。选择其中一条网络，则下面的列表框中列出了该网络中的所有的走线及焊盘。

在上面的选择过程中，鼠标选择任何一个网络类、网络、走线或是焊盘，系统的绘图区均会自动聚焦到该选择的项目；若是鼠标双击该项目，系统则会打开该项目的属性设置对话框，对该项目的属性进行设置。

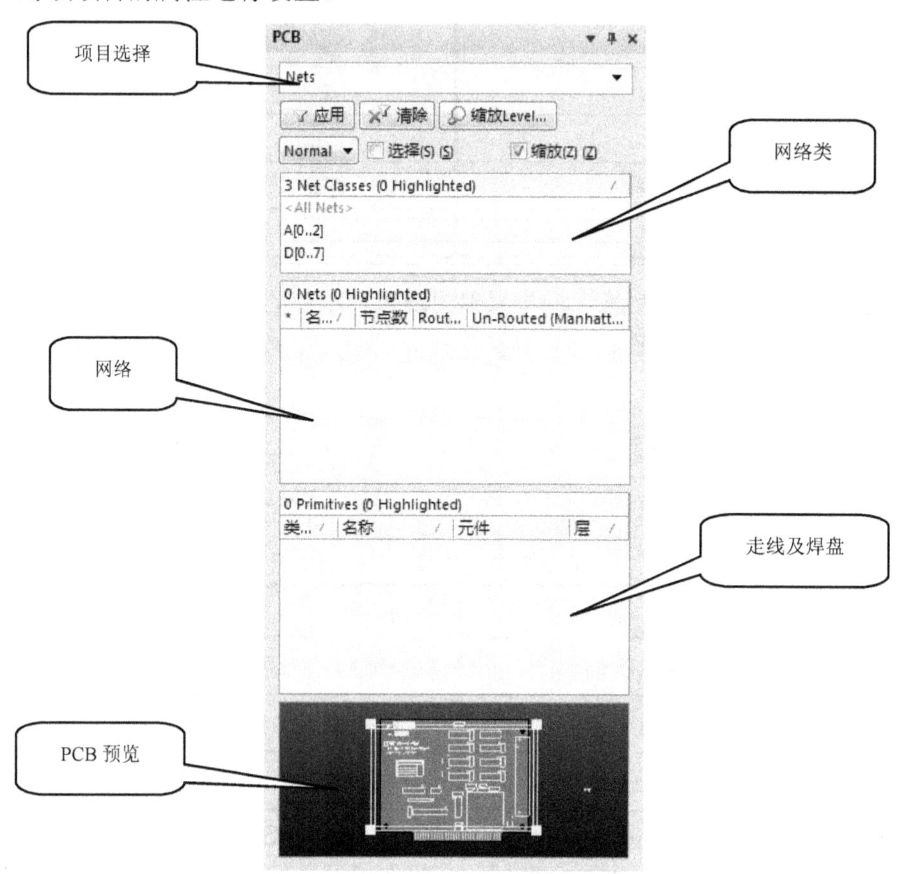

图 5-9　PCB 设计面板

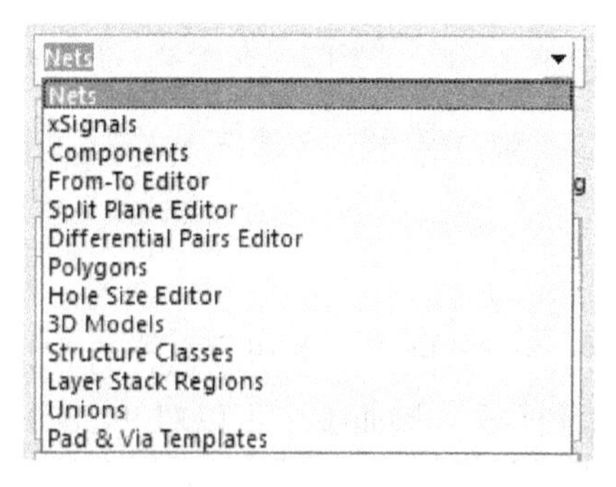

图 5-10　项目选择

5.1.6 PCB 观察器

细心的读者会发现，当光标在 PCB 编辑器绘图区移动时，绘图区的左上角会显示出一排数据，如图 5-11 所示。这就是 Altium Designer 提供的 PCB 观察器，可以在线的显示光标所在位置的网络和元件信息，下面介绍 PCB 观察器所提供的信息。

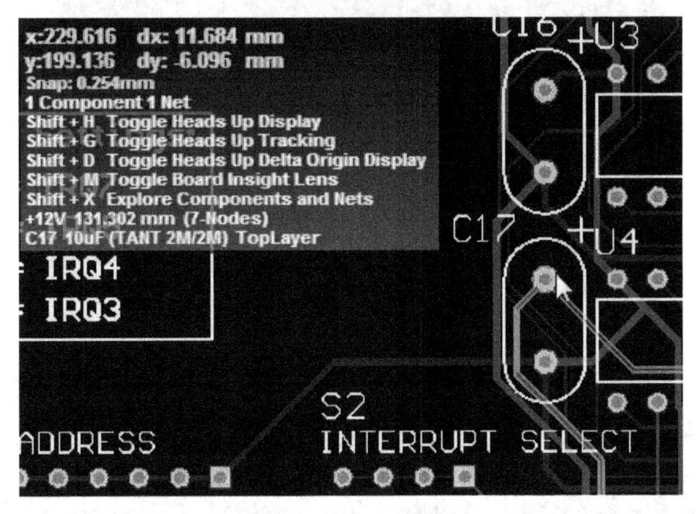

图 5-11 PCB 观察器

- 【x】【y】：当前光标所在的位置。
- 【dx】【dy】：当前光标位置相对于上次单击鼠标时位置的位移。
- 【Snap】【Hotspot Snap】：当前的捕获网络和电气网络值。
- 【1 Component 1 Net】：光标所在点有一个元件和一个电气网络。
- 【Shift + H Toggle Heads Up Display】：按【Shift+H】快捷键可以设置是否显示 PCB 观察器所提供的数据，按一次关闭显示，再按一次即可重新打开显示。
- 【Shift + G Toggle Heads Up Tracking】：按【Shift+G】快捷键可以设置 PCB 观察器所提供的数据是否随光标移动，还是固定在某一位置。
- 【Shift + D Toggle Heads Up Delta Origin Display】：按【Shift+D】快捷键设置是否显示【dx】和【dy】。
- 【Shift + M Toggle Board Insight Lens】：按【Shift+M】快捷键可以打开或关闭放大镜工具，执行该命令后，绘图区出现一个矩形区域，该区域内的图像将放大显示，如图 5-12 所示，这个功能在观察比较密集的 PCB 文档时比较有用。当处在放大镜状态时在此执行【Shift+M】可退出放大状态。
- 【Shift + X Explore Components and Nets】：按【Shift+M】快捷键可以打开 PCB 浏览器，如图 5-13 所示，在该浏览器中可以看到网络和元件的详细信息。
- 【+12V 131.302mm(7-Nodes)】：光标所在处网络的具体信息，其中网络名为“+12V”，总长度为 131.302mm，有 7 个节点。
- 【C17 10uF (TANT 2M/M)TopLayer】：光标所在处元件的具体信息，如元件的标号，封装所在的板层等。

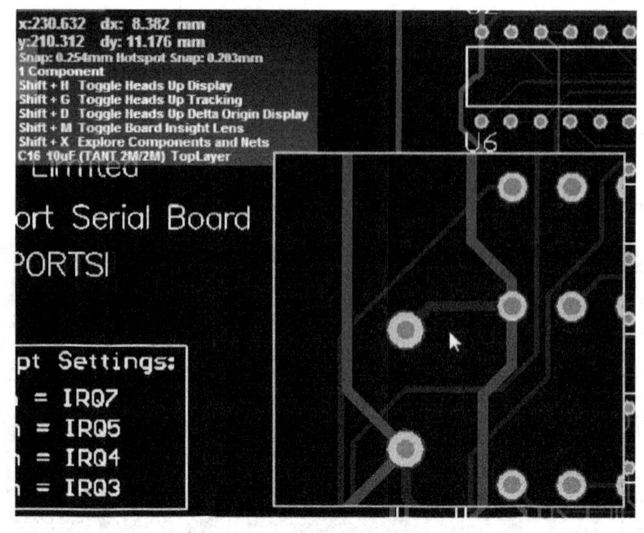

图 5-12　放大镜显示

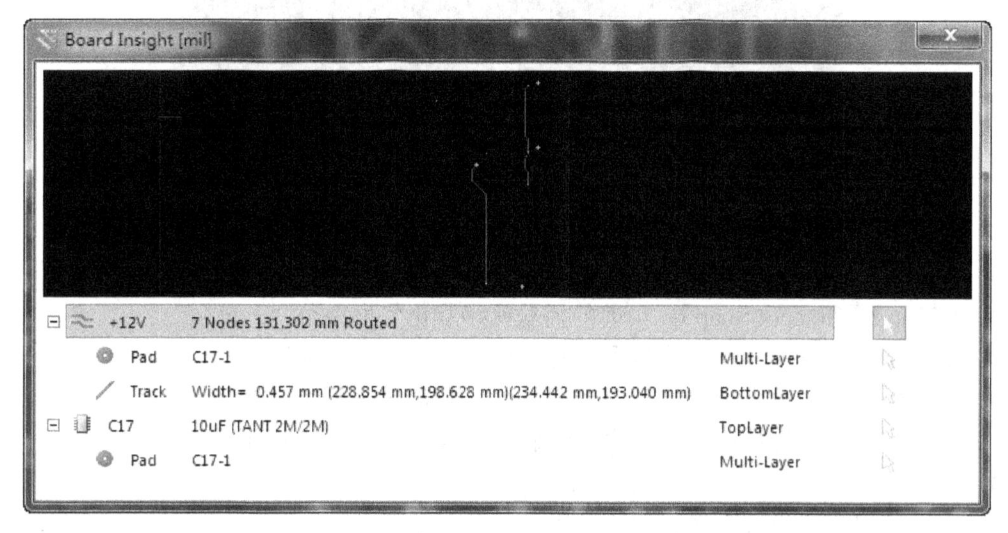

图 5-13　PCB 浏览器

5.2　PCB 编辑器环境参数设置

PCB 编辑器环境参数的设置主要包括 PCB 层颜色与显示的设置，图件的显示与隐藏设置，以及 PCB 的尺寸参数设置。

5.2.1　认识 PCB 的层

说到 PCB 的层，往往会将多层 PCB 设计和 PCB 的层混淆起来，下面来简单介绍一下 PCB 的层的概念。PCB 根据结构来分可分为单层板（Signal Layer PCB）、双层板（Double Layer PCB）和多层板（Multi Layer PCB）三种。

单层板是最简单的PCB，它仅仅是在一面进行铜膜走线，而另一面放置元件，结构简单，成本较低，但是由于结构限制，当走线复杂时布线的成功率较低，因此，单层板往往用于低成本的场合。

双层板在PCB的顶层（Top Layer）和底层（Bottom Layer）都能进行铜膜走线，两层之间通过导孔或焊盘连接，相对于单层板来说走线灵活得多，相对于多层板成本又低得多，因此，当前电子产品中双层板得到了广泛应用。

多层板就是包含多个工作层面的PCB，最简单的多层板就是四层板。四层板就是在顶层（Top Layer）和底层（Bottom Layer）中间加上了电源层和地平面层，通过这样的处理可以大大提高PCB的电磁干扰问题，提高系统的稳定性。

其实无论是单层板还是多层板，PCB的层都不仅是有着铜膜走线的这几层。通常在PCB上布上铜膜导线后，还要在上面加上一层（Solder Mask）防焊层，防焊层不沾焊锡，覆盖在导线上面可以防止短路。防焊层还有顶层防焊层（Top Solder Mask）和底层防焊层（Bottom Solder Mask）之分。

PCB上往往还要印上一些必要的文字，如元件符号、元件标号、公司标志等，因此，在电路板的顶层和底层还有丝印层（Silkscreen）。

其实当进行PCB设计时所涉及到的层远不止上面所介绍的铜膜走线层、防焊层和丝印层。Altium Designer提供了一个专门的层堆栈管理器（Layer Stack Manager）来管理板层，在后面的章节会详细介绍。

5.2.2 PCB层的显示与颜色

PCB设计过程中用不同的颜色来表示不同板层，在PCB编辑环境下执行菜单命令【设计（Design)】→【板层颜色（Board Layers & Colors)】打开如图5-14所示的【视图设置】对话框，【视图设置】对话框中有三个选项卡，其中，【板层和颜色（Board Layer And Colors)】选项卡用来设置各板层是否显示及板层的颜色。

如图5-14所示，列出了当前PCB设计文档中所有的层。根据各层面功能的不同，可将系统的层大致分为5大类，现在对【板层和颜色（Board Layer And Colors)】选项卡的设置进行介绍。

- 信号层（Signal Layers)：Altium Designer提供了32个信号层，其中包括Top Layer、Bottom Layer、Mid Layer 1…… Mid Layer 30等，图中仅仅显示了当前PCB中所存在的信号层，即Top Layer和Bottom Layer，若要显示所有的层面可以取消【在层堆栈仅显示层（Only show layers in layer stack)】选项。
- 内电层（Internal Planes)：Altium Designer提供了16个内电层，Plane1~Plane16，用于布置电源线和底线，由于当前PCB是双层板设计，没有使用内电层，所以该区域显示为空。

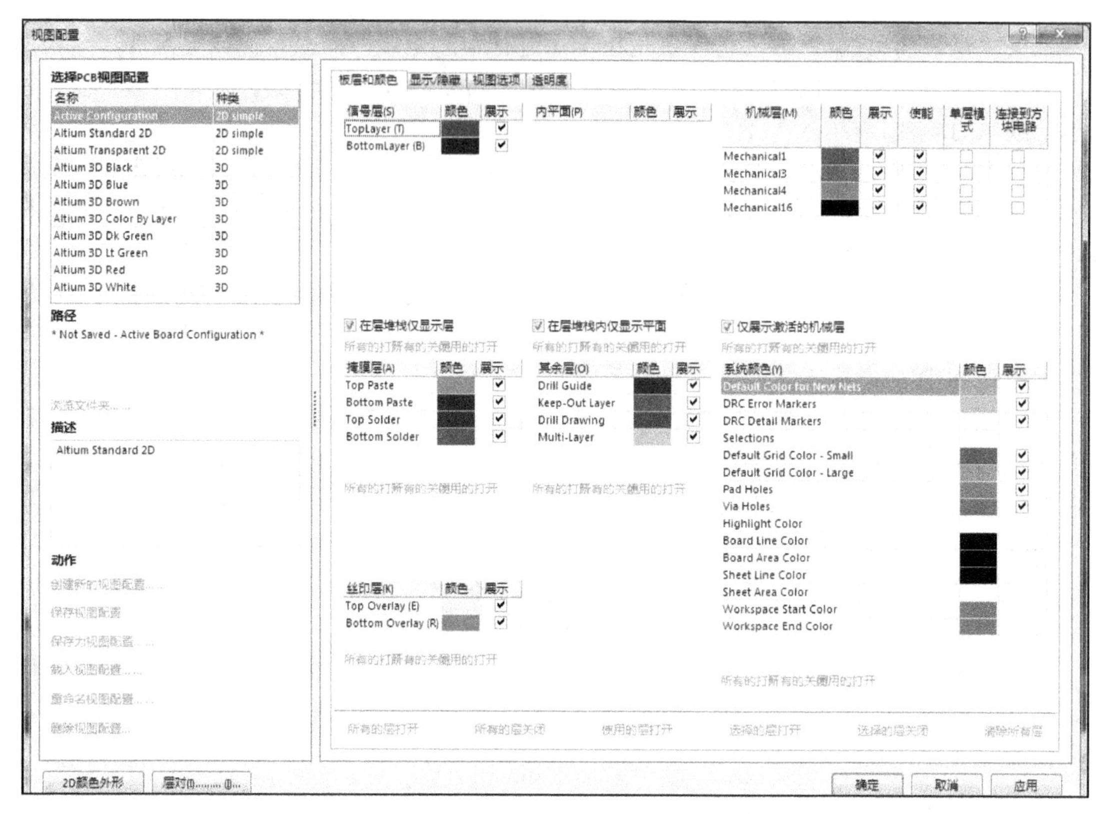

图 5-14 【视图设置】对话框

- 机械层（Mechanical Layers）：Altium Designer 提供了 16 个机械层，Mechanical1~Mechanical16。机械层一般用于放置有关制板和装配方法的指示性信息，图中显示了当前 PCB 所使用的机械层。
- 防护层（Mask Layers）：防护层用于保护 PCB 上不需要上锡的部分。防护层有阻焊层（Solder Mask）和锡膏防护层（Paste Mask）之分。阻焊层和锡膏防护层均有顶层和底层之分，即 Top Solder、Bottom Solder、Top Paste 和 Bottom Paste。
- 丝印层（Silkscreen）：Altium Designer 提供了两个丝印层，顶层丝印层（Top Overlay）和底层丝印层（Bottom Overlay）。丝印层主要用于绘制元件的外形轮廓、放置元件的编号或其他文本信息。
- 其他层（Other Layers）：Altium Designer 还提供了其他的工作层面。其中包括“Drill Guide”钻孔位置层、“Keep-Out Layer”禁止布线层、“Drill Drawing”钻孔图层和“Multi-Layer”多层。

以上介绍的各层面，均可单击后面【颜色（Color）】区域的颜色选框，在弹出的颜色设置对话框中设置该层显示的颜色。在【展示（Show）】显示选框中可以选择是否显示该层，选择该项则显示该层。另外在各区域下方的【在层堆栈仅显示层（Only show layers in layer stack)】选框可以设置是否仅仅显示当前 PCB 设计文件中仅存在的层面还是显示多个层面。

【板层和颜色（Board Layer And Colors）】选项卡中还可以设置系统显示的颜色，和上面层的显示与颜色设置一样，可以设置后面各系统组件的颜色，以及是否显示。

- 【Connections and From Tos】连接和飞线：预拉线和半拉线。
- 【DRC Error Markers】DRC 校验错误。
- 【Selections】选择：选择时的颜色。
- 【Visible Grid 1】可见网络 1。
- 【Visible Grid 1】可见网络 2。
- 【Pad Holes】焊盘内孔。
- 【Via Holes】过孔内孔。
- 【Highlight Color】高亮颜色。
- 【Board Line Color】电路板边缘颜色。
- 【Board Area Color】电路板内部颜色。
- 【Sheet Line Color】图纸边缘颜色。
- 【Sheet Area Color】图纸内部颜色。
- 【Workspace Start Color】工作区开始颜色。
- 【Workspace End Color】工作区结束颜色。

在【板层和颜色（Board Layer And Colors）】选项卡的下方还有一排功能设置按钮，如图 5-15 所示，各按钮的功能如下。

- 【所有的层打开（All Layer On）】显示所有层。
- 【所有的层关闭（All Layer Off）】关闭显示所有层。
- 【使用的层打开（Used Layer On）】显示所有使用到的层。
- 【Used Layer Off】关闭所有使用到的层。
- 【选择的层打开（Selected Layer On）】显示所有选中的层。
- 【选择的层关闭（Selected Layer Off）】关闭显示所有选中的层。
- 【清除所有层（Clear All Layer）】清除选择层的选中状态。

所有的层打开　所有的层关闭　使用的层打开　选择的层打开　选择的层关闭　清除所有层

图 5-15　颜色设置功能按钮

为了书本印刷显示方便，本书的 PCB 设计环境中将 PCB 顶层信号层和底层信号层的颜色分别设置成了红色和蓝色。其实 PCB 层面显示的设置还有一个更为简便的方式，单击主界面层标签栏左边的 LS 按钮，弹出如图 5-16 所示的板层显示设置菜单。单击【All Layers】项可以显示当前所有的层，或是单击下面的选项仅仅显示某一类的层面，如【Signal Layers】仅显示信号层；【Plane Layers】仅显示内电层；【NonSignal Layers】仅显示非信号层；【Mechanical Layers】仅显示机械层。

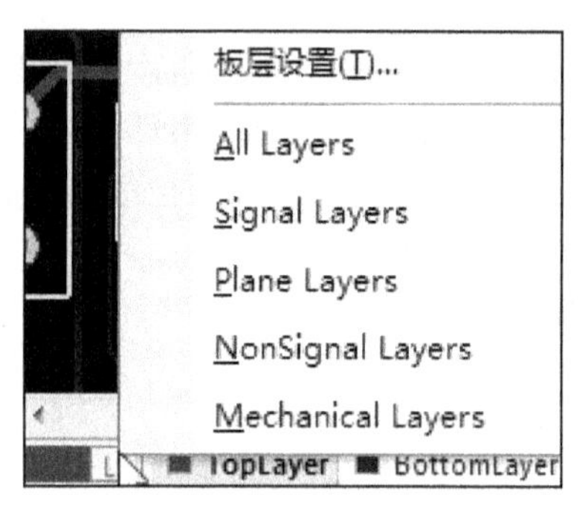

图 5-16 层显示设置

5.2.3 图件的显示与隐藏设定

Altium Designer PCB 设计环境错综复杂的界面往往让新手难以入手，在设计中为了更加清楚地观察元件的排布或走线，往往也需要隐藏某一类的图件。在如图 5-14 所示的【视图设置】对话框中切换到【Show/Hide】显示/隐藏选项卡，这里可以设置各类图件的显示方式如图 5-17 所示。

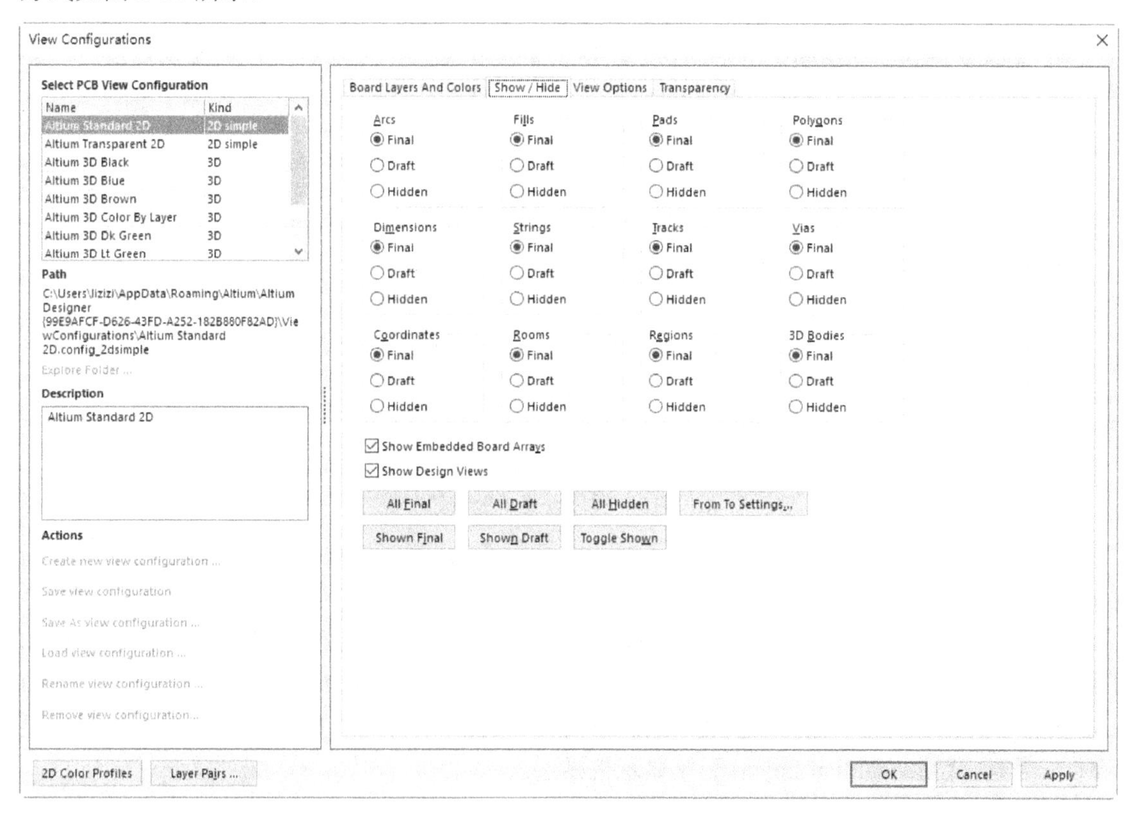

图 5-17 【显示/隐藏】选项卡

PCB 设计环境中的图件按照显示的属性可以分为以下几大类。

- 【圆弧（Arcs）】：PCB 文件中的所有圆弧状走线。
- 【填充（Fills）】：PCB 文件中的所有填充区域。

- 【焊盘（Pads）】：PCB 文件中所有元件的焊盘。
- 【覆铜（Polygons）】：PCB 文件中的覆铜区域。
- 【尺寸（Dimensions）】：PCB 文件中的尺寸标示。
- 【串（String）】：PCB 文件中的所有字符串。
- 【线（Tracks）】：PCB 文件中的所有铜膜走线。
- 【过孔（Vias）】：PCB 文件中的所有导孔。
- 【并列的（Coordinates）】：PCB 文件中的所有坐标标示。
- 【空间（Rooms）】：PCB 文件中的所有空间类图件。
- 【区域（Regions）】：PCB 文件中的所有区域类图件。
- 【3D 体（3D Bodies）】：PCB 文件中的所有 3D 图件。

以上各分类均可单独设置为【最终（Final）】最终实际的形状，多数为实心显示；【草案（Draft）】草图显示，多为空心显示和【隐藏的（Hidden）】隐藏。

5.2.4 电路板参数设置

选择【设计（Design）】菜单下的【板参数选项（Board Options）】选项，进入【PCB 尺寸参数设置】对话框，如图 5-18 所示，下面介绍各参数的含义。

图 5-18 【Board Options】选项卡设置

- 【度量单位（Measurement Unit）】：系统单位设定，可以选择【Imperial】英制单位或是【Metric】公制单位。
- 【布线工具路径（Route Tool Path）】：在层（Layer）中有两个选项，分别为：不适用和机械层。

- 【标识显示（Designator Display）】：标号的显示，有【Display Physical Designators】、【Display logical Designators】两个选项。
- 【捕获选项】：光标捕捉选项，可以选择【捕捉到栅格】、【捕捉到线性向导】、【捕捉到点向导】、【捕捉到目标轴】、【捕捉到目标热点】。
- 【图纸位置（Sheet Position）】：该区域用于设置图纸的位置，包括 X 轴坐标、Y 轴坐标、宽度、高度等参数。

5.3 PCB 设计的基本常识

上面介绍了 Altium Designer 的 PCB 编辑器工作环境，相信读者已经跃跃欲试想自己动手设计一块 PCB 了，接下来先来了解一下 PCB 设计的基本常识。

5.3.1 PCB 组成

无论多么复杂的电路板，都大致由元件、铜膜走线、过孔、焊盘等电气图件组成，如图 5-19 所示，是一个典型的 PCB 设计文件结构，下面详细介绍一下元件、焊盘、铜膜走线与过孔这几个电路板最基本的组成元素。

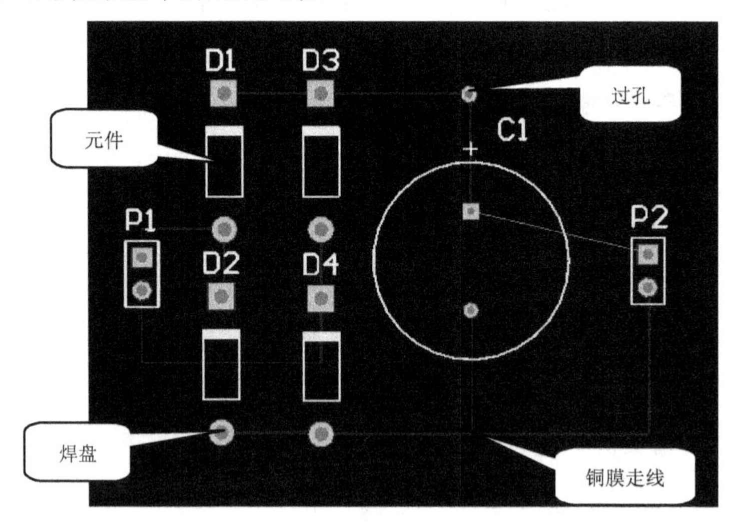

图 5-19　PCB 的组成

5.3.2 元件（Component）

没有元件的 PCB 是不能实现任何电气功能的，所以，元件是 PCB 最重要的组成元素。PCB 编辑器中的元件主要是指元件的封装，元件只能放置在 PCB 的顶层或是底层。

① 执行菜单命令【放置（Place）】→【器件（Component）】或是单击布线工具栏中的按钮弹出【放置元件】对话框，如图 5-20 所示。

图 5-20　【放置元件】对话框

② 单击对话框中的 ... 按钮，进入【元件库浏览】对话框，如图 5-21 所示，元件的查找与放置操作在 3.1 节的元件库操作中已经详细介绍。选中“DIP-8”封装，如图 5-22 所示，并确认，当返回到 PCB 编辑界面时光标上会黏附所选的封装，移至合适的位置单击鼠标左键确认放置。

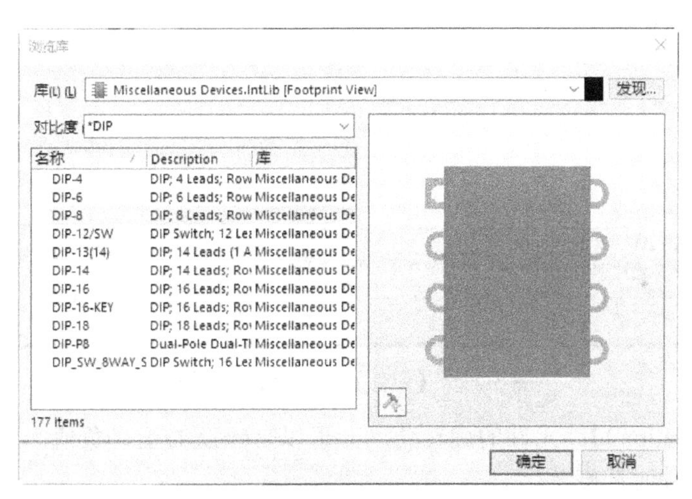

图 5-21　【元件库浏览】对话框

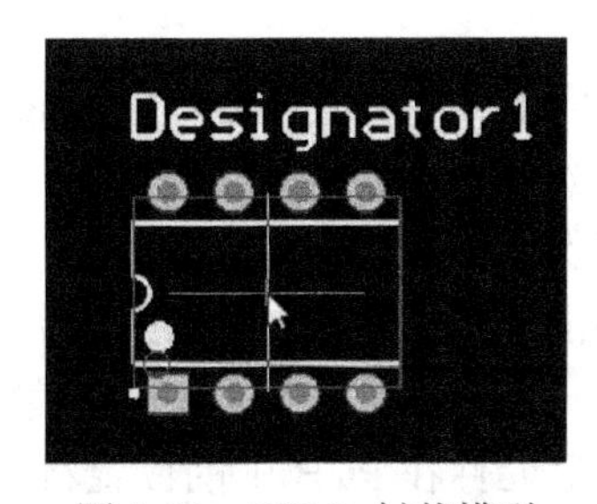

图 5-22　DIP-8 封装模型

③ 在元件放置的过程中，按【Tab】键或是双击放置完毕的元件封装弹出如图 5-23 所示的【元件属性设置】对话框。

【元件属性设置】对话框中各常用选项的意义如下所述。

● 【元件属性（Component Properties）】元件属性区域。

➢ 【层（Layer）】：元件可以放置的层，只有“Top Layer”和“Bottom Layer”可选。

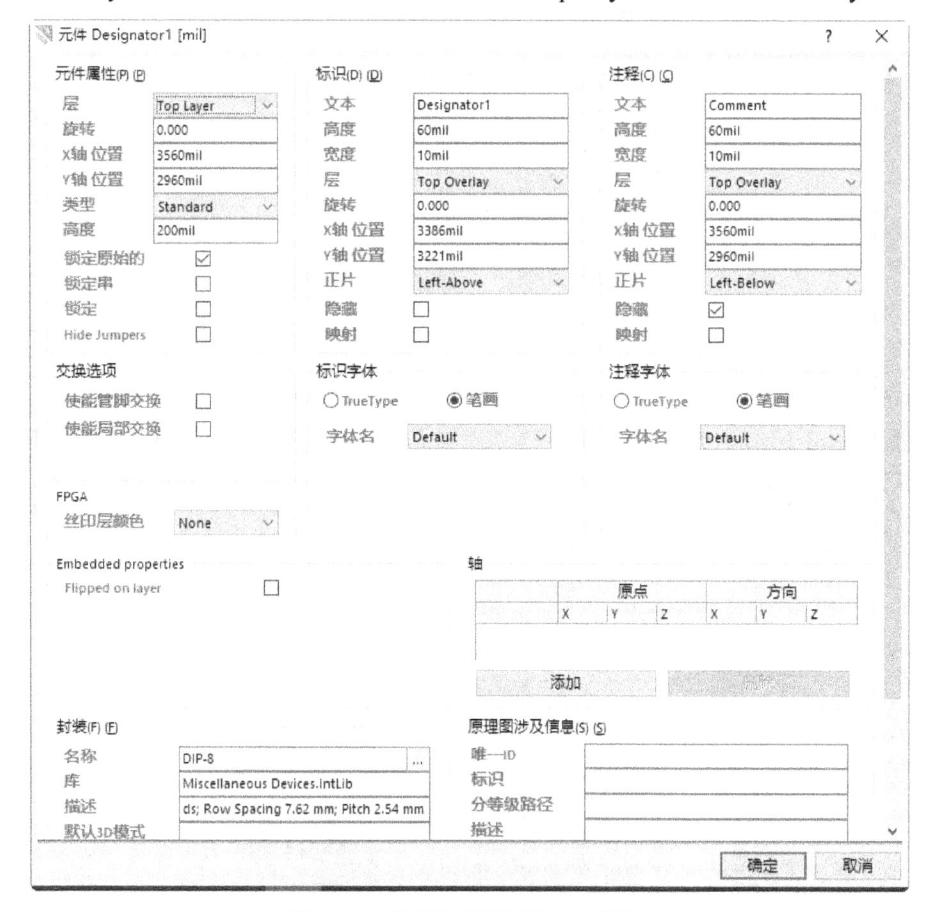

图 5-23 【元件属性设置】对话框

➢ 【旋转（Rotation）】：元件的旋转角度，可以是任意的正、负值。正值为逆时针旋转，负值为顺时针旋转。

➢ 【X 轴位置（X-Location）】、【Y 轴位置（Y-Location）】：元件在 PCB 图纸中的坐标位置。

➢ 【类型（Type）】：元件的类型，可以选择为“Standard”标准元件、“Mechanical”机械元件、“Graphical”光绘图形等。

➢ 【高度（Height）】：用于元件的 3D 显示。

➢ 【锁定原始的（Lock Primitives）】锁定图件：锁定后不能对图件的外形进行编辑。

➢ 【锁定串（Lock Strings）】：锁定后图件字符串不可编辑。

➢ 【锁定（Locked）】：：锁定后元件在 PCB 中的位置将固定。

● 【Swapping Options】交换选项：主要是针对 FPGA 设计的。

➢ 【使能引脚交换（Enable Pin Swaps）】：允许引脚交换。

➢ 【使能局部交换（Enable Part Swaps）】：允许端口交换。

- 【标识（Designator）】和【注释（Comment）】区域：元件标注和注释设置，该区域的设置与【元件属性（Component Properties）】区域的内容相似，下面仅介绍不同的属性设置。

➢【高度（Height）】、【宽度（Width）】：字符串框的长度和宽度。

➢【正片（Autoposition）】自动调整：字符串内容在字符串框中位置的自动调整，可以设置为手动、左上、左中、左下等。

➢【隐藏（Hide）】：选中该项字符串将隐藏。

➢【映射（Mirror）】：选中该项字符串将镜像显示。字符串镜像显示的效果，如图 5-24 所示。

图 5-24　字符串的镜像显示

- 【标识字体（Designator Font）】和【注释字体（Comment Font）】区域：该区域用来设定字符串的字体信息，可以选择【True Type】和【笔画（Stroke）】字体。
- 【封装（Footprint）】封装区域：该区域列出了元件的封装信息，如【名称（Name）】封装名称、【库（Library）】所属的元件库、【描述（Description）】描述信息、【默认 3D 模型（Default 3D model）】3D 模型。
- 【原理图涉及信息（Schematic Reference Information）】图纸引用信息，该区域列出了与 PCB 文档对应的电路原理图纸的信息，因为这里是手工放置元件，所以图纸信息为空。

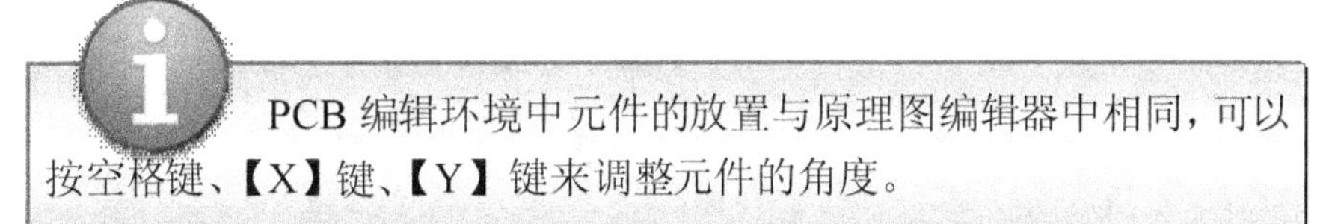

PCB 编辑环境中元件的放置与原理图编辑器中相同，可以按空格键、【X】键、【Y】键来调整元件的角度。

5.3.3　焊盘（Pad）与过孔（Via）

焊盘（Pad）是元件组成的一部分，没有焊盘的元件是不能实现其电气功能的，但是 Altium Designator 提供了单独的焊盘放置功能。

焊盘的放置非常简单，执行菜单命令【放置（Place）】→【焊盘（Pad）】，或是单击布线工具栏中的◎按钮，光标上将会附带一个焊盘，移至合适的位置后单击鼠标左键即可放置。

放置过程中按下【Tab】键或是双击放置完毕的焊盘，进入【焊盘属性设置】对话框，如图 5-26 所示，下面来详细介绍各属性设置的意义。

- 【焊盘预览区域】：对话框的上部为焊盘预览窗口，这里显示的是当前设置下焊盘的形状大小。预览框的下部有一排层标签，可以单击标签切换到相应的层。

- 【位置（Location）】：这里列出了焊盘中心的坐标值和旋转角度。
- 【孔洞信息（Hole Information）】焊孔信息：该区域设置焊孔的形状和大小。【通孔尺寸（Hole Size）】是指焊孔的直径或者边长。焊孔可以设置为【圆形（Round）】圆孔、【正方形（Square）】方孔和【槽（Slot）】槽型孔。当设置为方孔时还需设置方孔所旋转的角度【Rotation】，设置为槽型孔需设置插槽的长度【Length】，插槽的长度必须大于孔径，如图 5-25 所示为各种焊孔的形状。

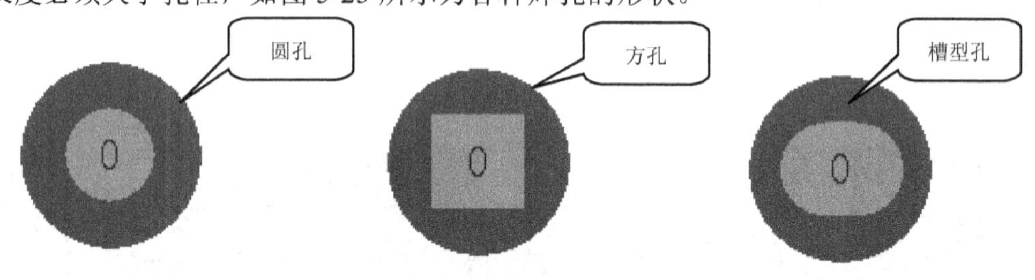

图 5-25　焊孔的形状

- 【属性（Properties）】：该区域设置焊盘的电气属性，图 5-26 所示为【焊盘属性设置】对话框，各项的含义如下。

图 5-26　【焊盘属性设置】对话框

- ➢【标识（Designator）】焊盘的标号：通常指元件引脚号。
- ➢【层（Layer）】板层信息：设置焊盘所在的半成，【Multi-Layer】是指针脚式焊盘，

【Top Layer】和【Bottom Layer】则是指表面黏着式焊盘。

- ➢【网络（Net）】焊盘所属的网络标号。
- ➢【电气类型（Electrical Type）】焊盘的电气类型：可以选择【Load】信号的中间点、【Source】信号的起点、【Terminal】信号的终点。
- ➢【电气类型】该选项卡有三个选项，分别为：Load，Terminator 和 Source。
- ➢【Pin/Pkg Length】：设置管脚长度。
- ➢【锁定（Locked）】：设置焊盘是否锁定。

- ●【尺寸和外形（Size and Shape）】尺寸和形状区域：在次区域内设置焊盘的大小与形状，焊盘有三种设置方式。

- ➢【简单的（Simple）】：在该种状态下仅能设置焊盘的大小【X】、【Y】坐标值，以及焊盘的形状，如图 5-27 所示，系统支持圆形、方形、八角形和圆角矩形四种焊盘形状。

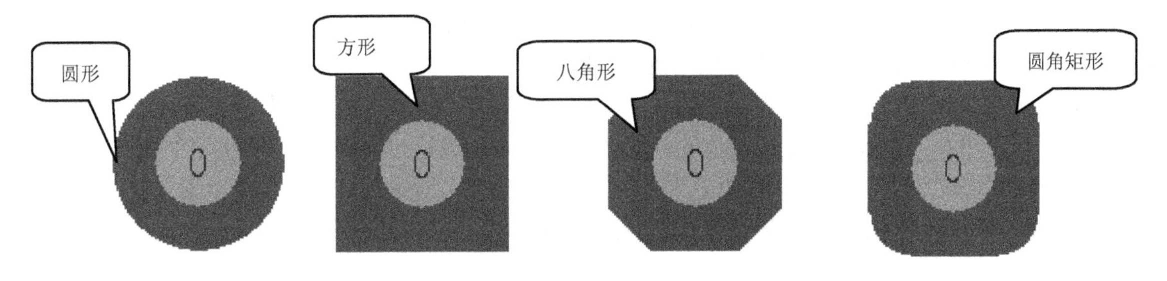

图 5-27　焊盘的形状

- ➢【顶层-中间层-底层（Top-Middle-Bottom）】：该种设置是针对多层板设计的，可以分别设置焊盘在顶层，中间层和底层的大小和形状。
- ➢【完成堆栈（Full Stack）】全堆栈：选择该设置方式将会激活【编辑全部焊盘层定义（Edit Full Pad Layer Definition）】按钮，单击该按钮弹出如图 5-28 所示的焊盘层编辑器，在这里面可以编辑焊盘在各层的形状及尺寸。由于当前是双层 PCB 设计，所以，编辑器里面只显示了顶层和底层的焊盘属性，若取消选择【只显示层栈中的层（Only show layers in layerstack）】则编辑器将显示所有的层。

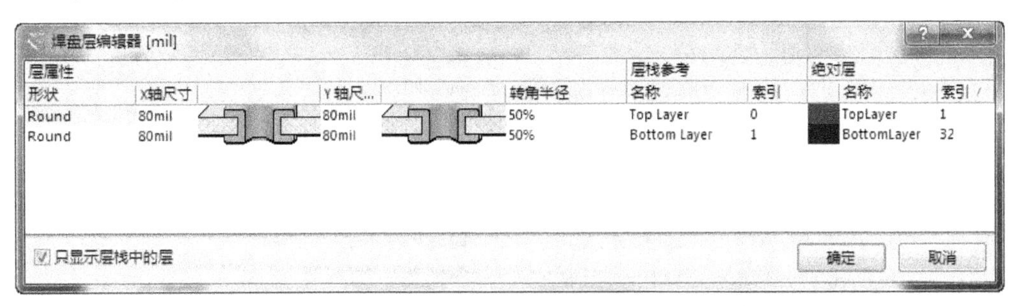

图 5-28　焊盘层编辑器

- ●【粘贴掩饰扩充（Paste Mask Expansion）】助焊膜延伸，在这里设置助焊膜的扩展模式，助焊膜扩展值是指助焊膜距离焊盘外边的距离。

➢【按规则扩充值（Expansion value from rules）】：根据规则设置助焊膜的扩展值。
➢【指定扩充值（Specify expansion value）】：自行设定助焊膜的扩展值，并在旁边的文本框中填入设定值。
●【阻焊层扩展（Solder Mask Expansions）】防焊膜延伸：在此设定防焊膜的扩展模式。
➢【按规则扩充值（Expansion value from rules）】：根据规则设置防焊膜的扩展值。
➢【指定扩充值（Specify expansion value）】：自行设定防焊膜的扩展值，并在旁边的文本框中填入设定值。
➢【强迫完成顶部隆起（Force complete tenting on top）】：在顶层强制生成凸起，即顶层防焊膜直接覆盖焊盘。
➢【强迫完成底部隆起（Force complete tenting on Bottom）】：在底层强制生成突起，即底层防焊膜直接覆盖焊盘。

过孔（Via）是用来穿透不同层的导体，通常见到的过孔是穿透所有层的，即从顶层到底层。过孔还有盲孔和埋孔，盲孔是外部层面连接到内部层面的孔，但没有穿透所有层面；埋孔则是电路板内部层面之间电气连接的孔。

过孔的放置与属性设置与焊盘类似，执行菜单命令【放置（Place）】→【Via】，或是单击布线工具栏的按钮放置过孔，双击放置完毕的过孔进行过孔的属性设置，如图 5-29 所示。与焊盘的属性设置所不同的地方在于过孔的形状必须是圆形的，而且必须穿透两个不同的层面，而焊盘可以只是在某一个层面上，如贴片元件的焊盘就是在顶层或是底层。

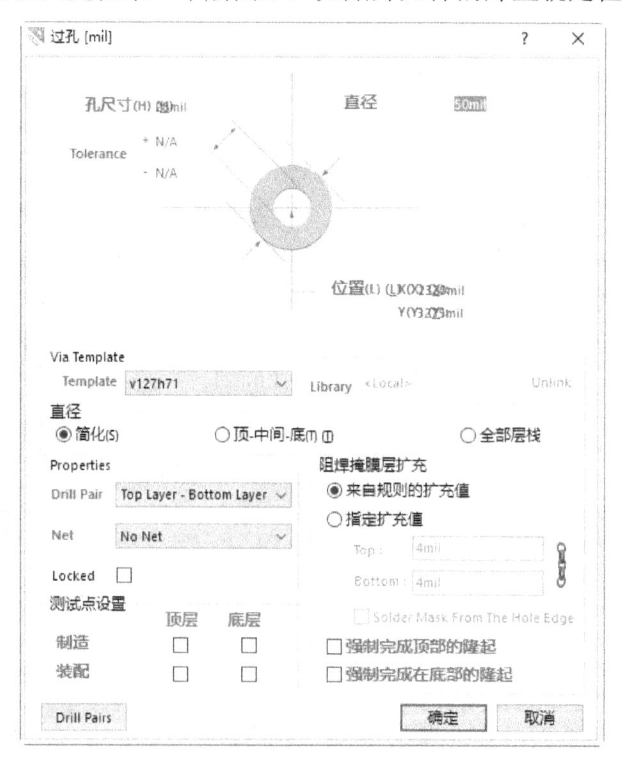

图 5-29 【过孔属性设定】对话框

无论是焊盘还是过孔，当其放置在空白位置上时是不连接到任何网络的，当其放在已有的焊盘或过孔上而且中心重合时，将会替代原有的焊盘或过孔，当与电气走线相交时，该焊盘或过孔将连接到该网络。

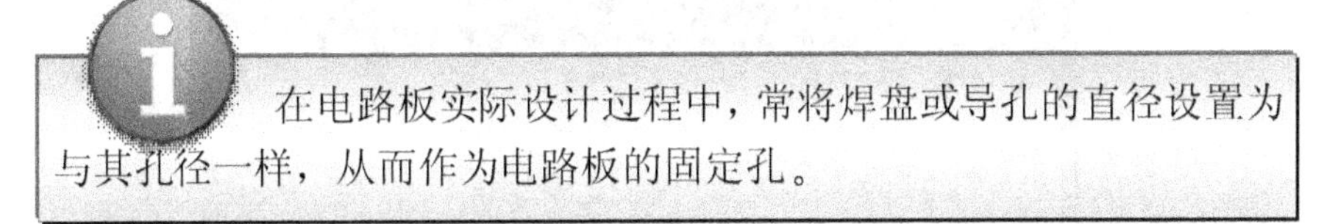

在电路板实际设计过程中，常将焊盘或导孔的直径设置为与其孔径一样，从而作为电路板的固定孔。

5.3.4 铜膜走线【走线（Track）】

元件之间的信号传递需要铜膜走线【走线（Track）】来完成，走线就是在同一板层内传递电气信号或能量的导线，通常走线是布在信号板层（Signal Layers）中传递信号或是布在内电层（Internal Planes）传递能量，当然走线也可以布在其他板层中，如布在“Keep-Out Layer”中绘制禁制区域。

放置走线的方式多种多样，最常用的方式就是交互式布线，这种布线方式下的铜膜走线必须依附于特定的电气网络。执行菜单命令【放置（Place）】→【交互式布线（Interactive Routing）】或是单击布线工具栏的按钮，进入交互式布线状态。

PCB 编辑环境中绘制走线的方式与原理图编辑环境中绘制导线的方式相同，在起点处单击鼠标左键确定起点，并移动鼠标拉出走线，移动过程中可单击左键确定中间点，到达终点处双击鼠标左键确定并单击鼠标右键退出布线状态。

在放置走线的过程中可以按键盘【空格】键切换走线转角的方向，如图 5-30 所示。

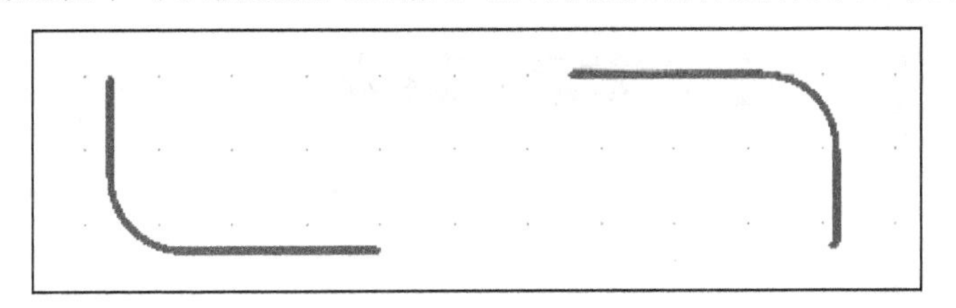

图 5-30　转角方向的改变

同时也可以按【Shift】+【空格】键切换走线的模式。Altium Designer 提供了 5 种走线模式，分别为 45°/90° 走线、圆角走线、直角走线、圆弧走线和任意角度走线模式，可按【Shift】+【空格】键依次切换，各种走线的效果如图 5-31 所示。

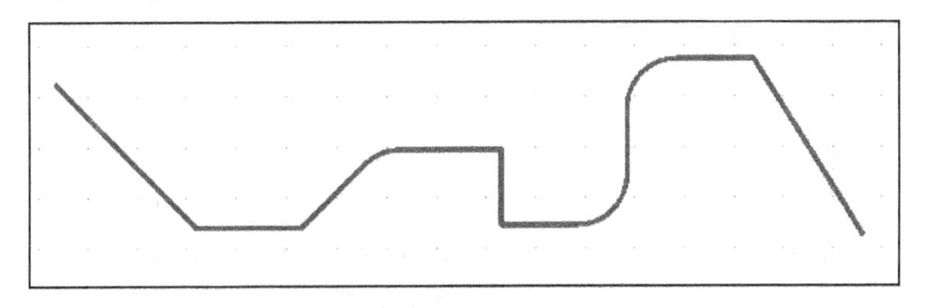

图 5-31　走线方式的切换

双击绘制完毕的走线，进入【走线属性设定】对话框，如图 5-32 所示。该属性对话框定义了 Track 走线的起点和终点坐标、【层（Layer）】所在的板层、【网络（Net）】所属的网络，以及【锁定（Locked）】是否锁定，【使在外（Keepout）】属性是指是否设置该走线上禁止放置元件，当选择此项后走线的四周将出现粉红色边框，表示该走线上不能放置元件。

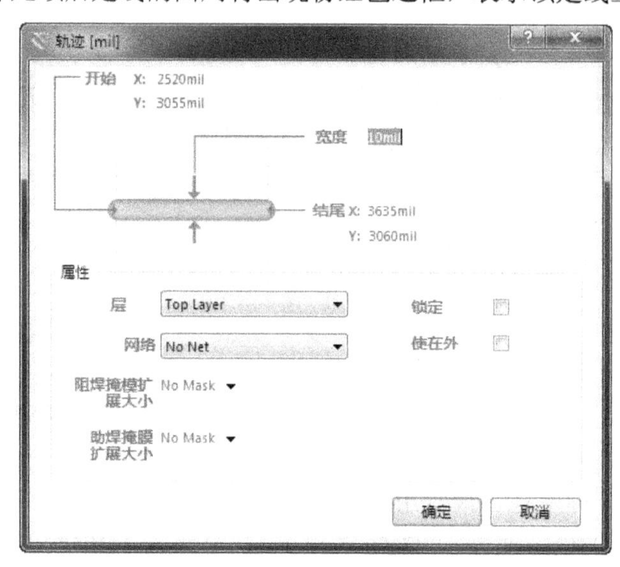

图 5-32 【Track 属性设定】对话框

若是 Arc 圆弧状的走线，双击该圆弧则弹出如图 5-33 所示的【圆弧状走线属性设定】对话框。与“走线（Track）”属性类似，对于圆弧则要设置圆弧的【居中（Center）】圆心坐标、【半径（Radius）】、【起始角度（Start Angle）】【终止角度（End Angle）】起始角度，以及【宽度（Width）】。

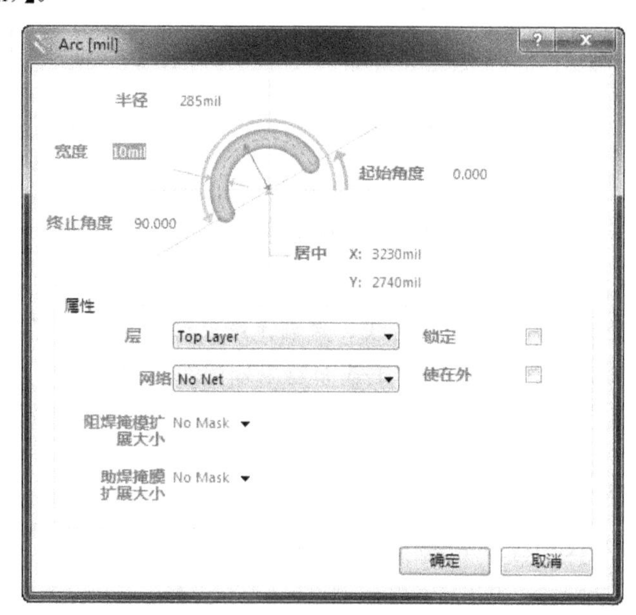

图 5-33 Arc 属性设置

5.4 PCB 编辑器首选项设置

在第 2 章介绍 Altium Designer 原理图开发环境的时候曾详细介绍过原理图设计系统首选项的设置，在 PCB 设计系统中同样可以按照自己的操作习惯来设置系统的首选项。在菜单栏的 DXP 菜单中选择【参数选择（Preferences）】选项，或是执行菜单命令【工具（Tools）】→【优化选项（Preferences）】弹出如图 5-34 所示的【PCB 编辑器首选项设置】对话框，这里列出了 15 类系统参数设置，下面来分别介绍。

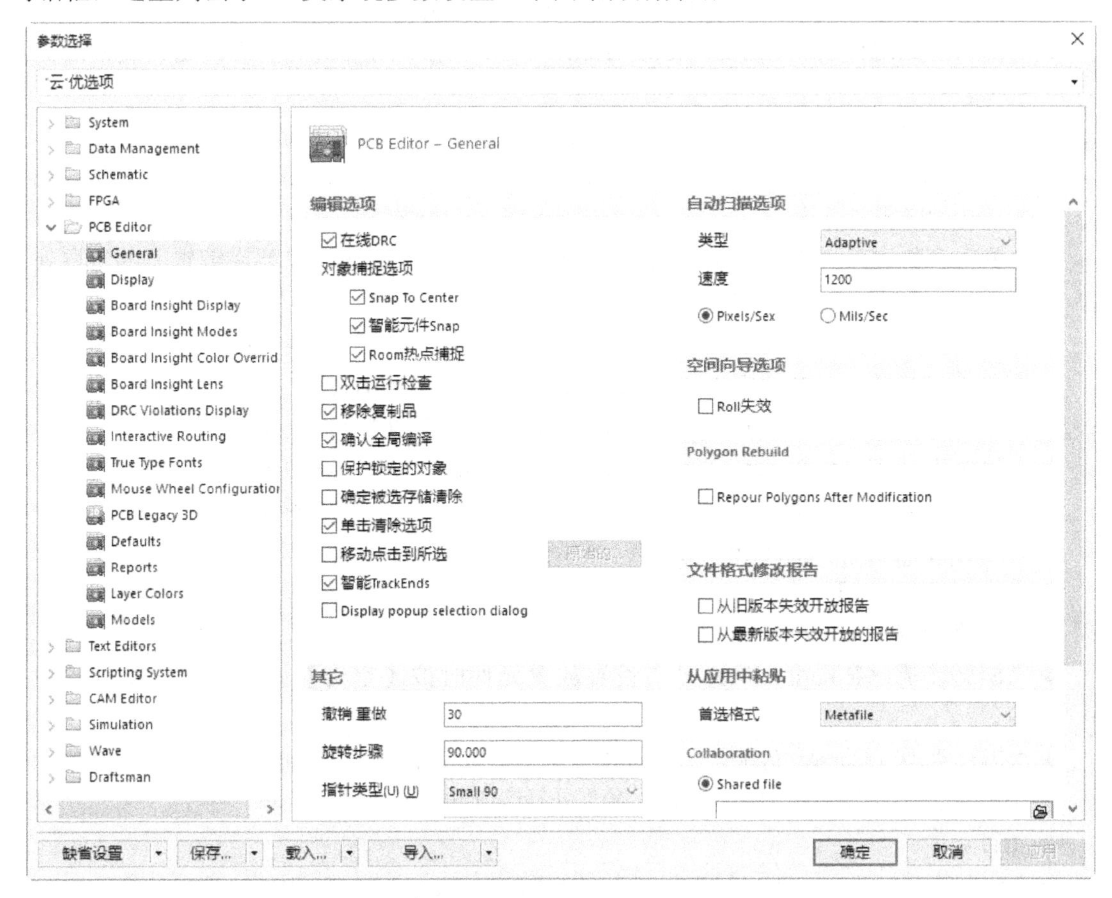

图 5-34 【PCB 编辑器首选项设置】对话框

5.4.1 【General】常规参数设置

常规参数设置选项卡是对电路板设计中一些常规的操作进行设定，将如图 5-34 所示的【PCB 编辑器首选项设置】对话框切换的【General】选项卡，各参数含义如下。

- 【Editing Options】编辑选项区域。

➢ “在线 DRC（Online DRC）”：在线 DRC 检查，选择该项后，PCB 设计过程中若有违反设计规则的情况，系统将用绿色标示提示，提示设计者修正错误。

➢ “Snap To Center”：中心捕获，选择该项后，当用鼠标左键按住图件时，光标将自动滑至图件的中心。若是元件，光标将滑至元件的第一脚，若是导线，则滑至导线的起点处。

- “智能元件 Snap（Smart Component Snap）”：只能元件捕获，选择该项后，当用鼠标左键按住图件时，光标将移至图件最近的焊盘。
- “Room 热点捕捉（Snap To Room Hot Spot）”：捕获到元件的热点。
- “双击运行检查（Double Click Runs Inspector）”：双击运行监测器，选择该项后，双击图件即可运行监测器。
- “移除复制品（Remove Duplicates）”：删除重复的图件。
- “确认全局编译（Confirm Global Edit）”：当使用全局编辑功能修改图件属性后需要确认。
- “保护锁定的对象（Protect Locked Objects）”：被保护对象被编辑时需要确认。
- “确定被选存储清除（Confirm Selection Memory Clear）”：确认清除存储器，当清除选择的内存时需要确认。
- “单击清除选项（Click Clears Selection）”：单击清除所选，只要在编辑区的空白处单击鼠标左键即可清除当前的选择。
- “移动点击到所选（Shift Click To Select）”：按住【Shift】键的同时鼠标左键单击图件选中图件，选中此项后，后面的【原始的（Primitives）】按钮被激活，可以单击该按钮在弹出的对话框中选择按住【Shift】键的同时可以选择的图件。
- “智能 TrackEnds（Smart Track Ends）”：智能布线末端，选中该项后，进行交互式布线时，若有走线穿过焊盘，则该走线将以焊盘为端点分成两段。
- “Display popup selection dialog”：显示弹出式选择对话框。

● 【其他（Other）】

- “撤销 重做（Undo/Redo）”：设置撤消和重做的次数。
- “旋转步骤（Rotation Step）”：设置放置元件时按【空格】键元件默认旋转的角度。
- “指针类型（Cursor Type）”：光标类型设置，可以设置为“Large 90”，即跨越整个编辑区的大十字形指针；“Small 90”小十字形指针；“Small 45”小的“×”字形指针。
- “比较拖拽（Comp Drag）”：设定元件移动的方式，选择“none”，则元件移动时，连接的导线不跟随移动，导致断线；选择“Connected Tracks”时，导线随着元件一起移动，相当于原理图编辑环境中的拖拽。

● 【自动扫描选项（Autopan Options）】：该区域设置当光标移至编辑区的边缘时图纸移动的样式和速度设定。

【类型（Style）】提供了 7 种自动边移的样式。

- “Disable”：禁止自动边移。
- “Re-Center”：每次边移半个编辑区的距离。
- “Fixed Size Jump”：固定长度边移。
- “Shift Accelerate”：边移的同时按住【Shift】键使边移加速。
- “Shift Decelerate”：边移的同时按住【Shift】键使边移减速。

> “Ballistic”：变速边移，指针越靠近编辑区边缘，边移速度越快。
> “Adaptive”：自适应边移，选择此项后还需设置边移的速度。

- 【空间向导选项（Space Navigator Options）】导航选项，选中“Roll 失效（Disable Roll）”将禁止导航滚动。
- 【多边形重新铺铜（Polygon Repour）】：重新覆铜，设置覆铜后，当有导线与覆铜区域重叠时，是否重新覆铜。

> “Repour”：重新覆铜有三种方式可以选择，“Never”从不；“Threshold”阈值；“Always”总是。
> “极限（Threshold）”：设置重新覆铜的阈值。

- 【文件格式变化报告（File Format Change Report）】。

> “从旧版本失效开放报告（Disable opening the report from older version）”：打开较旧版本的文件时禁止产生报告。
> “从最新版本失效开放报告（Disable opening the report from newer version）”：打开较新版本的文件时禁止产生报告。

5.4.2 【Display】显示参数设置

显示参数设置主要是设置 PCB 编辑器显示界面的内部引擎设置，切换到【Display】选项卡，如图 5-35 所示，下面介绍各参数的含义。

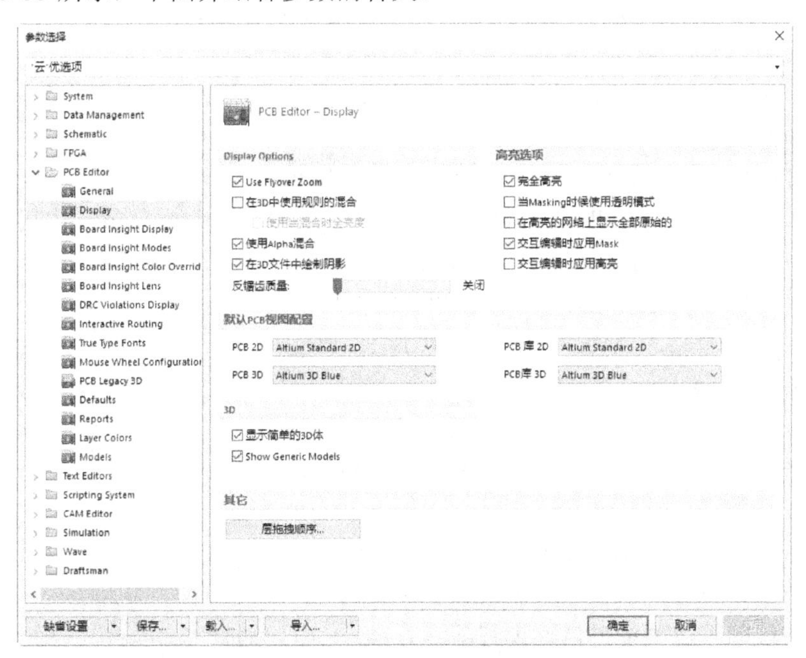

图 5-35 【Display】显示参数设置

- 【显示选项（Display Options）】：设置显示的相关属性设置。

> “使用 Flyover（Use Flyover Zoom）”：中使用“Flyover Zoom”技术，如图 5-36 所示。

☑ Use Flyover Zoom

图 5-36　当前系统的显示器信息

➢ “在 3D 中使用规则的混合（Use Ordered Blending in 3D）”：使用规则混合。

➢ “使用当混合时全亮度（Use Full Brightness When Blending）”：混合时使用全部高亮。

➢ “使用 Alpha 混合”（Use Alpha Blending）：Alpha 混合用于将图片与背景进行混合，创造出一个部分透明或者全透明的外观。

➢ “在 3D 文件中绘制阴影（Draw Shadows in 3D）”：3D 显示时使用阴影显示。

● 【高亮选项（Highlighting Options）】高亮选项设置。

➢ “完全高亮（Highlight in Full）”：全部高亮，设置当图件高亮显示时是整个图件填满高亮显示还是仅仅高亮显示边框。

➢ “在 Masking 时候使用透明模式（Use Transparent Mode When Masking）”：掩膜时使用透明模式。

➢ “在高亮的网络上显示全部原始的（Show All Primitives In Highlighted Nets）”：选择有效时，在单层模式下显示所有层的对象（包括隐藏层中的对象），当前层高亮显示。取消该项，则单层模式下仅显示当前层的对象，多层模式下所有层的对象都以“Highlighted Nets”颜色显示出来。

➢ “交互编辑时应用 Mask（Apply Mask During Interactive Editing）”：交互式布线时使用掩膜功能。

➢ “交互编辑时应用高亮（Apply Highlight During Interactive Editing）”：交互式布线时使用高亮功能。

● 【默认 PCB 视图配置（Default PCB View Configurations）】。

➢ “PCB 2D”平面显示 PCB 的显示设置，默认采用“Altium Standard 2D”。

➢ “PCB 2D”3D 显示 PCB 的显示设置，默认是“Altium 3D Blue”，可在右边的下拉菜单中自行设置配置方案。

● 【默认 PCB 库显示配置（Default PCB Library View Configurations）】。

➢ “PCB 库 2D（PCB Lib 2D）”平面显示 PCB 元件库时的显示设置，默认采用“Altium Standard 2D”。

➢ “PCB 库 3D（PCB Lib 3D）”3D 显示 PCB 元件库时的显示设置，默认是“Altium 3D Blue”，可在右边的下拉菜单中自行设置配置方案。

● 【层拖拽顺序（Layer Drawing Order）】：层绘制顺序设置按钮，即重新显示 PCB 时各层显示的顺序。单击后弹出如图 5-37 所示的层绘制顺序设置对话框。可在框中选择需要改变绘制顺序的层，单击【促进（Promote）】按钮提升绘制的优

图 5-37　层绘制顺序设置

先级，或是单击【降级（Demote）】按钮降低绘制顺序的优先级，单击【默认（Default)】按钮则恢复至默认的顺序。

5.4.3 【Board Insight Display】板观察器显示参数设置

复杂的多层 PCB 设计使得 PCB 的具体信息很难在工作空间中表现出来。Altium Designer 提供了 Board Insight 板观察器这一观察 PCB 的利器，Board Insight 具有 Insight 透镜、堆叠鼠标信息、浮动图形浏览、简化的网络显示等功能，在下面的几个小节中将详细介绍 Board Insight 的参数设置。

将首选项对话框切换到【Board Insight Display】选项卡，这里主要设置板观察器显示参数，如图 5-38 所示。

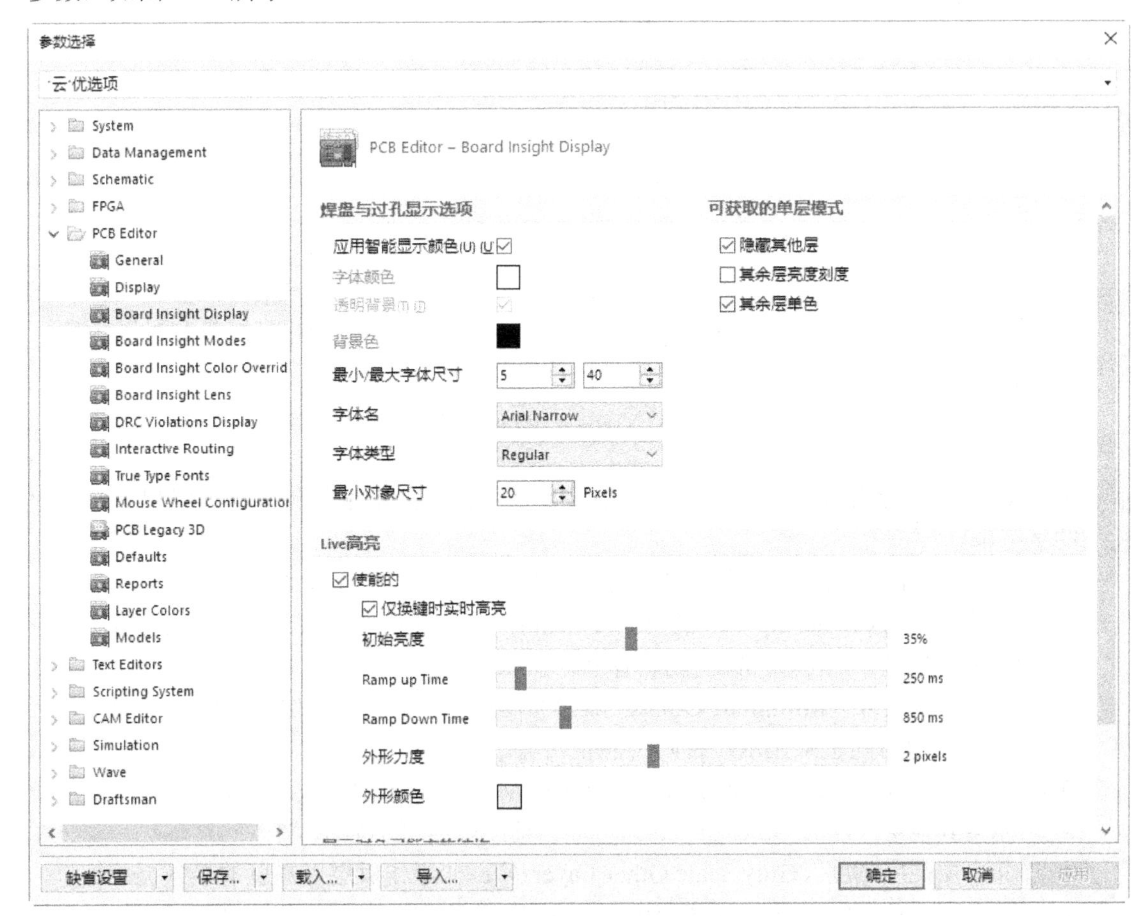

图 5-38 板观察器显示参数设置

- 【焊盘与导孔显示选项（Pad and Via Display Options）】。

➢ "应用智能显示颜色（Use Smart Display Color)"：使用智能颜色显示，焊盘和过孔上显示网络名和焊盘编号的颜色由系统自动设置，若不选择该项还需自行设定下面的几项参数。

➢ “字体颜色（Font Colors）”：字体颜色，焊盘和过孔上显示网络名和焊盘编号的颜色，单击后面的颜色块，弹出如图 5-39 对选择颜色对话框，可对字体颜色进行设置。

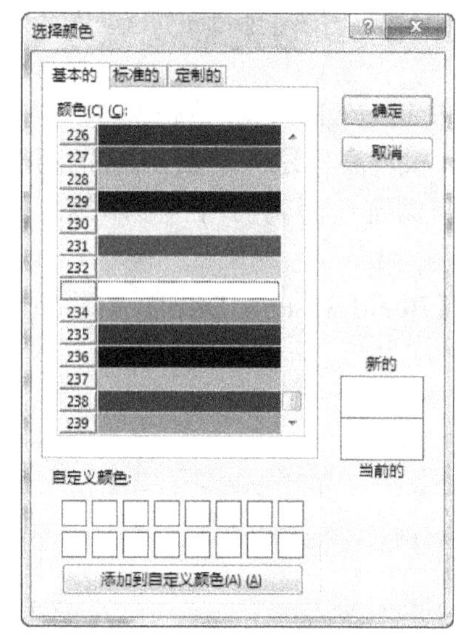

图 5-39　【选择颜色】对话框

➢ “透明背景（Transparent Background）”：使用透明的背景，针对焊盘和过孔上字符串的背景，选择该项后不用设置下一项背景颜色。

➢ “背景色（Background Color）”背景颜色，焊盘和过孔上显示网络名和焊盘编号的背景颜色。

➢ “最小/最大字体尺寸（Min/Max Font Size）”最大/最小字体尺寸，针对焊盘和过孔上的字符串。

➢ “字体名（Font Name）”字体名称选择，在后面的下拉菜单中选择字体。

➢ “字体类型（Font Style）”字体风格选择，可以选择“Regular”正常字体、“Bold”粗体、“Bold Italic”粗斜体和“Italic”斜体。

➢ “最小对象尺寸（Minimum Object Size）”设置字符串的最小像素。字符串的尺寸大于设定值时能正常显示，否则不能正常显示。

● 【可获取的单层模式（Available Single Layer Modes）】单层模式选项。

➢ “隐藏其他层（Hide Other Layers）”：非当前工作板层不显示。

➢ “其余层亮度刻度（Gray Scale Other Layers）”：非工作板层以灰度的模式显示。

➢ “其余层单色（Monochrome Other Layers）”：非工作板层以单色的模式显示。

5.4.4　【Board Insight Modes】板观察器模式参数设置

切换到【Board Insight Modes】板观察器模式选项卡，如图 5-40 所示，各参数设置的意义如下。

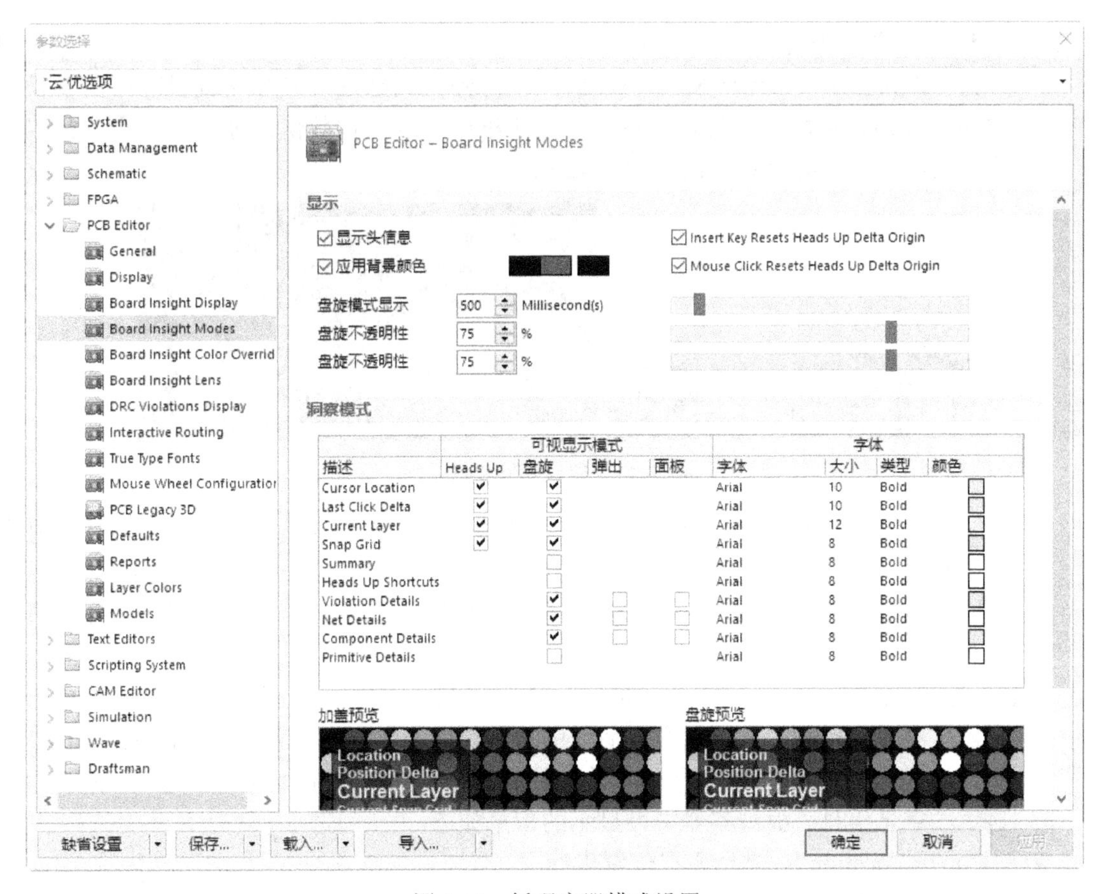

图 5-40 板观察器模式设置

- 【显示（Display）】。
  - “显示头信息（Display Heads Up Information”：显示板观察器，即当光标处在编辑区时，显示光标所在位置的网络或图件的信息，如图 5-41 所示。

x:236.982 dx:236.982 mm
y:242.570 dy:242.570 mm
Snap: 0.254mm Hotspot Snap: 0.203mm
1 Component
Shift + H Toggle Heads Up Display
Shift + G Toggle Heads Up Tracking
Shift + D Toggle Heads Up Delta Origin Display
Shift + M Toggle Board Insight Lens
Shift + X Explore Components and Nets
C9 0.1uF (RAD0.2) TopLayer

图 5-41 显示板观察器

  - “应用背景颜色（Use Background Color）”：设定板观察器的背景颜色，在后面的颜色块中设定背景颜色。
  - “Insert Key Reset Heads Up Delta Origin”：按【Inert】键复位光标的相对增量，即“dx”“dy”值。
  - “Mouse Click Resets Heads Up Delta Origin”：鼠标单击复位光标的增量值，即

"dx""dy"值归零。

➢ "盘旋模式显示（Hover Mode Delay）"：悬停模式延迟，光标在编辑区停留多长时间后开始显示堆叠信息，在后面的文本框中填入具体数值或拖动滑块设置延迟值，延时显示堆叠信息对比如图 5-42 所示。

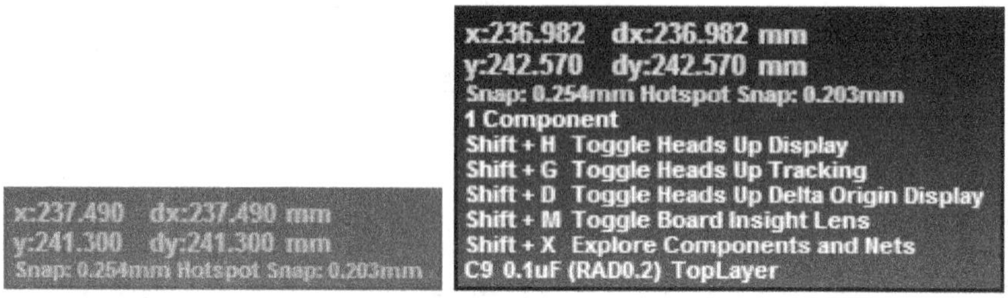

x:237.490 dx:237.490 mm
y:241.300 dy:241.300 mm
Snap: 0.254mm Hotspot Snap: 0.203mm

x:236.982 dx:236.982 mm
y:242.570 dy:242.570 mm
Snap: 0.254mm Hotspot Snap: 0.203mm
1 Component
Shift + H Toggle Heads Up Display
Shift + G Toggle Heads Up Tracking
Shift + D Toggle Heads Up Delta Origin Display
Shift + M Toggle Board Insight Lens
Shift + X Explore Components and Nets
C9 0.1uF (RAD0.2) TopLayer

图 5-42　信息的堆叠显示

➢ "盘旋不透明性（Heads Up Opacity）"：堆叠显示的不透明度，填入具体百分数值或拖动滑块进行设置。

➢ "盘旋不透明性（Hover Opacity）"：光标悬停时，板观察器背景的不透明度，填入具体百分数值或拖动滑块进行设置。

● 【可视显示模式（Visual Display Modes）】和【字体（Font）】区域：该区域设置板观察器堆叠显示信息的具体内容，后面的选框可以设定是光标移动时【Heads Up】显示，还是光标停留时【盘旋（Hover）】显示；后面的【字体（Font）】区域则设置显示的字体信息。板观察器中可显示的信息如下。

➢ "Cursor Location"：光标所在位置坐标。
➢ "Last Click Delta"：离上次鼠标单击位置的坐标增量。
➢ "Current Layer"：当前层的名称。
➢ "Snap Grid"：捕获网络的间距。
➢ "Summary"：光标所指图件的数量。
➢ "Heads Up Shortcuts"：板观察器快捷键。
➢ "Violation Details"：违反设计规则的具体信息。
➢ "Net Details"：网络详细信息。
➢ "Component Details"：元件详细信息。
➢ "Primitive Details"：图件的详细信息。

● 【加盖预览（Heads Up Preview）】和【盘旋预览（Hover Preview）】预览区域：这两个预览区域分别提供光标移动和光标停留时板观察器显示信息的预览。

5.4.5 【Board Insight Lens】板观察器透镜参数设置

板观察器还提供了一个观察透镜，用于观察 PCB 的细节，切换到 PCB 板观察器透镜参数设置选项卡，如图 5-43 所示。

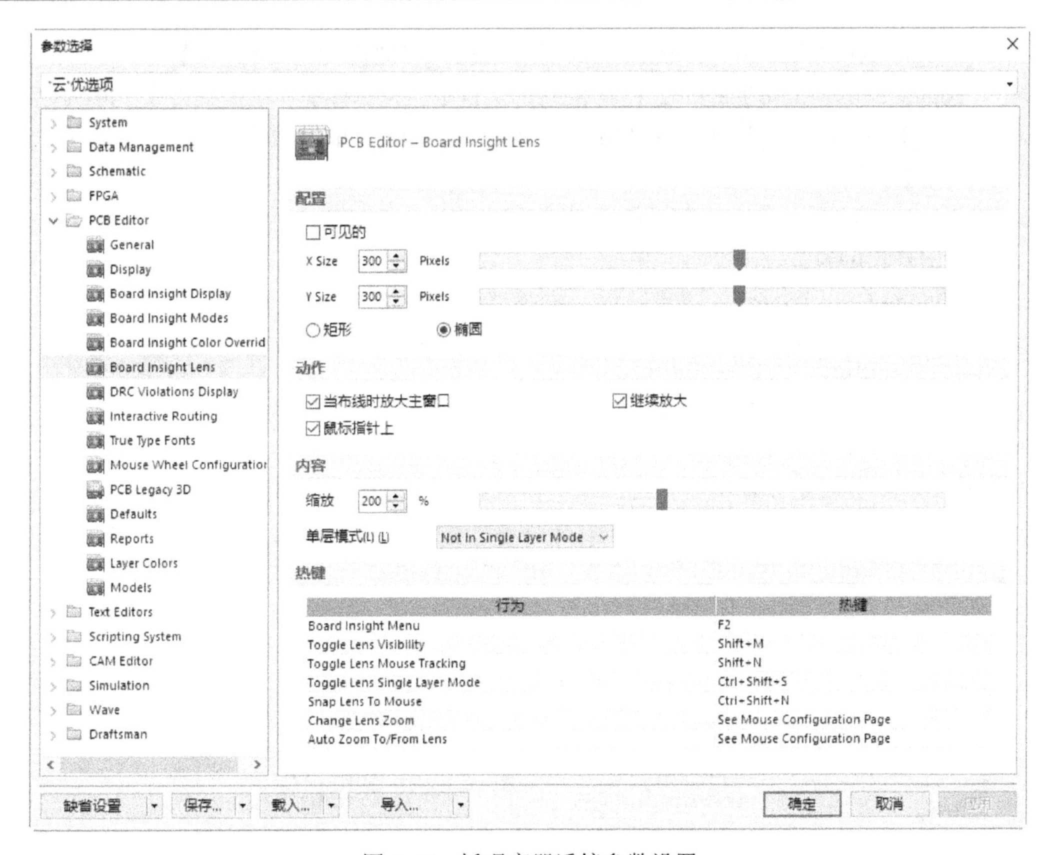

图 5-43　板观察器透镜参数设置

- 【配置（Configuration）】。
  - “可见的（Visible）”：是否使用板观察器提供的透镜放大显示对象。
  - “X Size”、“Y Size”：透镜的横轴和纵轴的尺寸。
  - “矩形（Rectangle）”：采用矩形透镜。
  - “椭圆（Elliptical）”：采用椭圆形透镜。
- 【动作（Behavior）】特性区域。
  - “当布线时放大主窗口（Zoom Main Window to Lens When Routing）”：在自动布线时缩放主窗口到观察透镜。
  - “继续放大（Animate Zoom）”：根据 PCB 缩放等级自动调整观察透镜缩放等级。
  - “鼠标指针上（On Mouse Cursor）”：选择该项后，观察透镜随光标移动，否则将固定在屏幕的某处。
- 【内容（Content）】内容区域。
  - “缩放（Zoom）”：设置透镜放大的倍率，可在文本框中直接填入数值或拖动滑块指定。
  - “单层模式（Single Layer Mode）”：可以设置为“Not In Single Layer Mode”，或是“Monochrome Other Layers”在透镜中单色显示其他层。
- 【热键（Hot Keys）】透镜显示的快捷键设置。
  - “Board Insight Menu”：板观察器菜单，快捷键为【F2】。

➢ “Toggle Lens Visibility”：切换是否使用透镜，快捷键为【Shift+M】。
➢ “Toggle Lens Mouse Tracking”：切换透镜是否跟随光标移动，快捷键为【Shift+N】。
➢ “Toggle Lens Single Layer Mode”：切换是否使用单层模式，快捷键为【Ctrl+Shift+S】。
➢ “Snap Lens to Mouse”：光标捕获透镜时，光标在透镜的中央，快捷键为【Ctrl+Shift+N】。
➢ “Change Lens Zoom”：透镜缩放，参见“See Mouse Configuration”设置。
➢ “Auto Zoom to/From Lens”自动缩放，参见“See Mouse Configuration”设置。

5.4.6 【Interactive Routing】交互式布线参数设置

交互式布线参数就是设置手工布线时一些常规属性的设置，切换到【Interactive Routing】交互式布线选项卡，如图 5-44 所示，下面介绍各项参数设置的意义。

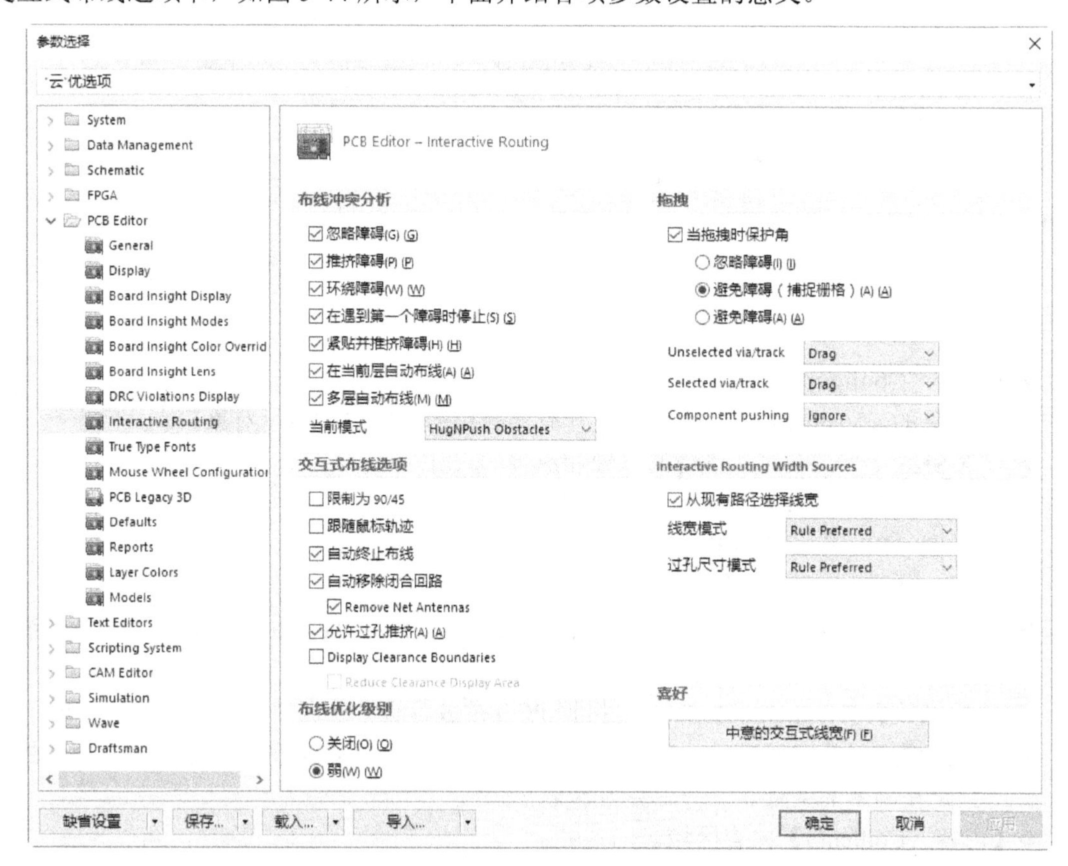

图 5-44　交互式布线参数设置

● 【布线冲突分析（Routing Conflict Resolution）】：布线冲突解决方案，该区域设置当交互式布线遇到冲突时，程序所采用的处理方式，可采用下面五种解决方案。
➢ “忽略障碍（Ignore Obstacles）”：不解决冲突，不管障碍物或是冲突，继续进行交互式布线。

➢ “推挤障碍（Push Obstacles）”：遇到冲突或障碍物时将障碍物推开，继续进行布线。
➢ “环绕障碍（Walkaround Obstacles）”：遇到冲突或障碍物时绕过障碍物，继续进行布线。
➢ “在遇到第一个障碍时停止（Stop At First Obstacles）”：在遇到第一个障碍物时停止走线。
➢ “紧贴并推挤障碍（Hug And Push Obstacles）”：遇到冲突或障碍物时绕过障碍物，根据情况推移或绕过障碍物进行布线。
➢ “在当前层自动布线（AutoRoute Current Layer）”：选择自动布线。
➢ “多层层自动布线（AutoRoute Multilayer）”。

当前模式下拉选项卡为选择以上几种模式。

● 【交互式布线选项（Interactive Routing Options）】交互式布线选项区域。
➢ “限制为 90/45（Restrict To 90/45）”：限制走线只能走 45°或 90°。
➢ “跟随鼠标轨迹（Follow Mouse Trail）：布线时，走线自动跟随鼠标轨迹。
➢ “自动终止布线（Automatically Terminate Routing）”：自动结束布线，当完成一条布线时，自动断开布线。
➢ “自动移除闭合回路（Auto Remove Loops）”：自动移除回路，当交互式布线形成回路时，系统会自动移除旧的布线，自动移除回路的效果如图 5-45 所示。

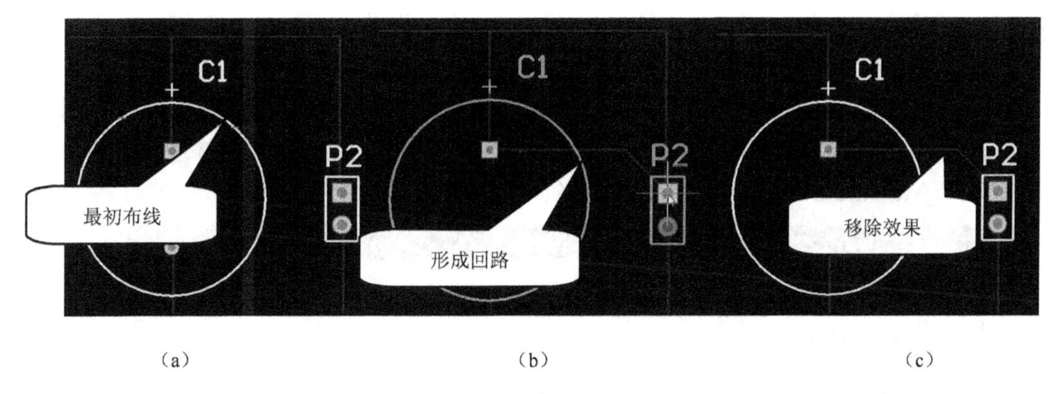

（a）　　（b）　　（c）

图 5-45　自动移除回路

➢ “允许过孔堆挤（Allow Via Pushing）”：允许在交互式布线时堆挤过孔，该模式仅在推挤障碍（Ignore Obstacles）和环绕障碍（Walkaround Obstacles）有效。
➢ “允许过孔推挤（Allow Via Pushing）”：在布线时，允许对过孔推挤。
➢ “显示电气间隙边界（Display Clearance Boundaries）”与“减少电气间隙显示区域（Reduce Clearance Display Area）”：在布线时可以动态显示可用区域。

● 【交互式布线线宽/过孔尺寸来源（Interactive Routing Width/Via Size Sources）】主要设置交互式布线时走线宽度和过孔尺寸。
➢ “从现有路径选择线宽（Pickup Track Width From Existing Routes）”：拾取现有走线的宽度，选择该项后当在现有走线的基础上继续走线时，系统将直接采用现有走线的线宽。

➢ “线宽模式（Track Width Mode）”：为用户提供了四种选择模式：“User Choice”，选择宽度模式，布线过程中按下【Shift+W】键，弹出布线宽度选择菜单，如图 5-46 所示，可在其中选择线宽；“Rule Minimum”，使用布线规则中的走线最小宽度；“Rule Preferred”，使用布线规则中首选宽度；“Rule Maximum”，选择布线规则中的最大宽度。

Choose Width

Imperial		Metric		System Units
Width	Units	Width	Units	Units
5	mil	0.127	mm	Imperial
6	mil	0.152	mm	Imperial
8	mil	0.203	mm	Imperial
10	mil	0.254	mm	Imperial
12	mil	0.305	mm	Imperial
20	mil	0.508	mm	Imperial
25	mil	0.635	mm	Imperial
50	mil	1.27	mm	Imperial
100	mil	2.54	mm	Imperial
3.937	mil	0.1	mm	Metric
7.874	mil	0.2	mm	Metric
11.811	mil	0.3	mm	Metric
19.685	mil	0.5	mm	Metric
29.528	mil	0.75	mm	Metric
39.37	mil	1	mm	Metric

☑ Apply To All Layers

图 5-46 布线宽度选择菜单

➢ “过孔尺寸模式（Via Size Mode）”：为用户提供了四种选择模式：“User Choice”，用户选择尺寸模式，布线过程中按下【Shift+V】快捷键，弹出过孔尺寸选择菜单，如图 5-47 所示，可在其中选择过孔尺寸；“Rule Minimum”，使用布线规则中的最小过孔尺寸；“Rule Preferred”，使用布线规则中首选过孔尺寸；“Rule Maximum”，选择布线规则中的最大过孔尺寸。

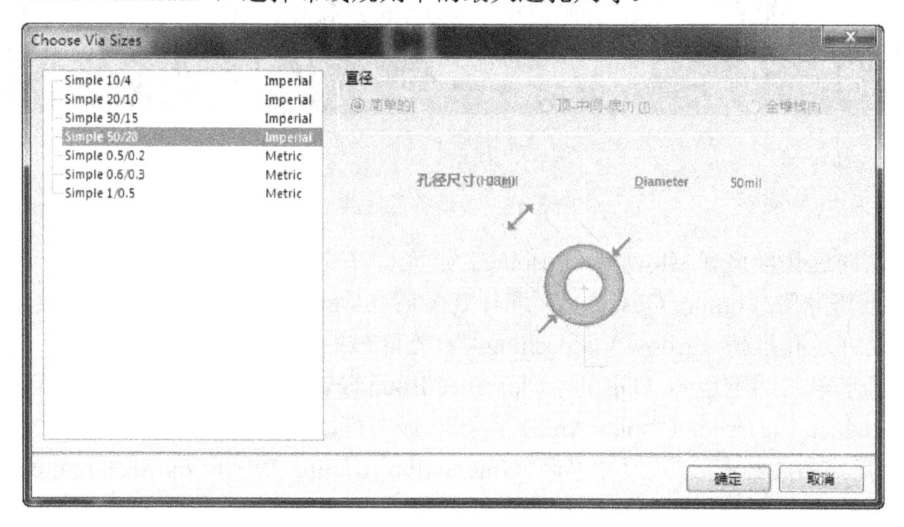

图 5-47 过孔尺寸选择菜单

● 【拖拽（Dragging）】设置拖拽布线时，保持走线角度的模式。只有选择【当拖拽时保护角（Preserve Angle When Dragging）】选项时才可以选择下面的选项。

➢ “忽略障碍（Ignore Obstacles）”：忽略障碍。
➢ “避免障碍(捕捉网格)（Avoid Obstacles(Snap Grid)）”：避开障碍，但是走线捕获网络。
➢ “避免障碍（Avoid Obstacles）”：避开障碍，走线不捕获网络。

5.4.7 【True Type Fonts】字体参数设置

在【PCB 编辑器首选项设定】对话框中切换到【True Type Fonts】选项卡，如图 5-48 所示。

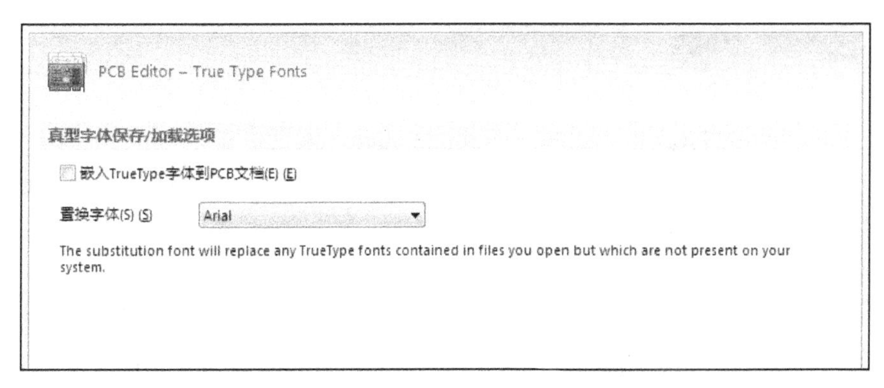

图 5-48 “True Type Fonts”字体设置

● 【嵌入 TrueType 字体到 PCB 文档（Embed True Type fonts Inside PCB documents）】：设定在 PCB 文件中嵌入 True Type 字体，不用担心目标计算机系统不支持该字体。
● 【替换字体（Substitution font）】：即找不到原先字体时用什么字体来替换。

5.4.8 【Mouse Wheel Configuration】鼠标滚轮参数设置

鼠标滚轮的应用大大方便了绘图，在【PCB 编辑器首选项设定】对话框中切换到【Mouse Wheel Configuration】鼠标滚轮设置选项卡，如图 5-49 所示。图中列出了所有滚轮与按键的组合方式，以及所对应的功能。读者可自行设置【Ctrl】键、【Shift】键、【Alt】键，以及滚轮滚动和滚轮单击的组合。

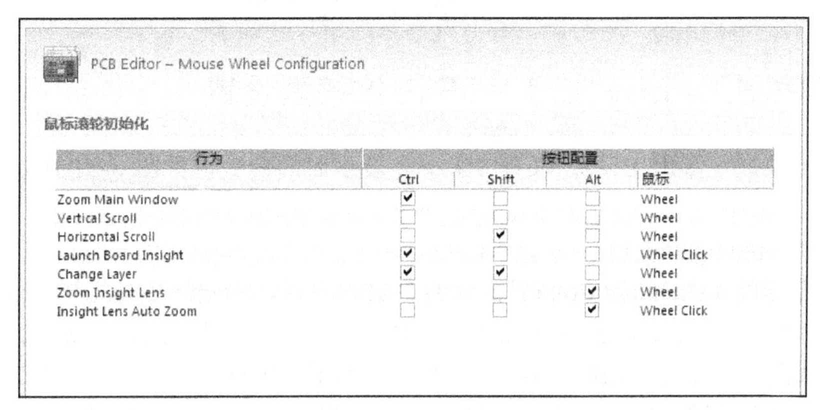

图 5-49 鼠标滚轮设置

5.4.9 【Defaults】默认参数设置

默认参数设置用来设置 PCB 编辑环境中放置图件的默认参数。切换到【Defaults】选项卡，如图 5-50 所示，其中【原始的（Primitives）】元件区域内列出了所有的图件，可以双击选定的图件或是选定图件后单击下面的【编辑值（Edit Values）】按钮，在弹出的【图件属性】对话框中设置图件的默认属性。

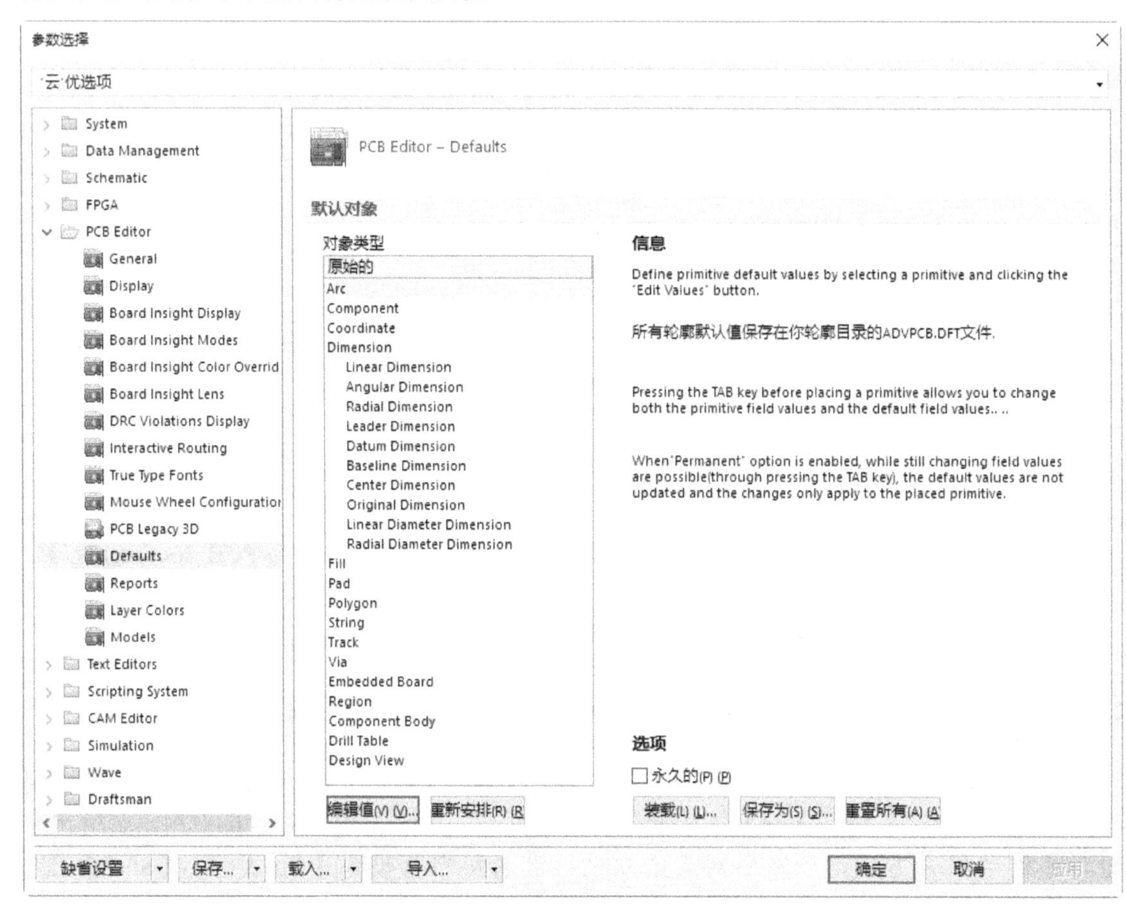

图 5-50 【默认参数设置】选项卡

5.4.10 【PCB Legacy 3D】PCB 三维模型设置

PCB 三维模型设置用来设置 PCB 3D 实体展示时的参数，如图 5-51 所示，各项说明如下。

- 【高亮（Highlighting）】高亮显示区域。
  - "高亮颜色（Highlight Color）"：PCB 三维显示时，指定网络高亮显示的颜色。
  - "背景颜色（Background Color）"：三维显示时，高亮显示的背景颜色。
- 【打印品质（Print Quality）】：设置打印实体模型的显示质量，可以设置为"草稿（Draft）"草图、"常规（Normal）"标准和"校样（Proof）"精细。

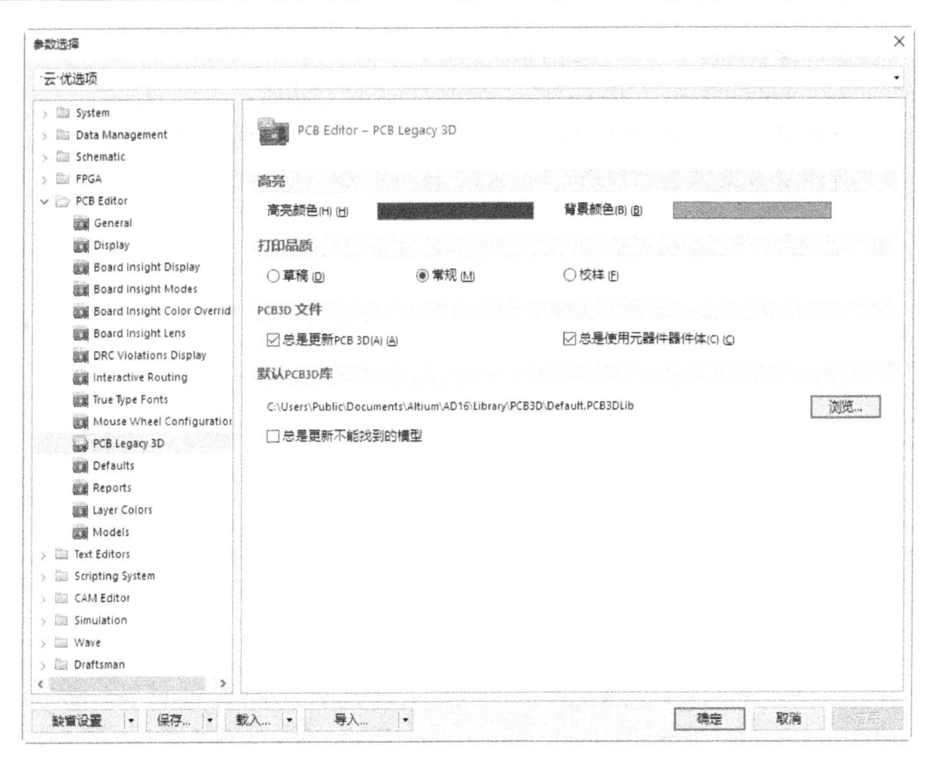

图 5-51　PCB 三维实体展示参数设置

- 【PCB3D 文件（PCB3D Document）】：PCB 3D 显示文档。
  - “总是更新 PCB 3D（Always Regenerate PCB3D）”：PCB 3D 显示时，若有变动总是重写 PCB3D 文件。
  - “总是使用元器件器件体（Always Use Component Bodies）”：采用元件本身所挂的 3D 模型。
- 【默认 PCB3D 库（Default PCB3D Library）】：系统默认的 PCB3D 库路径为“C:\Users\Public\Documents\Altium\AD16\Library\PCB3D\Default.PCB3DLib”，可单击后面的【浏览（Browse）】按钮自行设置库的路径。“总是更新不能找到的模型（Always regenerate models which cannot be found）”是指当元件没有 3D 模型时系统重新计算元件的 3D 模型。

5.4.11 【Reports】报告参数设置

切换到【Reports】报表设置，如图 5-52 所示。列出了报表的【名称（Name）】、【展示（Show）】是否显示、【生成（Generated）】是否生成报表，以及【XML 转换名称（XML Transformation Filename）】生成报表的名称及路径。

Altium Designer 的报表支持 6 种报表。

- “Design Rule Check”：设计规则检查报告。
- “Net Status”：网络状态报告。
- “Board Information”：PCB 信息报告。

- “BGA Escape Route”：BGA 逃逸布线报告。
- “Move Component Origin To Grid”：移动原点到网格报告。
- “Embedded Board Stack up Compatibility”：嵌入式 PCB 堆栈兼容性报表。

其中每一种报表又提供了三种格式：TXT、HTML 和 XML 格式。

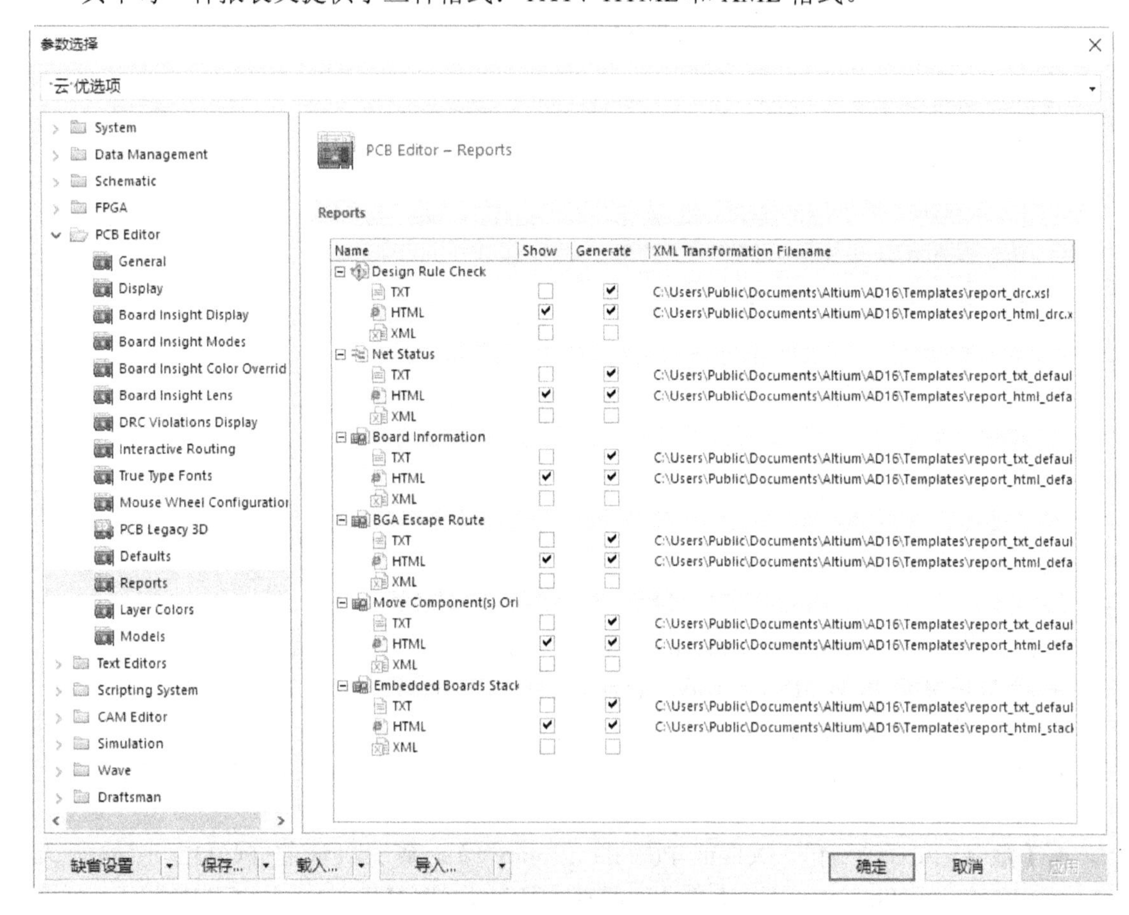

图 5-52　报表设置页

5.4.12 【Layer Colors】层颜色设置

PCB 层颜色设置是设置 PCB 编辑环境中不同层的显示颜色，切换到【Layer Colors】层颜色设置选项卡，如图 5-53 所示。

在选项卡的【激活色彩方案（Active color profile)】区域中列出了当前所使用的配色方案中各板层颜色的设置，若是需要改变某层的颜色只需单击选择该层，然后在右边的颜色设置框中选择所需的颜色。另外，也可以在选项卡左边的【保存色彩方案（Saved Color Profiles)】栏中选择现成的配色方案。

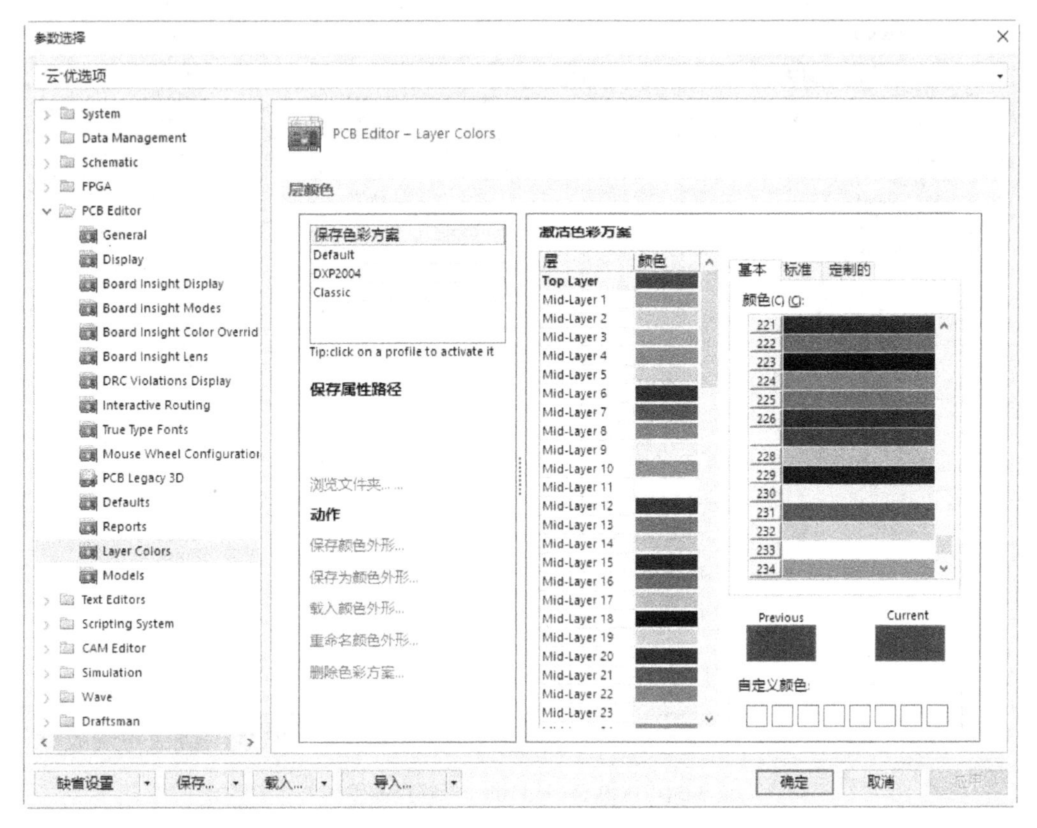

图 5-53 【Layer Colors】层颜色设置

5.5 PCB 设计的基本规则

Altium Designer 系统 PCB 编辑器在 PCB 的设计过程中执行任何一个操作，如放置导线、自动布线或者交互布线、元件移动等，都是按照设计规则的约束进行的。因此，设计规则是否合理将直接影响电路板布线的质量和成功率。

自动布线的参数包括层面布线、布线的优先级、导线的宽度、拐角模式、过孔孔径类型和尺寸等。一旦这些参数设定后，自动布线器就会根据这些参数进行相应的布线。所以，自动布线参数的设置决定着自动布线的好坏，必须认真设置。

Altium Designer 系统 PCB 编辑器设计规则覆盖了电气、布线、制造、放置、信号完整性要求等，但其中大部分都可以采用系统默认的设置。尽管是这样还是得熟悉这些规则。

在 PCB 的编辑环境中，执行菜单命令【设计（Design）】→【规则（Rules）】，打开 PCB 设计规则与约束编辑器，如图 5-54 所示。

在该对话框中，PCB 编辑器将设计规则分为 10 大类，左侧以树状形式显示设计规则的类别，右侧显示对应规则的设置属性。包括了设计规则中的电气特性、布线、电层和测试等参数。

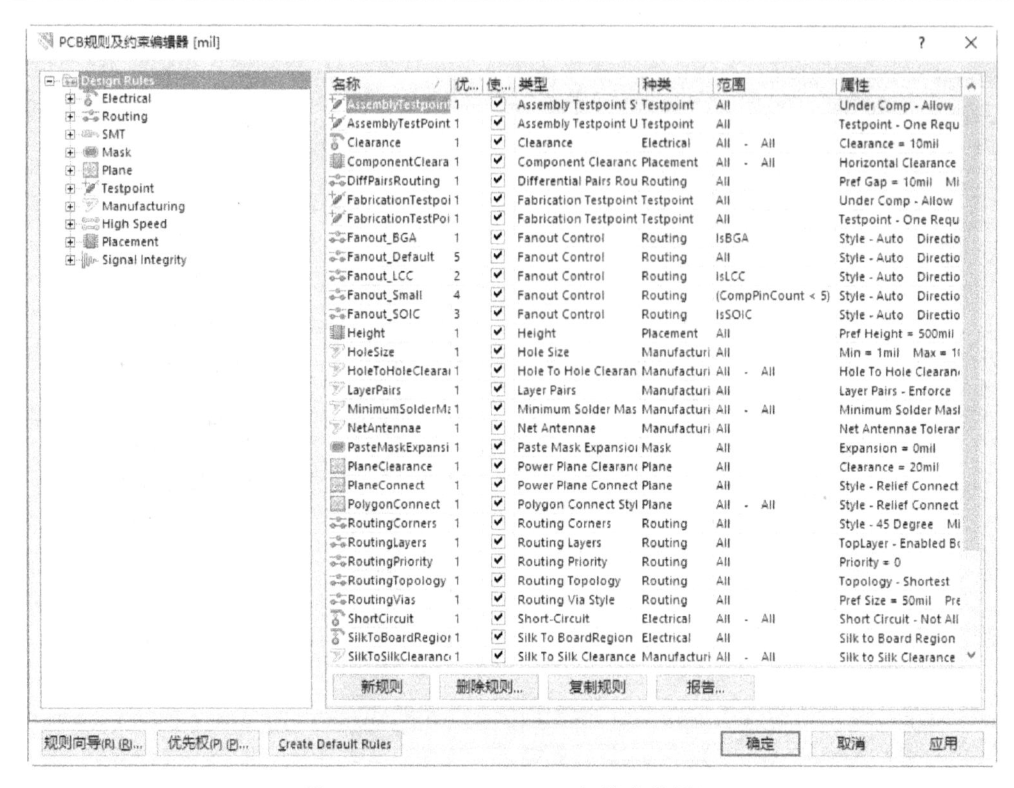

图 5-54　PCB Design rules 与约束编辑器

5.5.1　Electrical 设计规则

Electrical 设计规则（电气规则）设置在 PCB 布线过程中所遵循的电气方面的规则，包括四个方面：安全间距（Clearance）、短路规则（short-circuit）、未布线网络规则（Un-Rrounted Net）和未连接引脚（Un-Connected Pin）。

（1）安全间距（Clearance）

【Clearance】规则主要用来设置 PCB 设计中的导线、焊盘、过孔及敷铜等导电对象之间的最小安全间距，使彼此之间不会因为太近而产生干扰。

单击【Clearance】规则，安全距离的各项规则名称；以树形结构形式展开。系统默认的有一个名称为【Clearance】的安全距离规则设置，鼠标左键单击这个规则名称，对话框的右边区域将显示这个规则使用的范围和规则的约束特性，相应设置界面如图 5-55 所示。默认情况下，整个版面的安全间距为 10mil。

下面以 VCC 网络和 GND 网络之间的安全间距设置 20mil 为例，演示新规则的建立方法。其他规则的添加和删除方法与此类似。

具体步骤如下。

➢ 在图 5-55 所示的【Clearance】上单击右键，弹出右键菜单，如图 5-56 所示。
➢ 选择【New Rules…】命令，则系统自动在【Clearance】的上面增加一个名称称为“Clearance-1”的规则，单击【Clearance-1】按钮，弹出【建立新规则设置】对话框，把名称改为“VCC”，如图 5-57 所示。

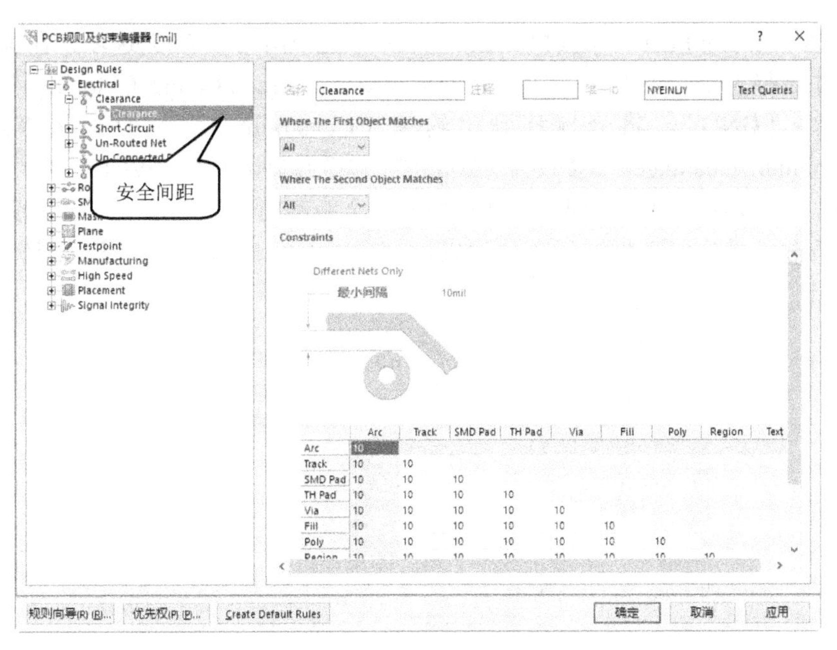

图 5-55　安全间距设置界面

图 5-56　编辑规则右键菜单弹

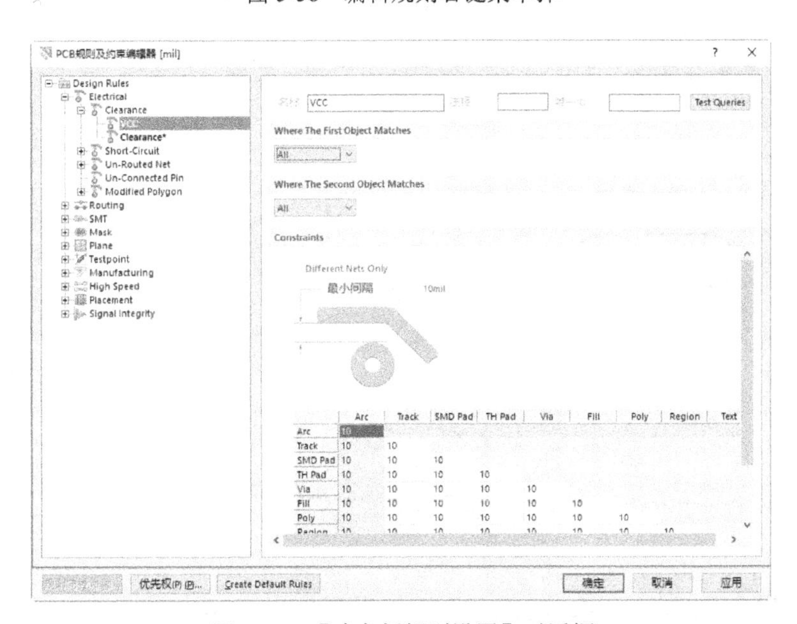

图 5-57　【建立新规则设置】对话框

➢ 在“Where The First Object Matches”单元中选中网络（Net）选项，在旁边下拉选项卡中选择 VCC。用同样的方法在“Where The Second Object Matches”单元中设置网络“GND”。将光标移到“约束（Constraints）”单元，将“最小间隔（Minimum Clearance）”修改为“20mil”，修改规则名称为“VCC”。

➢ 此时，在 PCB 的设计中同时有两个电气安全距离的规则，因此，必须设置它们之间的优先权。单击对话框左下角的优先权 优先权(P) (P)... 按钮打开【规则优先权编辑】对话框，如图 5-58 所示。

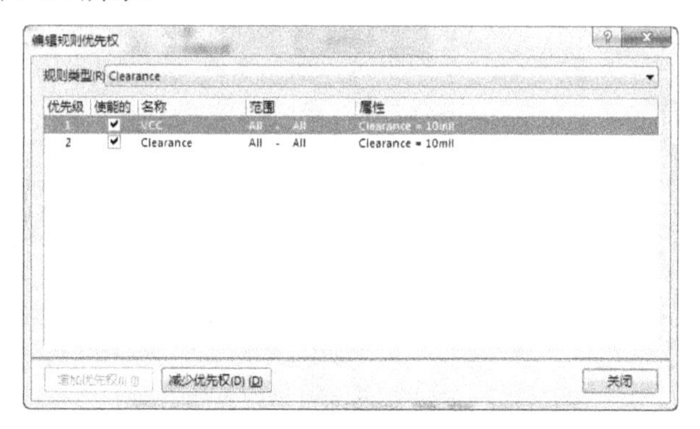

图 5-58 【规则优先权编辑】对话框

➢ 执行 增加优先权(I) (I) 和 减少优先权(D) (D) 这两个按钮，可改变布线中规则的优先次序。设置完毕后，一次关闭设置对话框，新的规则和设置自动保存并在布线时起到约束作用。

（2）短路规则（short-circuit）

短路规则设定在 PCB 上的导线是否允许短路，如图 5-59 所示，在“约束（Constraints）”单元中，选择【允许短电流（Allow short circuit）】复选框，允许短路，因为默认设置为不允许短路。

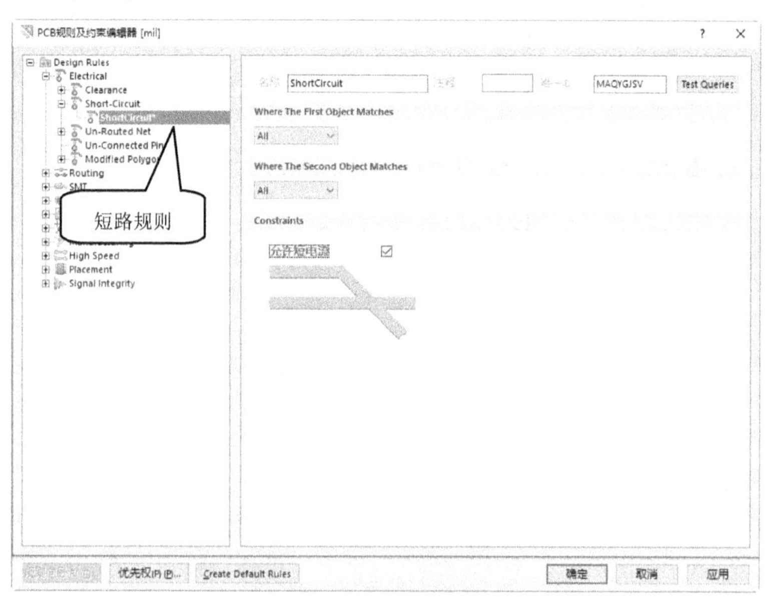

图 5-59 短路规则设置界面

（3）未布线网络规则（Un-Rounted Net）

未布线网络规则用于检查指定范围内的网络是否布线成功，如果网络中有布线不成功的，该网络上已经布的导线将保留，没有成功布线的将保持飞线，如图 5-60 所示。

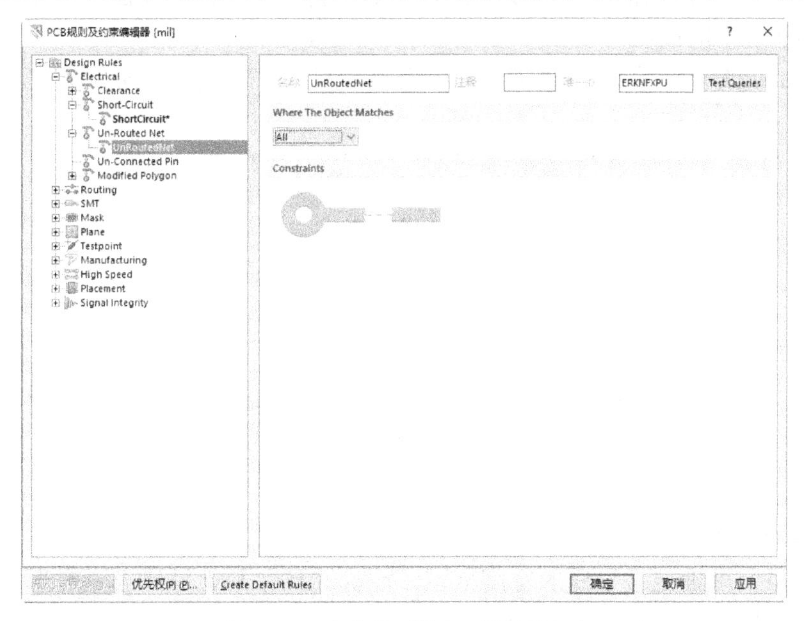

图 5-60　未布线网络规则设置界面

（4）未连接引脚（Un-Connected Pin）

未连接引脚设计规则用于检查指定范围内的元件引脚是否连接成功。默认时，这是一个空规则，如果用户需要设置相关的规则，在其上面单击右键添加规则，然后进行相关设置，如图 5-61 所示。

图 5-61　未连接引脚规则设置界面

5.5.2 Routing 设计规则

布线规则是自动布线器进行自动布线的重要依据，其设置是否合理将直接影响到布线质量的好坏和布通率的高低。

单击【Routing】前面的“+”符号，展开布线规则，可以看到有 8 项子规则，如图 5-62 所示。

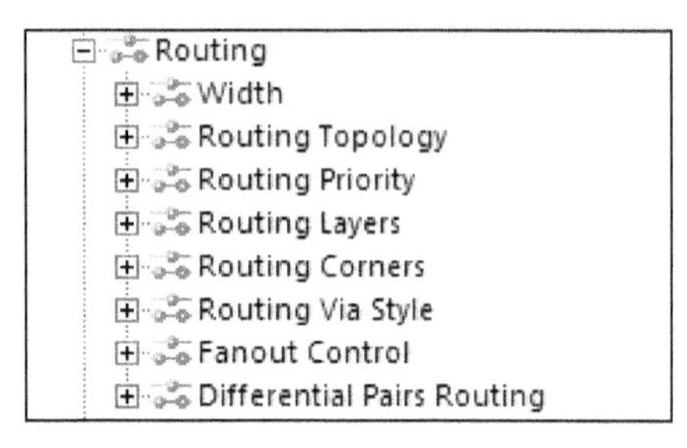

图 5-62 布线规则

（1）【Width】布线宽度

【Width】主要用于设置 PCB 布线时允许采用的导线的宽度，有最大、最小和优选之分。最大和最小宽度确定了导线的宽度范围，而优选尺寸则为导线放置时系统默认采用的宽度值，设置都是在“约束（Constraints）”区域内完成的，如图 5-63 所示。

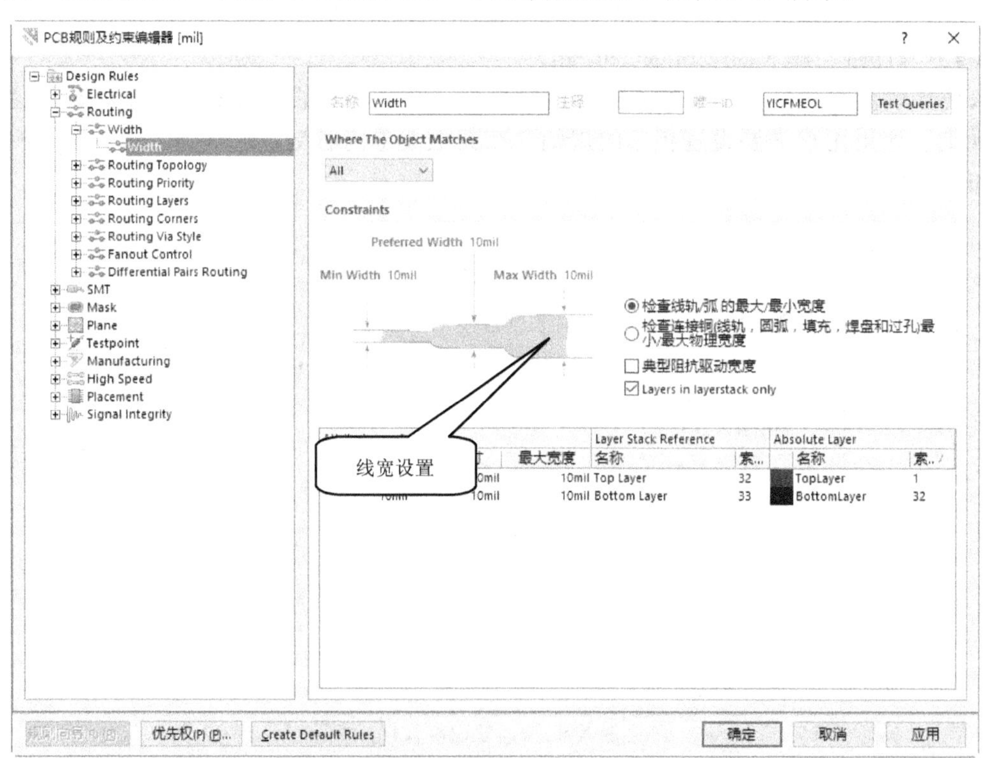

图 5-63 【Width】规则设置界面

【约束（Constraints）】区域内有两个复选框。

➢【典型阻抗驱动宽度（Charactertic Imped）】特征阻抗驱动宽度，选中改复选框后，将显示铜模导线的特征阻抗值，设计者可以对最大、最小，以及最优阻抗进行设置。

➢【Layers in layerstack only】只有图层堆栈中的层，选中该复选框后，意味着当前的宽度规则仅应用于在图层堆栈中所设置的工作层，否则将适用于所有的 PCB 层，系统默认为选中。

Altium Designer 的设计规则系统有一个强大的功能，即针对不同的目标对象，可以定义同类型的多重规则，规则系统将采用预定义等级来决定将哪一规则具体应用到哪一对象上。例如，设计者可以定义一个适用于整个 PCB 的导线宽度约束规则，由于接地网络的导线与一般的连接导线不同，需要尽量粗些。因此，设计者还需要定义一个宽度的约束规则，该规则将忽略前一个规则，而在接地网络上某些特殊的连接可能还需要设计者定义第三个宽度约束规则，该规则忽略前面两个规则。所定义规则将会根据优先级别顺序显示。

（2）【Routing Topology】布线方式

【Routing Topology】规则主要用于设置自动布线时候的拓扑逻辑，即同一网络内各个节点间的布线方式。设置界面如图 5-64 所示。

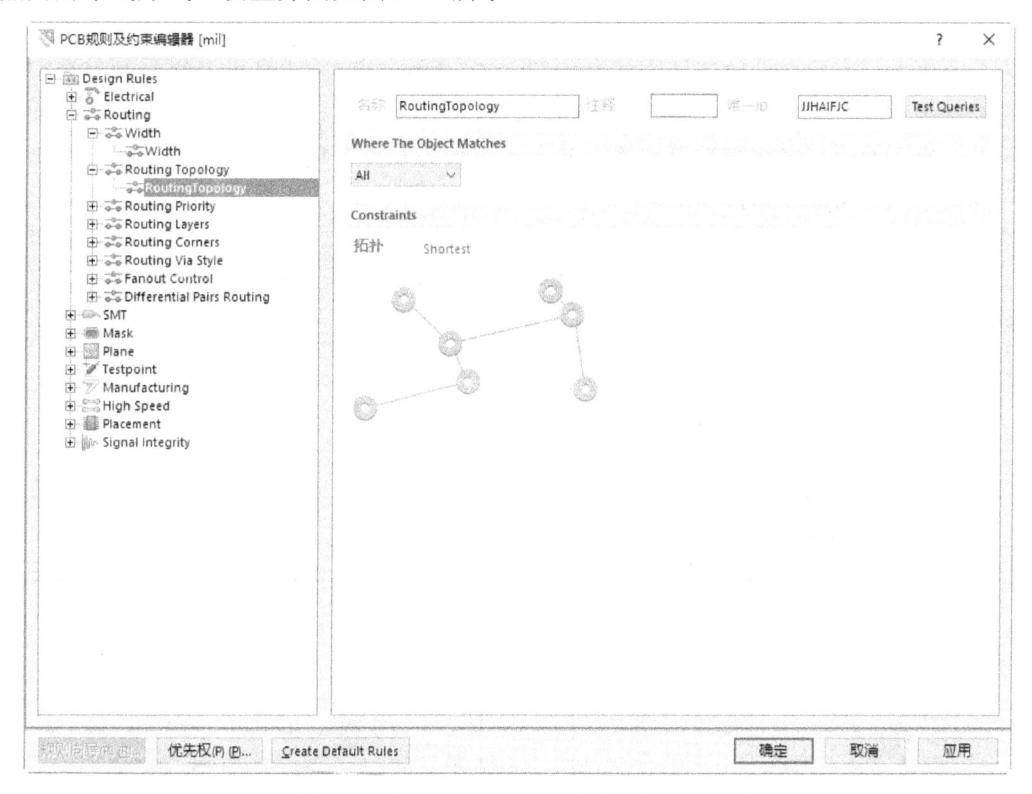

图 5-64 【Routing Topology】规则设置界面

布线方式规则主要用于定义引脚到引脚之间的布线方式规则，此规则有 7 种方式可供选择。在【约束（Constraints）】区域中，单击【拓扑（Topology）】栏下的下拉菜单按钮。

➢【Shortest】：以最短路径布线方式，是系统默认使用的拓扑规则，如图 5-65 所示。

- 【Horizontal】：以水平方向为主的布线方式，水平与垂直比为 5∶1。若元件布局时候，当水平方向上空间较大，可以考虑采用该拓扑逻辑进行布线，如图 5-66 所示。
- 【Vertical】：优先竖直布线逻辑。与上一种逻辑刚好相反，采用该逻辑进行布线时，系统将尽可能地选择竖直方向的布线，垂直与水平比为 5∶1，如图 5-67 所示。
- 【Daisy-simple】：简单链状连接方式如图 5-68 所示。该方式需要指定起点和终点，其含义是在起点和终点之间连通网络上的各个节点，并且使连线最短，如果设计者没有指定起点终点，系统将会采用【Shortest】布线。
- 【Daisy-MidDriven】：中间驱动链状方式也称链式方式，如图 5-69 所示。该方式也需要指定起点和终点，其含义是以起点为中心向两边的终点连通网络上的各个节点，起点两边的中间节点数目不一定要相同，但要使连线最短。如果设计者没有指定起点和两个终点，系统将采用【Shortest】布线。
- 【Daisy-Balanced】：平衡链状方式也称链式方式，如图 5-70 所示。该方式也需要指定起点和终点，其含义是将中间节点数平均分配成组，所有的组都连接在同一个起点上，起点间用串联的方式连接，并且使连线最短，如果设计者没有指定起点终点，系统将会采用【Shortest】布线。
- 【Starburst】：星形扩散连接方式，如图 5-71 所示。该方式是指网络中的每个节点都直接和起点相连接，如果设计者指定了终点，那么终点不直接和起点连接。如果没有指定起点，系统将试着轮流以每个节点作为起点去连接其他各个节点，找出连线最短的一组连线作为网络的布线方式。

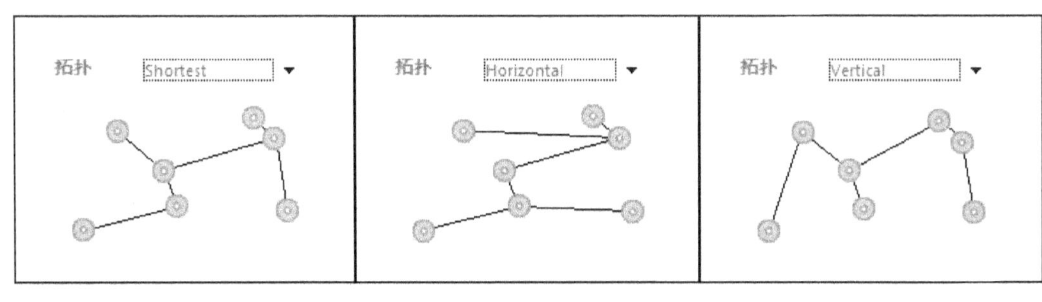

图 5-65　Shortest　　图 5-66　Horizontal　　图 5-67　Vertical

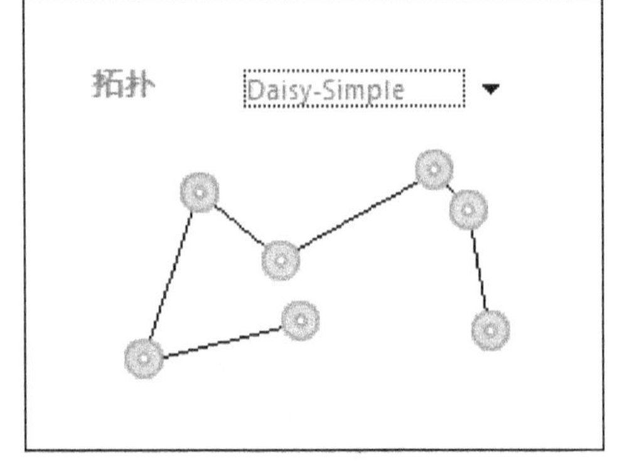

图 5-68　Daisy-simple

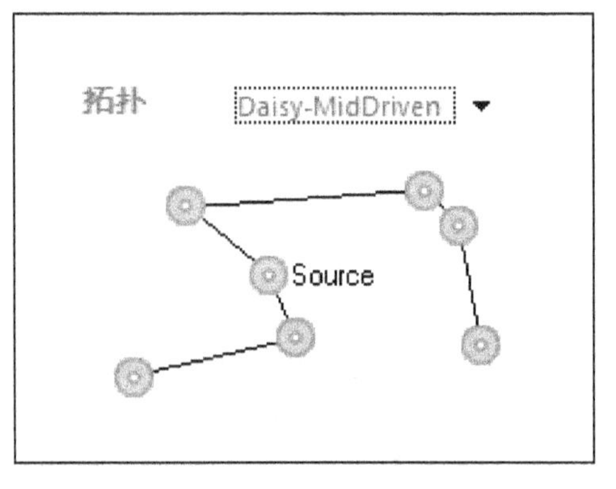

图 5-69　Daisy-MidDriven

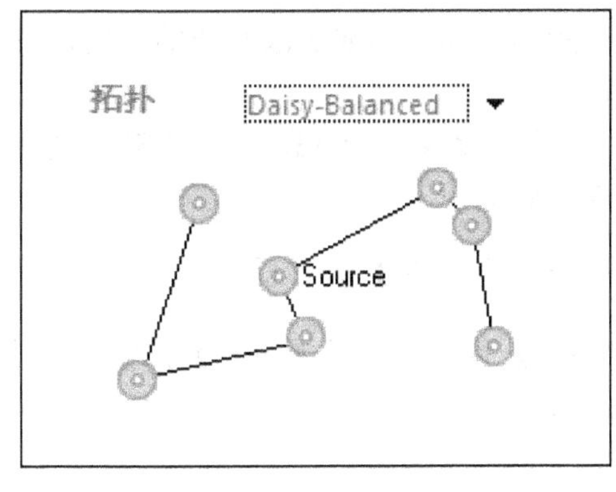

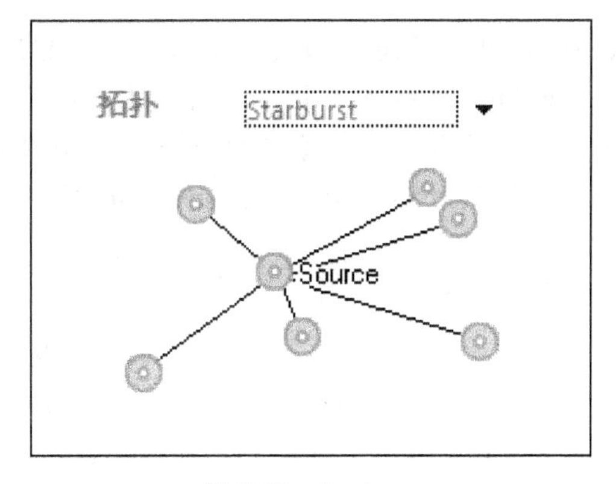

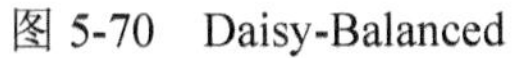
图 5-70　Daisy-Balanced

图 5-71　Starburst

（3）【Routing Priority】布线优先级别

【Routing Priority】主要用于设置 PCB 中网络布线的先后顺序，优先级别高的网络先进行布线，优先级别低的网络后进行布线。优先级别可以设置范围是 0～100，数字越大，级别越高。设置布线的次序规则的添加、删除和规则使用范围的设置等操作方法与前述相似，不再重复。优先级别在【约束（Constraints）】区域的“Routing Priority”选项中设置，可以直接输入数字，也可以增减按钮调节，如图 5-72 所示。

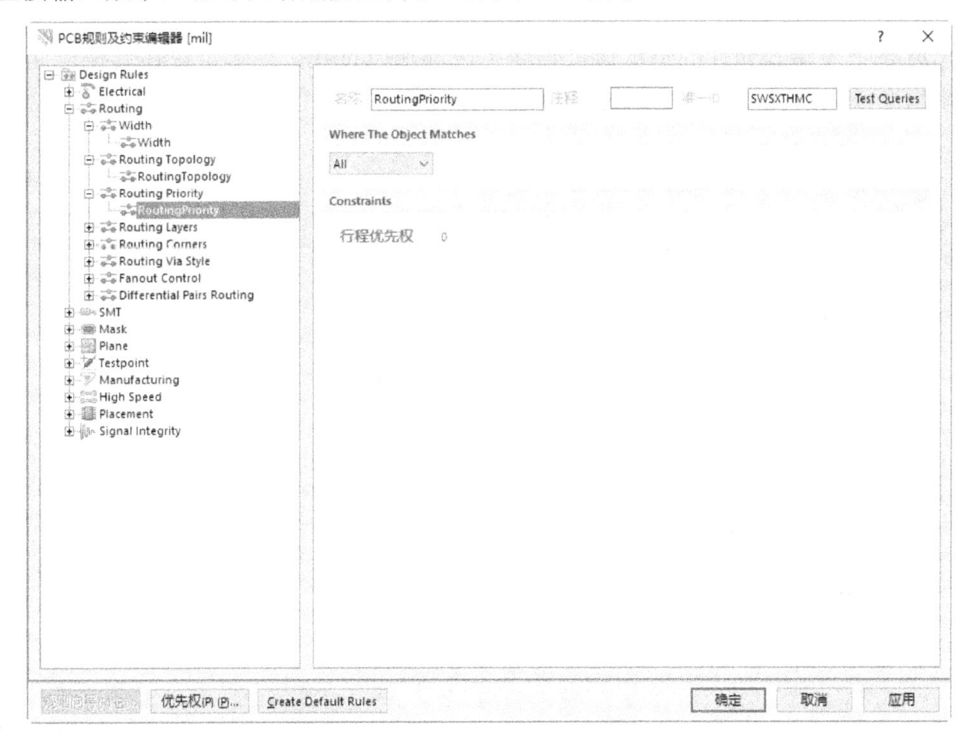

图 5-72　【Routing Priority】规则设置

（4）【Routing Layers】布线板层

布线板层规则用于设置允许自动布线的板层，如图 5-73 所示。

通常为了降低布线间耦合面积，减少干扰，不同层的布线需要设置成不同的走向，如双面板，默认状态下顶层为垂直走向，底层为水平走向。如果需要更改布线的走向，打开【Layer Directions】对话框进行设置，设置方法如下。

➢ 执行菜单命令【自动布线（Auto Route）】→【设置（Setup）】，打开“Situs 布线策略（Situs Routing Strategies）”，如图 5-74 所示。

➢ 单击 编辑层走线方向…… 按钮，打开【层布线方向设置】对话框，如图 5-75 所示。单击每层的【当前设定（Current Setting）】菜单，激活【下拉】按钮，单击【下拉】按钮，从下拉菜单中选择合适的布线走向。

（5）【Routing Corners】布线转角

布线转角规则用于设置走线的转角方式。转角方式共三种，如图 5-76～图 5-78 所示。

（6）【Routing Via Style】布线过孔类型

过孔类型规则用于设置布线过程中自动放置的过孔尺寸参数。在【约束（Constraints）】区域，有两项【过孔直径（Via Diameter）】和【过孔孔径大小（Via Hole Size）】需要设置，如图 5-79 所示。

（7）【Fanout Control】扇出控制

布线扇出控制规则，主要用于“球栅阵列”、“无引线芯片座”等种类的特殊元件布线控制。

扇出就是把表贴式元件的焊盘通过导线引出并加以过孔，使其可以在其他层面上继续布线。扇出布线大大提高了系统自动布线的成功概率。

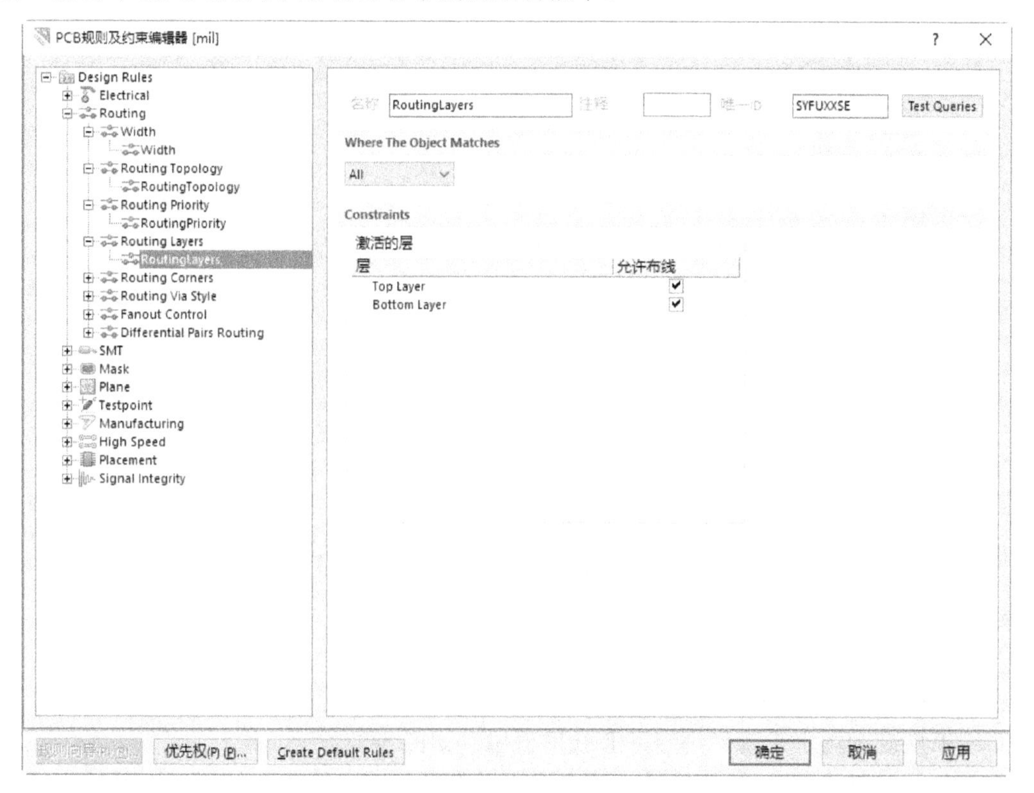

图 5-73 【Routing Layers】规则设置

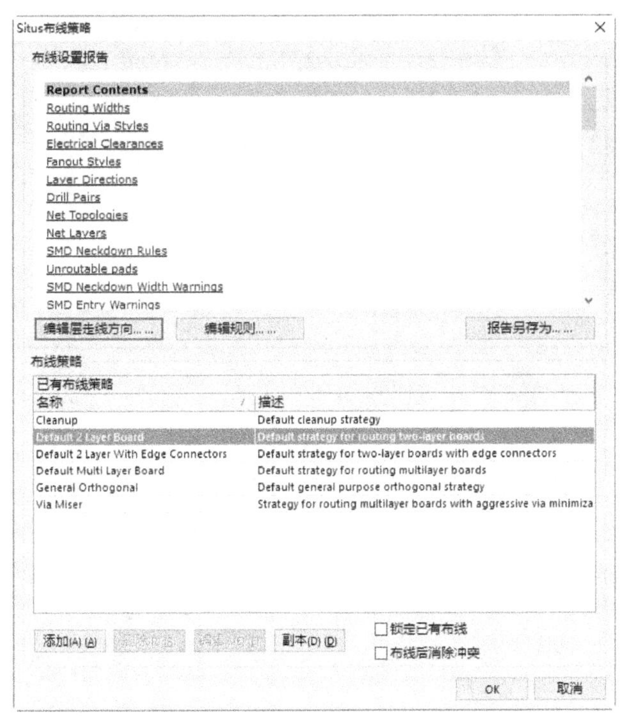

图 5-74 【Situs 布线策略】对话框

图 5-75 【层布线方向设置】对话框

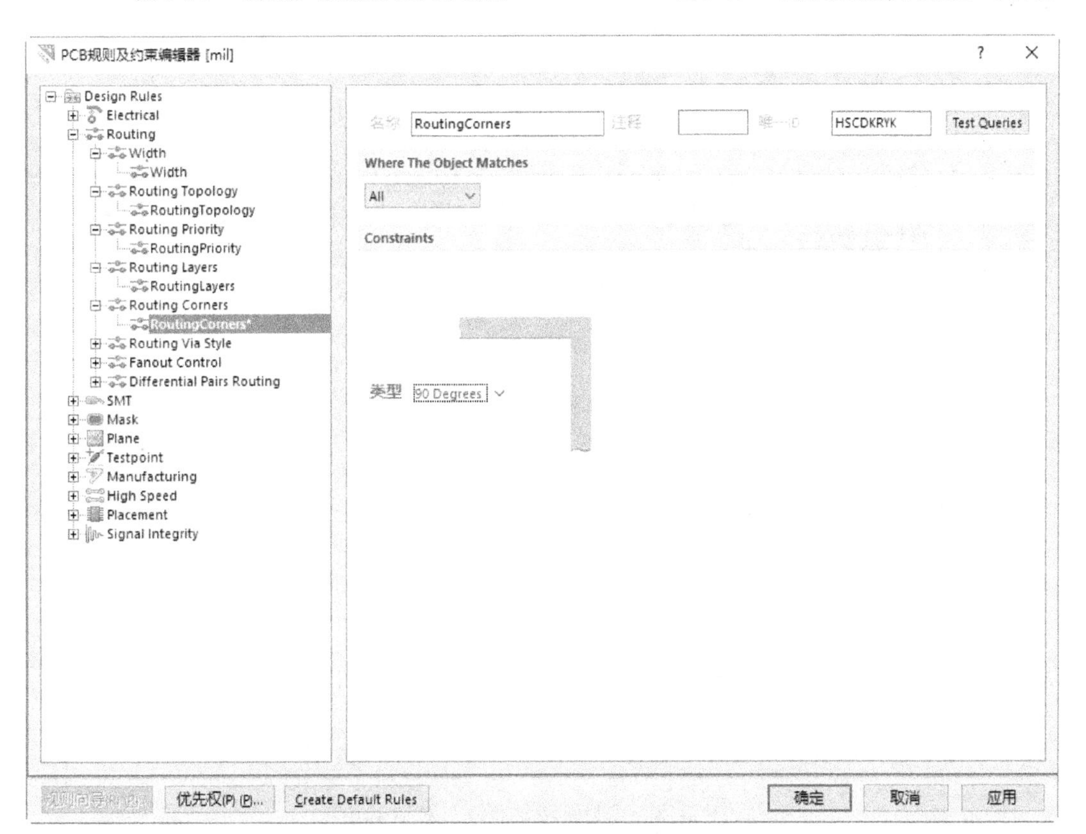

图 5-76 90° 转角布线

视频教学

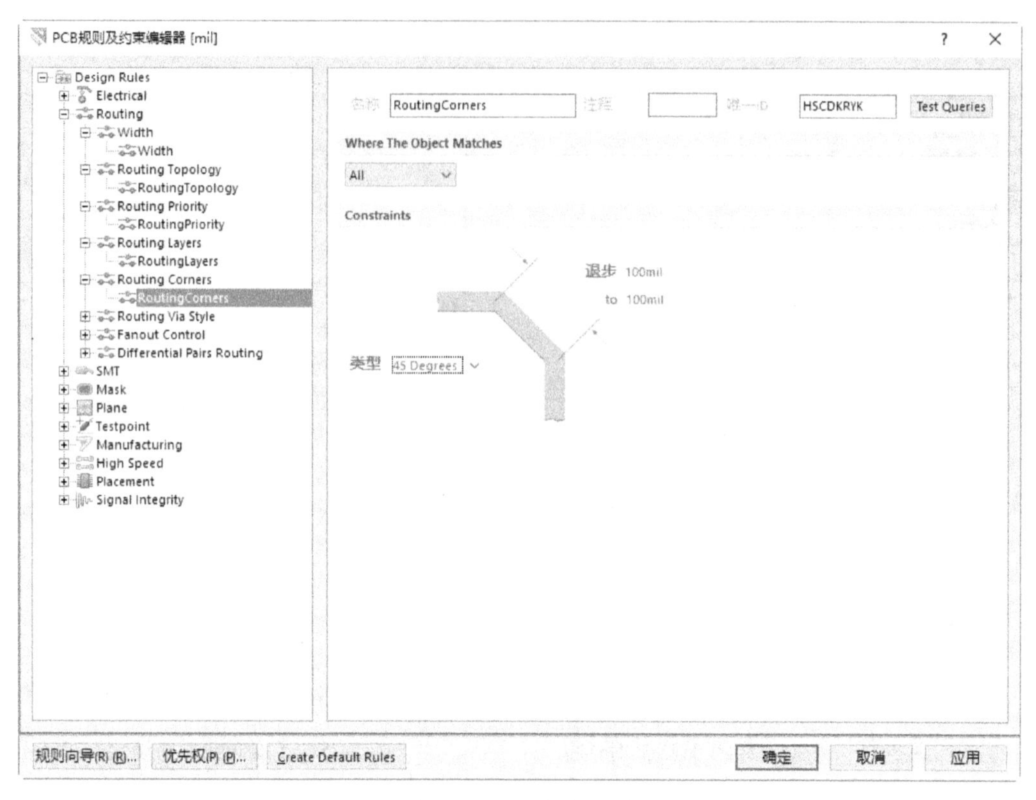

图 5-77　45° 转角布线

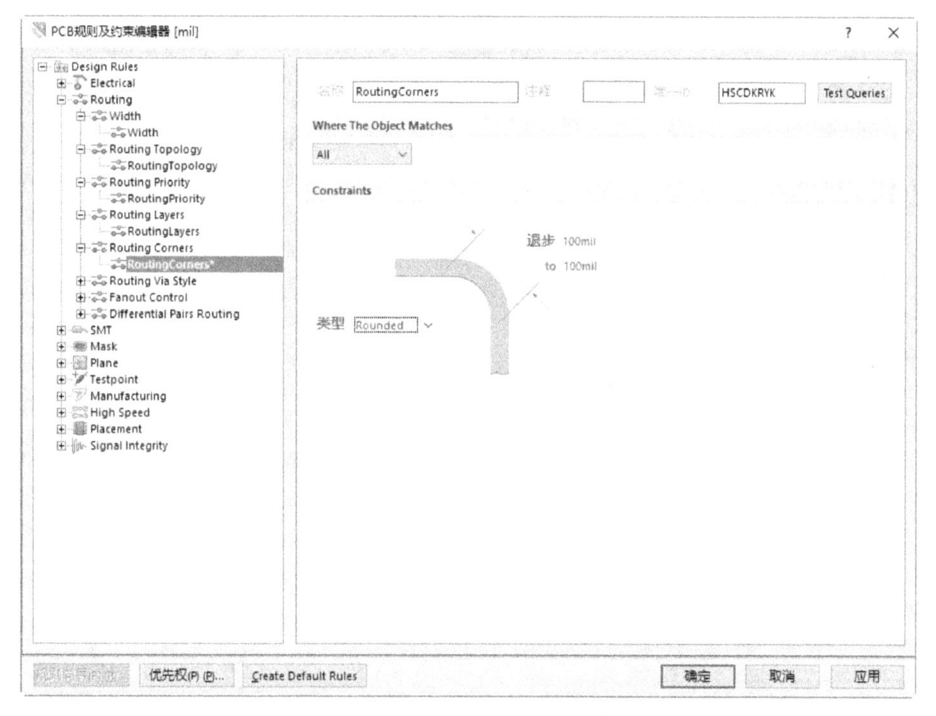

图 5-78　【圆弧转角布线】对话框

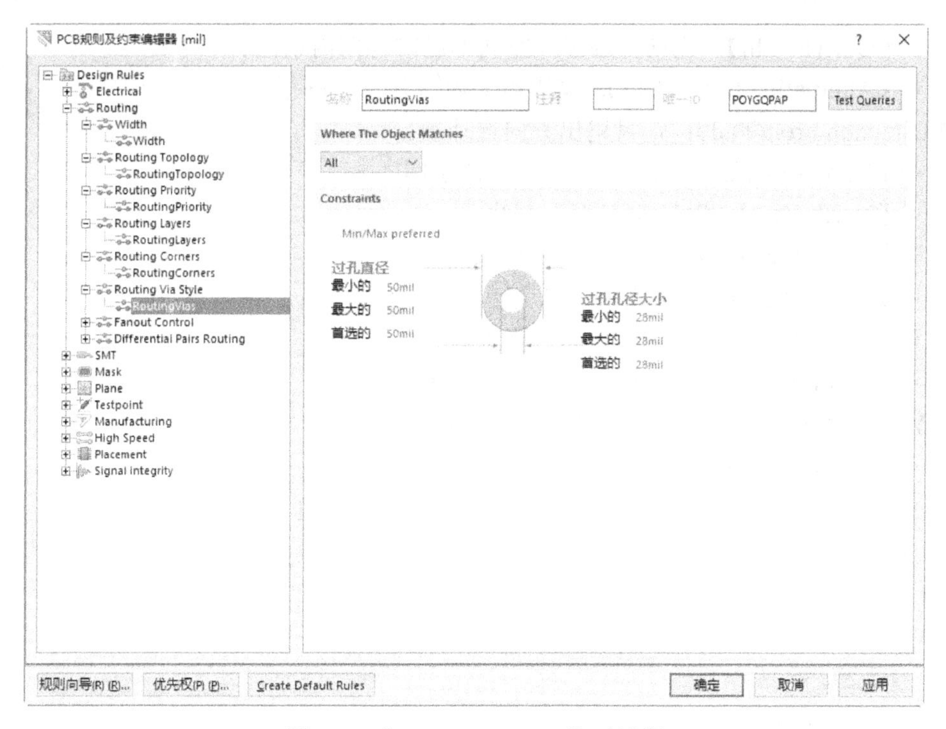

图 5-79 【Routing Via Style】对话框

默认状态下，系统包含 5 种类型的扇出布线规则。

- 【Fanout_BGA】：封装扇出布线规则，BGA（Ball Grid Array Package）是球栅阵列封装。
- 【Fanout_LCC】：封装扇出布线规则，LCC（Leadless chip carrier）是无引脚芯片封装。
- 【Fanout_SOIC】：封装扇出布线规则，SOIC（Small Out-line Integrated Circuit）是小外形封装，也称 SOP。
- 【Fanout_Small】：小型封装扇出布线规则，指元件引脚少于 5 个的小型封装。
- 【Fanout_Default】：系统默认扇出布线规则。

每个种类的扇出布线规则选项的设置方法都相同，如图 5-80 所示。

- 【Fanout Style】：扇出类型，选择扇出过孔与 SMT 元件的放置关系。
  - ✓【Auto】：扇出过孔自动放置在最佳位置。
  - ✓【Inline Rows】：扇出过孔放置成两个直线的行。
  - ✓【Staggered Rows】：扇出过孔放置成两个交叉的行。
  - ✓【BGA】：扇出重现 BGA。
  - ✓【Under Pads】：扇出过孔直接放置在 SMT 元件的焊盘下。
- 【Fanout Direction】：扇出方向，确定扇出的方向。
  - ✓【Disable】：不扇出。
  - ✓【In Only】：只向内扇出。
  - ✓【Out Only】：只向外扇出。
  - ✓【In Then Out】：先向内扇出，空间不足时再向外扇出。

✓【Out Then In】：先向外扇出，空间不足时再向内扇出。
✓【Alternating In and Out】：扇出时先内后外交替进行。

➢【Direction From Pad】：焊盘扇出方向选择项。
✓【Away From Center】：以 45° 向四周扇出。
✓【North-East】：以东北向 45° 扇出。
✓【South-East】：以东南向 45° 扇出。
✓【South-West】：以西南向 45° 扇出。
✓【North-West】：以西北向 45° 扇出。
✓【Towards Center】：以 45° 向中心扇出。

➢【Via Placement Mode】：扇出过孔放置模式。
✓【Close To Pad(Follow Rules)】：接近焊盘。
✓【Centered Between Pads】：过孔放置在两焊盘之间。

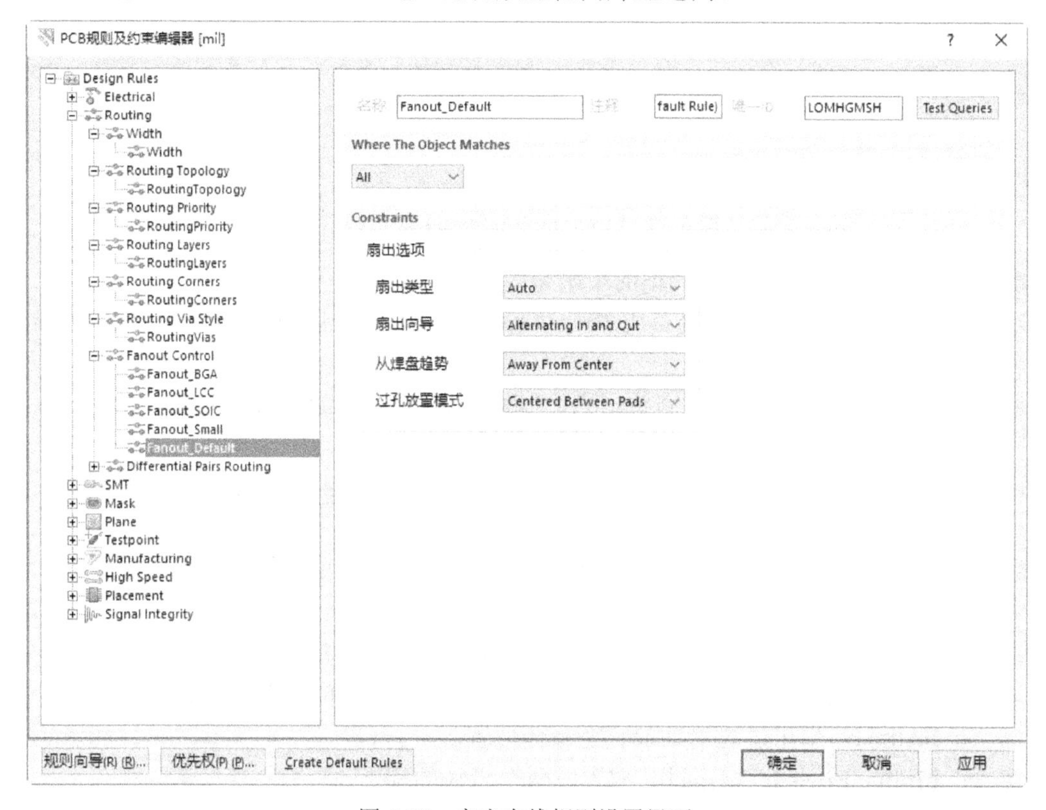

图 5-80　扇出布线规则设置界面

（8）【Differential Pairs Routing】差分对布线

Altium Designer 的 PCB 编辑器为设计者提供了交互式的差分对布线支持。在完整的设计规则约束下，设计者可以交互式的同时对所创建差分对中的两个网络进行布线，即使用交互式差分对布线器从差分对中选择一个网络，对其进行布线，而该对中的另外一个网络将遵循第一个网络的布线，布线过程中保持指定的布线宽度和间距。差分对既可以在原理图编辑器中创建，也可以在 PCB 编辑器中创建。

● 【Differential Pairs Routing】规则主要用于对一组差分对设置相应的参数，设置窗口如图 5-81 所示。

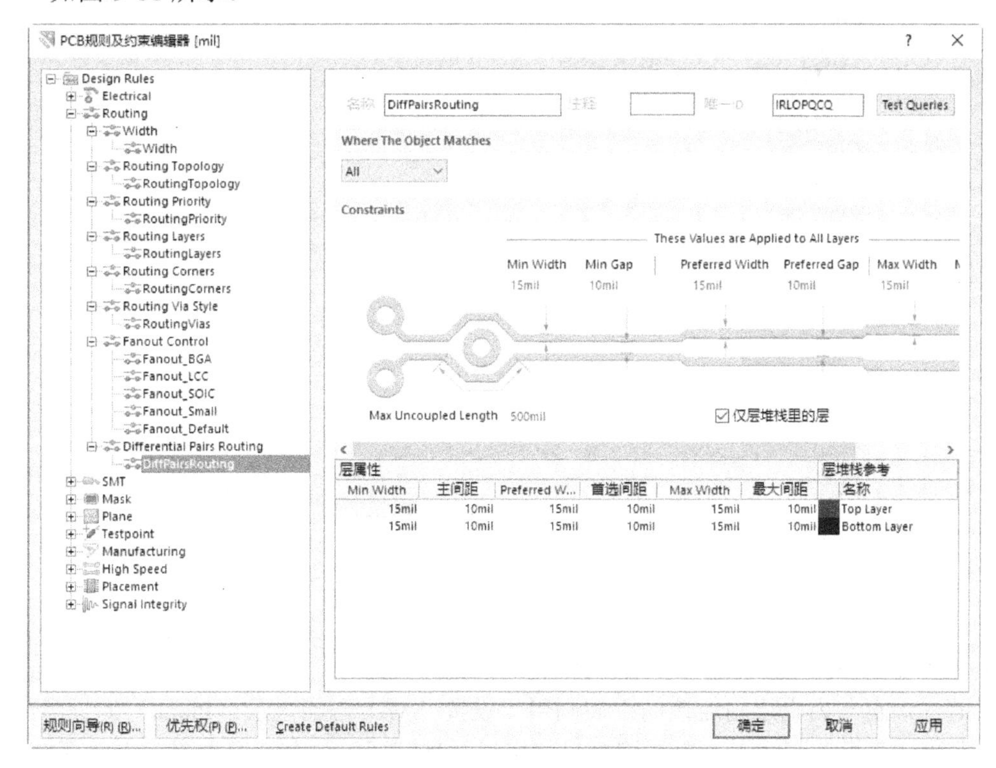

图 5-81 【Differential Pairs Routing】规则设置

● 【约束（Constraints）】区域内，需要对差分对内部的两个网络之间的最小间距（Min Gap）、最大间距（Max Gap）、优选间距（Preferred Gap），以及最大耦合长度（Max Uncoupled Length）进行设置，以便在交互式差分对布线器中使用，并在 DRC 校验中进行差分对布线的验证。

选中【仅层堆栈里的层（Layers in layerstack only）】复选框后，下面的列表中只显示图层堆栈中定义的工作层。

5.5.3 SMT 设计规则

此类规则主要针对表贴式元件的布线规则。

● 【SMD To Corner】：表贴式焊盘引线长度。

表贴式焊盘引线长度规则用于设置 SMD 元件焊盘与导线拐角之间的最小距离。表贴式焊盘的引出线一般都是引出一段长度之后才开始拐弯，就不会出现和相邻焊盘太近的情况。

用鼠标右键单击【SMD To Corner】按钮，在右键菜单中选择添加新规则命令【新规则（New Rule）】，在【SMD To Corner】下出现一个名称为【SMD To Corner】的新规则，单击新规则打开规则对话框设置界面，在【约束（Constraints）】区域设置，如图 5-82 所示。

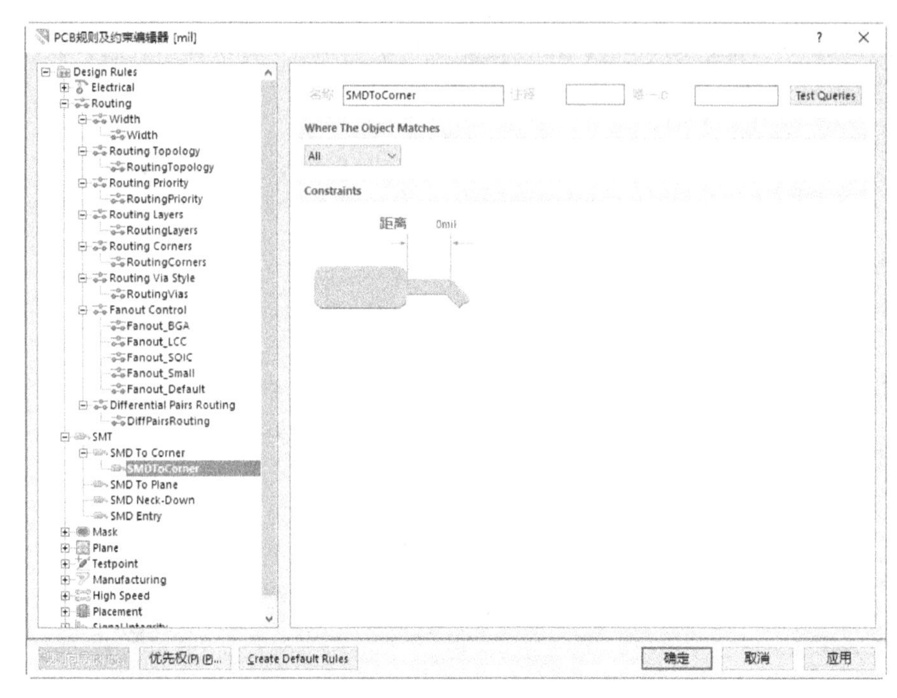

图 5-82　表贴式焊盘引线长度设置界面

● 【SMD To Plane】：表贴式焊盘与内电层的连接间距。

表贴式焊盘与内电层的连接间距规则用于设置 SMD 与内电层（Plane）的焊盘或过孔之间的距离。表贴式焊盘与内电层连接只能用过孔来实现，这个规则设置指出要离 SMD 焊盘中心多远才能使用过孔与内电层连接。默认值为 0mil，如图 5-83 所示。

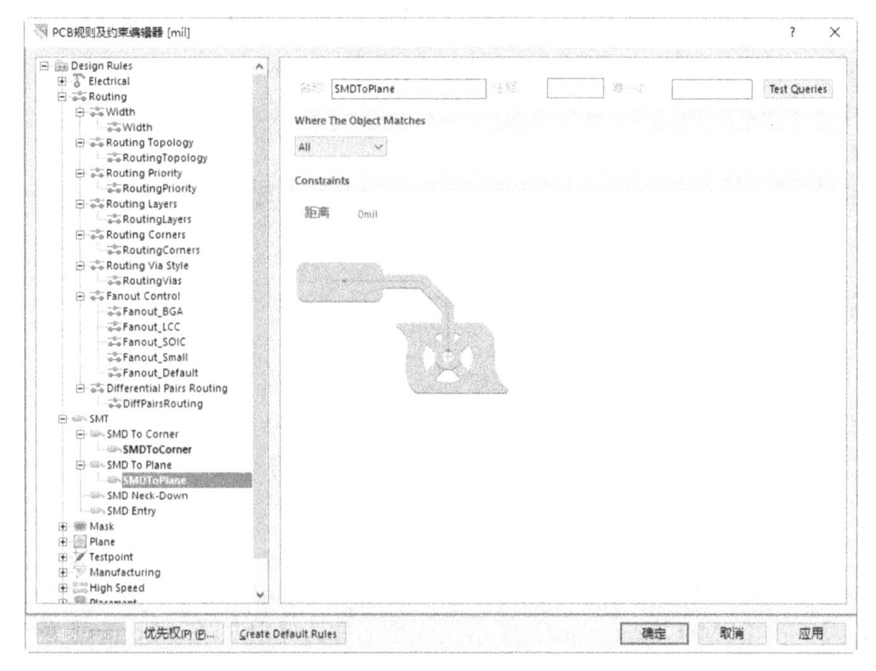

图 5-83　表贴式焊盘与内电层的连接间距设置界面

● 【SMD Neck Down】：表贴式焊盘引线收缩比。

表贴式焊盘引出线收缩比规则用于设置 SMD 引出线宽度与 SMD 元件焊盘宽度之间的比值关系。默认值为 50%，如图 5-84 所示。

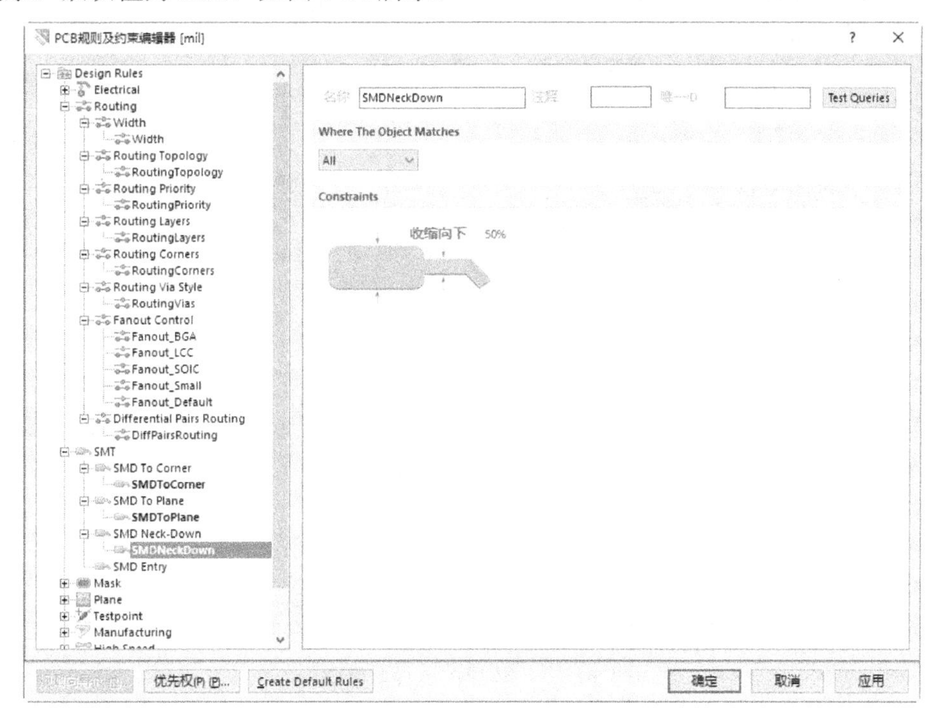

图 5-84　表贴式焊盘引线收缩比设置界面

5.5.4　Mask 设计规则

此类规则用于设置阻焊层、锡膏防护层与焊盘的间隔规则。

● 【Solder Mask Expansion】：阻焊层扩展。

通常阻焊层除焊盘或过孔外，整面都是铺满阻焊剂。阻焊层的作用就是防止不该被焊上的部分被焊锡连接，回流焊就是靠阻焊层实现的。板子整面经过高温的锡水，没有阻焊层的裸露 PCB 就会粘锡，而有阻焊层的部分则不会粘锡。阻焊层的另一作用就是提高布线的绝缘性，防氧化和美观。

在 PCB 制作时，使用 PCB 设计软件设计的阻焊层数据制作绢板，再用绢板把阻焊剂（防焊漆）印制到 PCB 上时，焊盘或过孔被空出，空出的面积要比焊盘或过孔大一些，这就是阻焊层扩展设置，如图 5-85 所示，在【约束（Constraints）】区域设置【扩充（Expansion)】参数，即阻焊层相当于焊盘的扩展规则。

● 【Paste Mask Expansion】：锡膏防护层扩展。

表贴式元件在焊接前，先对焊盘涂一层锡膏，然后将元件贴在焊盘上，再用回流焊机焊接。通常在大规模生产时，表贴式焊盘的涂膏是通过一个钢模完成的。钢模上对应焊盘的位置按焊盘形状镂空，涂膏时将钢模覆盖在 PCB 上，将锡膏放在钢模上，用括板来回括，锡膏透过镂空的部分涂到焊盘上。PCB 设计软件的锡膏层或锡膏防护层的数据层就是用来制作钢模的，钢模上镂空的面积要比设计焊盘的面积小，此处设置的规则是这个差值的最大值，如图 5-86 所示，在【约束（Constraints）】区域设置【扩充（Expansion）】的数值，即钢模镂空比设计焊盘收缩多少，默认值为 0mil。

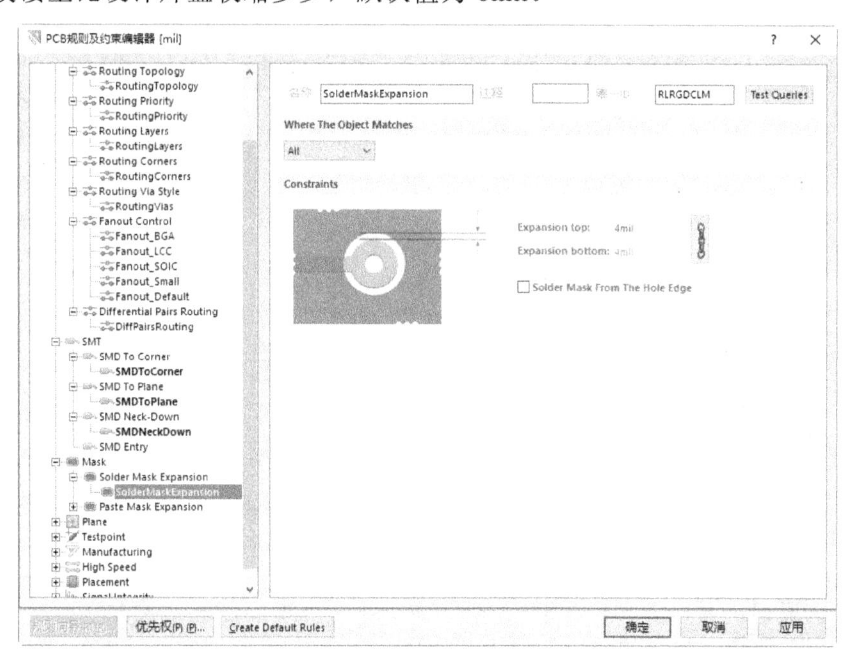

图 5-85　阻焊层扩展设置界面

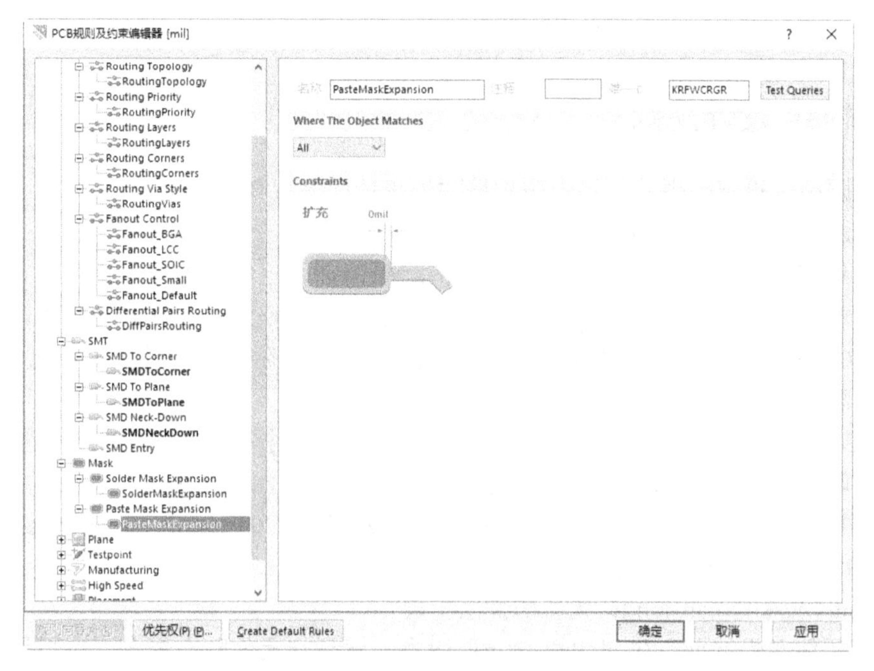

图 5-86　锡膏防护层扩展设置界面

5.5.5 Plane 设计规则

焊盘和过孔与内电层之间连接方式可以在【Plane】（内层规则）中设置。打开【PCB 规则及约束编辑器（PCB Rules and Constraints Editor）】对话框，在左边的窗口中，单击【Plane】前面的“+”号，可以看到三项子规则，如图 5-87 所示。

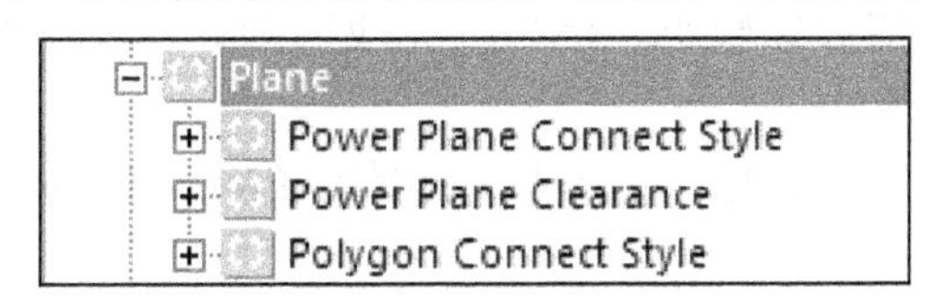

图 5-87 内层规则

其中，【Power Plane Connect Style】（内电层连接方式）规则与【Power Plane Clearance】（内电层安全间距）规则用于设置焊盘和过孔与内电层的连接方式，而【Polygon Connect Style】（敷铜连接方式）规则用于设置敷铜和焊盘的连接方式。

● 【Power Plane Connect Style】：内电层连接方式。

【Power Plane Connect Style】规则主要用于设置属于内电层网络的过孔或焊盘与内电层的连接方式，设置界面如图 5-88 所示。

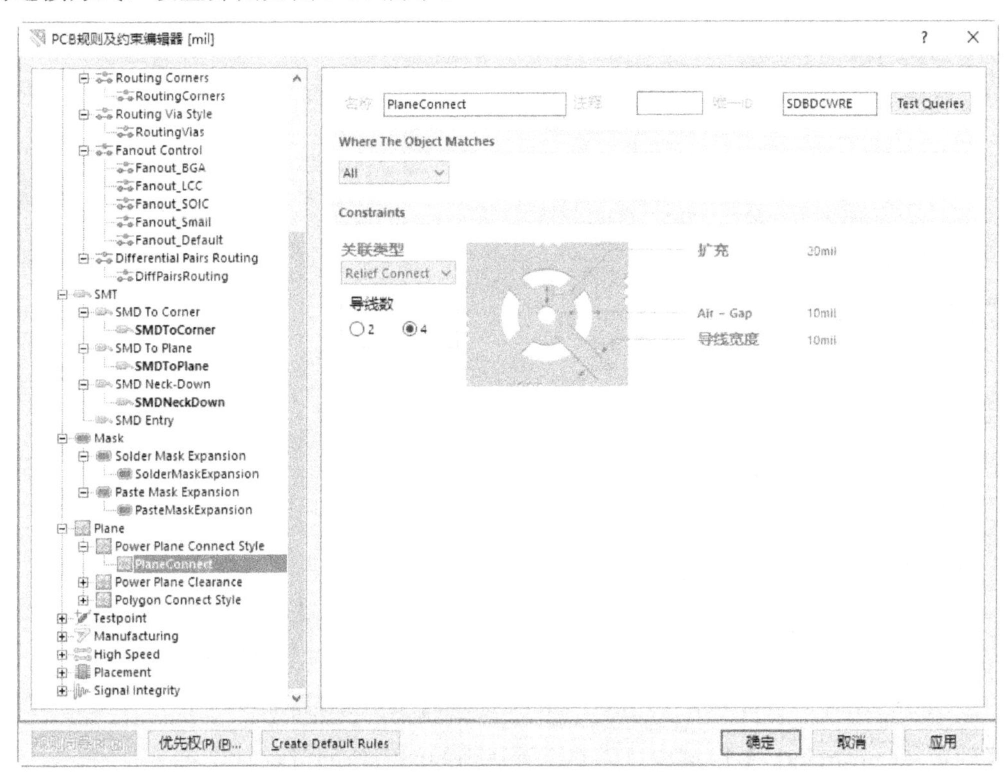

图 5-88 【Power Plane Connect Style】设置界面

在【约束（Constraints）】区域内，提供了三种连接方式。

➢【Relief Connect】：辐射连接。即过孔或焊盘与内电层通过几根连接线相连接，是一种可以降低热扩散速度的连接方式，避免因散热太快而导致焊盘和焊锡之间无法良好融合。在这种连接方式下，需要选择连接导线的数目（2 或者 4），并设置导线宽度、空隙间距和扩展距离。

➢【Direct Connect】：直接连接。在这种连接方式下，不需要任何设置，焊盘或者过孔与内电层之间阻值会比较小，但焊接比较麻烦。对于一些有特殊导热要求的地方，可采用该连接方式。

➢【No Connect】：不进行连接。系统默认设置为【Relief Connect】，这也是工程制版常用的方式。

● 【Power Plane Clearance】：内电层安全间距。

【Power Plane Clearance】规则主要用于设置不属于内电层网络的过孔或焊盘与内电层之间的间距，设置界面如图 5-89 所示。

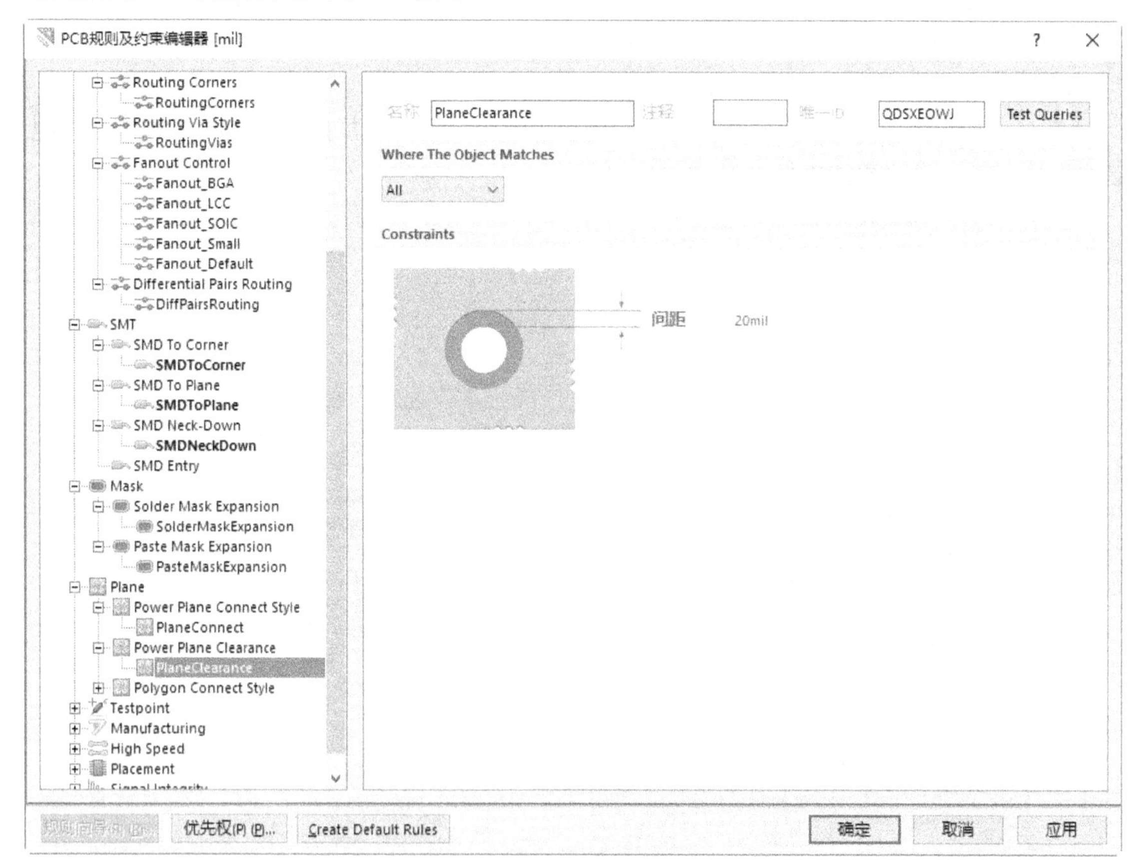

图 5-89 【Power Plane Clearance】规则设置界面

【约束（Constraints）】区域内只需要设置适当的间距值即可。

● 【Polygon Connect Style】：敷铜连接方式。

【Polygon Connect Style】规则的设置界面如图 5-90 所示。

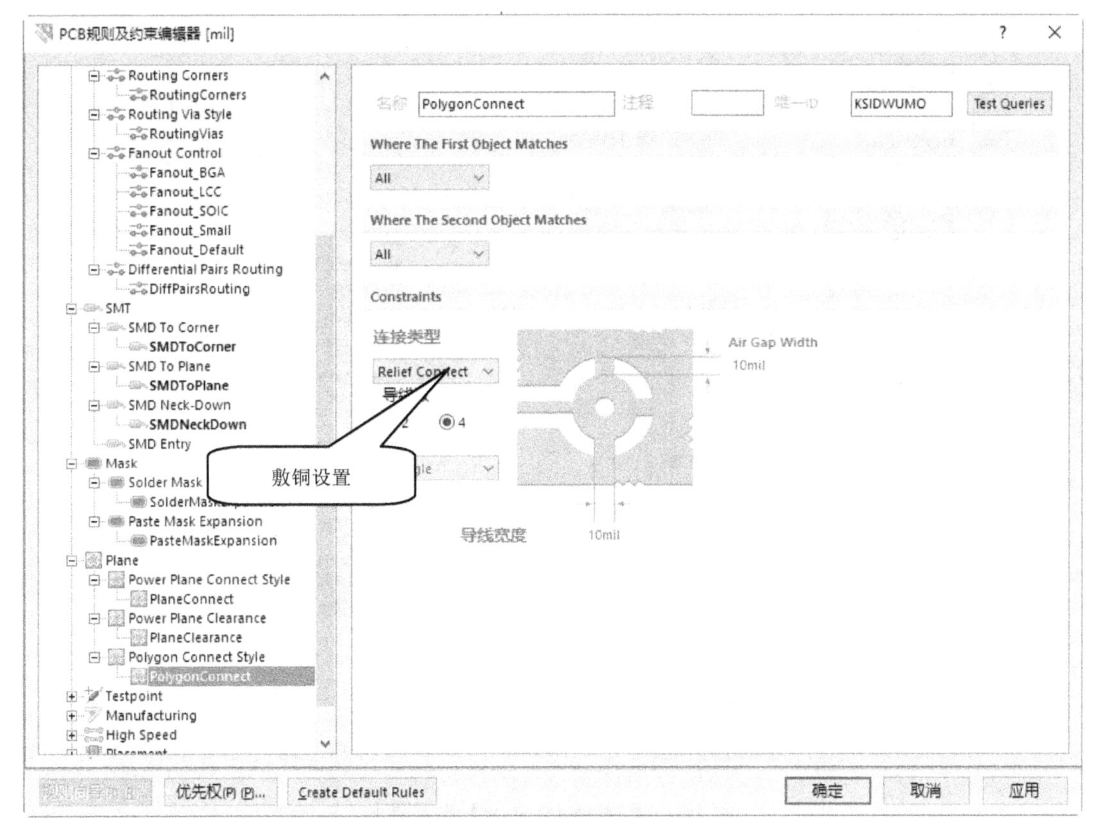

图 5-90 【Polygon Connect Style】设置界面

与【Power Plane Connect Style】规则设置窗口基本相同。只是在【Relief Connect】方式中多了一项角度控制，用于设置焊盘和敷铜之间连接方式的分布方式，即采用“45 Angle”时，连接线呈“ x ”形状；采用“90 Angle”时，连接线呈“+”形状。

5.5.6 Testpoint 设计规则

此类规则用于设置测试点的样式和使用方法的规则如下。

（1）【Testpoint Style】：测试点样式

测试点样式规则用于设置测试点的形状和大小，如图 5-91 所示。

➢【Style】区域包括【Size】和【Hole Size】两栏，每栏有三项。

- ✓【尺寸（Size）】：测试点的大小。
- ✓【通孔尺寸（Hole Size）】：测试点的钻孔大小。
- ✓【最小的（Min）】：最小尺寸限制。
- ✓【最大的（Max）】：最大尺寸限制。
- ✓【首选的（Preferred）】：最优尺寸限制。

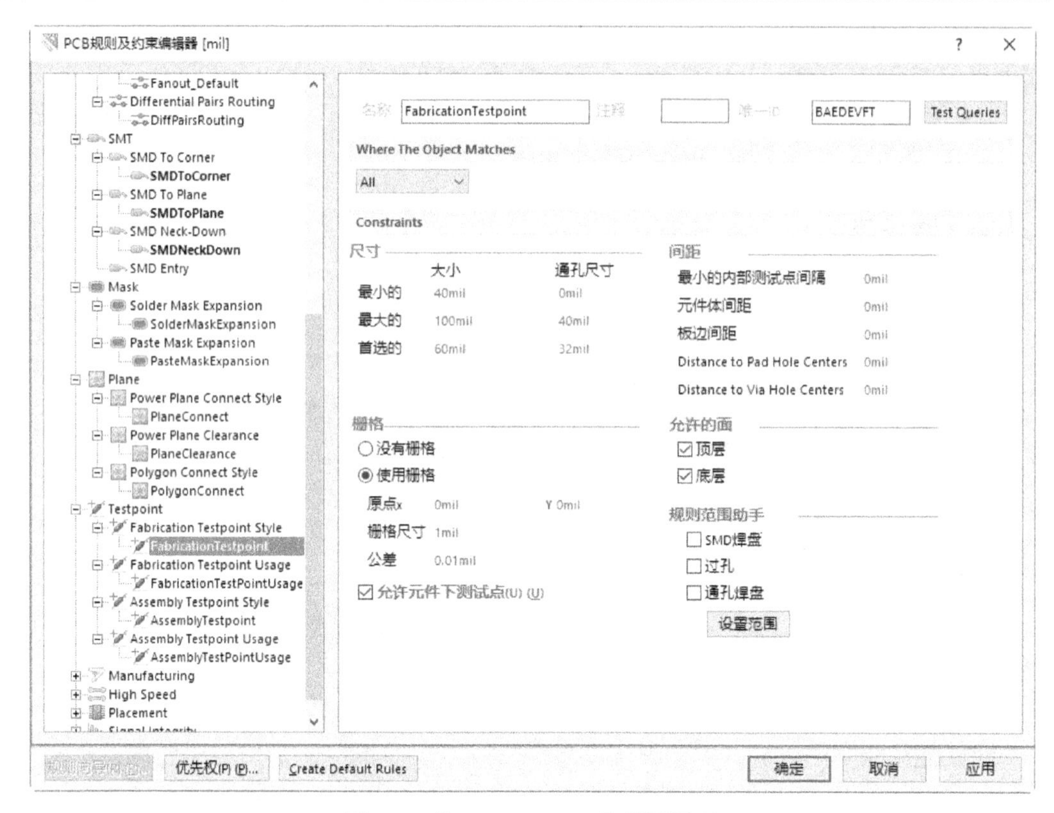

图 5-91 【Testpoint Style】设置界面

➢【栅格（Grid）】：区域设置放置测试点的网格。

✓【没有栅格】：选择该项后放置测试点时没有栅格。

✓【使用栅格】：选择该项后可以对栅格原点位置、栅格尺寸和公差进行设置。

✓【允许元件下测试点（Allow testpoint under component）】：选择该选项，测试点可以放置在元件（封装）下面。

➢【间距】：对测试点的设置间距。

✓【最小的内部测试点间隔】：测试点间的最小间距。

✓【元件体间距】：测试点与元件体的间距。

✓【板边间距】：测试点与电路板边的间距。

➢【允许的面】：允许放置测试点的板层。

✓【顶层】：允许在顶层放置测试点。

✓【底层】：允许在底层放置测试点。

（2）【Testpoint Usage】：测试点使用方法

测试点使用方法规则用于设置测试点的用法，如图 5-92 所示。

➢【必需的（Required）】：测试点是必要的。选择该项后可以选择【每个网络单一的测试点】、【每个支节点上的测试点】，并可选择【允许更多的测试点（Allow multiple testpoints on same net）】允许在同一个网络上设置多个测试点。

➢【禁止的（Invalid）】：测试点是不必要的。

➢【无所谓（Don't care）】：有无测试点都无关系。

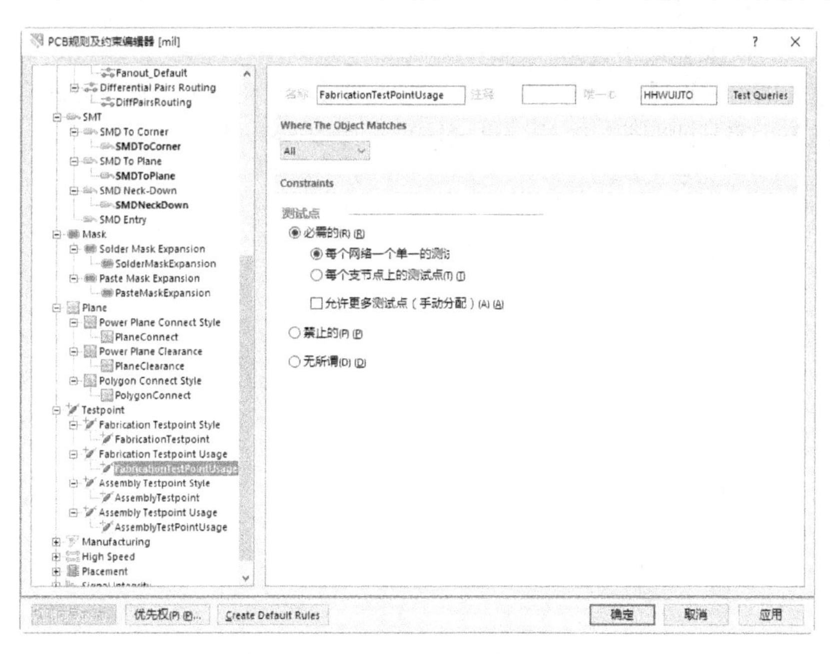

图 5-92 【Testpoint Usage】设置界面

5.5.7 Manufacturing 设计规则

此类规则主要设置与电路板制造有关的规则。

（1）【Minimum Annular Ring】最小环宽

最小环宽规则用于设置最小环形布线宽度，即焊盘或过孔与其钻孔之间的直径之差，如图 5-93 所示。

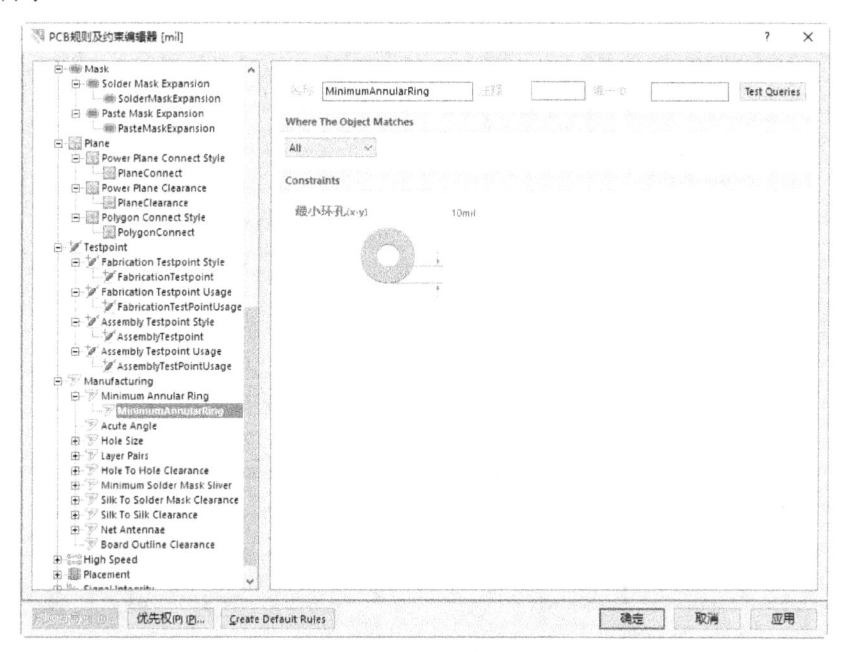

图 5-93 【Minimum Annular Ring】设置界面

（2）【Acute Angle】最小夹角

最小夹角规则用于设置具有电气特性布线之间的最小夹角。最小夹角应该不小于 90°，否则将会在蚀刻后容易残留药物，导致过度蚀刻，如图 5-94 所示。

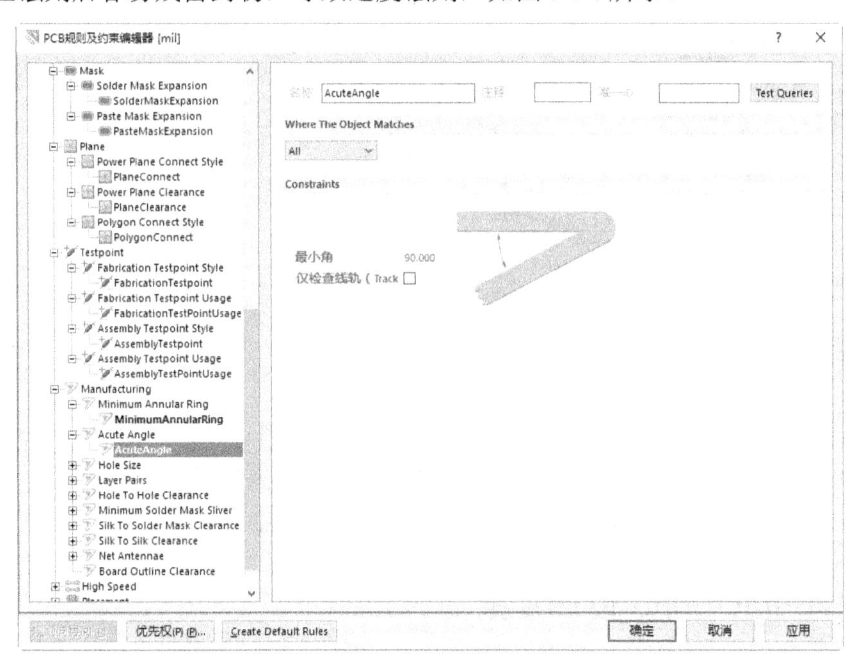

图 5-94 【Acute Angle】设置界面

（3）【Hole Size】钻孔尺寸

钻孔尺寸规则用于钻孔直径的设置，如图 5-95 所示。

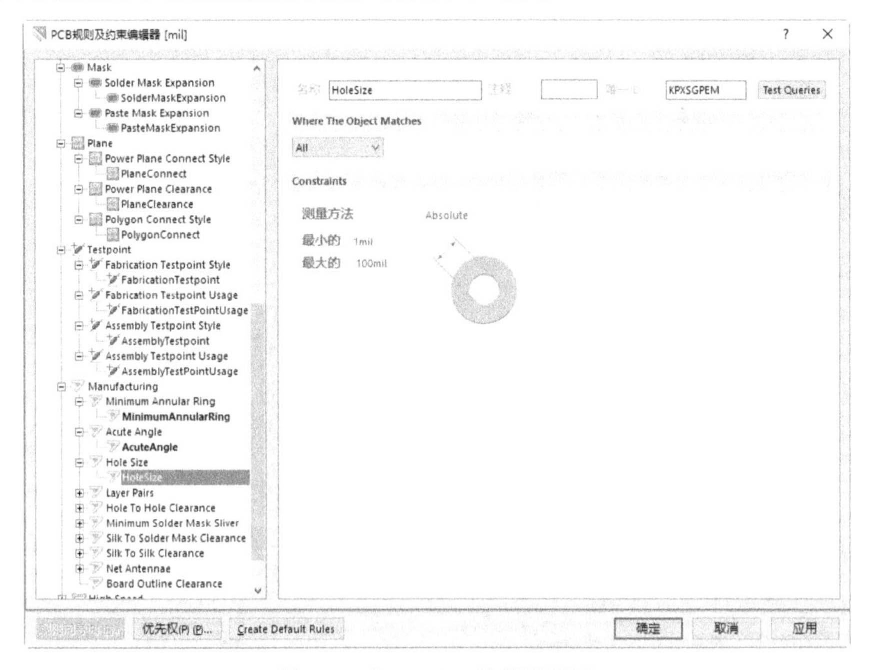

图 5-95 【Hole Size】设置界面

➢【测量方法（Measurement Method）】：钻孔尺寸标注方法，下拉菜单中有两个选项。

✓【Absolute】：为采用绝对尺寸标注钻孔直径。

✓【Percent】：为采用钻孔直径最大尺寸和最小尺寸的百分比标注钻孔尺寸，如图 5-96 所示。

➢【最小的（Minimum）】：设置钻孔直径的最小尺寸。

➢【最大的（Maximum）】：设置钻孔直径的最大尺寸。

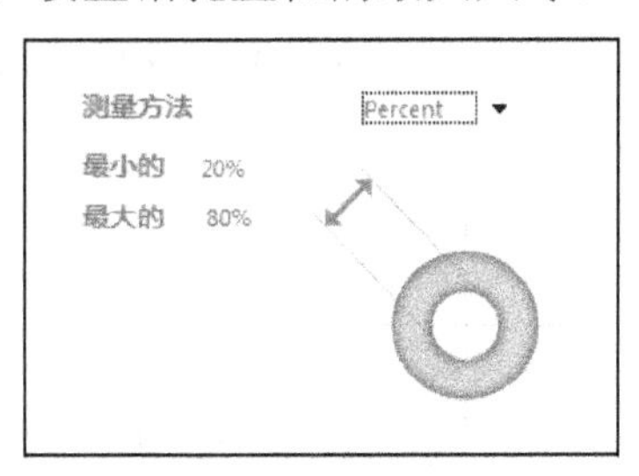

图 5-96　百分比标注钻孔尺寸

（4）【Layer Pairs】钻孔板层对

钻孔板层对规则用于设置是否允许使用钻孔板层对。在【约束（Constraints）】区域选择【加强层对设定（Enforce layer pairs setting）】选项时，强制采用钻孔板层对设置，如图 5-97 所示。

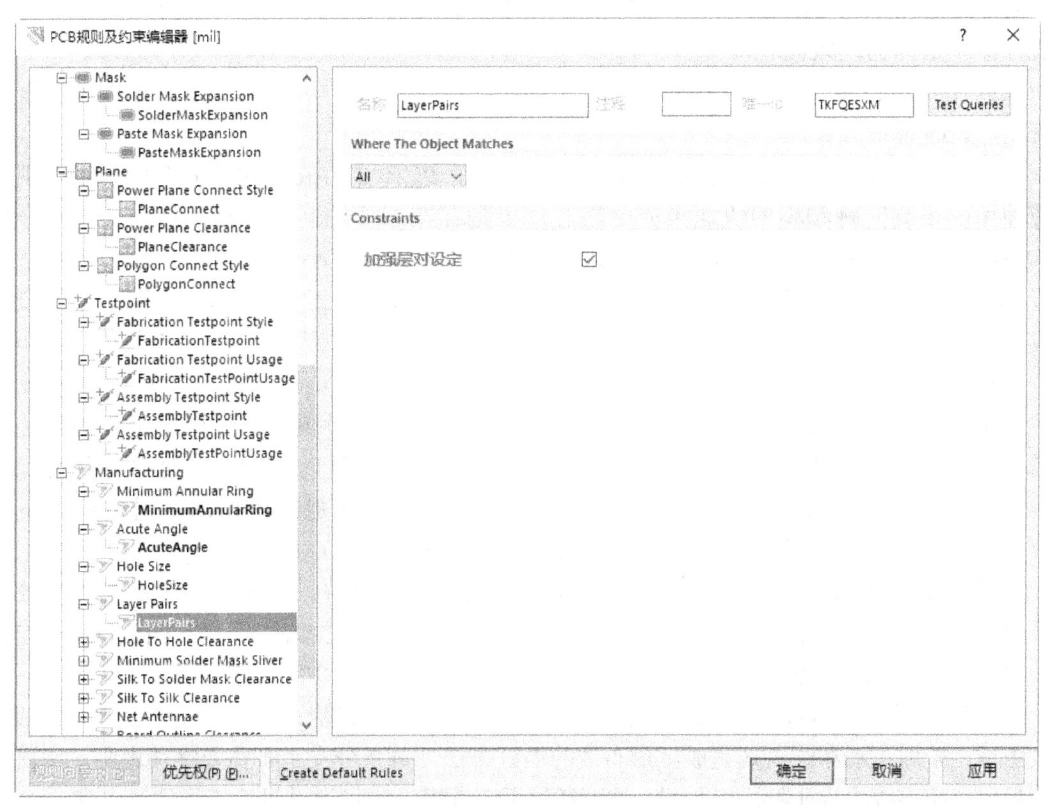

图 5-97　【Layer Pairs】设置

5.5.8 High Speed 设计规则

此规则用于设置高频电路设计的有关规则。

在数字电路中，高频电路是否取决于信号的上升沿，而不是信号的频率，计算公式为

$$F_2=1/(T_r\times\Pi)$$

式中，T_r为信号的上升/下降沿时间。

F_2>100MHz，应该按照高频电路进行考虑，下列情况必须按高频规则进行设计。

- 系统时钟频率超过 50MHz。
- 采用了上升/下降时间少于 5ns 的元件。
- 数字/模拟混合电路。

随着系统设计复杂性和集成度的大规模提高，电子系统设计师们正在从事 100MHz 以上的设计，总线的工作频率也已经达到或者超过 50MHz，有的甚至超过 100MHz。目前，约 50%设计时钟频率超过 50MHz，将近 20%的设计主频超过 120MHz。

当系统工作在 50MHz 时，将产生传输线效应，和信号的完整性问题。而当系统始终达到 120MHz 时，除非使用高速电路设计知识，否则基于传统方法设计的 PCB 将无法工作。因此，高速电路设计技术已经成为电子系统设计已经成为电子系统设计师必须采取的设计手段。只有通过使用高速电路设计师的设计技术，才能实现设计过程的可控性。

通常约定如果线传播延时大于 1/2 数字信号驱动端的上升时间，则认为此类信号是高速信号并产生传输线效应。

PCB 上每单位英寸的延时为 0.167ns，但是如果过孔过多，元件引脚多，布线上设置的约束多，延时将增大。

如果设计中有高速跳变的边沿，就必须考虑到在 PCB 上存在传输线效应的问题。现在普遍使用的很高时钟频率的快速集成电路芯片更是存在这样的问题。解决这个问题有一些基本原则：如果采用 CMOS 或 TTL 电路进行设计，工作频率小于 10MHz，布线长度应不大于 7in，工作频率在 50MHz 布线长度应不大于 1.5in。如果工作频率达到或超过 75MHz 布线长度应在 1in。对于 GaAs（砷化镓）芯片最大的布线长度应为 0.3in，如果超过这个标准，就存在传输线的问题。

解决传输线效应的另一个方法是选择正确的布线路径和终端拓扑结构。走线的拓扑结构是指一根网线的布线顺序及布线结构。当使用高速逻辑元件时，除非走线分支长度保持很短，否则边沿快速变化的信号将被信号主干走线上的分支走线所扭曲。通常情况下，PCB 走线采用两种基本的拓扑结构，即（Daisy）布线和（Star）布线。

对于 Daisy 布线，布线从驱动端开始，依次达到各接收端。如果使用串联电阻来改变信号特性，串联电阻的位置应该紧靠驱动端。在控制走线的高次谐波干扰方面，Daisy 走线效果最好，但是布通率较低。

Star 拓扑结构可以有效地避免时钟信号的不同步问题，但在密度很高的 PCB 上手工完成布线很困难，采用自动布线器是完成星形布线的最好方法。每条分支上都需要终端电阻。终端电阻的阻值应和连线的特征阻抗相匹配。这可通过手工计算，也可通过设计工具计算出来。

高速 PCB 电路的设计规则是影响高速电路板是否成功的关键，Altium Designer 提供了

6 类高速电路设计规则，为用户进行高速电路设计提供了最有力的支持。

● 【Parallel Segment】：平行线段限制规则。

在高速电路中，长距离的平行走线往往会引起线间串扰。串扰的程度是随着长度和间距的不同而变化的。这个规则限定两个平行连线元素的距离。可在输入框中输入指定的数据，如图 5-98 所示。

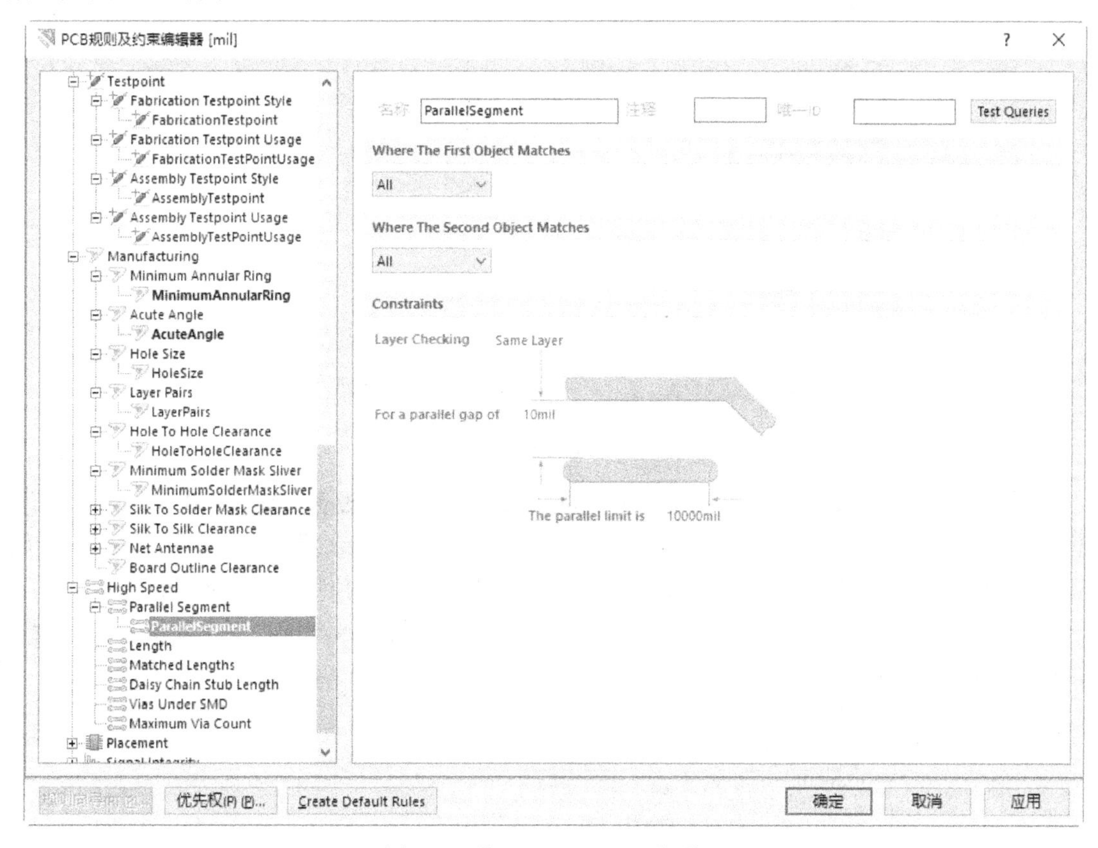

图 5-98 【Parallel Segment】设置

➢【Layer Checking】：指定平行布线层。下拉菜单中有两种选择。

✓【Same Layer】：同一层。

✓【Adjacent Layer】：相邻层。

➢【For a parallel gap of】：设置平行布线的最小间距，默认为 10mil。

➢【The parallel limite is】：设置平行布线的极限长度，默认为 10000mil。

●【Length】：长度限制规则。

这个规则规定一个网络的最大最小长度，可在输入框中输入数据，如图 5-99 所示。

● 【Matched Lengths】：匹配长度规则。

此规则定义不同长度网络的相等匹配公差。PCB 编辑器定位于最长的网络（基于规则适用范围），并与该作用范围规定的每一个其他网络比较，如图 5-100 所示。

规则定义怎样匹配不符合匹配长度要求的网络长度。PCB 编辑器插入部分折线，使得长度相等。

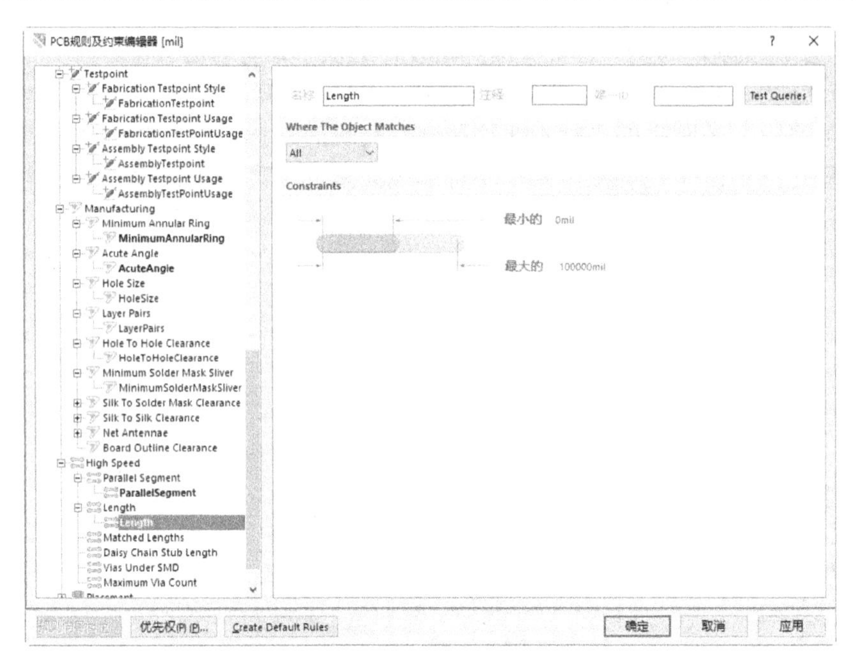

图 5-99 【Length】设置

如果希望 PCB 编辑器通过增加折线匹配网络长度，就可以设置【Matched Net Lengths】规则，然后执行【工具（Tools)】→【网络等长（Equalizer Nets)】命令。匹配长度规则将被应用到规则指定的网络，而且折线将被加到那些超过公差的网络中。成功的程度取决于可得到的折线空间大小和被用到的折线的式样。90° 样式是最紧凑的，圆角矩形样式是最不紧凑的，如图 5-100～图 5-103 所示。

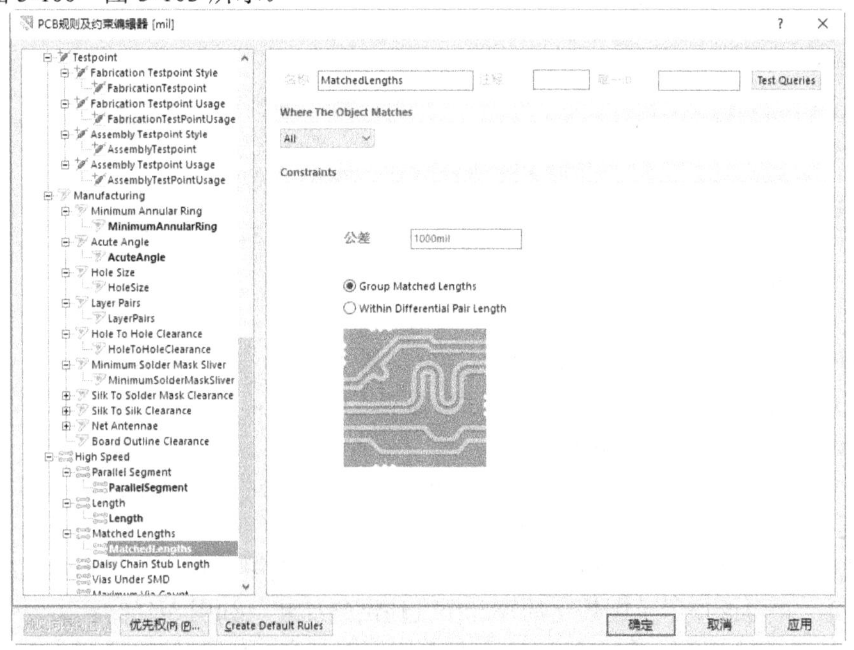

图 5-100 【Matched Net Lengths】设置

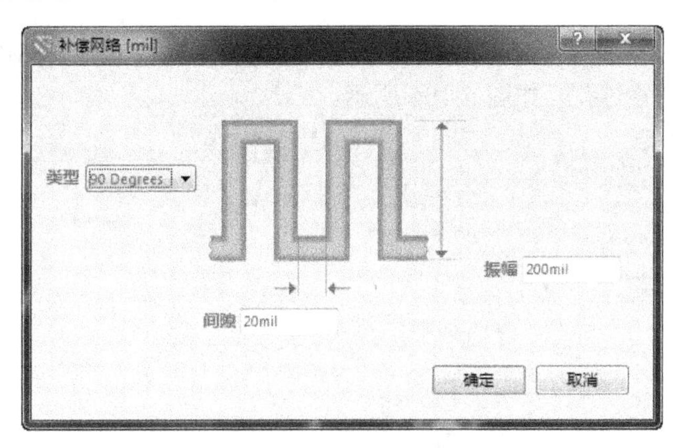

图 5-101　90°折线匹配长度设置

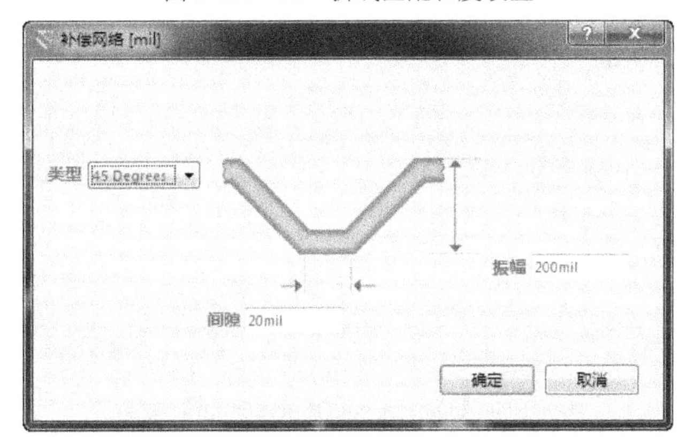

图 5-102　45°折线匹配长度设置

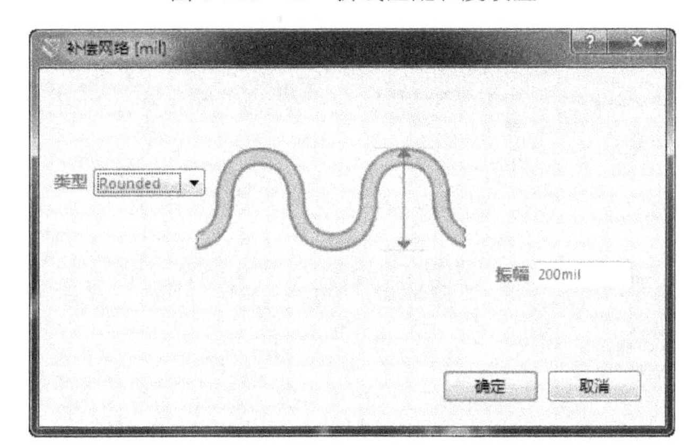

图 5-103　圆形匹配长度设置

➢【类型（Style）】：选择折线式样。如图 5-100～图 5-103 所示。

➢【振幅（Amplitude）】：输入折线的振幅高度。

●【Daisy Chain Stub Length】：菊花链支线长度限制规则。

【Daisy Chain Stub Length】规则用于设置用菊花链走线时支线的最大长度，如图 5-104 所示。

●【Vias Under SMD】：在 SMT 下过孔限制规则。

表贴式焊盘下放置过孔规则用于设置是否允许在 SMD 焊盘下放置过孔。在【约束

（Constraints）】区域中选择【SMD 焊盘下允许过孔（Allow Vias under SMD Pads）】选项时，允许在 SMD 焊盘下放置过孔，如图 5-105 所示。

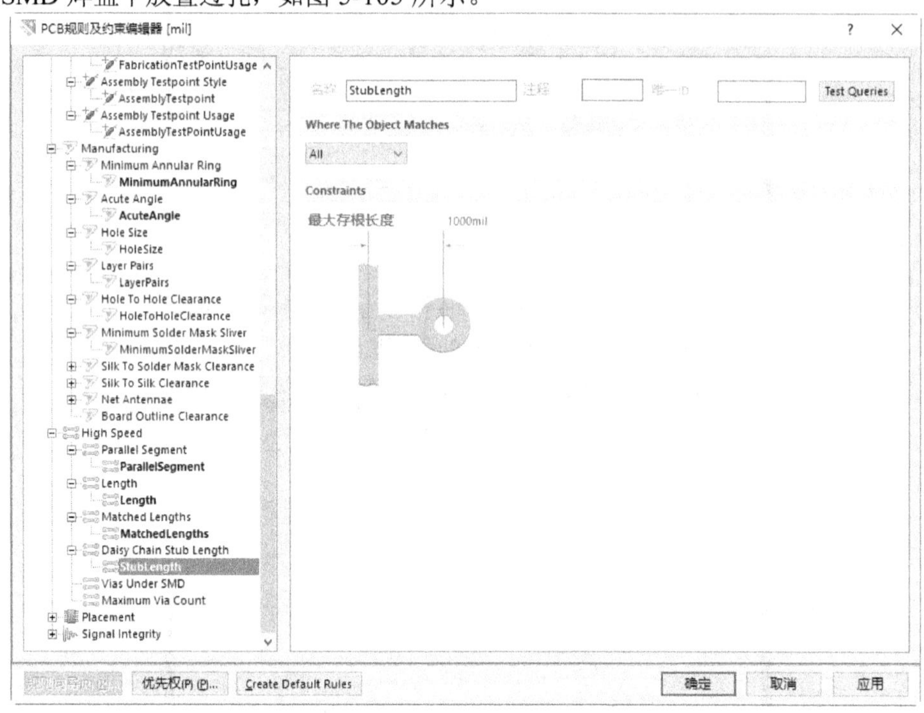

图 5-104 【Daisy Chain Stub Length】设置

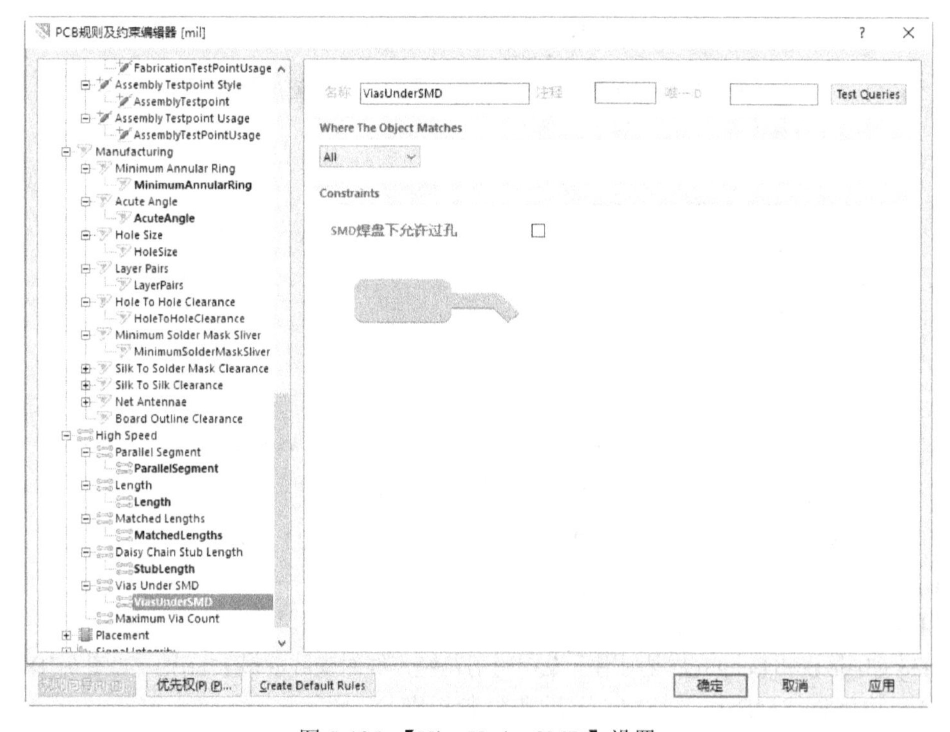

图 5-105 【Vias Under SMD】设置

● 【Maximum Via Count】：最大过孔数限制规则。

在高速 PCB 设计时，设计者总是希望过孔越小越好，这样板子可以留有更多的布线空间。此外，过孔越小，其自身的寄生电容也越小，更适合用于高速电路。但过孔尺寸的减少同时带来了成本的增加。而且过孔的尺寸不可能无限制的减小，它受到钻孔和电镀等工艺技术的限制：孔越小，钻孔需花费的时间越长，也容易偏离中心位置；且当孔的深度超过钻孔直径的 6 倍时，就无法保证孔壁能均匀敷铜。

随着激光钻孔技术的发展，钻孔的尺寸也可以越来越小，一般直径小于等于 6mil 的过孔成为微孔。在 HDI（高密度互连结构）设计中经常使用到微孔，微孔技术可以允许过孔直接打在焊盘上，这大大提高了电路性能，节约了布线空间。

过孔在传输线上表现为阻抗不连续的断点，会造成信号的反射。一般过孔的等效阻抗比传输线低 12%左右，例如，50Ω 的传输线在经过过孔时阻抗会减少 6Ω（具体和过孔尺寸，板厚也有关，不是绝对减少）。但过孔因为阻抗不连续而造成的反射其实是微不足道的，其反射系数仅为 (50−44)/(50+44)=0.06，过孔产生的问题更多地集中于寄生电容和电感的影响。

过孔本身存在着杂散电容，如果已知过孔在铺地层上的阻焊区直径为 D_2，过孔焊盘直径为 D_1，PCB 厚度为 T，板基材介电常数为 ε，则过孔的寄生电容大小近似于 C，即

$$C=1.41\varepsilon TD_1/(D_2-D_1)$$

过孔的寄生电容会给电路造成的主要影响是延长了信号的上升时间，降低了电路的速度。举例来说，对于一块厚度为 50mil 的 PCB，如果使用的过孔焊盘直径为 20mil（钻孔直径为 10mil），阻焊区直径为 40mil，则可以通过上面的公式近似计算出过孔的寄生电容为

$$C=1.41\times4.4\times0.050\times0.020/(0.040-0.020)=0.31\text{pF}$$

这部分电容引起的信号的上升时间变化量大致为

$$T=2.2C(50\ /\ 2)=17.05\text{ps}$$

从这些数字可以看出，尽管单个过孔的寄生电容引起的上升沿变缓的效用不是很明显，但是如果走线中多次使用过孔进行层间的切换，就会使用到多个过孔，设计时就要慎重考虑。实际设计中可以通过增大过孔或者敷铜区距离或者减少焊盘的直径来减少寄生电容。

过孔存在寄生电容同时也存在寄生电感，在高速数字电路的设计中，过孔的寄生电感带来的危害往往大于寄生电容的影响。寄生串联电感会消弱旁路电容的贡献，减弱整个电源系统的滤波效用。可以用下面的经验公式来简单计算一个过孔的寄生电感，即

$$L=5.08h[\ln(4h/d)+1]$$

式中，L 为过孔电感，h 为过孔长度，d 为中心钻孔直径。

从式中可以看出，过孔的直径对电感的影响较小，而对电感的影响最大的是过孔的长度，仍然采用上面的数据，可以算出 L=1.015nH。

如果信号上升时间是 1ns，那么其等效阻抗大小为 $XL=\prod L/T$=3.19Ω。这样的阻抗在有高频电流通过已经不能够被忽略。特别要注意，旁路电容在连接电源层和地层的时候需要通过两个孔，这样电感就成倍增加。

鉴于上述过孔对高速电路的影响，在设计时应尽可能少使用过孔。Altium Designer 中【最大过孔计算（Maximum Via Count）】过孔数限制规则用于设置高速 PCB 中使用过孔的最大数，可根据需要设置电路板总过孔数，或某些对象的过孔数，以提高 PCB 的高频性能，如图 5-106 所示。

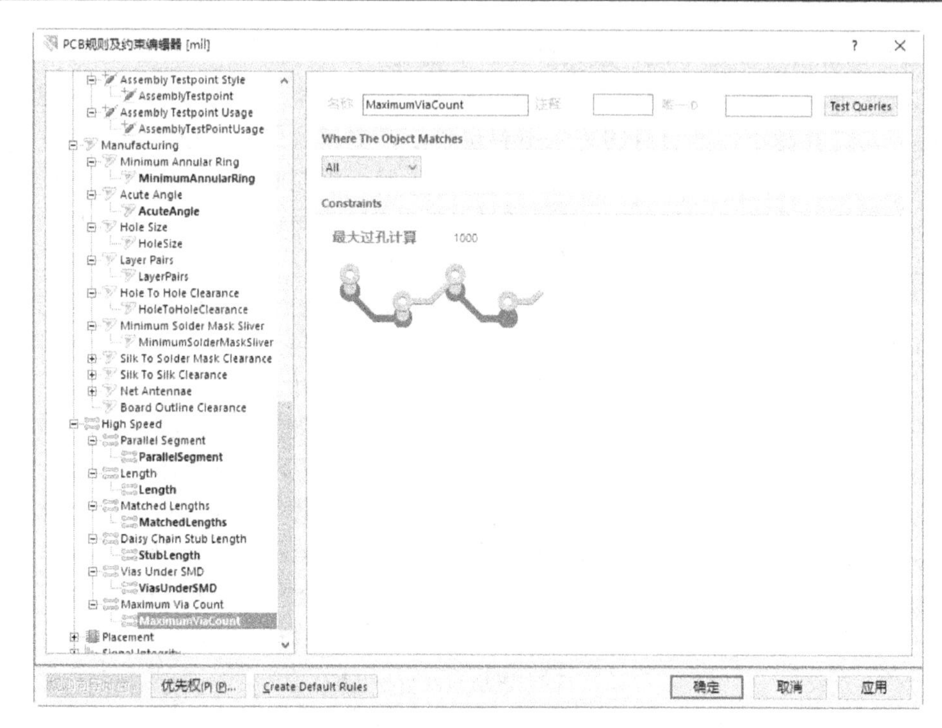

图 5-106 【Maximum Via Count】设置

5.5.9 Placement 设计规则

设置的元件布局规则，在使用 Cluster Placer 自动布局器的过程中执行，一共有 6 种规则。

（1）【Room Definition】元件布置区间定义

元件布置区间定义规则用于定义元件放置区间（Room）的尺寸及其所在的板层，如图 5-107 所示。采用元件放置工具栏中的内部排列功能，可以把所有属于这个矩形区域的元件移入到这个矩形区域。一旦元件类被指定到某一个矩形区域，矩形区域移动时元件也会跟着移动。

- 【空间锁定（Room Locked）】：锁定元件的布置区间，当区间被锁定后，可以选中，但不能移动或者直接修改大小。
- 【锁定的元件（Components Locked）】：锁定 Room 中的元件。
- 定义... 选项如果希望在 PCB 图上定义 Room 位置，则可单击该按钮直接进入 PCB 图，按照需要用光标画出多边形边界，选择后屏幕会自动返回编辑器。Room 可以设置为矩形，也可以设置为多边形。也可以通过 X1、X2、Y1、Y2 两点坐标定义 Room 边界。
- 【约束（Constraints）】区域下方第一个下拉菜单选择当前 PCB 中的可用层作为“Room”放置层。“Room”只能放置在 Top 层和 Bottom 层。
- 【约束（Constraints）】区域下方第二个下拉菜单选择元件放置位置。
  - ✓【Keep Objects Inside】：元件放置在“Room”内。
  - ✓【Keep Objects Outside】：元件放置在“Room”外。

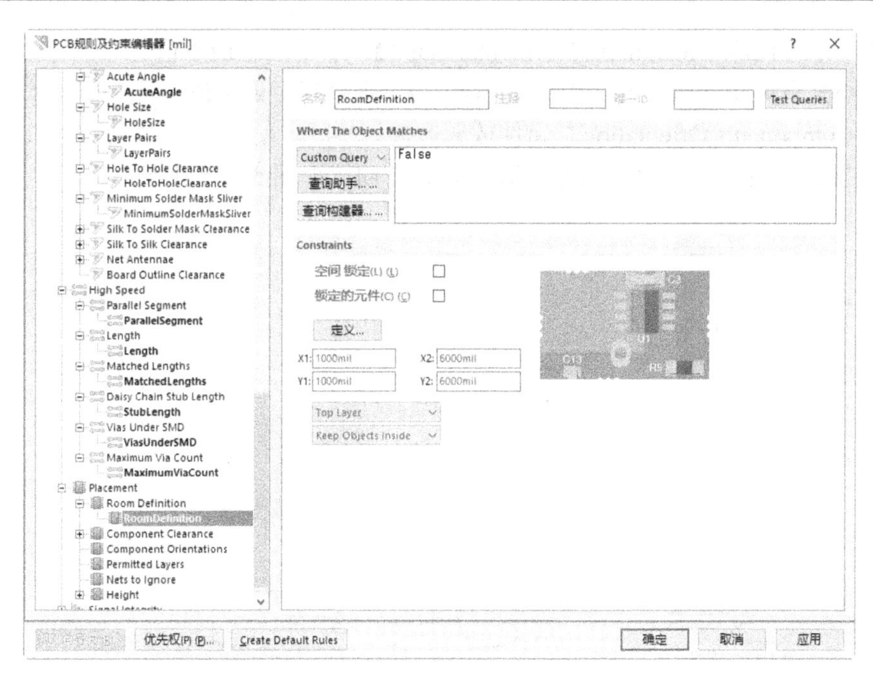

图 5-107 【Room Definition】设置

（2）【Components Clearance】元件安全间距

此规则规定元件间最小距离，如图 5-108 所示。

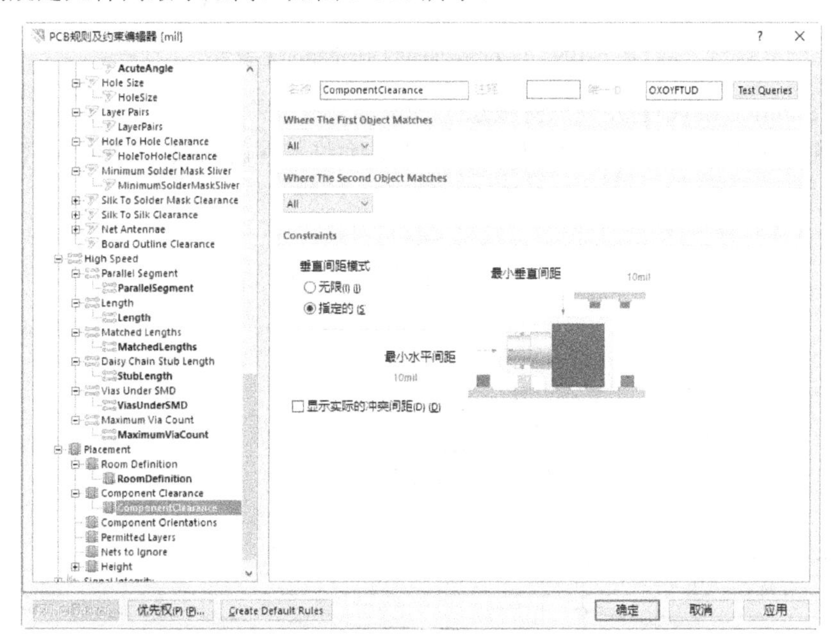

图 5-108 【Components Clearance】设置

➢【垂直间距模式（Vertical Check Mode）】：垂直方向的校验模式。
 ✓【无限（Infinited）】：无特指情况。
 ✓【指定的（Specified）】：有特指情况。

➢【最小水平间距（Minimum Horizontal Gap）】：水平间距最小值。
➢【最小垂直间距（Minimum Vertical Gap）】：垂直间距最小值。

（3）【Components Orientation】元件放置方向

元件放置方向规则用于设置元件封装的放置方向，如图 5-109 所示。

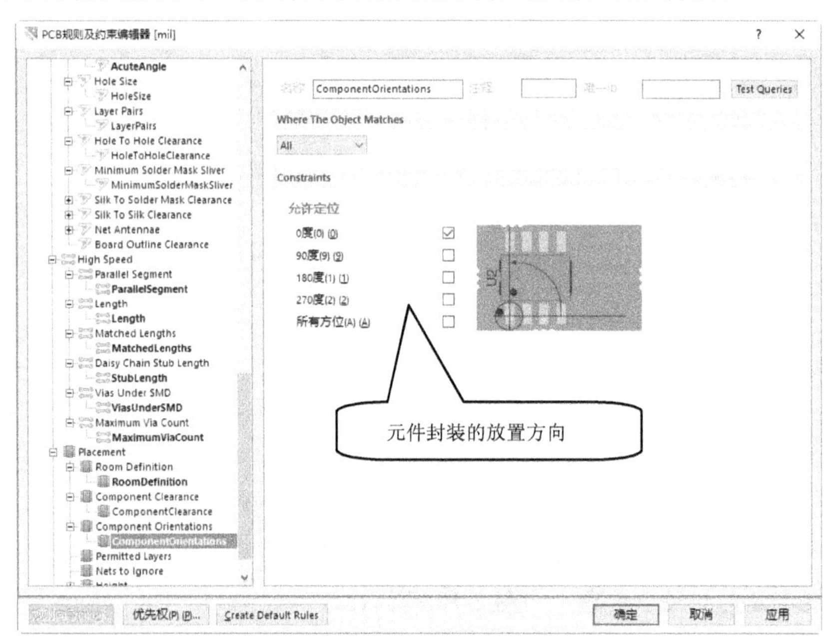

图 5-109 【Components Orientation】设置

（4）【Permitted Layer】元件放置板层

元件放置层规则用于设置自动布局时元件封装允许放置的板层，如图 5-110 所示。

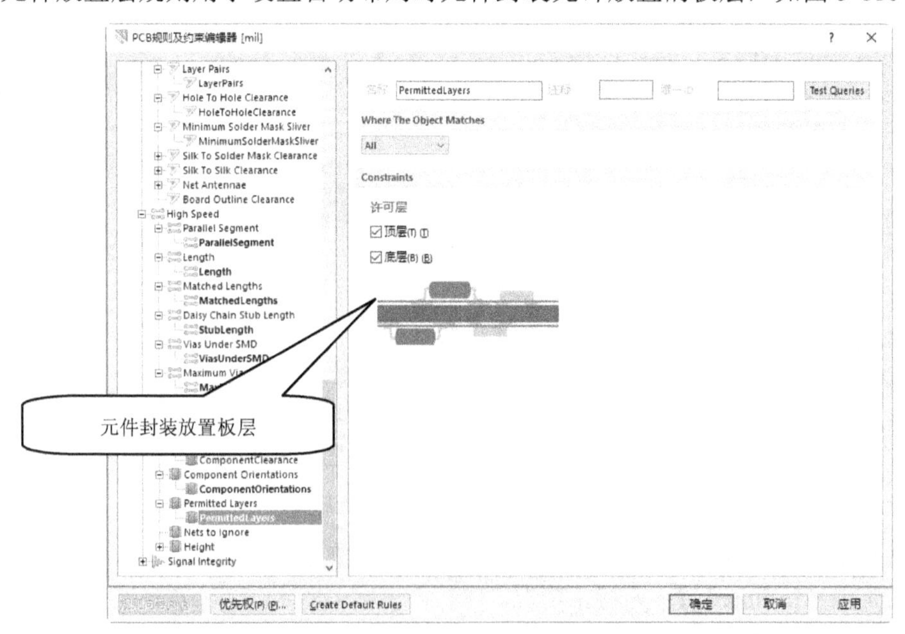

图 5-110 【Permitted Layer】设置

（5）【Nets to Ignore】元件放置忽略的网络

元件放置忽略的网络规则用于设置自动布局时可忽略的网络。组群式自动布局时，忽略电源网络可以使得布局速度和质量有所提高，如图 5-111 所示。

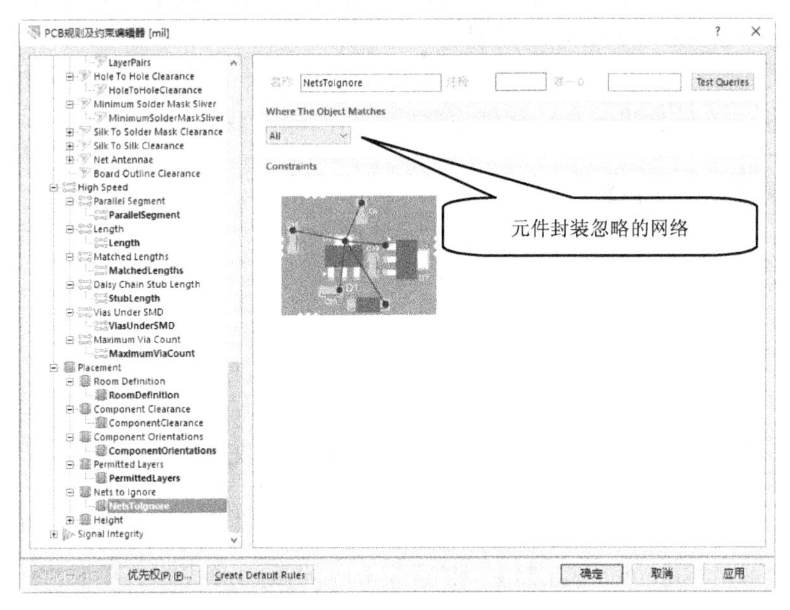

图 5-111 【Nets to Ignore】设置

（6）【Height】元件高度

元件高度规则用于设置【Room】中的元件的高度，不符合规则的元件将不能被放置，如图 5-112 所示。

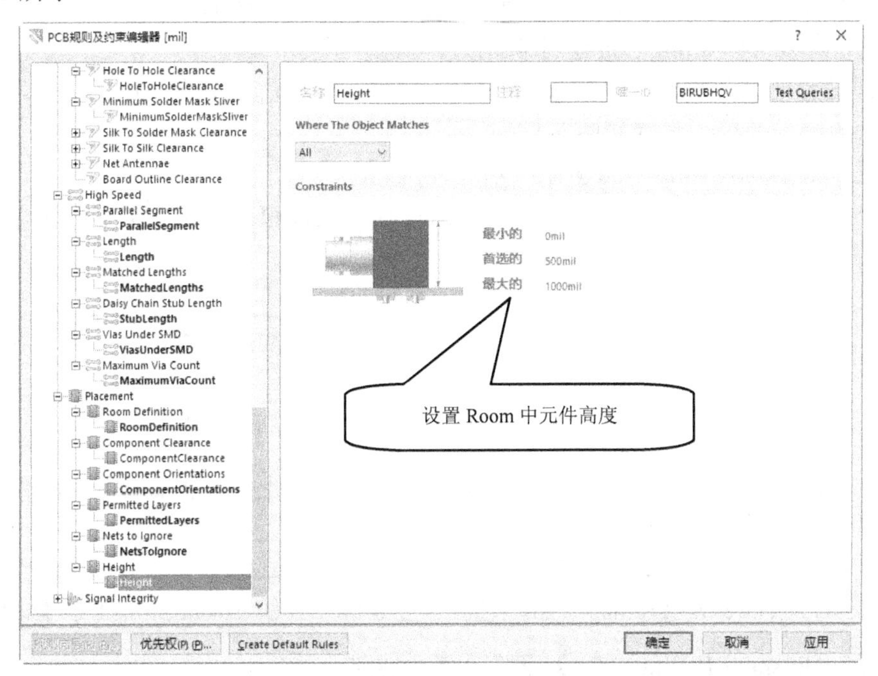

图 5-112 【Height】设置

视频教学

5.5.10 Signal Integrity 设计规则

此规则用于信号完整性分析规则的设置。共分为 13 种，如图 5-113 所示。

（1）【Signal Stimulus】信号激励规则

在信号激励规则中可以设置信号完整性分析和仿真时的激励，用来模拟实际信号传输的情况。在分析时本软件将此激励加到被分析网络的输出型引脚上，如图 5-114 所示。

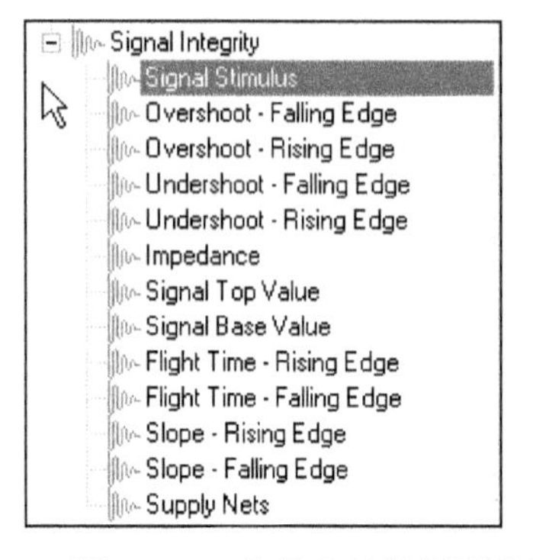

图 5-113 信号完整性规则种类

激励类型(K) (K) Single Pulse
开始级别(L) (L) Low Level
开始时间(A) (A) 10.00n
停止时间(O) (O) 60.00n
时间周期(P) (P) 100.00n
period
start
stop

图 5-114 【Signal Stimulus】设置

- 【激励类型（Stimulus Kind）】：信号分析时的激励形式。有单脉冲、恒定电平激励、周期脉冲激励。默认为第一种。
- 【开始级别（Start Level）】：激励信号初始电平。可高可低，默认为低电平。
- 【开始时间（Start Time）】：激励信号开始发生时间。默认为 10ns。
- 【停止时间（Stop Time）】：激励停止时间。默认为 60ns。
- 【时间周期（Period Time）】：激励信号周期。默认为 100ns。

（2）【Overshoot-Falling Edge】下降沿过冲规则

此规则设置信号分析时允许的最大下降沿过冲，过冲值是最大下降沿过冲和低电平振荡摆的中心电平的差值。设置如图 5-115 所示。

（3）【Overshoot-Rising Edge】上升沿过冲规则

此规则设置信号分析时允许的最大上升沿过冲，过冲值是最大上升沿过冲和高电平振荡摆的中心电平的差值。设置如图 5-116 所示。

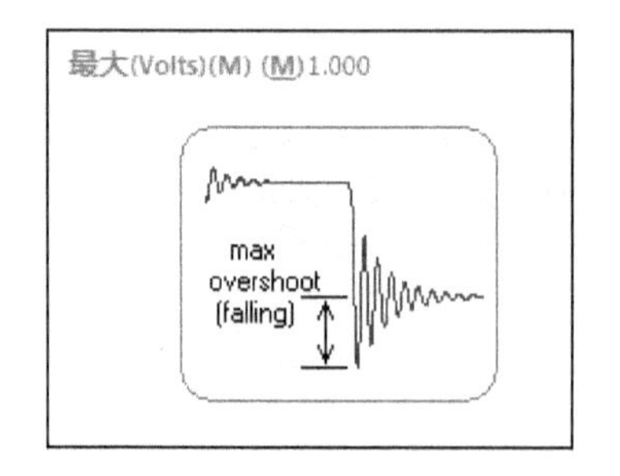

图 5-115 【Overshoot-Falling Edge】设置

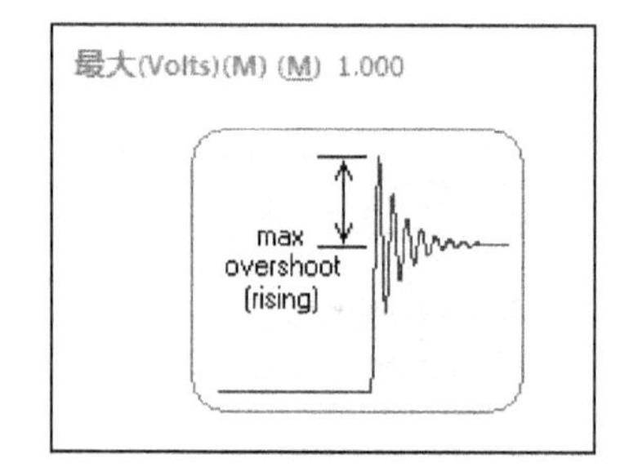

图 5-116 【Overshoot-Rising Edge】设置

（4）【Undershoot-Falling Edge】下降沿下冲规则

此规则设置信号分析时允许的最大下降沿下冲，下冲值是最大下降沿下冲和低电平振荡摆的中心电平的差值。设置如图 5-117 所示。

（5）【Undershoot- Rising Edge】上升沿下冲规则

此规则设置信号分析时允许的最大上升沿下冲，下冲值是最大上升沿下冲和高电平振荡摆的中心电平的差值。设置如图 5-118 所示。

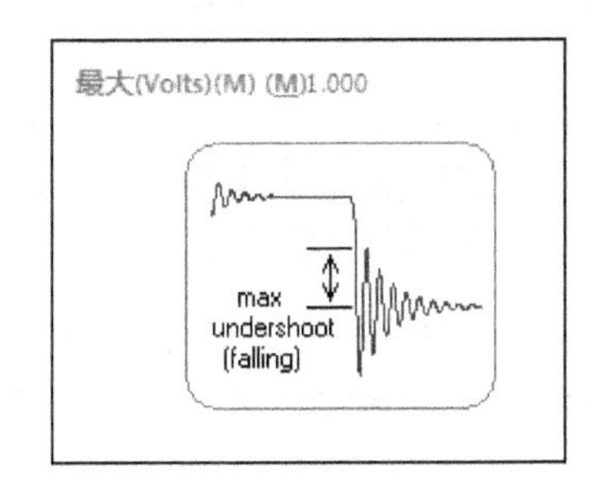

图 5-117 【Undershoot-Falling Edge】设置

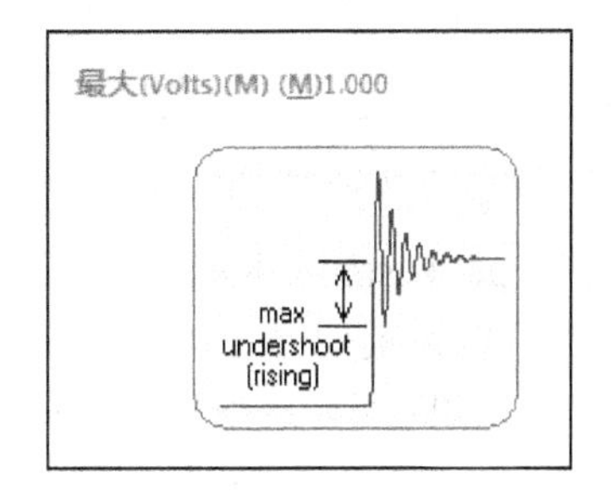

图 5-118 【Undershoot-Rising Edge】设置

（6）【Impedance】网络阻抗规则

设置信号分析时允许的最大、最小网络阻抗。

（7）【Signal Top Value】信号高电平规则

此规则可以设置信号分析时所用高电平的最低数值，只有超过了这个电平值才被看做是高电平。设置情况如图 5-119 所示。

（8）【Signal Base Value】信号低电平规则

此规则可以设置信号分析时所用低电平的最高数值，只有低于这个电平值才被看做是低电平。设置情况如图 5-120 所示。

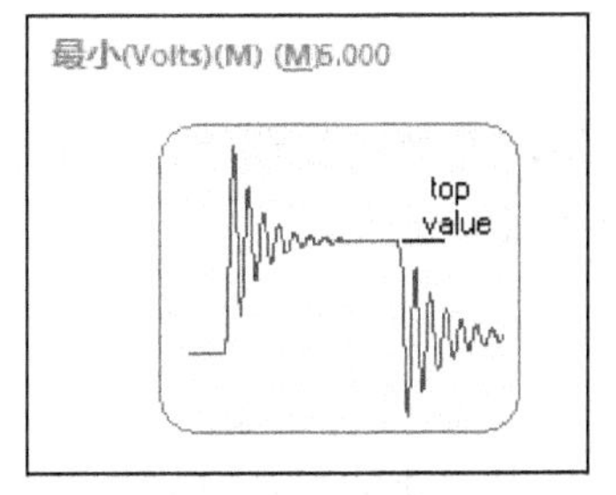

图 5-119 【Signal Top Value】设置

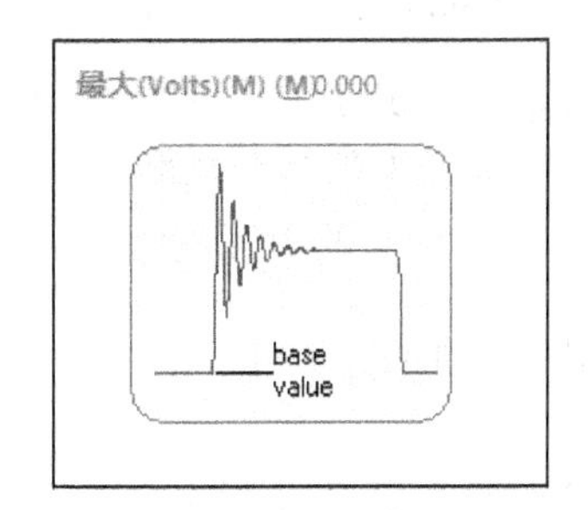

图 5-120 【Signal Base Value】设置

（9）【Flight Time-Rising Edge】上升沿延迟时间规则

此规则可以设置信号分析时的上升沿驱动实际输入到阈值电压的时间，与驱动一个参考负荷到阈值电压的时间的差值。这个差值和信号传输的延迟有关，因此，会受到传输线负载大小的影响，如图 5-121 所示。

（10）【Flight Time-Falling Edge】下降沿延迟时间规则

此规则可以设置信号分析时的下降沿驱动实际输入到阈值电压的时间，与驱动一个参考负荷到阈值电压的时间的差值。这个差值和信号传输的延迟有关，因此，会受到传输线负载大小的影响，如图 5-122 所示。

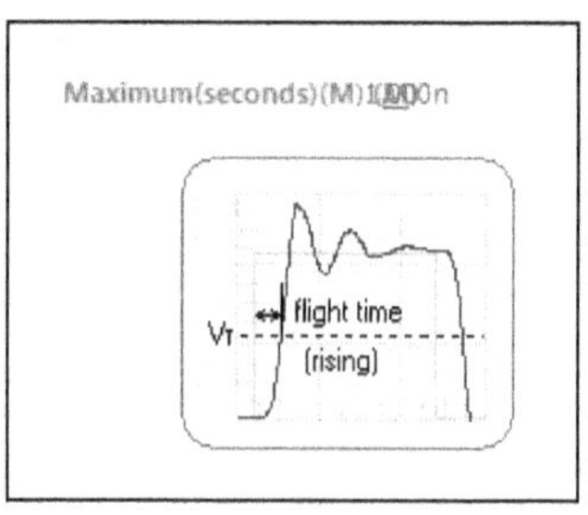

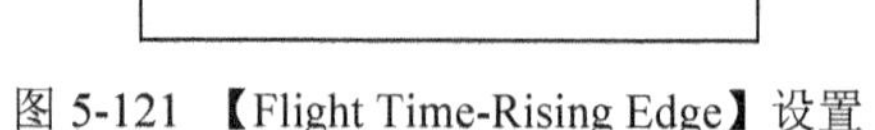

图 5-121 【Flight Time-Rising Edge】设置

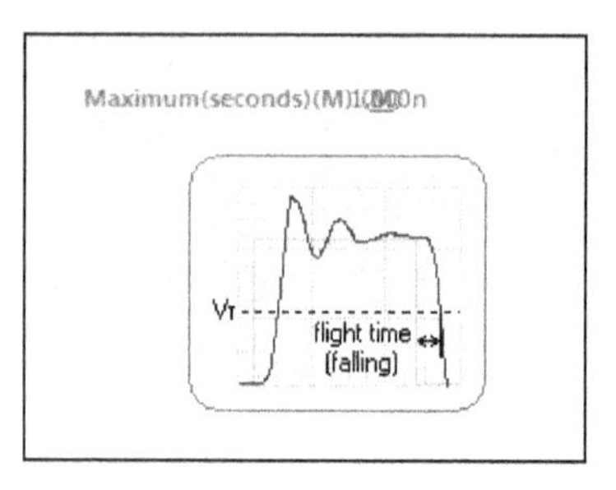

图 5-122 【Flight Time-Falling Edge】设置

（11）【Slope- Rising Edge】上升沿的斜率规则

此规则中可以设置信号分析时的上升沿的斜率，即信号从阈值电压 VT 上升到一个有效的高电平 VIH 的时间。这条规则可规定允许范围内的最大斜率值，如图 5-123 所示。

（12）【Slope-Falling Edge】下降沿的斜率规则

此规则中可以设置信号分析时的下降沿的斜率，即信号从阈值电压 VT 下降到一个有效的低电平 VIL 的时间。这条规则可规定允许范围内的最大斜率值，如图 5-124 所示。

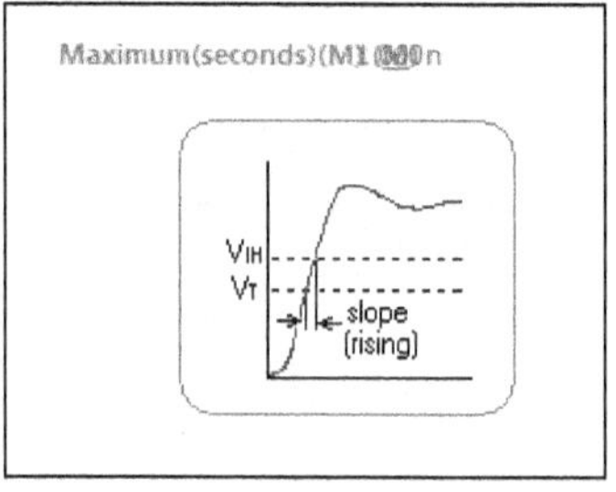

图 5-123 【Slope- Rising Edge】设置

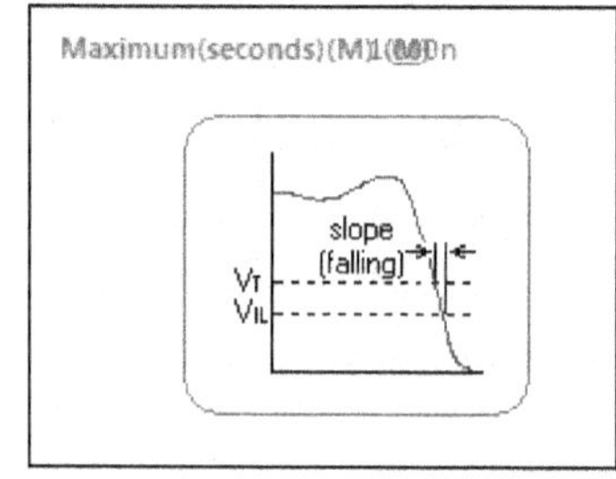

图 5-124 【Slope-Falling Edge】设置

（13）【Supply Nets】电源网络规则

在此规则中可以为信号分析规定具体的电源网络，并输入其数值。要想进行信号分析则需要指定 PCB 文件中的电源网络，并且设置各个网络的电压。

5.5.11 设计规则向导

Altium Designer 提供了设计规则向导，帮助用户建立新的设计规则。一个新的设计规则向导，总是针对某一个特定的网络或者对象而设置的，本节基本以建立一个电源线宽度规则为例，介绍规则向导使用方法。

- 执行菜单命令【设计（Design）】→【规则向导（Rule Wizard)】，或在 PCB 设计规则与约束编辑器中单击规则向导(R)...按钮，规则向导启动界面，如图 5-125 所示。
- 单击一步(N)>>（下一步）按钮，进入选择规则类型界面，填写规则名称和注释内容，在规则列表框【Routing】目录下选择【Width Constraints】选项，如图 5-126 所示。

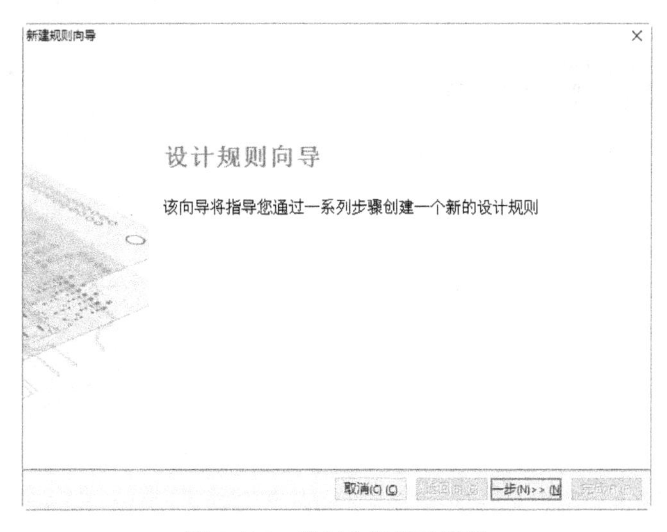

图 5-125　规则向导启动界面

图 5-126　选择规则类型界面

- 单击一步(N)>> (N)（下一步）按钮，进入选择规则类型界面，选择【A Few Nets】选项，如图 5-127 所示。
  - ➢【整个板（Whole Board）】：整个 PCB。
  - ➢【1 Net】：一个网络。
  - ➢【A Few Nets】：几个网络。
  - ➢【A Net on a Particular Layer】：特定层的一个网络。
  - ➢【A Net in a Particular Component】：特定元件的一个网络。
  - ➢【Advanced(Start With a Blank Query)】：高级（启动查询）。
- 单击一步(N)>> (N)（下一步）按钮，进入高级规则范围编辑界面，如图 5-128 所示。

图 5-127　选择规则的适用范围界面

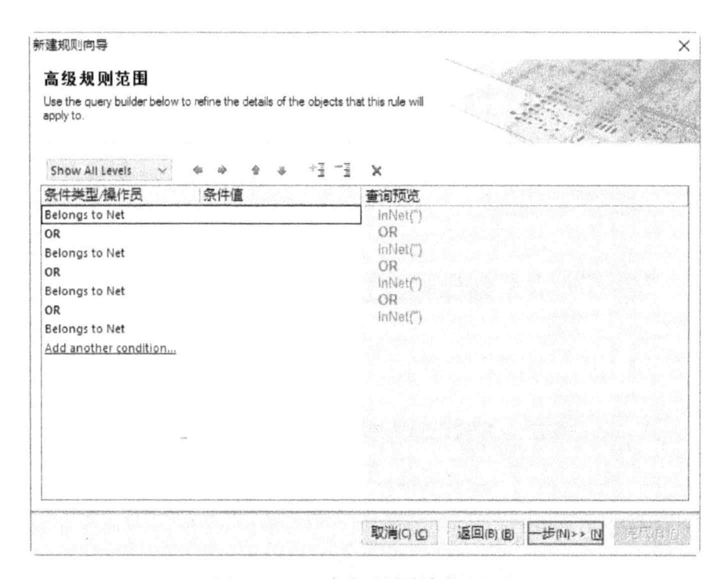

图 5-128　高级范围编辑界面

➢ 在【条件值（Condition Value）】栏单击，激活下拉按钮，单击下拉按钮，从下拉菜单中选择当前的 PCB 文件的网络“VCC”。然后再选择一个“或”关系的网络 GND。
➢ 在多余的网络类型上单击鼠标右键，弹出右键菜单，执行【删除（Delete）】命令，删除多余的网络。

● 单击 一步(N)>> (N)（下一步）按钮，进入选择规则优先级界面，如图 5-129 所示。用户可以选中名称栏按钮的规则名称，单击 增加优先权(I) (I) 按钮，提高规则级别。【优先级（Priority）】栏的数字越小级别越高。现在使用默认级别，电源为最高级别。

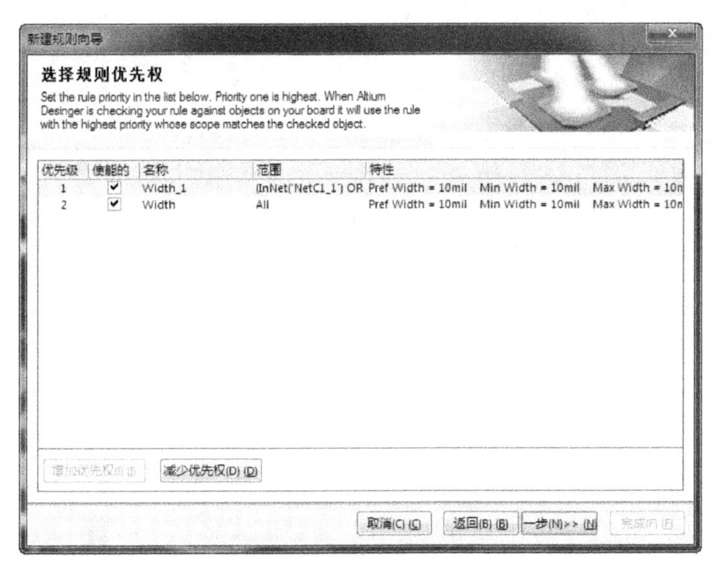

图 5-129　选择规则优先级别界面

- 单击一步(N)>>（下一步）按钮，进入新规则完成界面，如图 5-130 所示，在该界面直接修改布线宽度为 Pref Width=20mil，Min Width =10mil，Max Width =30mil。选择【开始主设计规则对话（Launch main design rules dialog)】选项，即启动【主设计规则】对话框选项。

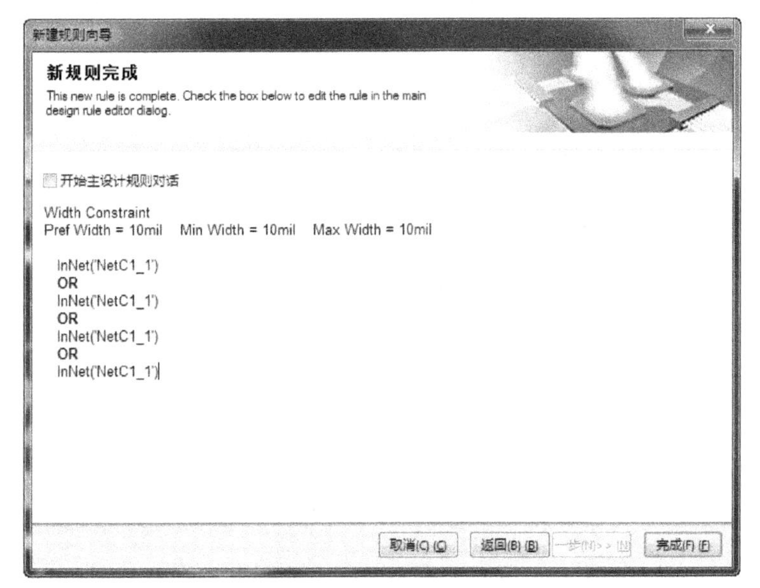

图 5-130　新规则完成界面

- 单击完成(F)（完成）按钮，退出规则向导，系统启动 PCB 设计规则与约束编辑器，如图 5-131 所示。
- 在 PCB 设计规则与约束编辑器的【约束（Constraints)】区域编辑宽度参数，单击【确定】按钮，新规则设置结束。

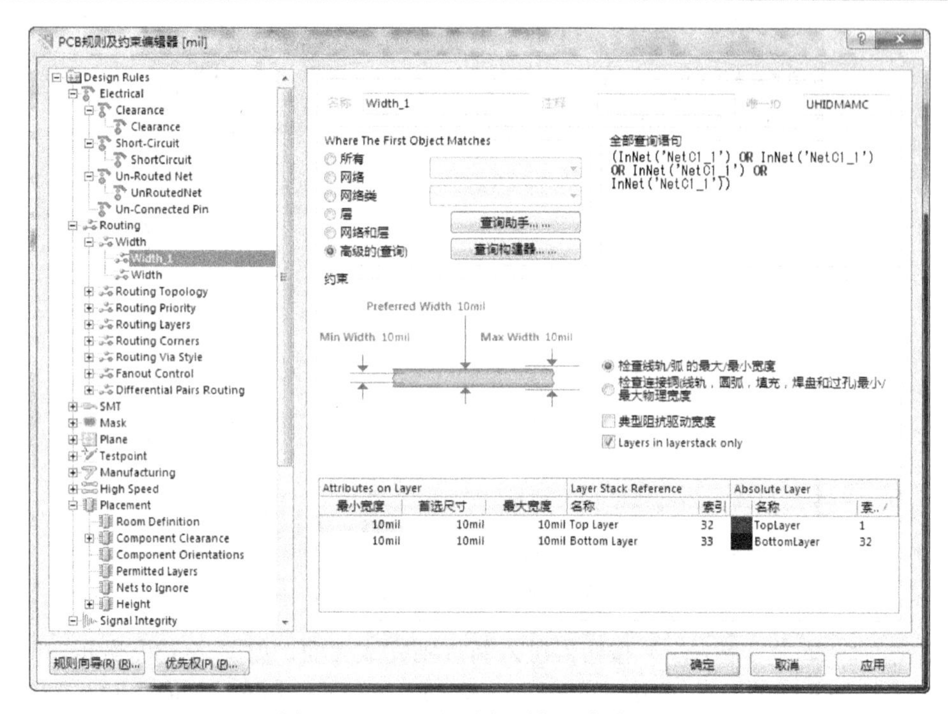

图 5-131 PCB 设计规则与约束编辑器

第 6 章　绘制 PCB

第 5 章讲述了 Altium Designer 16.0 的 PCB 基本电路设计环境，包括基本知识、设计规则，以及参数设定等。本章将在前面章节的基础上对 PCB 的绘制的具体过程进行详细的描述。包括由原理图到 PCB 的衔接步骤；网络报表的生成；元件的布局，以及元件之间的布线；还包括规则检验、泪滴和文件更新等后续工作的详细介绍。在后面的章节将会对 PCB 绘制的高级操作进行详细介绍，初学者请掌握好本章节的内容后再学习下一章节，因为下一章节很多内容是以本章节为基础的。

——附带光盘“视频\6.avi”文件

本章内容

- 网络表的载入
- 元件的布局
- 系统的布线
- 调整走线
- 规则校验
- 补泪滴、包地

6.1　载入网络表

原理图与电路板规划的工作都完成以后，就需要将原理图的设计信息传递到 PCB 编辑器中，进行 PCB 的设计。从原理图向 PCB 编辑器传递的设计信息主要包括网络表文件、元件的封装和一些设计规则信息。

Altium Designer 16.0 实现了真正的双向同步设计，网络表与元件封装的装入既可以通过在原理图编辑内更新 PCB 文件来实现，也可以通过在 PCB 编辑器内导入原理图的变化来完成。

但是需要强调的是用户在装入网络连接与元件封装之前，必须先装入元件库，否则将导致网络表和元件装入失败。

在 Altium Designer 中，元件封装库以两种形式出现：一种是 PCB 封装库；另一种是集成元件库。这些内容将会在第 8 章进行详细介绍。

下面介绍对 PCB 元件库的装入、网络表和元件封装的载入。

- 在原理图编辑器中选择【设计（Design）】菜单下的【Import Changes From Filter.PrijPCB】子菜单项，即可弹出【工程更改顺序（Engineering Change Order）】对话框，如图 6-1 所示。如果出现了错误，一般是因为原理图中的元件在 PCB 图中的封装找不到，这时应该打开相应的原理图文件，检查元件封装名是否正确或添加相应的元件封装库文件。

图 6-1 【工程更改顺序（Engineering Change Order）】对话框

- 单击 生效更改 按钮。如果所有的改变均有效，那么，显示在状态列表中的转换成功后的项目前面则打有对钩，如图 6-2 所示。如果改变无效，则应该关闭对话框，然后检查【Message】面板并清除所有的错误。

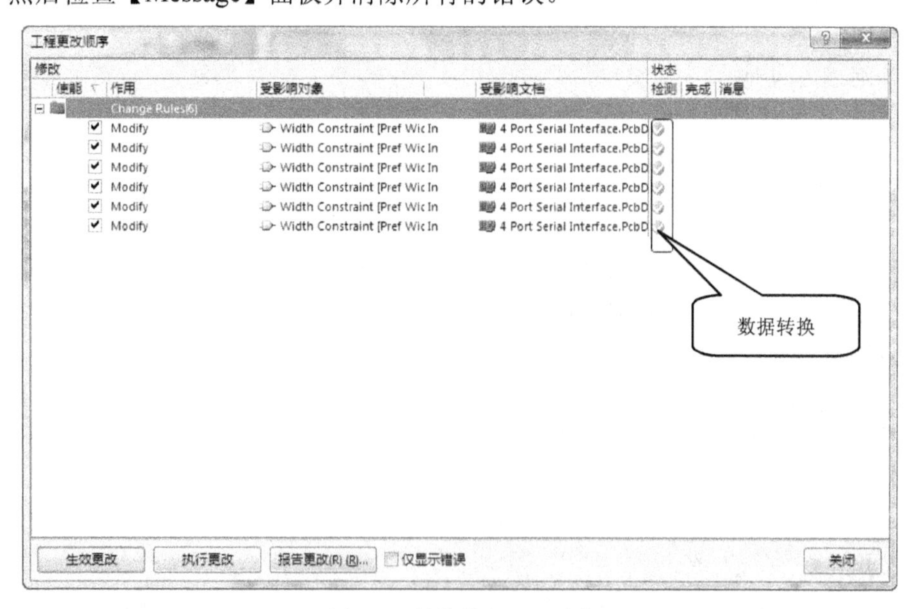

图 6-2 转换数据 PCB 图

● 单击 执行更改 按钮则可以将改变送到 PCB，完成后的状态则会变为完成【完成（Done）】，如图 6-3 所示。

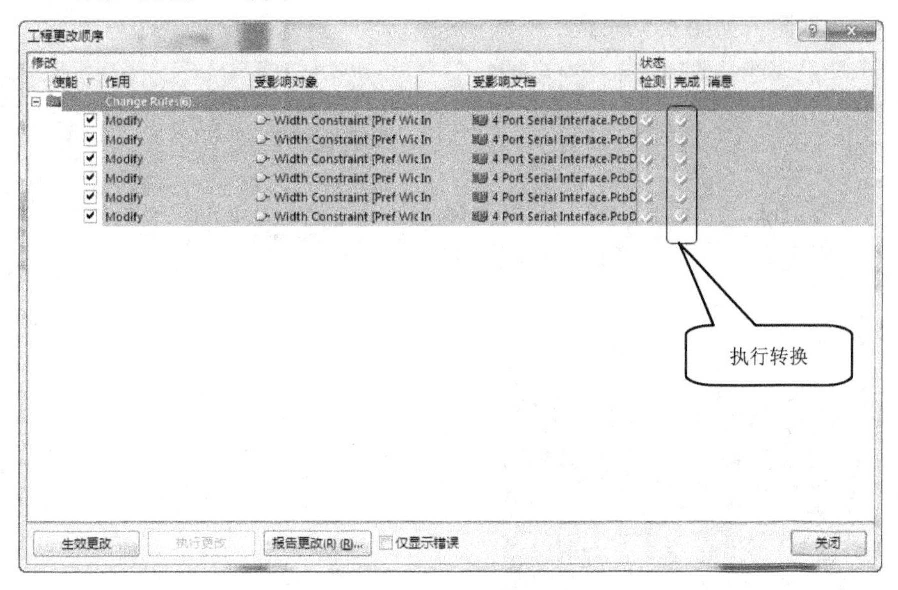

图 6-3　将改变发送到 PCB

● 单击 报告更改(R) (R)... 按钮即可弹出转换后的详细信息，如图 6-4 所示。

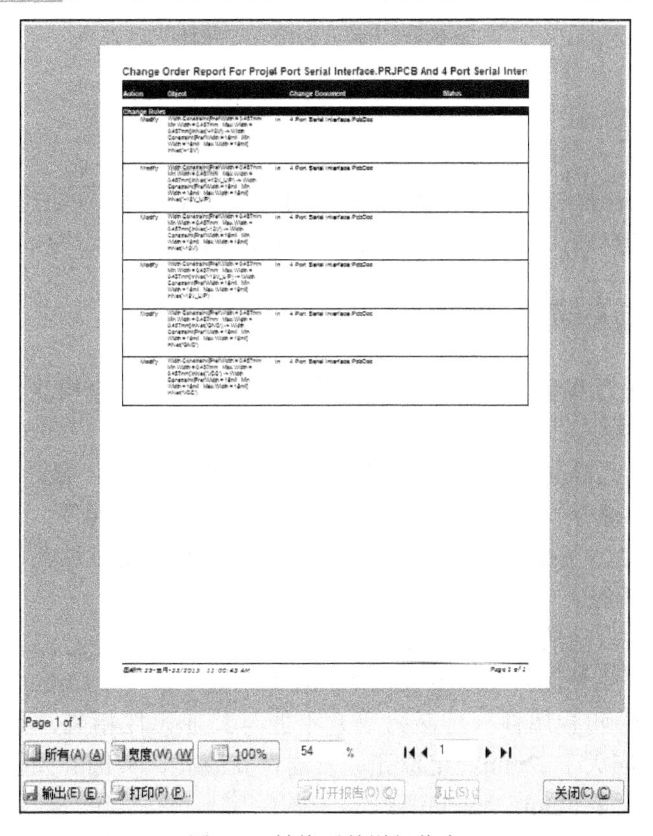

图 6-4　转换后的详细信息

- 关闭【工程更改顺序（Engineering Change Order）】对话框，即可看到加载的网络表与元件在 PCB 图中。如果图载当期试图中不能看到，则可按【Page Down】键进行缩小视图，如图 6-5 所示。

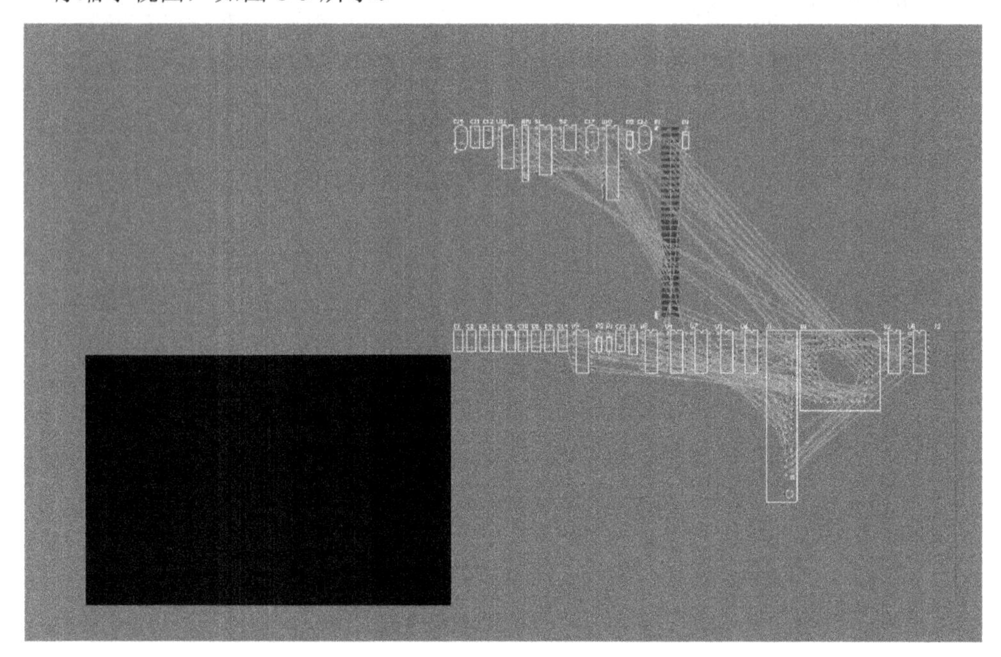

图 6-5　加载的网络表与元件

6.2　元件布局

元件布局是将元件封装按一定的规则排列和摆放在 PCB 中。PCB 编辑器中元件布局有自动布局和手工布局两种，一般都先采用先自动布局再进行手工调整的方法。

6.2.1　元件布局的基本规则

- 按电路模块进行布局，实现同一功能的相关电路称为一个模块，电路模块中的元件应采用就近原则，同时应将数字电路和模拟电路分开。
- 定位孔、标准孔等非安装孔周围 1.27mm 内不得贴装元件，螺钉等安装孔周围 3.5mm（对应 M2.5 螺钉）、4mm（对应 M3 螺钉）内不得贴装元件。
- 安装电阻、电感（插件）、电解电容等元件的下方避免布过孔，以免波峰焊后过孔与元件壳体短路。
- 元件的外侧距板边的距离为 5mm。
- 贴装元件的焊盘外侧与相邻插装元件的外侧距离不得大于 2mm。
- 金属壳体元件和金属件（屏蔽盒等）不能与其他元件相碰，不能紧贴印制线、焊盘，其间距应大于 2mm。定位孔、紧固件安装孔、椭圆孔及板中其他方孔外侧距板边的尺寸大于 3mm。
- 发热元件不能紧邻导线和热敏元件；高热元件要均匀分布。

- 电源插座要尽量布置 PCB 的四周，电源插座与其相连的汇流条接线端应布置在同侧。特别应注意不要把电源插座及其他焊接连接器布置在连接器之间，以利于这些插座、连接器的焊接及电源线缆设计和扎线。电源插座及焊接连接器间距应考虑方便电源插头的插拔。
- 其他元件的布置：所有的 IC 元件单边对齐，有极性元件极性标示明确，同一 PCB 上极性标示不得多于两个方向，出现两个方向时，两个方向应互相垂直。
- 板面布线应疏密得当，当疏密差别太大时候应以网状铜箔填充，网格大于 8mil（或者 0.2mm）。
- 贴片焊盘上不能有通孔，以免焊膏流失造成元件的虚焊。重要信号线不准从插座脚间通过。
- 贴片单边对齐，字符方向一致，封装方向一致。
- 有极性的元件在以同一板上的极性标示方向尽量保持一致。

6.2.2 自动布局

PCB 编辑器元件布局命令【器件布局（Component Placement）】在【工具（Tools）】命令菜单中，如图 6-6 所示。元件布局和布线前，应在电路板的“KeepOutLayer”层，用 Line 或 Arc 画出禁止布线的区域。

- 执行菜单命令【工具（Tools）】→【器件布局（Component Placement）】→【自动布局（Auto Placer）】，打开【自动放置】对话框，如图 6-7 所示。

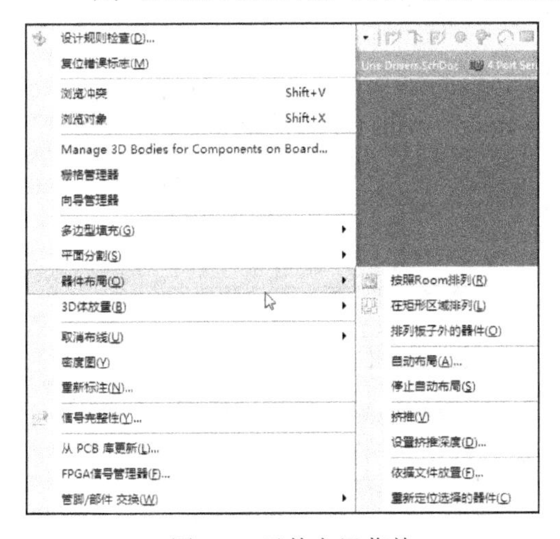

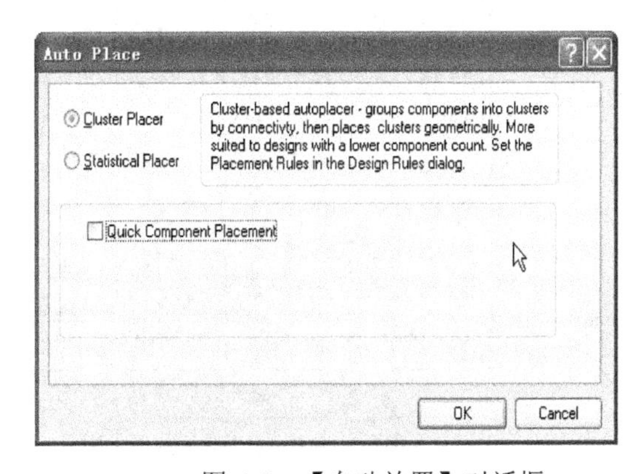

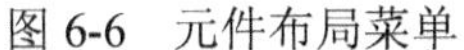
图 6-6 元件布局菜单

图 6-7 【自动放置】对话框

- ➢【Cluster Placer】：群集式放置。系统根据元件之间的连接性，将元件划分成一个个的群集（Cluster），并以布局面积最小为标准进行布局。这种布局适合于元件数量不太多的情况。
- ➢【Statistical Placer】：统计式放置。系统以元件之间连接长度最短（原理图中），为标准进行布局。这种布局适合于元件数目比较多的情况（如元件数目大于 100）。
- ➢ 选中【Quick Component Placement】复选项，系统采用高速布局。该选项同时具有优化布局的功能，因此，选择时布局结果更合理。

● 按图 6-7 所示设置选项，单击【OK】按钮，系统开始自动布局。选择不同的自动布局模式会有不同的布局结果，图 6-8 所示为【Cluster Placer】布局结果，图 6-9 所示为【Statistical Placer】布局结果。

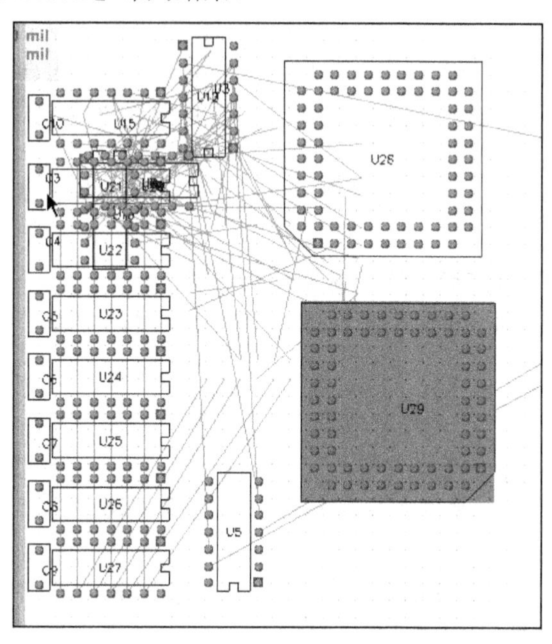

图 6-8 【Cluster Placer】布局结果

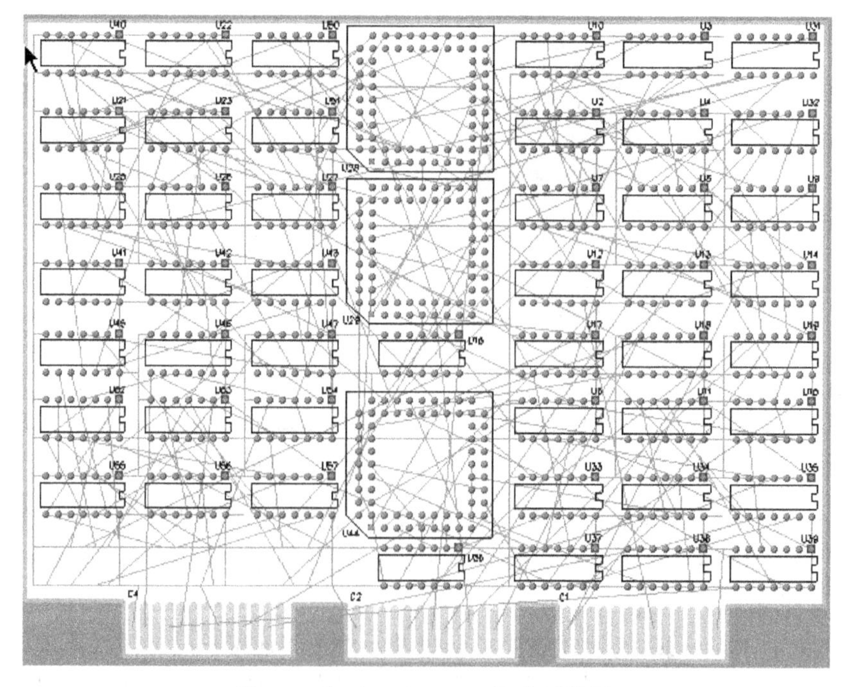

图 6-9 【Statistical Placer】布局结果

- 自动布局的结果往往不能满足设计需求，还需要手工布局。可以参考本例项目 PCB 的布局调整。

6.2.3 自动推挤布局

多个元件堆积在一起时候，如图 6-10 所示，可采用自动推挤布局将元件平铺开。

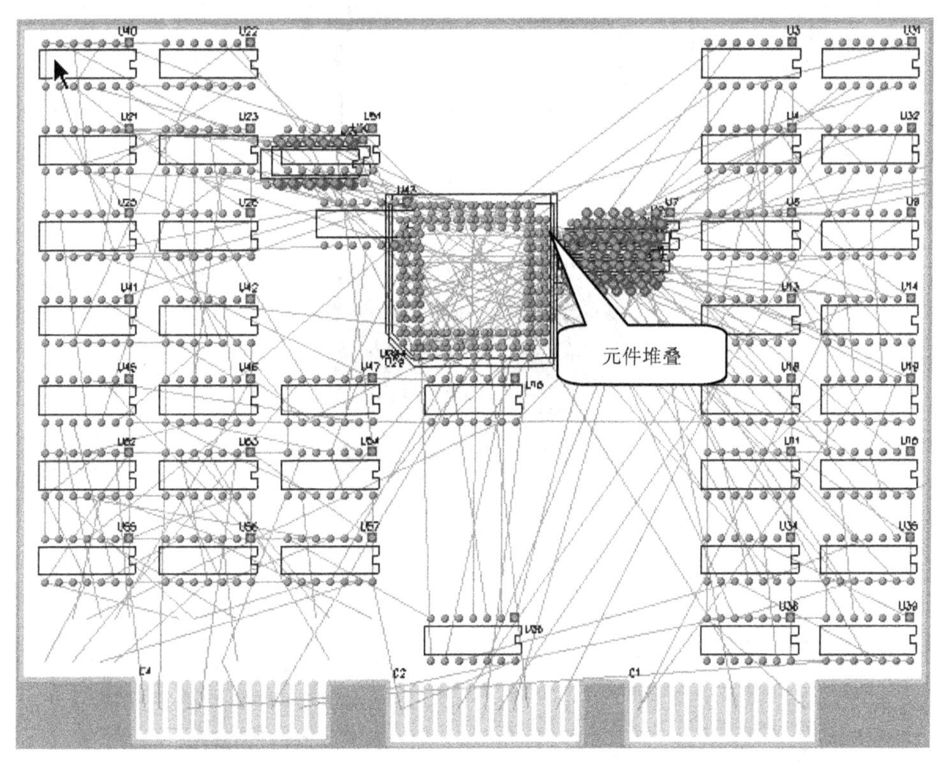

图 6-10 元件堆叠

- 设计自动推挤参数。执行菜单命令【工具（Tools）】→【器件布局（Component Placement）】→【设置推挤深度（Set Shove Depth）】，弹出【推挤深度设置】对话框，如图 6-11 所示。推挤深度实际上是推挤次数，推挤次数设置适当即可，太大会使得推挤时间延长。系统执行推挤是类似于雪崩的推挤方式。

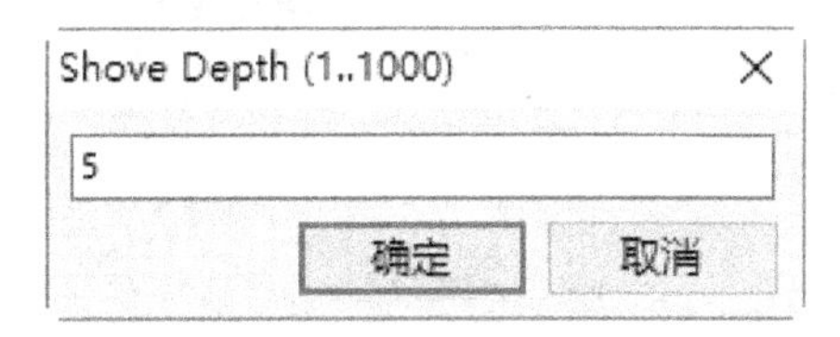

图 6-11 【推挤深度设置】对话框

- 执行菜单命令【工具（Tools）】→【器件布局（Component Placement）】→【推挤（Shove）】，出现十字光标，在堆叠的元件上单击鼠标左键，会弹出一个窗口，显示鼠标单击处堆叠元件列表和元件预览，如图 6-12 所示。在元件列表中单击任何一个元件，开始进行执行推挤，自动推挤布局结果如图 6-13 所示。

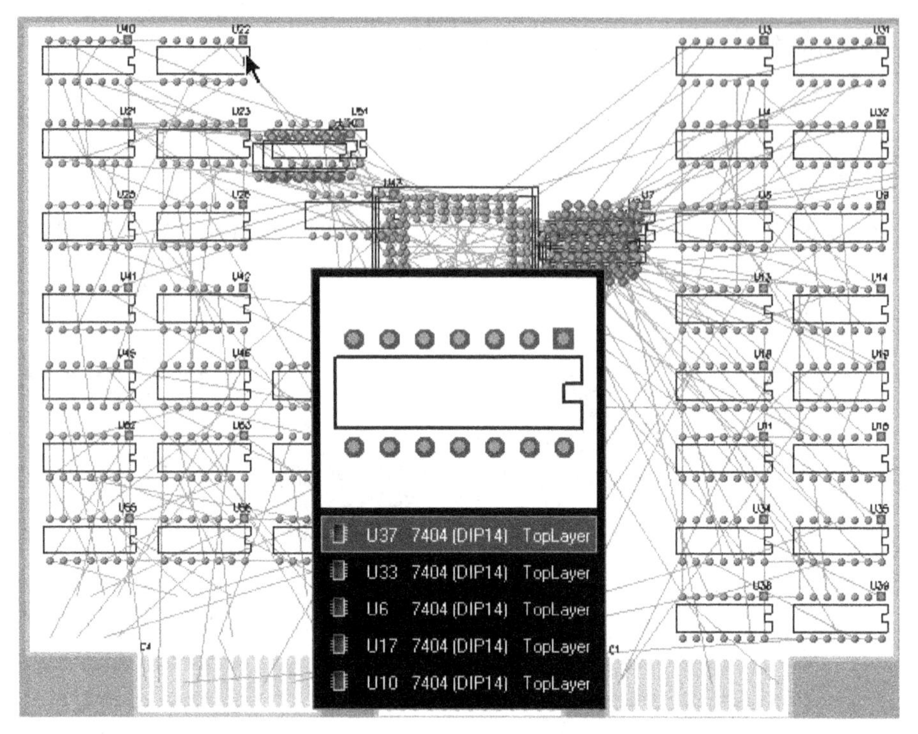

图 6-12　弹出式叠放列表和预览

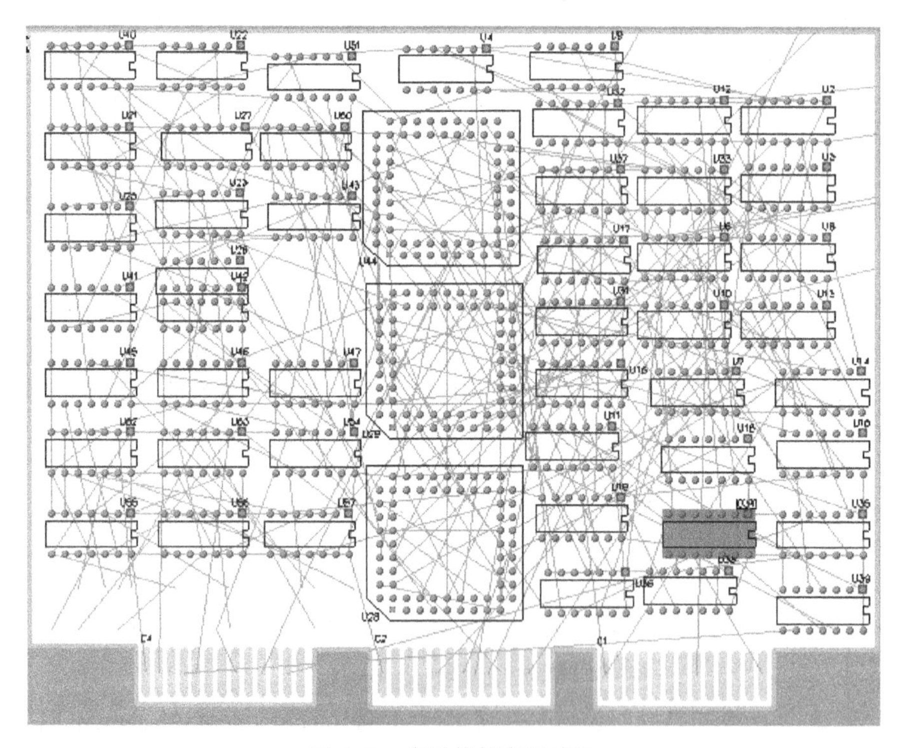

图 6-13　自动推挤布局结果

6.3 系统布线

当元件的布局布好之后，就需要对整个系统进行布线，布线总体上分为自动布线和手动布线两种。但是随着微电子技术的发展对布线的要求有了很高的要求，于是就有了等长布线、实时阻抗布线、多线轨布线、交互式布线、智能交互式布线、交互式调整布线长度等。下面将逐一介绍。

6.3.1 自动布线

（1）布线的一般规则

- 画定布线区域距 PCB 边≤1mm 的区域内，以及安装孔周围 1mm 内，禁止布线。
- 电源线尽可能宽，不应低于 18mil；信号线宽不应低于 12mil；CPU 入出线不应低于 10mil（或 8mil）；线间距不低于 10mil。
- 正常过孔不低于 30mil。
- 双列直插：焊盘 60mil，孔径 40mil。
- 1/4W 电阻：51×55 平方 mil（0805 表贴），直插时焊盘为 62mil，孔径为 42mil。
- 无极电容：51×55 平方 mil（0805 表贴），直插时焊盘为 50mil，孔径为 28mil。
- 注意电源线与地线应尽可能呈放射状，以及信号线不能出现回环布线。

上述一般布线规则只针对于普通的低密度板设计。

Altium Designer 16.0 具有 Altium 的 Situs Topological Autorouter 引擎，该引擎完全集成到 PCB 编辑器中。Situs 引擎使用拓扑分析来映射板卡空间。在布线路径过程中判断方向，拓扑映射提供很大的灵活性，可以更加有效地利用不同的规则的布线路径。

Altium 也完全双线支持 SPECCTRA 自动布线。在导出时可自动保持现有板块布线，通过 SPECCTRA 焊盘堆栈控制 Altium Designer，应用网络类别到 SPECCTRA 进行有效的基于类的布线约束，生成 PCB 布线。

自动布线前，一般需要根据设计要求设置布线规则，只采用系统默认的布线规则。

Altium Designer 16.0 中自动布线的方式灵活多样，根据用户布线的需要，既可以进行全局布线，也可以对用户指定的区域、网络、元件甚至是连接进行布线。因此，可以根据设计过程中的实际需要选择最佳的布线方式。下面将对各种布线方式做简单介绍。

单击菜单【自动布线（Auto Route）】，打开自动布线菜单，如图 6-14 所示。

（2）全局自动布线

- 执行菜单命令【自动布线（Auto Route）】→【全部（All）】，将弹出布线策略对话框，以便让用户确定布线的报告内容和确认所选的布线策略，如图 6-15 所示。

➢【布线设置报告（Routing Setup Report）】区域。

  ✓【Errors and Warnings-0 Errors 0 Warnings 1 Hint】：错误与警告。本例有一个提示（Hint）。

Hint：no default SMDNeckDown rule exists（未定义 SMDNeckDown 规则）。单击灰色【default SMDNeckDown】按钮，打开【SMDNeckDown 规则】对话框（如图 6-16 所示），设置引线相对于焊盘的收缩量，在这里不用修改。

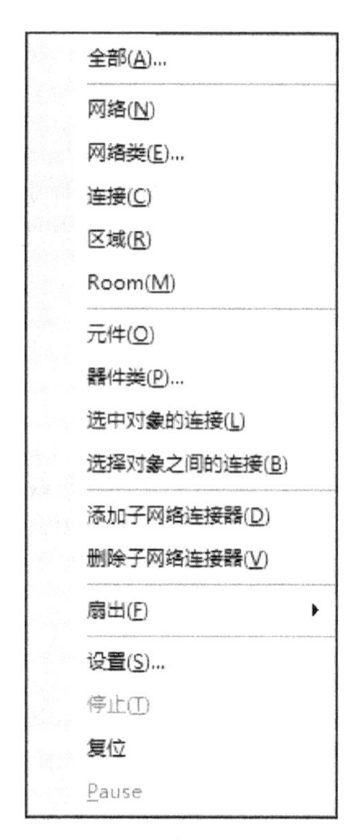

图 6-14　自动布线菜单

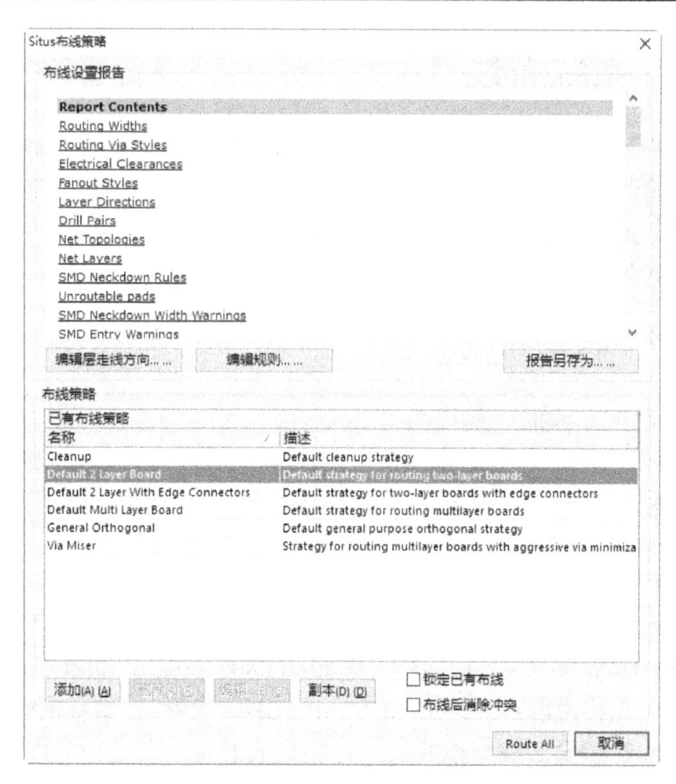

图 6-15　【布线策略】对话框

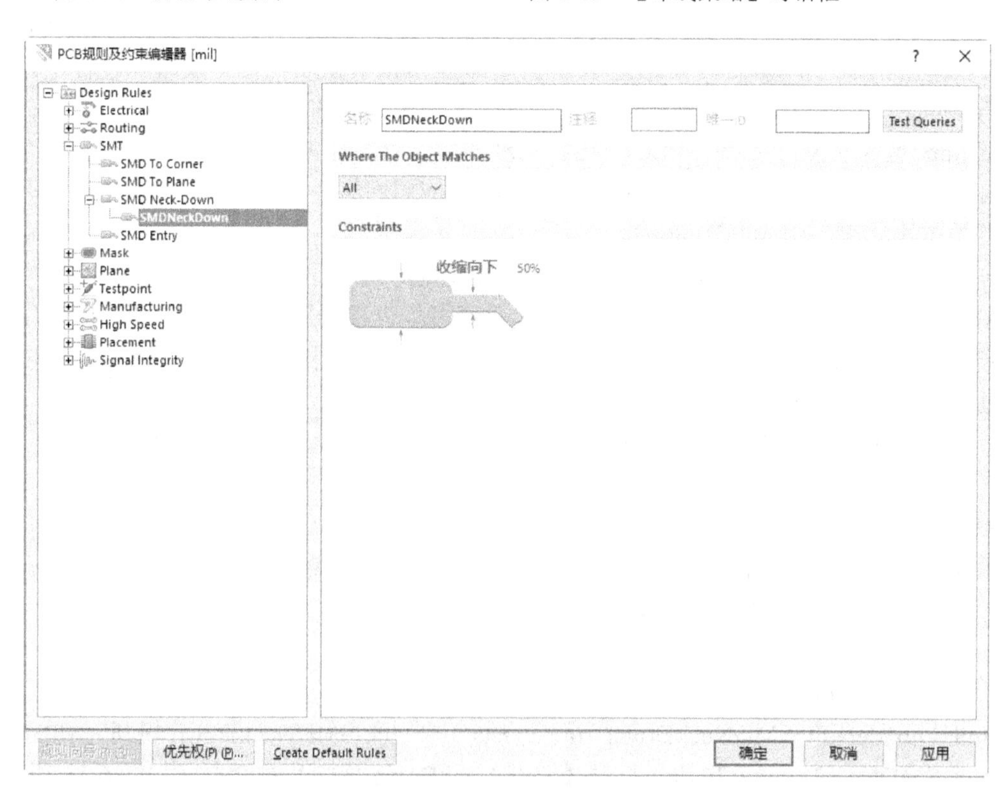

图 6-16　【SMDNeckDown】规则设置对话框

视频教学

✓【Report Contents】：报告内容列表包括如下规则内容。
- ✧【Routing Widths】：布线宽度规则。
- ✧【Routing Via Styles】：过孔类型规则。
- ✧【Electrical Clearances】：电气间隙规则。
- ✧【Fanout Styles】：布线扇出类型规则。
- ✧【Layer Directions】：层布线走向规则。
- ✧【Drill Pairs】：钻孔规则。
- ✧【Net Topologies】：网络拓扑规则。
- ✧【SMD Neckdown Rules】：SMD 焊盘线颈收缩规则。
- ✧【Unroutable pads】：未布线焊盘规则。
- ✧【SMD Neckdown Width Warnings】：SMD 焊盘线颈收缩错误规则。
- ✧【Pad Entry Warnings】：焊盘入口错误规则。

单击规则名称，窗口自动跳转到相应的内容，同时也提供打开相应规则设置对话框的入口。

✓【布线策略（Routing Strategy）】区域列表框，列出布线策略名称，可以添加新的布线策略，系统默认为双面板布线策略。

- 单击【Route All】按钮，系统开始按照布线规则自动布线，同时自动打开信息面板，显示布线进程信息，如图 6-17 所示，布线结果如图 6-18 所示。

Messages

Class	Document	Sour...	Message	Time	Date	N..
S..	BOARD ...	Situs	Routing Started	16:12:...	2009-...	1
R..	BOARD ...	Situs	Creating topology map	16:12:...	2009-...	2
S..	BOARD ...	Situs	Starting Fan out to Plane	16:12:...	2009-...	3
S..	BOARD ...	Situs	Completed Fan out to Plane in 0 ...	16:12:...	2009-...	4
S..	BOARD ...	Situs	Starting Memory	16:12:...	2009-...	5
S..	BOARD ...	Situs	Completed Memory in 0 Seconds	16:12:...	2009-...	6
S..	BOARD ...	Situs	Starting Layer Patterns	16:12:...	2009-...	7
R..	BOARD ...	Situs	278 of 500 connections routed (5...	16:12:...	2009-...	8
S..	BOARD ...	Situs	Completed Layer Patterns in 7 Se...	16:12:...	2009-...	9
S..	BOARD ...	Situs	Starting Main	16:12:...	2009-...	10
R..	BOARD ...	Situs	500 of 500 connections routed (1...	16:19:...	2009-...	11
S..	BOARD ...	Situs	Completed Main in 7 Minutes 42 ...	16:19:...	2009-...	12
S..	BOARD ...	Situs	Starting Completion	16:19:...	2009-...	13
R..	BOARD ...	Situs	500 of 500 connections routed (100.00%) in 8 Minutes 48 Se			

图 6-17　信息面板

（3）指定网络布线

- 执行菜单命令【自动布线（Auto Route）】→【网络（Net）】，出现十字光标。
- 单击布线的网络（焊盘），弹出窗口显示相关的网络信息，如图 6-19 所示。
- 将光标指向弹出窗口的列表中，单击要布线的网络名称或焊盘，系统开始布线，布线结果如图 6-20 所示。
- 被单击网络布线完成后，光标仍处于网络布线状态，可以继续单击其他网络进行布线。

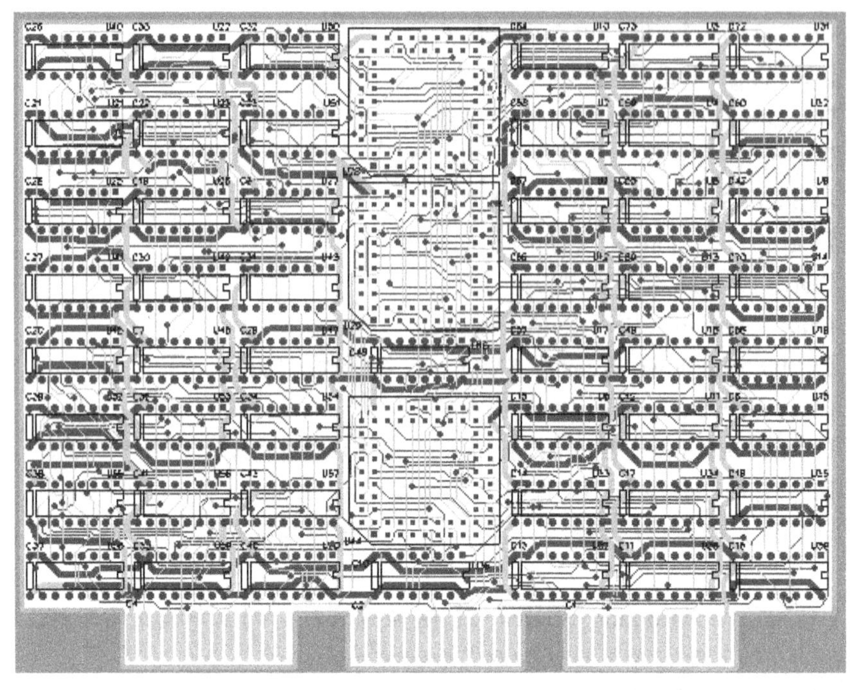

图 6-18　自动布线结果

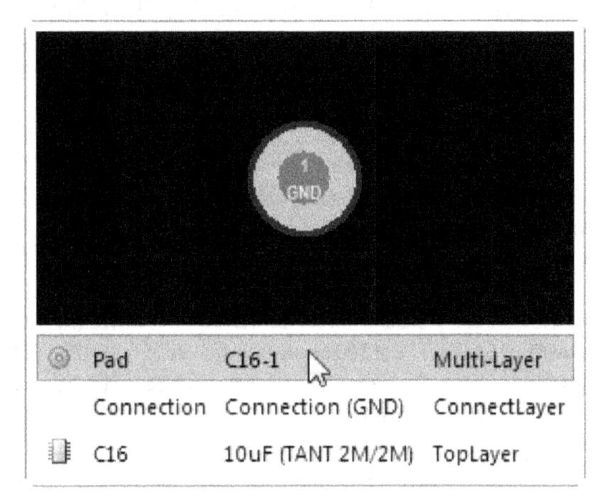

图 6-19　弹出窗口显示网络信息

（4）网络类布线

- 执行菜单命令【自动布线（Auto Route）】→【Net Class...】，打开【选择网络类布线】对话框，如图 6-21 所示。
- 选择要布线的网络类，单击【确定】按钮，系统对该网络类进行布线，布线结果如图 6-22 所示。
- 布线完成后，回到【选择网络类布线】对话框，继续选择其他网络类进行布线。单击【取消】按钮，结束网络类自动布线。

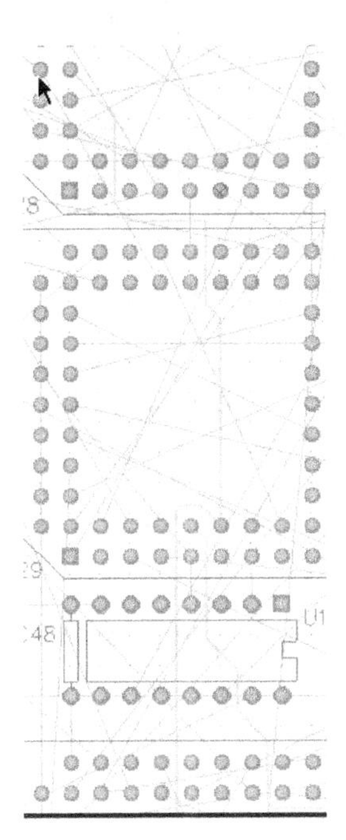

图 6-20　网络布线结果

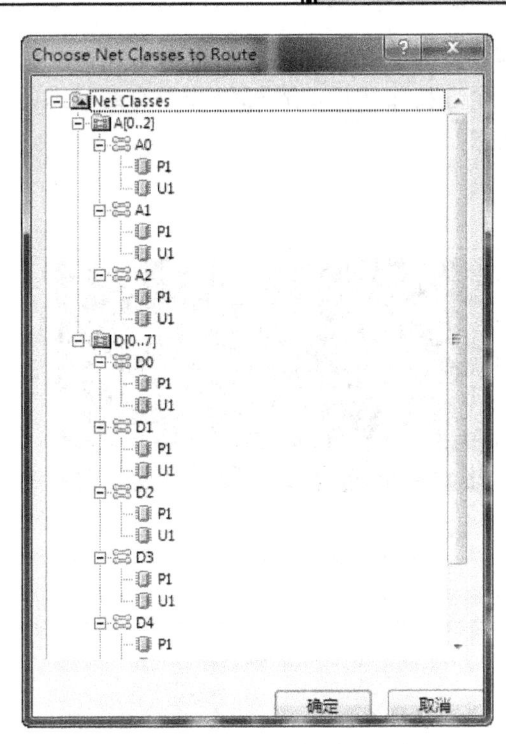

图 6-21　选择【网络类布线】对话框

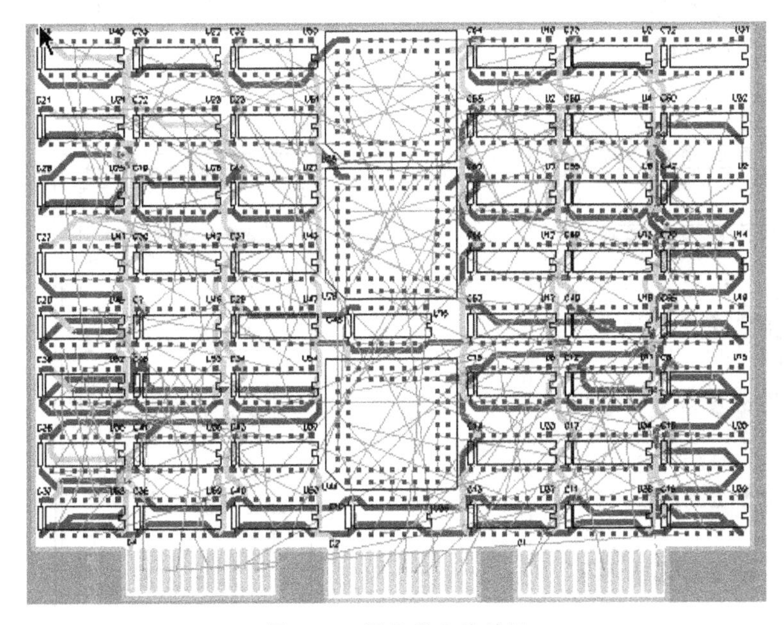

图 6-22　网络类布线结果

（5）指定连接布线

- 执行菜单命令【自动布线（Auto Route)】→【连接（Connection)】，出现十字光标。
- 在焊盘或者飞线上单击左键，出现如图 6-23 所示对话框。系统对被单击连线布线。与指定网络布线的最大区别是，指定连线布线每次只完成一条飞线的连接。如果被单击处有多个连接存在，也会出现弹出窗口。指定连接布线结果如图 6-24 所示。

- 完成一个连接布线后，光标仍处于布线状态，可以继续进行布线，单击鼠标右键取消布线状态。

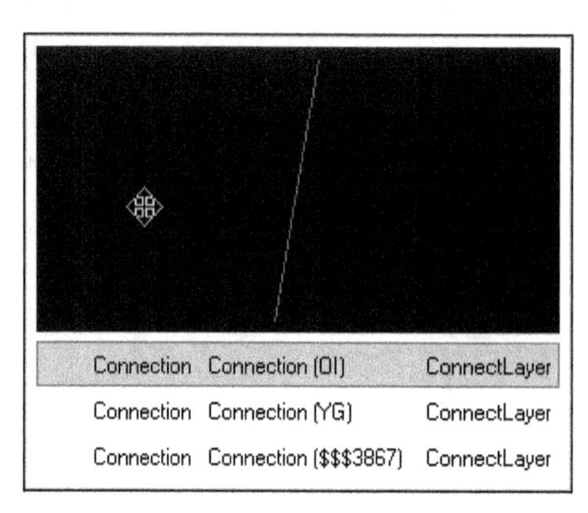

图 6-23 弹出窗口显示信息

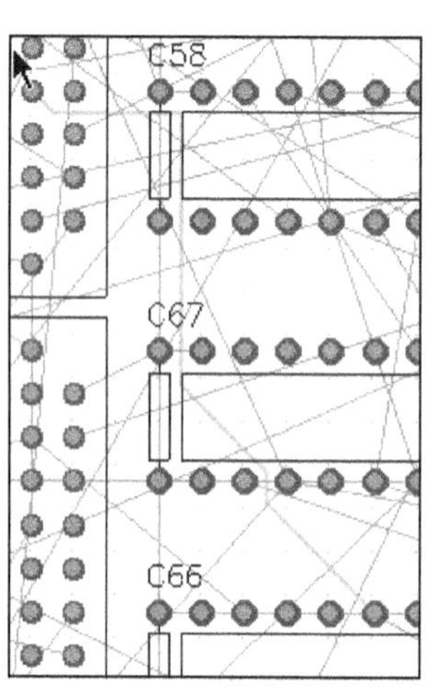

图 6-24 指定连接布线结果

（6）指定区域布线

- 执行菜单命令【自动布线（Auto Route）】→【区域（Area）】，出现十字光标。
- 单击确定布线区域的起点，移动光标出现一个白色对话框，如图 6-25 所示。
- 再单击则确定布线区域的终点，系统开始对完全在区域内的连接进行布线，布线结果如图 6-26 所示。

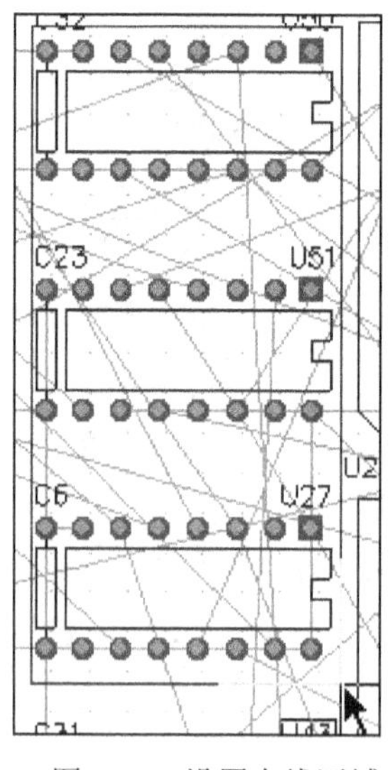

图 6-25 设置布线区域

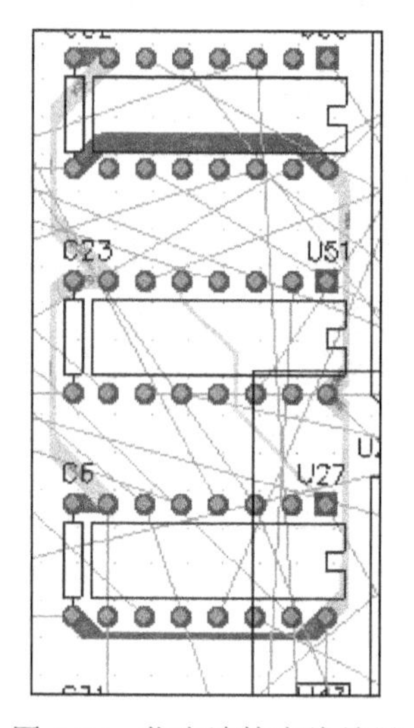

图 6-26 指定连接布线结果

（7）指定空间布线

在较为复杂的设计中，通常将元件按功能划分为多个模块，每个模块指定为一个空间（Room）。Altium Designer 可以对每个 Room 进行单独布线。

- 打开实例：配套光盘中“源文件\Multi-Channel Mixer 中的“Mixer_Placed.PcbDoc”文件。
- 执行菜单命令【自动布线（Auto Route)】→【Room】，出现十字光标。
- 在其中一个 Room 中单击，系统开始对该 Room 中的元件布线，布线结果如图 6-27 所示。

（8）指定元件布线

- 执行菜单命令【自动布线（Auto Route)】→【元件（Component)】，出现十字光标。
- 在要布线的元件上单击鼠标左键，系统开始对元件的连接进行布线，如图 6-28 所示。

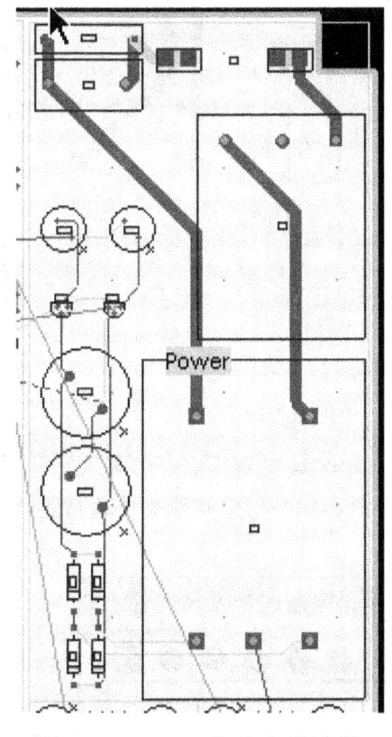

图 6-27　Room 自动布线结果

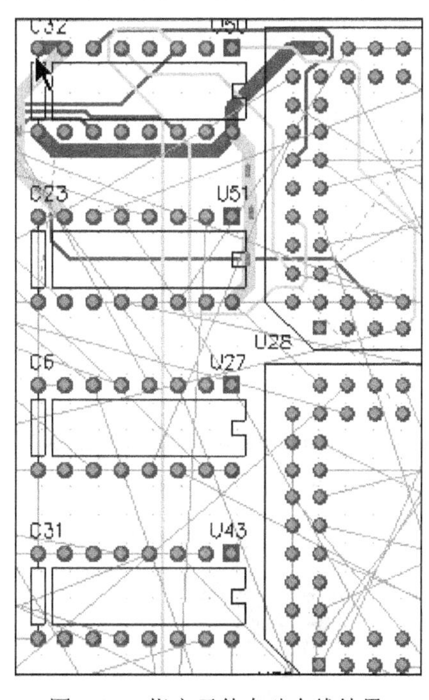

图 6-28　指定元件自动布线结果

（9）指定元件类布线

- 执行菜单命令【自动布线（Auto Route)】→【器件类（Component Class)】，打开【选择元件类布线】对话框，如图 6-29 所示。
- 选择元件类，单击【确定】按钮，系统对选择的元件类进行布线，布线结果如图 6-30 所示。

（10）选中的元件的连接关系布线

- 选中要布线的元件。
- 执行菜单命令【自动布线（Auto Route)】→【选中的对象的连接（Connection On Selected Components)】，系统对选中的元件布线，如图 6-31 所示。
- 该布线方法也可以针对多个选择的元件。

（11）选中元件间的连接布线

- 选中要布线的元件。
- 执行菜单命令【自动布线（Auto Route)】→【选择对象之间的连接（Connection Between Selected Components)】，系统对选中的元件之间布线、元件间的连接都会完成布线（包括元件本身内部的连接），如图 6-32 所示。

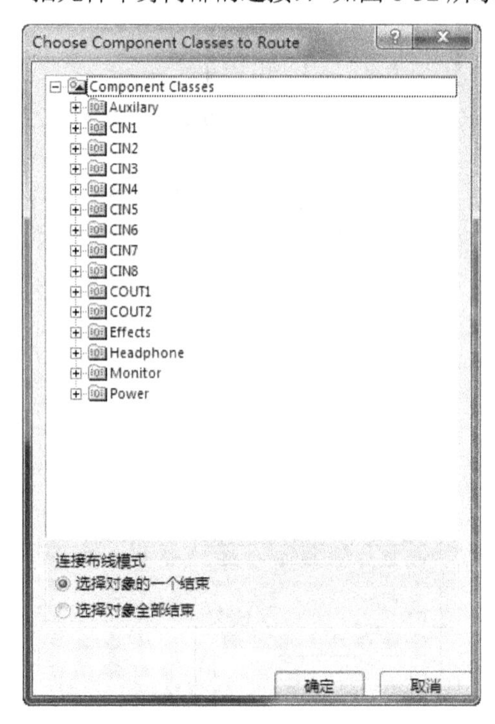

图 6-29 选择元件类自动布线结果

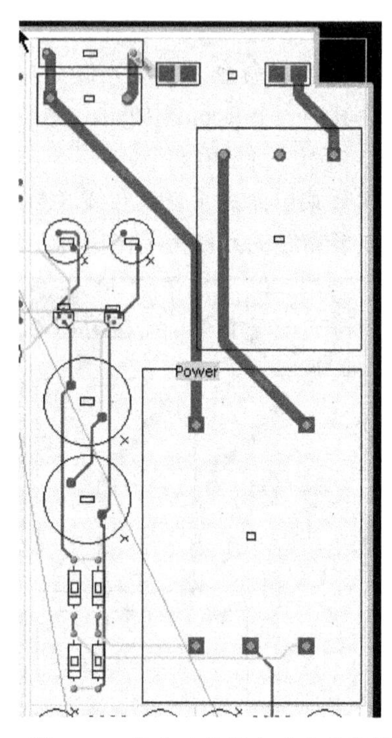

图 6-30 指定元件类自动布线结果

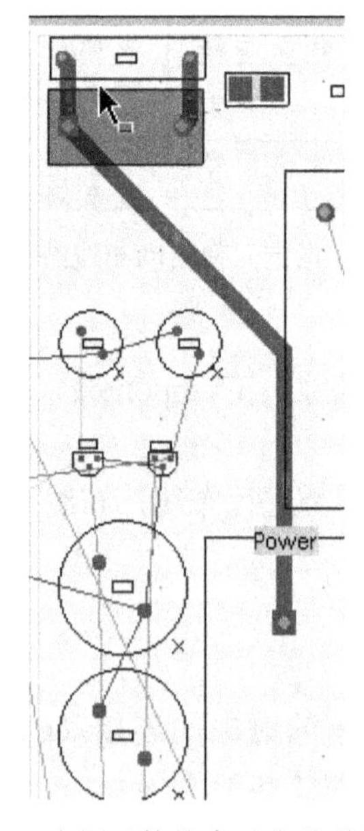

图 6-31 选择元件的自动布线结果

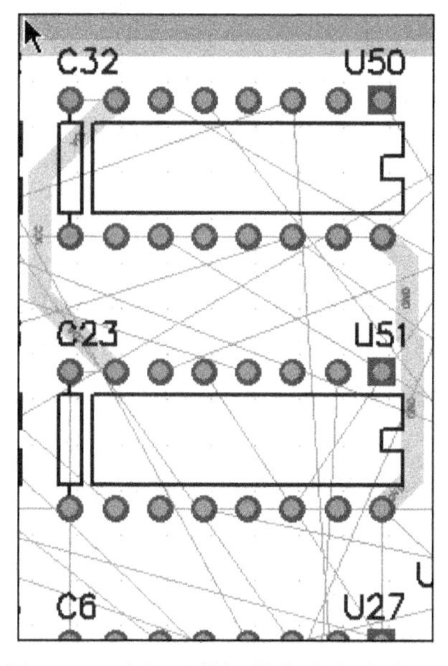

图 6-32 选择元件间的自动布线结果

（12）扇出布线

扇出布线主要针对表贴式元件焊盘，将 SMD 元件的焊点往外拉出一小段铜膜走线后，再放置导孔与其他网络完成连接。

Altium Designer 提供 9 种扇出布线方式，集中在菜单【自动布线（Auto Route）】→【扇出（Fanout）】，如图 6-33 所示。

- 全局扇出布线【全部（All）】：对当前电路板所有的 SMD 元件的焊点进行分析，对能够扇出布线的焊盘进行扇出布线。图 6-34 所示为扇出布线的当前情况。

执行菜单命令【自动布线（Auto Route）】→【扇出（Fanout）】→【全部（All）】，弹出【扇出选项】对话框，如图 6-35 所示，对话框各选项的设置如下。

➢【无网格焊盘扇出（Fanout Pads Without Nets）】：扇出焊盘，包括无网络的。

➢【远离 2 行焊盘删除（Fanout Outer 2 Rows of Pads）】：两行焊盘向外扇出。

➢【扇出完成后包含逃逸路线（Include escape routes after fannout completion）】：扇出成功后包括逃逸布线。

单击【确定】按钮后，执行扇出布线。

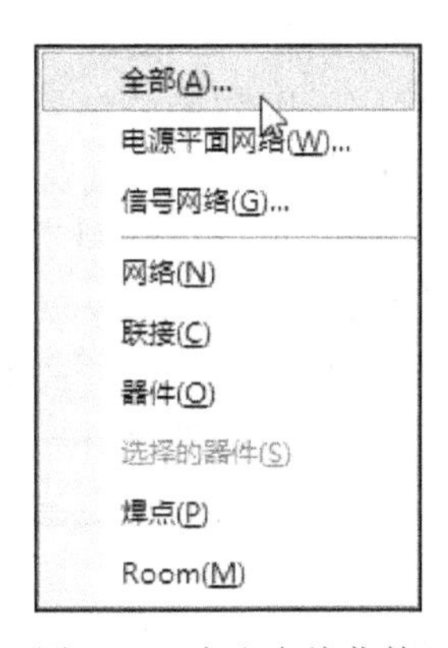

图 6-33　扇出布线菜单

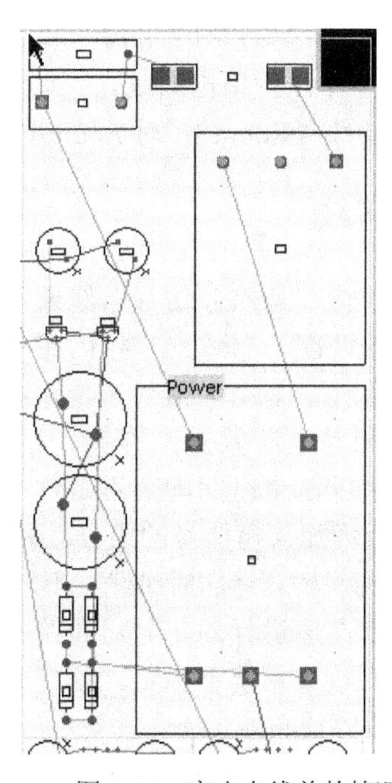

图 6-34　扇出布线前的情况

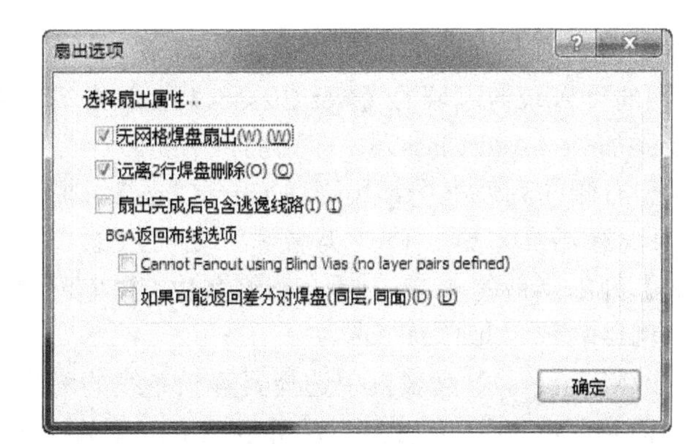

图 6-35　【扇出选项】对话框

- 电源层网络扇出布线【电源平面网络（Power Plane Net）】：只对电源层（内电层）网络的表贴焊盘进行扇出布线。
- 信号层网络扇出布线【信号网络（Signal Net）】：只对信号层网络的表贴焊盘进行扇出布线。
- 网络扇出布线【网络（Net）】：对单个网络进行扇出布线。执行该命令后出现十字光标，在要执行的扇出布线的网络上（焊盘）单击左键，单击的网络被扇出布线。
- 连接扇出布线【联接（Connection）】：对有连接关系的表贴焊盘进行扇出布线，结果与网络扇出布线类似。
- 元件扇出布线【器件（Component）】：元件本身的焊盘扇出布线。
- 选中的元件扇出布线【选择的器件（Selected Component）】：与元件扇出布线类似，只可以同时对多个选中的元件进行扇出布线。
- 焊盘扇出布线【焊点（Pad）】：对被单击的焊盘进行扇出布线，而与其有连接关系的其他焊盘不执行扇出布线。
- 空间扇出布线【Room】：对 Room 内的所有表贴焊盘进行扇出布线。

6.3.2 等长布线

高速电路布线特别是差分信号布线通常要求布线平行和长度相等。平行的目的是要确保差分阻抗的完全匹配，布线的平行间距不同会造成差分阻抗不匹配。等长的目的是确保时序的准确与对称性，即确保信号在传输线上的延迟相同。因为差分信号的时序跟这两个信号交叉点（或相对电压差值）有关，如果不等长，则交叉点不会出现在信号振幅的中间，也会造成相邻的两个时间间隔不对称，增加时序控制的难度，不利于提供信号的传输速度。不等长也会增加共模信号的成分，影响信号完整性。

例如，CPU 到北桥芯片的时钟线，不同于普通电器上的线路，在这些线路上以 100MHz 左右或更高的频率高速运行的信号对线路长度十分敏感，不等长的时钟布线路径会引起信号的不同步，进而造成系统不稳定。这样某些线路需要以弯曲的方式走线，以调节长度，下面就来简单介绍等长布线。

- 执行菜单命令【设计（Design）】→【类（Classes）】，打开对象类资源管理器，如图 6-36 所示。
- 首先要确定电路中需要等长布线的网络，鼠标并将它们归入一个大类中，如【Net Classes】。在左侧的类目录树区域的【Net Classes】上单击鼠标右键，从弹出的右键菜单选择执行【添加类（Add Class）】，即添加一个类。
- 在类目录树区域和右侧的列表框中都出现【New Class】。在目录树区域使用直接编辑功能（单击两次激活文本框）修改类名称，如“ZGD”。右侧出现两个列表框【Non Members】列出当前的 PCB 中所有网络名称。【成员（Members）】列表框为当前类中包含的网络名称，此时为空白。
- 在【非成员（Non Members）】列表框中选择要等长布线的网络名称，单击右向单箭头，将其归入当前类“ZGD”，如图 6-37 所示，单击【关闭（Close）】按钮，关闭对象类资源管理器。

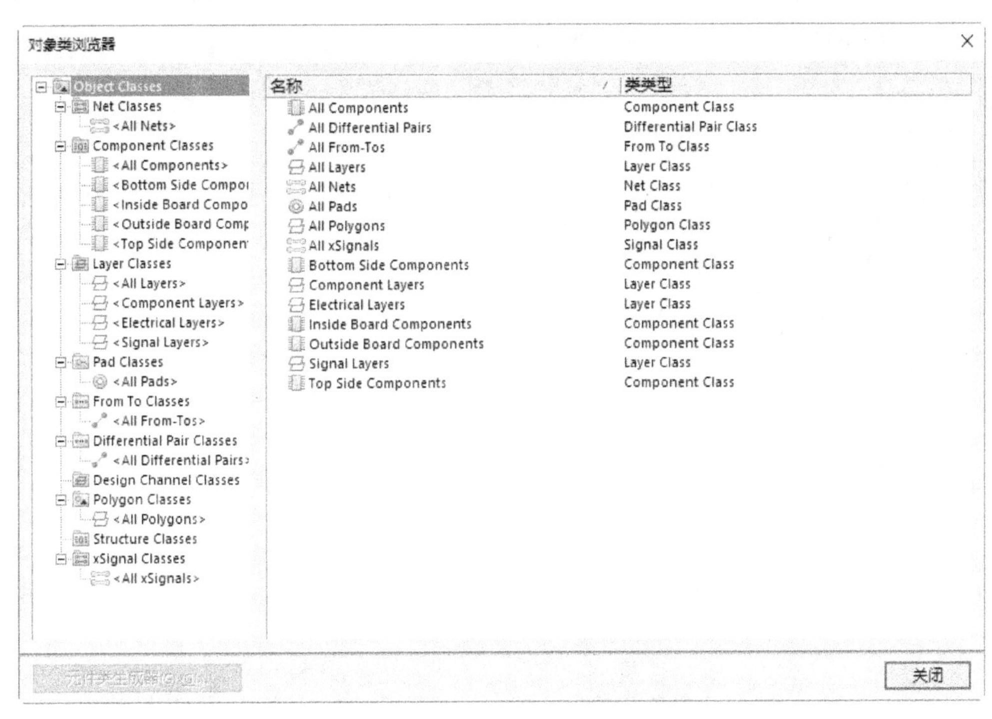

图 6-36　对象类资源管理器

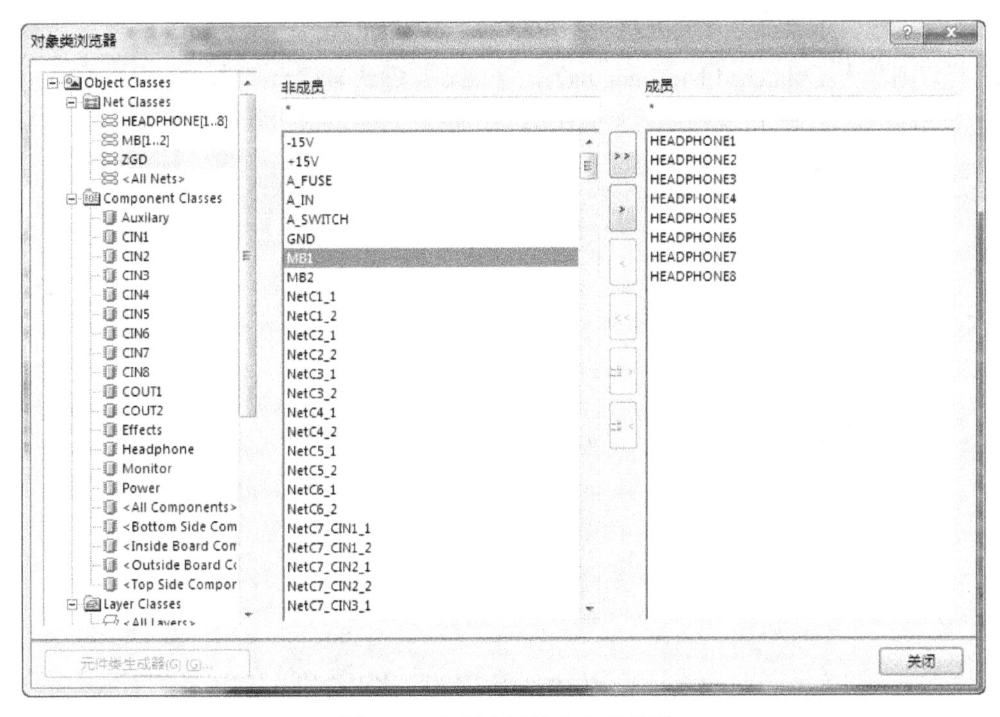

图 6-37　将指定网络归入当前类

- 执行菜单命令【设计（Design）】→【规则（Rules）】，打开 PCB 规则系统参数编辑器，如图 6-38 所示。在左侧规则目录区域的“High Speed\Matched Net Lengths”上单击鼠标右键，从右键菜单中执行【新规则（New Rule）】，添加新规则。

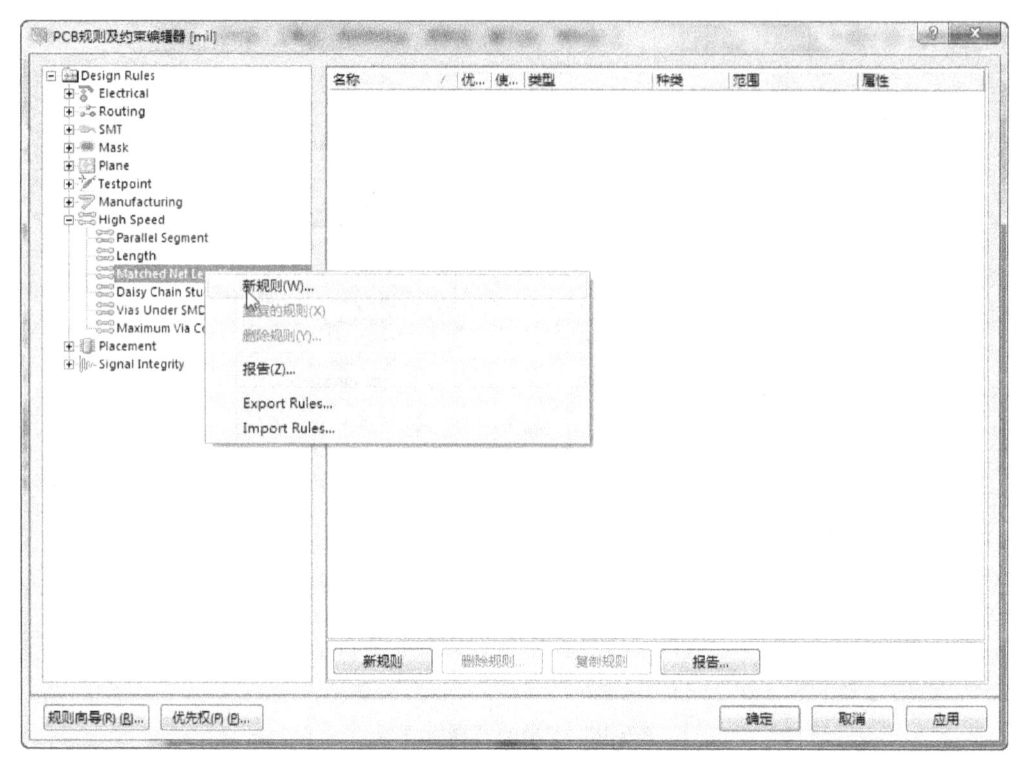

图 6-38　PCB 规则系统参数编辑器

● 新规则作为【Matched Net Lengths】的子规则，默认名称为“Matched Net Lengths”，单击该名称，PCB 规则系统参数编辑器右侧规则编辑窗口打开，如图 6-39 所示。

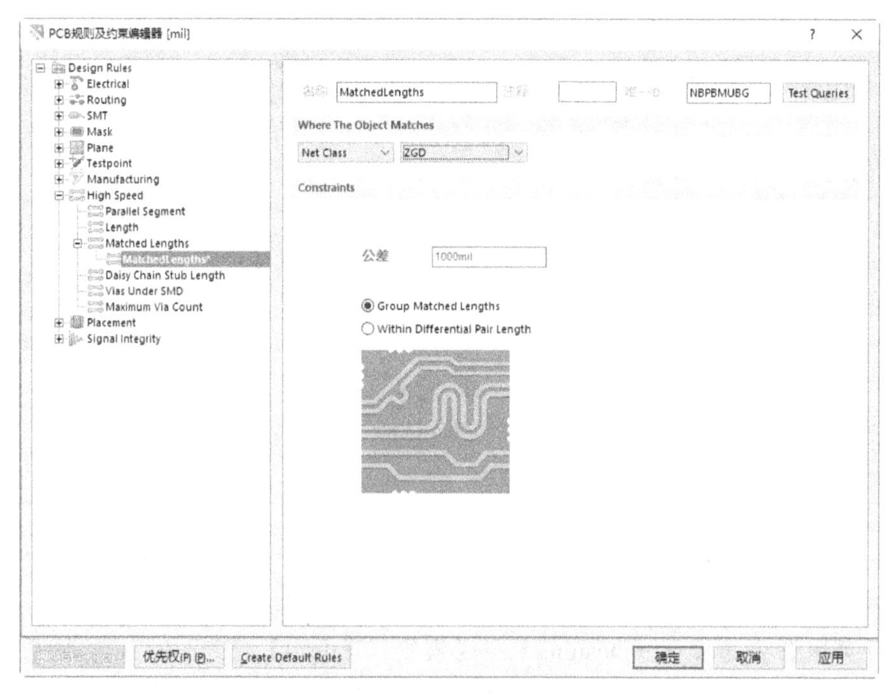

图 6-39　设置布线规则

- 执行菜单命令【自动布线（Auto Route）】→【网络类（Net Class）】，打开【选择网络类布线】对话框，如图 6-40 所示。选择等长布线的网络名称为“ZGD”。
- 单击【确定】按钮，系统按一般布线规则进行布线，如图 6-41 所示。
- 执行菜单命令【工具（Tools）】→【网络等长（Equalize Net Lengths）】，系统按等长布线规则匹配一次等长布线，通常布线的复杂程度决定了匹配次数的多少。

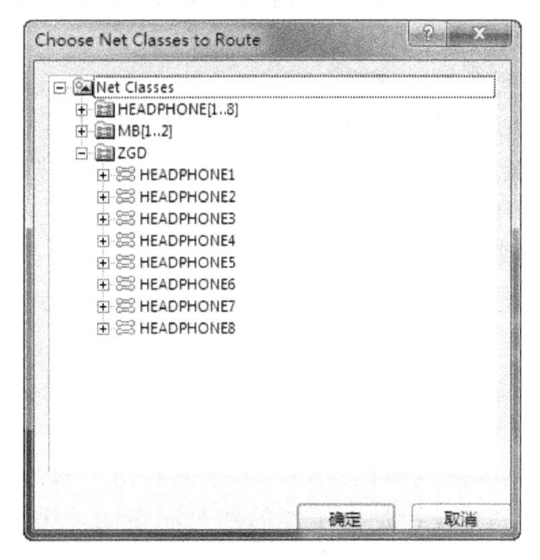

图 6-40 【选择网络类布线】对话框

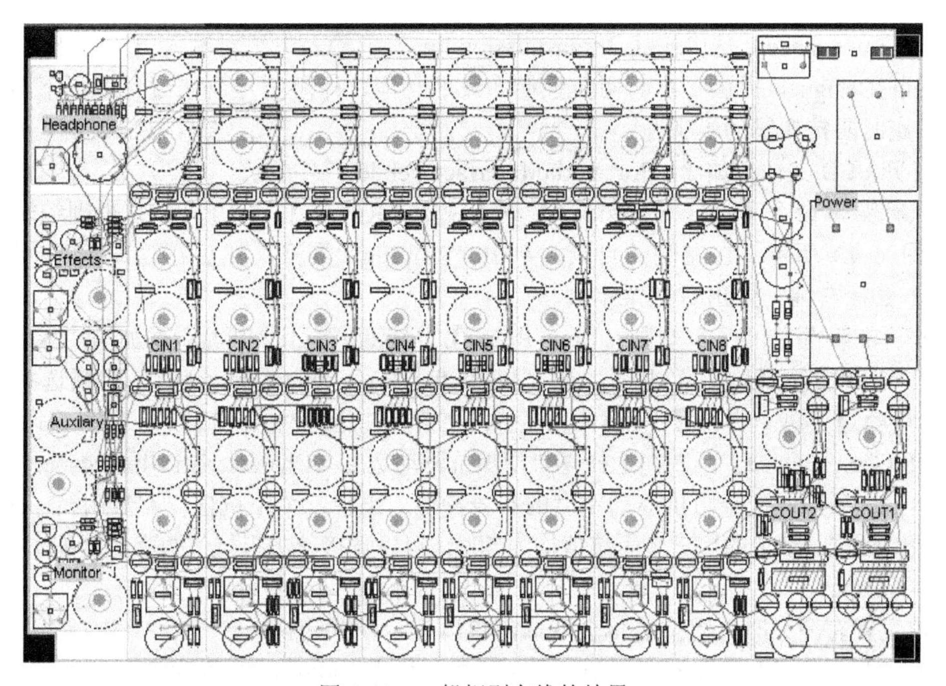

图 6-41 一般规则布线的结果

6.3.3 实时阻抗布线

高速高密度多层 PCB 的 SI/EMC（信号完整性/电磁兼容）问题长久以来一直是设计师不得不面对的最大设计挑战。目前，随着主流的 MCU、DSP 和处理器大多工作在 100MHz 以上（少数甚至已工作到 GHz 以上），而且越来越多的高速 I/O 端口和 RF 前端也都工作在 GHz 级以上，再加上应用系统的小型化趋势导致的 PCB 空间缩小问题，这些因素均使得今天的高速高密度 PCB 设计变得越来越普遍。

高速信号会导致 PCB 上较长的互连走线产生传输线效应，它使得 PCB 设计师必须考虑传输线的延时和阻抗匹配问题，因为，接收端和驱动端的阻抗不匹配都会在传输线上产生反射信号，而这会对信号完整性产生很大的影响。另一方面，高密度 PCB 上的高速信号或时钟走线会对间距越来越小的相邻走线产生难以准确量化的干扰问题，从而产生恼人的 EMC 问题。SI 和 EMC 问题均会导致 PCB 设计过程的反复，从而导致产品的开发周期一再延误。

一般来说，高速高密度 PCB 需要复杂的阻抗受控布线策略才能确保电路正常工作。随着新型元件的电压越来越低、PCB 密度越来越大、边沿转换速率越来越快，以及开发周期越来越短，SI/EMC 挑战日趋严峻。为了满足这一挑战，现在的 PCB 设计师必须采用新的方法来确保 PCB 设计是可工作的和可制造的。采用过去的设计规则已经无法满足今天的时序和信号完整性要求，现在必须采取新的包含仿真功能的工具才能确保设计成功。

阻抗（Impedance）是传输线（transmission line）上输入电压对输入电流的比率值。

Altium Designer 提供了实时阻抗控制布线的功能，即阻抗控制布线长度，下面就简单介绍一下实时阻抗布线的步骤。

- 打开 PCB 文件，如“4 Port Serial Interface.pcbdoc”。
- 执行菜单命令【设计（Design）】→【规则（Rules）】，打开 PCB 规则编辑器，如图 6-42 所示。在左侧的目录树单击“Routing”展开，然后在“Width”目录中单击鼠标右键，弹出右键菜单。
- 执行右键菜单的【新规则（New Rule）】，“Width”目录出现新添加的“Width”。选中新添加的规则“Width”，在“Were the First object matches”区域选择【网络（Net）】选项。单击【下拉】按钮，从下拉菜单中选择网络“TXD”，如图 6-43 所示。

- 【约束（Constraints）】区域，选择【典型阻抗驱动宽度（Characteristic Impedance Driven Width）】选项，即选择阻抗驱动宽度的布线特性。出现三个阻抗值：首选阻抗、最小阻抗和最大阻抗。默认的这三个阻抗值均为 50Ω，可以直接单击阻抗值数字进行编辑修改，如图 6-44 所示。
- 阻抗值设置有冲突时，阻抗名称会变成红色以提示设置错误。
- 单击左侧目录树【Routing】目录中的规则类名称【Width】，右侧窗口显示所有该类规则，包括新添加的规则【Width】，如图 6-45 所示。

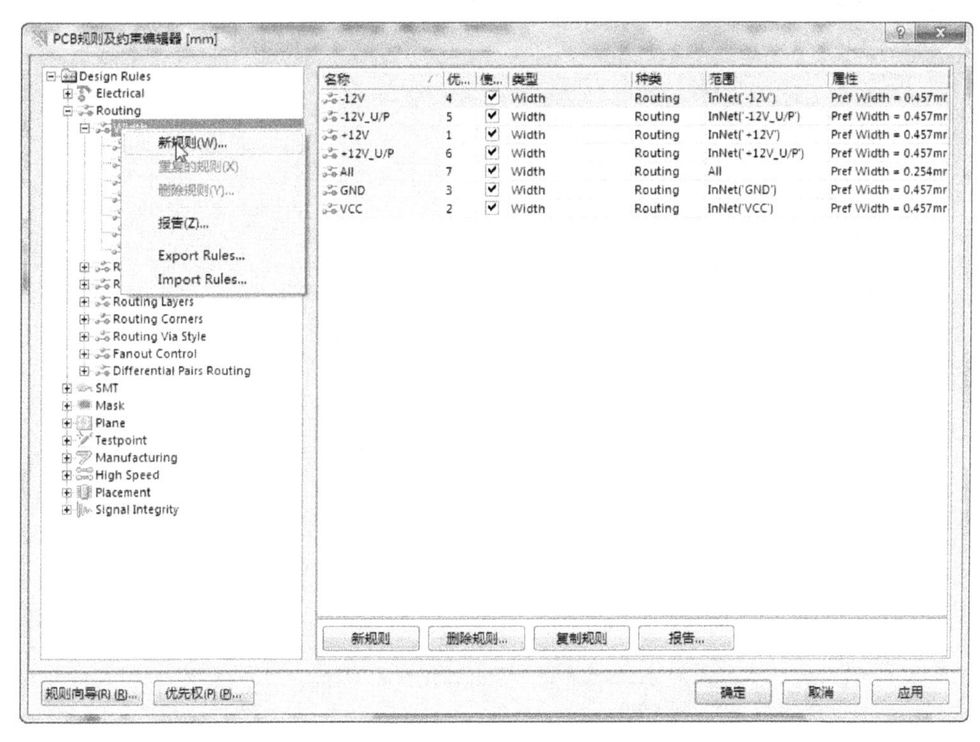

图 6-42　PCB 规则编辑器

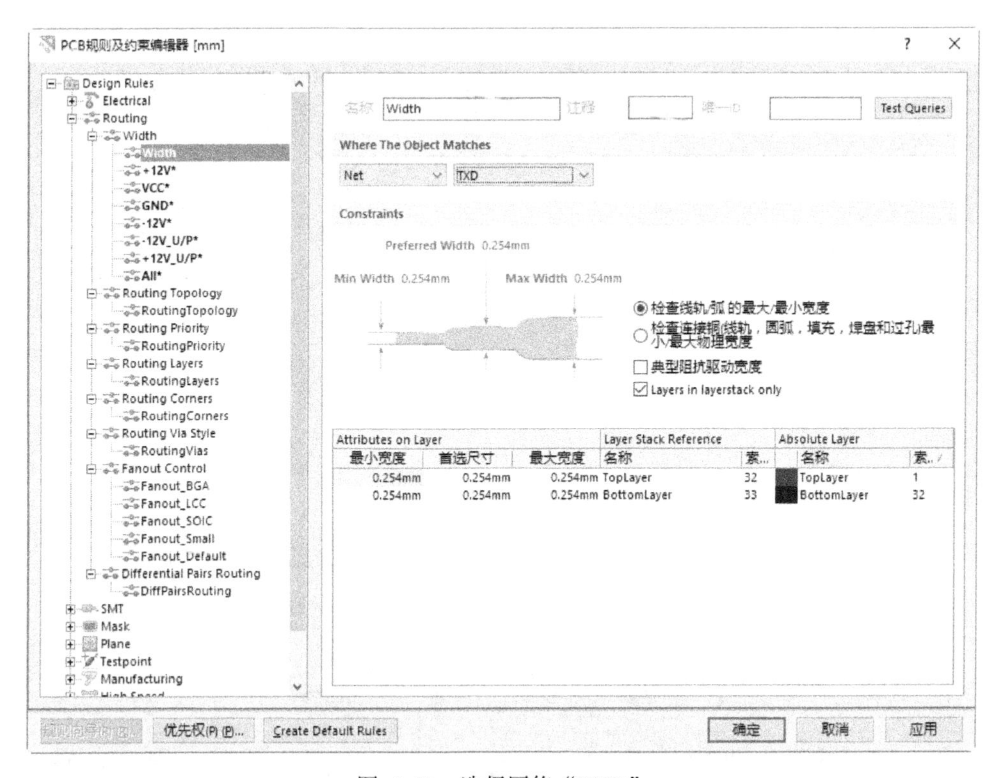

图 6-43　选择网络“TXD”

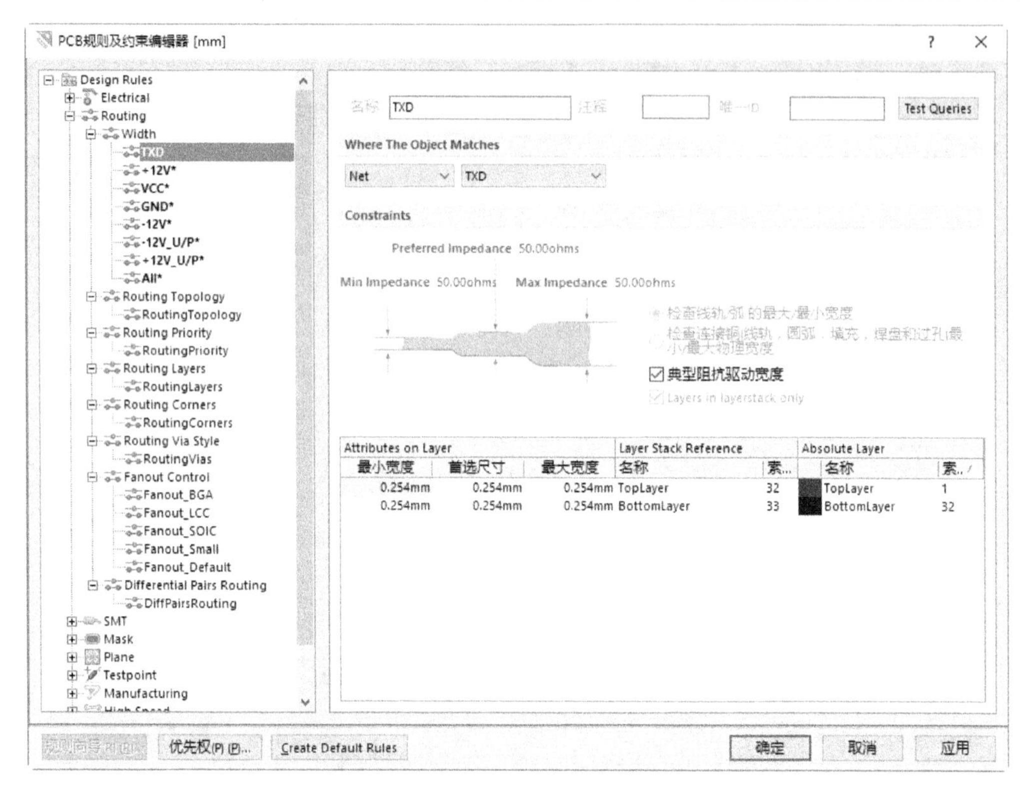

图 6-44 选择阻抗驱动布线宽度

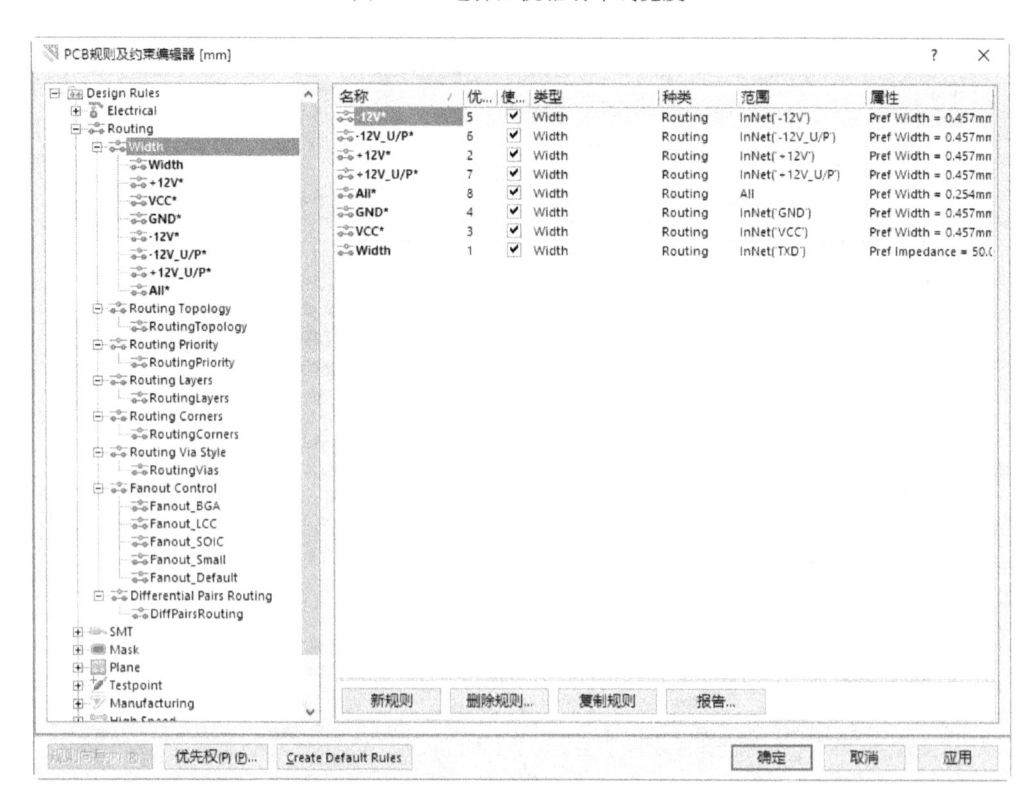

图 6-45 所有宽度规则显示

- 单击【名称（Name）】列的【Width】，激活其文本框，修改名称“TXD”。单击【应用（Apply）】按钮，应用新规则。单击【确定】按钮，应用新规则的同时关闭规则编辑器。
- 由于布线规则的改变，PCB 文件中 TXD 网络原布线违反了新规则，变为绿色，指示错误，如图 6-46 所示。

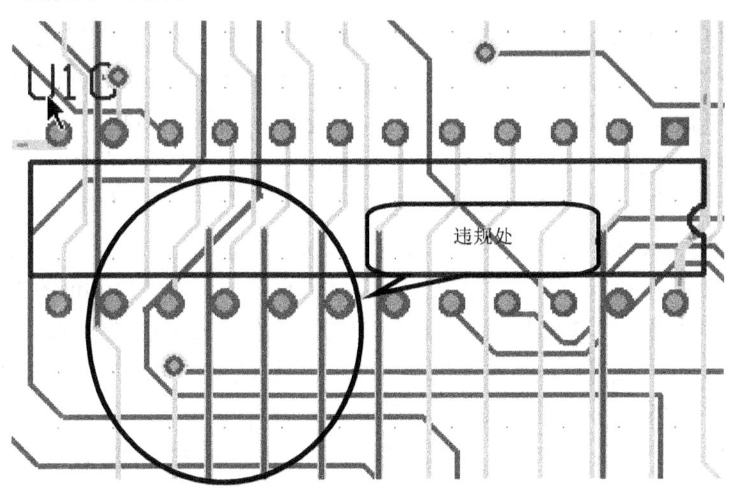

图 6-46　原布线违反新规则

- 执行菜单命令【工具（Tools）】→【取消布线（Un-Route）】→【网络（Net）】，出现十字光标，单击【TXD】网络的布线或焊盘，撤消该网络的布线。
- 执行菜单命令【自动布线（Auto Route）】→【网络（Net）】开始网络布线，出现十字光标，单击【TXD】网络的焊盘，弹出窗口显示相关信息，选择【Pad】或【Connection】开始网络布线，布线结果如图 6-47 所示。

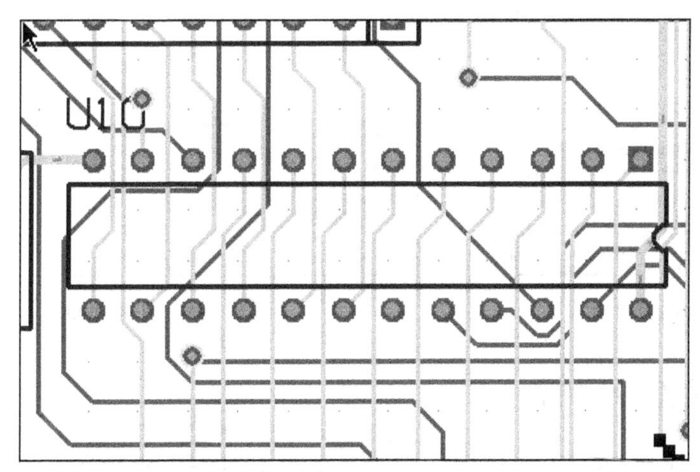

图 6-47　新规则布线结果

6.3.4 多线轨布线

多线轨布线也称为总线布线。Altium Designer 提供了强大的多线轨放置命令，并且支持多线轨拖动。现在开发的复杂板卡设计时，这极大地改变了效率，只需一个操作就可以放置或修改一组走线。

该命令包括智能的自动收紧功能，当移动鼠标时请注意收紧风格是如何变化的，按下【Tab】键可以控制收紧分隔组件。只需单击即可放置多个线轨，如对单个网络布线一样简单。在具有不同焊盘空间的两个组件之间进行布线时，只需使用相同的线轨分隔从两端布线在中间交汇即可，工作起来十分直观，下面简单介绍如何多线轨布线。

- 选择需要布线的一组焊盘。如果这些焊盘是独立的，采用普遍的选择方法选中；如果这些焊盘是元件封装中的，选择时按下【Shift】键，左键分布单击这些焊盘即可。
- 执行菜单命令【放置（Place）】→【交互闭式多根布线（Multiple Trace）】，出现十字光标，单击任一选中的焊盘，这些选中的焊盘和光标间出现布线，如图 6-48 所示。
- 走线是收缩的，按【,】键缩小间隙，按【. 】键增大间隙。按【Tab】键弹出【总线布线】对话框设置间隙参数，如图 6-49 所示。

其中【间隔（Bus Spacing）】文本框可以直接输入线间距，称为间隙值。单击【From Rule 】按钮，调用布线规则的间距参数。

- 给定间隙值主要是为了与同样网络的另一端线轨实现准确的对接。通常先将一端放置，然后从另一端再开始放置，对接时让两端重复对齐，单击鼠标左键确定，单击右键退出。系统会自动将重复多余的布线删除。

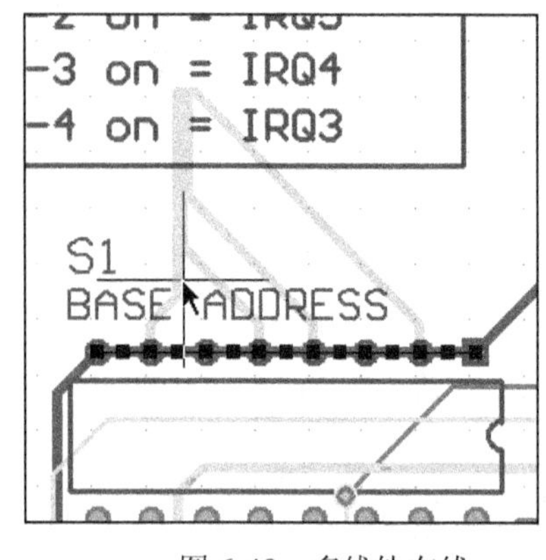

图 6-48　多线轨布线

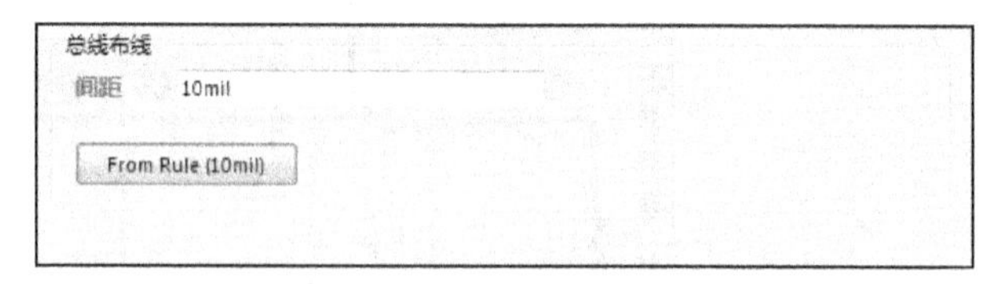

图 6-49　【总线布线】对话框

6.3.5 交互式差分对布线

交互式差分对布线是对电路原理图中放置了差分对指示符的线路进行交互式差分布线，下面以 Altium Design 自带的一个实例来简单介绍交互式差分对布线。

（1）放置差分对指示符

交互式差分对布线需要在原理图中放置差分对指示符（Differential Pair）。

✓ 打开配套光盘中“源文件\Weather Station\WeatherChannel\Pcb\ WeatherChannel.prjPcb

中的 WC_RS232.SchDoc”文件。

✓ 修改元件 U7 的 7、8 引脚连接的网络名称“RTS”、“CTS”为“RT_N”、“RT_P”。
✓ 执行菜单命令【放置 Place】→【指示（Directives）】→【差分对（Differential Pair）】，出现十字光标并带有差分对指示符。
✓ 在上述两个引脚的连线上放置差分对指示符（出现红叉时），如图 6-50 所示。

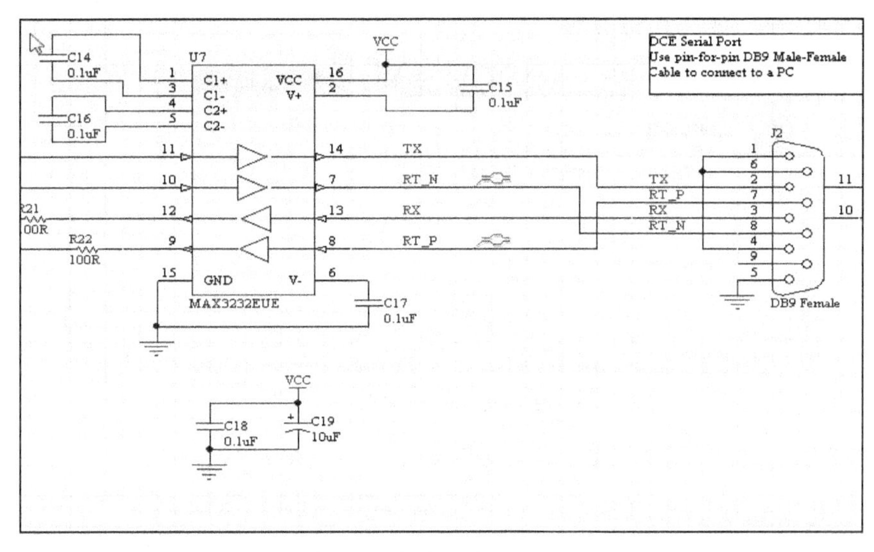

图 6-50　放置差分对指示符

✓ 双击差分对指示符，打开【差分对指示符参数设置】对话框（如图 6-51 所示），设置名称参数。在放置前按【Tab】键也可以打开对话框。
✓ 保存并编译文件和项目。

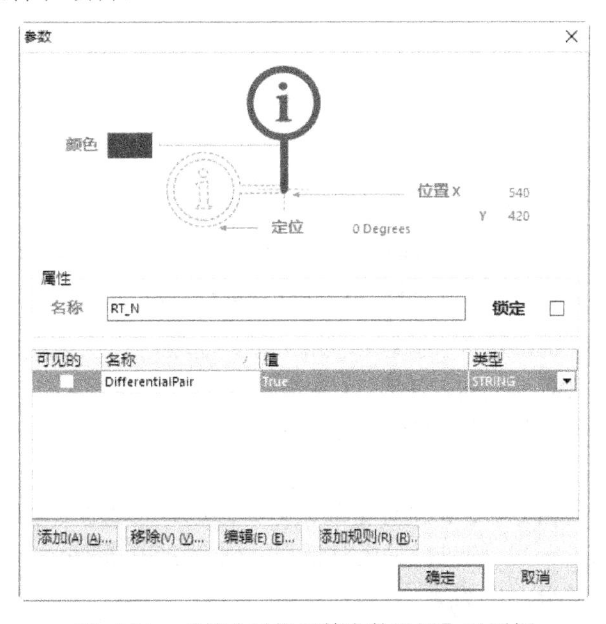

图 6-51　【差分对指示符参数设置】对话框

（2）更新设计数据

✓ 打开 PCB 文件“WeatherChannel.PcbDoc”，执行【编辑（Edit）】→【删除（Delete）】命令，删除电路板中原有的敷铜。执行【工具（Tools）】→【取消布线（Un-Route）】→【全部（All）】，撤消全部布线。

✓ 执行【设计（Design）】→【Update Schematics in WeatherChannel.PRJPCB】，弹出更新信息框，如图 6-52 所示。

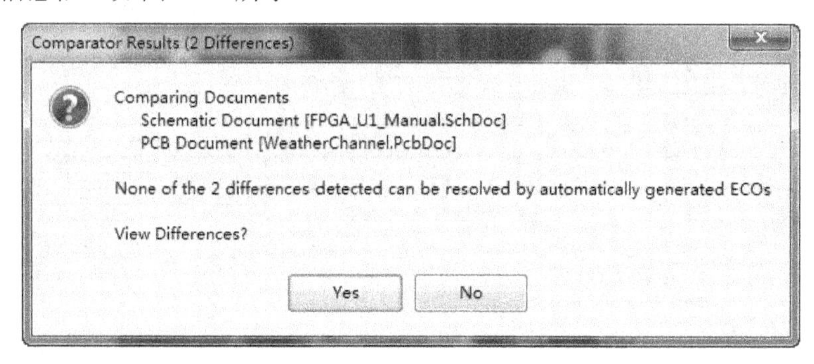

图 6-52　更新信息框

✓ 单击【Yes】按钮，打开【文件差别】对话框，如图 6-53 所示。

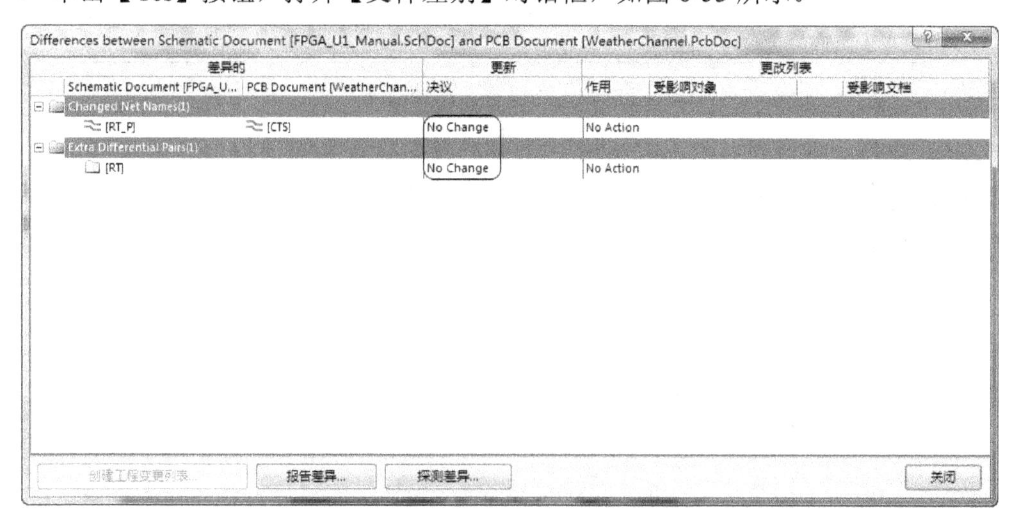

图 6-53　【文件差别】对话框

✓ 单击【更新（Update）】栏的【No Change】选项，弹出更新工具，如图 6-54 所示。单击右向双箭头按钮，更新 PCB 文件（需分别执行）。

✓ 单击【创建工程更新列表（Create Engineering Change Order)】按钮，弹出【更新命令】对话框，如图 6-55 所示。

✓ 按顺序执行确认更改命令和执行更改命令，完成差别更新，如图 6-56 所示。

✓ 单击【关闭（Close)】按钮，关闭对话框，保存 PCB 文件。

（3）PCB 中显示差分对的设置

单击【PCB 编辑器】窗口右下角的模板标签【PCB】，从弹出的模板列表中选择“PCB”，打开 PCB 面板，如图 6-57 所示。单击第一个文本框右侧的下拉按钮，选择下拉菜单中的“Differential Pairs Editor”。选中差分对类别列表框中的“All Differential Pairs”。

（4）差分对规则向导

✓ 在 PCB 面板的【标识（Designator）】列表框中，选中定义的差分对 RT。单击【规则向导（Rule Wizard）】按钮，进入差分规则向导（Differential Pair Rule Wizard），如图 6-58 所示。

✓ 单击【下一步（Next）】按钮，进入【Choose Rule Names】界面，设置与名称有关的参数，如图 6-59 所示。

图 6-54　更新工具

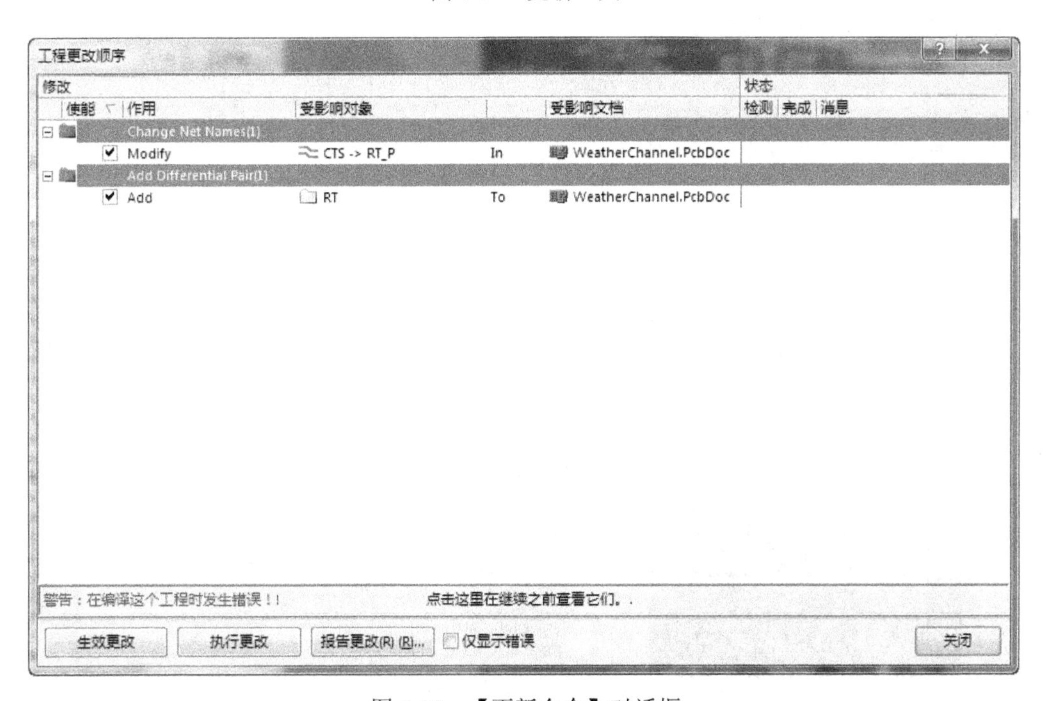

图 6-55　【更新命令】对话框

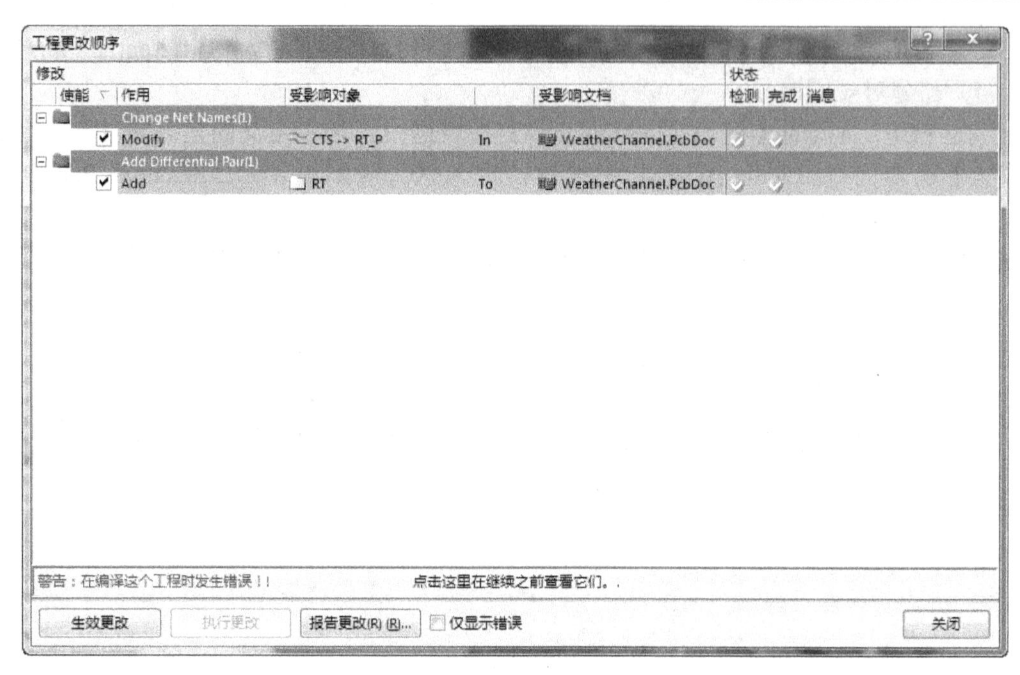

图 6-56　执行更新

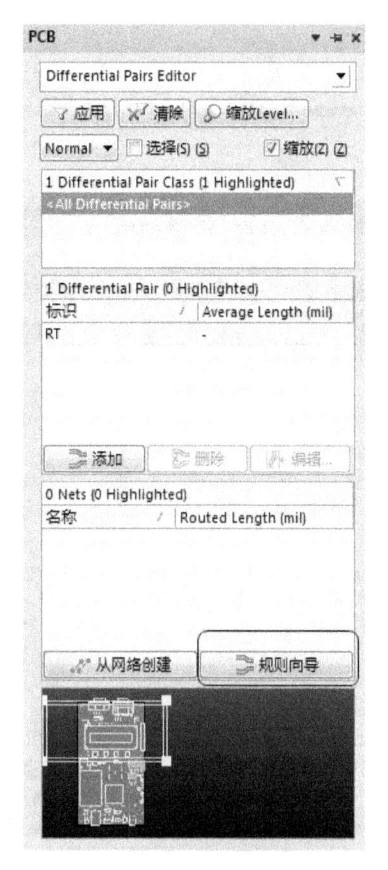

图 6-57　PCB 面板

图 6-58　差分对规则向导

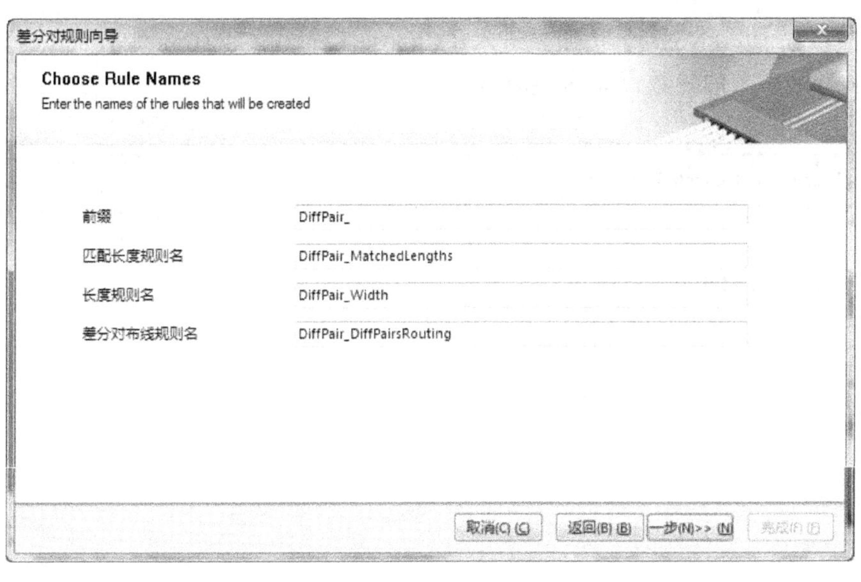

图 6-59 【Choose Rule Names】界面

✓ 单击【下一步（Next)】按钮，进入【Choose Width Constraint Properties】界面，设置布线宽度有关的参数，如图 6-60 所示。

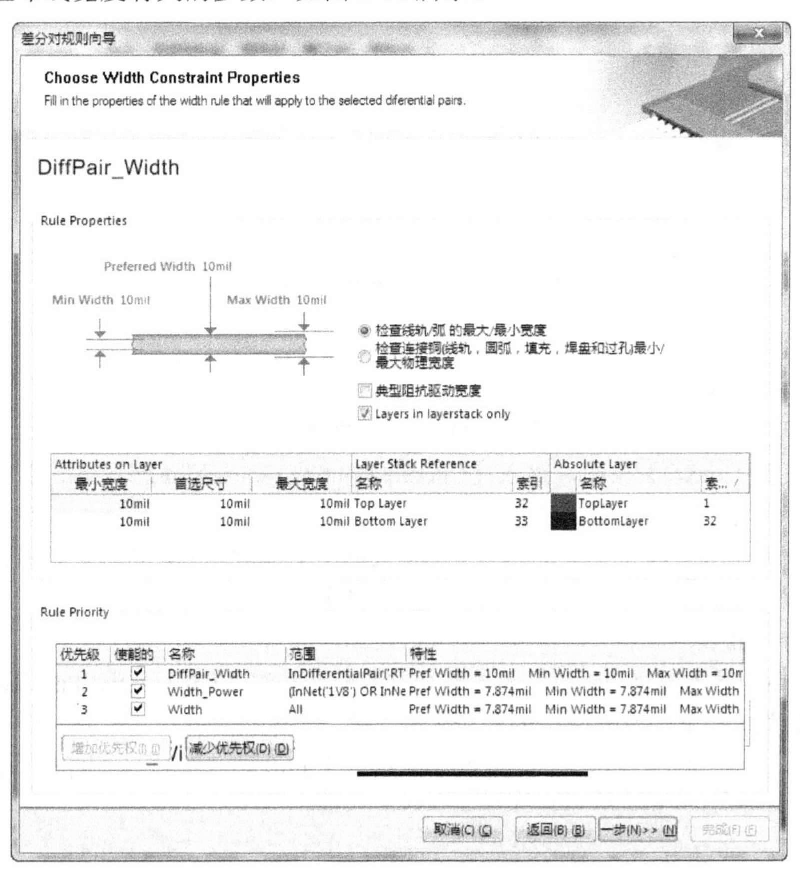

图 6-60 【Choose Width Constraint Properties】 界面

✓ 单击【下一步（Next)】按钮，进入【Choose Length Constraint Properties】界面，设置环回有关的参数，如图 6-61 所示。

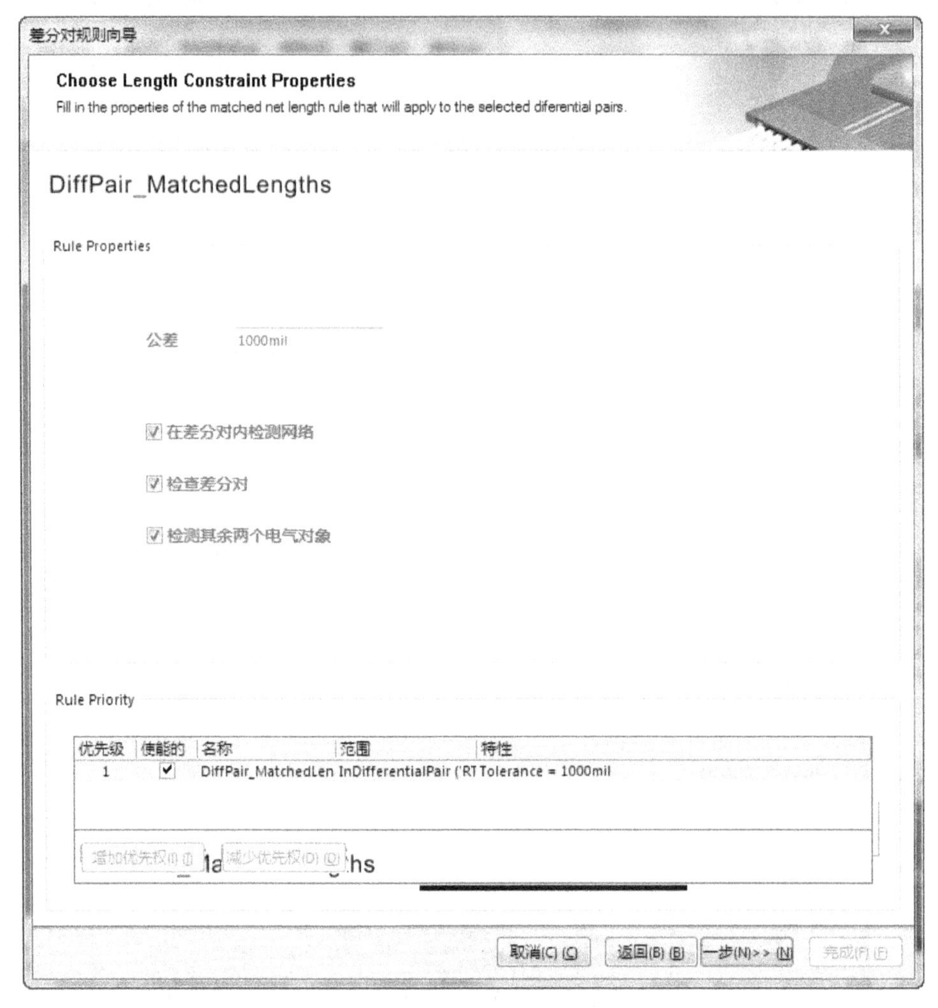

图 6-61 【Choose Length Constraint Properties】 界面

✓ 单击【下一步（Next)】按钮，进入【Choose Routing Constraint Properties】界面，设置约束规则有关的参数，如图 6-62 所示。

✓ 单击【下一步（Next)】按钮，进入【Rule Creation Completed】界面，显示设置完成的差分对规则信息，如图 6-63 所示。单击【Finish】按钮结束。

（5）差分对布线

执行菜单命令【放置（Place)】→【交互式差分对布线（Differential Pair Routing)】，进入差分对布线模式。单击差分网络的两个相邻的焊盘，拖动鼠标，就会看到对应的另一根线也会伴随着一起平行的走线，同时按下【Ctrl】+【Shift】+转动鼠标滚轮，就可以使两条走线同时换层。

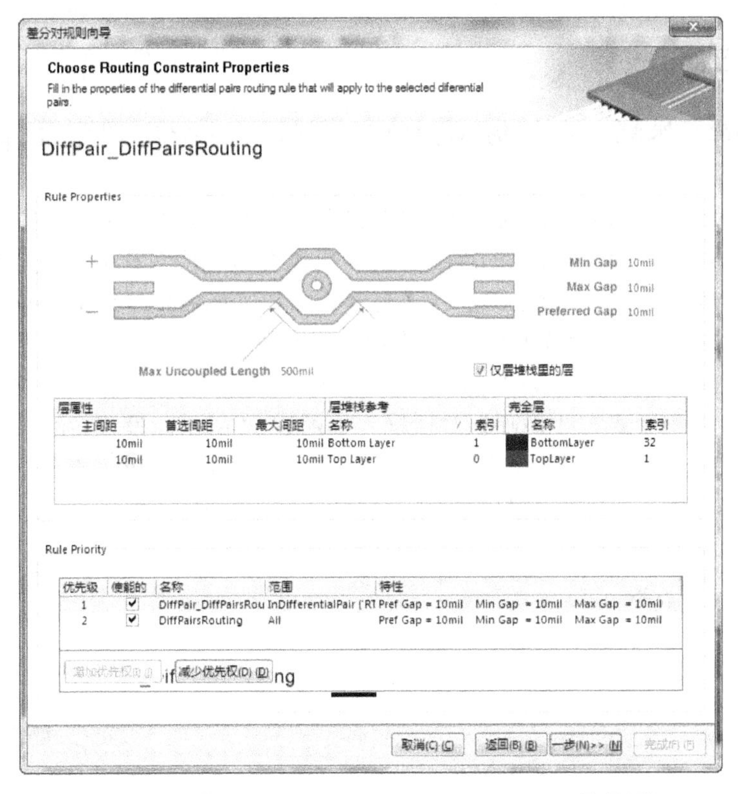

图 6-62 【Choose Routing Constraint Properties】界面

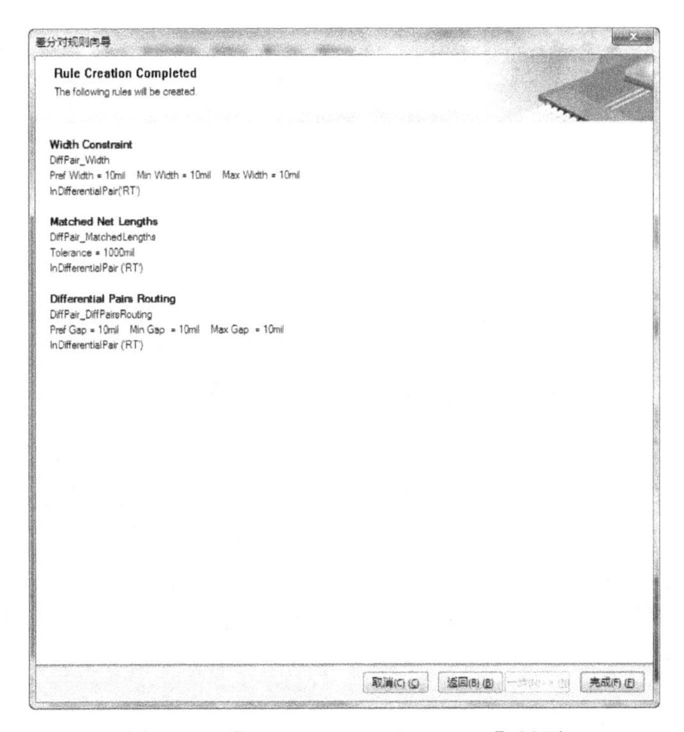

图 6-63 【Rule Creation Completed】界面

6.3.6 交互式布线

自动布线效率虽然高，但有时仍然需要手工进行必要的调整，即交互式布线（Interactive Routing）。

Altium Designer 提供完整的交互式布线方案，综合了规则驱动、多功能的交互式布模式、可预测的布线位置和动态优化的连接功能，可以有效地应对任何布线的问题。

- 执行菜单命令【放置（Place）】→【交互式布线（Interactive Routing）】，或单击【放置工具栏中的放置走线】按钮。光标变成十字形状，表示当前系统处于布线模式。
- 在焊盘上单击，确定走线的起点，移动光标会出现一条走线。此时按下【Tab】键，可以打开【交互式布线规则】对话框，如图 6-64 所示，设置布线规则。

➢【属性（Properties）】区域的各个文本框用来设置布线宽度，布线时产生过孔的参数及选择布线层。此处设置的参数只影响本次交互式布线。

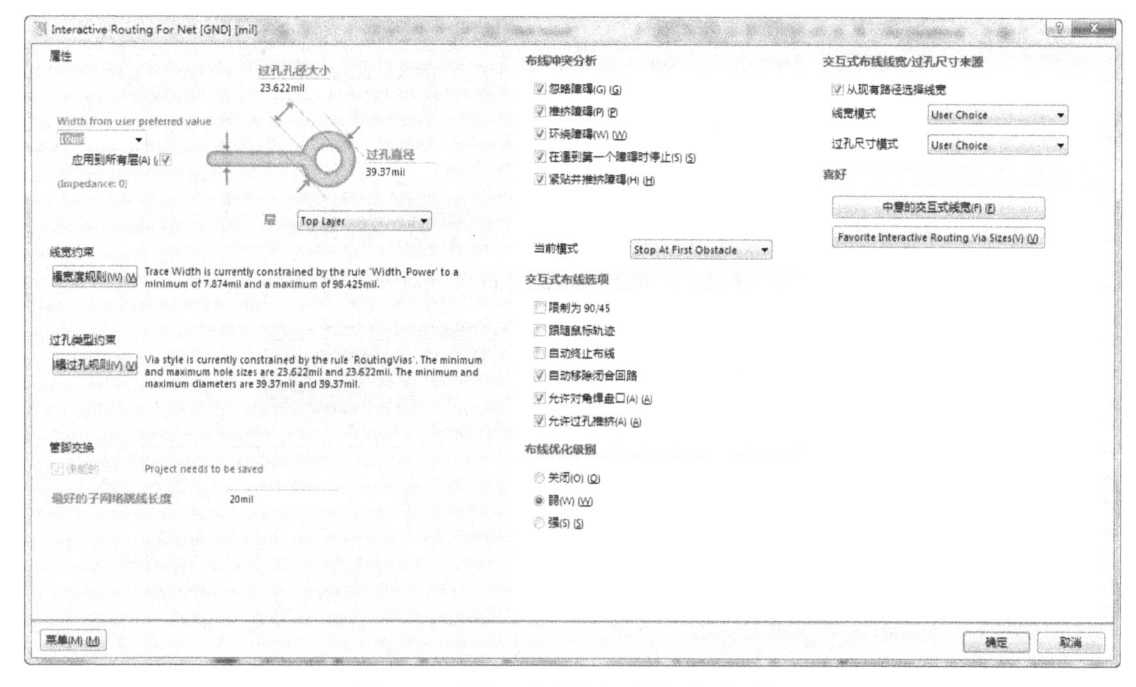

图 6-64 【交互式布线规则设置】对话框

➢【线宽约束（Routing Width Constraints）】区域的按钮，打开布线宽度规则编辑器，如图 6-65 所示，设置布线宽度的系统参数，该参数将影响全局。

➢【过孔类型约束（Via Style Constraints）】区域的按钮，打开过孔规则编辑器设置过孔系统参数，如图 6-66 所示。该参数将会影响全局。

➢【布线冲突分析（Interactive Routing Conflicting Object）】区域，设置交互式布线冲突时的解决方案。

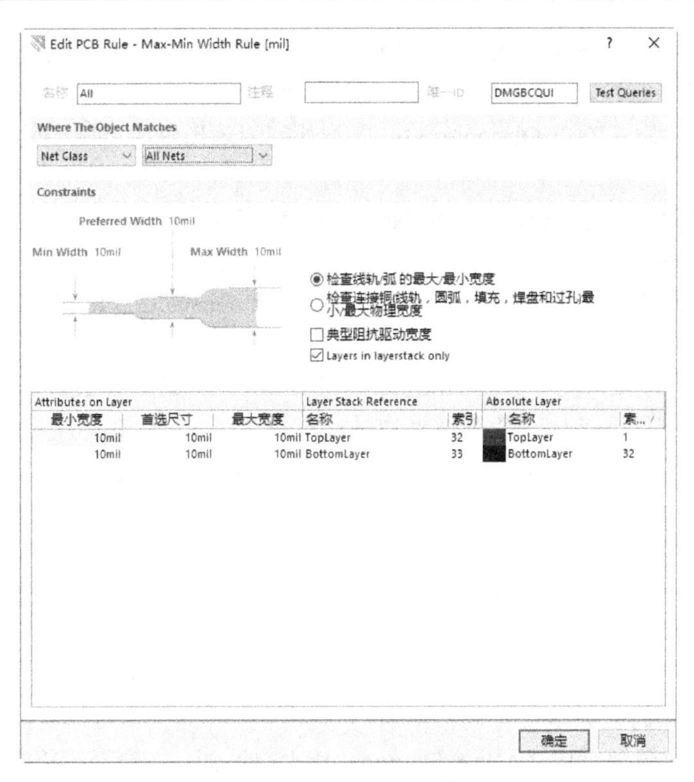

图 6-65　布线宽度规则编辑器

Edit PCB Rule - Routing Via-Style Rule [mil]

名称 RoutingVias　注释　唯一ID VAYCOWWC　Test Queries

Where The Object Matches

All

Constraints

Min/Max preferred

过孔直径
最小的 40mil
最大的 50mil
首选的 40mil

过孔孔径大小
最小的 22mil
最大的 28mil
首选的 22mil

确定　取消

图 6-66　过孔规则编辑器

- ✓【忽略障碍（Ignore Obstacles）】：不解决冲突，不管障碍物或是冲突，继续进行交互式布线。
- ✓【推挤障碍（Push Obstacles）】：遇到冲突或障碍物时将障碍物推开，继续进行布线。
- ✓【环绕障碍（Walkaround Obstacles）】：遇到冲突或障碍物时绕过障碍物，继续进行布线。
- ✓【在遇到第一个障碍时停止（Stop At First Obstacles）】：在遇到第一个障碍物时停止走线。
- ✓【紧贴并推挤障碍（Hug And Push Obstacles）】：遇到冲突或障碍物时绕过障碍物，根据情况推移或绕过障碍物进行布线。

➢【交互式布线选项（Interactive Routing Options）】区域，选择交互式布线的选项。

- ✓【限制为 90/45（Restrict To 90/45）】：限制走线只能走 45°或 90°。
- ✓【跟随鼠标轨迹（Follow Mouse Trail）】：布线时，走线自动跟随鼠标轨迹。
- ✓【自动终止布线（Automatically Terminate Routing）】：自动结束布线，当完成一条布线时，自动断开布线。
- ✓【自动移除闭合回路（Auto Remove Loops）】：自动移除回路，当交互式布线形成回路时，系统会自动移除旧的布线。
- ✓【允许对角焊盘口（Allow Diagonal Pad Exits）】：智能连接焊盘出口，若选择此选项，布线将尝试调整 90°出口为倾斜出口。
- ✓【允许过孔推挤（Allow Via Pushing）】：在布线时，允许对过孔推挤。

➢【交互式布线线宽/过孔尺寸来源（Interactive Routing Width/Via Size Sources）】区域，【从现有路径选择线宽（Pickup Track Width From Existing Routes）】是指拾取现有规则。

- 交互式布线时，【Shift+空格】键切换布线的角度。可以换的角度有 90°、45°、任意角度、圆弧。【空格】键切换布线方向。
- 交互式布线时换层的方法。双面板顶层和底层均为布线层，在布线时不退出导线放置模式仍然可以换层。方法是按小键盘的【*】键切换到另一个布线层，同时放置过孔。

6.3.7 智能交互式布线

智能交互式布线器（Smart Interactive Routing）是 Altium Designer 新的智能交互式布线系统。用户可以直观地进行智能交互式布线，使用水平、垂直和对角线区段在最短路径上完全对连接进行布线，同时绕过该路径上的任意障碍。如果起始和终点节点在同一层，智能交互式布线会自动完成整个连接，维护任意适用的设计规则。

由于智能交互式的布线工具，用户可以使用鼠标和内建快捷键来控制其特性。有两个基本操作模式：自动完成模式和非自动完成模式。自动完成模式会尝试找到完成整个连接的路径；非自动完成模式会尝试完成到当前鼠标位置的布线。

自动完成模式下，当前鼠标的区段显示为实线时，单击即可放置，同时，对光标外区段用虚线轮廓显示推荐路径。如果用户喜欢推荐路径，只需按住【Ctrl】键并单击，然后整个连接布线完成了。

如果喜欢“布线当前光标”模式，只需按【5】键来关闭自动完成功能，智能布线会从连接起点自动搜寻到光标位置的路径，绕过此路径上所有的障碍。

在绕过障碍避免与其冲突的时候，用户可以设置在“第一次冲突时停止”或“忽略冲突”，按下【Shift+R】快捷键在模式间切换。按下快捷键【7】可以选择其他连接，离开正在布线的焊盘。按下空格键可以改变转角模式。

Altium Designer 提供了三种智能布线的模式，布线过程中可以按【Shift+R】键相互切换，三种模式分别介绍如下。

- 忽略冲突模式：该模式在交互式布线时，走线不按照布线规则要求布线，不会理会冲突，但冲突时会用绿色提示冲突。该模式下会出现预测布线。
- 在第一次冲突时停止模式：在该模式下，走线不能违反布线规则，在第一个冲突时被阻止。该模式在放置一段走线后才会出现预测布线。
- 绕开冲突对象：该模式下会出现预测布线，且会自动绕开冲突对象。

出现预测布线时，【Ctrl】+单击鼠标左键，直接按预测完成布线；智能交互式布线状态，按【Tab】键可以打开【交互式布线规则设置】的对话框进行设置布线规则，按【F1】键打开【布线快捷键帮助】对话框，可以查看快捷键的设置情况。

6.4 走线的调整

PCB 的元件布局和布线工作都可以利用程序自动完成，但是其结果往往会有很多令人不满意的地方，这时就需要设计者进行手工调整。对用户在安装、抗干扰、小型化等方面的一些实际要求，程序往往无法做到，而必须由设计人员对元件的位置、线宽、走线方式等进行手工调整。另外，还要人为地在 PCB 上添加各种注释、标志，甚至特殊的图案，如公司商标等。

由于受到程序算法的限制，用户智能预先设置一些基本的规则，因此，元件的自动布局和自动布线不可能十全十美，完全满足用户的全部设计要求。一个设计美观的 PCB 往往要在自动布线的基础上进行多次修改才能将其设计的尽善尽美，要求设计人员有高超的技术和丰富的经验。

手工调整没有固定的规则，主要是按照用户的要求，根据设计人员在实际工作中积累的经验，通过一定的技巧来完成。

6.4.1 手工调整布线

使用自动布线功能得到的布线结果有时候还不能满足设计者的需要，因此，利用 Altium Designer 的编辑功能进行手工布线的调整是一项必要而又十分重要的任务。现在以如图 6-67 所示的自动布线结果为例，对其中一条走线进行调整。

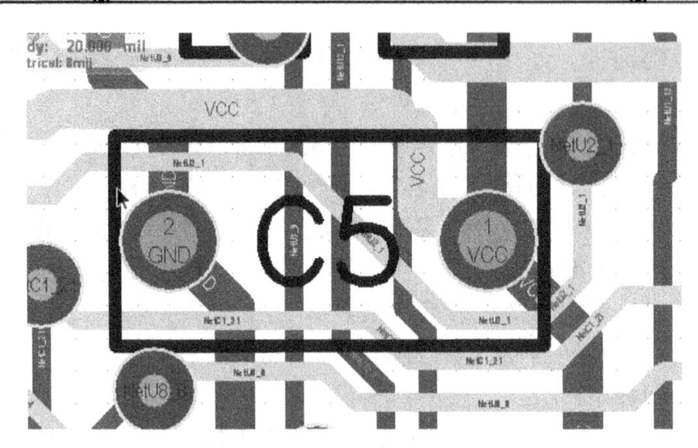

图 6-67　需要手工布线的 PCB 图

【工具（Tools）】菜单下的【取消布线（Un-Route）】子菜单提供了几个常用的手工调整布线的命令，这些命令可以用来进行不同方式的布线调整，如图 6-68 所示，各命令选项介绍如下。

- 【全部（All）】：拆除所有的布线，进行手工调整。
- 【网络（NET）】：拆除所选的布线网络，进行手工调整。
- 【连接（Connection）】：拆除所选的一条布线，进行手工调整。
- 【器件（Component）】：拆除与所选的元件相连的布线，进行手工调整。
- 【Room】：拆除指定范围内的布线。

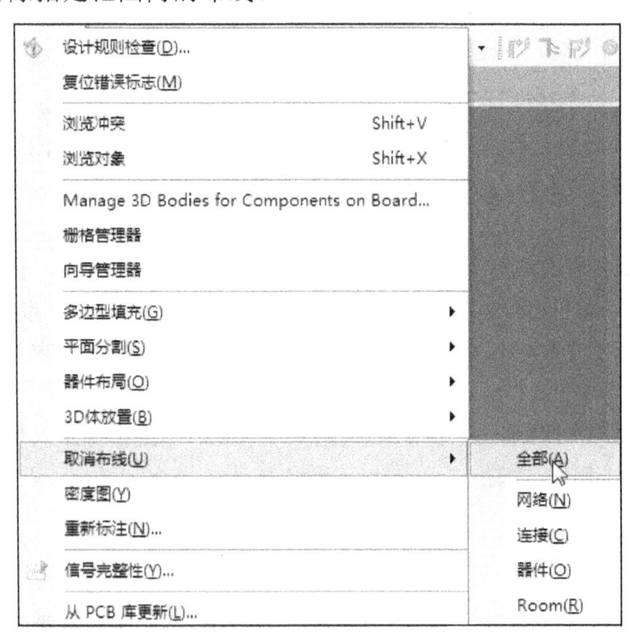

图 6-68　【取消布线（Un-Route）】子菜单中的手工调整布线命令

在如图 6-67 所示中手工对电容 C5 重新进行走线的步骤如下。

- 首先使用鼠标在层面选择标签上选择工作层面，将工作层面切换到顶层（Top Layer），使顶层成为当前活动的工作层面。

- 然后执行菜单命令【工具（Tools）】→【取消布线（Un-Route）】→【连接（Connection）】。
- 执行该命令后光标变成十字形，移动光标到要拆除的连线导线上，然后单击鼠标左键确定。单击导线后可以发现原来的连线消失，如图 6-69 所示。
- 执行菜单命令【放置（Place）】→【交互式布线（Interactive Routing）】，对上述已拆除的连接导线的元件一些导线进行手工交互式布线，如图 6-70 所示。

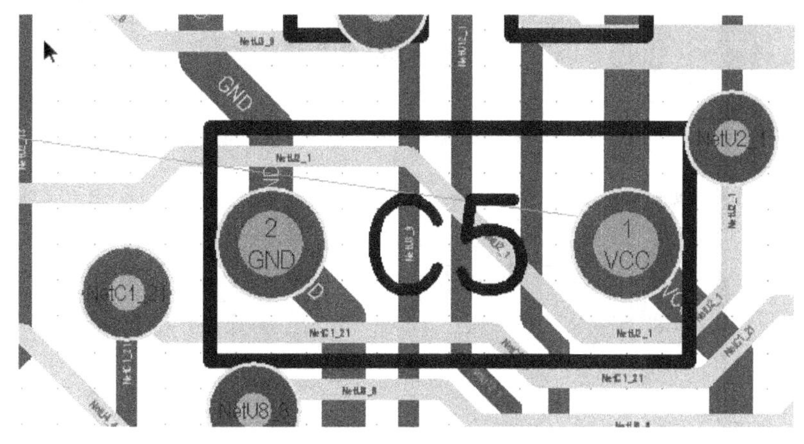

图 6-69　拆除连接导线

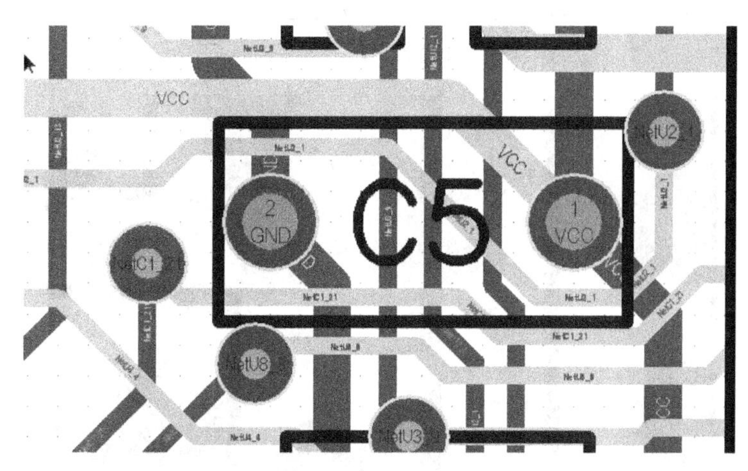

图 6-70　重新走线后布线图

6.4.2　电源和地线的加粗

为了提高抗干扰的能力，增加系统的可靠性，往往需要对电源、地线和一些流过的电流较大的导线进行加宽处理。调整走线宽度的步骤如下。

- 在 PCB 的底层工作层面双击需要编辑的电源线，弹出如图 6-71 所示的对话框。
- 在该对话框中将【宽度（Width）】选项输入框中改为 20mil。
- 然后单击【确定】按钮，即可改变工作层面中导线的宽度。按照同样的方法，将 PCB 顶层的其他相关走线宽度改为 25mil，如图 6-72 所示。

- 这时有些走线和焊盘的显示颜色变为警戒色，这是由于走线宽度加宽以后发生了不同网络间的互相接触现象，违反了导线之间最小间距的设计规则。此时，应调整走线的形状，使 PCB 中不同网络的走线与走线之间，焊盘与走线之间没有相互接触的现象发生。

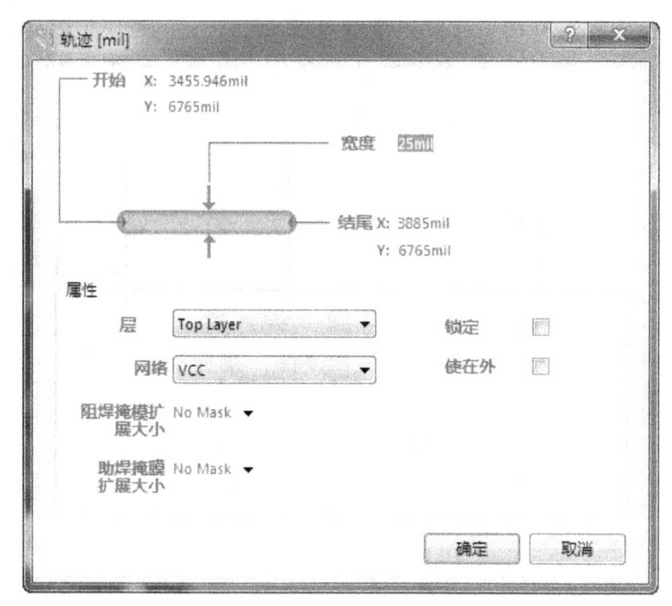

图 6-71 【设置导线宽度】对话框

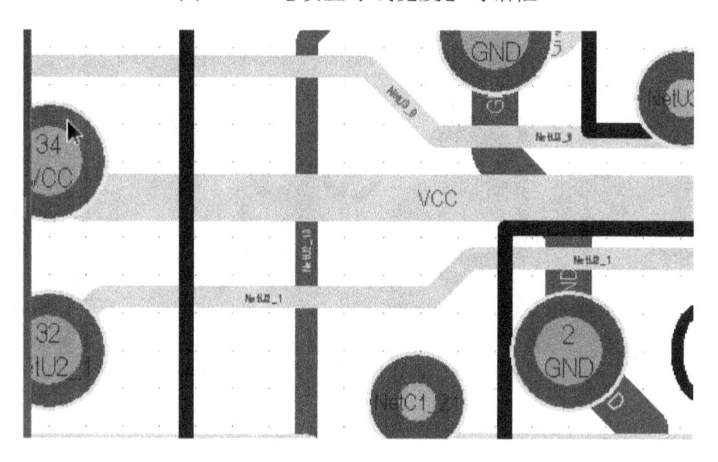

图 6-72 改为 25mil

6.4.3 敷铜

为了提高系统的抗干扰性，需要设置较大面积的地线敷铜区域。在其中放置矩形填充区域的步骤如下。

- 在 Top 层中，执行菜单命令【放置（Place）】→【多边形敷铜（Polygon Pour）】，屏幕上就会出现如图 6-73 所示的对话框。

图 6-73 【多边形敷铜（Polygon Pour）】对话框

- 将【栅格尺寸（Grid Size）】编辑框中的值设置为 10mil，将【轨迹宽度（Track Width）】编辑框中的值设置为 30mil。由于此处铜膜线宽度大于栅格点间距，所以，放置的敷铜将呈现出块状。
- 在元件的上方单击鼠标左键，并向右拖动鼠标，到合适的位置单击鼠标左键，接着如绘制一个矩形框一样回到起始点。然后屏幕上即会出现如图 6-74 所示的敷铜。
- 再在底层中放置敷铜。单击 PCB 编辑器工作区窗口底部的【Bottom Layer】标签切换到底层，然后执行菜单命令【放置（Place）】→【多边形敷铜（Polygon Pour）】，在弹出的【Polygon Plane】对话框中保持刚才的设置不变，接着在刚才放置的敷铜的右方单击鼠标左键并拖曳鼠标，按照上面介绍的方法放置一块敷铜，如图 6-75 所示。

一般来说，在 PCB 板上不要留大块的空地，应该尽可能地用敷铜填满，作为地线的扩展。按照上面介绍的方法，为 PCB 图添加敷铜，在顶层添加完成敷铜的电路板图如图 6-76 所示。

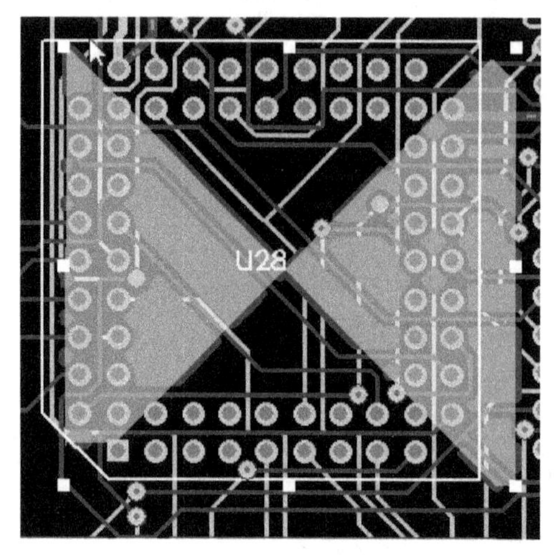

图 6-74　顶层放置敷铜

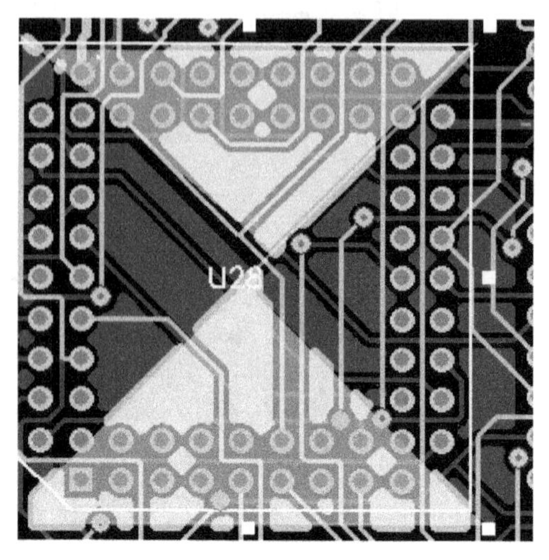

图 6-75　底层放置敷铜

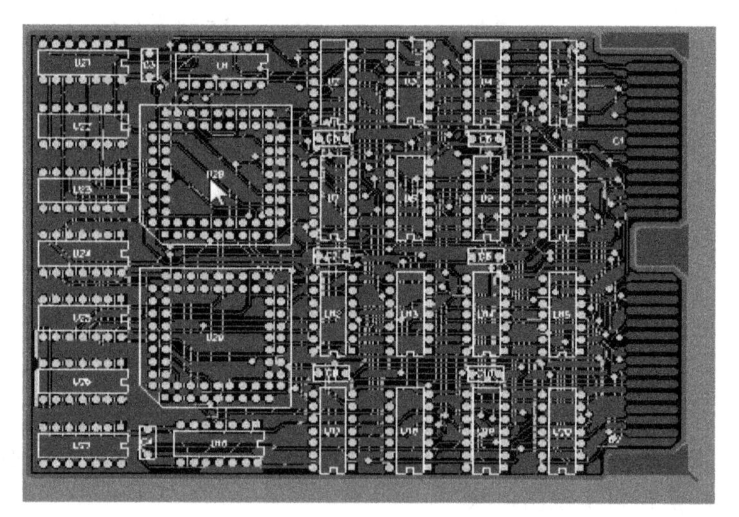

图 6-76　顶层添加完整个敷铜的 PCB 图

6.4.4　调整文字标注

在进行自动布局时，元件的标号，以及注释等是从网络表获得的，并被自动保存到 PCB 中。经过自动布局后，元件的相对位置与原理图中的相对位置将会发生变化。在经过手工布局调整后，有时元件的序号会变得杂乱，所以经常需要对文字标注加以调整，让文字排列整齐、字体一致，使 PCB 更加美观。调整文字标注一般可以对元件进行元件标号更新，使元件标号排列保持一致，需要对原理图中相应的元件元件标号进行更新。下面介绍元件标号更新，以及原理图中的相应更新方法。

- 手动更新元件标号：双击需要修改的元件标号字符串，弹出如图 6-77 所示的对话框。此时即可修改元件标号，也可以根据需要修改对话框中文字标注的内容、字体、大小、位置，以及放置方向等。

● 自动更新元件标号。

➢ 执行【工具（Tools）】菜单中的【重新标注（Re-Annotate）】命令，弹出如图 6-78 所示对话框。

图 6-77 【元件标号属性】对话框

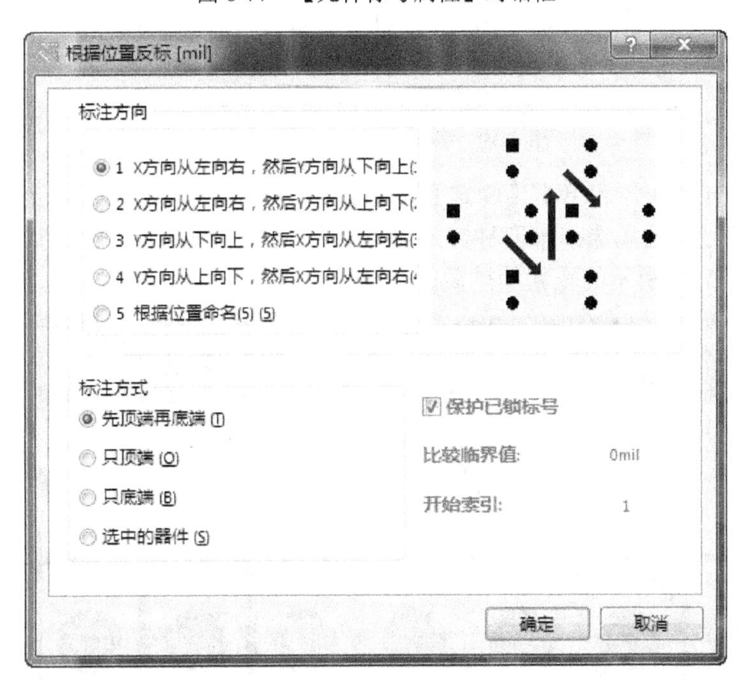

图 6-78 【Positional Re-Annotate】对话框

➢ 系统提供了以下 5 种更新方式。

✓【X 方向从左向右，然后 Y 方向从下向上（By Ascending X Then Ascending Y）】：该选项表示先按横坐标从左到右编号，然后按纵坐标从下到上编号。

✓【X 方向从左向右，然后 Y 方向从上向下（By Ascending X Then Descending Y）】：该选项表示先按横坐标从左到右编号，然后按纵坐标从上到下编号。

✓【Y 方向从下向上，然后 X 方向从左向右（By Ascending Y Then Ascending X）】：该选项表示先按纵坐标从下到上编号，然后按横坐标从左到右编号。

✓【Y 方向从上向下，然后 X 方向从左向右（By Descending Y Then Ascending X）】：该选项表示先按纵坐标从上到下编号，然后按横坐标从左到右编号。

✓【根据位置命名（Name from Position）】：该选项表示根据位置坐标进行编号。根据各种位置坐标进行编号的效果如图 6-79 所示。

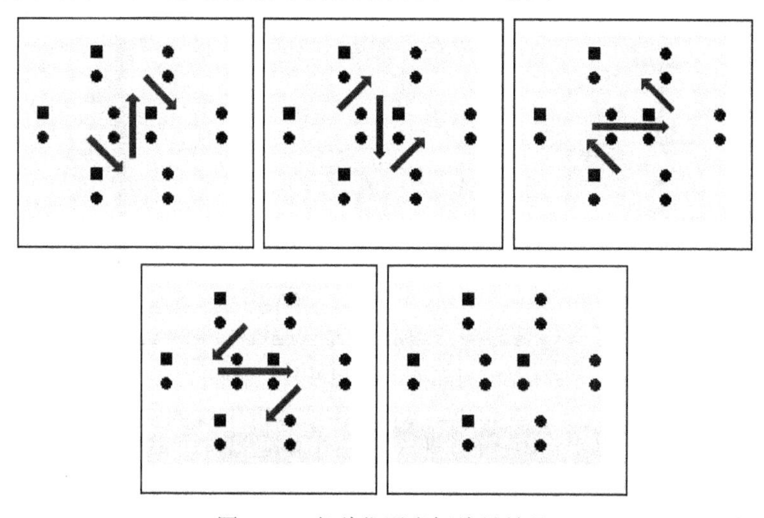

图 6-79　各种位置坐标编号效果

➢ 完成上面方式选择后单击【确定】按钮，系统将按照设定方式对元件元件标号进行重新编号。这里选择第四种方式进行元件标号排列。元件经过重新编号后可以获得如图 6-80 所示的重新编排后的 PCB。

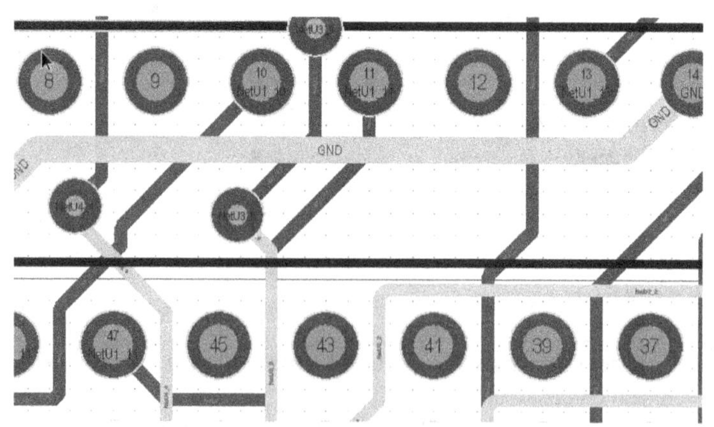

图 6-80　重新编排后的 PCB

➢ 元件重新编号后，系统将会同时产生一个“.was”文件，记录元件编号的变化情况，其内容如下（前面为原来元件标号，后面为改后元件标号）：

```
C3 C1
U21 U1
U1 U2
U2 U3
U3 U4
U4 U5
U5 U6
U22 U7
C5 C2
C6 C3
U23 U8
C1 C4
U7 U9
U8 U10
U9 U11
U10 U12
U28 U13
C7 C5
C8 C6
U24 U14
U25 U15
U12 U16
U13 U17
U14 U18
U15 U19
C9 C7
C10 C8
U26 U20
U29 U21
C2 C9
C4 C10
U27 U22
U16 U23
U17 U24
U18 U25
U19 U26
U20 U27
```

● 更新原理图。

PCB 图中的元件元件标号改变后，电路原理图也应该相应改变，这可以在 PCB 环境下实现，也可以返回原理图环境实现相应改变。

➢ 执行菜单命令【设计（Design）】→【Update Schematics in PCB AutoRouting.PRJPCB】，弹出如图 6-81 所示的【元件标号更改】对话框。

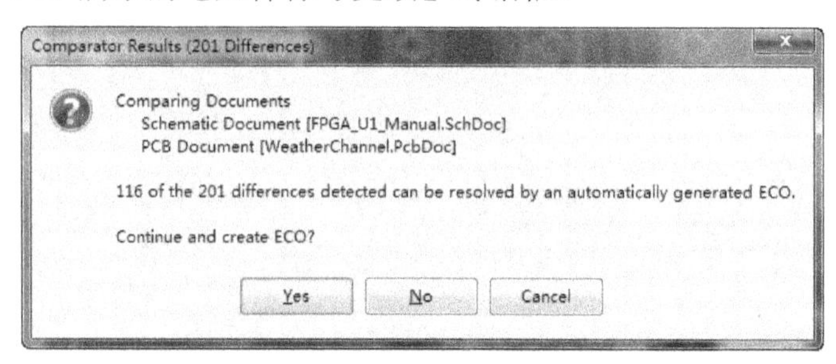

图 6-81 【元件标号更改】对话框

➢ 单击【Yes】按钮，将显示如图 6-82 所示的【工程更改顺序（Engineering Change Order）】对话框，其中显示了不匹配元件（指的是元件的元件标号不匹配）。

➢ 单击【执行更改（Execute Changes）】按钮即可更新原理图。

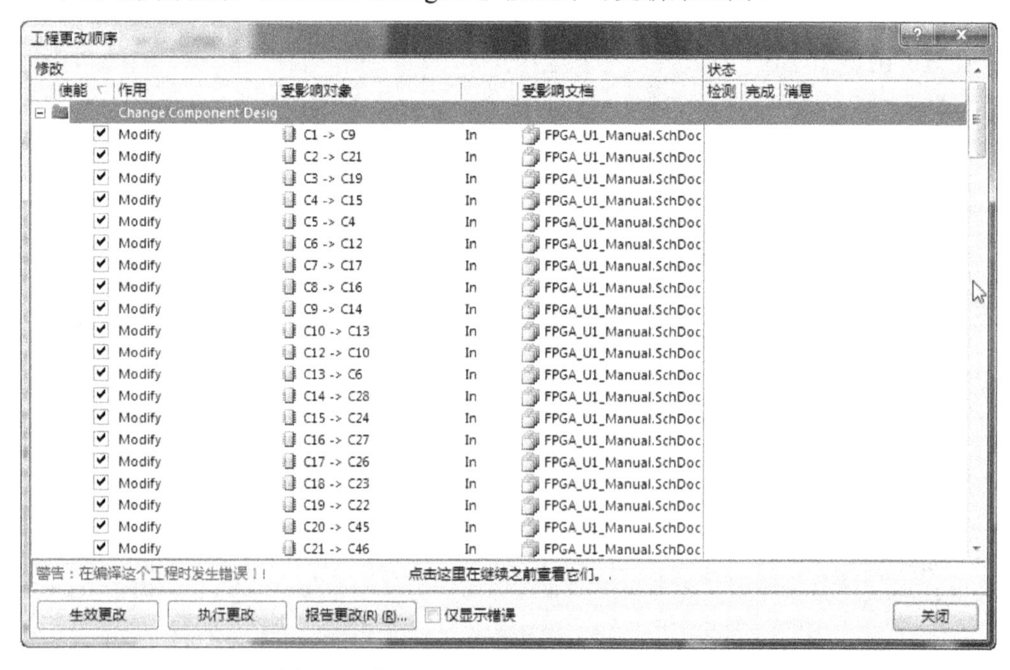

图 6-82 【Engineering Change Order】对话框

6.5 规则校验

设计规则校验主要有两种运行方式，即在线 DRC 和批处理 DRC。在 PCB 的具体设计过程中，若开启了在线 DRC 功能，系统会随时以绿色标志违规设计，提醒设计者，并阻止当前的违规操作；而在 PCB 布线完毕，文件输出之前，则可以使用批处理 DRC 对 PCB 进行一次完整的设计规则检查，相应的违规设计也将以绿色进行标志，设计者根据系统的有关提示，可以对自己的设计进行必要的修改和进一步的完善。

6.5.1 DRC 设置

DRC 的设置和执行是通过【设计规则检查（Design Rule Check)】完成的。在 PCB 编辑环境中，执行【工具（Tools)】→【设计规则检查（Design Rule Check)】命令后，打开如图 6-83 所示【设计规则检查（Design Rule Check)】对话框。

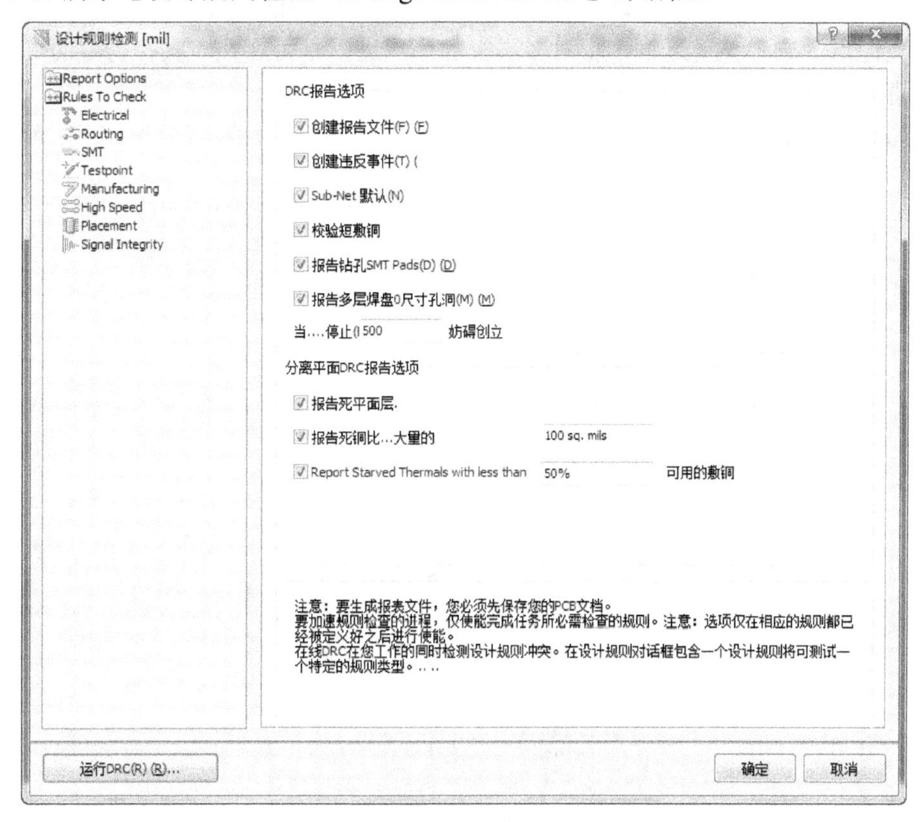

图 6-83 【设计规则检查（Design Rule Check）】对话框

该对话框的设置内容包括两部分，即报告选项设置【Reports Options】和校验规则设置【Rules To Check】。

- 【DRC 报告选项（DRC Reports Options)】报告选项设置主要用于设置生成的 DRC 报告中所包含的内容。在右边的窗口中列出了 6 个选项，供设计者选择设置。

➢【创建报告文件（Creat Report File)】：建立报告文件，选中该复选框，则运行批处理 DRC 后，系统会自动生成报告文件，报告中包含了本次 DRC 运行中使用的规则，违规数量及其他细节等。

➢【创建违反事件（Creat Violations)】：建立违规，选中该复选框，则运行批处理 DRC 后，系统会将电路板中违反设计规则的地方用绿色标志出来，同时在违规设计和违规消息之间建立起链接，设计者可直接通过【Message】面板中的显示，定位找到违规设计。

- ➤【Sub-Net 默认（Sub-Net Details）】：子网络细节，选中该复选框，则对网络连接关系进行 DRC 校验并生成报告。
- ➤【检验短敷铜（Verify Shorting Copper）】：内部平面警告，选中该复选框，系统将会对多层板设计中违反内电层设计规则的设计进行警告。
- ➤【报告钻孔 SMT Pads（Report Drilled SMT Pads）】：检验短路铜，选中该复选框，将对敷铜或非网络连接造成的短路进行检查。
- ➤【报告多层焊盘 0 尺寸孔洞（Report Multilayer Pads with 0 size Hole）】：检验多层板零孔焊点，选中该复选框，将对多层板的焊点进行是否存在着孔径为零的焊盘进行检查。

- ●【Rules To Check】校验规则设置主要用于设置需要进行校验的设计规则及进行校验的方式（在线或是批处理），如图 6-84 所示。

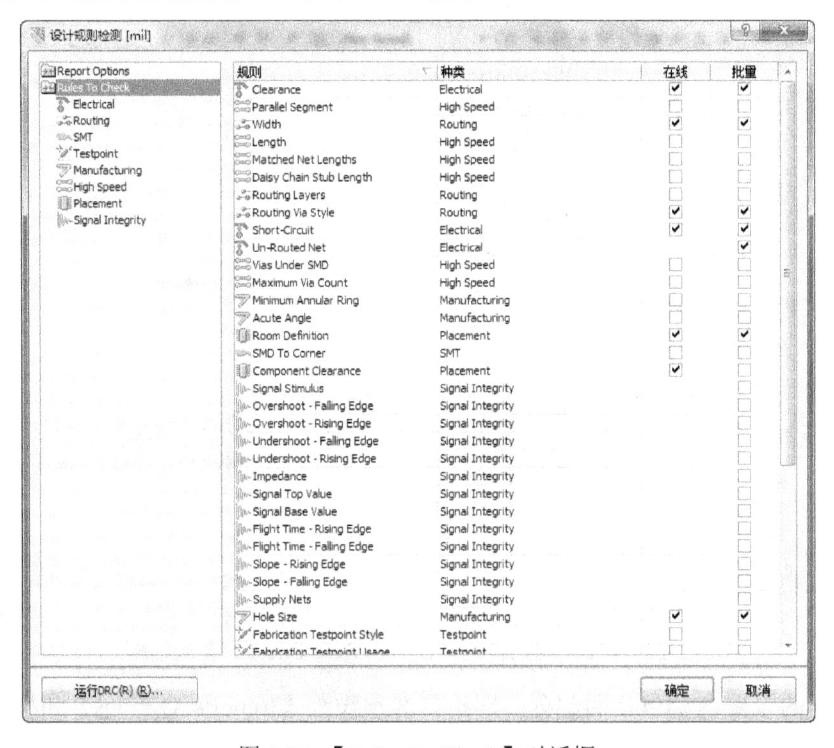

图 6-84 【Rules To Check】对话框

图 6-84 所示的左边的窗口中，显示了所有的可进行 DRC 校验的设计规则，共有八大类，没有包括【Mask】和【Plane】这两类规则。可以看到，系统在默认状态下，不同规则有着不同的 DRC 运行方式，有的规则只用于在线 DRC，有的只用于批处理 DRC。当然，大部分的规则都是可以在两种运行方式下运行校验的。要启用某项设计规则进行校验时，只需选中后面的复选框。运行过程中，校验的依据是在前面的【PCB 规则和约束编辑器】对话框中所进行的各项具体设置。

6.5.2 常规DRC校验

DRC 校验中设置校验规则必须是电路设计应满足的设计规则，而且这些待校验的设计规则也必须是已经在【PCB 规则和约束编辑器】对话框中设定了选项。虽然系统提供了众多可用于校验的设计规则，但对于一般的电路设计来说，在设计完成后只需对以下几项常规 DRC 校验即能满足实际设计的需要。

◆【Clearance】：安全间距规则校验。

◆【Short-Circuit】：短路规则校验。

◆【Un-Routed Net】：未布线网络规则校验。

◆【Width】：导线宽度规则校验。

下面将以一个简单的例子介绍 DRC 校验的步骤。

本例中，将对布线、敷铜后的原理图进行常规批处理 DRC 校验。

- 打开设计文件。
- 执行【工具（Tools）】→【设计规则检查（Design Rule Check）】，进行 DRC 校验设置。其中，【Reports Options】中的各选项采用系统默认设置，但违规次数的上限值为“100”，以便加速 DRC 校验的进程。
- 单击左侧窗口中的【Electrical】，打开电气规则校验设置对话框，选中【Clearance】、【Short-Circuit】、【Un-Route Net】三项，如图 6-85 所示。

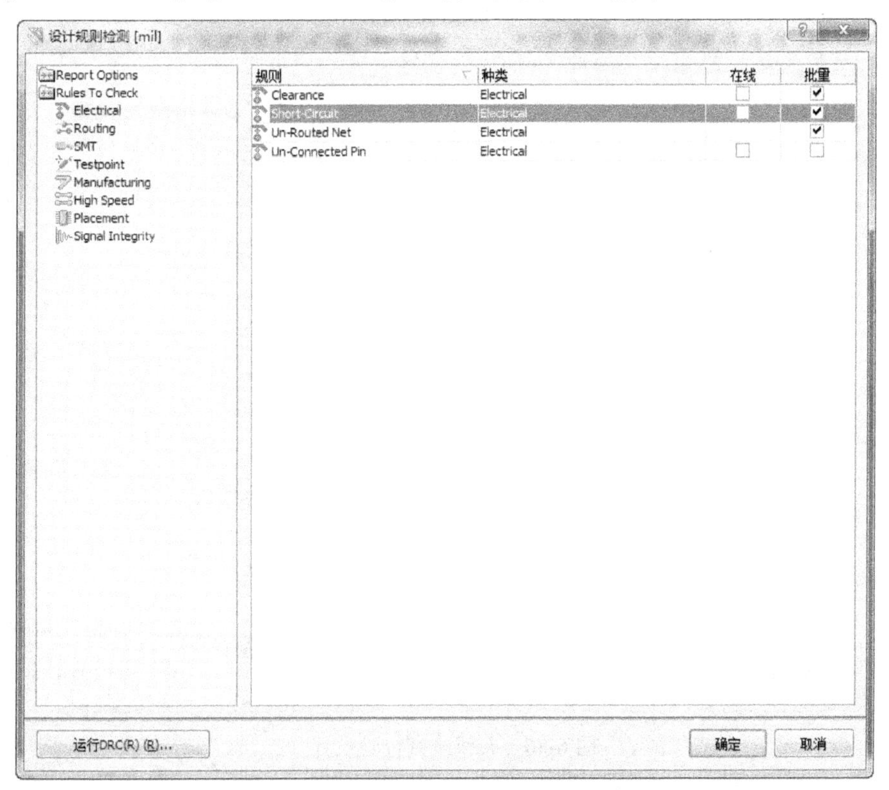

图 6-85　电气规则校验设置

- 单击左侧窗口中的【Routing】选项，打开布线规则校验设置对话框，只选中【Width】选项，如图 6-86 所示。
- 设置完毕，单击【运行 DRC（Run Design Rule Check）】按钮，开始运行批处理 DRC。
- 运行结束后，系统在当前项目的“Documents”文件夹下，自动生成网页形式的设计规则校验报告“Design Rule Check-WeatherChannel.html”，并显示在工作窗口中，如图 6-87 所示。
- 同时打开【Messages】面板，详细列出了各项违规的具体内容。
- 单击设计文件原理图，打开 PCB 编辑窗口，可以看到系统以绿色高亮标注了该 PCB 上的相关违规设计。
- 双击【Messages】面板中的某项违规信息，则工作窗口将会自动转换到与该项违规相对应的设计出，即完成违规快速定位。
- 执行【工具（Tools）】→【复位错误标志（Reset Error Markers）】命令，清除绿色的错误标志。
- 打开【PCB 规则与约束编辑器】对话框，将【Clearance】规则中的最小间隙值改为相应的原来数值。

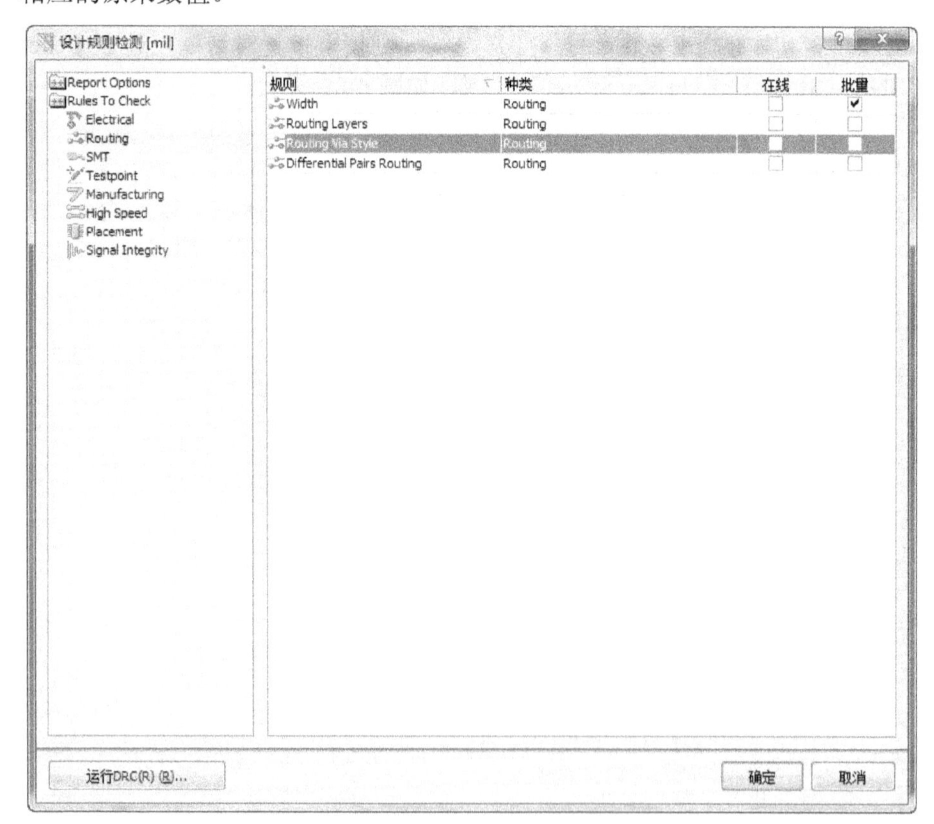

图 6-86　布线规则校验设置

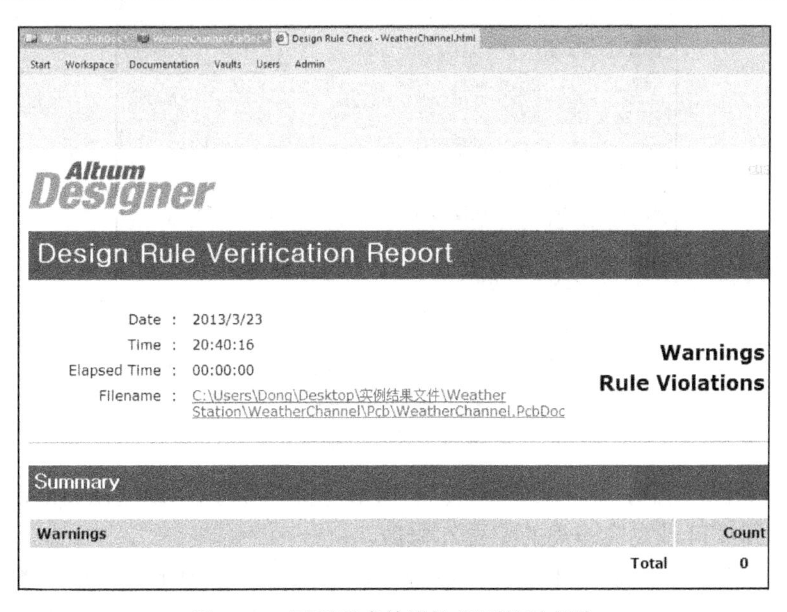

图 6-87　网页形式的设计规则校验报告

- 执行【工具（Tools）】→【设计规则检查（Design Rule Check）】命令，打开【设计规则检查（Design Rule Check）】对话框，保持前面的设置，单击【运行 DRC（Run Design Rule Check）】按钮，再次开始运行批处理 DRC。
- 运行结束后，可以看到这次的【Messages】面板是空白的，表明 PCB 上已经没有违反设计规则的地方了。

6.5.3　设计规则校验报告

Altium Designer 16.0 系统为设计者提供了三种格式的设计规则报告，即浏览器格式（后缀名为“.html”）、文本格式（后缀名为“.drc”）和数据表格式（后缀名为“.xml”），系统默认生成的为浏览器格式。

设计规则校验报告的生成及浏览的操作步骤如下。

- 打开上面案例生成的浏览器格式设计规则校验报告“Design Rule Check-WeatherChannel.html”。可以看到，在报告的上半部分显示了设计文件的路径、名称及校验日期等，并详细列出了各项需要校验的设计规则的具体内容及违反各项设计规则的统计次数，如图 6-88 所示。

Date	:	2013/3/23
Time	:	20:40:16
Elapsed Time	:	00:00:00
Filename	:	C:\Users\Dong\Desktop\实例结果文件\Weather Station\WeatherChannel\Pcb\WeatherChannel.PcbDoc

图 6-88　浏览器形式的设计规则校验报告

- 在有违规的设计规则中，单击其中的选项，即转到报告的下半部分，可以详细查看相应违规的具体信息，如图 6-89 所示，与【Messages】面板的内容相同。

Rule Violations	Count
Room FPGA_U1_Manual (Bounding Region = (3550mil, 3625mil, 5000mil, 4325mil) (InComponentClass ('FPGA_U1_Manual'))	0
Room U_FPGA_U1_Auto (Bounding Region = (3680mil, 4160mil, 4960mil, 5540mil) (InComponentClass ('U_FPGA_U1_Auto'))	0
Room U_WC_Boot (Bounding Region = (3550mil, 3025mil, 4950mil, 4025mil) (InComponentClass('U_WC_Boot'))	0
Room U_WC_KB (Bounding Region = (2150mil, 6450mil, 5350mil, 7455mil) (InComponentClass('U_WC_KB'))	0
Room U_WC_LCD (Bounding Region = (2200mil, 6550mil, 6200mil, 9525mil) (InComponentClass('U_WC_LCD'))	0
Room U_WC_PWR (Bounding Region = (5185mil, 2800mil, 6225mil, 6850mil) (InComponentClass('U_WC_PWR'))	0

图 6-89　部分违规信息

- 单击某项违规信息，则系统自动转到 PCB 编辑窗口，借助【Board Insight】的参数显示，同样可以完成违规的定位和修改。
- 在浏览器格式设计规则违规设计报告中，单击右上角的【customize】，即打开 PCB 编辑器【参数设置（Preferences）】对话框中的【Reports】标签页。在【设计规则检查（Design Rule Check）】中，对“TXT”及“XML”格式的【展示（Show）】、【生成（Generate）】进行选中设置，如图 6-90 所示。
- 设置后，再次运行 DRC 校验时，系统即在当前项目下同时生成了三种格式的设计规则校验报告，如图 6-91 和图 6-92 所示。

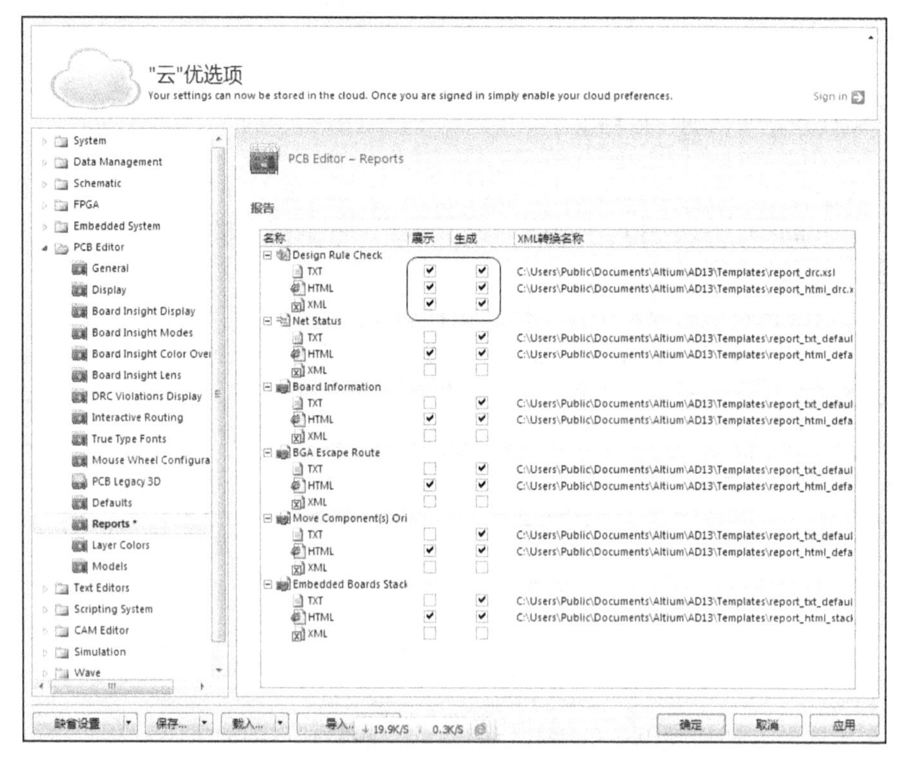

图 6-90　设置“TXT”和“XML”格式

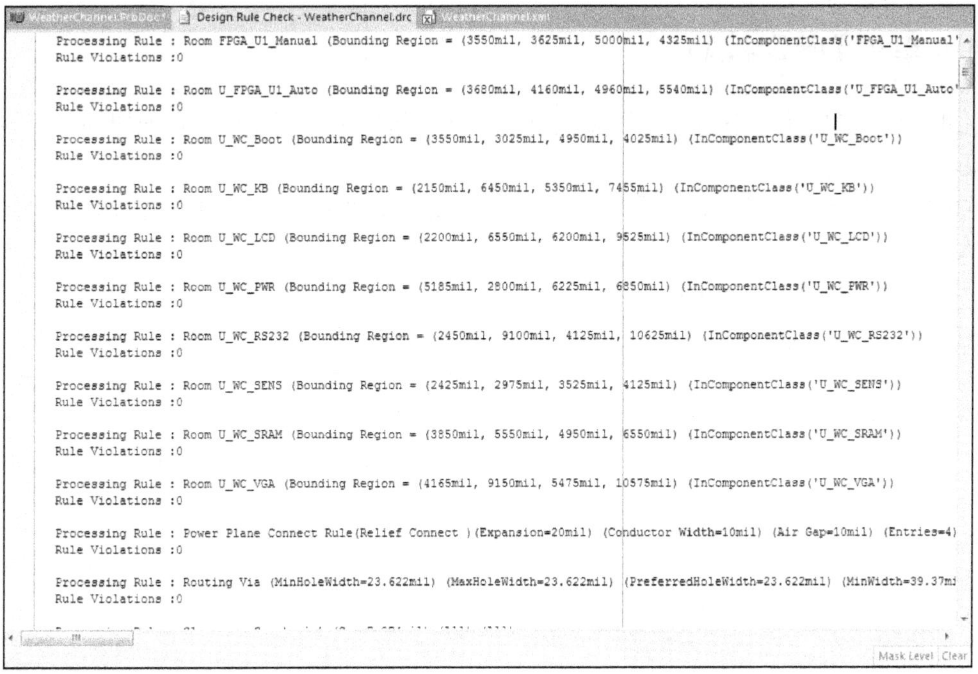
Design Rule Check - WeatherChannel.drc
Processing Rule : Room FPGA_U1_Manual (Bounding Region = (3550mil, 3625mil, 5000mil, 4325mil) (InComponentClass('FPGA_U1_Manual'
Rule Violations :0
Processing Rule : Room U_FPGA_U1_Auto (Bounding Region = (3680mil, 4160mil, 4960mil, 5540mil) (InComponentClass('U_FPGA_U1_Auto'
Rule Violations :0
Processing Rule : Room U_WC_Boot (Bounding Region = (3550mil, 3025mil, 4950mil, 4025mil) (InComponentClass('U_WC_Boot'))
Rule Violations :0
Processing Rule : Room U_WC_KB (Bounding Region = (2150mil, 6450mil, 5350mil, 7455mil) (InComponentClass('U_WC_KB'))
Rule Violations :0
Processing Rule : Room U_WC_LCD (Bounding Region = (2200mil, 6550mil, 6200mil, 9525mil) (InComponentClass('U_WC_LCD'))
Rule Violations :0
Processing Rule : Room U_WC_PWR (Bounding Region = (5185mil, 2800mil, 6225mil, 6850mil) (InComponentClass('U_WC_PWR'))
Rule Violations :0
Processing Rule : Room U_WC_RS232 (Bounding Region = (2450mil, 9100mil, 4125mil, 10625mil) (InComponentClass('U_WC_RS232'))
Rule Violations :0
Processing Rule : Room U_WC_SENS (Bounding Region = (2425mil, 2975mil, 3525mil, 4125mil) (InComponentClass('U_WC_SENS'))
Rule Violations :0
Processing Rule : Room U_WC_SRAM (Bounding Region = (3850mil, 5550mil, 4950mil, 6550mil) (InComponentClass('U_WC_SRAM'))
Rule Violations :0
Processing Rule : Room U_WC_VGA (Bounding Region = (4165mil, 9150mil, 5475mil, 10575mil) (InComponentClass('U_WC_VGA'))
Rule Violations :0
Processing Rule : Power Plane Connect Rule(Relief Connect)(Expansion=20mil) (Conductor Width=10mil) (Air Gap=10mil) (Entries=4)
Rule Violations :0
Processing Rule : Routing Via (MinHoleWidth=23.622mil) (MaxHoleWidth=23.622mil) (PreferredHoleWidth=23.622mil) (MinWidth=39.37mi
Rule Violations :0
Mask Level
Clear

图 6-91 “drc”格式

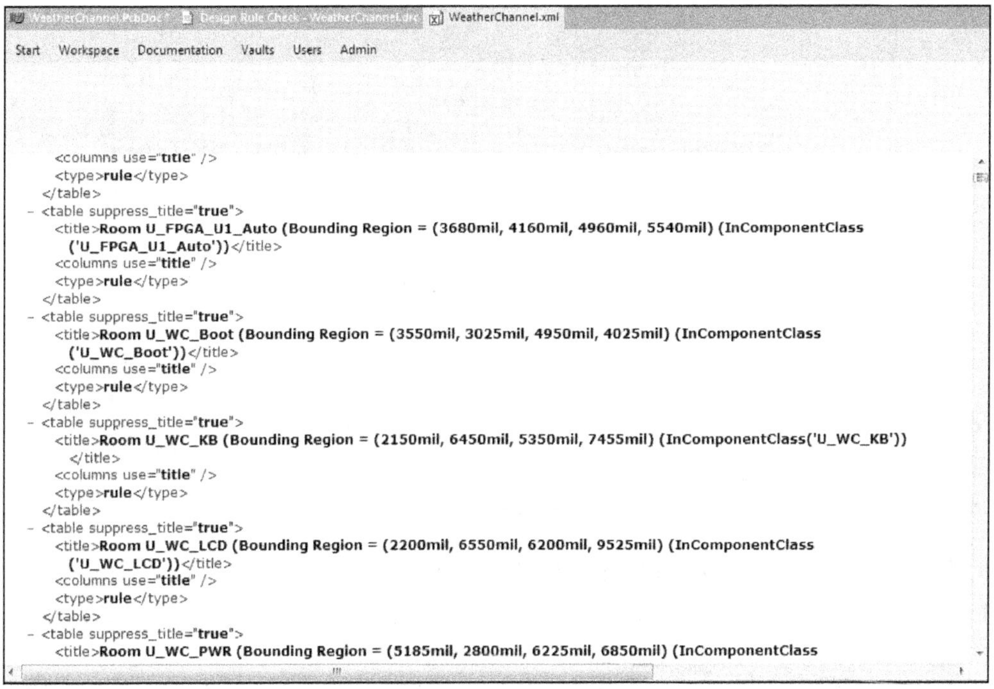
WeatherChannel.xml
Start
Workspace
Documentation
Vaults
Users
Admin
<columns use="title" />
<type>rule</type>
</table>
- <table suppress_title="true">
<title>Room U_FPGA_U1_Auto (Bounding Region = (3680mil, 4160mil, 4960mil, 5540mil) (InComponentClass ('U_FPGA_U1_Auto'))</title>
<columns use="title" />
<type>rule</type>
</table>
- <table suppress_title="true">
<title>Room U_WC_Boot (Bounding Region = (3550mil, 3025mil, 4950mil, 4025mil) (InComponentClass ('U_WC_Boot'))</title>
<columns use="title" />
<type>rule</type>
</table>
- <table suppress_title="true">
<title>Room U_WC_KB (Bounding Region = (2150mil, 6450mil, 5350mil, 7455mil) (InComponentClass('U_WC_KB')) </title>
<columns use="title" />
<type>rule</type>
</table>
- <table suppress_title="true">
<title>Room U_WC_LCD (Bounding Region = (2200mil, 6550mil, 6200mil, 9525mil) (InComponentClass ('U_WC_LCD'))</title>
<columns use="title" />
<type>rule</type>
</table>
- <table suppress_title="true">
<title>Room U_WC_PWR (Bounding Region = (5185mil, 2800mil, 6225mil, 6850mil) (InComponentClass

图 6-92 XML 格式

6.5.4 单项 DRC 校验

在批处理 DRC 校验中也可以只设置单项运行，即只对某一项不太有把握的设计规则进行校验。

本例中，将对完成自动布线后又进行了手工调整的 PCB 设计文件进行过孔校验规则校验，保证过孔风格的一致性。

单项 DRC 校验操作步骤如下。

- 打开文件。执行【工具（Tools）】→【设计规则检查（Design Rule Check）】命令，打开【设计规则检查（Design Rule Check）】对话框，进行 DRC 校验设置。其中，【Reports Options】中的各选项仍然采用系统默认设置。
- 在【Rules To Check】窗口中，屏蔽掉其他的设计规则，只保留【Routing Via Style】规则项，如图 6-93 所示。

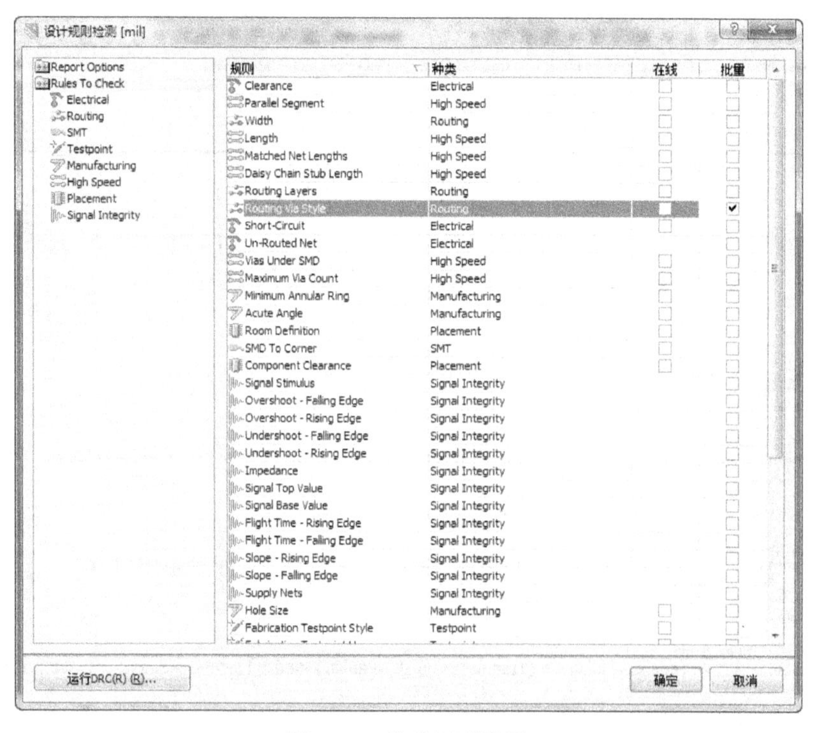

图 6-93　校验规则设置

- 单击【运行 DRC（Run Design Rule Check）】按钮，开始运行批处理 DRC。
- 运行结束后，设计规则校验报告与【Message】面板同时显示在工作窗口中，可以明确看到其报告的出错内容。
- 单击某项违规信息，进入 PCB 编辑窗口，打开相应违规处属性对话框，进行尺寸修改。
- 修改完毕，执行【工具（Tools）】→【复位错误标志（Reset Error Markers）】命令，清除绿色的错误标志。
- 再次运行 DRC 校验后，根据设计规则校验报告和【Messages】面板的显示，可以知道，PCB 上不再有过孔违规设计，如图 6-94 所示。

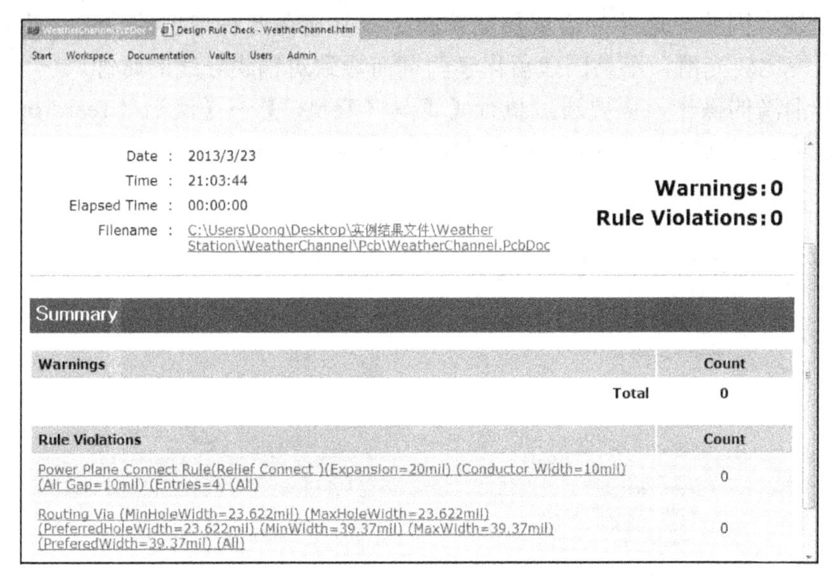

图 6-94　无过孔违规

6.6　补泪滴、包地

在实际的 PCB 设计中，完成了主要的布局、布线之后，为了增强电路板的抗干扰性、稳定性及耐用性，还需要做一些收尾的工作，如补泪滴、包地等。

6.6.1　补泪滴

补泪滴就是在铜膜导线与焊盘或者过孔交接的位置处，防止机械钻孔时损坏铜膜走线，特意将铜膜导线逐渐加宽的一种操作。由于加宽的铜膜导线的形状很像泪滴，因此，该操作称为补泪滴，图 6-95 所示为补泪滴前后的变化。

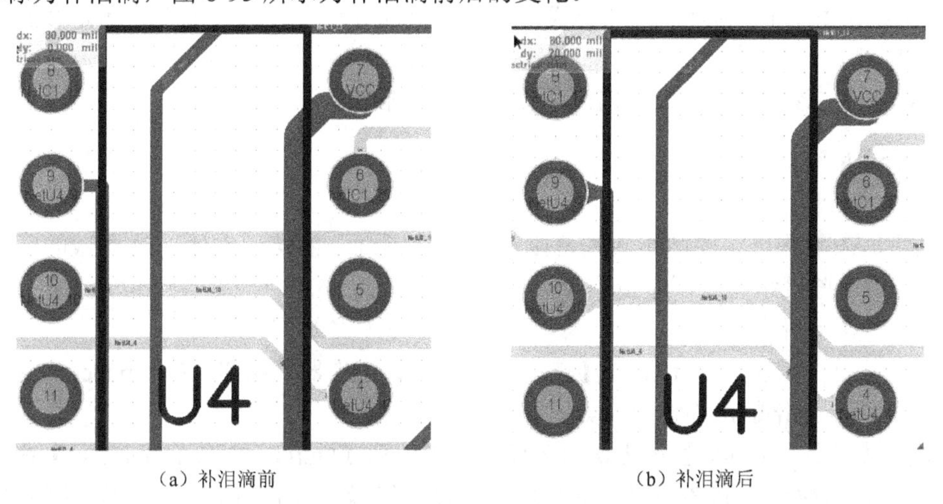

（a）补泪滴前　　（b）补泪滴后

图 6-95　补泪滴前后变化

补泪滴的主要目的是为了防止机械制板时，焊盘或过孔因承受钻孔的压力而与铜膜导线在连接处断裂，因此，连接处需要加宽铜膜导线来避免此种情况的发生。此外，补泪滴后的连接会变得比较光滑，不易因残留化学药剂而导致对铜膜导线的腐蚀。

要进行补泪滴的操作，需要通过执行【工具（Tools）】→【滴泪（Teardrops）】命令，打开【泪滴选项】对话框中进行有关的设置，如图 6-96 所示。

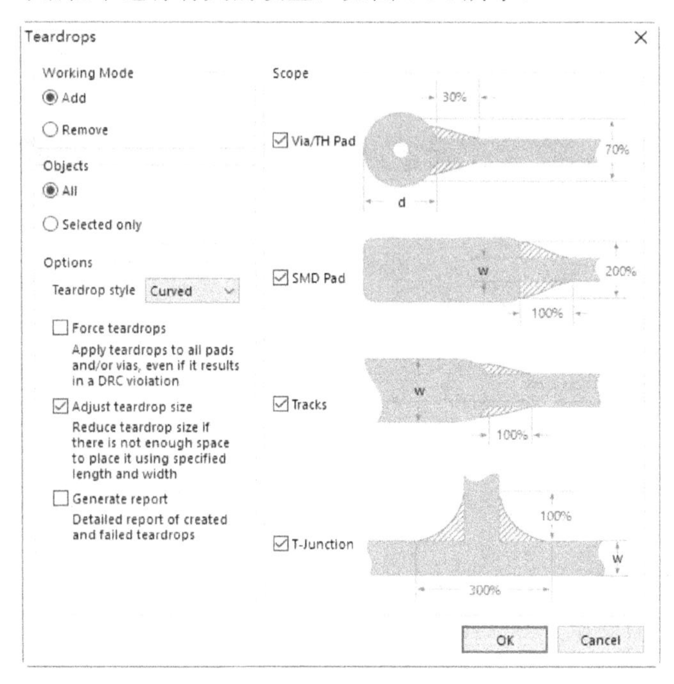

图 6-96 【泪滴选项】对话框

该对话框有三个设置区域。

- 【Working Mode】：设置工作模式，【添加】或者【移除】。
- 【Objects】：设置目标对象。
- 【Options】：用于选择泪滴的形式，即由焊盘向导线过渡时添加直线还是圆弧，默认为圆弧。
- 【Scope】：该区域用于设置泪滴添加的范围和形状。

6.6.2 包地

包地就是在某些选定的网络布线范围，特别地围绕一圈接地布线，这样做的主要目的就是为了保护这些网络布线，避免噪声信号的干扰。

操作步骤如下所示：

- 首先执行【编辑（Edit）】→【选中（Select）】→【器件网络（Component Nets）】命令，将要包络的网络选中，如图 6-97 所示。
- 执行【工具（Tools）】→【描画选择对象的外形（Outline Select Objects）】命令，即可生成包络线，将该网络内的导线，焊盘，以及过孔包围起来，如图 6-98 所示。包络线与包围的图元之间的间距取决于安全间距规则的设定值。

- 双击打开每段包地布线的属性对话框，如图 6-99 所示，将其网络改为 GND，然后执行自动布线，完成接地工作，或者直接采用手工布线来接地。
- 执行【编辑（Edit）】→【选中（Select）】→【连接的铜皮（Connected Copper）】命令，光标变为十字形，单击选中不需要包地线整体，按【Delete】键即可删除。

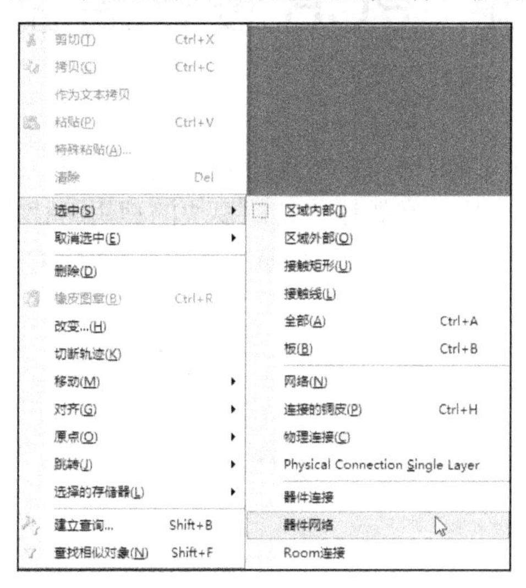

图 6-97 包地操作菜单

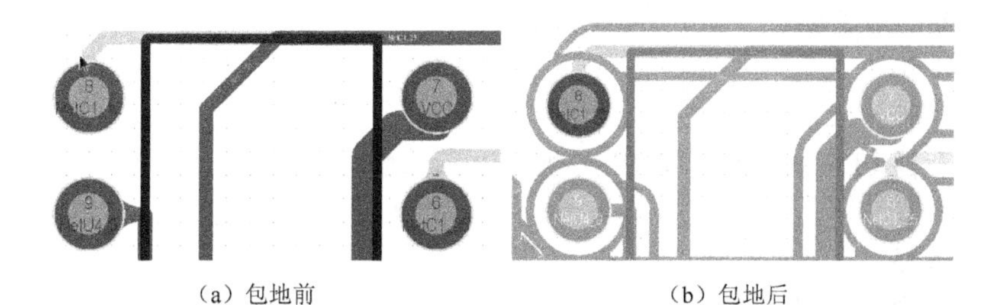

（a）包地前　　（b）包地后

图 6-98 包地前后变化

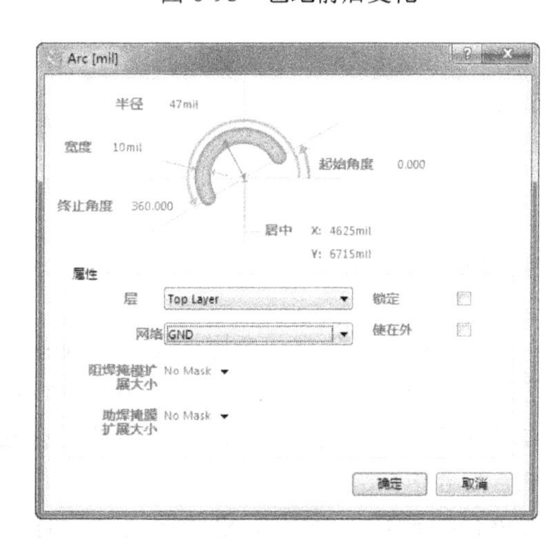

图 6-99 设置对话框

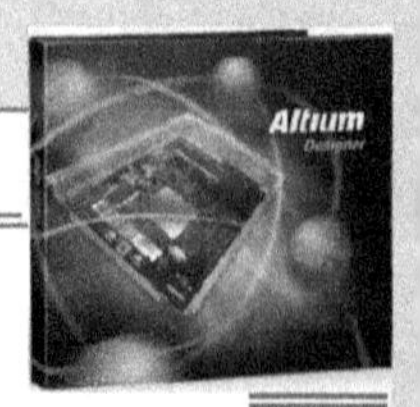

第 7 章 PCB 设计高级进阶

前面一章讲述了 Altium Designer 的 PCB 绘制的基本步骤。Altium Designer 提供了许多提高 PCB 设计效率的功能模块，掌握这些功能模块的使用将使用户在今后的电路板设计中设计出更完美的产品。本章将以“4 Port Serial Interface.PRJPCB”为例对 PCB 设计高级进阶的相关内容进行介绍。

——附带光盘“视频\7.avi”文件

本章内容

- 内电层操作
- 生成各种报表
- 使用智能 PDF 向导建立 PDF 文档
- 调整走线
- 交互选择
- 对象分类管理器

本章案例

- 4 Port Serial Interface

7.1 PCB 层集合管理

层集合是指一种由项目 PCB 中的一个或几个层的可视状态组合起来，构成一个集合。用户可以设置其属性以适应自己的使用习惯。它的主要作用是控制层的显示状态。

PCB 层集合可以在层集合管理器对话框中定义。可定义任意数量的层集合，板卡设计中的任何层次都可以包含在层集合中。

单击工作区左下方的层集合控制按钮 LS 启动层集合管理器，固定工作空间，显示不同的层集合，如图 7-1 所示。在层集合中引入“&”字符即可将其后面的字符定义为快捷键。也可以通过菜单命令【设计（Design）】→【管理层设置（Manage Layer Sets）】（快捷键：D+T+选择的层集合）启动层集合管理器，如图 7-2 所示。

层集合信息与板卡设计数据一起存储，因此，可以随着设计一起移动。也可以保存想要的层集合，通过层集合管理对话框将其装载到其他的板卡设计中。

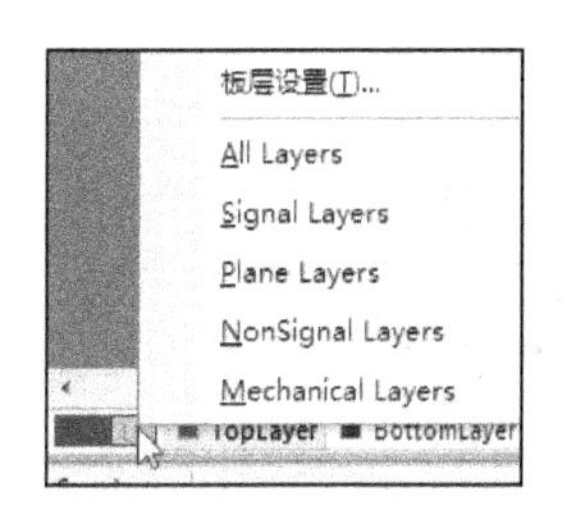

图 7-1　层集合控制按钮

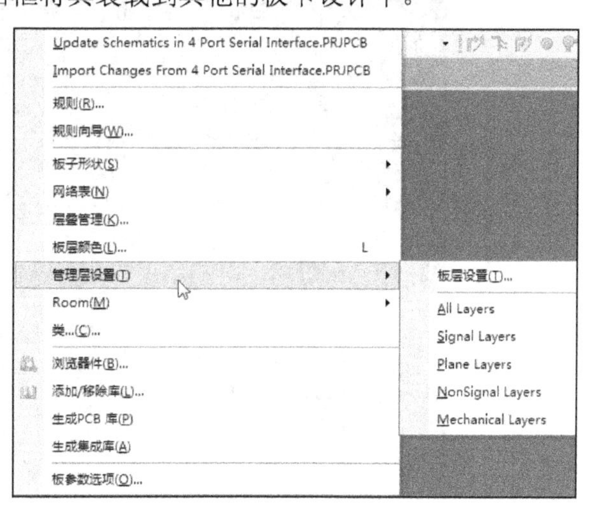

图 7-2　【管理层设置（Manage Layer Sets）】命令菜单

7.1.1　快速切换可视层

如图 7-1 所示，单击【LS】按钮，执行弹出菜单的命令可以选择 PCB 层的显示模式。

- 【All Layers】：显示所有层模式，编辑窗口中 PCB 各层信息都被显示出来。单击编辑窗口下方的层标签，切换当前层。当前层的信息为最上层显示。
- 【Signal Layers】：信号层集合显示模式，只显示信号层的信息，如图 7-3 所示。

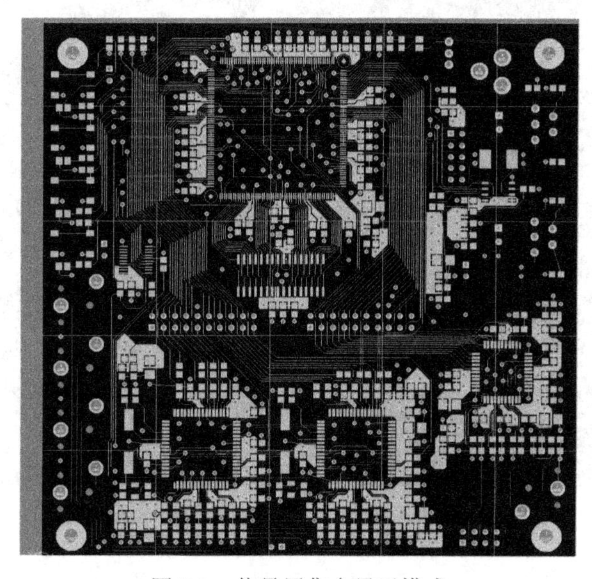

图 7-3　信号层集合显示模式

●【Plane Layers】：内电层集合显示模式，只显示内电层的信息，如图 7-4 所示。

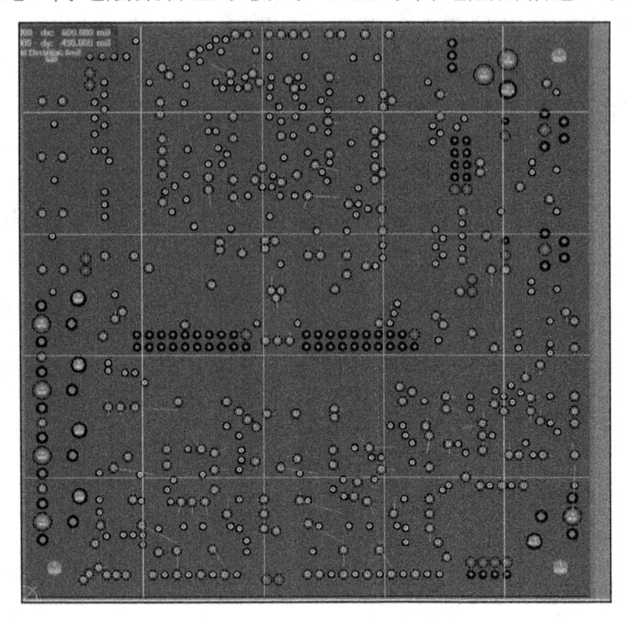

图 7-4　内电层集合显示模式

●【NonSignal Layers】：无信号层显示模式，只显示无信号层的信息，如图 7-5 所示。
●【Mechanical Layers】：机械层集合显示模式，只显示机械层的信息，如图 7-6 所示。
●【My Layers】：用户自定义层集合显示模式，显示用户定义的层信息。

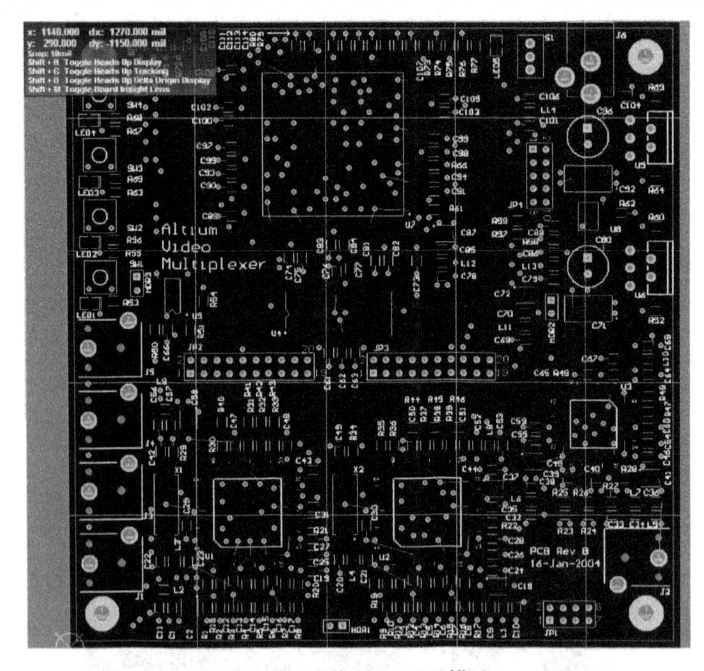

图 7-5　无信号层显示模式

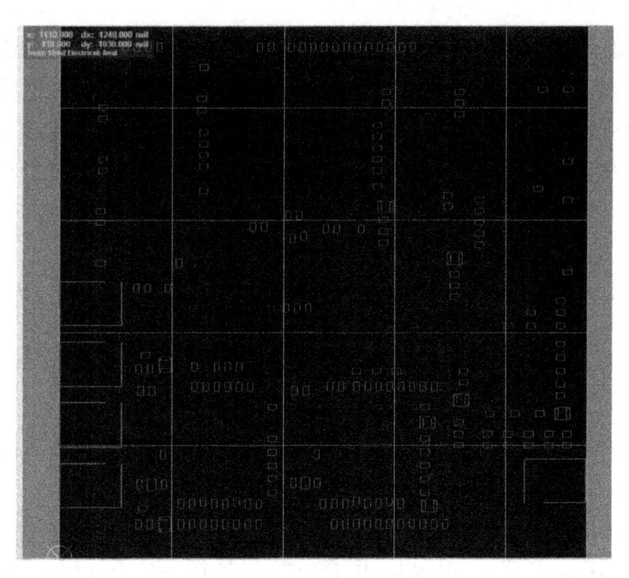

图 7-6　机械层集合显示模式

7.1.2　自定义层集合

- 执行菜单命令【设计（Design）】→【管理层设置（Manage Layer Sets）】→【板层设置（Board Layer Set）】，打开层集合管理器，如图 7-7 所示。

图 7-7　层集合管理器

- 单击【新设定（New Set）】按钮，弹出式菜单中显示了两个命令【空掩膜（Make Empty）】和【从当前可视层（From Currently Visible Layers）】。

➢【空掩膜（Make Empty）】：自定义一个空白层集合，即自定义的层集合中不包括 PCB 的任何层，默认名称为“My Layers”。

➢【从当前可视层（From Currently Visible Layers）】：利用当前可视层组合，自定义层集合，默认名称为“My Layers*”。“*”号表示如果有名称重复时自动添加的序号。执行该命令时，当前项目 PCB 各层的显示状态构成自定义层集合，层集合管理器右侧层列表框中【包含设定（Include Set）】栏显示层集合的组合状态打钩，如图 7-8 所示。

7.1.3 设置自定义层集合

系统默认的层集合不能被编辑，只有自定义层集合可以被编辑，即新建、删除、为自定义层集合添加或删除板层等。

- 在层集合管理器左侧区域选中自定义层集合，在右侧区域用鼠标选择或取消选择，即可定义层集合添加或删除板层。
- 完成板层选择后，单击【包含被选中（Include Selected）】按钮，选择的板层集合被设置到自定义层集合中，如果单击【不包含被选定（Exclude Selected）】按钮，则删除被选择板层外的其他板层被设置到自定义层集合中。

图 7-8 自定义组合

- 命名自定义层集合。首先单击选中要命名的层集合名称，再单击即可激活层集合名称文本框，然后在文本框中就可以编辑修改层集合名称了。
- 【激活层（Active Layer）】栏用来设置层集合的激活层面。即调用层集合时，哪一层处于当前层。单击两次可激活其文本框，再单击文本框右侧的【下拉】按钮，从下拉菜单中选择要设置为激活的层名称。

7.1.4 调用层集合

调用层集合有以下三种方法。

- 首先在层集合管理器中选中层集合名称，单击【切换到（Switch To）】按钮，该层集合即被调用到编辑器中。
- 在层集合管理器中双击层集合名称即可调用。
- 在编辑窗口左下角单击【LS】按钮，从弹出的菜单中选择层集合名称即可以调用相应自定义层集合。

7.1.5 设置层集合快捷键

层集合管理器中激活层集合名称的文本框，在名称中要设置为快捷键的字符前，输入“&”符号，其后的字符即设置为该命令的快捷键，如图 7-9 所示。

图 7-9 层集合快捷键

7.1.6 反转显示电路板

系统默认时，PCB 编辑器编辑窗口显示电路板以 Top 层面对用户。菜单命令【察看（View）】→【翻转板子（Flip Board）】可以反转 PCB，使 Bottom 面对用户显示，如图 7-10 所示。

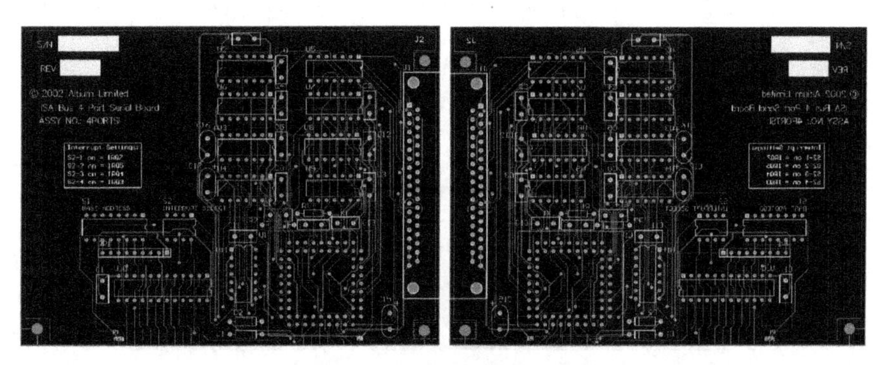

图 7-10 PCB 反转显示

7.1.7 导出/导入层集合设置文件

- 单击【输出层设定到文件（Export Layer Sets To File)】按钮，打开【层集合文件保存】对话框，如图 7-11 所示，层集合设置文件扩展名为“layerset”，默认保存路径为项目存储路径。单击【保存】按钮，保存集合设置文件。

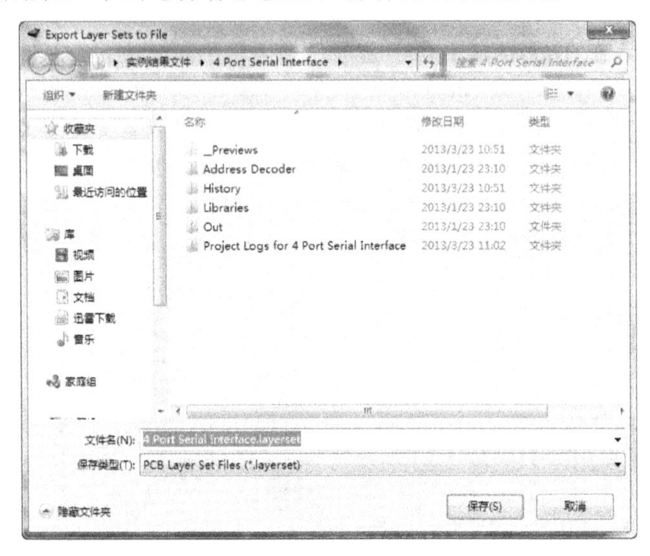

图 7-11 【层集合文件保存】对话框

- 单击【输入层设定到文件（Import Layer Sets From File)】按钮，打开【导入层集合设置文件】对话框，如图 7-12 所示。选择层集设置合文件，单击【打开】按钮，导入层集合设置文件。

图 7-12 【导入层集合文件】对话框

7.2 内电层与内电层分割

在系统提供的众多工作层中，有两层电性图层，即信号层与内电层，这两种图层有着完全不同的性质和使用方法。

信号层称为正片层，一般用于纯线路设计，包括外层线路和内层线路，而内电层被称为负片层，即不布线、不放置任何元件的区域完全被铜膜覆盖，而布线或放置元件的地方则是排开了铜膜的。

在多层板的设计中，由于地层和电源层一般都是要用整片的铜皮来做线路（或作为几个较大块的分割区域），如果要用 MidLayer（中间层）即正片层来做的话，必须采用敷铜的方法才能实现，这样将会使整个设计数据量非常大，不利于数据的交流传递，同时也会影响设计刷新的速度，而使用内电层来做，则只需在相应的设计规则中设定与外层的连接方式即可，非常有利于设计的效率和数据的传递。

Altium Designer 系统支持多达 16 层的内电层，并提供了对内电层连接的全面控制及 DRC 校验。一个网络可以指定多个内电层，而一个内电层也可以分割成多个区域，以便设置多个不同的网络。

7.2.1 内电层

PCB 设计中，内电层的添加及编辑同样是通过【图层堆栈管理器】来完成的。下面以一个实际的设计案例来介绍内电层的操作。先自己建立一个 PCB 设计文件或者打开一个现成的 PCB 设计文件。

- 在 PCB 编辑器中，执行【设计（Design)】→【层叠管理（Layer Stack Manager)】命令，打开【层堆栈管理器（Layer Stack Manager)】。
- 单击选择信号层，新加的内电层将位于其下方。在这里选择信号层之后，单击【添加平面】按钮，一个新的内电层即被加入到选定的信号层的下方。
- 双击新建的内电层，即进入【Edit Layer】对话框中，可对其属性加以设置，如图 7-13 所示。

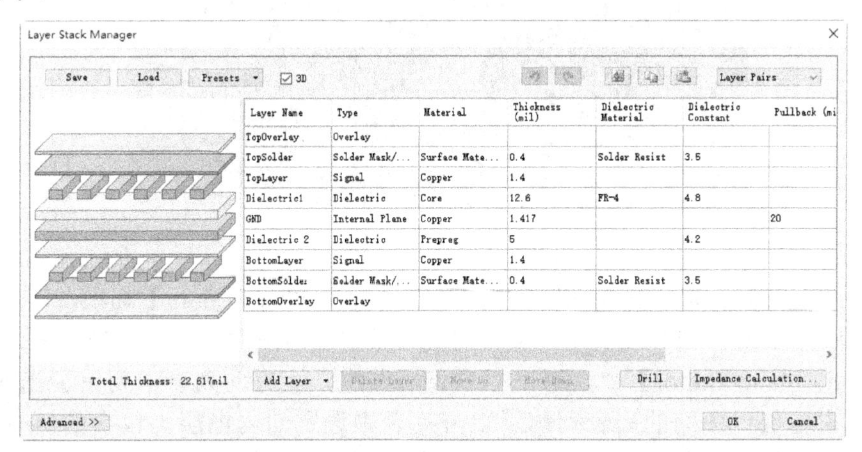

图 7-13 编辑内电层

视频教学

在对话框内可以设置内电层的名称、铜皮厚度、连接到的网络及障碍物宽度等。这里的障碍物即“Pullback”，是在内电层边缘设置的一个闭合的去铜边界，以保证内电层边界距离 PCB 边界有一个安全间距，根据设置，内电层边界将自动从板体边界回退。

- 执行【设计（Design)】→【板层颜色（Board Layers & Colors)】命令，在打开的标签页【板层颜色（Board Layers & Colors)】中，选中所添加的内电层的【Ground】后面的【展示（Show)】复选框，如图 7-14 所示，使其可以在 PCB 工作窗口中显示出来。

图 7-14 选择内电层【Show】的复选框

- 打开图 7-14 所示的【视图选项（View Options)】标签页里面，在【单层模式（Single Layer Mode)】区域的下拉菜单中选择【Hide Other Layers】，即单层显示，如图 7-15 所示。

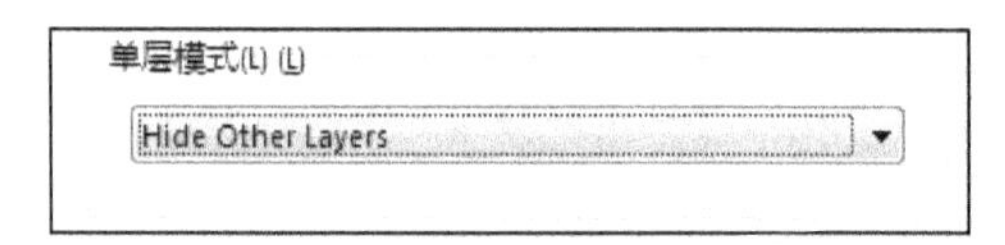

图 7-15 设置单层显示模式

- 回到编辑窗口中，单击板层标签中的【Ground】，所添加的内电层即显示出来，在其边界围绕了一圈 Pullback 线，如图 7-16 所示。

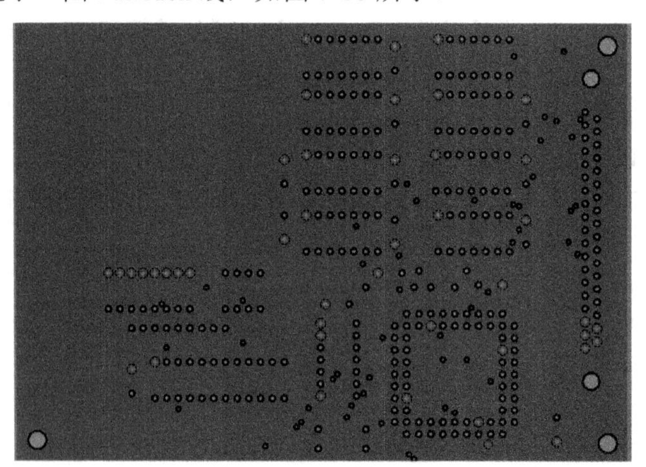

图 7-16 显示内电层

- 打开【PCB】面板，在类型选择栏中选择【Split Plane Editor】选项，即进入分割内电层编辑器中，可详细查看或编辑内电层及层上的图件，如图 7-17 所示。

在【Split Plane Editor】中，有三栏列表，其中，上方的列表中列出了当前 PCB 文件中所有的内电层；中间的列表列出了上方列表中选定的内电层上包含的所有分割内电层及其连接的网络名、节点数；最后一栏列表则列出了连接到指定网络的分割内电层上所包含的过孔和焊盘的详细信息，单击选择其中的某项，即可在编辑窗口内高亮显示出来。

- 要删除某一个不需要的内电层，首先应该将该层上的全部图件选中（使用快捷键 S+Y）后删除，之后在【层叠管理（Layer Stack Manager)】中将内电层的网络改名为【NoNet】，即断开与相应网络的连接，按【Delete】键即可删除。

7.2.2 连接方式设置

焊盘和过孔与内电层的连接方式可以在【Plane】（内电层）中设置。打开【PCB 规则及约束编辑器（PCB Rules and Constraints Editor)】对话框，在左边窗口中，单击【Plane】前面的“+”符号，可以看到有三项子规则，如图 7-18 所示。

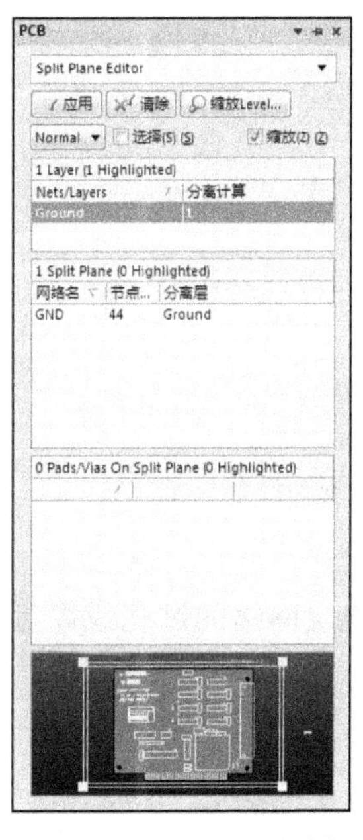

图 7-17 【Split Plane Editor】设置界面

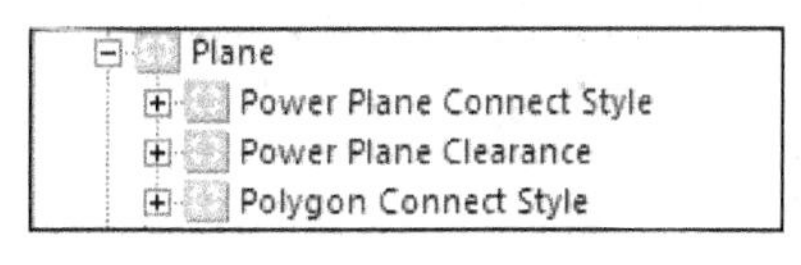

图 7-18 内层规则

其中，【Power Plane Connect Style】子规则与【Power Plane Clearance】子规则用于设置焊盘和过孔与内电层的连接方式，而【Polygon Connect Style】子规则用于设置敷铜与焊盘的连接方式。

- 【Power Plane Connect Style】子规则

【Power Plane Connect Style】规则主要用于设置属于内电层网络的过孔或焊盘与内电层的连接方式，设置窗口如图 7-19 所示。

【约束（Constrain)】区域内提供了三种连接方式。

- ➢【Relief Connect】：辐射连接。即过孔或焊盘与内电层通过几根连接线相连接，是一种可以降低热扩散速度的连接方式，避免因散热太快而导致焊盘和焊锡之间无法良好熔合。在这种连接方式下，需要选择连接导线的数目（2 或 4），并设置导线宽度、空隙间距和扩展距离。
- ➢【Direct Connect】：直接连接。在这种连接方式下，不需要任何设置，焊盘或者过孔与内电层之间阻值会比较小，但焊接比较麻烦。对于一些有特殊导热要求的地方，可采用该连接方式。

➢【No Connect】：不进行连接。系统默认设置为【Relief Connect】，这也是工程制版常用的方式。

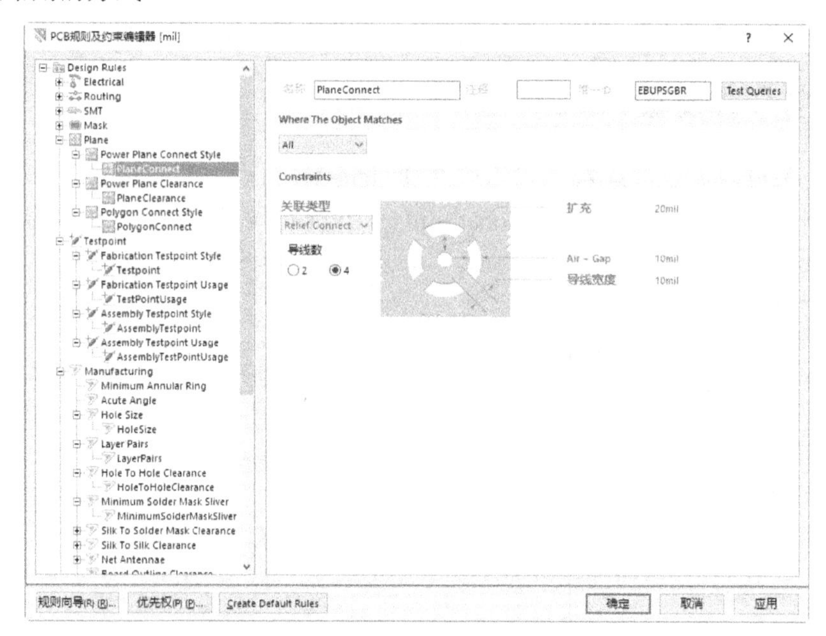

图 7-19 【Power Plane Connect Style】规则设置

● 【Power Plane Clearance】子规则

【Power Plane Clearance】规则主要用于设置不属于内电层网络的过孔或焊盘与内电层之间的间距，设置窗口如图 7-20 所示。

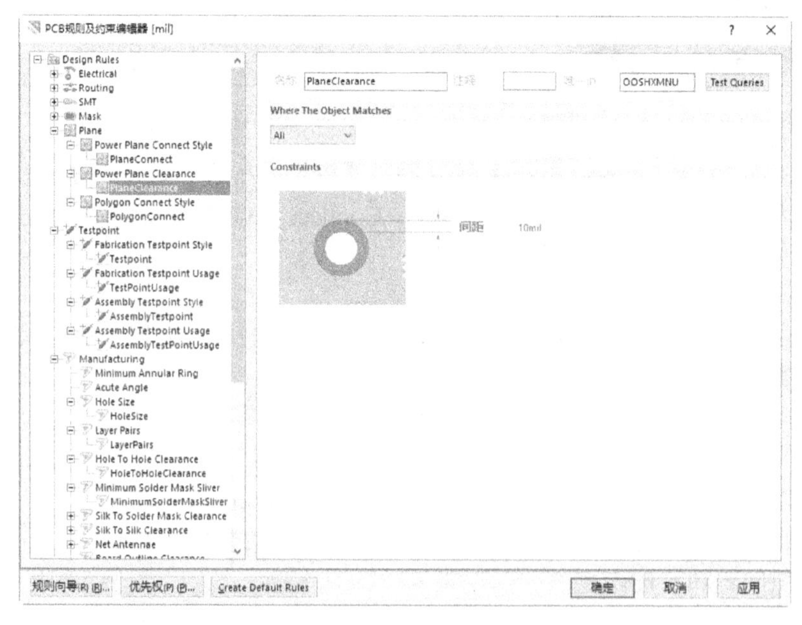

图 7-20 【Power Plane Clearance】规则设置界面

【Constraints】区域内只需要设置适当的间距值即可。

- 【Polygon Connect Style】子规则

【Polygon Connect Style】规则的设置窗口如图 7-21 所示。

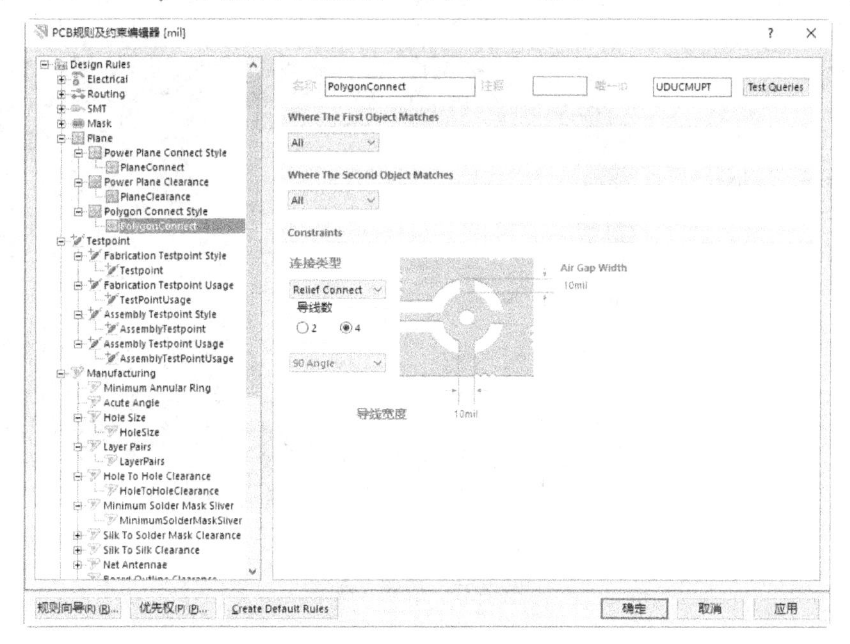

图 7-21 【Polygon Connect Style】设置界面

可以看到，与【Power Plane Connect Style】规则设置窗口基本相同。只是在【Relief Connect】方式中多了一项角度控制，用于设置焊盘和敷铜之间连接方式的分布方式，即采用“45 Angle”时，连接线呈“×”形状；采用“90 Angle”时，连接线呈“+”形状。

7.2.3 内电层分割

如果在多层板的 PCB 设计中，需要用到不止一种电源或者不止一组接地层，那么，可以在电源层或接地层中使用内电层分割来完成不同网络的分配。

内电层可分割成多个独立的区域，而每个区域可以指定连接到不同的网络，分割内电层，可以使用画直线、弧线等命令来完成，只要画出的区域构成了一个独立的闭合区域，内电层就被分割开了。

下面就简单介绍一下内电层分割操作：

- 单击板层标签中的内电层标签【Ground】，切换为当前的工作层并单层显示。
- 执行【放置（Place）】→【走线（Line）】命令，光标变为十字形，放置光标在一条“Pullback”线上，可打开【Line Constrains】对话框设置线宽，如图 7-22 所示。
- 单击鼠标右键退出直线放置状态，此时内电层被分割成了两个，连接网络都为“GND”，在 PCB 面板中可明确地看到，如图 7-23 所示。
- 双击其中的某一区域，会弹出【平面分割（Split Plane）】对话框，如图 7-24 所示，在该对话框内可为分割后的内电层选择指定网络。

● 执行【编辑（Edit）】→【移动（Move）】→【移动\调整多段走线的大小（Move\Resize Tracks)】命令，可以对所分割的内电层的形状重新修改编辑。

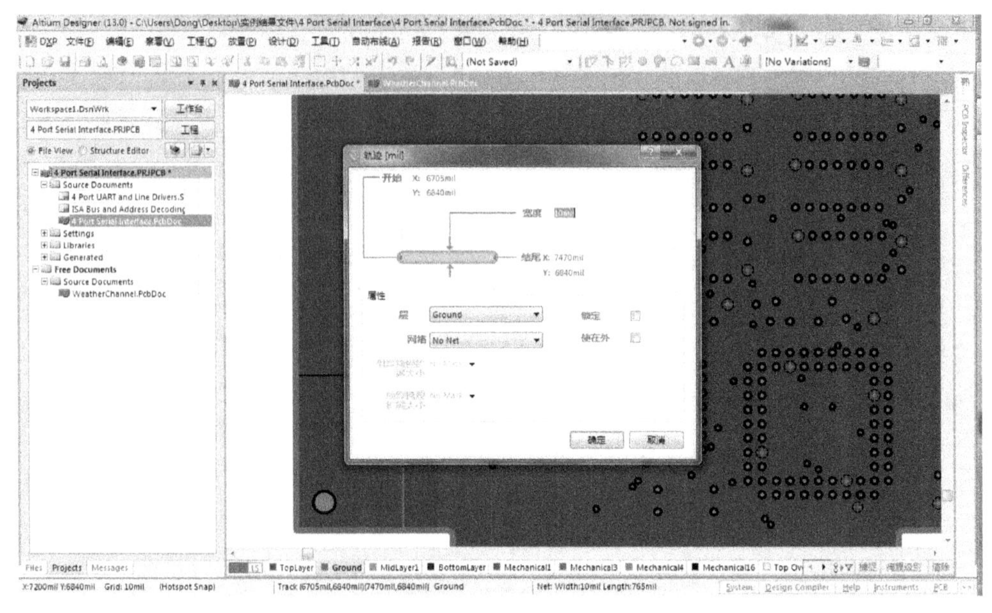

图 7-22　放置直线

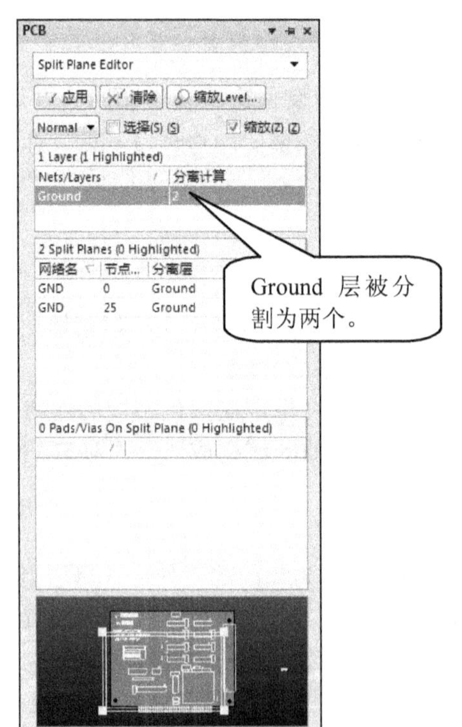

图 7-23　分割为两个内电层

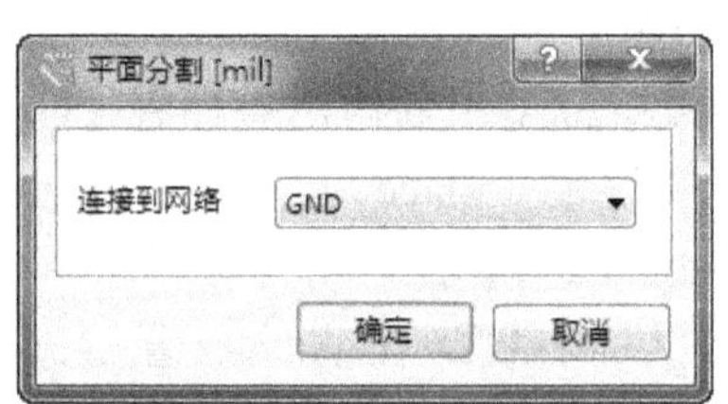

图 7-24　选择指定网络

7.3 PCB 电路图文件的打印与保存

PCB 设计完毕后就需要打印输出，以便人工进行错误检查和核对等，同时生成文件存档。Altium Designer 既可以打印输出一张完整的 PCB 图，也可以将各个层面单独打印输出。使用打印机打印输出，首先要对打印机进行设置，包括打印机的类型设置、纸张大小的设定、电路图纸的设定等内容，然后再进行打印输出。

7.3.1 打印页面设置

执行【文件（File)】菜单下的【页面设置（Page Setup)】命令，系统会弹出如图 7-25 所示的【打印页面设置】对话框。

（1）Printer Paper 设置栏

在【打印纸（Printer Paper)】设置栏中可以设置纸张的大小和打印的方向。在【尺寸（Size)】下拉菜单中可以选择所需要的纸张大小，这里选择的是 A4 型号的纸张。

【肖像图（Portrait)】和【风景图（Landscape)】单选按钮用于设置打印是纵向打印或横向打印。纵向打印和横向打印效果如图 7-26 所示。

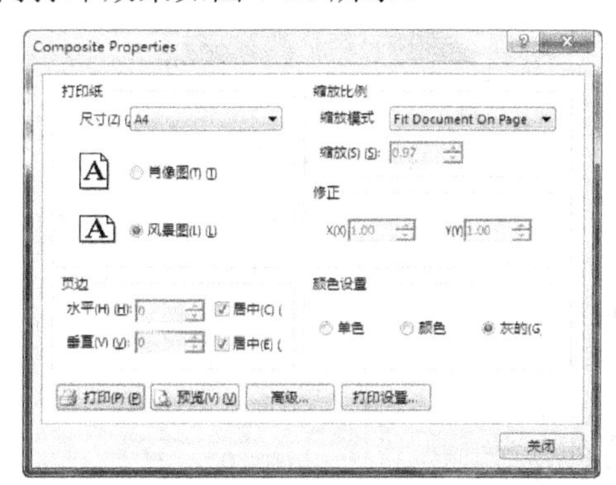

图 7-25 【打印页面设置】对话框

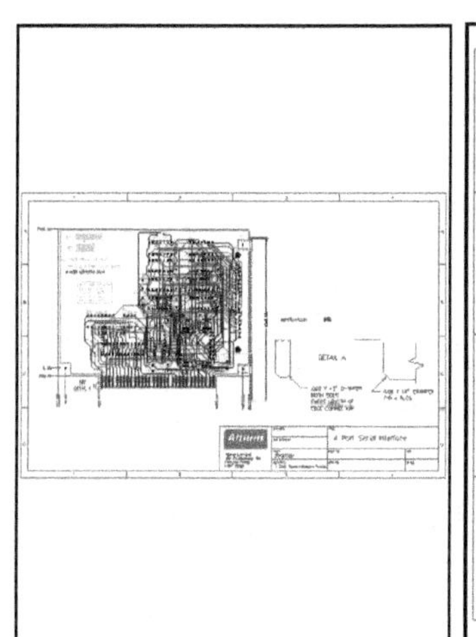
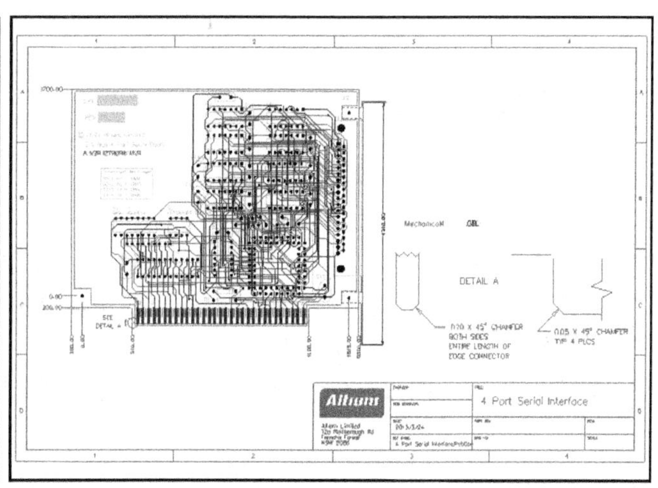

图 7-26 纵向打印和横向打印的效果

（2）【页边（Margins）】设置栏

【页边（Margins）】设置栏用于设置纸张的边缘到图框的距离，其单位为英寸。页边距共有水平页边距和竖直页边距两种。在设置的时候应注意将装订边留有较大的宽度，以免装订时盖住打印出来的 PCB 图。

（3）【缩放比例（Scaling）】设置栏

【缩放比例（Scaling）】设置栏用于设置打印时的缩放比例。由于工程图纸的规格和普通打印纸的尺寸规格不同，因此，当图纸的尺寸大于打印纸的尺寸时，用户可以在打印输出时对图纸进行一定比例的缩放，以便图纸能在一张打印纸中完全显示出来。缩放的比例可以是 10%～500%的任意值，由用户自由输入。

对于图形的输出，用户可以选择【Fit Document On Page】选项，即选择充满整页的缩放比例。如果用户设置了该项，那么无论原理图图纸是什么种类，程序都会自动地根据当前打印纸的尺寸计算出合适的缩放比例，使打印输出时原理图充满整页打印纸。选择【Fit Document On Page】选项后，前面对缩放比例的设置将无效，同时变成灰色不可更改。

（4）【颜色设置（Colorset）】设置栏

颜色的设置在这里分为三种：选择【单色（Mono）】单选按钮可将图纸单色输出，选择【颜色（Color）】单选按钮可将图纸彩色输出，选择【灰的（Gray）】单选按钮可将图纸以灰度值输出。

（5）【修正（Corrections）】设置栏

如果在【缩放比例（Scaling）】设置栏的【缩放模式（Scale Mode）】 下拉菜单中选择【Scale Print】 选项，则可以设置【修正（Corrections）】设置栏中的 X 和 Y 方向尺寸，以单独确定 X 和 Y 方向的缩放比例。缩放比例可以填写在 X 和 Y 的微调框中，可以按照需要选择，如图 7-27 所示。

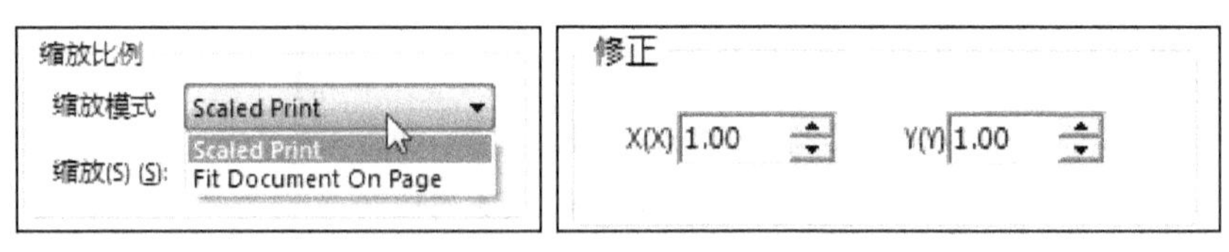

图 7-27　单独确定 X 和 Y 方向的缩放比例

7.3.2　打印层面设置

单击如图 7-25 所示中的【高级（Advanced）】按钮，打开如图 7-28 所示的【打印层面设置】对话框。

在该对话框的窗口中显示了 PCB 图中所有用到的板层，可以选择需要的板层进行打印。单击如图 7-28 所示的相应层，然后在弹出的快捷菜单中选择相应的命令，即可在打印时添加或者删除一个板层，如图 7-29 所示。

单击如图 7-29 所示的【Preference】按钮，即可打开如图 7-30 所示的设置对话框。

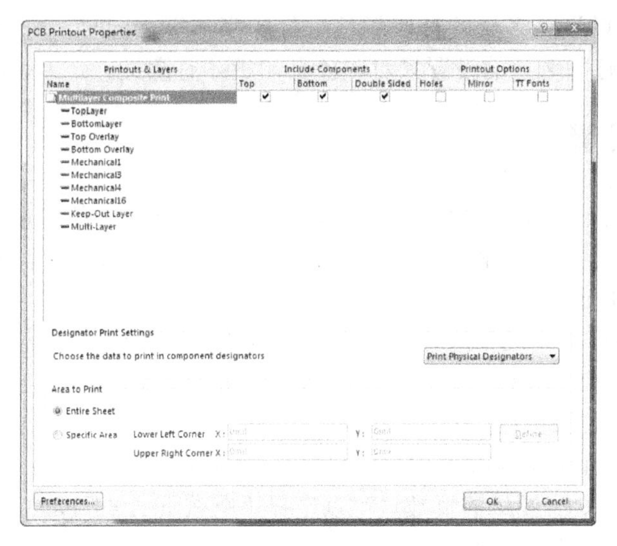

图 7-28 【打印层面设置】对话框

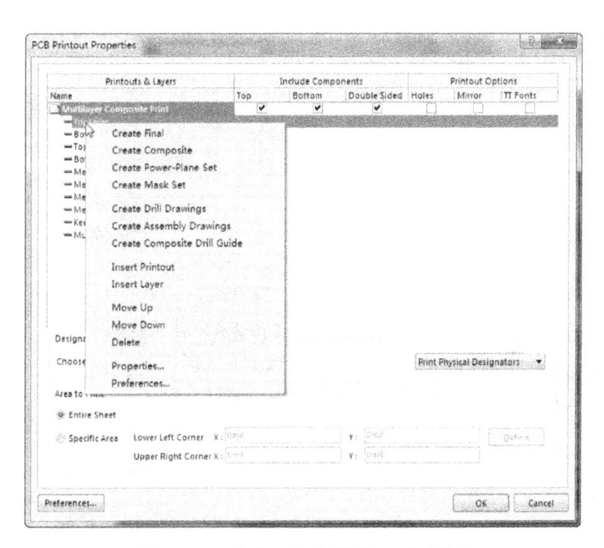

图 7-29 添加或者删除一个板层

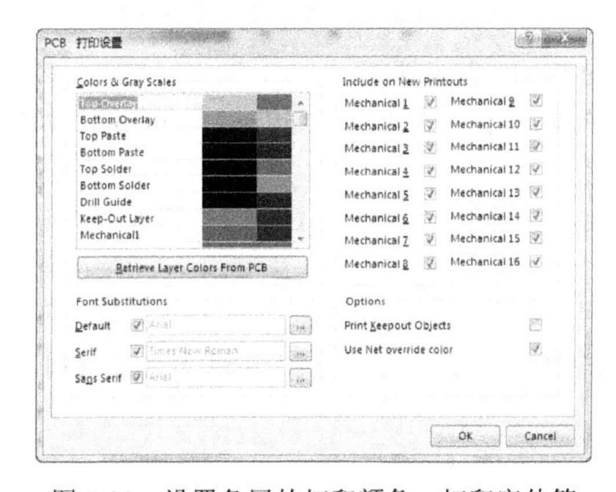

图 7-30 设置各层的打印颜色、打印字体等

在该对话框中可以设置各层的打印颜色、打印字体等，同时，可以选择打印时包含哪些机械层。当然，对打印颜色的设置只对彩色打印机才有意义。

7.3.3 打印机设置

单击如图 7-25 所示的【打印设置（Printer Setup)】按钮，或者执行【文件（File)】菜单下的【打印（Print)】命令，将弹出如图 7-31 所示的【打印机属性设置】对话框。

（1）【打印机（Printer)】设置栏

该设置栏用于对打印机进行选择。如果设计者的计算机操作系统设置了两种以上的打印机，则可在【名称（Names)】下拉菜单中对打印机的类型及输出接口进行选择。用户应根据实际的硬件配置情况进行选择。

（2）【打印区域（Printer Range)】设置栏

用于选择打印的 PCB 图纸的页数。可以选择“所有页（All Page)”、“当前页（Current Page)”和“页从…到…（Pages From… To…)”。

（3）【页数（Copies)】设置栏

用于设置本次打印的份数，也就是设置一式几份。

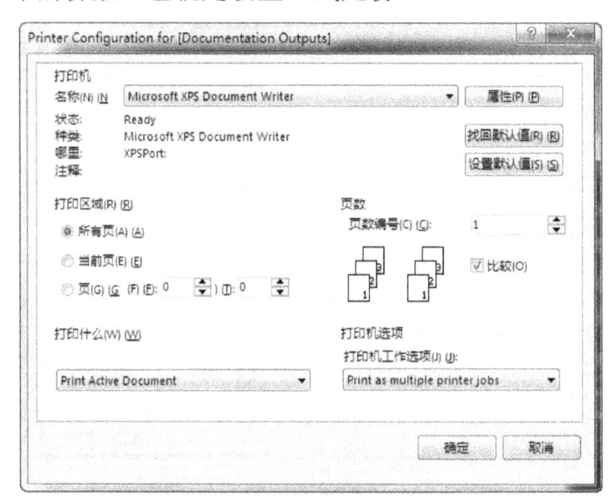

图 7-31 【打印机属性设置】对话框

（4）【打印什么（Print What)】设置栏

用于设置打印的目标 PCB 图、共有 Print Active Document、Print Screen 和 Print Screen Region 等三种选择。

单击【属性（Properties)】按钮即可弹出【打印机其他属性设置】对话框，如图 7-32 所示。

在该对话框中可以设置打印方向、纸张来源、分辨率、打印质量等。

单击如图 7-32 所示的高级标签页，弹出如图 7-33 所示的【打印机属性设置】对话框。用户一般选择默认值。

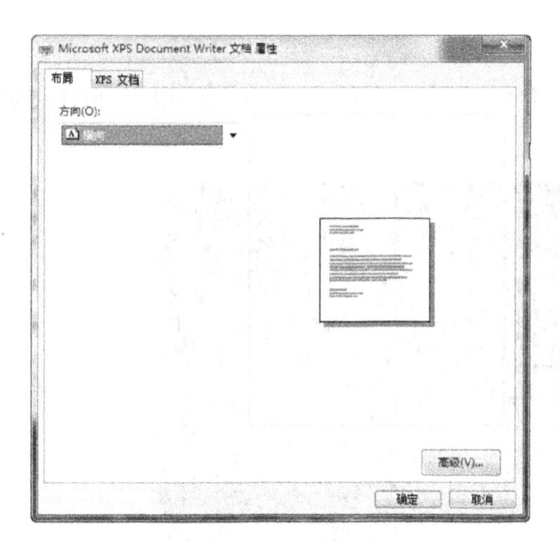

图 7-32　【其他属性设置】对话框

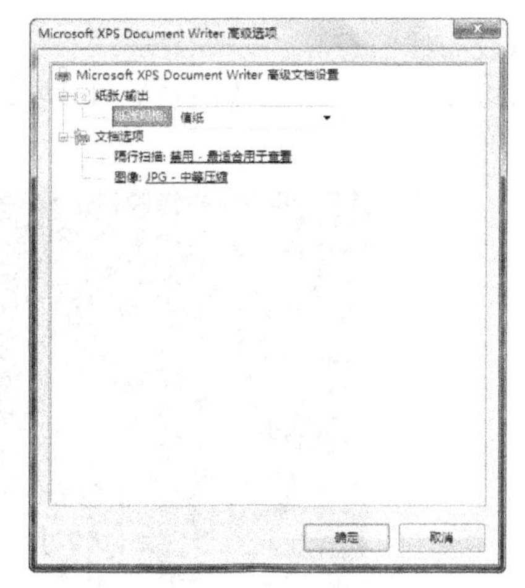

图 7-33　【打印机高级属性设置】对话框

7.3.4　打印预览

单击如图 7-25 所示的【预览（Preview）】按钮，或者执行【文件（File）】菜单中的【打印预览（Print Preview）】命令，将显示对纸张和打印机设置后的打印效果，如图 7-34 所示，如果对打印效果不满意，则可以重新进行设置。

当完成之后单击如图 7-25 所示的【打印（Print）】按钮开始打印。

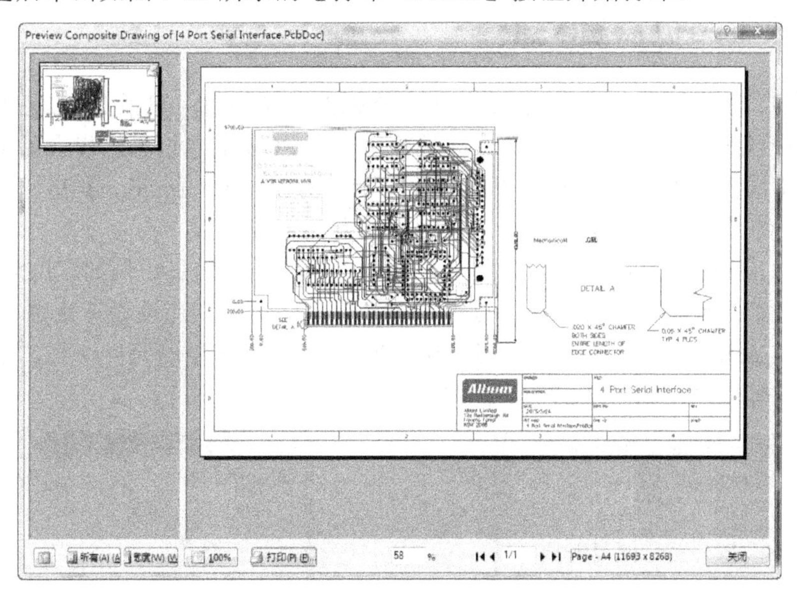

图 7-34　打印效果预览

7.4　PCB 各种报表的生成

PCB 设计系统提供了生成各种报表的功能，它可以提供有关设计过程及设计内容的详细资料。这些资料主要包括设计过程中的 PCB 状态信息、引脚信息、元件封装信息、网络信息，以及布线信息等。

本节以如图 7-35 所示的 PCB 图为例，介绍各种报表的生成方法，以及 PCB 的打印输出方法。

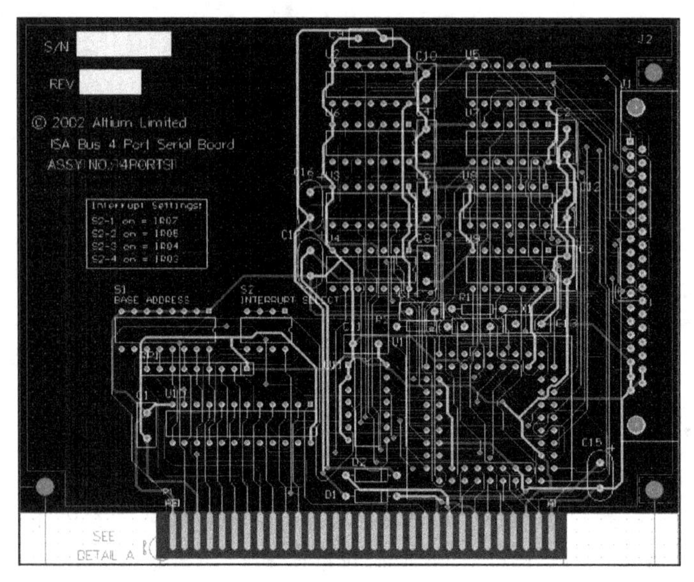

图 7-35　PCB 图案例

7.4.1　生成电路板信息表

PCB 信息报表的作用是给用户提供一个电路板的完整信息，包括 PCB 尺寸、PCB 上的焊点、导孔的数量，以及 PCB 上的元件标号等，生存 PCB 信息报表的步骤如下。

① 执行【报告（Report）】菜单下的【板子信息 Board Information】命令，系统会弹出如图 7-36 所示的【PCB 信息】对话框。该对话框有三个选项卡。

- 通用（General）选项卡：主要用于显示电路板的一般信息，例如，PCB 大小和 PCB 上各个组件数量（导线数、焊点数、导孔数、覆铜数和违反设计规则数量等）。
- 器件（Components）选项卡：用于显示当前 PCB 上使用的元件序号，以及元件所在的板层等信息，如图 7-37 所示。

图 7-36　【PCB 信息】对话框

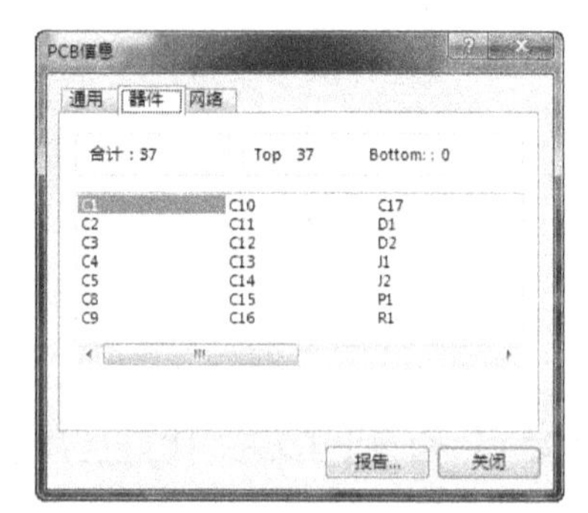

图 7-37　元件序号及元件所在板层信息

● 网络（Nets）选项卡：用于显示当前电路板中的网络信息，如图 7-38 所示。

② 单击选项卡中的按钮，系统会弹出如图 7-39 所示的【内部板层信息】对话框。其中列出了各个内部板层所接的网络、导孔和焊点，以及导孔或焊点和内部板层间的连接方式。

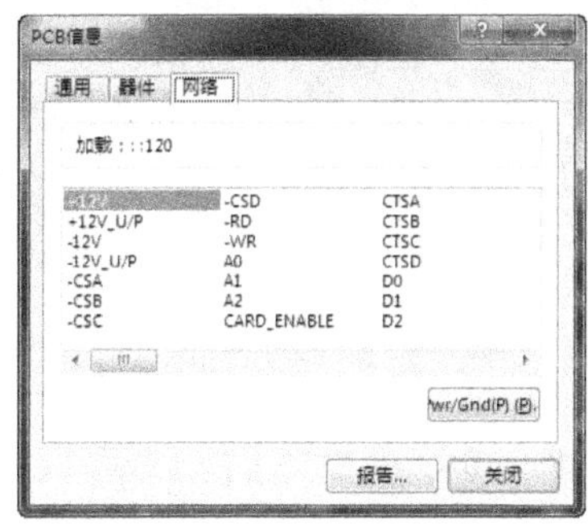

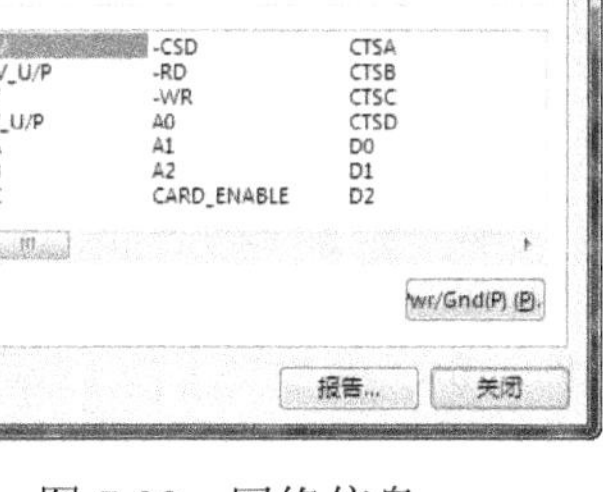

图 7-38　网络信息

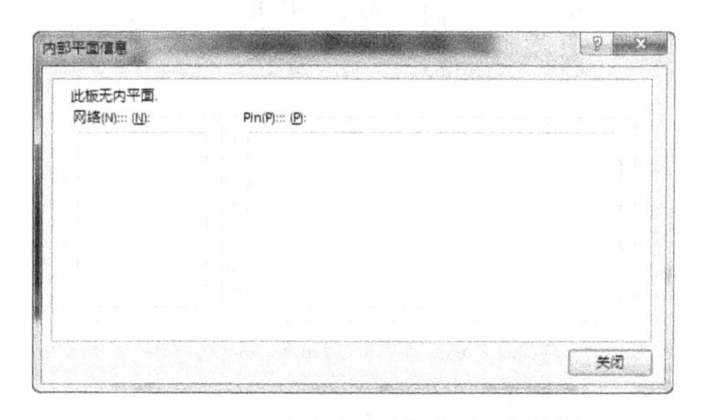

图 7-39　【内部板层信息】对话框

本例子中没有内部板层网络，所以图 7-39 中就没有显示板层信息，单击【关闭（Close）】按钮返回。

③ 在任何一个选项卡单击【报告（Report）】按钮，将 PCB 信息生存相应的报表文件，生成的文件以“REP”为后缀，同时系统将弹出如图 7-40 所示的对话框。

图 7-40　选择报表项目对话框

用户可以选择需要生成的报表项目，使用鼠标选中各项目的复选框即可。也可以选择【所有的打开（All On)】按钮，选择所有的复选框；或者选择【所有的关闭（All Off)】按钮，不选择任何复选框。另外，也可以选中【仅选择对象（Selected Objects Only)】复选框，只产生所选中对象的 PCB 信息报表。在这里选择【所有的打开（All On)】按钮，产生所有项目的报表。单击【报告（Report)】按钮，生成 PCB 信息报表如下。

Board Information Report

Filename　　: C:\Users\Dong\Desktop\实例结果文件\4 Port Serial Interface\4 Port Serial Interface.PcbDoc

Date　　: 2013/3/24

Time　　: ÉÏÎç 11:22:08

Time Elapsed : 00:00:00

General

Board Size, 132.08mmx106.68mm

Components on board, 37

```
count : 2

Routing Information
      Routing completion, 100.00%
      Connections, 215
      Connections routed, 215
      Connections remaing, 0
count : 4

Layer, Arcs, Pads, Vias, Tracks, Texts, Fills, Regions, ComponentBodies
      TopLayer, 0, 31, 0, 687, 2, 0, 0, 0
      BottomLayer, 0, 31, 0, 744, 2, 0, 0, 0
      Mechanical1, 0, 0, 0, 12, 0, 0, 0, 0
      Mechanical3, 0, 0, 0, 34, 0, 0, 0, 0
      Mechanical4, 1, 0, 0, 45, 22, 0, 0, 0
      Mechanical16, 0, 0, 0, 1874, 31, 0, 0, 0
      Top Overlay, 19, 0, 0, 170, 88, 2, 0, 0
      Bottom Overlay, 0, 0, 0, 0, 2, 0, 0, 0
      Top Paste, 0, 0, 0, 0, 2, 0, 0, 0
      Bottom Paste, 0, 0, 0, 0, 2, 0, 0, 0
      Top Solder, 0, 0, 0, 0, 2, 1, 0, 0
      Bottom Solder, 0, 0, 0, 0, 2, 1, 0, 0
      Drill Guide, 0, 0, 0, 0, 0, 0, 0, 0
      Keep-Out Layer, 0, 0, 0, 16, 0, 32, 0, 0
      Drill Drawing, 0, 0, 0, 0, 2, 0, 0, 0
      Multi-Layer, 0, 333, 52, 0, 0, 0, 0, 0
count : 16

Layer Pairs, Vias
      TopLayer - BottomLayer, 52
count : 1

Non-Plated Hole Size, Pads, Vias
count : 0

Plated Hole Size, Pads, Vias
```

```
        0mm, 62, 0
        0.5588mm, 0, 52
        0.8128mm, 328, 0
        3.175mm, 2, 0
        3.556mm, 3, 0
count : 5

Non-Plated Slot Size / Length, Pads
count : 0

Plated Slot Size / Length, Pads
count : 0

Non-Plated Square Hole Size, Pads
count : 0

Plated Square Hole Size, Pads
count : 0

Top Layer Annular Ring Size, Count
        -2.286mm, 3
        0.4572mm, 303
        0.635mm, 2
        0.762mm, 77
count : 4

Mid Layer Annular Ring Size, Count
        -2.286mm, 3
        0.4572mm, 303
        0.635mm, 2
        0.762mm, 77
count : 4

Bottom Layer Annular Ring Size, Count
        -2.286mm, 3
        0.4572mm, 303
        0.635mm, 2
```

```
        0.762mm, 77
count : 4

Pad Solder Mask, Count
        0.1016mm, 392
        1.27mm, 3
count : 2

Pad Paste Mask, Count
        -3.81mm, 62
        0mm, 333
count : 2

Pad Pwr/Gnd Expansion, Count
        0.508mm, 395
count : 1

Pad Relief Conductor Width, Count
        0.254mm, 395
count : 1

Pad Relief Air Gap, Count
        0.254mm, 395
count : 1

Pad Relief Entries, Count
        4, 395
count : 1

Via Solder Mask, Count
        0.1016mm, 52
count : 1

Via Pwr/Gnd Expansion, Count
        0.508mm, 52
count : 1
```

```
Track Width, Count
    0.0508mm, 1840
    0.127mm, 34
    0.2032mm, 186
    0.254mm, 1204
    0.4572mm, 310
    0.508mm, 8
count : 6

Arc Line Width, Count
    0.2032mm, 19
    0.254mm, 1
count : 2

Arc Radius, Count
    0.635mm, 12
    1.3259mm, 1
    2.54mm, 7
count : 3

Arc Degrees, Count
    180, 18
    360, 2
count : 2

Text Height, Count
    1.143mm, 9
    1.2192mm, 5
    1.27mm, 41
    1.524mm, 50
    1.778mm, 22
    1.905mm, 8
    2.286mm, 20
    3.048mm, 1
    3.302mm, 1
count : 9
```

Text Width, Count
0.127mm, 9
0.152mm, 2
0.1524mm, 79
0.1778mm, 22
0.1829mm, 1
0.2032mm, 11
0.2286mm, 19
0.254mm, 13
0.3048mm, 1
count : 9

Net Track Width, Count
0.254mm, 114
0.4572mm, 6
count : 2

Net Via Size, Count
1.016mm, 120
count : 1

7.4.2 生成网络状态报表

网络信息报表用于列出电路板中每一条网络的长度。执行【报告（Report)】菜单下的【网络表状态（Netlist Status)】命令，系统将打开文本编辑器产生相应的网络状态报表。下面即为电路板生成的网络状态报表，生成的文件以“.REP”为扩展名。

Net Status Report
Filename : C:\Users\Dong\Desktop\实例结果文件\4 Port Serial Interface\4 Port Serial Interface.PcbDoc
Date : 2013/3/24
Time : ÉÏÎç 11:28:34
Time Elapsed : 00:00:00

Nets, Layer, Length
+12V, Signal Layers Only, 131.3018mm

```
+12V_U/P, Signal Layers Only, 29.2663mm
-12V, Signal Layers Only, 170.4028mm
-12V_U/P, Signal Layers Only, 21.0745mm
-CSA, Signal Layers Only, 54.6747mm
-CSB, Signal Layers Only, 101.5252mm
-CSC, Signal Layers Only, 37.2795mm
-CSD, Signal Layers Only, 38.3826mm
-RD, Signal Layers Only, 31.6341mm
-WR, Signal Layers Only, 55.8033mm
A0, Signal Layers Only, 139.1067mm
A1, Signal Layers Only, 108.6821mm
A2, Signal Layers Only, 95.5507mm
CARD_ENABLE, Signal Layers Only, 0mm
CTSA, Signal Layers Only, 84.6168mm
CTSB, Signal Layers Only, 57.7078mm
CTSC, Signal Layers Only, 48.1579mm
CTSD, Signal Layers Only, 44.3915mm
D0, Signal Layers Only, 14.0429mm
D1, Signal Layers Only, 11.4225mm
D2, Signal Layers Only, 13.9625mm
D3, Signal Layers Only, 10.3704mm
D4, Signal Layers Only, 13.5417mm
D5, Signal Layers Only, 11.0017mm
D6, Signal Layers Only, 14.5938mm
D7, Signal Layers Only, 12.0538mm
DCDA, Signal Layers Only, 103.3767mm
DCDB, Signal Layers Only, 92.0986mm
DCDC, Signal Layers Only, 41.7643mm
DCDD, Signal Layers Only, 69.2835mm
DSRA, Signal Layers Only, 106.1953mm
```

DSRB, Signal Layers Only, 92.5464mm

DSRC, Signal Layers Only, 98.1735mm

DSRD, Signal Layers Only, 66.3693mm

DTRA, Signal Layers Only, 127.714mm

DTRB, Signal Layers Only, 66.2643mm

DTRC, Signal Layers Only, 38.8035mm

DTRD, Signal Layers Only, 54.9001mm

GND, Signal Layers Only, 583.9894mm

INTA, Signal Layers Only, 45.4861mm

INTB, Signal Layers Only, 34.8266mm

INTC, Signal Layers Only, 12.7722mm

INTD, Signal Layers Only, 20.0585mm

J1, Signal Layers Only, 28.5202mm

J11, Signal Layers Only, 59.1557mm

J12, Signal Layers Only, 52.7585mm

J13, Signal Layers Only, 58.4066mm

J14, Signal Layers Only, 63.2236mm

J15, Signal Layers Only, 68.8462mm

J16, Signal Layers Only, 36.3283mm

J17, Signal Layers Only, 53.516mm

J18, Signal Layers Only, 49.6417mm

J2, Signal Layers Only, 34.402mm

J21, Signal Layers Only, 41.5313mm

J22, Signal Layers Only, 50.5593mm

J23, Signal Layers Only, 34.9965mm

J24, Signal Layers Only, 63.4229mm

J25, Signal Layers Only, 63.96mm

J26, Signal Layers Only, 43.1028mm

J27, Signal Layers Only, 67.347mm

J28, Signal Layers Only, 42.2942mm

J3, Signal Layers Only, 43.7482mm

J31, Signal Layers Only, 30.2877mm

J32, Signal Layers Only, 36.5351mm

J33, Signal Layers Only, 25.4682mm

J34, Signal Layers Only, 60.6295mm

J35, Signal Layers Only, 64.3238mm

J36, Signal Layers Only, 38.1827mm

J37, Signal Layers Only, 64.8543mm

J38, Signal Layers Only, 37.421mm

J4, Signal Layers Only, 74.5734mm

J5, Signal Layers Only, 66.3079mm

J6, Signal Layers Only, 50.7921mm

J7, Signal Layers Only, 91.2641mm

J8, Signal Layers Only, 54.0878mm

NetC13_1, Signal Layers Only, 16.3176mm

NetC14_1, Signal Layers Only, 19.4634mm

NetP1_A11, Signal Layers Only, 48.4194mm

NetP1_A21, Signal Layers Only, 26.2417mm

NetP1_A22, Signal Layers Only, 26.4521mm

NetP1_A23, Signal Layers Only, 26.4521mm

NetP1_A24, Signal Layers Only, 26.4521mm

NetP1_A25, Signal Layers Only, 26.2417mm

NetP1_A26, Signal Layers Only, 26.2417mm

NetP1_A27, Signal Layers Only, 26.2417mm

NetP1_A28, Signal Layers Only, 26.2417mm

NetP1_B21, Signal Layers Only, 38.2233mm

NetP1_B23, Signal Layers Only, 76.0213mm

NetP1_B24, Signal Layers Only, 69.4248mm

NetP1_B25, Signal Layers Only, 76.5766mm

NetR2_1, Signal Layers Only, 25.9802mm

```
NetRP1_2, Signal Layers Only, 15.5737mm
NetRP1_3, Signal Layers Only, 15.5737mm
NetRP1_4, Signal Layers Only, 19.6377mm
NetRP1_5, Signal Layers Only, 19.6377mm
NetRP1_6, Signal Layers Only, 19.8481mm
NetRP1_7, Signal Layers Only, 19.6377mm
NetRP1_8, Signal Layers Only, 13.8754mm
NetRP1_9, Signal Layers Only, 17.1699mm
NetS2_1, Signal Layers Only, 59.6526mm
NetU11_4, Signal Layers Only, 24.1586mm
NetU11_5, Signal Layers Only, 8.6721mm
RESET, Signal Layers Only, 66.129mm
RIA, Signal Layers Only, 99.7124mm
RIB, Signal Layers Only, 71.8851mm
RIC, Signal Layers Only, 50.8211mm
RID, Signal Layers Only, 63.8804mm
RTSA, Signal Layers Only, 117.8983mm
RTSB, Signal Layers Only, 87.3461mm
RTSC, Signal Layers Only, 30.973mm
RTSD, Signal Layers Only, 36.053mm
RXA, Signal Layers Only, 95.5251mm
RXB, Signal Layers Only, 82.7974mm
RXC, Signal Layers Only, 60.2117mm
RXD, Signal Layers Only, 68.006mm
TXA, Signal Layers Only, 110.6374mm
TXB, Signal Layers Only, 123.9964mm
TXC, Signal Layers Only, 57.5634mm
TXD, Signal Layers Only, 54.7258mm
VCC, Signal Layers Only, 380.0107mm
count : 120
```

利用 PCB 网络表可以对比两个网络表之间的异同，用于检查电路是否有变更。例如，在设计完 PCB 图时，特别是进行了手工布线后，就常常需要产生 PCB 网络表，然后再与原理图网络表进行比较，以查看在设计的过程中信号的连接是否完全一致，元件是否完全同等。

7.4.3 生成设计层次报表

Altium Designer 可以生成有关 PCB 文件设计层次的报表，这种报表指出了文件系统的构成，具体步骤如下。

- 执行【报告（Report）】→【项目报告（Project Reports）】→【Report Project Hierachy】命令。
- 系统将切换到文本编辑器，其中，产生与 PCB 文件相对应的设计层次报表。下面为电路板生成的设计层次报表，文件以“REP”为后缀名。

```
------------------------------------------------------------
Design Hierarchy Report for 4 Port Serial Interface.PRJPCB
-- 2013-3-24
-- 上午 11:44:04
------------------------------------------------------------

4 Port UART and Line Drivers    SCH         (4 Port UART and Line Drivers.SchDoc)
```

7.4.4 生成元件报表

元件报表可以用来整理电路或一个工程中的元件。执行【报告（Report）】菜单下的【Bill of material】命令，系统将会弹出如图 7-41 所示的【元件报表】对话框，其中列出了整个项目所用到的元件清单。

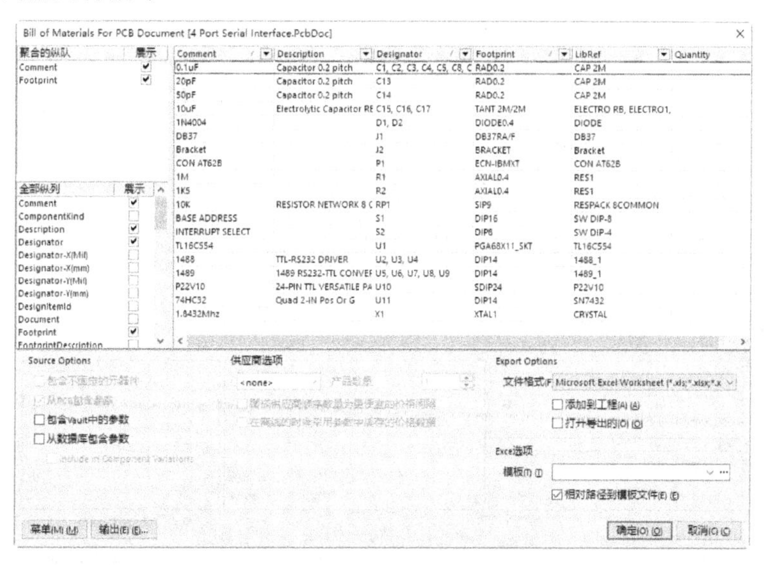

图 7-41 【元件报表】对话框

图 7-42　分组控制列表

（1）分组控制列表

如图 7-41 所示，左上角的列表是分组控制列表，如图 7-42 所示。

可以将下面的列表中的内容拖拽到分组控制列表中，例如，将【全部纵列（All Columns）】中的【LibRef】拖放到控制列表中，右侧窗口中的元件列表就将按照元件的元件属性进行分组，如图 7-43 所示。

例如，将【全部纵列（All Columns）】中的【Footprint】拖放到控制列表中，右侧窗口中的元件列表就将按照元件的封装形式进行分组，如图 7-44 所示。

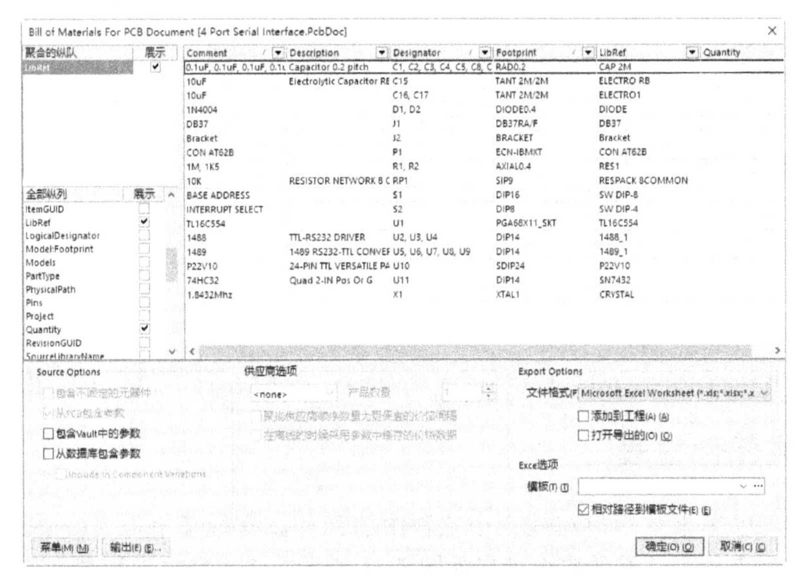

图 7-43　按照元件的元件库属性进行分组

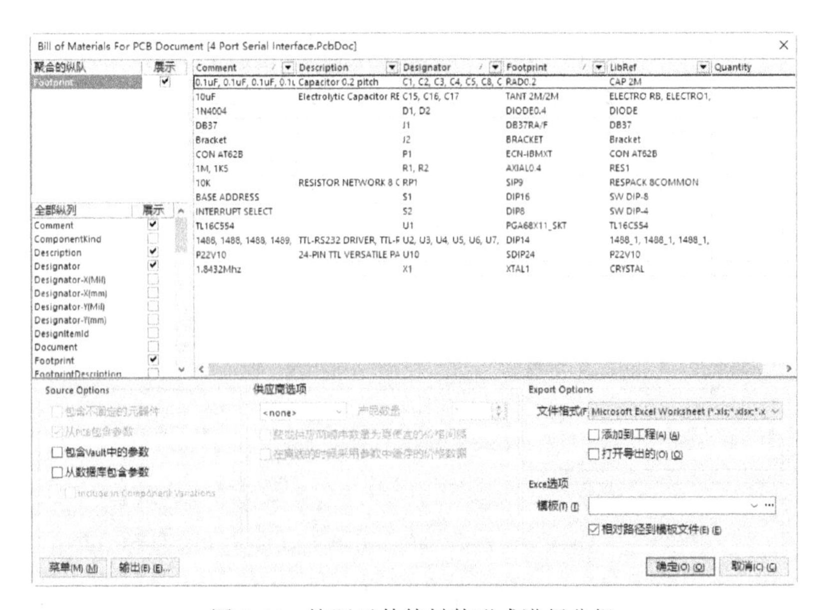

图 7-44　按照元件的封装形式进行分组

（2）显示和隐藏元件属性列

在【展示（Show）】选框的下方有一排显示项目设置复选框，如图 7-45 所示。在其中选择显示或者不显示其内容的复选框，就可以控制在右边的窗口中显示或者不显示的元件属性列。

改变显示的列和隐藏的列中的内容，例如，在显示的列中只选择【Designator】和【Footprint】两项内容时，右边窗口显示如图 7-46 所示。

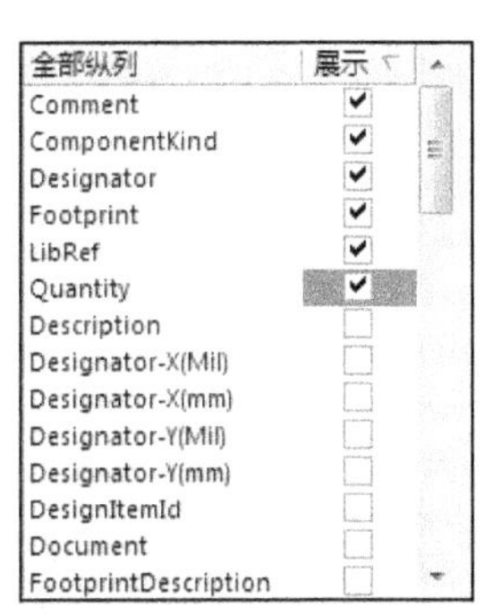

图 7-45　显示和隐藏的列

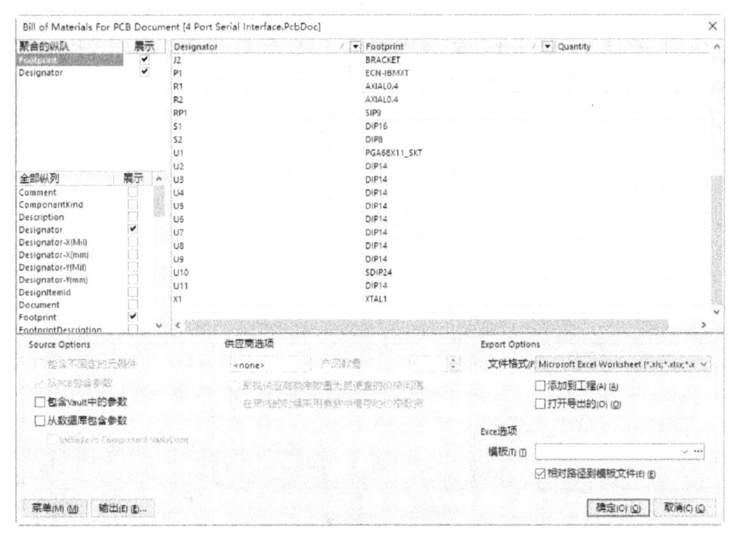

图 7-46　对应窗口显示

在元件清单列表的下方还有以下几个控制按钮。

（1）【菜单（Menu）】按钮

单击此按钮将弹出一个下拉菜单，可以执行一系列的输出功能。例如，执行【报告（Report）】命令后，将输出如图 7-47 所示的清单列表。

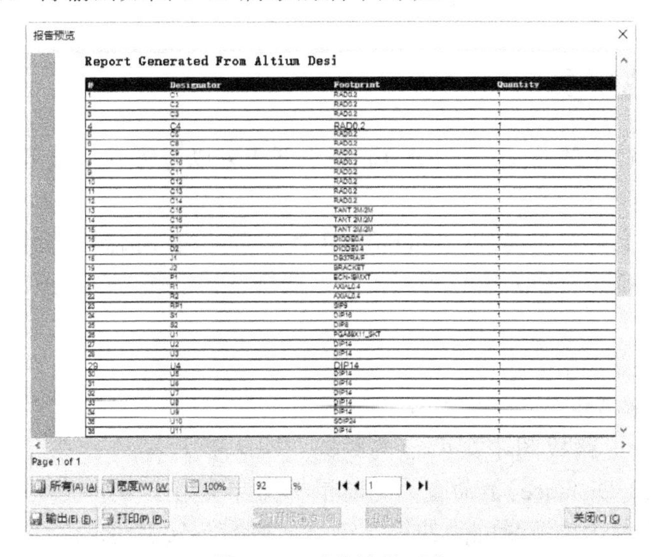

图 7-47　元件清单列表

可以用不同的方法显示、导出保存或者打印此输出的元件列表。

（2）【输出（Export）】按钮

可以打印输出清单报表，可以导出该报表以文件方式保存或者打印该报表。

7.4.5　产生元件交叉参考表

元件交叉参考表主要列举了各个元件的编号、名称，以及所在的电路图。

执行菜单命令【报告（Report）】→【项目报告（Project Reports）】→【Component Cross Reference】，系统将自动地进入文本编辑器，并产生元件交叉参考表。“4 Port Serial Interface” PCB 的元件交叉参考表如图 7-48 所示。

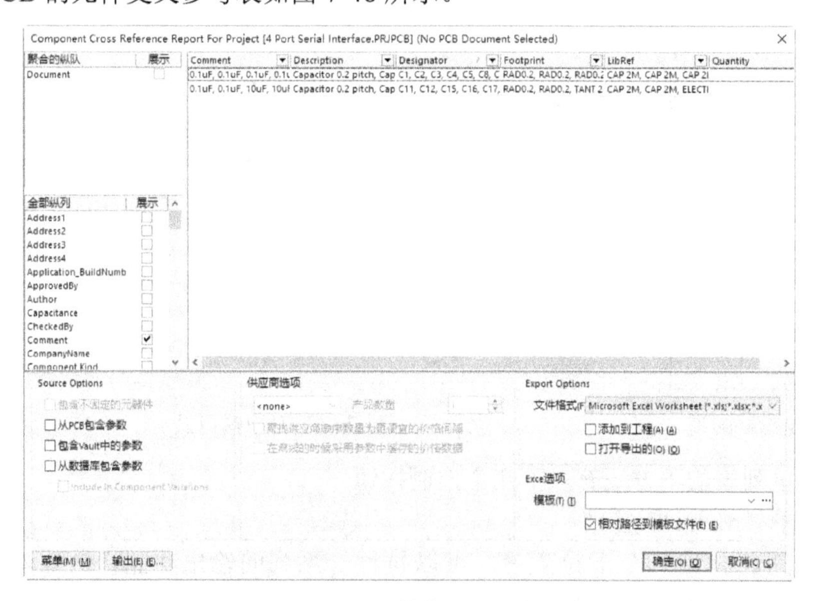

图 7-48　元件交叉参考表

7.4.6　生成其他报表

在 PCB 编辑窗口中的【文件（File）】菜单下还可以进行其他报表的输出，如图 7-49 所示。

这些输出的报表文件都是与 PCB 的制造工艺相关的统计信息，例如，用于数控机床的钻孔信息用于制造 PCB 的层数信息等。由于这些统计信息和 PCB 图的设计关系不大，所以在这里不再介绍。

下面介绍各种测量数据的输出。

（1）两点间的距离测量

如果要精确测量电路板图中某两点的距离，可以执行菜单命令【报告（Report）】→【测量距离（Measure Distance）】命令，这时鼠标指针变为十字形状。单击要测量间距的第一个点，再移动鼠标单击要测量间距的第二个点，如图 7-50 所示。

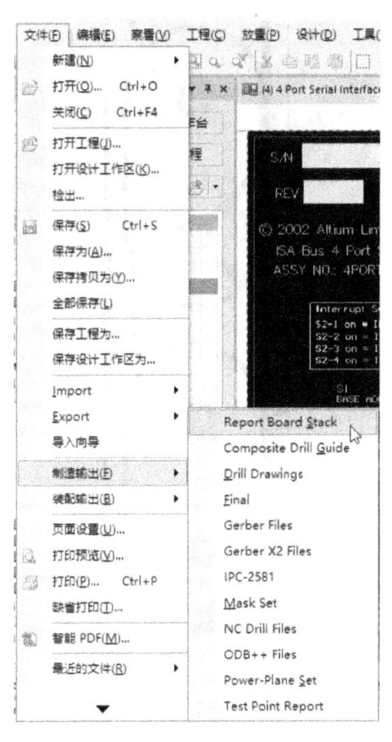

图 7-49 其他报表输出

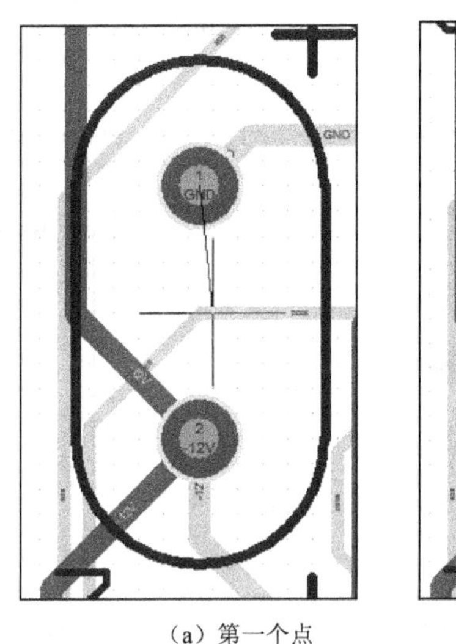

（a）第一个点

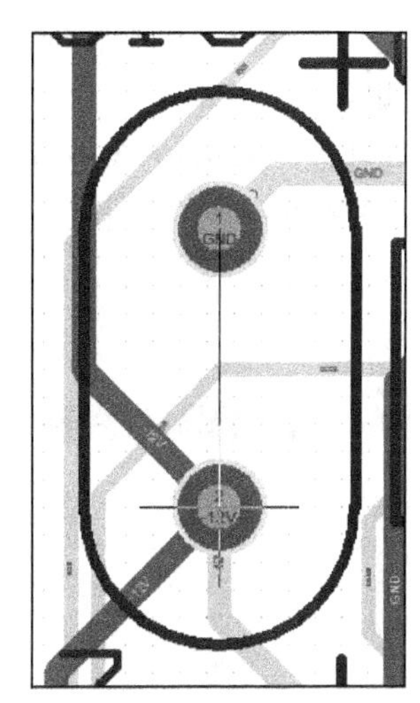

（b）第二个点

图 7-50 测量间距点

这时屏幕上显示如图 7-51 所示对话框。

该对话框的【Distance】项即为两点间的间距值。按【G】键可修改栅格点间间距。

（2）测量两个图件的间距

执行菜单命令【报告（Report）】→【测量（Measure Primitives）】，可以测量两个图件之间的间距。这个间距为两个图件之间的最小间距。执行该命令后鼠标指针变为十字形状，单击要测量间距的第一个图件，再移动鼠标单击要测量间距的第二个图件，如图 7-52 所示。

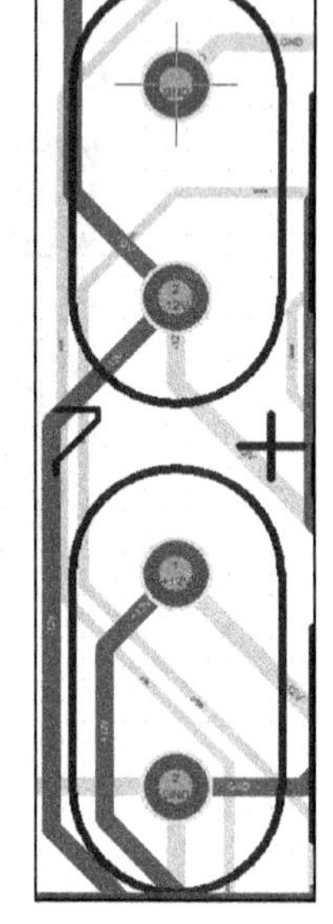

（a）第一个元素

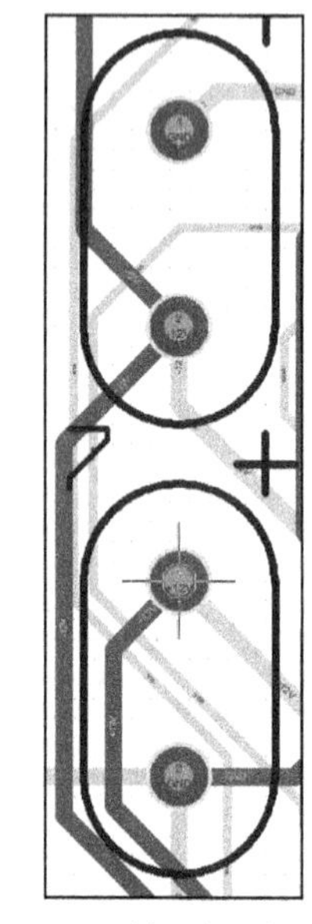

（b）第二个元素

图 7-51　两点距离结果显示

图 7-52　测量图件之间的间距

测量的结果如图 7-53 所示。

该对话框中的【Distance between】说明了两个图件之间间距。

（3）导线长度的测量

➢ 执行菜单命令【报告（Report）】→【测量选择对象（Measure Selected Object）】，可以测量 PCB 图所选中的导线长度。

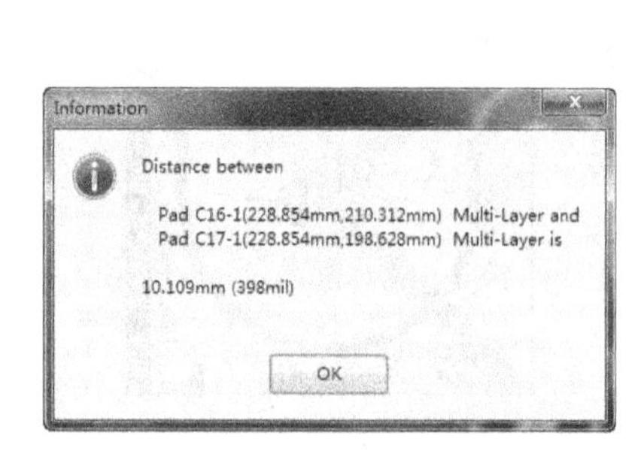

图 7-53　图件之间间距测量结果

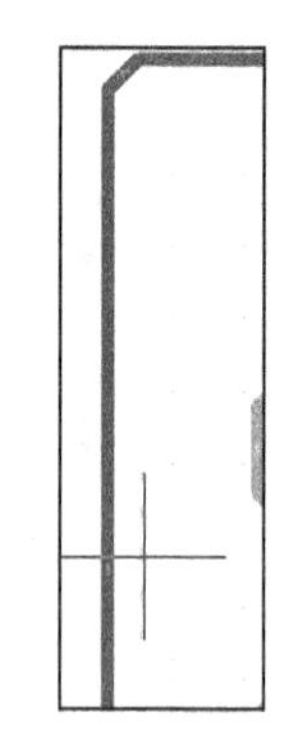

图 7-54　选择待测导线

➢如图 7-54 所示，先选择要测量导线，然后执行【Measure Selected Object】命令，这时屏幕会弹出如图 7-55 对话框，给出测量的结果。

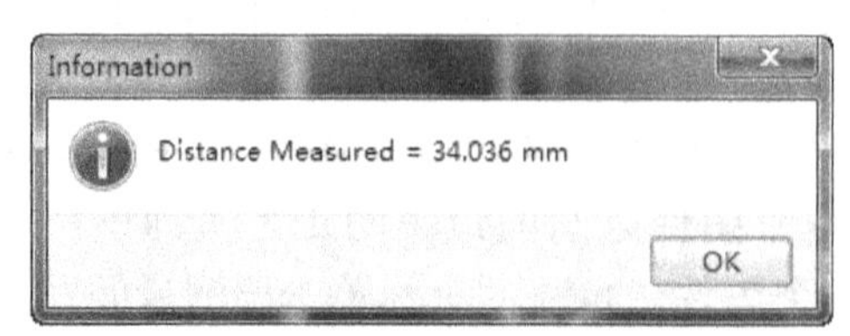

图 7-55　导线长度测量结果

7.5 智能 PDF 生成向导

Altium Designer 系统还提供了强大的 Smart PDF 生成向导，用于创建完全可移植、可导航的原理图和 PCB 数据视图。通过 Smart PDF 向导，设计者可以把整个项目或选定的某些设计文件打包成 PDF 文档，在安装了 Acrobat Reader 的系统上可以打开，进行阅读，从而成功实现了设计数据的共享。

下面仍然以“4 Port Serial Interface.PRJPCB”为例介绍 Smart PDF 的应用。

- 在原理图或者 PCB 编辑环境中，执行【文件（File）】→【智能 PDF（Smart PDF）】命令，如图 7-56 所示的 PDF 生成向导界面。

图 7-56　PDF 生成向导界面

- 单击【Next】按钮，进入如图 7-57 所示的对话框，用于设置是将当前项目输出为 PDF，还是只将当前文档输出为 PDF。

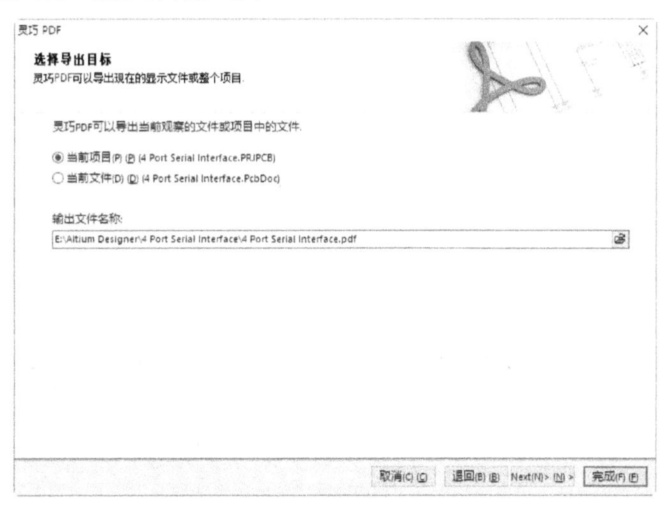

图 7-57　选择输出目标

● 单击【Next】按钮，进入如图 7-58 所示的窗口，用于选择项目的设计文件。

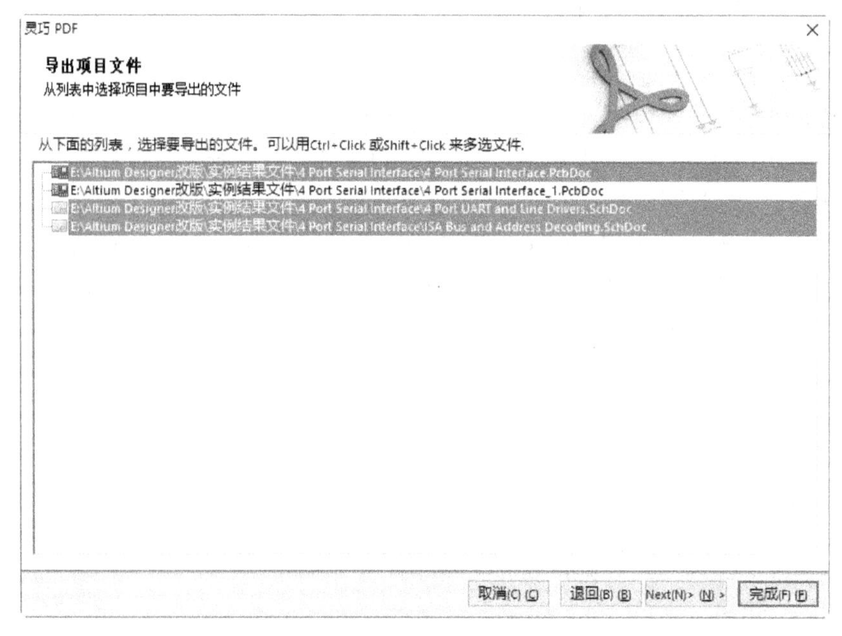

图 7-58 选择项目的设计文件

● 单击【Next】按钮，进入如图 7-59 所示的窗口，用于对项目中 PCB 文件的打印输出进行必要的设置。

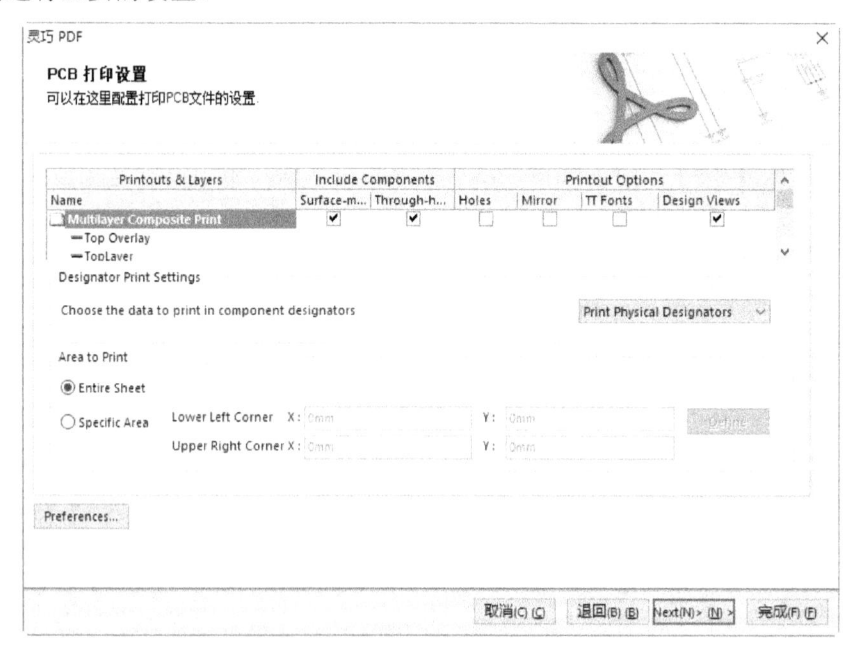

图 7-59 PCB 打印输出设置

- 单击【Next】按钮，进入如图 7-60 所示的窗口，用于对生成的 PDF 进行附加设定，包括图件的缩放、附加书签的生成，以及原理图和 PCB 图的输出显示模式等。
- 单击【Next】按钮，进入如图 7-61 所示的窗口，设置输出后是否被默认的【Acrobat Reader】打开。
- 单击【完成（Finish）】按钮，系统生成相应的 PDF 文档，并被 Acrobat Reader 打开，显示在工作窗口，如图 7-62 所示。

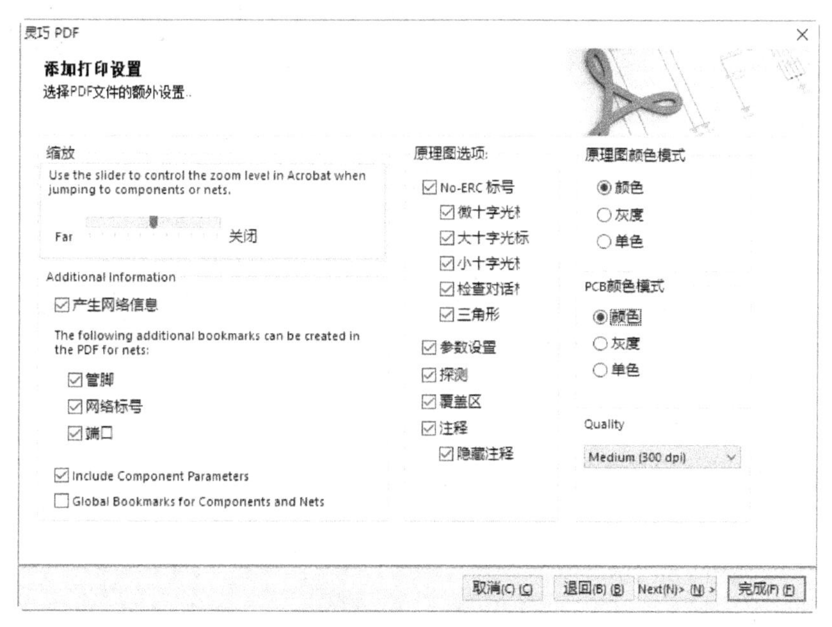

图 7-60　附加 PDF 设置

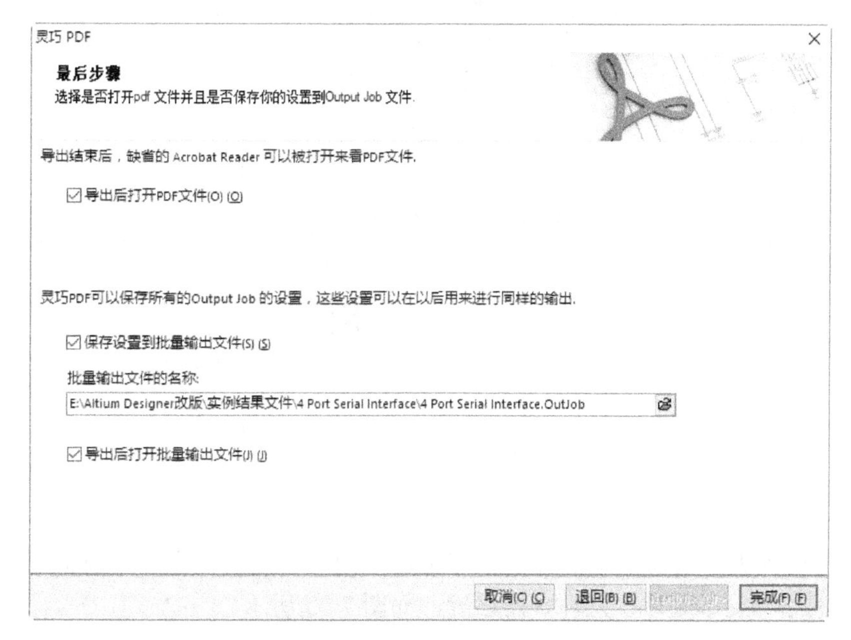

图 7-61　打开设置

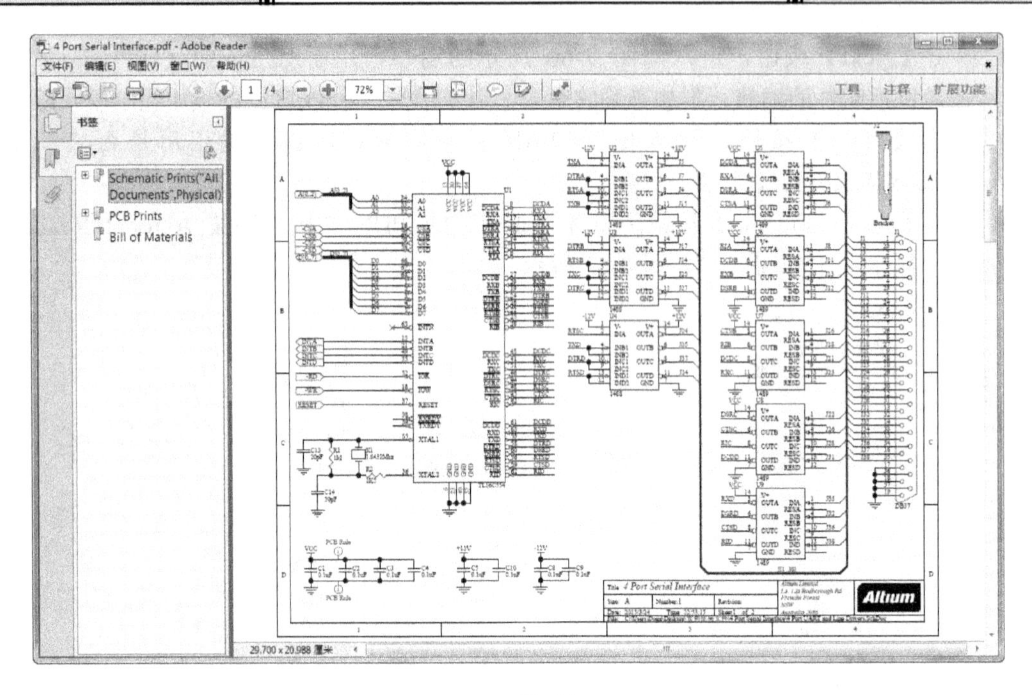

（a） 原理图

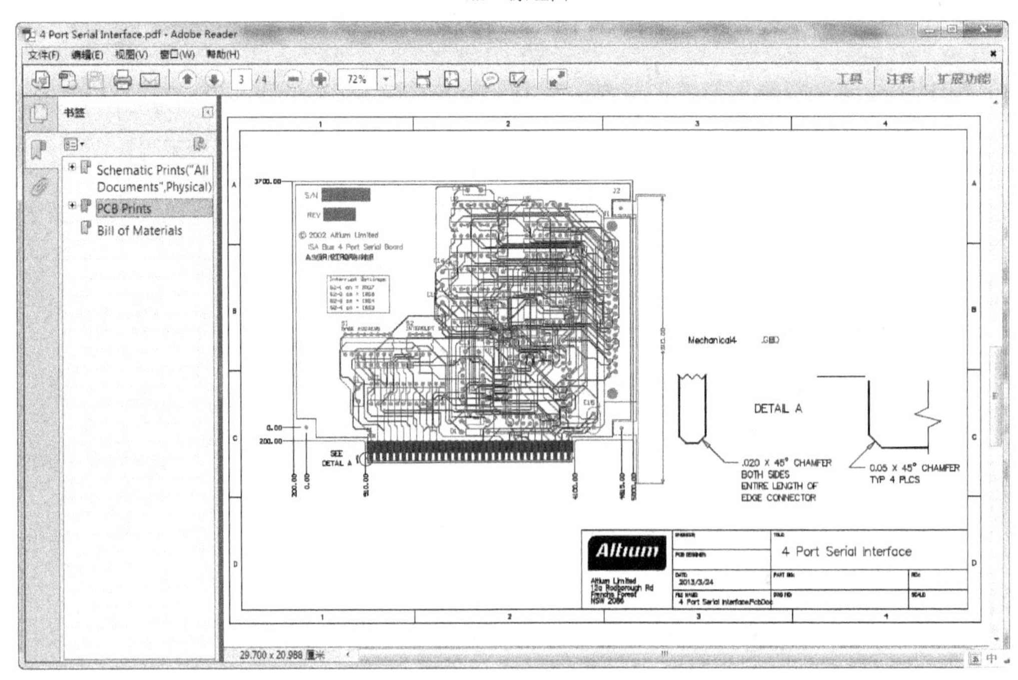

（b） PCB 图

图 7-62 PDF 文档

- 单击左侧列表中的任一附加标签，即可进行浏览导航，在窗口中放大显示相应的引脚、网络标签、端口、元件、网络等，如图 7-63 所示。

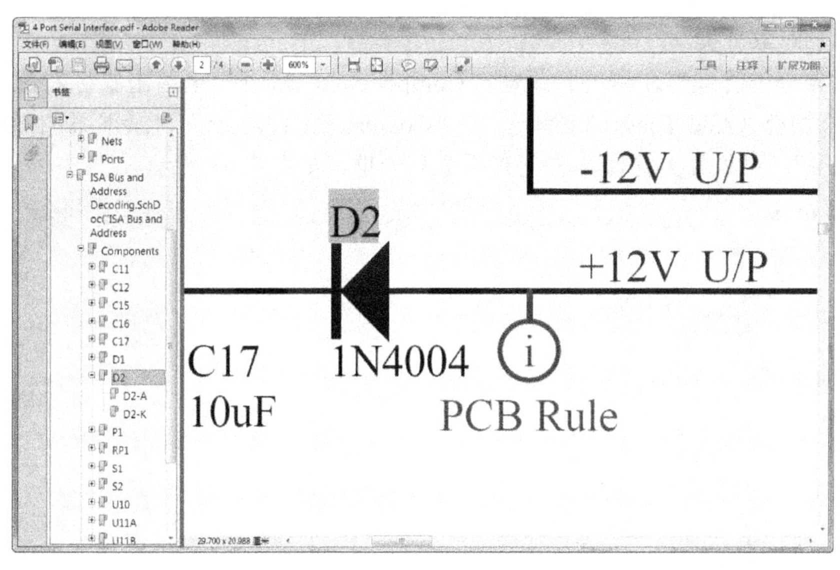

图 7-63　附加标签浏览导航

7.6　对象分类管理器

分类管理器是 Altium Designer 提供的一种提高设计效率的优秀工具。共有 8 项分类管理：Net Classes、Component Classes、Layer Classes、Pad Classes、From To Classes、Differential Pair Classes、Design Channel Classes 和 Polygon Classes。

本节将以“Component Classes”为例，说明分类管理器的使用方法。

执行【设计（Design)】→【类（classes)】命令弹出【对象类浏览器】，如图 7-64 所示。

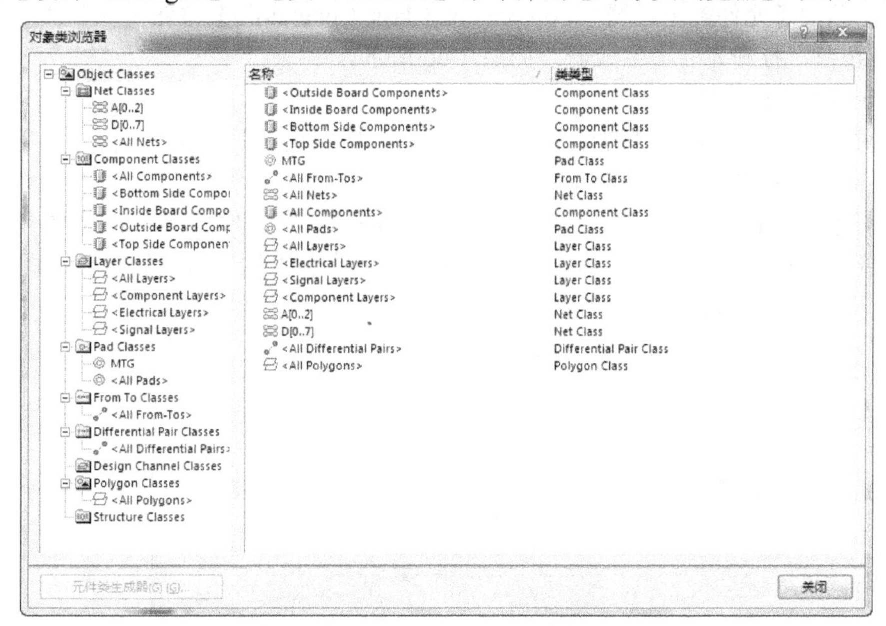

图 7-64　对象分类管理器

（1）添加对象分类

① 在对象分类管理器左侧的目录树“Component Classes”上单击鼠标右键，执行右键菜单的【添加类（Add Class)】命令，在“Component Classes”目录下添加一个新子目录“New Class”，对象分类管理器右侧有两个列表框，如图 7-65 所示。

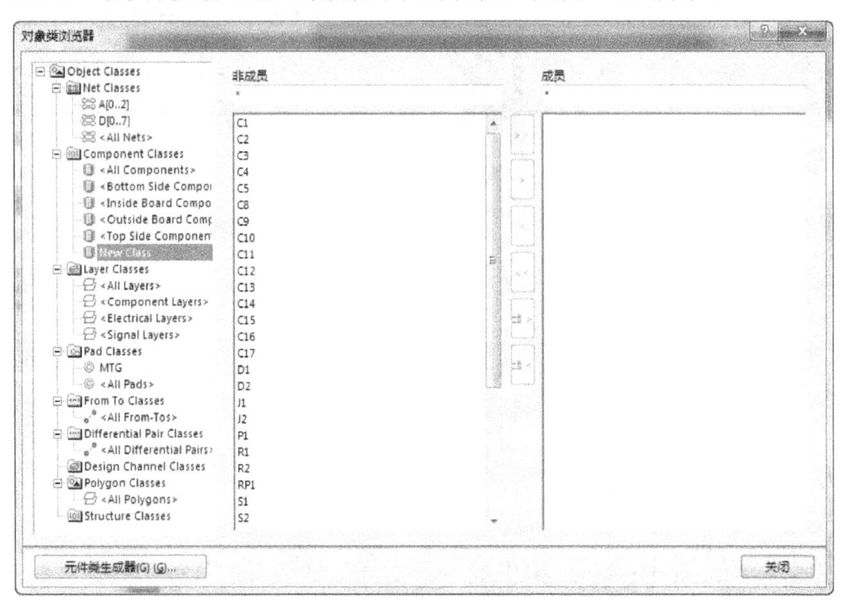

图 7-65　新添加子类

② 在【非成员（Non-Members)】列表框选中元件，单击右向箭头按钮，选中的元件被移入【成员（Members)】列表框，即选中元件被添加到新建类中。

③ 左下角的【元件类生成器（Component Class Generator)】按钮是元件类生成器按钮。单击该按钮，打开元件类生成器，如图 7-66 所示。

（2）删除和更改对象分类

① 在对象分类管理器左侧的目录区域，右键单击要删除的类名称，执行右键菜单命令【删除类（Delete Class)】，删除对象分类。

② 在对象分类管理器左侧的目录区域，右键单击要更名的类名称，执行右键菜单命令【重命名类（Rename Class)】，激活类名称文本框，在文本框中直接编辑修改即可。

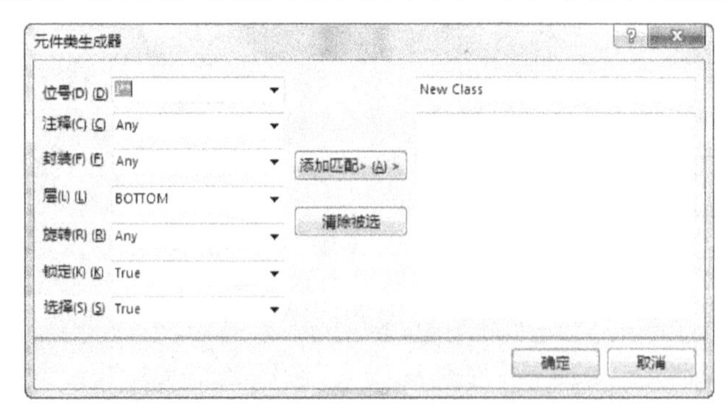

图 7-66　元件类生成器

7.7 撤消布线

撤消布线命令集中在子菜单【工具（Tools）】→【取消布线（Un-Route）】中，如图 7-67 所示。

- 【工具（Tools）】→【取消布线（Un-Route）】→【全部（All）】命令，撤消当前 PCB 的所有布线。
- 【工具（Tools）】→【取消布线（Un-Route）】→【网络（Net）】命令，撤消当前 PCB 的指定网络的布线。与指定网络布线的操作相反。

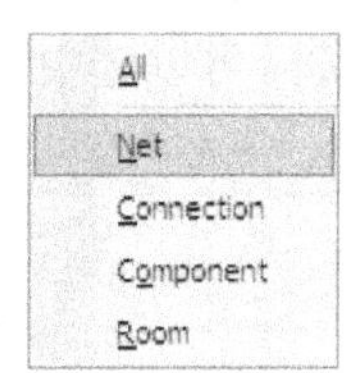

图 7-67 【Un-Route】子菜单

- 【工具（Tools）】→【取消布线（Un-Route）】→【连接（Connection）】命令，撤消当前 PCB 的指定连接的布线。与指定连接布线的操作相反。
- 【工具（Tools）】→【取消布线（Un-Route）】→【器件（Component）】命令，撤消当前 PCB 的指定元件的布线。与指定元件布线的操作相反。
- 【工具（Tools）】→【取消布线（Un-Route）】→【Room】命令，撤消当前 PCB 的指定“Room”的布线。与指定“Room”布线的操作相反。

7.8 交互定位与交互选择

7.8.1 交互定位

交互定位，也称为交互探测或交互探查，是查看 PCB 与原理图对象对应关系的工具。

执行菜单【工具（Tools）】→【交叉探针（Cross Probe）】，出现十字光标，在 PCB 中单击要查看或定位的对象，则原理图对应的对象高亮显示，如图 7-68 所示。

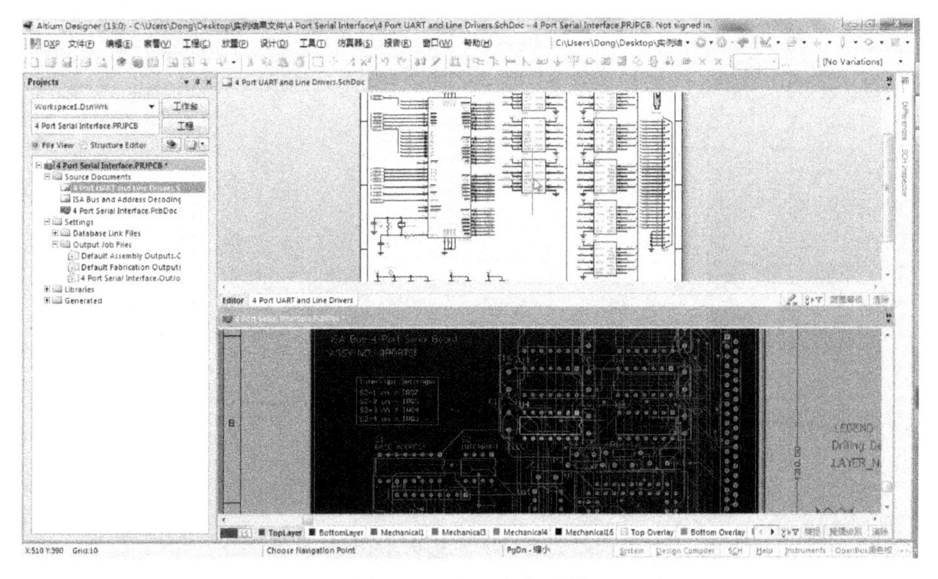

图 7-68 交互定位功能

7.8.2 交互选择

执行菜单命令【工具（Tools）】→【交叉选择模式（Cross Select Mode）】，单击 PCB 中的元件，被单击元件处于选中状态，同时，原理图对应的元件也被选中。【Shift】+单击鼠标左键，可以选中多个对象，如图 7-69 所示。

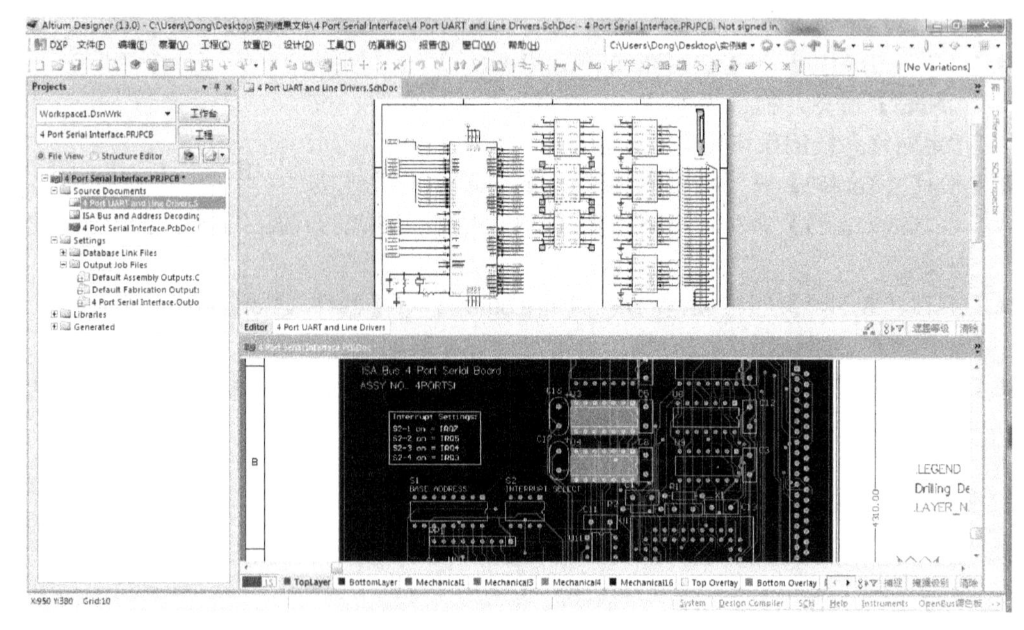

图 7-69 交互选择功能

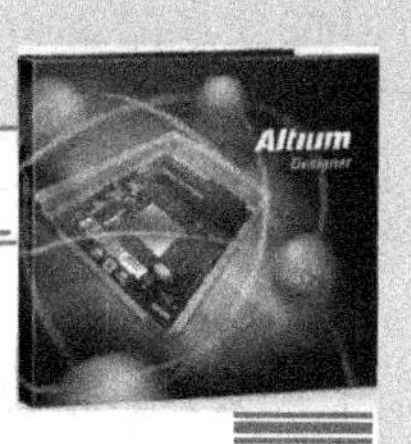

第 8 章　元件库操作

Altium Designer 以独立的集成库支持设计，综合所有的相关模块，例如，单个库包中每个元件的封装和仿真子电路。可编译和部署完全可移植的、安全的独立库。

可以直接对原理图和 PCB 进行操作，将其编译进集成库中，这为用户提供了所有必要元件信息的单一、安全的源。用户可以附加仿真和信号完整性模型，以及元件的 3D CAD 描述。

在编译集成库时，从源中提取的所有模型合并成一个可以移植的单一格式。既可以部署集成库，也可以用于端设计。使用集成库，用户能够维护源库的完整性，同时为设计师提供访问所有必要元件的信息的接口。

集成库中的元件也可以包括数据库链接参数。即使在没有使用完整数据库的时候，也可以动态地把集成库链接到元件管理系统。

一旦设计完成，Altium Designer 即可以从项目中自动提取所有元件信息，创建特定项目的集成库。用户可以将完整的项目元件数据进行存档，确保如果将来需要修改设计时可以访问所有原始元件信息。

——附带光盘“视频\8.avi”文件

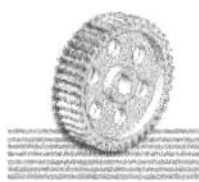

本章内容

- 原理图库文件编辑器
- 浏览集成库
- 创建原理图元件库
- 模型管理器
- 创建 PCB 封装
- 特殊元件封装
- 库分割
- 创建集成元件库
- 多子件原理图元件的创建

8.1　元件库介绍

在介绍元件库操作之前先简单介绍一下元件库的基本知识。

8.1.1　元件库的格式

Altium Designer 支持的元件库文件格式如下。

- Integrated Libraries（*.IntLib）；
- Schematic Libraries（*.SchLib）；
- Database Libraries（*.DBLib）；
- SVN Database Libraries（*. SVNDBLib）；
- Protel Footprint Library（*.PcbLib）；
- PCB3D Model Library（*.PCB3DLib）。

其中，（*.SchLib）和（*.PcbLib）为原理图元件库和 Pcb 封装库；（*.IntLib）为集成元件库。其他格式还有（*.VHDLLib）为 VHDL 语言宏元件库；（*.Lib）为 Protel 99SE 以前版本的元件库。

Altium Designer 元件库格式向下兼容，即可以使用 Protel 以前版本的元件库。

8.1.2　元件库标准

Altium 库开发中心在严格的流程下进行，确保所有的库及其包含元件的质量和完整性。

1．PCB 封装

（1）表面安装

表面安装包的 PCB 封装根据 IPC 开发的当前标准建立。IPC 宣称这些安装模式对造流程是透明的，但建议要对这些模式加以优化以适合焊接类型和装配。

BGA 元件的安装模式遵从标准中的 IPC-SM-782A 修订 2，标准的垫片由蚀刻铜而非防焊层定义。

其他表面安装元件的安装模式遵从 IPC-SM-782A 修订 1 中的内容为前提。

（2）公制

所有 PCB 封装的尺寸都以公制为单位。硬件公制尺寸均根据 JEDEC-JC-11“公制政策”SPP-003B 部署。一些丝网尺寸和关键尺寸可能与该政策不符。

（3）封装首字母

每个封装都分配了唯一的名称。名称转换与 IPC 元件名称和 JEDEC 标准、JESD30-B 相符。

2．原理图

（1）引脚名称

通常引脚以制造商数据表提供的名称命名。对于一些较小元件，如果引脚名称很长，最好使用缩写，保证符号看上去清晰。然而不同制造商经常使用不同缩写代表相同名称或者使用相同缩写代表不同的名称。有时候相同制造商的数据表也会有不一致。例如，GND 和 GRD 都代表 Ground。为了提供原理图符号的一致性，根据许多制造商常用的缩写和

"逻辑电路图 IEEE 标准"，编制了包含 600 多个名称的缩略语表。

（2）类指定字母

根据 IEEE Std 315-1975 第 22 节"电气和电子图的图形符号"，分配默认指定符号。

（3）图形符号—正常模式

门和缓冲/驱动的逻辑图与使用时间相关，对不同形状的逻辑符号绘制，请用户参考 IEEE Std 91 附录 A。

晶体管和放大器等简单元件根据 IEEE Std 315—1975"电气和电子图的图形符号"及 IEEE Std 315A—1986 绘制。

剩余元件的引脚配置应遵从应用原理图或元件功能框图的版图。重新修改了附加的内容条款，使通用元件的符号符合标准。

8.1.3 元件库操作的基本步骤

生成一个完整的元件库的步骤如图 8-1 所示。

- 新建元件库文件：创建新的元件库文件，包括元件原理图库和元件 PCB 库。
- 添加新的原理图元件：在元件库中添加新的元件。
- 绘制原理图元件：绘制具体的元件，包括几何图形的绘制和引脚属性编辑。
- 原理图元件属性编辑：整体编辑元件的属性。
- 绘制元件的 PCB 封装：绘制元件原理图库所对应的 PCB 封装。
- 元件检查与报表生成：检查绘制的元件并生成相应的报表。
- 产生集成元件库：将元件原理图库和元件 PCB 库集合产生集成元件库。

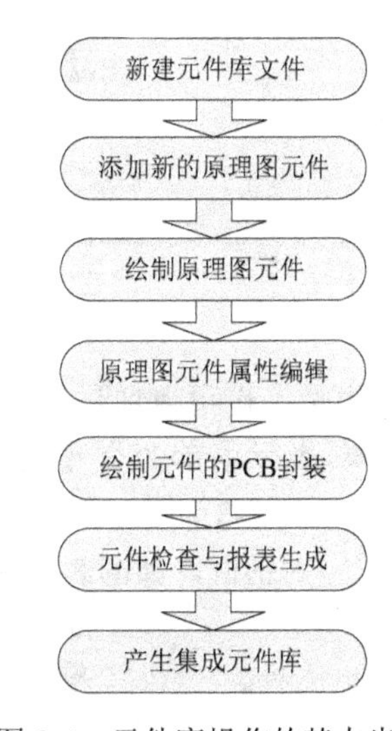

图 8-1 元件库操作的基本步骤

8.2 Altium Designer 的元件库原理图编辑环境

元件库设计与原理图设计相同需要新建一个工程项目，执行菜单命令【文件（File）】→【New】→【工程（Project）】→【集成库（Integrated Library）】新建一个集成元件库，并将其保存为"DSP.LibPkg"，这是一个包含了 TI 公司高性能电机控制 DSP 芯片 TMS320F2812 原理图和 PCB 封装的集成元件库，本章以这个实例为基础从头到尾详细讲解 Altium Designer 集成元件库的制作。

8.2.1 新建与打开元件原理图库文件

通过新建一个元件原理图库文件来启动元件原理图编辑环境。执行菜单命令【文件（File）】→【New】→【Library】→【原理图库（Schematic Library）】，系统生成一个原理图库文件，默认名称为"Schlib1.lib"，同时启动原理图库文件编辑器，如图 8-2 所示，请将该库文件保存为"DSP.SchLib"。

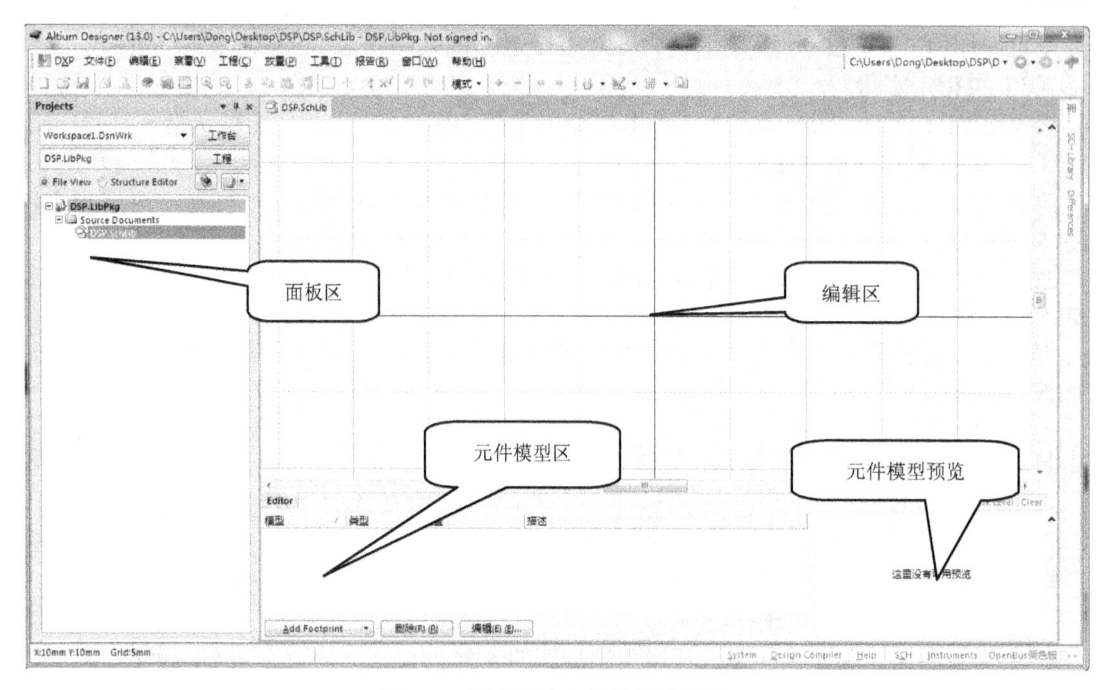

图 8-2　原理图库文件编辑器界面

当然，也可以通过打开现有的集成块文件来打开元件库编辑器。

- 执行菜单命令【文件（File）】→【打开（Open）】，进入选择打开文件对话框，如图 8-3 所示，选择要打开的集成库文件名。单击【打开】按钮，弹出【释放或安装】对话框，如图 8-4 所示。

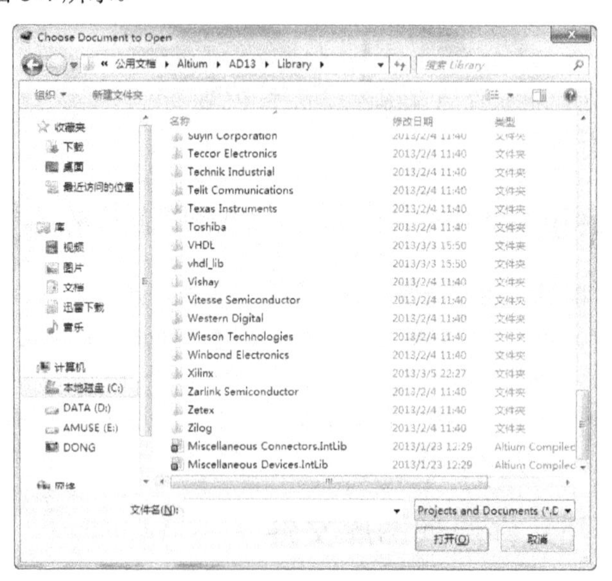

图 8-3　选择打开文件对话框界面

- 单击【摘取源文件（Extract Sources)】按钮，释放集成库，将集成库分解为原理图库文件和封装库文件，双击释放后的原理图库文件即可打开原理图库文件编辑器，界面如图 8-2 所示。

● 单击【安装库（Install Library）】按钮，安装集成库，安装完成后可在【Libraries】面板中找到该库文件。

图 8-4 【释放或安装】对话框

8.2.2 熟悉元件原理图库编辑环境

原理图库的编辑器环境如图 8-2 所示，整个编辑界面被分成了好几块，有编辑区、面板区、元件模型区、元件模型预览区。其中面板区的【SCH Library】面板在元件库的编辑过程中起着非常重要的作用，可将其拖至编辑区中央放大显示，如图 8-5 所示。

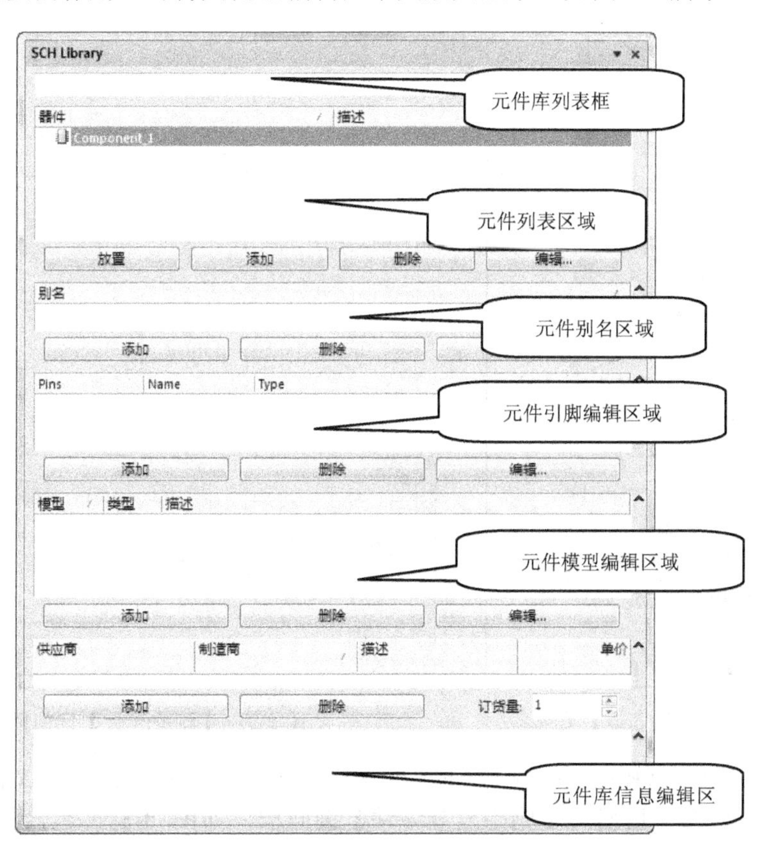

图 8-5 【SCH Library】面板

【SCH Library】面板可以完成元件库编辑的所有操作，如图 8-5 所示，整个面板可分为元件库列表框、元件列表区域、元件别名区域、元件引脚编辑区域和元件模型编辑区域，该面板的具体应用会在后面的章节中逐步讲解。

熟悉了【SCH Library】面板后再来介绍 Altium Designer 元件库编辑环境的常用的菜单命令。元件库编辑环境的菜单命令与原理图编辑环境类似，元件库模型的编辑仅仅会用到图形编辑功能和相应的引脚设置功能，下面作简单介绍。

（1）【工具（Tools）】相关菜单命令

元件库编辑环境中【工具（Tools）】菜单如图 8-6 所示，下面简单介绍各命令的应用。

- 【新器件（New Component）】新建元件：创建一个新元件，执行该命令后，编辑窗口被设置为初始的十字线窗口，在此窗口中放置组件开始创建新元件。
- 【移除器件（Remove Component）】删除元件：删除当前正在编辑的元件，执行该命令后出现【删除的元件】询问框，如图 8-7 所示，单击【Yes】按钮确定删除。

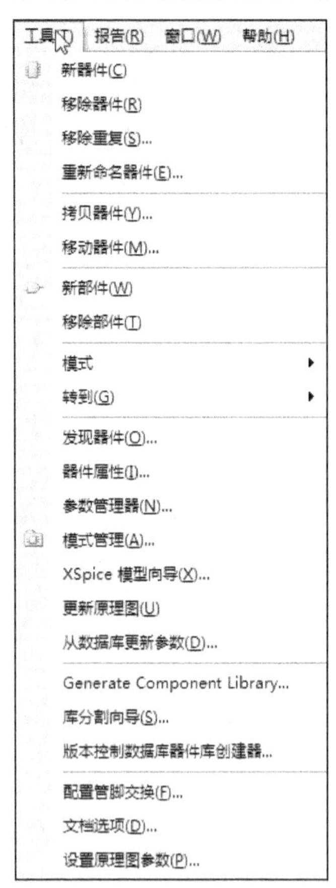

图 8-6 【Tools】菜单

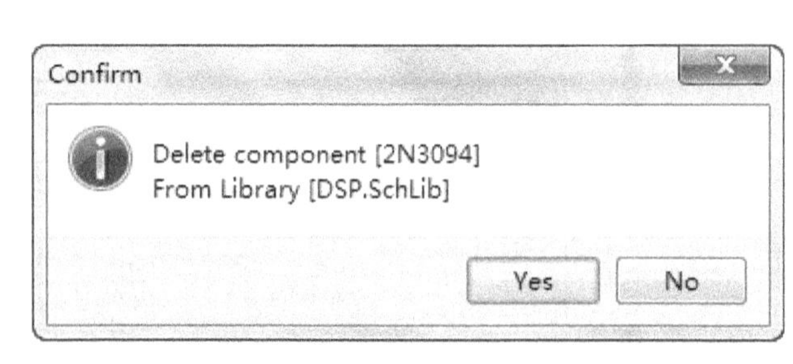

图 8-7 【删除元件】询问框

- 【移除重复（Remove Duplicates）】删除重复元件：删除当前库文件中重复的元件，执行该命令后出现【删除重复元件】询问框，如图 8-8 所示，单击【Yes】按钮确定删除。
- 【重新命名器件（Rename Component）】重新命名元件：重新命名当前元件，执行该命令后出现【重新命名元件】对话框，如图 8-9 所示，在文本框中输入新元件名，单击【确定】按钮确定重命名。

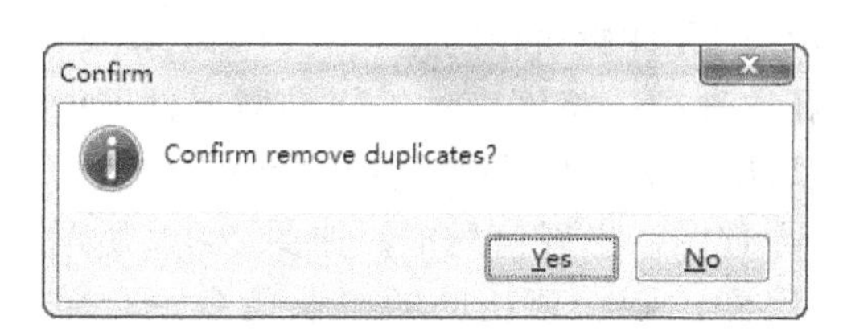

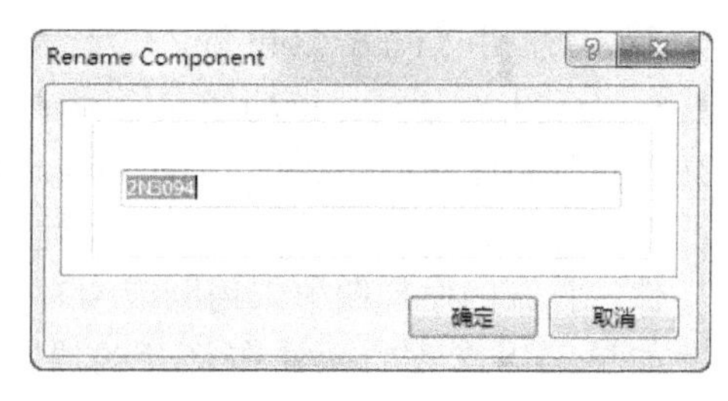

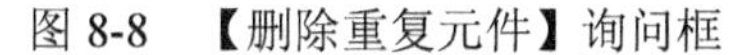

图 8-8 【删除重复元件】询问框　　图 8-9 【重新命名元件】对话框

- 【拷贝器件（Copy Component）】复制元件：将当前元件复制到指定元件库中，执行该命令后出现【目标库选择】对话框，如图 8-10 所示，在文本框中输入新元件名。选择目标元件库文件，单击【OK】按钮确定，或者直接双击目标元件库文件，即可将当前元件复制到目标库文件中。

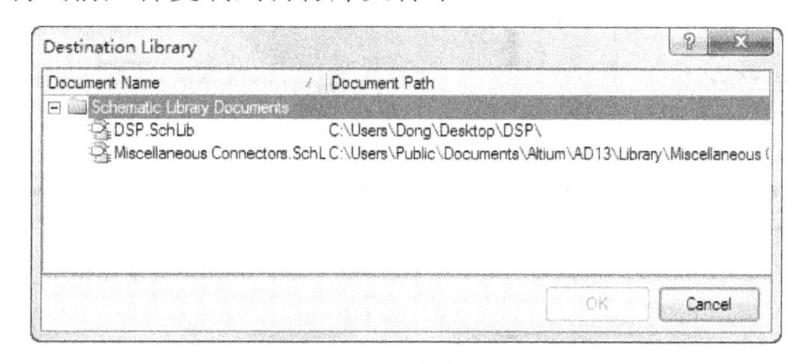

图 8-10 【目标库选择】对话框

- 【移动器件（Move Component）】移动元件：将当前元件移动到指定的元件库中，执行该命令后出现【目标选择】对话框，如图 8-10 所示。选择目标元件库文件，单击【OK】按钮确定，或者直接双击目标元件库文件，即可将当前元件复制到目标库文件中，同时弹出【删除源库文件当前元件】确认框，如图 8-11 所示。单击【Yes】按钮确定删除，单击【No】按钮保留。
- 【新部件（New Part）】添加子件：当创建多子件元件时，该命令用来增加子件，执行该命令后开始绘制元件的新子件。
- 【移除部件（Remove Part）】删除子件：删除多子件元件中的子件。
- 【模式（Mode）】选择元件的模式：可以指向前一个，后一个，增加或删除等功能，如图 8-12 所示。

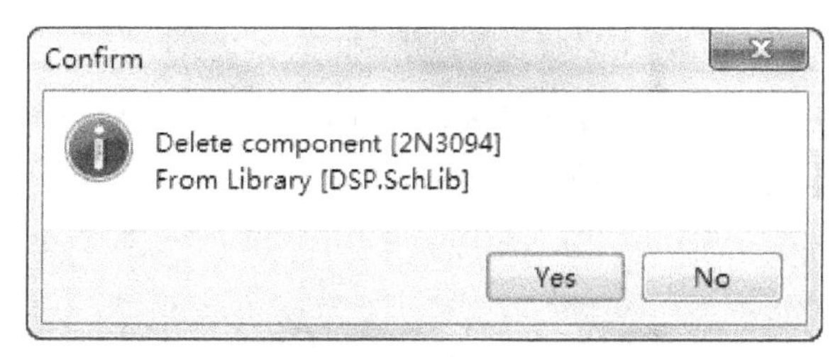

图 8-11 【删除源库文件当前元件】确认框

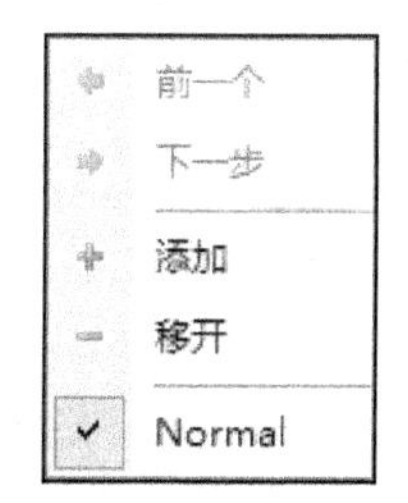

图 8-12 【Mode】子菜单

➢【转到（Goto）】转到子菜单中：快速定位对象。子菜单中包含功能命令，如图 8-13 所示。

➢【发现器件（Find Component）】查找元件命令：启动元件检索【搜索库（Libraries Search）】对话框。该功能与原理图编辑器中的元件检索相同。

➢【更新原理图（Update Schematics）】更新原理图：将库文件编辑器对元件所做修改，更新到打开的原理图中。执行该命令后出现信息对话框，如果所编辑修改的元件在打开的原理图中未用到或没有打开的原理图，出现信息框，如图 8-14 所示；如果编辑修改的元件在打开的原理图中用到，则出现相应的确认信息框，单击【OK】按钮，原理图中对应的元件将被更新。

➢【设置原理图参数（Schematics Preferences）】系统参数设置命令。

➢【文档选项（Document Options）】文件选项：打开【库文件编辑器工作环境设置】对话框，如图 8-15 所示。

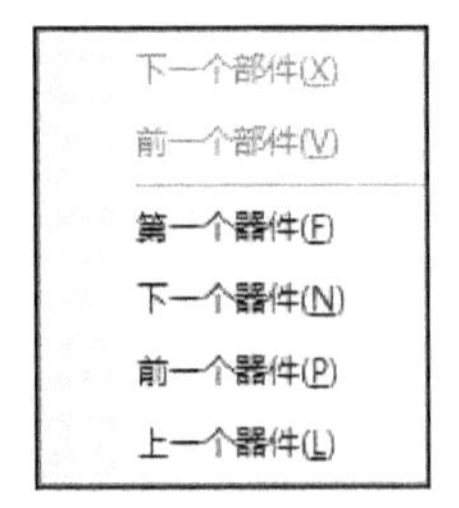

图 8-13 【转到（Goto）】子菜单

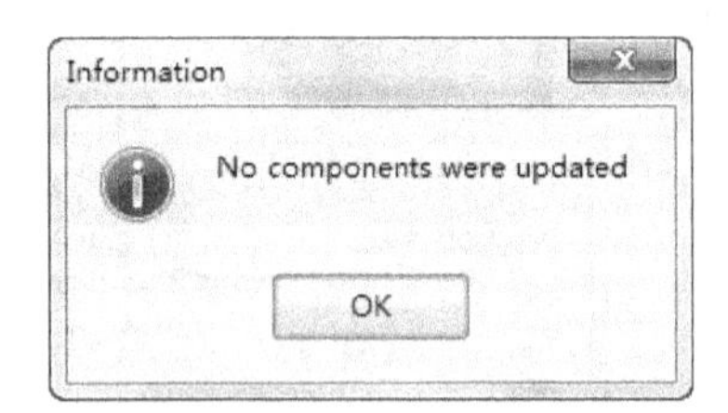

图 8-14 无更新信息框

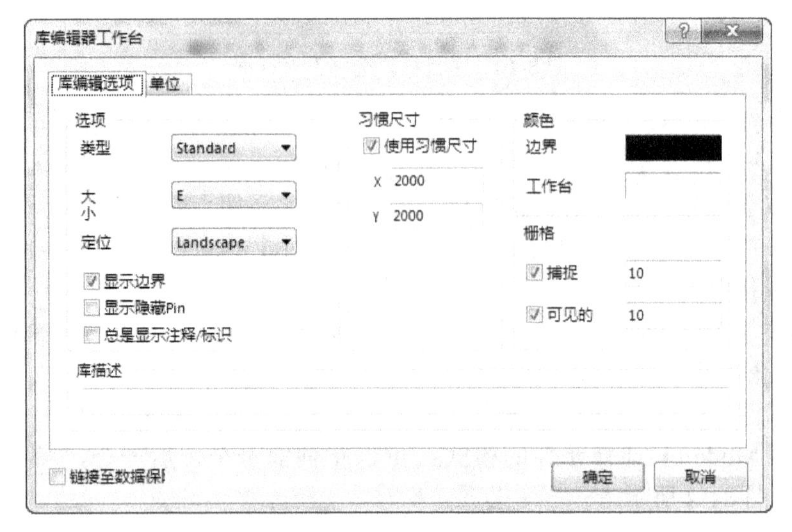

图 8-15 【库文件编辑器工作环境设置】对话框

➢【器件属性（Component Properties）】元件属性设置：编辑修改元件的属性参数。如图 8-16 所示，在此可对库文件中的元件属性进行详细的设置。

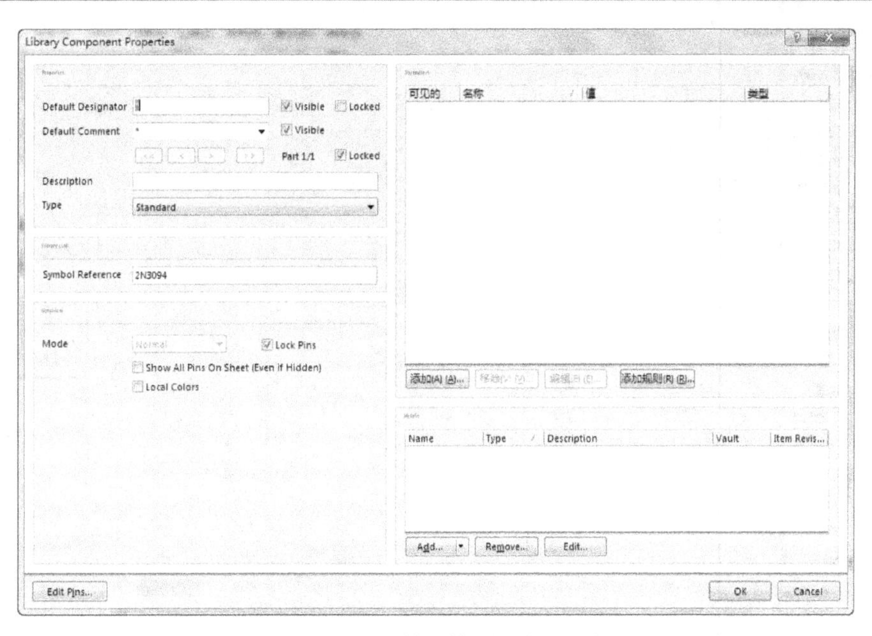

图 8-16 【元件属性设置】对话框

（2）【放置（Place）】相关菜单命令

【放置（Place）】菜单命令与原理图编辑环境中的【放置（Place）】菜单命令大致相同，仅有【IEEE Symbols】和【引脚（Pin）】引脚设置是元件库编辑环境中所独有的。

➢【IEEE Symbols】命令：菜单命令如图 8-17 所示，放置 IEEE 电气符号命令与元件放置相似。在库文件编辑器中所有符号放置时，按【空格】键旋转角度和按【X】、【Y】键镜像翻转的功能均有效。

➢【引脚（Pin）】引脚放置命令：顾名思义，该命令就是放置元件模块中的引脚，执行该命令后，出现十字光标并带有元件的引脚。该命令可以连续放置元件的引脚，引脚编号自动递增，放置引脚时按【Tab】键或双击放置好的引脚，可进入元件引脚属性设置对话框，如图 8-18 所示，元件引脚属性具体内容将在下一节进行详细介绍。

（3）【报告（Reports）】相关菜单命令

元件库编辑环境中的【报告（Reports）】菜单如图 8-19 所示，下面来简要介绍各命令的应用。

➢【器件（Component）】元件报表：生成当前文件的报表文件。执行该命令后，系统建立元件报表文件。报表中将提供元件的相关参数，如元件名称、组件等信息。

➢【库列表（Library List）】元件库列表报告：生成当前元件库的列表文件，内容有元件总数、元件名称和简单描述。执行该命令后，系统建立元件库列表，如图 8-20 所示。

➢【库报告（Library Report）】元件库报告：执行后打开【元件库报告设置】对话框，如图 8-21 所示，下面简单介绍各选项的含义。

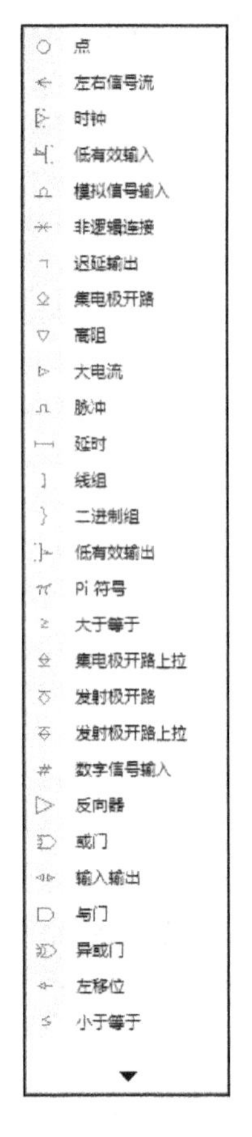

图 8-17　【IEEE Symbols】菜单

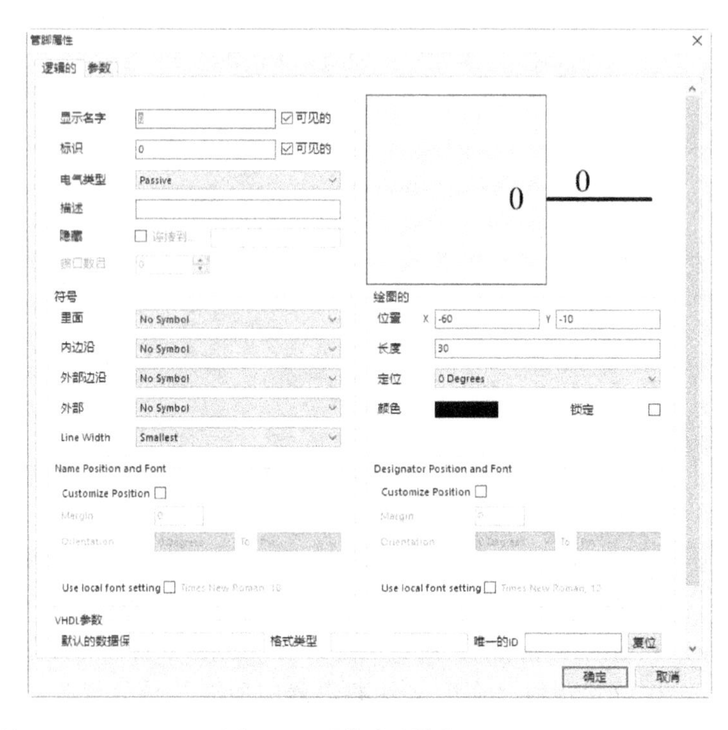

图 8-18　【管脚属性】

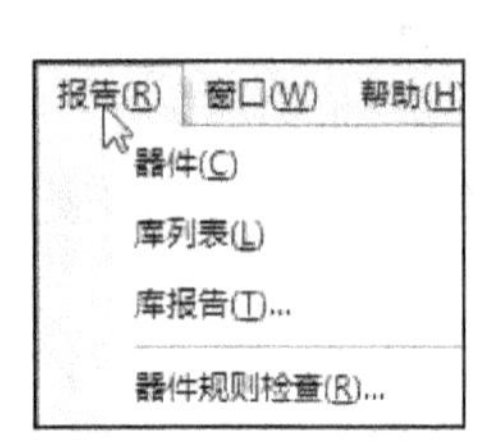

图 8-19　【报告（Reports）】菜单

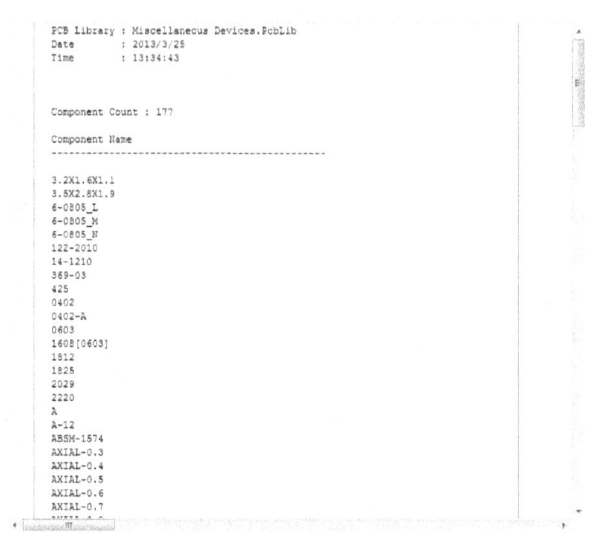

PCB Library : Miscellaneous Devices.PcbLib
Date : 2013/3/25
Time : 13:34:43

Component Count : 177

Component Name

3.2X1.6X1.1
3.5X2.8X1.9
6-0805_L
6-0805_M
6-0805_N
122-2010
14-1210
369-03
425
0402
0402-A
0603
1608[0603]
1812
1825
2029
2220
A
A-12
ABSM-1574
AXIAL-0.3
AXIAL-0.4
AXIAL-0.5
AXIAL-0.6
AXIAL-0.7

图 8-20　元件库的列表文件

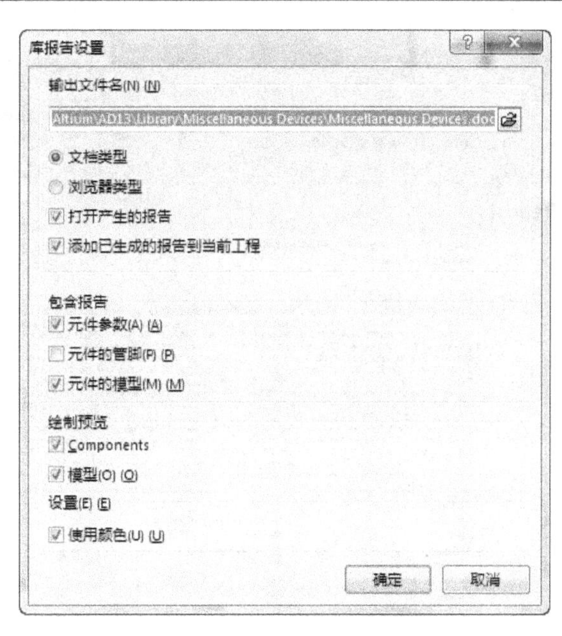

图 8-21 【元件库报告设置】对话框

【输出文件名（Output File Name）】区域。

✓【输出文件名（Output File Name）】：存储路径文本框设置存储路径和报告名称。

✓【文档类型（Document Style）】：输出报告为文件类型（*.DOC）。

✓【浏览器类型（Browser Style）】：输出报告为浏览器文件类型（*.Html）。

✓【打开产生的报告（Open generated report）】：打开生成报告文件。

✓【添加已生成的报告到当前工程（Add generated report to current project）】：将生成的报告文件添加到项目中。

【包含报告（Include in report）】区域，选择报告所包含的内容选项。

✓【元件参数（Component’s Parameters）】：元件参数。

✓【元件的管脚（Component’s Pins）】：元件引脚参数。

✓【元件的模型（Component’s Models）】：元件的模型参数。

【绘制预览（Draw previews for）】区域，选择预览选项。

✓【Components】：元件预览。

✓【模型（Models）】：模型预览。

【设置（Settings）】区域。

✓ 选择【使用颜色（Use Color）】选项时，报告使用不同颜色以区分参数类型。

设置完毕后单击【OK】按钮，系统生成元件库报告，元件库的具体内容如图 8-22 所示。

➢【器件规则检查（Component Rule Check）】元件库报告：执行后打开【库元件规则检测】对话框，如图 8-23 所示。单击【确定】按钮则系统开始对元件库里面所有的元件进行设计规则检查，并生成相应的检查报告。

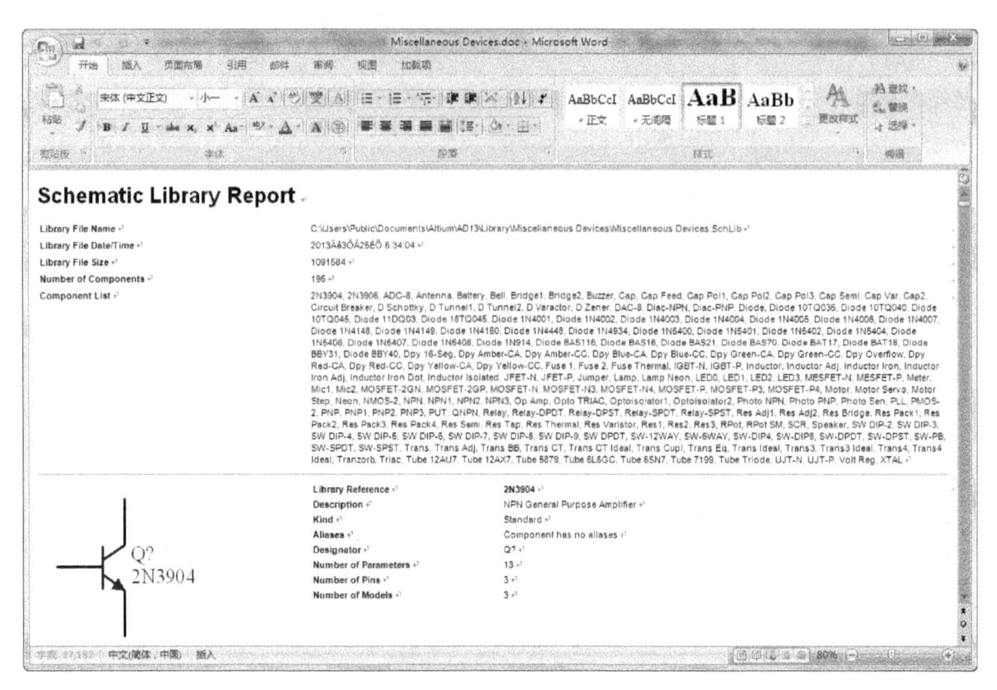

图 8-22　元件库报告（Word 格式）

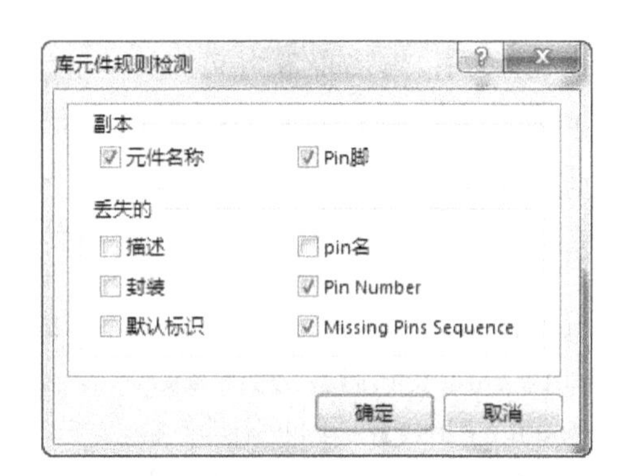

图 8-23　【库元件规则检测】对话框

8.2.3　集成库的浏览

集成库元件浏览可以查看集成库中的所有元件信息，浏览方法有以下几种。

① 在原理图库文件编辑器中浏览，在原理图库文件编辑器中，执行菜单命令【工具（Tools）】→【转到（Goto）】可以对库文件中的所有元件进行逐一浏览。

② 在原理图库面板【SCH Library】或【Libraries】库文件面板中逐一浏览。

原理图库文件编辑器的浏览功能非常有限，使用起来不太方便，所以浏览元件库的元件时，通常是使用原理图库面板或库文件面板。

（1）在原理图库面板【SCH Library】中浏览

原理图库面板进入方法：单击原理图库文件编辑器右下方的面板标签【SCH】，单击【SCH Library】按钮，打开原理图库面板，如图 8-24 所示。

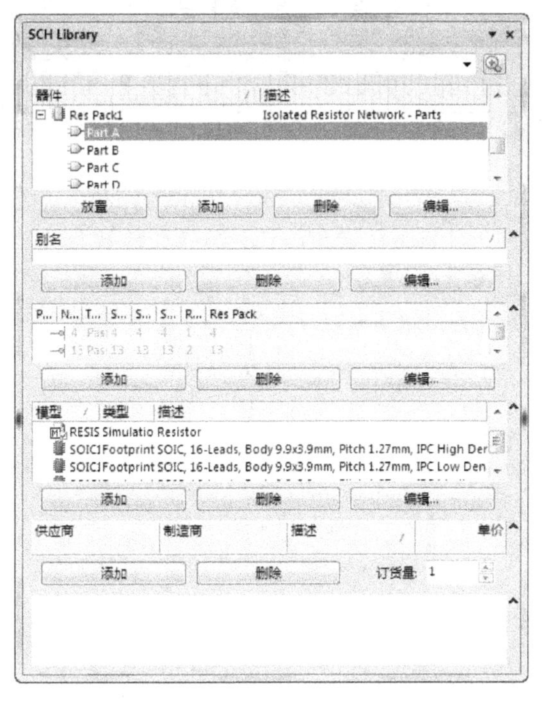

图 8-24　原理图库面板

在元件列表框中，列出当前正在编辑的元件库中的所有元件，单击元件名称使之处于选中状态，可以看到该元件的引脚和封装模型等信息，同时，原理图库文件编辑窗口也会同步显示元件的原理图符号。

（2）在库文件面板【Libraries】中浏览

原理图库面板的浏览功能也有一定的局限性，即只能浏览在原理图库文件编辑器中打开的元件库，所以，如果只是单纯地实现浏览元件库的功能时，使用库文件面板【Libraries】是最实用的。

在库文件面板中可以浏览所有已加载的元件库，而且可同时观察到元件的原理图符号、PCB、封装、仿真模型等。

浏览元件库的主要目的：放置和编辑元件，可根据不同的目的选择不同的浏览方法。与 PCB 库文件编辑器中元件库的浏览方法类似，以后不再介绍。

8.3　创建 DSP 原理图模型

本小节将接前面所述，创建 DSP 芯片“TMS320F2812”的原理图模型，“TMS320F2812”有 176 个引脚，在绘制其模型前必须了解该芯片的具体信息，打开随书光盘中 Datasheet 文件夹下的 TMS320_DataSheet.pdf 文件，如图 8-25 所示，需注意：不同封装的原理图模型其引脚数是不一样的。

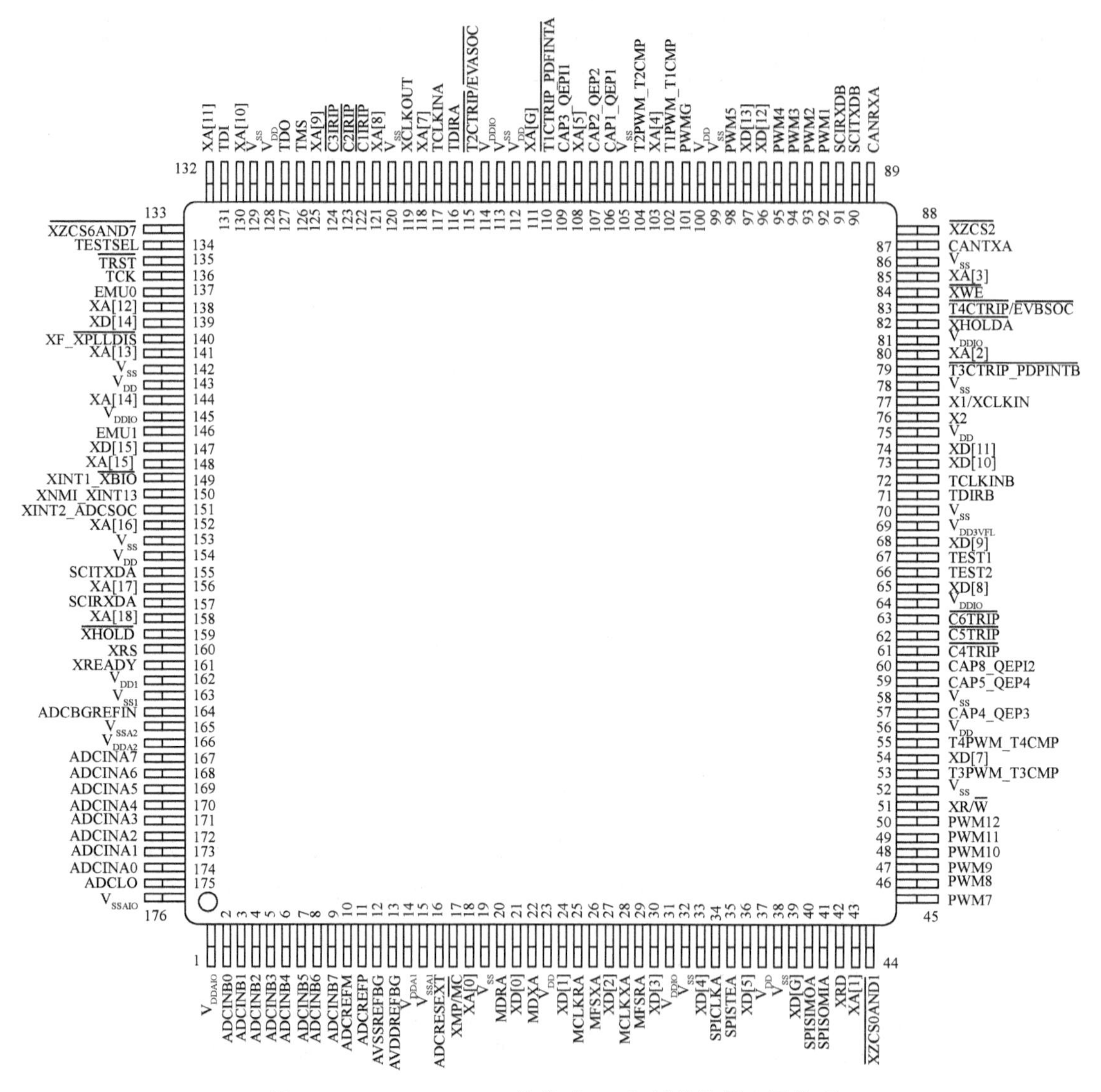

图 8-25　TMS320F2812 芯片“PGF”封装的原理图模型

8.3.1　创建一个新元件

打开刚刚创建的原理图库文件“DSP.SchLib”，在原理图库编辑环境中执行菜单命令【工具（Tools）】→【新器件（New Component）】创建一个新元件，将其命名为“TMS320F2812”。其实在新建原理图库文件“DSP.SchLib”时，系统已默认新建一个新元件“Component_1”，可直接将其更名为“TMS320F2812”，执行菜单命令【工具（Tools）】→【重新命名器件（Rename Component）】，在弹出的对话框中填入“TMS320F2812”。

8.3.2　绘制元件的符号轮廓

- 按下快捷键【Ctrl】+【Home】，让编辑区的原点居中，再执行菜单命令【放置

（Place）】→【矩形（Rectangle）】或单击工具栏的按钮进入矩形绘制状态，并按下【Tab】键对矩形的属性进行设置，如图8-26所示。

- 设置好矩形的属性后单击鼠标将矩形的第一个对角点确定在原点位置，然后拖动鼠标绘制第二个对角点，确定矩形的大小，需注意的是，由于TMS320F2812引脚较多，故轮廓的外形也比较大，在绘制过程中可以滚动鼠标来放大或缩小编辑界面，矩形右下角的坐标位置大约为（660,-720），如图8-27所示。

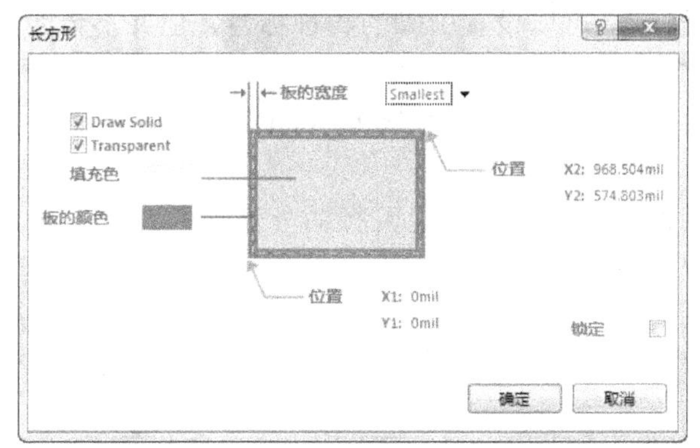

图8-26 矩形属性设置

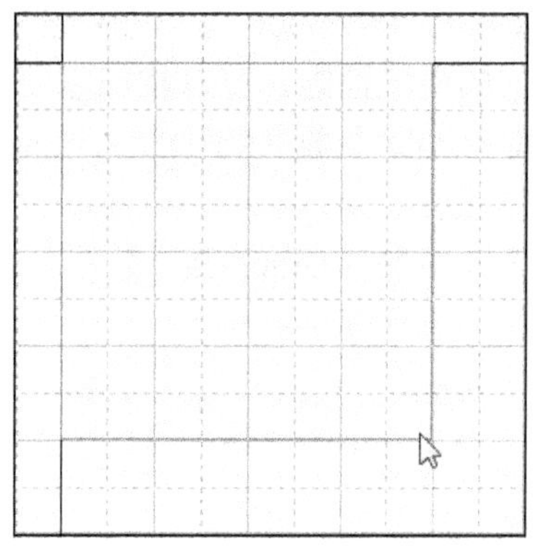

图8-27 绘制元件的轮廓

8.3.3 放置元件引脚

元件引脚具有电气属性，它定义了该元件上的电气连接点。也具有图形属性，如长度、颜色、宽度等。通常元件引脚的放置有两种方法：与实际元件封装的引脚相对应，按顺序放置引脚；按元件引脚的功能划分，按照不同的功能模块来放置引脚。在本例中由于DSP芯片引脚太多，按照功能划分可以方便后续原理图的绘制。

执行菜单命令【放置（Place）】→【引脚（Pin）】或者单击工具栏的按钮进入引脚放置状态。需注意的是，引脚只有一端是具有电气属性的，也就是在电路原理图绘制过程中可以与电气走线形成电气连接，绘制过程中可按【空格】键来改变引脚的方向。如图8-28所示，放置时光标所在的一端具有电气属性。

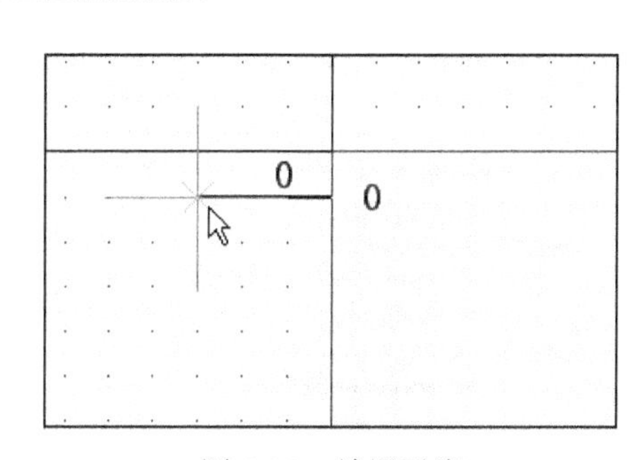

图8-28 放置引脚

引脚默认的标号及名称均为0，这显然不符合设计者的要求，放置过程中按【Tab】键进入【管脚属性】对话框，如图8-29所示，下面简单介绍引脚各项属性设置的意义。

- 【显示名字（Display Name）】：即引脚名称显示字段，在这里设置为“TMS320F2812”的ADC转换引脚，名称设置为“ADCINA0”，并选择后面的“可见的（Visible）”选项。
- 【标识（Designator）】引脚标号：即为元件引脚对应的标号，这里设置为第174

引脚，这是按功能划分的，并不是从第一引脚开始放置的。

➢【电气类型（Electrical Type)】：这里可以设置为输入、输出、输入输出、无源等。这项设定很重要，将会影响到电器规则检查的结果。为避免编译出错，在这里所有引脚统一设置为无源（Passive)。
➢【描述（Description)】：引脚的功能说明。
➢【隐藏（Hide)】：引脚是否隐藏。
➢【符号（Symbols)】：符号设置区域，可以设置引脚的各种标号，但并不会涉及元件的电气性能，可以按照需要自己设置。
➢【VHDL 参数（VHDL Parameter)】：在这里设置引脚的 VHDL 参数，在此并不需要理会。
➢【绘图的（Graphical)】图形参数设置区域：设置引脚的外观属性，如长度、坐标、颜色等。

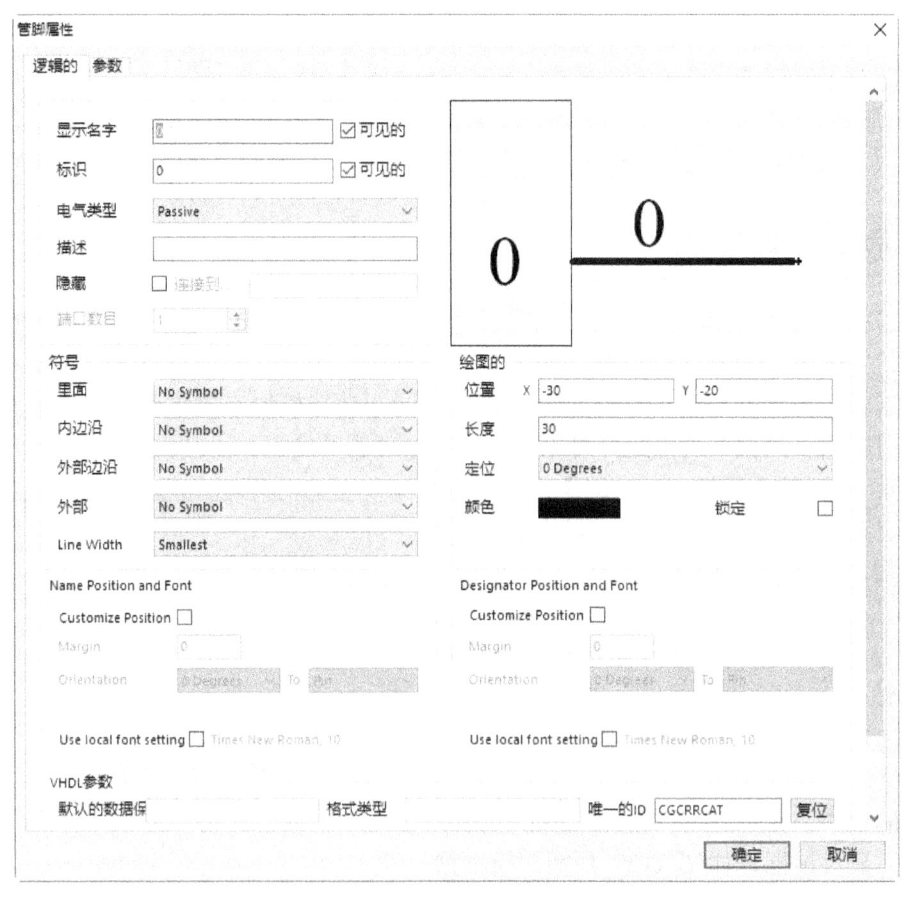

图 8-29 【管脚属性】对话框

设置好属性的元件引脚如图 8-30 所示，按照上面介绍的步骤参考如图 8-25 所示的放置剩下的 175 个引脚，引脚编辑完毕后的元件模型如图 8-31 所示。

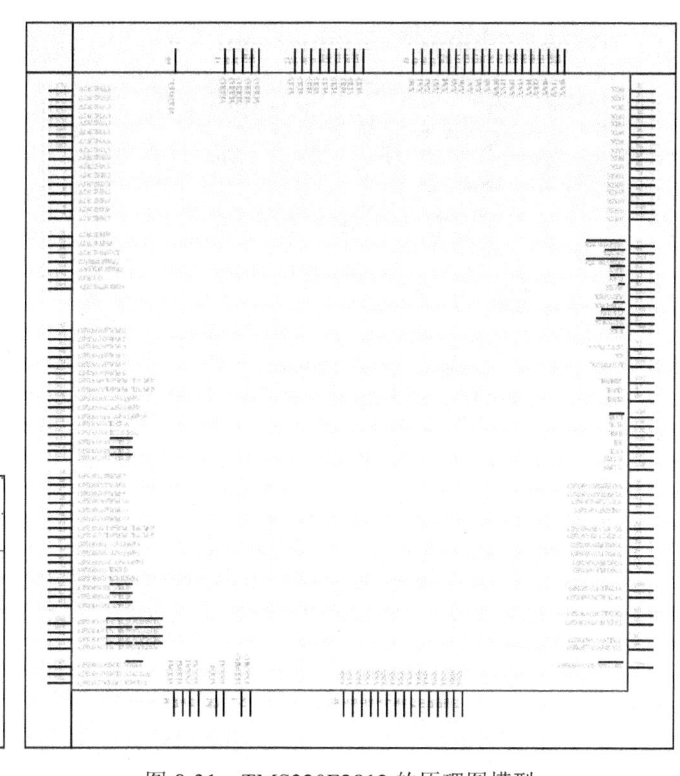

图 8-30　属性修改完毕后的引脚

图 8-31　TMS320F2812 的原理图模型

8.3.4　元件属性编辑

元件都有其相关联的属性，如默认标识、PCB 封装、仿真模块及各种变量等，这些属性设置需要通过【元件属性设置】对话框来完成。

执行菜单命令【工具（Tools）】→【器件属性（Components Properties）】或在【SCH Library】原理图库面板中选中新建的“TMS320F2812”，单击【编辑（Edit）】按钮，打开【库元件属性设置】对话框，如图 8-32 所示，下面简单介绍一下常见的元件属性设置。

- 【Default Designator】默认标号：设置该元件时系统给元件的默认标号，在这里设置为“U？”，并将“Visible”设置为可见属性选择。
- 【Comment】注释：设置元件的相关注释信息，但不会影响到元件的电气性能，这里将注释信息设置为芯片的名称为“TMS320F2812”。
- 【Type】类型：设置元件的种类，可以设置为标准、机械层、图形等，在这里设置为标准【Standard】。
- 【Symbol Reference】符号引用：设置为“TMS320F2812”。
- 【Graphical】图形区域，设置元件的默认图形属性。

➢【Mode】模式：设置为普通模式【Normal】即可。

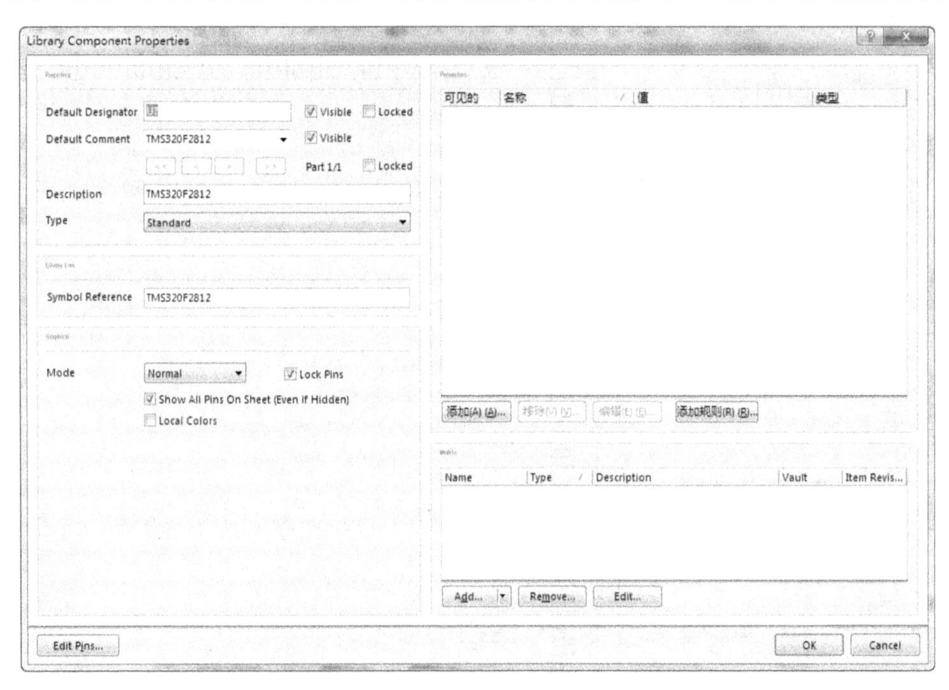

图 8-32 【库元件属性设置】对话框

➢【Lock Pins】锁定引脚：将元件引脚锁定在元件符号上，使之不能在原理图编辑环境中被修改。

➢【Show All Pins On Sheet(Even if Hidden)】图纸上显示所有引脚（即使隐藏）：通常不选择此项，隐藏的引脚不会显示。

● 【Parameters】参数设置区域：该区域设置元件的默认参数，单击下面的【添加（Add）】按钮弹出如图 8-33 所示的【参数设置】对话框，可以设置元件的各种参数，如电阻的阻值、生产厂家、生产日期等，这些参数均不具有电气意义，所以，为了简单起见无需理会。

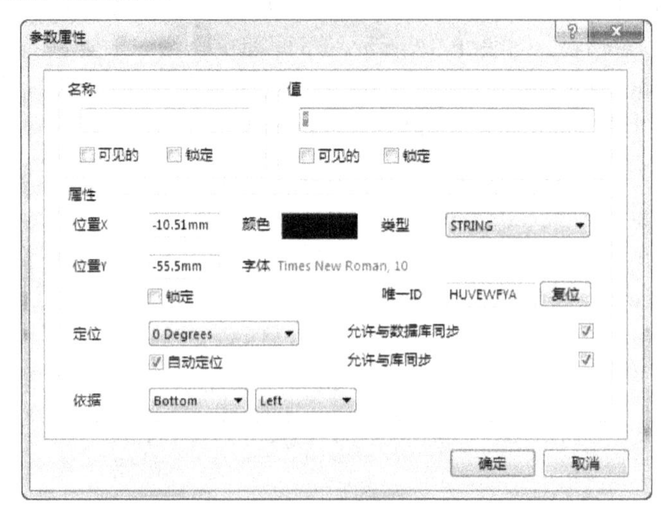

图 8-33 【参数设置】对话框

● 【Models】模型设置：此区域设置元件的默认模型，元件模型是电路图与其他电路软件连接的关键，在此区域可设置“FootPrints”PCB 封装模型、“Simulation”电路仿真模型、“lbis Model”lbis 模型、“PCB3D”PCB3D 仿真模型和“Signal Integrity”信号完整性分析模型。如图 8-34 所示，单击该区域下方的【Add】按钮添加各种模型，单击【Remove】按钮删除已有的模型，或是单击【Edit】编辑现有的模型。

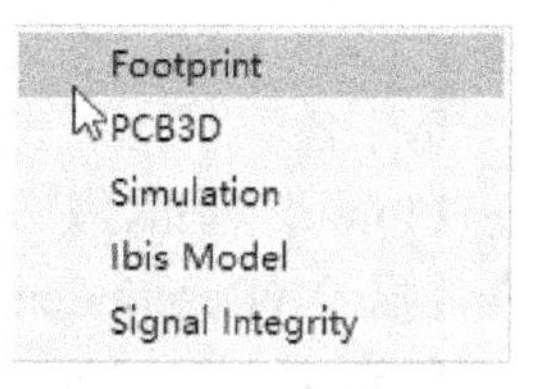

图 8-34　封装模型选项

在元件模型放置引脚时对元件引脚属性的逐一编辑显得十分麻烦，除此还有更为简单的方法。单击如图 8-32 所示的【元件属性编辑】对话框左下角的【Edit Pins】按钮，弹出如图 8-35 所示的元件引脚编辑器，这里列出了元件所有引脚的各项属性，可对这些属性进行编辑，或是增加、移除引脚等，非常方便。

元件管脚编辑器

标识	名称	Desc	类型	所有者	展示	数量	名称
156	XA17		Passive	1	✓	✓	✓
157	GPIOF5/S(		Passive	1	✓	✓	✓
158	XA18		Passive	1	✓	✓	✓
159	X\H\O\L\D		Passive	1	✓	✓	✓
160	X\R\S\		Passive	1	✓	✓	✓
161	XREADY		Passive	1	✓	✓	✓
162	VDD1		Passive	1	✓	✓	✓
163	VSSA1		Passive	1	✓	✓	✓
164	ADCBGREI		Passive	1	✓	✓	✓
165	VSSA2		Passive	1	✓	✓	✓
166	VDDA2		Passive	1	✓	✓	✓
167	ADCINA7		Passive	1	✓	✓	✓
168	ADCINA6		Passive	1	✓	✓	✓
169	ADCINA5		Passive	1	✓	✓	✓
170	ADCINA4		Passive	1	✓	✓	✓
171	ADCINA3		Passive	1	✓	✓	✓
172	ADCINA2		Passive	1	✓	✓	✓
173	ADCINA1		Passive	1	✓	✓	✓
174	ADCINA0		Passive	1	✓	✓	✓
175	ADCLO		Passive	1	✓	✓	✓

添加(A) (A)...　删除(R) (R)...　编辑(E) (E)...

确定　取消

图 8-35　元件引脚编辑器

8.3.5　元件设计规则检查

元件的原理图模型绘制完毕后还要进行设计规则检查，以防有意想不到的错误发生，导致后面生成集成元件库出现错误。执行菜单命令【报告（Reports）】→【器件规则检查（Component Rule Check)】，弹出如图 8-36 所示的【库元件规则检查】对话框。

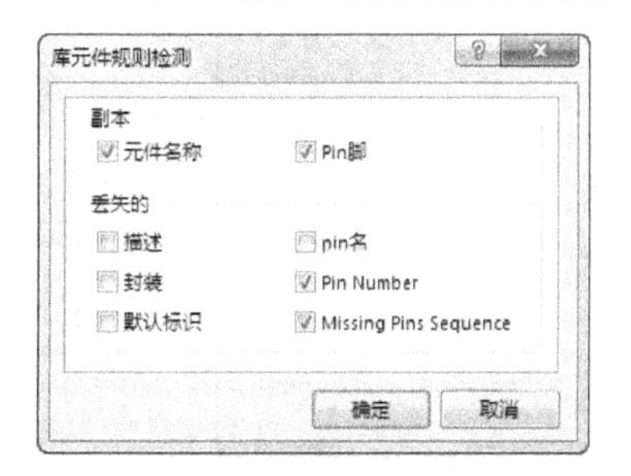

图 8-36　【元件设计规则检查】对话框

可供检查的项目如下。

【副本（Duplicate)】重复的项目：查找是否有重复的项目。

➢【元件名称（Component Names)】元件名：检查是

否有重复的

元件名。

- ➤【Pin 脚（Pins）】引脚：检查是否有重复引脚。
- ➤【描述（Description）】：检查是否遗漏元件的描述。
- ➤【Pin 名（Pin Name）】：检查是否遗漏元件的引脚名称。
- ➤【封装（Footprint）】：检查是否遗漏元件的封装。
- ➤【Pin Number】引脚号：检查是否遗漏元件的引脚号。
- ➤【默认标识（Default Designator）】：检查是否遗漏元件的标号。
- ➤【Missing Pins in Sequence】丢失引脚序列：检查是否遗漏元件的引脚标号。

单击【确定】按钮执行元件设计规则检查，并将检查的结果生成“DSP.ERR”文件，检查的结果如图 8-37 所示，没有发现错误。

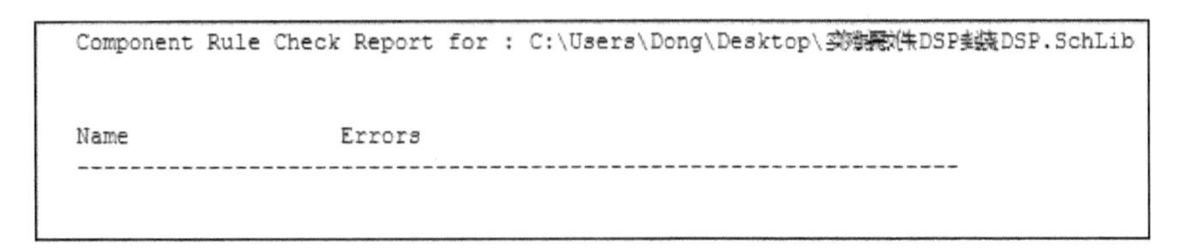

```
Component Rule Check Report for : C:\Users\Dong\Desktop\实例素材\DSP封装DSP.SchLib


Name                Errors
-----------------------------------------------------------------
```

图 8-37　元件设计规则检查结果

8.3.6　生成元件报表

元件设计规则检查无误后可以生成元件报表，列出元件的详细信息，执行菜单命令【报告（Reports）】→【器件（Component）】，系统会自动生成元件报表文件“DSP.cmp”，并打开。里面列出了元件的引脚的详细信息，如图 8-38 所示，便于查看。

```
DSP.SchLib   DSP.cmp

Component Name : TMS320F2812

Part Count : 2

Part : U?
     Pins - (Normal) : 0
          Hidden Pins :

Part : U?
     Pins - (Alternate 1) : 0
          Hidden Pins :

Part : U?
     Pins - (Alternate 2) : 0
          Hidden Pins :

Part : U?
     Pins - (Normal) : 176
          ADCINA7        167          Passive
          ADCINA6        168          Passive
          ADCINA5        169          Passive
          ADCINA4        170          Passive
          ADCINA3        171          Passive
          ADCINA2        172          Passive
          ADCINA1        173          Passive
          ADCINA0        174          Passive
          ADCINB0        2            Passive
          ADCINB1        3            Passive
          ADCINB2        4            Passive
          ADCINB3        5            Passive
          ADCINB4        6            Passive
          ADCINB5        7            Passive
          ADCINB6        8            Passive
          ADCINB7        9            Passive
          ADCREFM        10           Passive
          ADCREFP        11           Passive
```

图 8-38　元件报表

8.4 Altium Designer 的 PCB 封装库编辑环境

Altium Designer 提供了 863 个 PCB 封装库供用户调用，但是随着电子工业的飞速发展，新型元件的封装形式层出无穷，元件 PCB 封装库总显得不够用。因此，学会自己设计元件的封装是电子工程师的必修课。Altium Designer 提供了强大的 PCB 封装设计系统，将引导读者一步步建立“TMS320F2812”的 PCB 封装模型。

8.4.1 新建与打开元件 PCB 封装库文件

通过新建 PCB 封装库文件或是打开现有的 PCB 封装库文件，来启动 PCB 封装设计系统。

- 创建一个新的 PCB 封装库文件：执行菜单命令【文件（File）】→【新建（New）】→【库（Library）】→【PCB 元件库（PCB Library）】，系统将新建一个 PCB 封装库，将其改名存储为“DSP.PcbLib”。
- 打开一个 PCB 库文件：执行菜单【文件（File）】→【打开（Open）】，进入【选择打开文件】对话框，如选择要打开的库文件名“C:\Users\Public\Documents\Altium\AD16\Library\Miscellaneous Devices PCB.PcbLib”，单击【打开】按钮，进入 PCB 封装库编辑器，同时，编辑器窗口显示库文件中的第一个封装。

打开的 PCB 封装库编辑界面如图 8-39 所示。

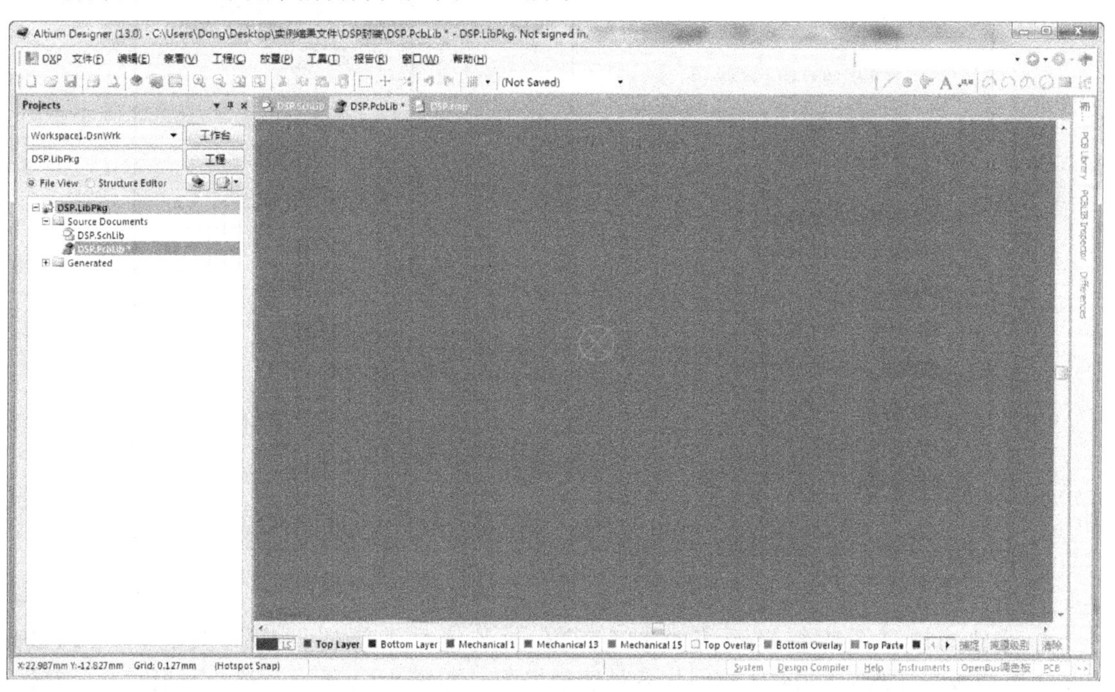

图 8-39　PCB 封装库编辑器界面

8.4.2 熟悉元件 PCB 封装模型编辑环境

元件 PCB 封装库文件编辑器的界面与原理图库文件编辑器的界面大同小异，提供的功能菜单也类似，现在简单介绍菜单【工具（Tools）】和【放置（Place）】的相关命令。

- 【工具（Tools）】菜单提供了 PCB 库文件编辑器所使用的工具，包括新建、属性设置、元件浏览、元件放置等，如图 8-40 所示。
- 【放置（Place）】菜单中提供了创建一个新元件封装时所需的对象件，如焊盘、过孔等，如图 8-41 所示。

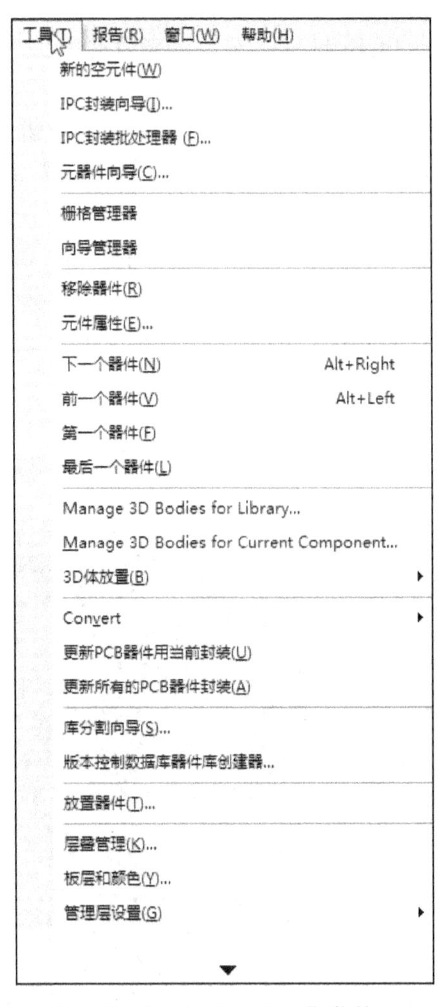

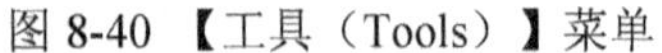
图 8-40 【工具（Tools）】菜单

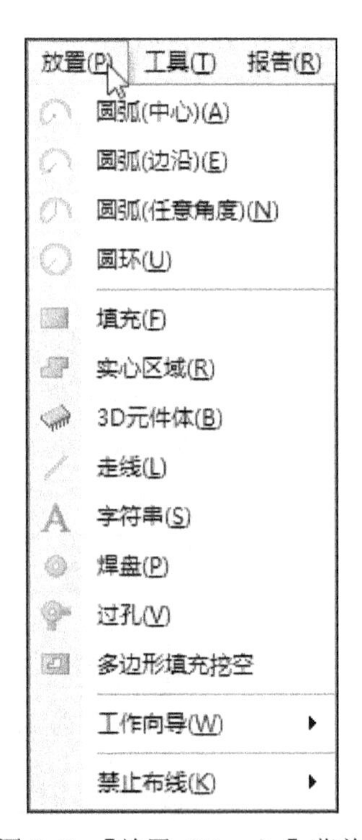

图 8-41 【放置（Place）】菜单

与元件的原理图库编辑系统类似，PCB 封装模型编辑器同样提供了一个【PCB Library】面板来实现元件 PCB 模型的各种编辑操作。如图 8-42 所示，整个面板可分为筛选框、封装列表框、封装焊盘明细框、封装预览框，该面板的具体应用会在下面元件封装的绘制过程中逐步讲解。

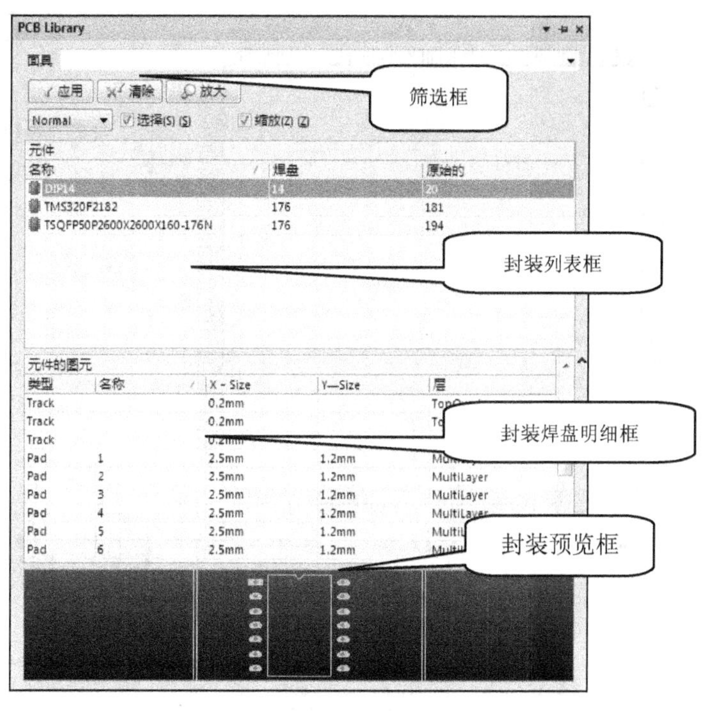

图 8-42 【PCB Library】面板

8.5 创建元件的 PCB 封装模型

在 Altium Designer 中创建元件 PCB 封装的方法多种多样，可以在知道元件的具体尺寸的情况下手工绘制出元件的封装，如果所需绘制的元件封装为符合国际标准的芯片封装，可以利用 Altium Designer 提供的 IPC 元件封装设计向导和元件封装设计向导非常方便地设计出符合要求的芯片 PCB 封装模型。所以，绘制元件 PCB 封装模型的方法可分为三种，下面分别介绍。

- 利用 IPC 元件封装向导【IPC 封装向导（IPC Footprint Wizard）】绘制封装模型。
- 利用元件封装向导【元器件向导（Component Wizard）】绘制封装模型。
- 手工绘制元件封装模型。

8.5.1 利用 IPC 元件封装向导绘制 DSP 封装

“TMS320F2812”封装有 176 个焊盘，若是想手工绘制，其工程量可想而知，但是，利用 Altium Designer 提供的 IPC 元件封装向导来绘制只需简单的几步，而且精度高。

在绘制 TMS320F2812 的 PCB 封装之前首先得了解芯片的具体尺寸，打开随书光盘中 Datasheet 文件夹下的 TMS320_DataSheet.pdf 文件，并在其机械数据中找到 LQFPs 封装数据，如图 8-43 所示，这里列出了 DSP 芯片非常具体的芯片尺寸数据，有了这些数据就可以绘制出精确的封装模型。

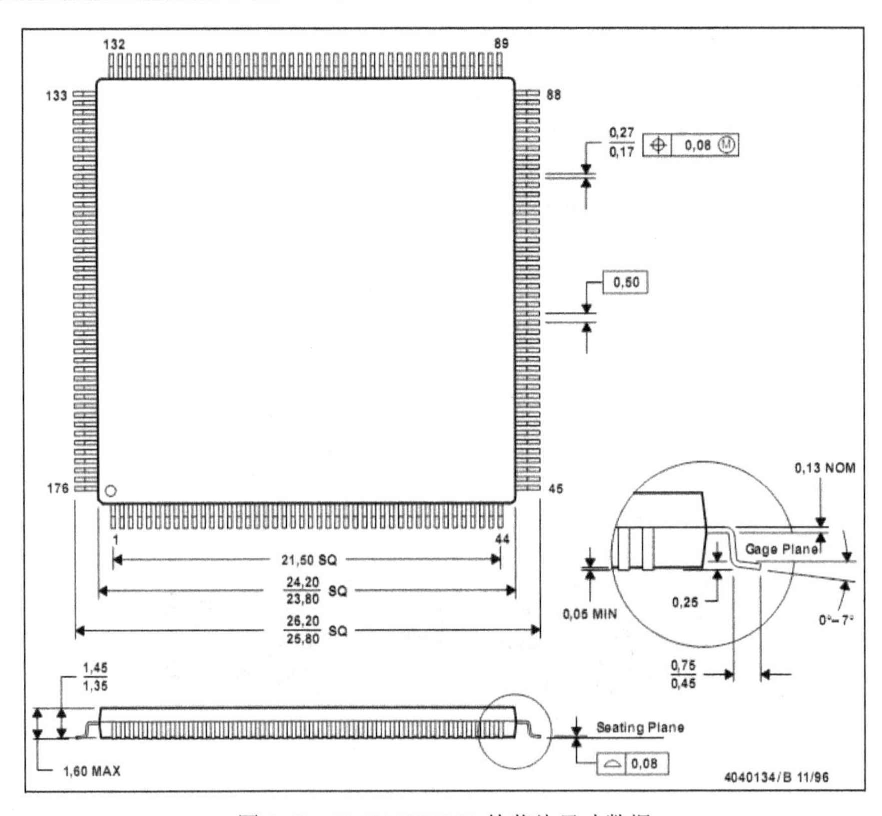

图 8-43 TMS320F2812 的芯片尺寸数据

● 执行菜单命令【工具（Tools）】→【IPC 封装向导（IPC Compliant Footprint Wizard)】，启动 IPC 元件封装向导，如图 8-44 所示。

图 8-44 元件封装向导启动界面

- 单击【下一步（Next)】按钮，进入如图 8-45 所示的【选择元件封装类型】对话框，选择其中的 PQFP，这是四方形的扁平塑料封装，与“TMS320F2812”的封装类型类似，这也是用得最多的贴片 IC 封装元件，在该对话框的右边列出了该类元件的介绍和封装模型预览，对话框的下面则提示注意芯片的参数均采用 mm 为单位。

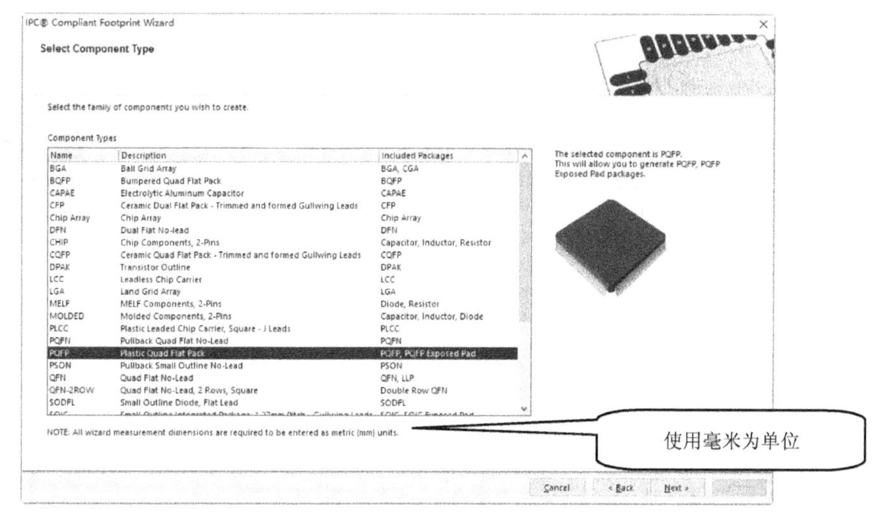

图 8-45 【选择元件封装类型】对话框

- 单击【下一步（Next)】按钮，进入如图 8-46 所示的【芯片外形尺寸设置】对话框 1，设置芯片的外径，根据给出的具体数据，设置长和宽的最小值和最大值分别为 25.8mm 和 26.2mm。
- 单击【下一步（Next)】按钮，进入如图 8-47 所示的【芯片外形尺寸设置】对话框 2，设置芯片的内径、引脚的大小、引脚之间的间距，以及引脚的数量，参数的具体数值设置与图中一致。当这些具体数据设置完毕后可以看到元件的预览图已经与芯片的外形一样了。

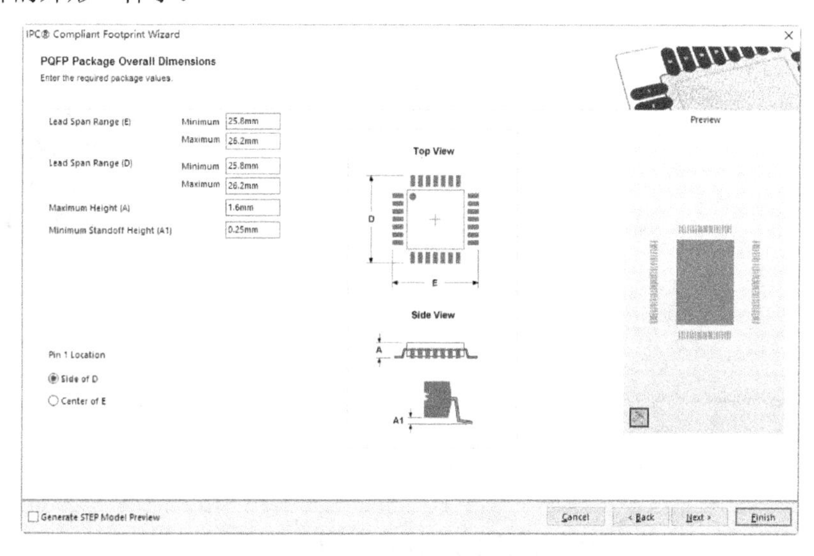

图 8-46 【芯片外形尺寸设置】对话框 1

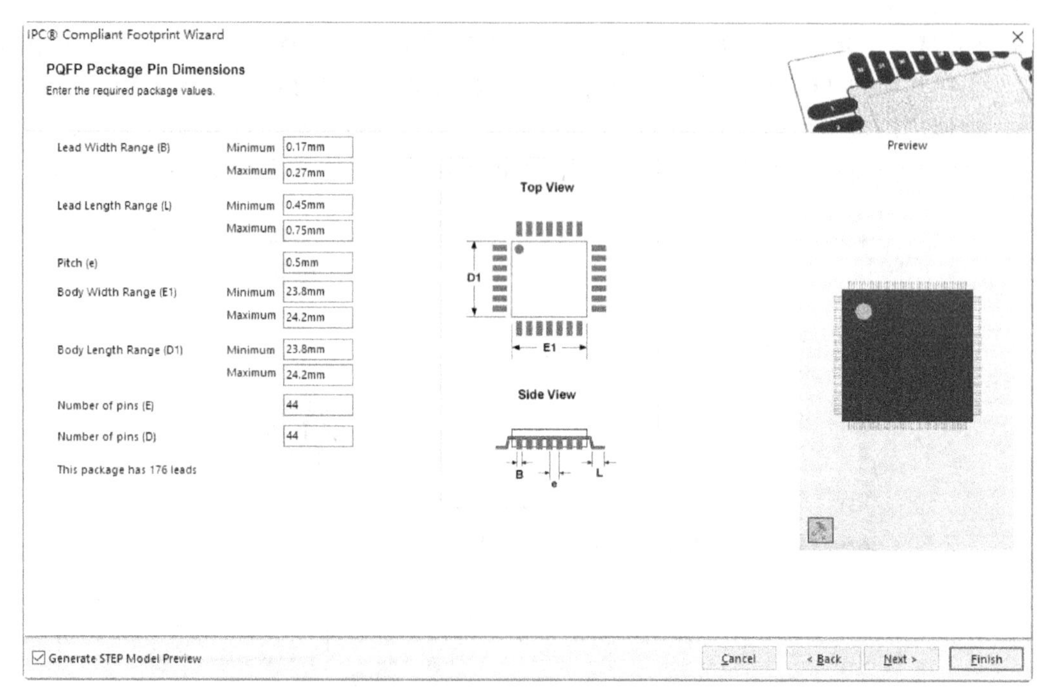

图 8-47 【芯片外形尺寸设置】对话框 2

● 单击【下一步（Next)】按钮，进入如图 8-48 所示的【导热焊盘设置】对话框，这是针对发热量较大的芯片设置的，“TMS320F2812”芯片本身并没有导热的焊盘，所以不用选择【添加热焊盘（Add Thermal Pad)】选项。

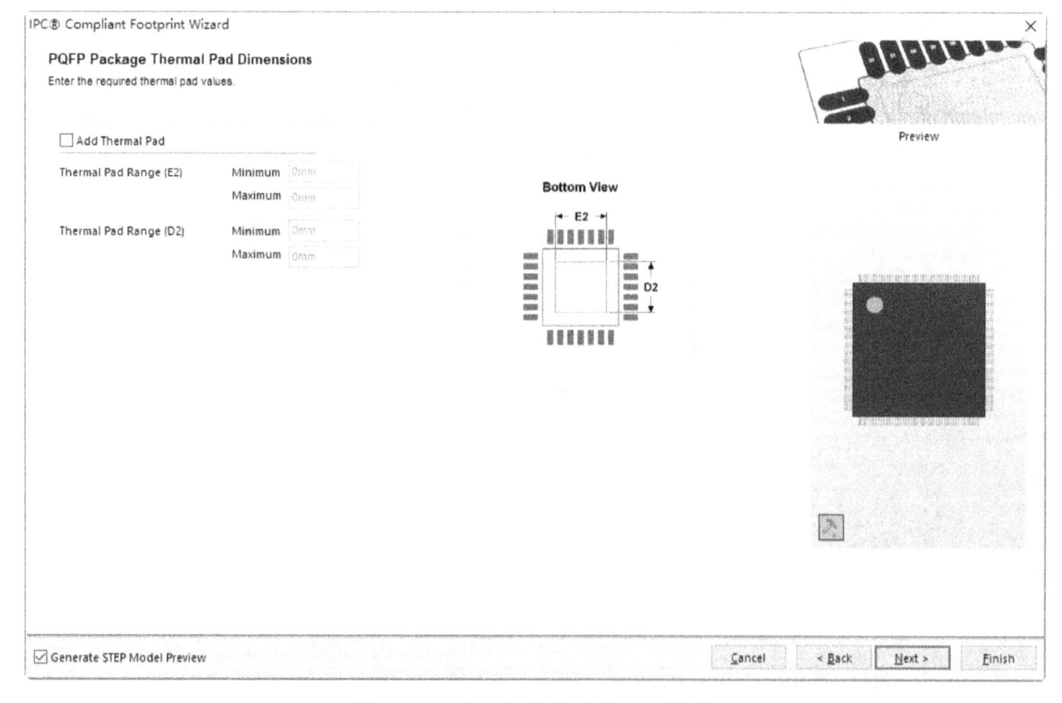

图 8-48 【导热焊盘设置】对话框

- 单击【下一步（Next）】按钮，进入如图 8-49 所示的【引脚位置设置】对话框，设置元件的引脚和元件体之间的距离，系统已经由前面提供的芯片数据计算出了默认数据，无需修改。

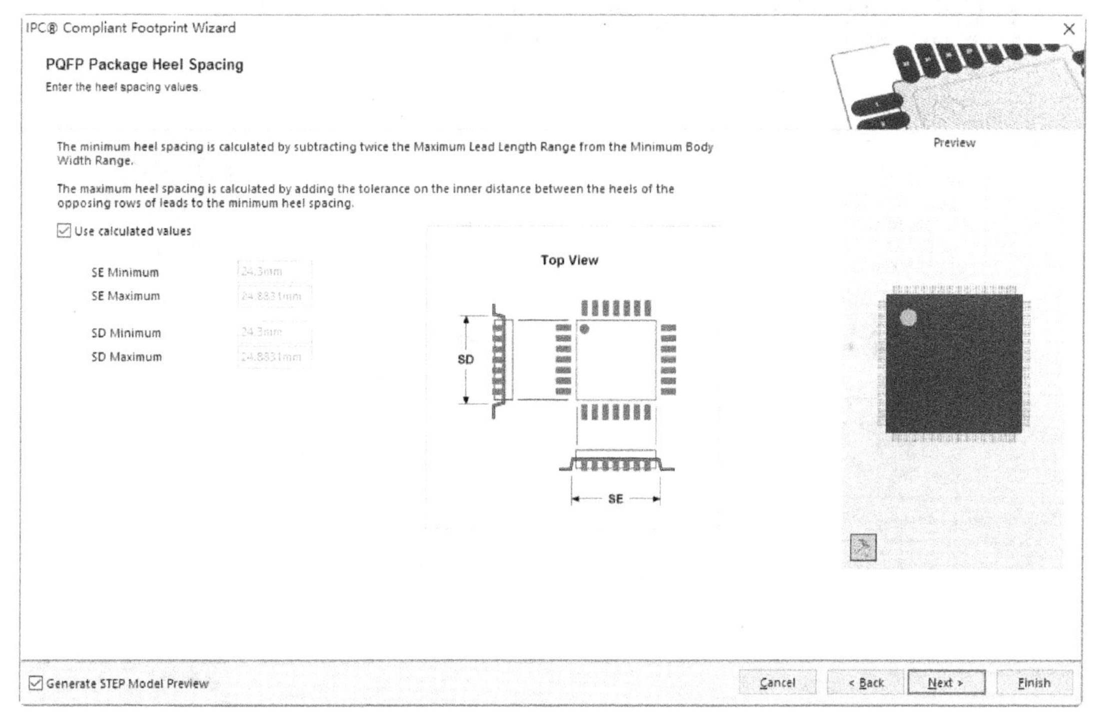

图 8-49 【引脚位置设置】对话框

- 单击【下一步（Next）】按钮，进入如图 8-50 所示的【助焊层尺寸设置】对话框，设置元件焊盘的助焊层的尺寸大小，采用系统默认计算数据，并将其中的【板密度级别（Board density Level)】选项选择为【Level B-Medium Density】，下面列出了尺寸的预览。
- 单击【下一步（Next）】按钮，进入如图 8-51 所示的【元件容差设置】对话框，设置元件的最大误差，采用系统的默认设置。
- 单击【下一步（Next）】按钮，进入如图 8-52 所示的【芯片封装容差设置】对话框，设置芯片封装所允许的最大误差，采用系统的默认设置。
- 单击【下一步（Next）】按钮，进入如图 8-53 所示的【焊盘尺寸设置】对话框，设置芯焊盘的尺寸大小，焊盘的尺寸大小值是系统根据芯片的引脚尺寸计算出来的，还可以设置焊盘的形状，是【圆形的（Rounded）】圆形还是【矩形（Rectangular)】矩形，这里采用系统的默认设置。
- 单击【下一步（Next）】按钮，进入如图 8-54 所示的【丝印层尺寸设置】对话框，设置丝印层印刷的元件的外形的尺寸，选用系统的默认数值。

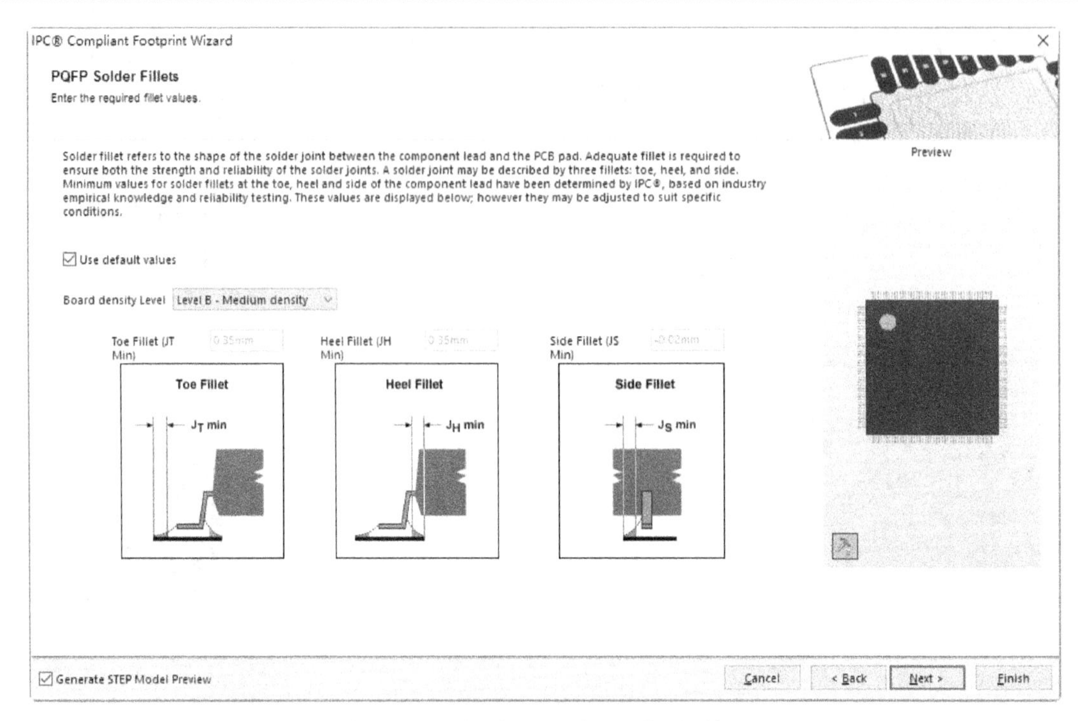

图 8-50 【助焊层尺寸设置】对话框

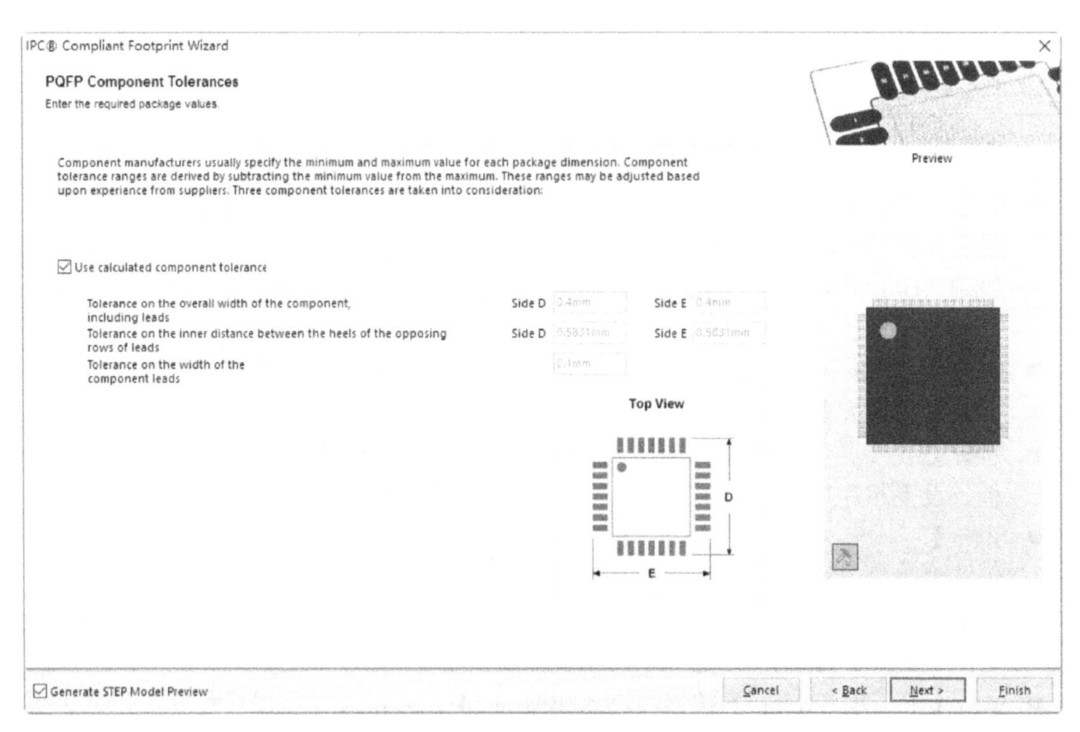

图 8-51 【元件容差设置】对话框

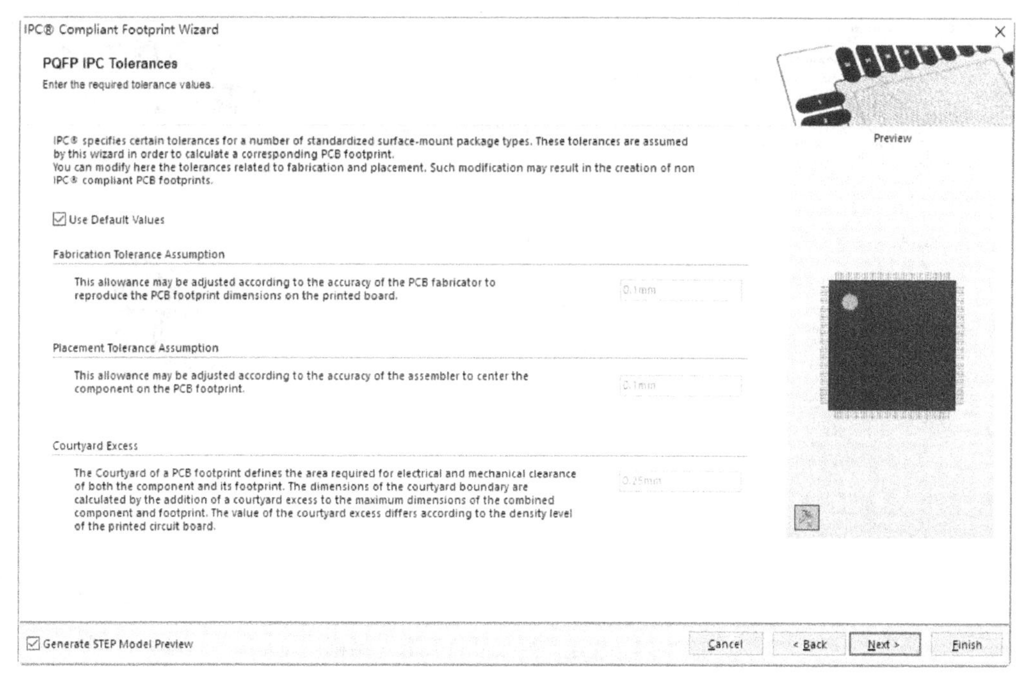

图 8-52 【芯片封装容差设置】对话框

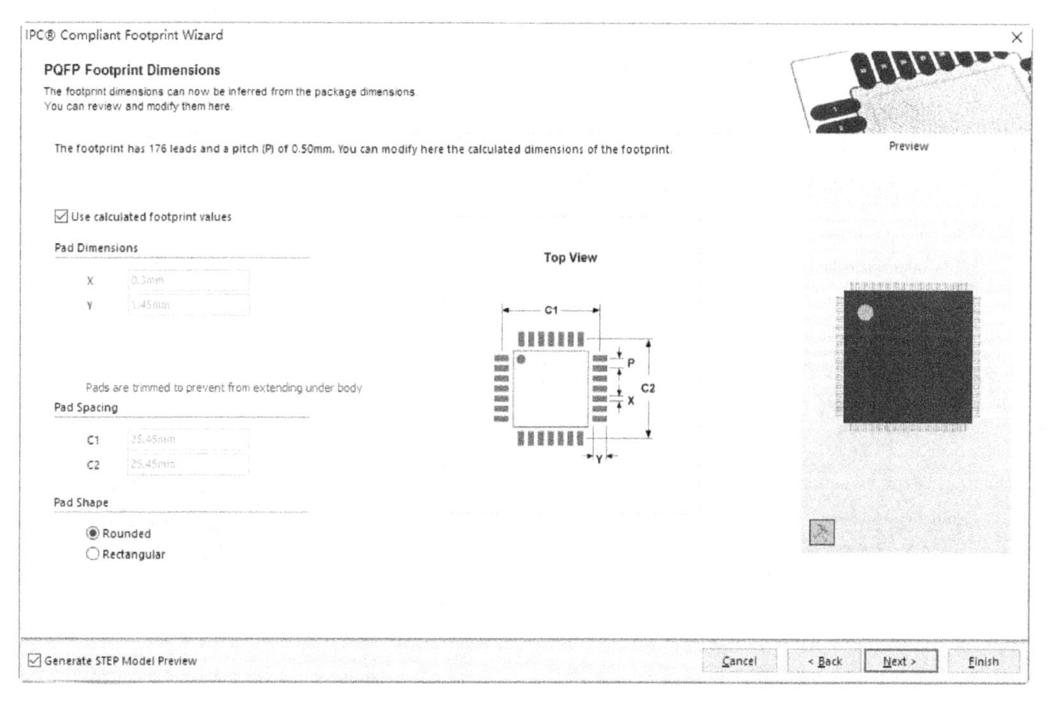

图 8-53 【焊盘尺寸设置】对话框

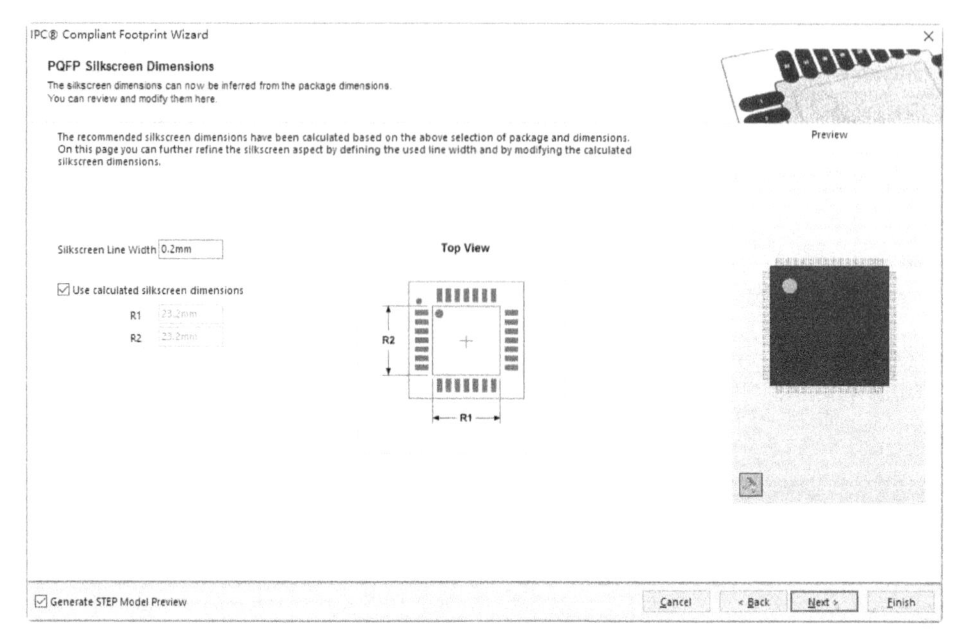

图 8-54 【丝印层尺寸设置】对话框

- 单击【下一步（Next)】按钮，进入如图 8-55 所示的【芯片封装整体尺寸设置】对话框，设置芯片封装的整体尺寸，系统已经根据芯片的尺寸和焊盘的大小计算出了默认值，所以无需更改。至此，芯片的封装已经设计完成，可以单击【Finish】按钮完成设计。
- 单击【下一步（Next)】按钮，进入如图 8-56 所示的【元件名称与描述设置】对话框，系统已经给出了建议值，不需要修改。

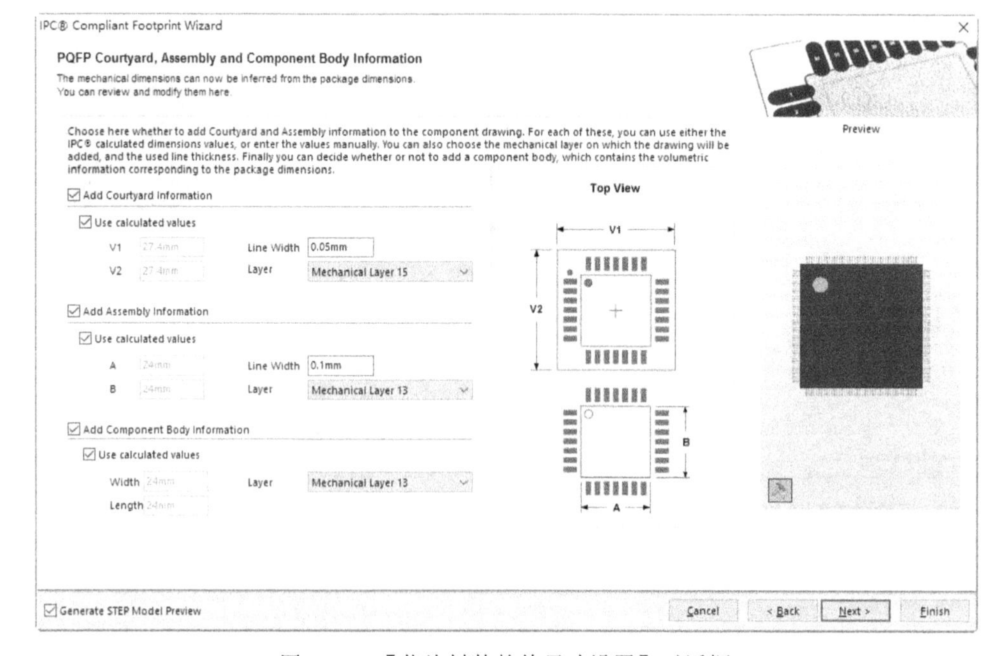

图 8-55 【芯片封装整体尺寸设置】对话框

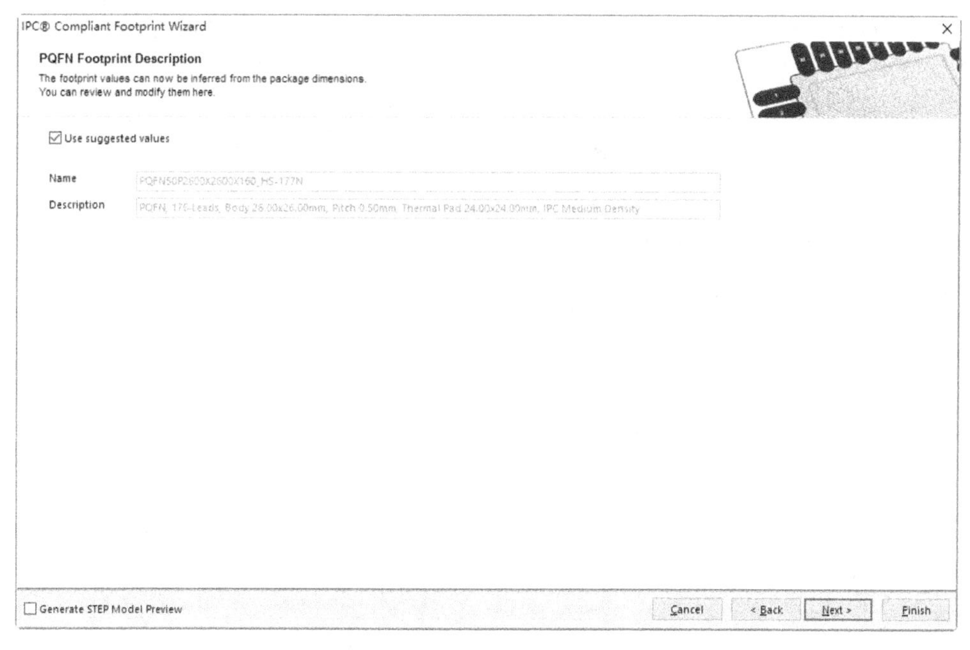

图 8-56 【元件名称与描述设置】对话框

- 单击【下一步（Next）】按钮，进入如图 8-57 所示的【元件封装存储位置】对话框，默认为存储在当前库文件中。
- 单击【下一步（Next）】按钮，进入如图 8-58 所示的【IPC 元件封装向导完成】对话框，单击【完成（Finish）】按钮完成元件封装的设计。

设计完成的“TMS320F2812”的 PCB 封装图，如图 8-59 所示。有了 IPC 元件封装向导，绘制复杂的多引脚芯片的 PCB 封装模型就变得方便多了。

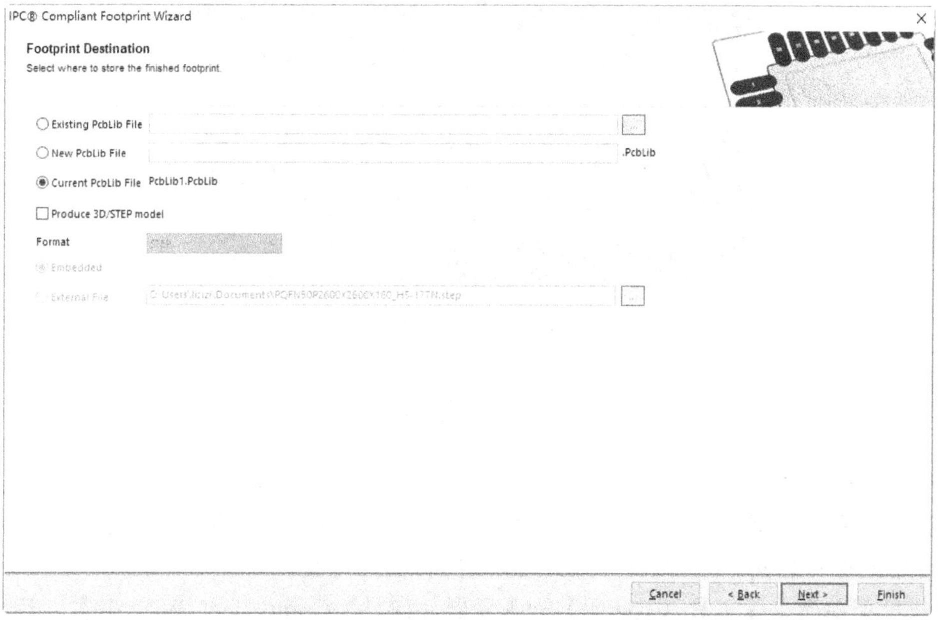

图 8-57 【元件封装存储位置】对话框

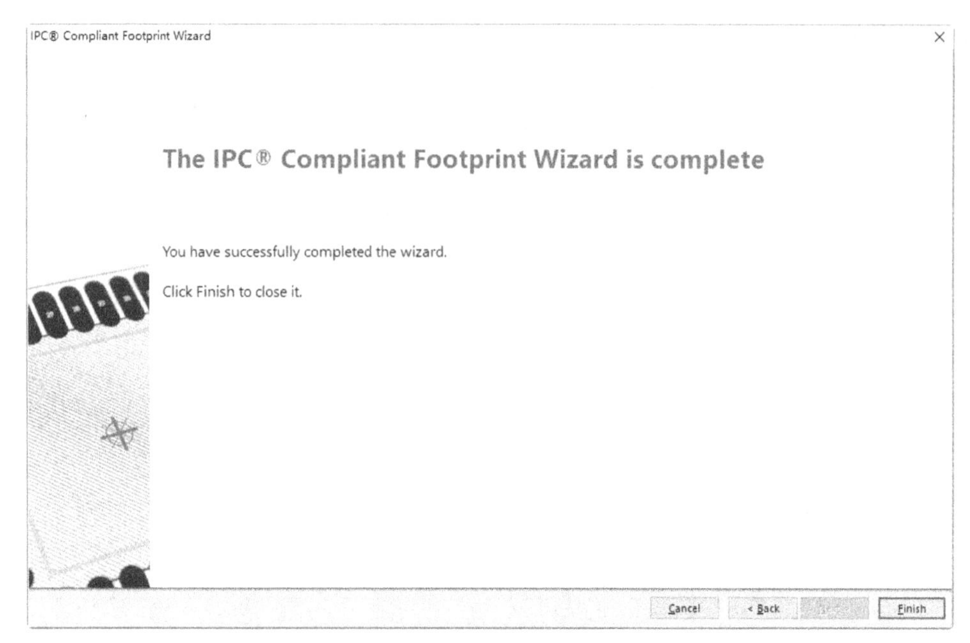

图 8-58 【IPC 元件封装向导完成】对话框

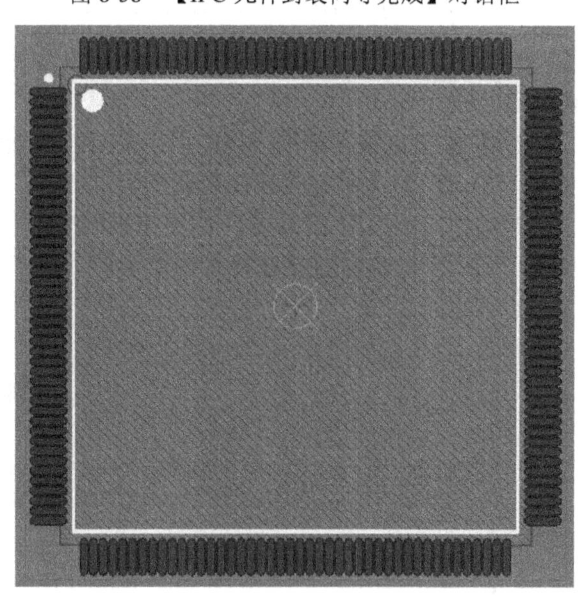

图 8-59 TMS320F2812 的 PCB 封装图

8.5.2 利用元件封装向导绘制封装模型

元件封装设计向导（PCB Component Wizard）是 Altium Designer 先前版本留下来的元件封装设计工具，利用它可以像 IPC 元件封装向导一样非常方便地设计元件的封装模型。下面就使用元件封装向导来设计一个 DIP14 双排直插的封装。

- 执行菜单命令【工具（Tools）】→【元器件向导（Component Wizard）】，启动 PCB 元件封装生成向导，如图 8-60 所示。

- 单击【下一步（Next)】按钮，进入如图 8-61 所示的【元件封装类型选择】对话框，在这里选择“Dual In-line Packages（DIP)”双列直插，并将单位选为毫米。

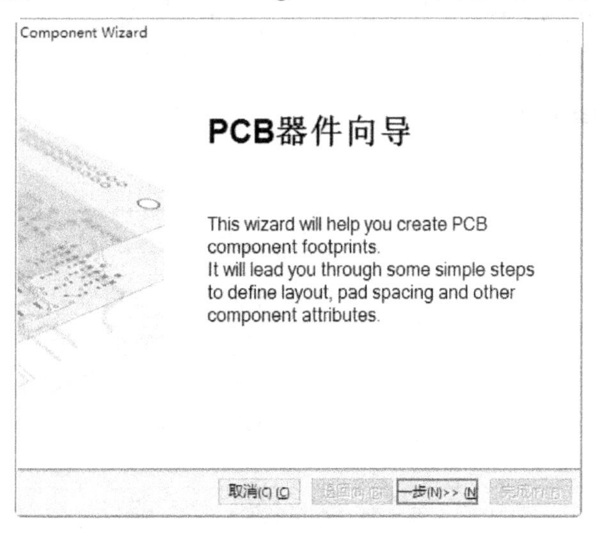

图 8-60　元件封装向导启动界面

图 8-61　【元件封装类型选择】对话框

- 单击【下一步（Next)】按钮，进入【焊盘尺寸设置】对话框，如图 8-62 所示，填入合适的焊盘孔径。编辑修改焊盘尺寸时，在相应尺寸上单击，删除原来数据，再添加新数据，单位可以不加。

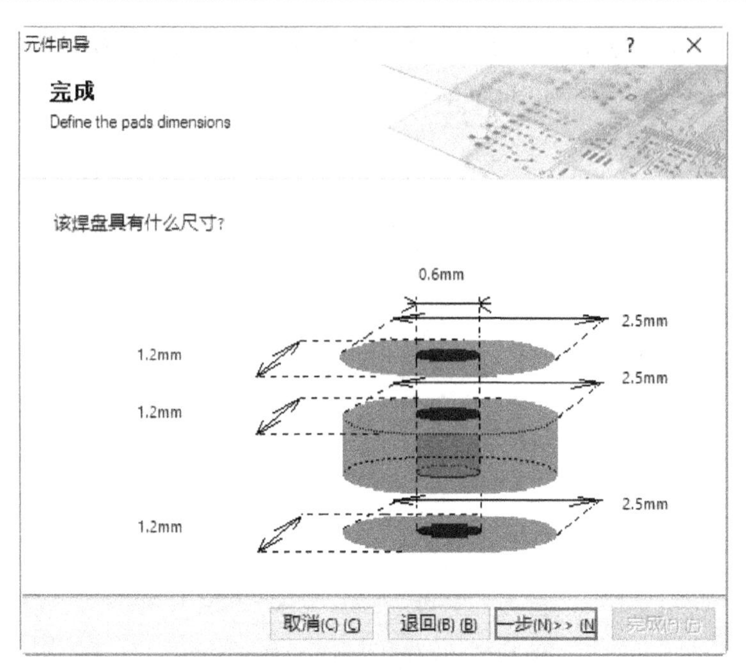

图 8-62　【焊盘尺寸设置】对话框

● 单击【下一步（Next)】按钮，进入【焊盘位置设置】对话框，如图 8-63 所示，在此设置芯片相邻焊盘之间的间距。

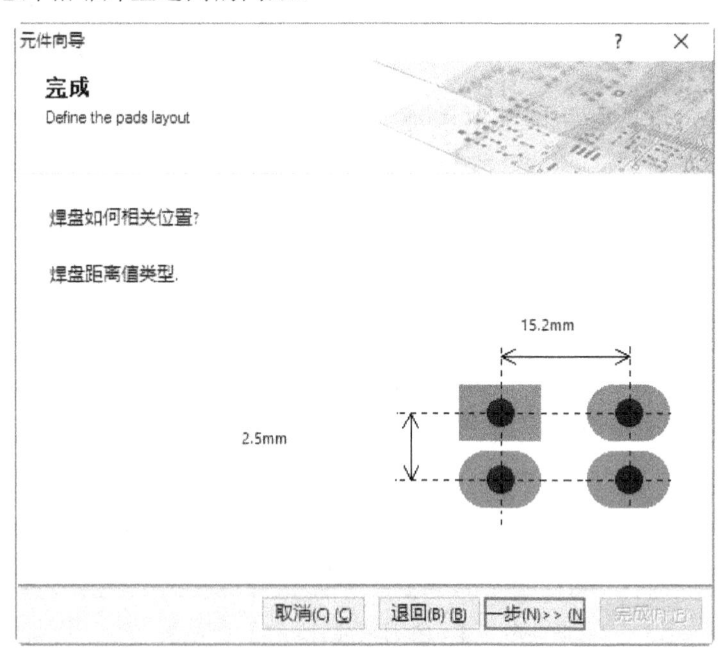

图 8-63　【焊盘位置设置】对话框

● 单击【下一步（Next)】按钮，进入【封装轮廓宽度设置】对话框，如图 8-64 所示，设置丝印层绘制的元件轮廓线的宽度。

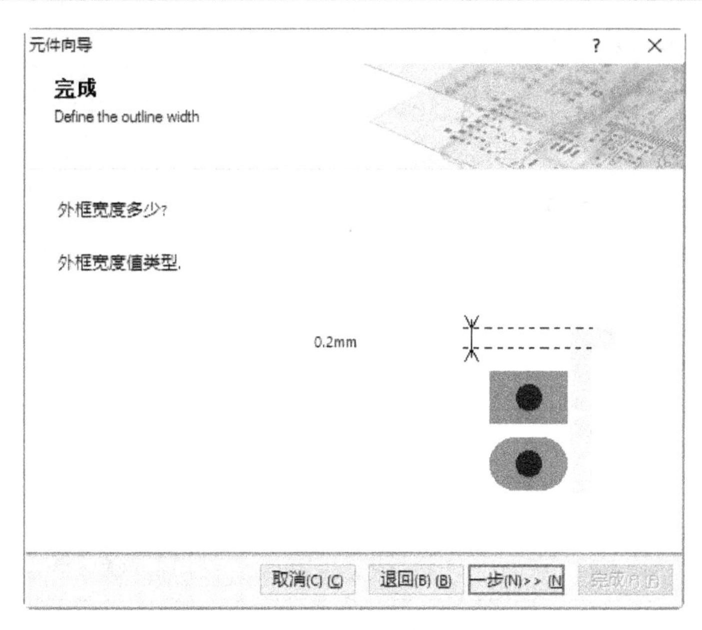

图 8-64　【封装轮廓宽度设置】对话框

- 单击【下一步（Next）】按钮，进入【焊盘数设置】对话框，如图 8-65 所示，因为是设计 DIP14 的封装，所以焊盘数为 14。

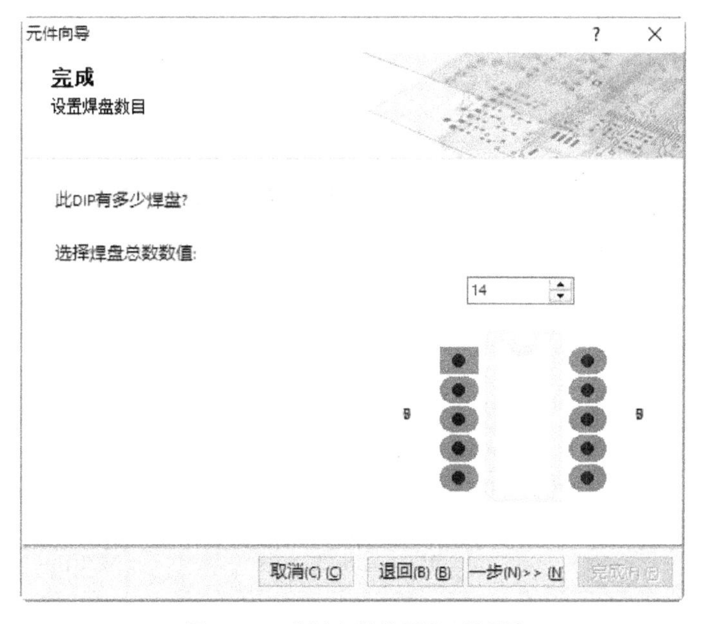

图 8-65　【焊盘数设置】对话框

- 单击【下一步（Next）】按钮，【元件名设置】对话框如图 8-66 所示，采用系统默认的元件封装名称为“DIP14”。

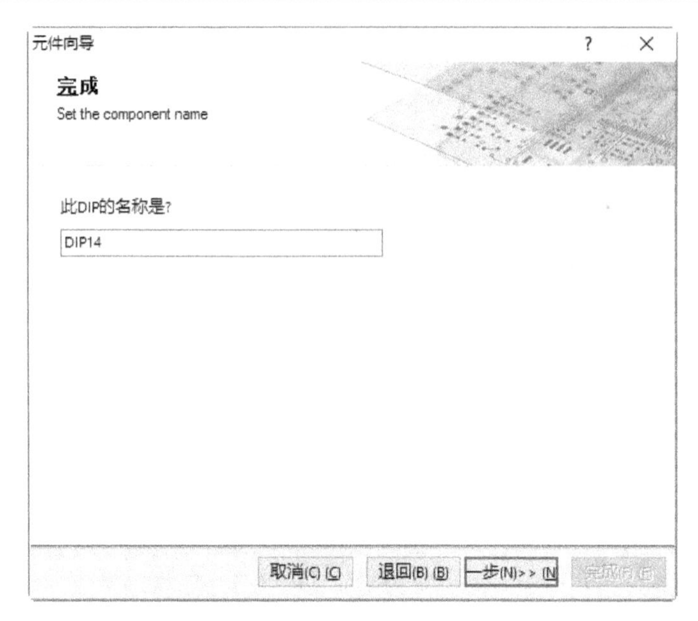

图 8-66 【元件名设置】对话框

● 单击【下一步（Next)】按钮，元件封装绘制结束界面，如图 8-67 所示，单击【完成（Finish)】按钮则可完成元件封装的绘制。

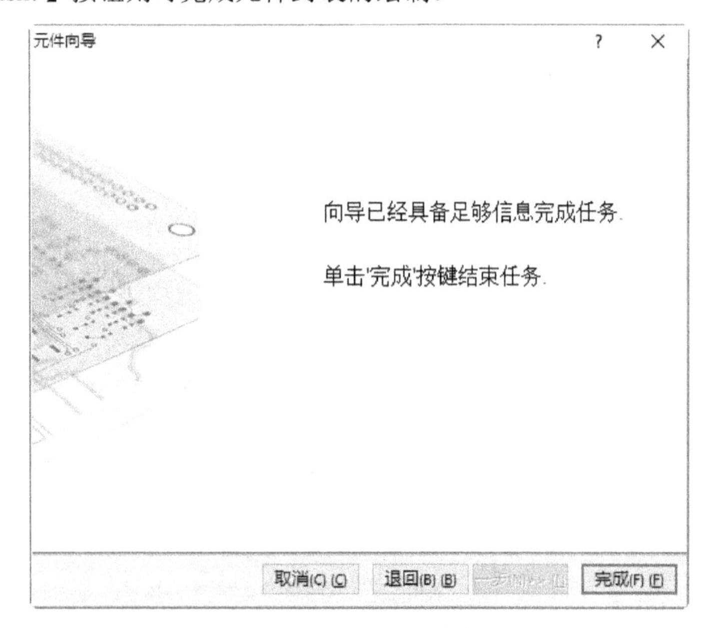

图 8-67 元件封装绘制结束界面

绘制完成的 DIP14 封装如图 8-68 所示，需要注意的是，创建的封装中焊盘名称一定要与其对应的原理图元件引脚名称一致，否则封装将无法使用。如果两者不符时，双击【焊盘】进入【焊盘属性设置】对话框修改焊盘名称。

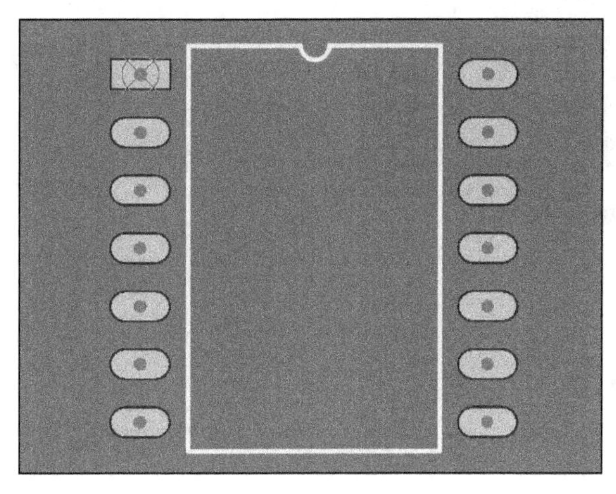

图 8-68　绘制完成的 DIP14 封装

8.5.3　手工绘制元件封装模型

有些非标准封装的电气元件是元件封装向导所不能完成的，所以，很多情况下还需要读者自己手工绘制元件的封装，下面就以一个简单的电容封装为例讲解手工绘制封装的过程。

（1）新建空白的元件封装

- 执行菜单命令【工具（Tools）】→【新的空元件（New Blank Component）】新建一个空白的元件封装。手工绘制 PCB 封装使用系统提供的 PCB 库文件编辑器可以大大方便元件的绘制过程。单击右下角的【PCB】按钮，单击【PCB Library】按钮，打开 PCB 库面板，如图 8-69 所示。
- 光标指向 PCB 库面板中的元件名称“PCBCOMPONENT_1”，单击鼠标右键，选择执行右键菜单中的元件属性命令【元件属性（Component Properties）】，打开 PCB 封装参数设置对话框，也可以执行菜单命令【工具（Tools）】→【元件属性（Component Properties）】打开对话框，如图 8-70 所示。在名称文本框中输入“RB2.54-5.08”创建一个外径为 5.08mm，引脚间距为 2.54 的电解电容封装，【Type】选择 standar，单击【OK】按钮确定。

（2）确定长度单位

系统只有 mil 和 mm 这两种单位可以选择，系统默认长度单位为 mil，切换方法是执行菜单命令【察看（View）】→【切换单位（Toggle Units）】，每执行一次命令将切换一次，在窗口下方的状态信息栏中有显示。100mil 是 DIP 封装标准的焊盘间距，在创建元件封装时，也应该遵循这一原则，以便与通用的封装符号统一，也有利于在制作 PCB 时的元件布局和走线，本例使用长度单位为 mm。

（3）设置环境参数

执行菜单命令【工具（Tools）】→【器件库选项（Library Options）】，进入【板卡选项】对话框设置环境参数，如图 8-71 所示，按图中所示设置各个参数。主要参数是元件网格和捕获网格，应小于等于元件中图间距的最小间距。

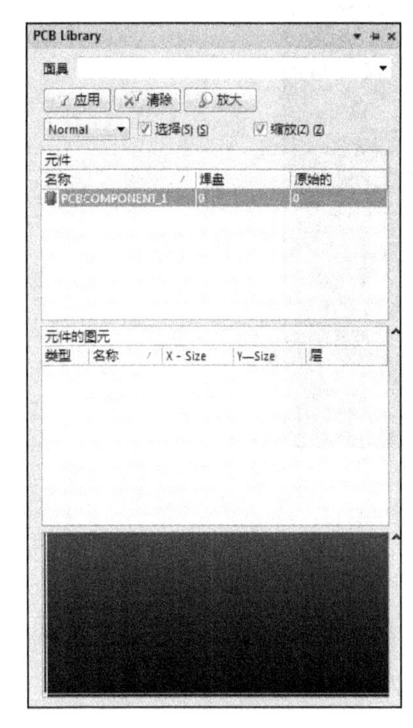

图 8-69　PCB 库面板

图 8-70　【PCB 封装参数设置】对话框

图 8-71　【板卡选项设置】对话框

（4）放置焊盘

➢ 完成参数设置后，开始绘制元件封装，将 Multi-Layer 层置为当前层。

➢ 执行菜单命令【放置（Place）】→【焊盘（Pad）】或单击【Pcb Lib Placement】工

具栏中的相应按钮，出现十字光标并带有焊盘符号，进入放置焊盘状态。按键盘【Tab】键，进入【焊盘属性设置】对话框，如图 8-72 所示，按图中所示放置有关参数，主要参数是焊盘标识和形状，通常 1 号焊盘设置为方形，位置（Location）区域设置 X、Y 左边为（0，0）。

➢ 单击【确定】按钮，十字光标上浮动的焊盘变为方形。按顺序按键盘的【E】、【J】、【R】三个键。即跳转到基准参考点处。

➢ 接着在坐标（2.54,0）放置 2 号焊盘。单击鼠标右键退出。

（5）绘制外形轮廓

➢ 将顶层丝印层（Top Overlay）置为当前层。

➢ 执行菜单命令【放置（Place）】→【圆环（Full Circle）】或单击【Pcb Lib Placement】工具栏中的相应按钮，出现十字光标并带有圆形符号，进入放置圆形状态。在坐标（1.27,0）处单击鼠标左键确定圆形中心，移动光标到坐标（3.81,0）位置，单击鼠标左键，完成电容外形轮廓的绘制，如图 8-73 所示，单击鼠标右键退出。

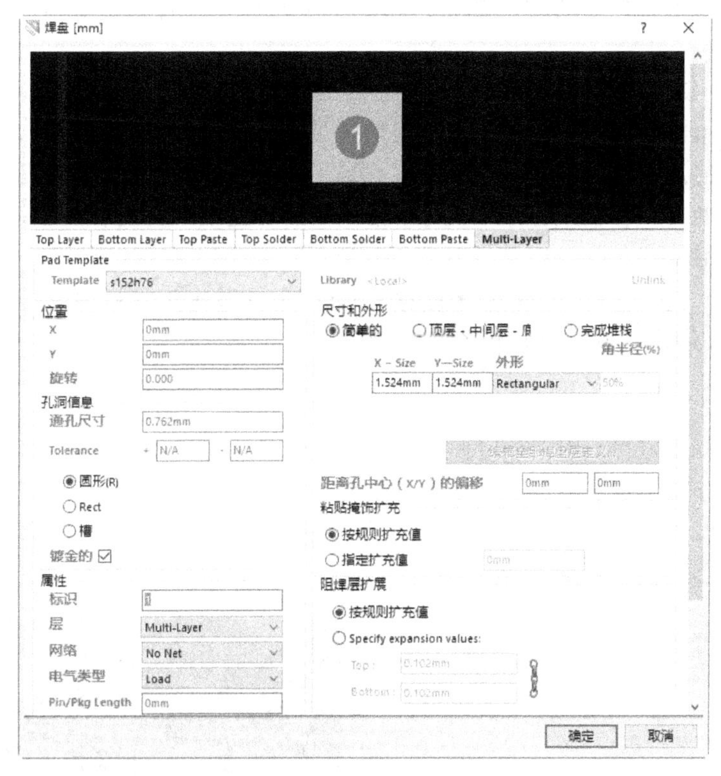

图 8-72 【焊盘属性设置】对话框

➢ PCB 库文件编辑器系统参数中如果选择【单层模式（Single Layer Mode）】选项，为单层显示模式，各层上的图件不能同时显示。如果同时显示各层的图件，则应取消该项的选择。

（6）设置元件封装的参考点

每个元件分组都应有一个参考点。单击菜单【编辑（Edit）】→【设置参考（Set

Reference)】，在其子菜单（如图 8-74 所示）中单击【1 脚（Pin1)】，确定 1 号焊盘为参考点。

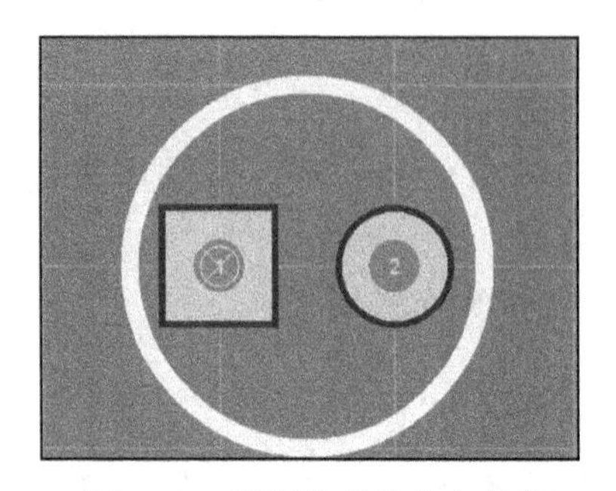

图 8-73　绘制完成的电容封装

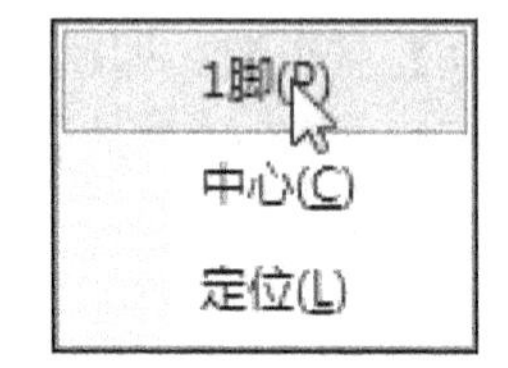

图 8-74　确定参考点的子菜单选项

（7）放置电容极性标识

- 将顶层丝印层（Top Overlay）置为当前层。
- 执行菜单命令【放置（Place）】→【字符串（String）】或单击“Pcb Lib Placement”工具栏中的相应按钮，出现十字光标并带有默认字符，进入放置字符状态。
- 按【Tab】键，进入字符属性设置对话框，如图 8-75 所示，在“Property（属性）”文本框中输入“+”号。放置层选择顶层丝印层（Top Overlay）。
- 单击【确定】按钮，浮动字符变为“+”，移动光标到 1 号焊盘附近，单击鼠标左键放置，如果位置不合适，可以将网格调小后再拖动字符到相应合适位置。

（8）保存封装

执行菜单命令【文件（File)】→【保存（Save)】或单击工具栏中的【保存】按钮，保存创建好的封装，最终完成的封装如图 8-76 所示。

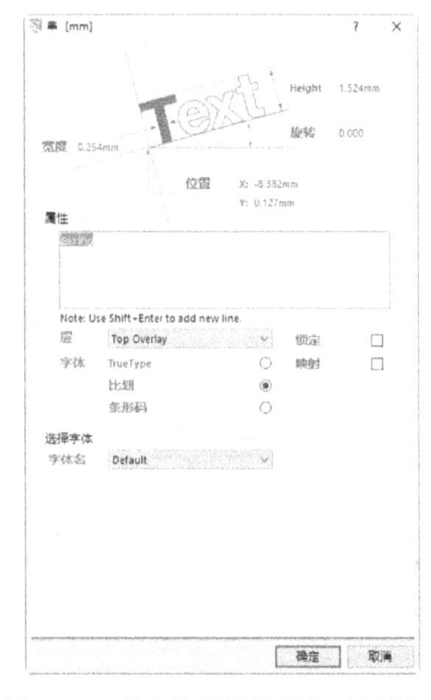

图 8-75　【字符属性设置】对话框

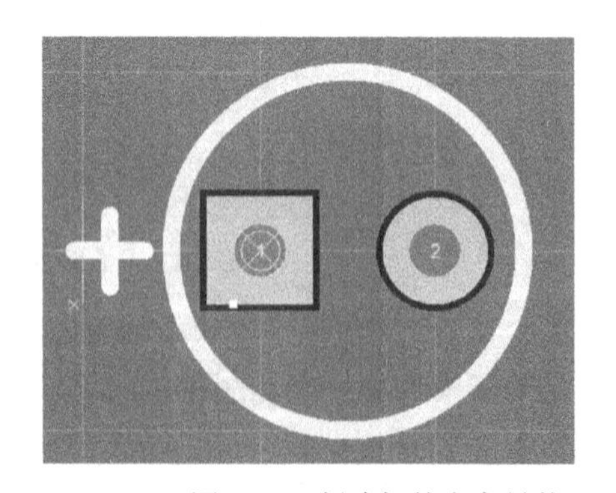

图 8-76　创建好的电容封装

8.5.4 元件设计规则检查

元件绘制完毕后需要对封装进行设计规则检查，执行菜单命令【报告（Reports)】→【元件规则检查（Component Rule Check)】，弹出如图 8-77 所示的【封装设计规则检查】对话框，选择相应需要检查的项目，单击【确定】按钮开始检查，系统会自动生成“*.ERR”文件，检查的结果如图 8-78 所示。

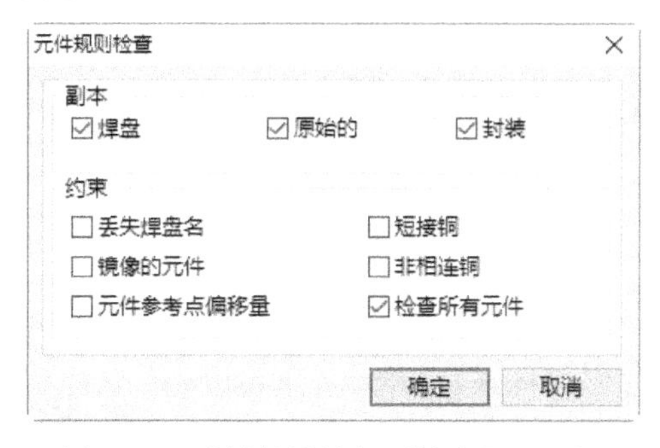

图 8-77 【封装设计规则检查】对话框

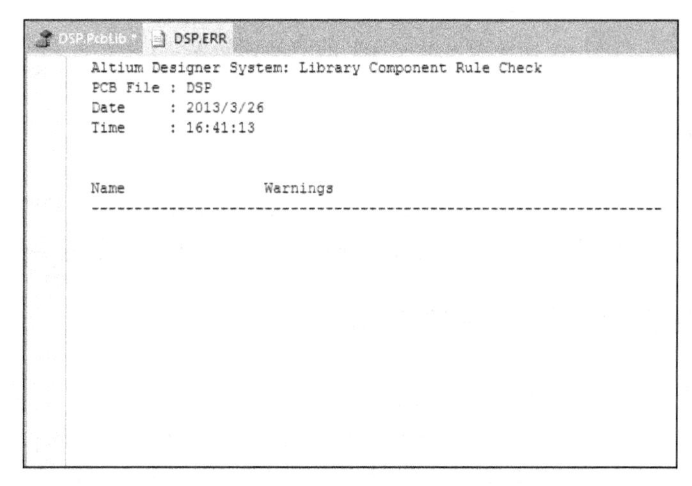

图 8-78 检查结果

8.6 集成元件库的操作

在前面的设计中已经绘制完毕了 DSP 芯片 TMS320F2812 的原理图模型和 PCB 封装，现在需要将其关联起来。

在图 8-2 所示的原理图库文件编辑器界面右下角的模型编辑区内单击【Add Footprint】项为 TMS320F2812 的原理图添加封装，如图 8-79 所示，选择刚刚新建的 DSP 封装模型“TSQFP50P2600X2600X160-176N”并确定。

图 8-79　设置 DSP 的 PCB 封装模型

8.6.1　编译集成元件库

执行菜单命令【工程（Project)】→【Compile Integrated Library DSP.LibPkg】，对整个集成元件库进行编译，倘若编译错误，会在【Message】面板中显示错误信息。

8.6.2　生成原理图模型元件库报表

当绘制完原理图元件库的所有元件模型后可以生成元件库报表，报表里列出了所有元件模型的具体信息，在原理图库编辑环境中执行菜单命令【报告（Reports)】→【库报告（Library Reports)】，弹出如图 8-80 所示的【元件库报表设置】对话框。

下面介绍各个参数设置的意义。

- 【输出文件名（Output File Name)】：输出文件的名称。
- 【文档类型（Document style)】：输出文件的格式，Word 文档格式。
- 【浏览器类型（Browser style)】：输出文档格式，网页文件的格式。
- 【打开产生的报告（Open generated report)】：打开生成的文档。
- 【添加已生成的报告到当前工程（Add generated report to current project)】：将生成的文档加入到工程中去。
- 【包含报告（Include in report)】：生成的文档中包含以下内容。

➢【元件参数（Component's Parameters)】：元件的参数。

➢【元件的管脚（Component's Pins)】：元件的引脚。

➢【元件的模型（Component's Models)】：元件的模型。

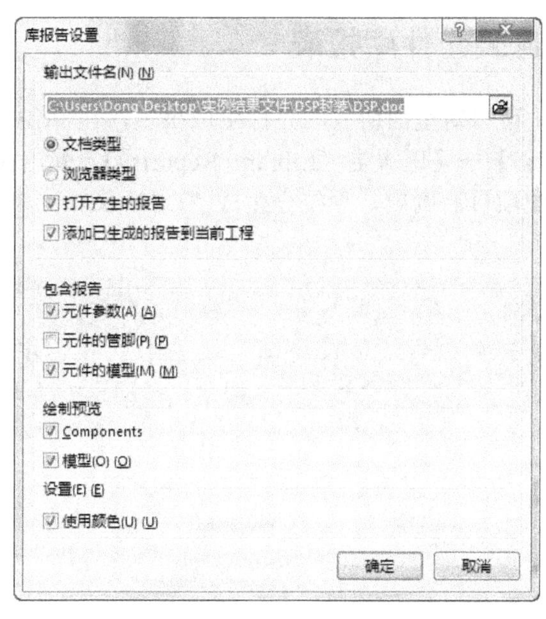

图 8-80 【元件库报表设置】对话框

● 【绘制预览（Draw previews for）】：生成以下预览。

➢ 【Components】：原理图元件预览。

➢ 【模型（Models）】：元件的模型预览。

设置好后单击【确定】按钮系统将生成元件报表并打开，如图 8-81 所示，里面列出了上面设置中所选的相关信息。

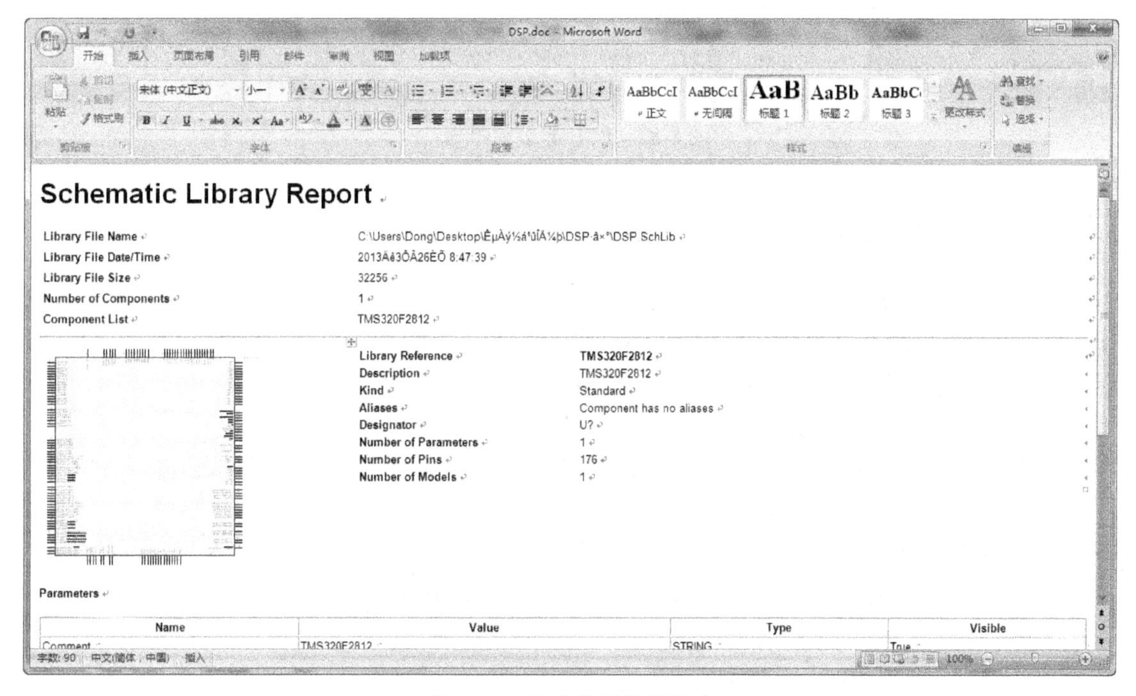

图 8-81 生成的元件库报表

8.6.3 生成 PCB 封装元件库报表

同理，PCB 封装库也可以对里面所有的元件生成报表，在 PCB 封装库编辑环境中执行菜单命令【报告（Reports）】→【库报告（Library Reports）】，弹出如图 8-80 所示的项目设置菜单，选定需要报表的项目后确定，系统会生成“DSP.doc”文档并自动打开，报表的内容如图 8-82 所示。

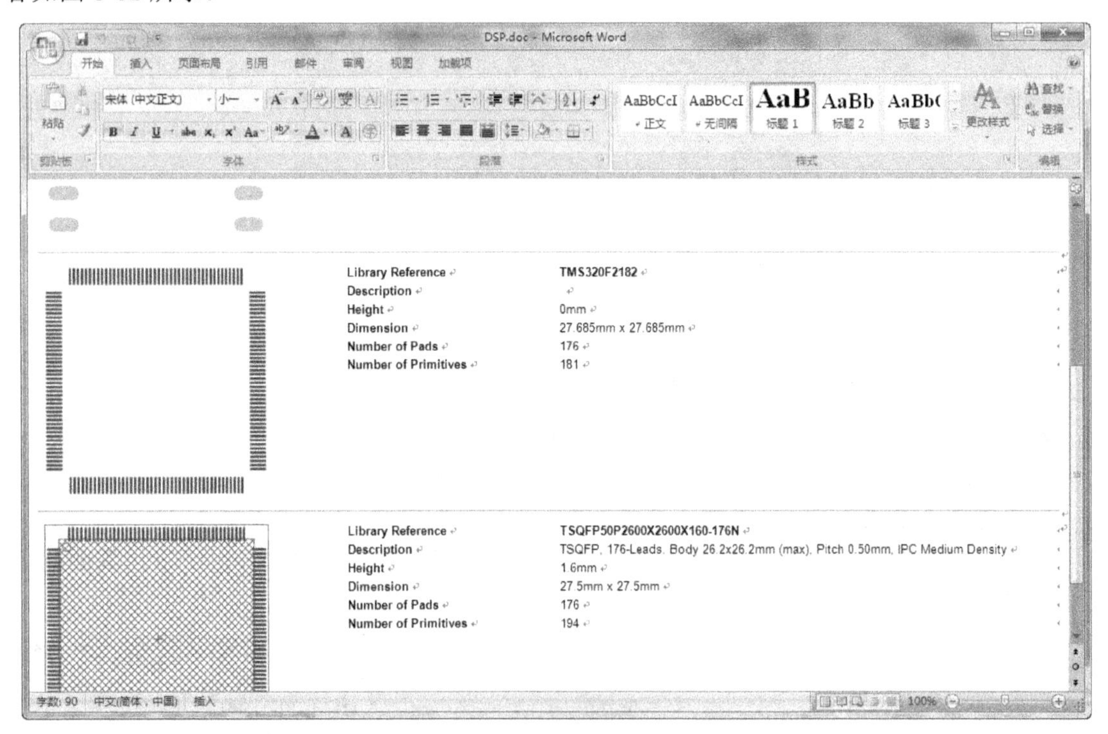

图 8-82　PCB 封装库报表

8.7　模型管理器

Altium Designer 提供的模型管理器可以方便的管理元件所对应的各种模型。执行菜单命令【工具（Tools）】→【模式管理器（Model Manager）】，打开模型管理器，如图 8-83 所示，利用该管理器给元件库中的所有元件集中添加封装是十分方便的。

● 下面利用该管理器给 DSP 芯片添加封装模型。

➢ 在模型管理器中选中元件“TMS320F2812”。单击【Add Footprint】按钮打开【PCB 模型】对话框，如图 8-84 所示。

➢ 单击【浏览（Browse）】按钮，打开【元件浏览库】对话框，如图 8-85 所示。选中刚刚设计的“TMS320F2812”的封装模型并确认。

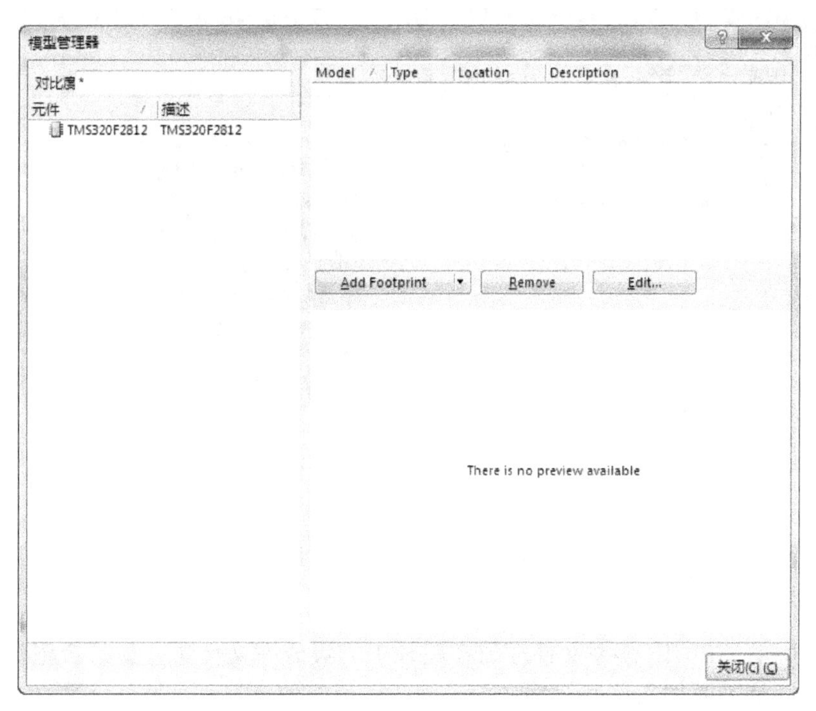

图 8-83 模型管理器

图 8-84 【PCB 模型】对话框

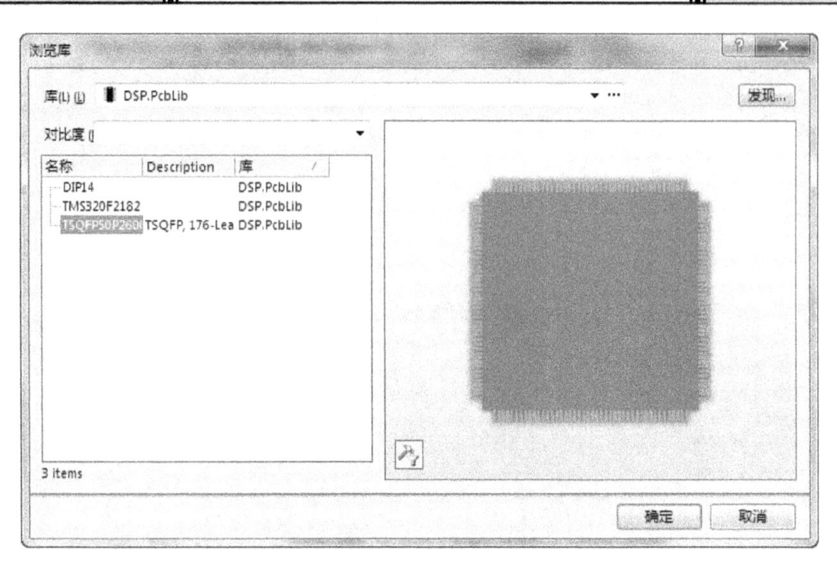

图 8-85　【元件库浏览】对话框

● 添加仿真模型。

电路仿真用的 SPICE 模型文件存放在路径中的集成库文件里。如果希望在设计上进行电路仿真分析，就需要加入这些模型。

如果要将这些仿真模型用到你的库文件中，建议用户打开包含了这些模型的集成库文件，将所需要的文件从输出文件夹复制到包含源库的文件夹中。

➢ 在图 8-83 中单击模型管理器添加右侧的下拉按钮，选中【Simulation】，打开【仿真模型—通用编辑】对话框，如图 8-86 所示。

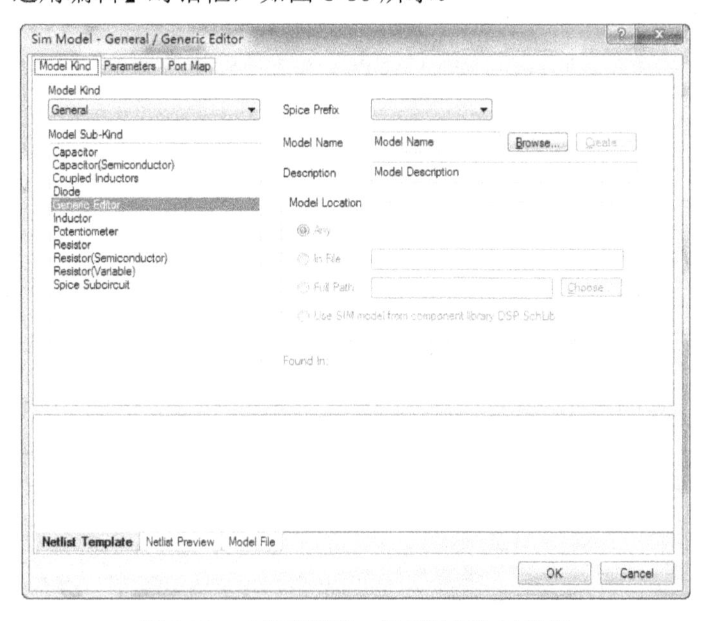

图 8-86　【仿真模型—通用编辑】对话框

Altium Designer 中集成电路的仿真模型，一般需要从厂商的网站下载，用户无法设计出完全符合其特性的仿真模型。

系统提供的支持仿真模型类型如下。

✓ Current Source ：电流源。
  - ✧ Current-Controlled：电流控制。
  - ✧ DC Source：直流电源。
  - ✧ Equation：方程源。
  - ✧ Exponential：指数源。
  - ✧ Piecewise Linear：分段线性源。
  - ✧ Pulse：脉冲源。
  - ✧ Single Frequency FM：单频调频源。
  - ✧ Sinusoidal：正弦源。
  - ✧ Voltage-Controlled：电压控制。

✓ General：通用。
  - ✧ Capacitor：电容。
  - ✧ Capacitor（Semiconductor）：电容（半导体）。
  - ✧ Coupled Inductors：耦合线圈。
  - ✧ Diode：二极管。
  - ✧ Generic Editor：通用编辑。
  - ✧ Inductor：电感。
  - ✧ Potentionmeter：电位器。
  - ✧ Resistor：电阻。
  - ✧ Resistor(Semiconductor)：电阻（半导体）。
  - ✧ Spice Subcircuit：Spice 支路。

✓ Initial Condition：初始条件。
  - ✧ Initial Node Voltage Guess：起始点电压预测。
  - ✧ Set Initial Condition：置位初始条件。

✓ Switch：开关。
  - ✧ Current Controlled：电流控制开关。
  - ✧ Voltage Controlled：电压控制开关。

✓ Transisitor：晶体管。
  - ✧ BJT：双极型晶体管。
  - ✧ JFET：结型场效应晶体管。
  - ✧ MESFET：金属半导体场效应晶体管。
  - ✧ MOSFET：金属氧化物半导体场效应晶体管。

✓ Transmission Line：传输线。
  - ✧ Lossless：无损耗。
  - ✧ Lossy：有损耗。
  - ✧ Uniform Distributed RC：均匀分布 RC 传输线。

✓ Voltage Source：电压源。
  - ✧ Current-Controlled：电流控制。

✧ DC Source：直流电源。
✧ Equation：方程源。
✧ Exponential：指数源。
✧ Piecewise Linear：分段线性源。
✧ Pulse：脉冲源。
✧ Single Frequency FM：单频调频源。
✧ Sinusoidal：正弦源。
✧ Voltage-Controlled：电压控制。

➢ 例如，给一个三极管添加仿真模型时，选择模型类型下拉菜单中的【Transisitor】选项，如图 8-87 所示。

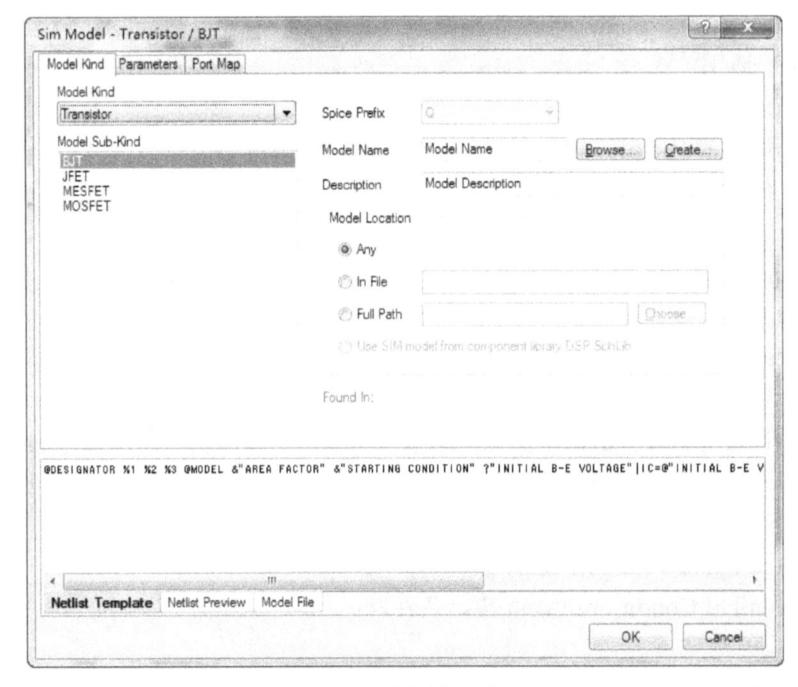

图 8-87　选择模型类型

➢ 单击【OK】按钮，返回模型管理器，可以看到 NPN 模型已经被添加到模型列表里。

● 添加三维模型。

丰富的集成库基本能够满足一般设计的元件放置要求。这些集成库中的元件放置要求库中的元件大部分已经集成了 3D 模型，这为查看设计的立体图形提供了极大的方便。如果需要自行设计元件的 3D 模型时，可以利用 3D 建模软件生成 STEP 格式文件，然后添加到元件中。

➢ 在如图 8-83 所示中，单击模型管理器添加按钮右侧的下拉按钮，选择【PCB3D】选项，打开【PCB3D 模型库】对话框，如图 8-88 所示。

➢ 选中【Library Path】选项，单击【Browse】按钮，在打开的【3D 模型】对话框中，选中相应的模型，并单击【OK】按钮，3D 模型即被添加。

● 添加信号完整性分析模型

信号完整性分析模型中使用引脚模型比元件模型更好。配置一个元件的信号完整性分析，可以设置用于默认引脚模型的类型和技术选项，或者导入一个“IBIS”模型。

➢ 要加入一个信号完整性模型，单击模型管理器添加按钮右侧的下拉按钮，选中【Signal Integrity】选项，打开【 “PCB3D”模型库】对话框。
➢ 有关信号完整性分析模型的设置如图 8-89 所示，不再详述。

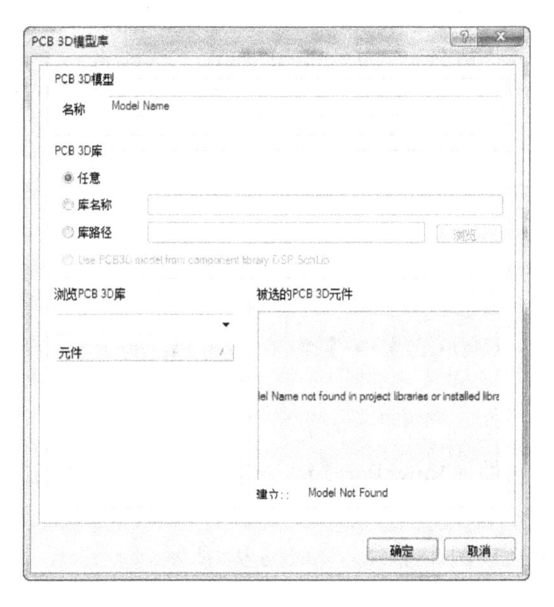

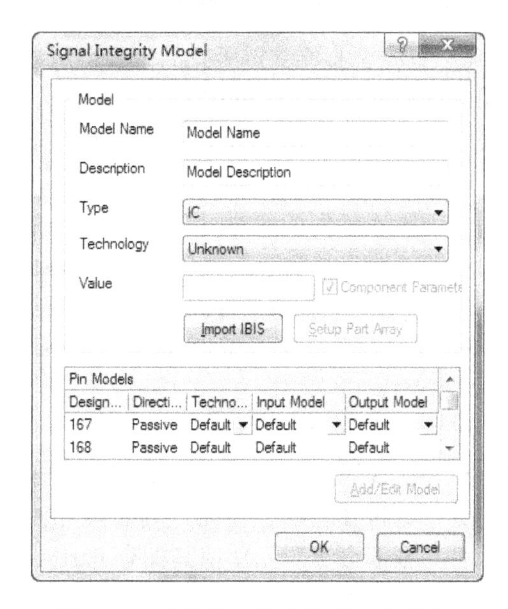

图 8-88 【 “PCB3D”模型库】对话框

图 8-89 【信号完整性模型】对话框

8.8 创建一个多子件的原理图元件

本节介绍创建一个新的包含四个子件的元件，两输入与门，命名为“74F08SJX”。也要利用一个 IEEE 标准符号为例子创建一个可替换的外观模式。

（1）创建多子件元件

① 在原理图库编辑器中执行菜单命令【工具（Tools）】→【新器件（New Component)】，打开【新元件名称】对话框，如图 8-90 所示。

② 输入新元件的名字 74F08SJX，单击【确定】按钮。新的元件名称出现在原理图库面板的元件列表里，同时一个新的元件打开，一条十字线穿过图纸原点。

③ 创建元件外形。执行菜单命令【放置（Place)】→【线（Line)】和【放置（Place)】→【弧（Arc)】，如图 8-91 所示的绘制元件的外形。

④ 添加元件引脚。执行菜单命令【放置（Place)】→【引脚（Pin)】，给原理图元件添加引脚，同时设置引脚 1 和引脚 2 是输入特性，引脚 3 是输出特性。电源引脚是隐藏引脚，第 14 引脚的 VCC 和第 7 引脚的 GND 是隐藏的，如图 8-92 所示。

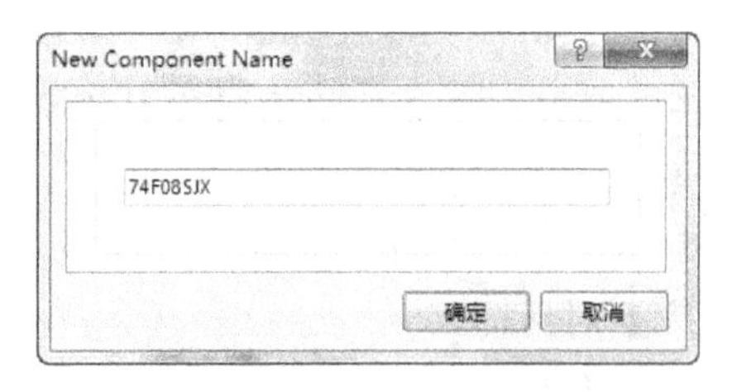

图 8-90 【新元件名称】对话框

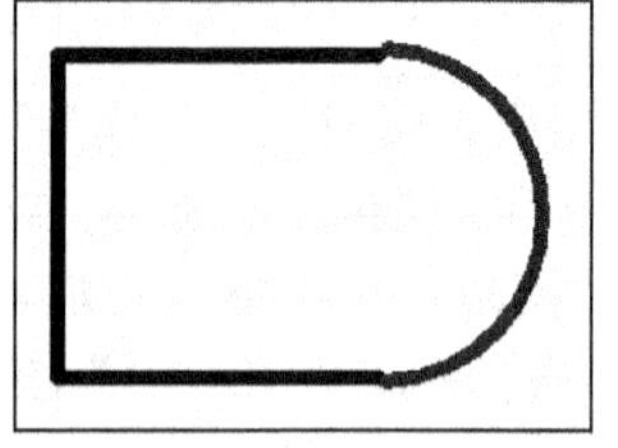

图 8-91 元件外形

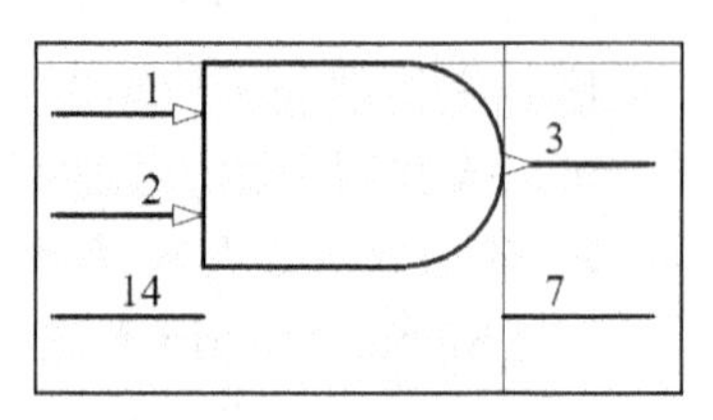

图 8-92 放置引脚

⑤ 电源引脚要支持所有的子件，所以，只要将它们作为子件 0 设置一次就可以了。将子件简单地摆放为元件中的所有子件公用的引脚，当元件放置到原理图中时该子件中的这类引脚会被加到其他子件中。在这些【电源引脚属性】对话框的【属性设置】对话框中，确认在子件编号栏中被设置为子件 0，其电气类型设置为“Power”，隐藏复选框被选中而且引脚连接到正确的网络名，第 14 脚连接到“连接到（Connect to field）”中输入的 VCC。第 7 脚连接到“连接到（Connect to field）”中输入的 GND，如图 8-93 所示。

⑥ 添加一个新的子件。

✓ 执行菜单命令【编辑（Edit）】→【选中（Select）】→【全部（All）】，将元件全部选中。

✓ 执行菜单命令【编辑（Edit）】→【拷贝（Copy）】，复制元件。

✓ 执行菜单命令【工具（Tools）】→【新部件（New Part）】，一个新的空白元件图纸被打开。原理图库面板中元件列表里元件的名字旁边“+”号可以看到，原理图库面板中的部件计数器会更新元件使其拥有 Part A 和 Part B 两个部分，如图 8-94 所示。

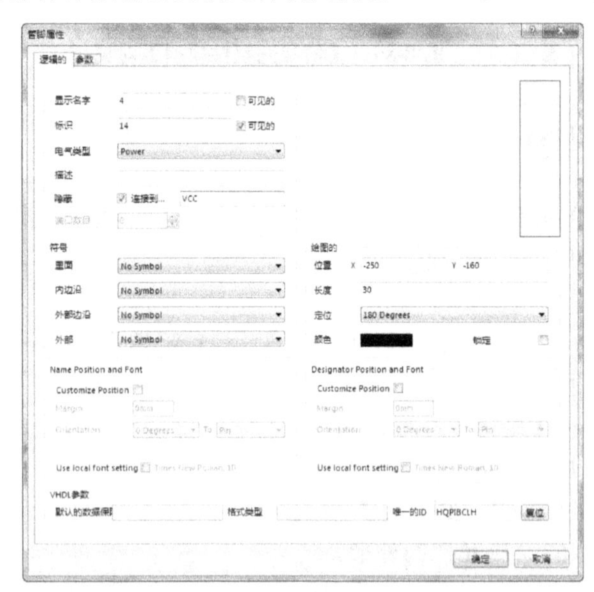

图 8-93 【电源引脚属性设置】对话框

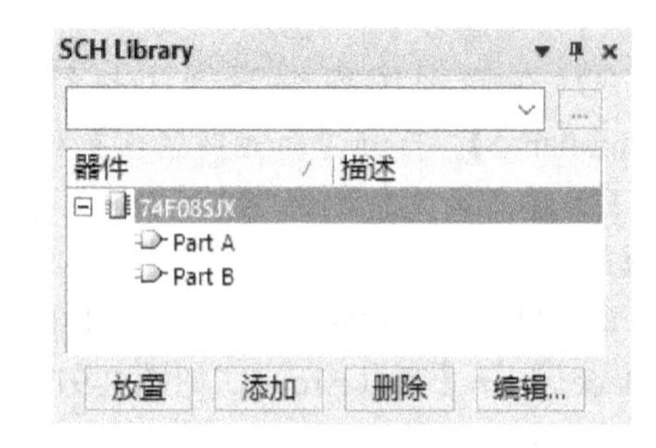

图 8-94 添加子件列表示意图

⑦ 执行菜单命令【编辑（Edit）】→【粘贴（Paste）】，光标上出现一个元件子件外形。移动被复制的部件直到它定位到和源子件相同的位置，单击鼠标左键粘贴这个子件。

⑧ 双击新子件的每一个引脚，在【引脚属性】对话框中修改引脚名称和编号，以及

更新新子件的引脚信息。

⑨ 重复上述步骤创建剩下的两个部件，如图 8-95 所示。

（2）创建子件的另一个可视模型

在 Altium Designer 中，用户可以同时对一个子件加入 255 种可视模型。这些可视模型可以包含任何不同的元件图形表达方式，如 DeMorgan 或 IEEE 符号。IEEE 符号库在原理图库 IEEE 工具条中。

当被编辑元件子件出现在原理图库编辑器的设计窗口时，按下面步骤可以添加新的原理图子件可视模型。

① 执行菜单命令【工具（Tools）】→【模式（Mode）】→【添加（Add）】，一个用于画新模型的空白图纸打开。

② 绘制一个符合 IEEE 标准的新符号，如图 8-96 所示。

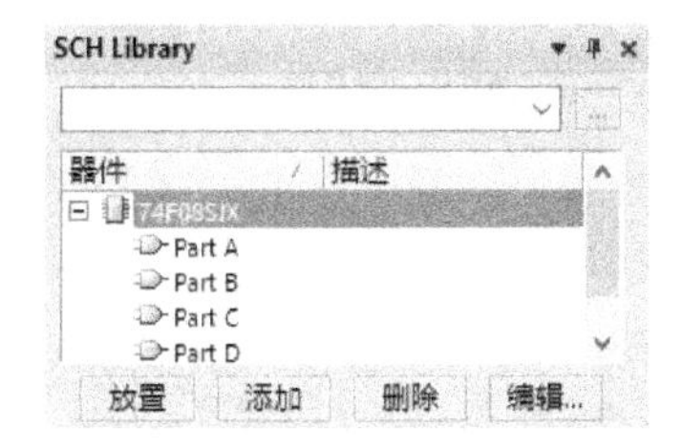

图 8-95　添加子件

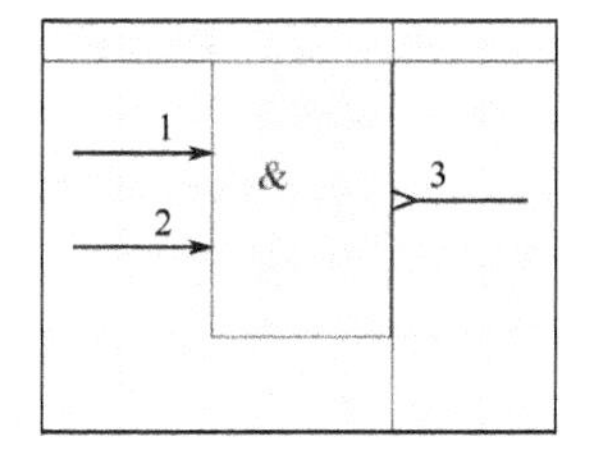

图 8-96　一个子件的另一个新符号

③ 如果添加了任何同时存在的可视模型，这些模型可以通过选择原理图库编辑器工具栏中的【模式（Mode）】按钮中的下拉菜单，或者执行执行菜单命令【工具（Tools）】→【模式（Mode）】选择另外的外形选项来显示，如图 8-97 所示。

④ 当已经将这个元件放置在原理图中时，通过【元件属性】对话框中图形栏的下拉菜单去选择元件的可视模型，如图 8-98 所示。

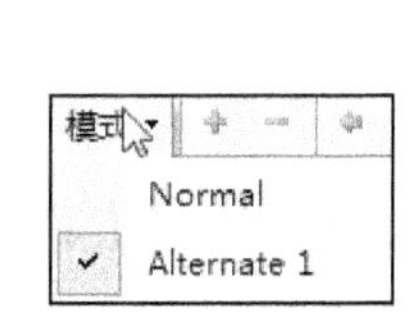

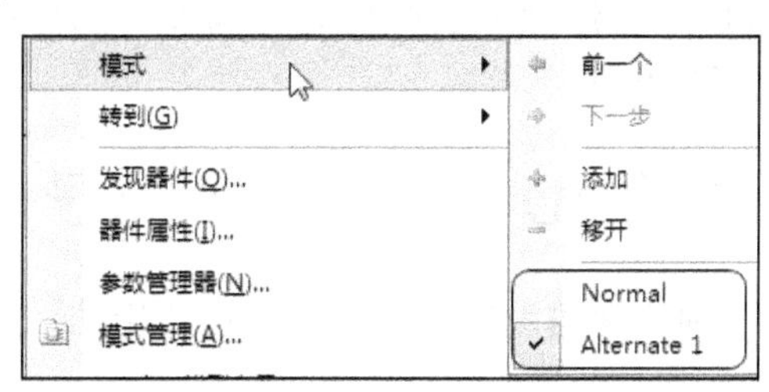

图 8-97　原理图库编辑器中转换可视模式

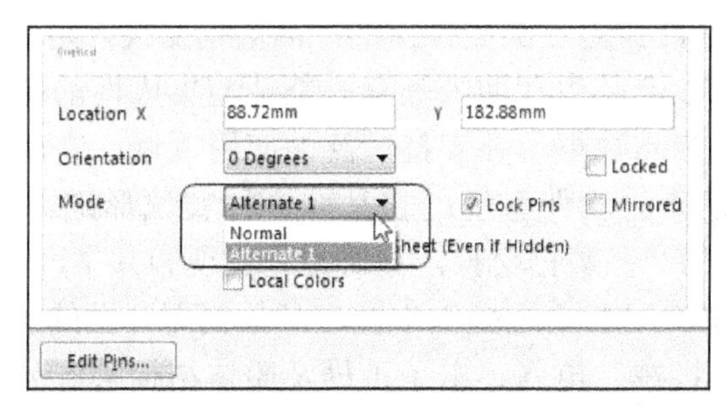

图 8-98　【元件属性】对话框中转换可视模式

8.9 从其他库中添加元件

用户可以将其他打开的原理图库中的元件加入到自己的原理图库中，然后按需求去编辑其属性。如果元件是一个集成库的一部分，需要打开"*.IntLib"，将集成库分解为源库（一般能够分解为原理图库和 PCB），然后从项目面板中打开库。

- 在原理图库面板中的元件列表里选择希望复制的元件，它将显示在设计窗口中。
- 执行菜单命令【工具（Tools）】→【拷贝器件（Copy Component）】，将当前元件从当前库复制到另外一个打开的库文件中。打开【目标库】对话框，列出所有当前打开的库文件，如图 8-99 所示。

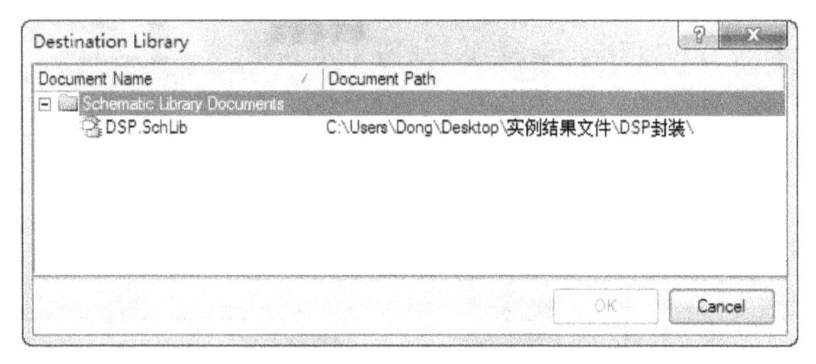

图 8-99 当前打开的库文件

- 选择复制文件的目标库。单击【OK】按钮，一个元件的复制被放置到目标库中。
- 复制多个元件。

➢ 在原理图库面板中的元件列表里可以选择多个元件。然后在库面板的右键菜单中执行【拷贝（Copy）】命令。

➢ 切换到目标库，在原理图面板的元件列表中执行右键菜单命令【粘贴（Paste）】，将元件添加到列表中。

8.10 STEP 格式 3D 文件的导入与导出

STEP 格式是一种非常强大的机械 CAD 设计标准，从而成为不同工具同一种通用的数据转换格式。

在国际贸易、技术交流和市场竞争的推动下，国际标准化组织的 TC/184/SC4 开发出产品模型数据的交流标准。STEP 是在美国推出的产品数据交换规范的基础上开发的，其目标是以中性格式概括出一个在产品生存期内具有完整性与集成性的计算机化的产品模型所需的信息。它能完整地表示产品数据，并支持广泛的应用领域；它的中性机制使它能独立于任何具体的计算机辅助设计的软件系统；它具有多种实现形式，不仅适用于中性文件交换，并且支持应用程序内的产品数据交换，同时也是实现和共享产品数据库的基础。

STEP 标准是为 CAD/CAM 系统提供中性产品数据而开发的公共资源和应用模型，它涉及建筑、工程、结构、机械、电气、电子工程及船体结构等产品领域。在产品数据共享方面，STEP 标准提供四个层次的实现方法：ASCII 码中性文件；访问内存结构数据的应用程序界面；共享数据库及共享知识库。这将会给商业和制造业带来一场大变革，而且STEP标准在下述几个方面具有明显的优越性：一是经济效益显著；二是数据范围广、精度高，通过应用协议消除了产品数据的二义性；三是易于集成，便于扩充；四是技术先进、层次清楚，分为通用资源、应用资源和应用协议三部分。现在，STEP标准已经成为国际公认的CAD数据文件交换全球统一标准，许多国家都依据STEP标准制定了相应的国家标准。我国STEP标准的制定工作由CSBTSTC159/SC4完成，STEP标准在我国的对应标准号为GB16656。STEP标准存在的问题是整个系统极其庞大，标准的制定过程进展缓慢，数据文件比IGES更大。目前，商用CAD系统提供STEP应用协议还只有AP203“配置控制设计”，内容包括产品的配置管理、曲面和线框模型、实体模型的小平面边界表示和曲面边界表示等，以及AP214“汽车机械设计过程的核心数据”两种。

Altium Designer允许用户导入STEP数据并在设计中使用元件模型。3D图像和STEP导出中使用更加精确的模型。更重要的在于这种数据被用于模型模板和平台。

● 导入STEP文件。

✓ 首先在3D建模软件中按照元件的物理尺寸构建模型，将模型文件保存为“.step”。

✓ 执行菜单命令【文件（File)】→【打开（Open)】，选择打开对应3D模型管理器。

✓ 执行菜单命令【工具（Tools)】→【Import 3D Model】，打开【导入文件】对话框。

✓ 选择3D模型文件，单击【打开】按钮，“STEP”文件被导入。

● 导出STEP文件。

✓ 在3D模型管理器的面板中选中要导出的3D模型，将其置为当前状态。

✓ 执行菜单命令【工具（Tools)】→【输出（Export)】，打开导出参数设置对话框。

✓ 在导出参数设置对话框中，可以选择两种输出格式：IGES和STEP AP203。

20世纪70年代末，美国CAM-1开始研究初始化图形交流规范，该标准定义了产品数据交换的文件结构、语法格式及几何与拓扑关系的表达方法。经过十年的发展，截至1987年，已推出了IGES第5版本，增加了实体几何法和边界表示法之间转换的数据类型。IGES主要是解决二维图样的信息共享问题。

8.11 库分割器

库分割器的功能是将一个库文件中包含的每一个元件都分割为独立的文件。库分割器能够分割的库文件类型有原理图库、PCB库、PCB3D库；分割后的元件都成为独立的库文件，特性仍保持原来的特性，分割后的文件名称与源元件名称相同。

分割元件库的目的是将多个元件库转换为单个模型（符号、封装、三维模型），为添加Subversion（分版本）库做好准备。执行菜单命令【工具（Tools)】→【库分离器向导（Library Splitter Wizard...)】，启动库分割器向导，如图8-100所示。

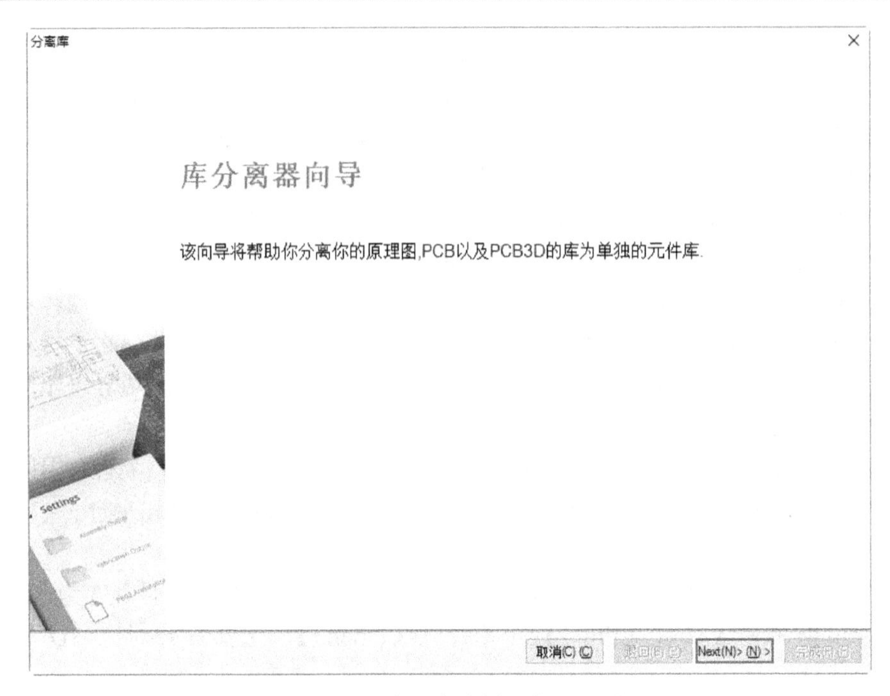

图 8-100　启动库分割器向导界面

- 单击【Next】按钮，进入选择源库界面，如图 8-101 所示。

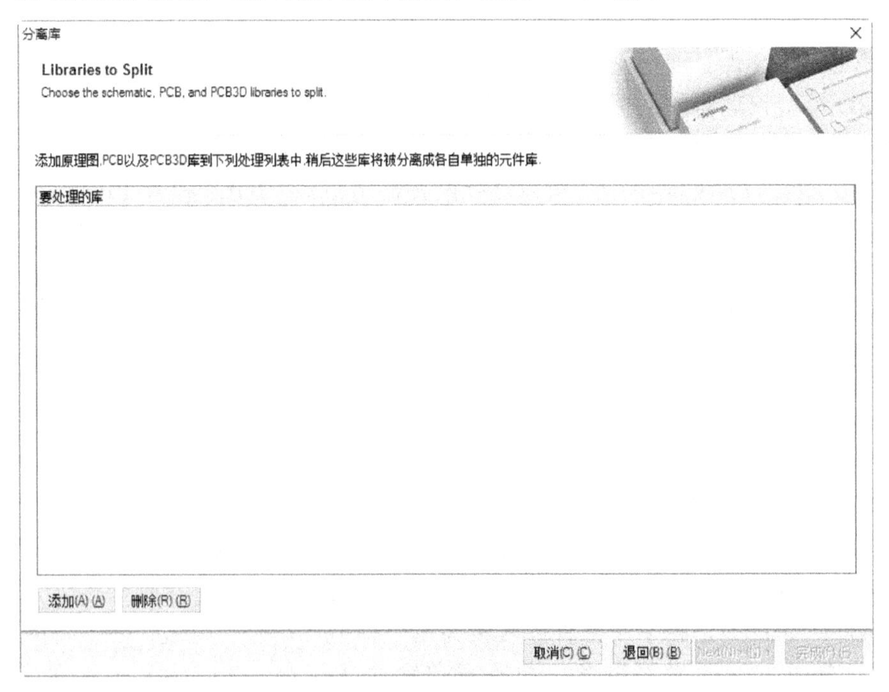

图 8-101　选择源库界面

- 单击【Add】按钮，打开【库文件选择】对话框，选择要分割的库文件，如图 8-102 所示。

图 8-102 【库文件选择】对话框

- 单击【打开】按钮，将选择的库文件导入库分割器，如图 8-103 所示。
- 单击【Next】按钮，进入选择输出路径界面，如图 8-104 所示，系统已给定了一个输出路径，可以单击【Change Output Directory】按钮，重新设置输出路径。
- 单击【Next】按钮，进入输出文件存储方式选择界面，如图 8-105 所示。

✓ 选择【Overwrite Existing Files】方式时，分割后生成的文件将覆盖原来文件夹中的同名元件。

✓ 选择【Append Incrementing Number To File Names】方式时，系统将保护文件夹中已有的同名文件，并给新生成的同名文件加一个序号，如“_1”。

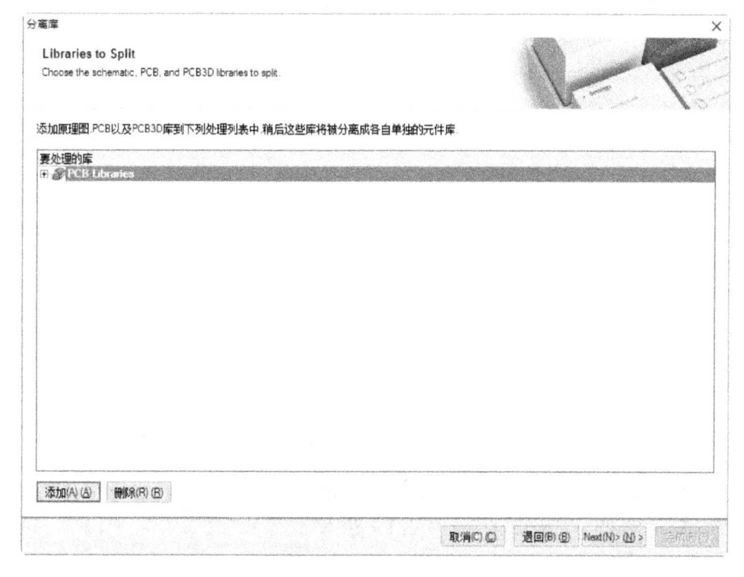

图 8-103 选择源库界面

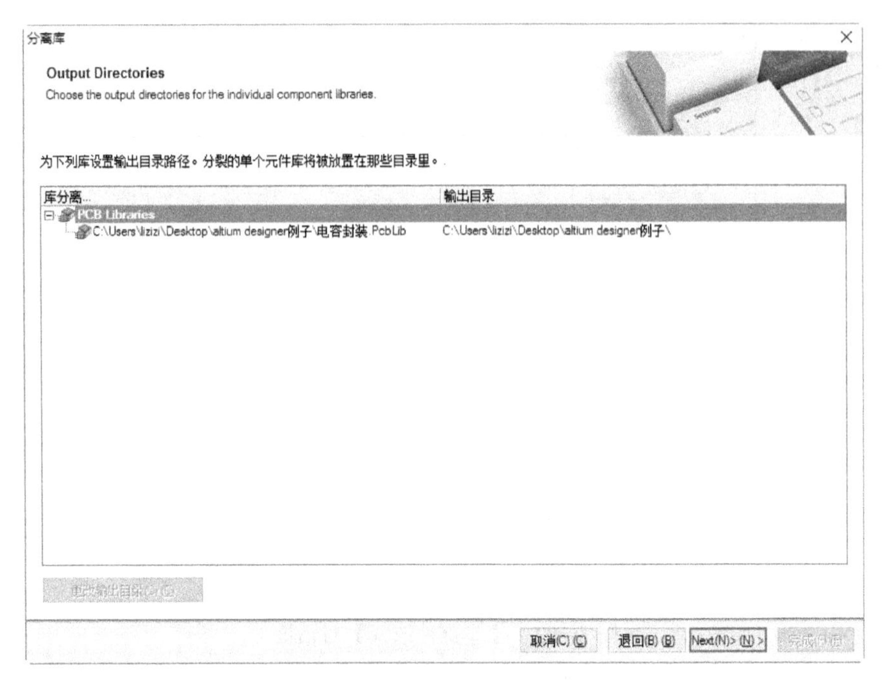

图 8-104　选择输出路径界面

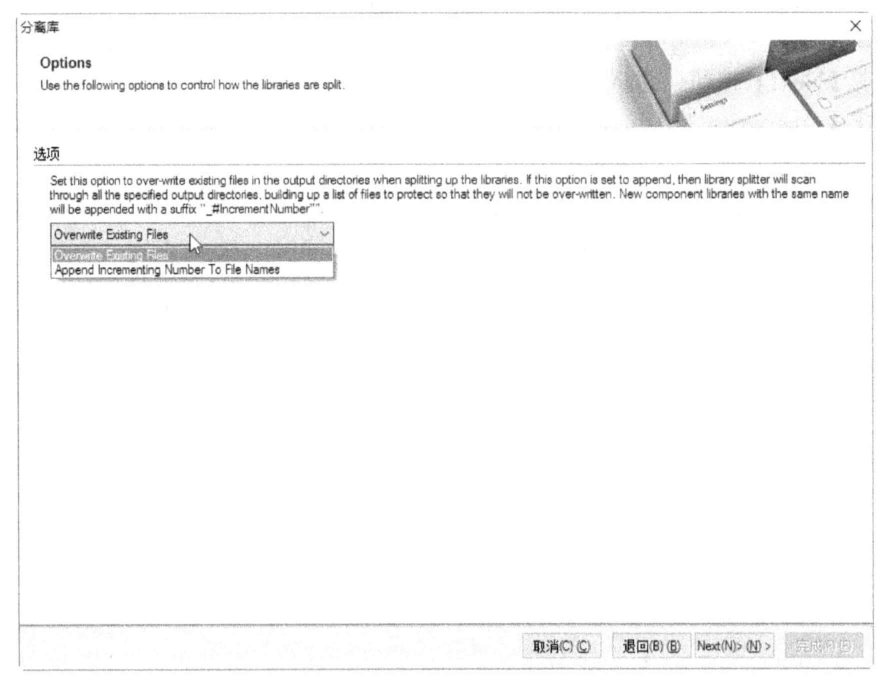

图 8-105　选择输出文件存储方式界面

- 单击【Next】按钮，进入审核界面，如图 8-106 所示。显示分割的详细信息，如果需要修改，可以按返回按钮，返回上一步重新设置。

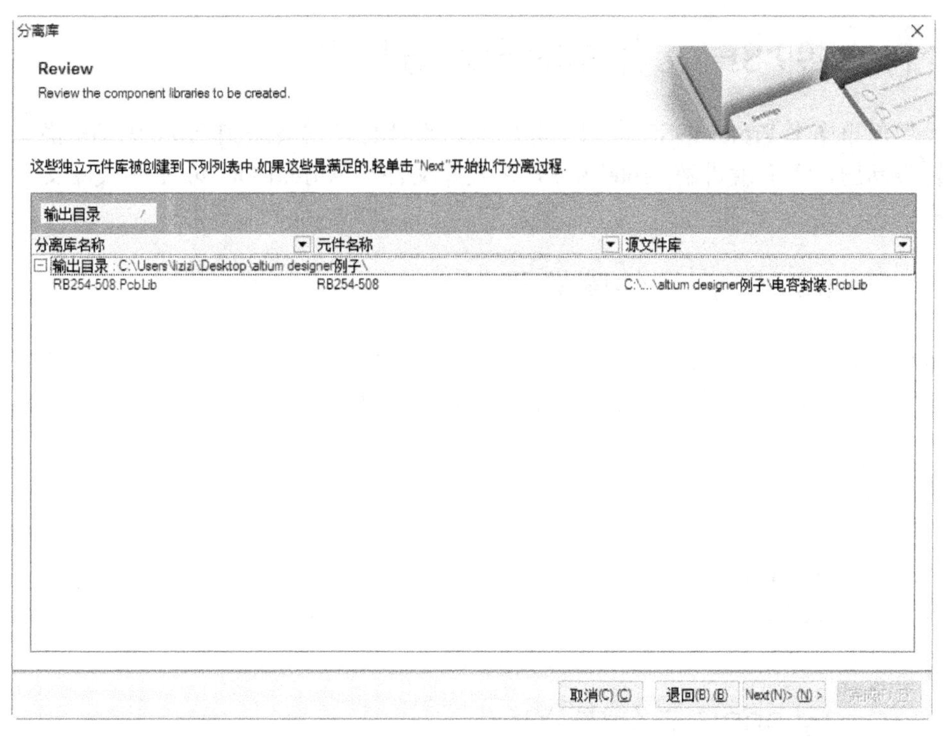

图 8-106　审核界面

- 单击【Next】按钮，进入结束界面，如图 8-107 所示。单击【完成（Finish）】按钮，完成库分割，打开目标文件夹，可以看到库分割后生成的单元库名称。
- 库分割对原理图元件库也具有同样的分割功能。

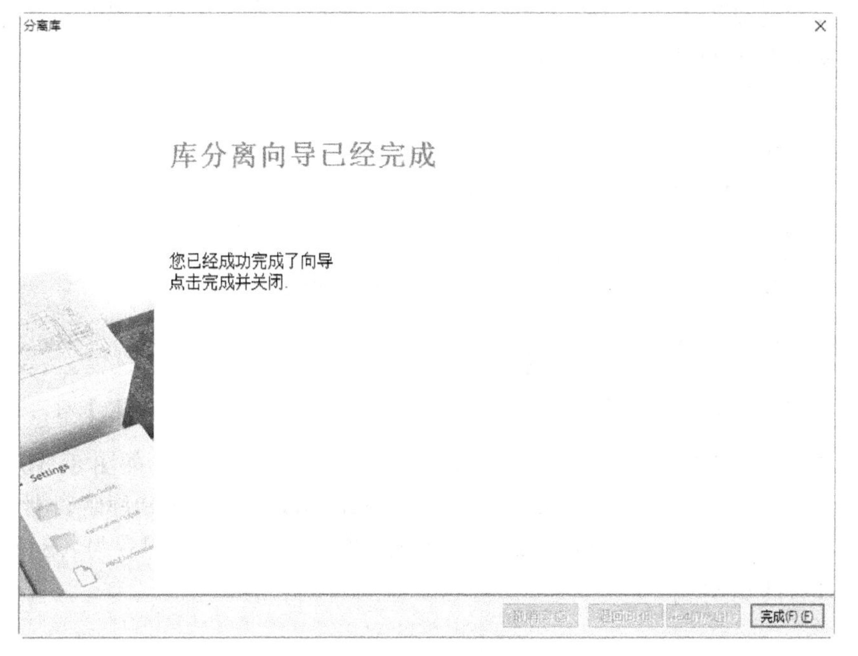

图 8-107　库分割向导结束界面

8.12 Protel99 SE 元件库的导入与导出

由于当前市面上 Protel 99SE 应用十分广泛，设计也常常会遇到 Protel99 SE 格式元件库文件的转换问题，下面就讲解 Protel 99SE 格式库文件与 Altium Designer 格式库文件之间的相互转换。

8.12.1 Protel 99SE 元件库的导入

Protel 99SE 元件库的导入是通过导入向导进行的。导入向导的启动方法有两种：一种是执行【文件（File)】→【导入向导（Import Wizard)】命令，启动导入向导；另外一种是直接打开 Protel 99SE 元件库文件。

- 执行【文件（File)】→【打开（Open)】命令，选择打开 Protel 99SE 的元件库元件，如 International Rectifier.ddb。弹出【确认】信息框，显示在导入“DDB”文件时必须关闭当前文件。
- 单击【Yes】按钮，系统将启动导入向导，导入过程后，系统将自动打开项目面板，导入的元件库显示在面板中。

8.12.2 Protel 99SE 元件库的导出

- 执行【文件（File)】→【打开（Open)】命令，选择打开集成库文件“C:\Users\Public\Documents\Altium\AD16\Library\Miscellaneous Devices.IntLib”。弹出【释放源文件】对话框，如图 8-108 所示。
- 单击【摘取源文件（Extract Source)】按钮，执行集成库释放为源库文件功能，弹出【释放定位】对话框，如图 8-109 所示。

图 8-108 【释放源文件】对话框

图 8-109 【释放定位】对话框

- 单击【确定】按钮，完成释放，释放结果显示在项目面板中，如图 8-110 所示。
- 在项目面板中双击【Miscellaneous Devices.PcbLib】，打开 PCB 库编辑器，在项目面板中该文件名称上单击鼠标右键，选择执行右键菜单命令【保存为（Save As...)】，如图 8-111 所示。

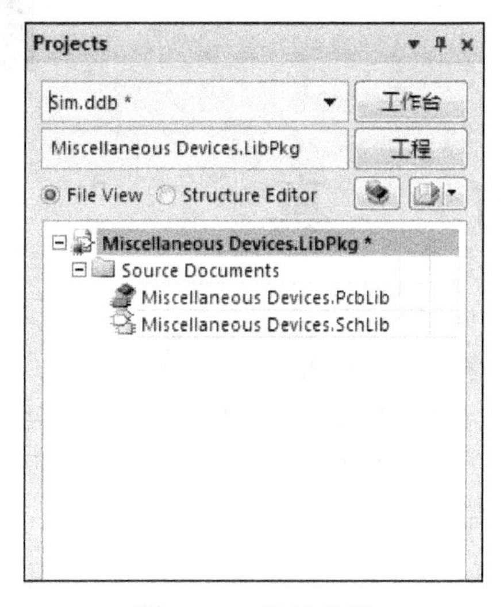

图 8-110 释放结果

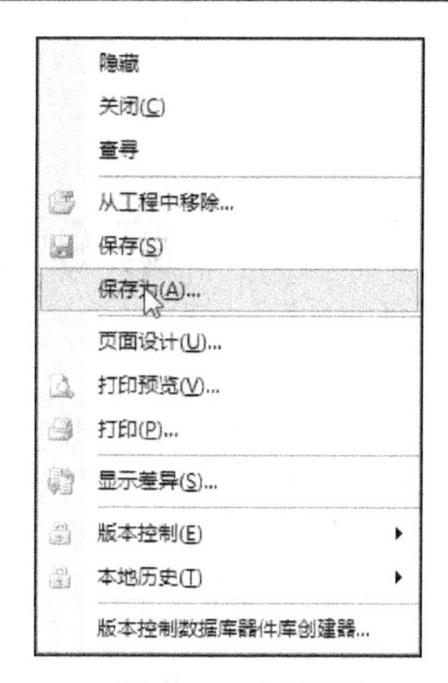

图 8-111 右键菜单

- 打开【另存为】对话框，设置存储路径及名称。在保存类型中选择“PCB 4.0 Library File（*.lib）”文件类型，如图 8-112 所示。

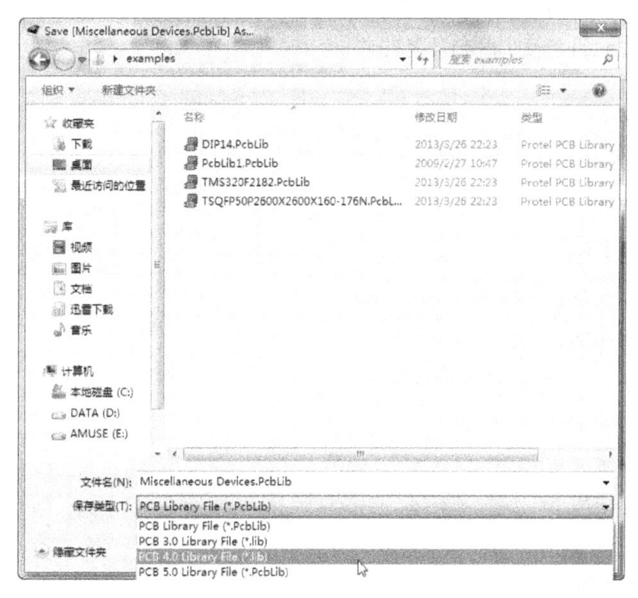

图 8-112 选择保存类型

- PCB 4.0 Library File（*.lib）为 Protel 99SE 的元件库类型。单击【保存】按钮，系统自动保存。
- 上述存储类型不同时，也可以实现导出不同版本或其他设计软件的库文件。Altium Designer 共提供四种导出为其他库文件类型：

➢ Advanced Schematics binary Library（*.SchLib）。

➢ Schematics binary 4.0 Library（*.lib）。

➢ Export Orcad Capture Schematics Library（*.olb）。

➢ Export P-CAD V16 Schematics Library（*.lia）。

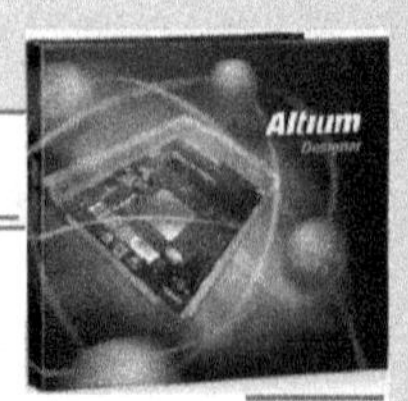

第 9 章　仿　　真

在电子产品的整体开发过程中，由电路原理图的理论进入 PCB 的实质制作，一般还需要经过一个重要的过程，即电路仿真。电路仿真是研究电路性能的一个有力工具。在制作 PCB 之前，如果能够对原理图进行必要的仿真，以便明确把握系统的性能，并据此对各项参数进行适当的调整，将会尽可能地减少设计差错，节省大量的时间和财力。

Altium Designer 系统把混合信号电路仿真完全集成到原理图的编辑环境中，可以直接从电路原理图进行大量的仿真分析，如零-极点分析、噪声分析、温度和参数扫描等。其仿真引擎不但支持 SPICE 3f5/Xspice 标准，而且还支持目前很多制造商采用的 Pspice 模型，为用户提供了更广泛的元件仿真选择。

此外，仿真结果还可在强大的波形浏览器中显示，可对生成的仿真数据进行充分的分析、处理，以获得更详细、更准确的电路性能。

——附带光盘“视频\9.avi”文件

本章内容

- 掌握常用仿真元件
- 掌握常用仿真激励源
- 掌握常用仿真方式的参数设置
- 学习分析仿真波形及数据
- 掌握系统性能
- 了解常用的仿真波形管理命令

本章案例

- 元件仿真参数设置
- 仿真数学函数的放置及参数设置
- 放置仿真激励源
- 设置仿真方式并进行仿真
- 查看波形的变化数据
- 波形显示范围的调整
- 信号波形的运算及追加

9.1 电路仿真的基本概念

在具有仿真功能的 EDA 软件出现之前，设计者为了对所设计的电路进行验证，一般是使用面包板来搭建模拟的电路系统，之后对一些关键的电路节点进行逐点测试，通过观察示波器上的测试波形来判断相应电路部分是否达到了要求。如果没有达到，则需要对元件进行更换，有时甚至要调整电路结构、重建电路系统，然后再进行测试，直到达到设计要求为止，整个过程冗长而烦琐，工作量非常大。

使用软件电路仿真，则是把上述过程全都搬到计算机中，即同样要搭建电路系统、测试电路节点，而且也同样需要查看节点处的电压或电流波形，并依次作出判断并进行调整。这一切都将在软件仿真环境中进行，过程轻松，操作方便，只需借助一些仿真工具和仿真操作即可完成。

仿真过程中的基本概念如下所述。

- 仿真元件：用户进行电路仿真时使用的元件，要求具有仿真模型。
- 仿真原理图：用户根据具体电路的设计要求，使用原理图编辑器及具有仿真模型的元件所绘制而成的电路原理图。
- 仿真激励源：用于模拟实际电路中的激励信号。
- 节点网络标签：对于电路中要测试的多个节点，应该分别放置一个有意义的网络标签名，便于明确查出每一节点的仿真效果。
- 仿真方式：仿真方式有多种，不同的仿真方式下相应地有不同的参数设定，应根据具体的电路要求来选择设置仿真方式。
- 仿真结果：仿真结果一般是以波形的形式给出，不仅仅局限于电压信号，每个元件的电流及功耗波形都可以作为仿真结果加以显示。

9.2 电路仿真步骤

（1）电路仿真原理图的绘制及编辑

电路仿真原理图的编辑环境是已经熟悉的电路原理图编辑环境，绘制方法也与普通电路原理图一样，具体操作参考前面的章节。

需要特别注意的是，在仿真电路原理图中放置的每一个元件都应该有相应的仿真模型，这一点是与普通电路原理图的区别，否则仿真过程中将出现错误。

（2）设置仿真元件的参数

由于进行仿真的目的是为了给元件选择合适的电路参数，因此，在绘制好电路仿真原理图以后，每一个元件参数的设置是必不可少的。

（3）放置电源和仿真激励源

在电路仿真原理图中，电源与仿真激励源并不是同一个概念。电源是固定用来对电路进行供电的，以保证整个电路的正常工作；而仿真激励源则是在仿真过程中提供给电路的一种特殊的激励信号，专用于对电路的测试，也可以看作一种比较特殊的仿真元件。根据不同的测试要求，可以选择不同的仿真激励源。

对于所添加的电源和仿真激励源，同样也要进行相应的参数设置，特别是仿真激励源，其各项参数一定要认真设置。

（4）选择测试点并放置网络标签

由于仿真程序中一般只自动提供每一个元件两端的电压、流过的电流，以及消耗的功率仿真显示，而对于电路中的节点位置的表示并不明确。因此，应该在需要观测的电路关键位置添加明确的网络标签，以便在仿真结果中清晰查看，放置方法与电路原理图中放置网络标签的方法是一样的。

（5）对电路进行 ERC 校验

在电路仿真运行之前，应对绘制好的电路仿真原理图进行 ERC 校验，以确保电气连接的正确性。

（6）设置仿真方式及相应参数

Altium Designer 为用户提供了多种仿真方式，如瞬态特性分析、交流小信号分析、参数扫描等，不同的仿真方式需要设置的特定参数是不同的，显示的仿真结果也是不一样的，可以从不同的角度对电路进行检测分析，应根据自己的实际需要加以选择。

（7）执行仿真命令

完成以上各项设置后，执行菜单命令【设计（Design）】→【仿真（Simulate）】→【Mixed Sim】，系统即可开始电路仿真。

之后若电路仿真原理图没有错误，系统就会给出电路仿真的结果，并把该结果存放在后缀名为“.sdf”的文件中；若有错误，则仿真结束，同时弹出【Message】窗口显示电路仿真原理图中的错误信息，可以进行查看并返回电路仿真原理图中进行修改。

（8）分析仿真结果

在后缀名为“.sdf”的文件中，可以查看仿真波形及数据，并对电路的性能进行分析。如果没有达到预定的指标要求，应查找原因，有针对性地修改电路中的有关参数。

下面详细讲解各项操作的具体内容及相关设置。由于电路原理图的绘制及 ERC 校验等已讲过，这里不再重复。

9.3 元件的仿真模式及参数

在对绘制好的电路仿真原理图进行电路仿真之前，需要为仿真原理图中的各个元件追加仿真模型、设置仿真参数。

9.3.1 常用元件的仿真模型及参数

Altium Designer 系统没有为元件提供专门的仿真模型库，而是把原理图符号、PCB 封装与仿真模型、信号完整性模型集成在一起，形成集成库文件。

“Miscellaneous Devices.IntLib”是系统默认提供的一个常用分离元件集成库。在这个集成库中包含了各种常用的元件，如电阻、电容、电感、晶振、二极管、三极管等，大多数都具有仿真模型。当这些元件放置在原理图中并进行属性设置以后，相应的仿真参数也同时被系统默认设置，直接可以用于仿真。

9.3.2 元件的仿真参数设置

以电容为例，来看一下常用元件的仿真参数设置。

- 打开【元件库】面板，在集成库“Miscellaneous Devices. IntLib”中，找到元件“Cap”，并放置在原理图中，如图 9-1 所示。

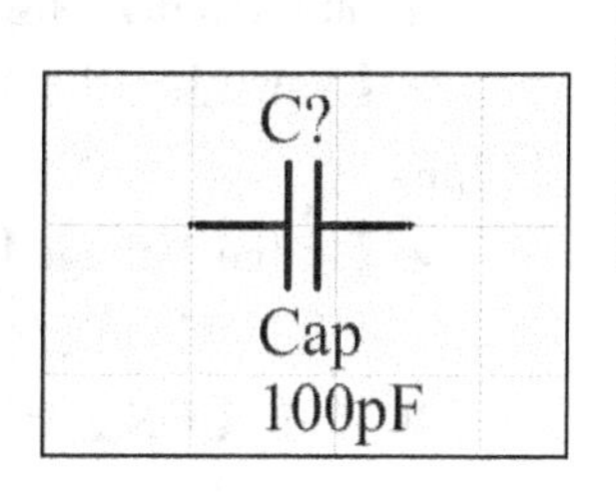

图 9-1 放置电容

- 双击该元件，打开【元件属性】对话框，在【Models】栏中，可以看到元件的仿真模型已经存在，如图 9-2 所示。

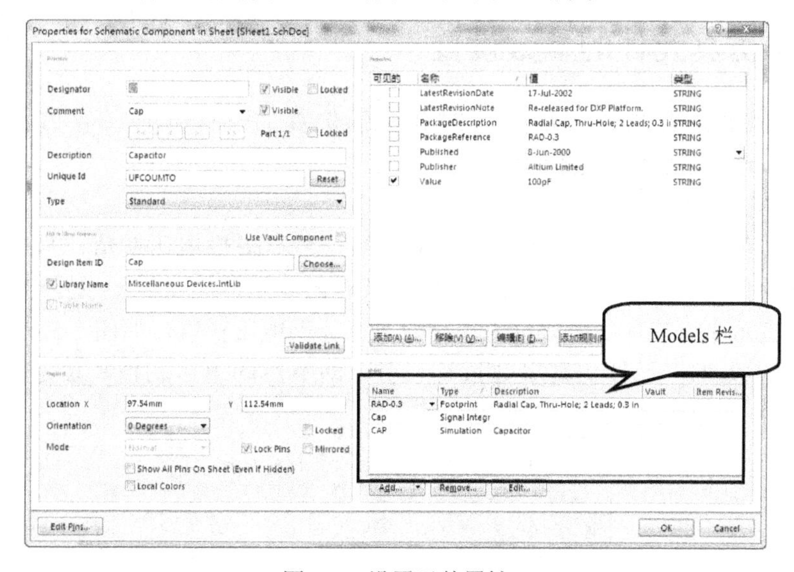

图 9-2 设置元件属性

- 设定【标识符】为“C1”，设定【Parameters】栏中的【Value】为“100pF”。双击【Models】栏中类型【Simulation】，进入【Sim Model】窗口中，打开其中的【Parameters】标签页，如图 9-3 所示。

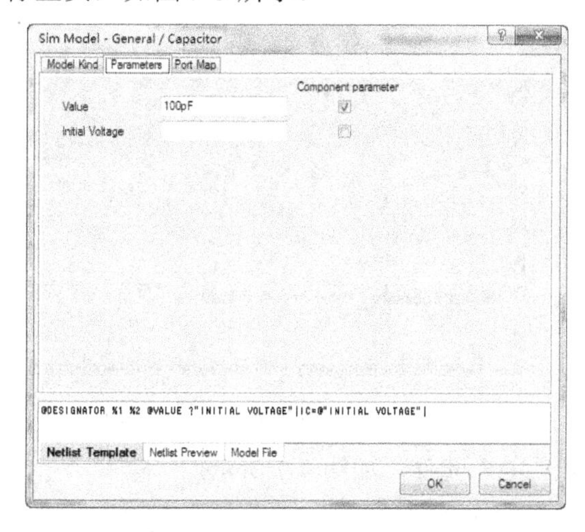

图 9-3 【Parameters】标签页

【Parameters】标签页有两项参数。

➢【Value】：用于输入电容值，这里已被设定为 100pF。

➢【Initial Voltage】：用于输入电容两端的初始端电压，可以设置为具体值，也可以默认。

● 单击【OK】按钮，返回元件属性对话框，再次单击【OK】按钮，关闭对话框。设置基本属性及仿真参数的电容如图 9-4 所示。

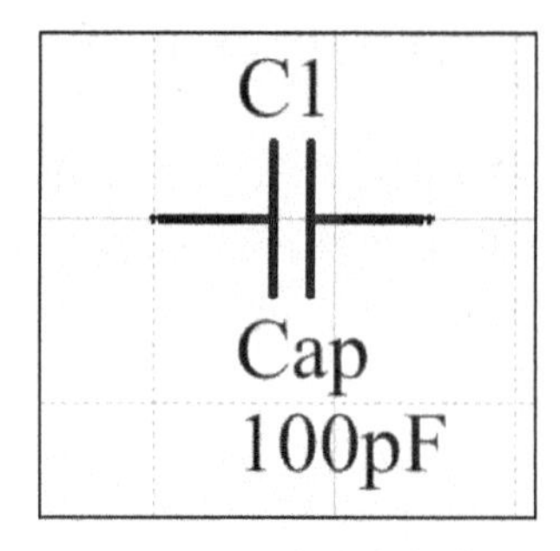

图 9-4　设置了仿真参数的电容

9.3.3　特殊仿真元件的参数设置

在仿真过程中，有时还会用到一些专用于仿真的特殊元件，存放在系统提供的“Simulation Sources.IntLib”集成库中。

（1）节点电压初值

节点电压初值“.IC”主要用于为电路中的某一节点提供电压初值，与电容中【Initial Voltage】参数的作用类似。设置方法很简单，只要把该元件放在需要设置电压初值的节点上，通过设置该元件的仿真参数即可为相应的节点提供电压初值，如图 9-5 所示。

需要设置的“.IC”元件仿真参数只有一个，即节点的电压初值，设定为“10V”，如图 9-6 所示。

图 9-5　设置“.IC”电压初值

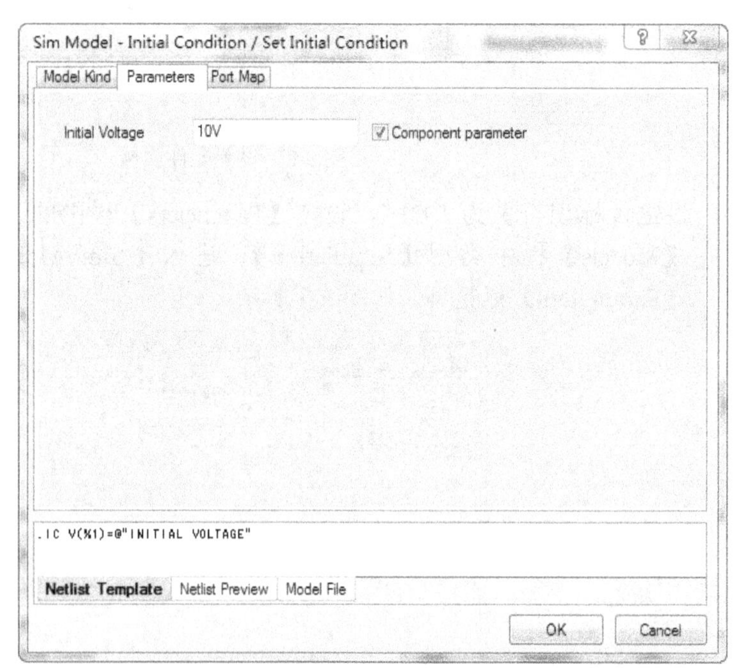

图 9-6　“.IC”元件仿真参数

设置了有关参数后的“.IC”元件，如图 9-7 所示。

（2）节点电压

在对双稳态或单稳态电路进行瞬态特性分析时，节点电压“.NS”元件是求节点电压预收敛值，如果仿真程序计算出该节点的电压小于预设的收敛值，则去掉“.NS”元件所设置的收敛值，继续计算，直到算出真正的收敛值为止，即“.NS”元件是求节点电压收敛值的一个辅助手段。

设置方法很简单，只要把该元件放在需要设置电压预收敛值的节点上，通过设置该元件的仿真参数即可为相应的节点设置电压预收敛值，如图 9-8 所示。

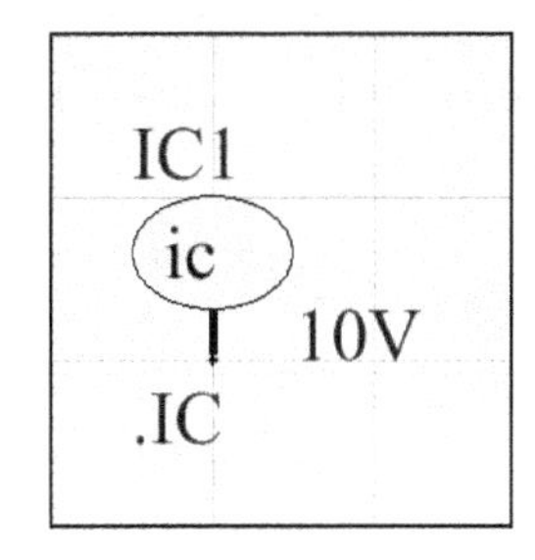

图 9-7　设置了属性及仿真参数的“.IC”元件

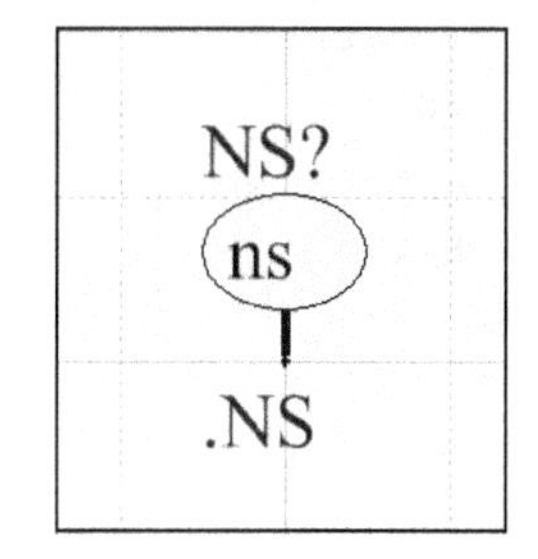

图 9-8　设置“.NS”元件预收敛值

需要设置的“.NS”元件仿真参数只有一个，即节点的电压预收敛值，设定为“0V”，如图 9-9 所示。

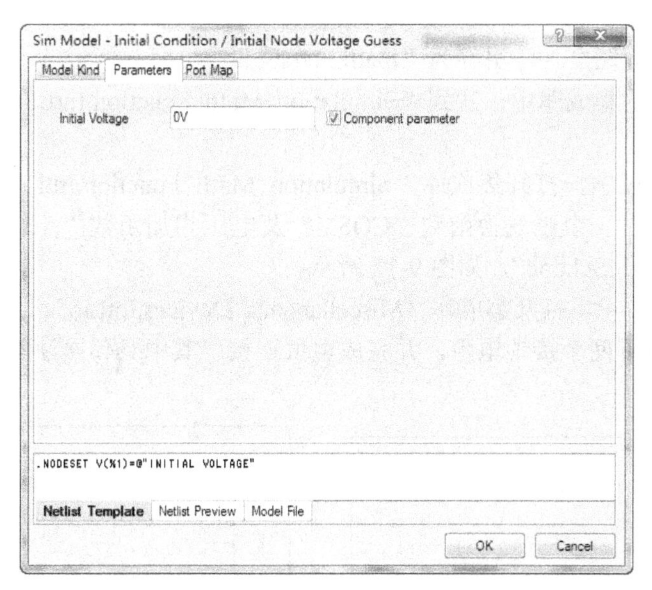

图 9-9　“.NS”元件仿真参数

设置了有关参数后的“.NS”元件如图 9-10 所示。

（3）仿真数学函数

Altium Designer 系统还提供了若干仿真数学函数，同样作为一种特殊的仿真元件，可以放置在电路仿真原理图中使用，主要用于对仿真原理图中的两个节点信号进行各种合成运算，以达到一定的仿真目的，包括节点电压的加、减、乘、除，以及支路电流的加、减、乘、除等运算，也可以用于对一个节点信号进行各种变换，如正弦变换、余弦变换、双曲线变换等。

仿真数学函数存放在“Simulation Math Function.IntLib”集成库中，使用方法简单，只需要把相应的函数功能模块放到仿真原理图中需要进行信号处理的地方即可，仿真参数不需要用户自行设置。

图 9-11 所示为对两个节点电压信号进行相加运算的仿真数学函数“ADDV”。

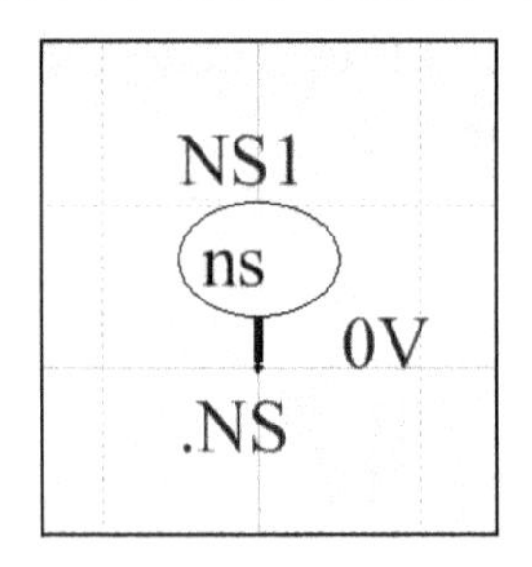

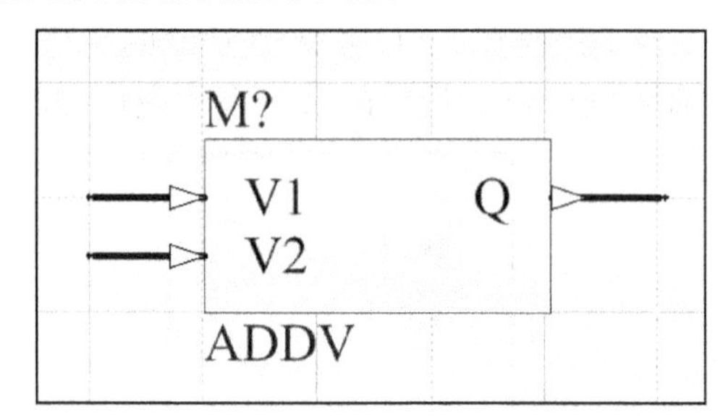

图 9-10　设置了属性及仿真参数的“.NS”元件　　图 9-11 仿真数学函数“ADDV”

9.3.4　仿真数学函数的放置及参数设置

本例中，设计使用相关的仿真数学函数，对某一输入信号分别进行正弦变换和余弦变换，然后叠加输出。

- 新建一个原理图文件，另存为“math.Schdoc”。
- 在系统提供的集成库中，找到“Simulation Math Function.IntLib”集成库，并进行加载。
- 在元件库面板中，打开集成库“Simulation Math Function.IntLib”，找到正弦变换函数“SINV”、余弦变换函数“COSV”及电压相加函数“ADDV”，分别放置在原理图“math.Schdoc”，如图 9-12 所示。
- 在元件库面板中，打开集成库“Miscellaneous Devices.IntLib”，找到元件 Res3，在原理图中放置两个接地电阻，并完成电气连接，其中具体接法与设置如图 9-13 所示。

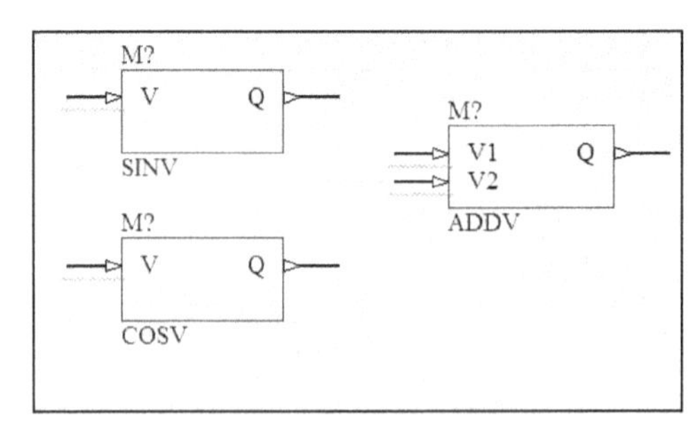

图 9-12　放置数学函数

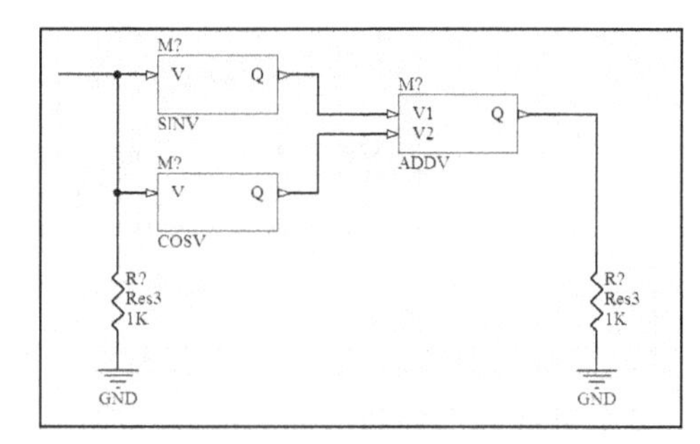

图 9-13　电气连接接法与设置

- 双击电阻，进行参数设置，相应的仿真参数即电阻值均设为 1kΩ。
- 双击每一个仿真数学函数，进行参数设置，在弹出的【元件属性】对话框中，只需要设置标志符即可，设置后如图 9-14 所示。

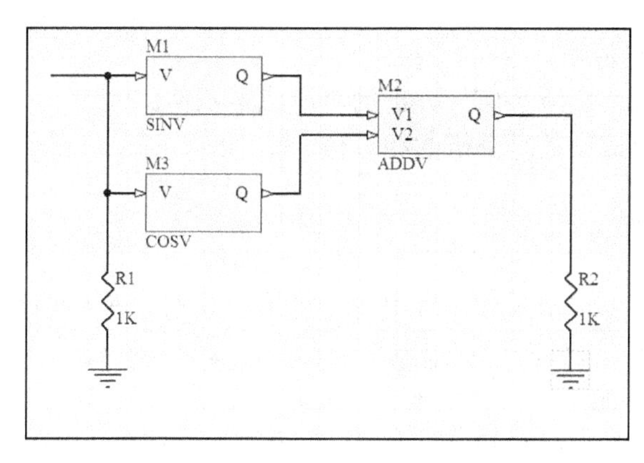

图 9-14　参数设置好的原理图

9.4　电源及仿真激励源

Altium Designer 系统还提供了多种电源和仿真激励源，存放在“Simulation Math Function.IntLib”集成库中，供用户选择。在使用时，均被默认为理想的激励源，即电压源的内阻为零，而电流源的内阻无穷大。

9.4.1　电源

仿真电路中常用的电源主要有直流电压源“VSRC”和直流电流源“ISRC”，分别用来提供一个不变的电压信号或不变的电流信号，符号形式如图 9-15 所示。

这两种电源通常在仿真电路上电时或需要为仿真电路输入一个阶跃激励信号时使用，以便观测电路中某一节点的瞬态响应波形，需要设置的仿真参数是相同的三项，如图 9-16 所示。

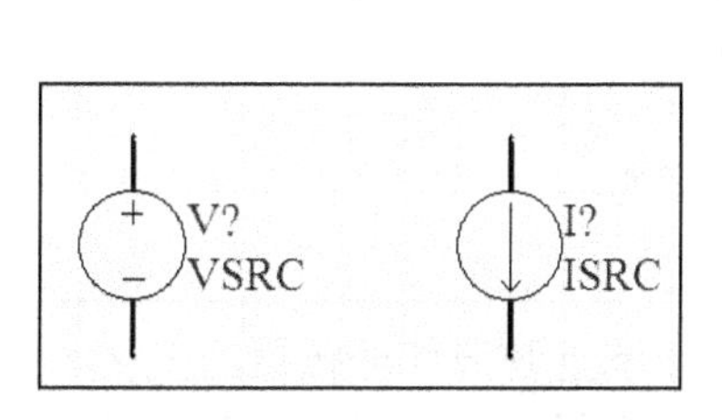

图 9-15　直流电压源和直流电流源

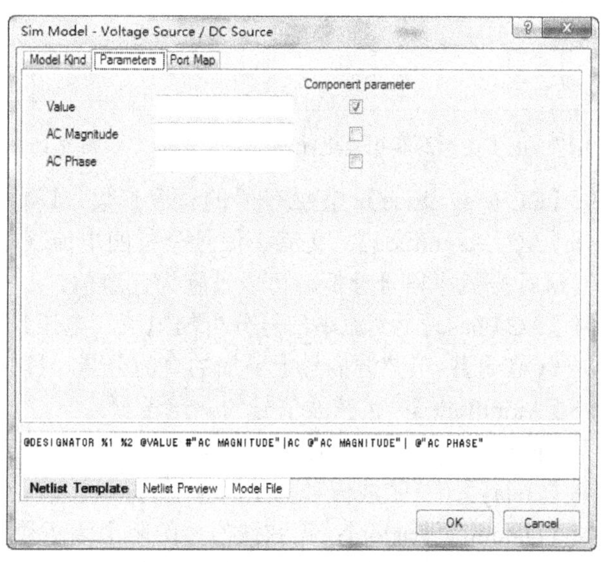

图 9-16　直流电源仿真参数

✓【Value】：直流电源值。
✓【AC Magnitude】：交流小信号分析的电流或电压值。
✓【AC Phase】：交流小信号分析的相位值。

9.4.2 仿真激励源

仿真激励源就是仿真时输入到仿真电路中的测试信号，根据观察这些测试信号通过仿真电路后的输出波形，可以判断仿真电路中的参数设置是否合理。

（1）正弦信号激励源

正弦信号激励源包括正弦电压源“VSIN”和正弦电流源“ISIN”，用来为仿真电流提供正弦激励信号，符号如图 9-17 所示。

需要设置的仿真参数是相同的，如图 9-18 所示。

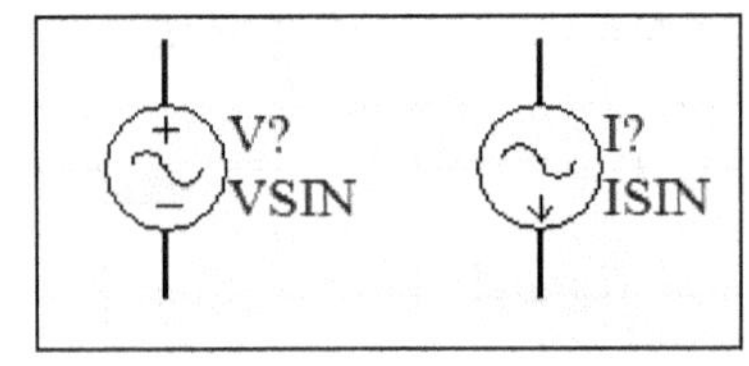

图 9-17　正弦电压源和正弦电流源

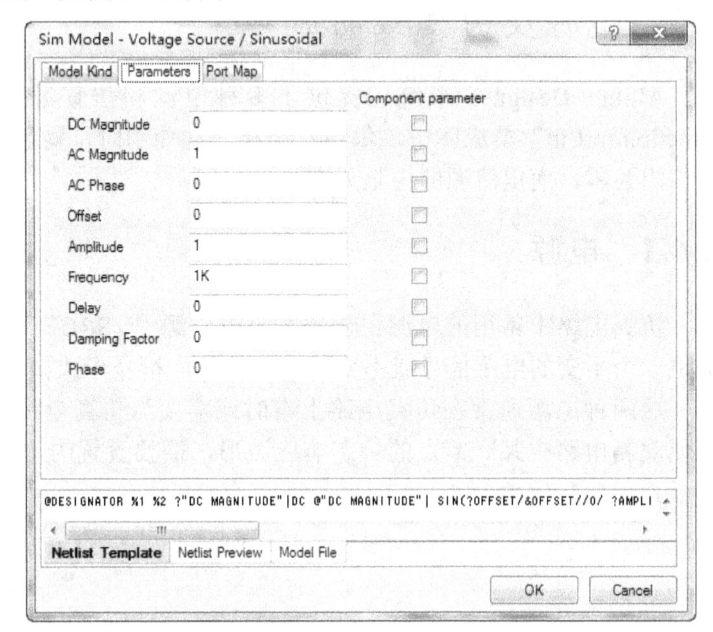

图 9-18　正弦信号激励源的仿真参数

➢【DC Magnitude】：正弦信号的直流参数，设置为“0”。
➢【AC Magnitude】：交流小信号分析的电流（电压）值，通常设置为“1”。如果不进行交流小信号分析，可以设置为任意值。
➢【AC Phase】：交流小信号分析的电流（电压）初始相位值，通常设置为“0”。
➢【Offset】：正弦波信号上叠加的直流分量，即幅值偏移量。
➢【Amplitude】：正弦波信号的幅值设置。
➢【Frequency】：正弦波信号的频率设置。
➢【Delay】：正弦波信号初始的延时时间设置。
➢【Damping Factor】：正弦波信号的阻尼因子设置，影响正弦波信号幅值的变化。设置为正值时，正弦波的幅值将随时间的增长而衰减；设置为负值时，正弦波的幅值随时间的增长而增长；若设置为“0”时，意味着正弦波的幅值不随时间而变化。

➤【Phase】：正弦波信号的初始相位设置。

（2）周期脉冲源

周期脉冲源包括脉冲电压源“VPULSE”和脉冲电流源“IPULSE”，可以为仿真电路提供周期性的连续的脉冲激励，其中脉冲电压和激励源“VPULSE”在电路的瞬态特性分析中用得比较多，两种激励源的符号如图 9-19 所示。

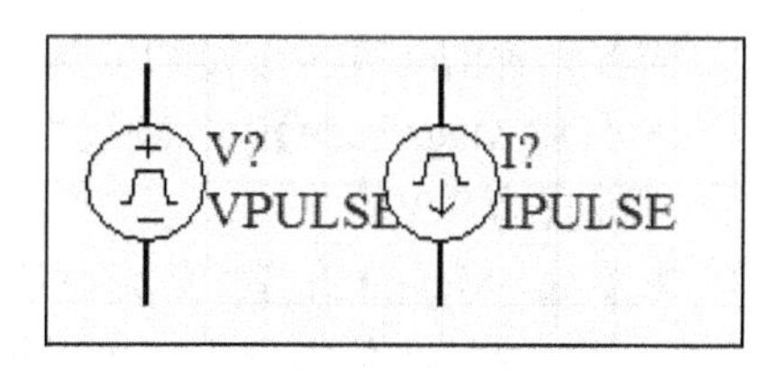

图 9-19　脉冲电压源和脉冲电流源

需要设置的仿真参数是相同的，如图 9-20 所示。

➤【DC Magnitude】：正弦信号的直流参数，设置为“0”。

➤【AC Magnitude】：交流小信号分析的电流（电压）值，通常设置为“1”。如果不进行交流小信号分析，可以设置为任意值。

➤【AC Phase】：交流小信号分析的电流（电压）初始相位值，通常设置为“0”。

➤【Initial Value】：脉冲信号的初始值设置。

➤【Pulse Value】：脉冲信号的幅值设置。

➤【Time Delay】：初始时刻的延时时间设置。

➤【Rise Time】：脉冲信号的上升时间设置。

➤【Fall Time】：脉冲信号的下降时间设置。

➤【Pulse Width】：脉冲信号的高电平宽度设置。

➤【Period】：脉冲信号的周期设置。

➤【Phase】：正弦波信号的初始相位设置。

（3）分段线性激励源

分段线性激励源所提供的激励信号是由若干条相连的直线组成，是一种不规则的信号激励源，包括分段线性电压激励源“VPWL”和分段线性电流激励源“IPWL”，两种，如图 9-21 所示。

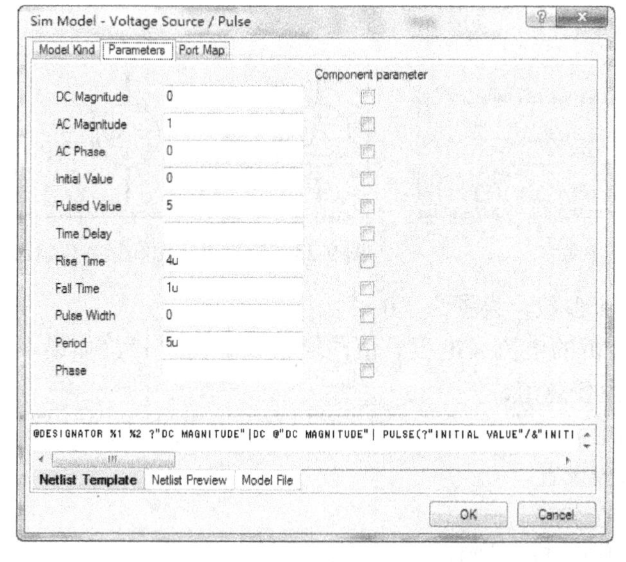

图 9-20　周期脉冲源仿真参数

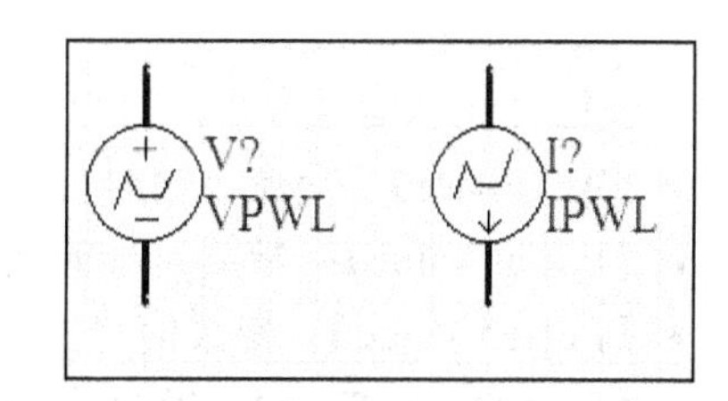

图 9-21　分段线性电压源和分段线性电流源

需要设置的仿真参数是相同的，如图 9-22 所示。

- 【DC Magnitude】：分段线性信号的直流参数，设置为“0”。
- 【AC Magnitude】：交流小信号分析的电流（电压）值，通常设置为“1”。如果不进行交流小信号分析，可以设置为任意值。
- 【AC Phase】：交流小信号分析的电流（电压）初始相位值，通常设置为“0”。
- 【时间/值成对（Time\Value Pairs）】：分段线性电流（电压）信号在分段点处的时间值及电流（电压）值设定，其中时间为横坐标，电流（电压）为纵左标，共有 5 个分段点。单击一次右侧的【添加（Add）】按钮，可以添加一个分段点；单击一次右侧的【删除（Delete）】按钮，可以删除一个分段点。

（4）指数激励源

指数激励源包括指数电压源“VEXP”和指数电流源“IEXP”，可以为仿真电路提供带有指数上升沿或下降沿的脉冲激励信号，常用于高频电路的仿真分析，两种激励源的符号形式如图 9-23 所示。

两者产生的波形形式是一样的，需要设置的仿真参数是相同的，如图 9-24 所示。

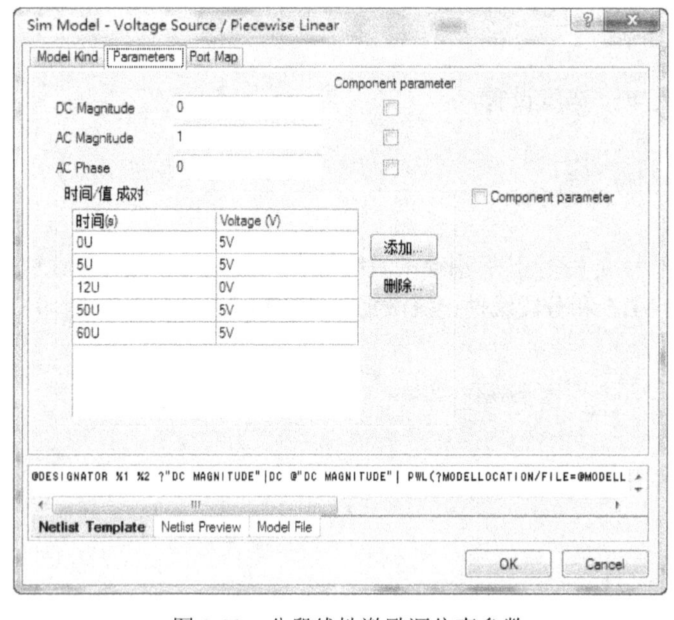

图 9-22　分段线性激励源仿真参数

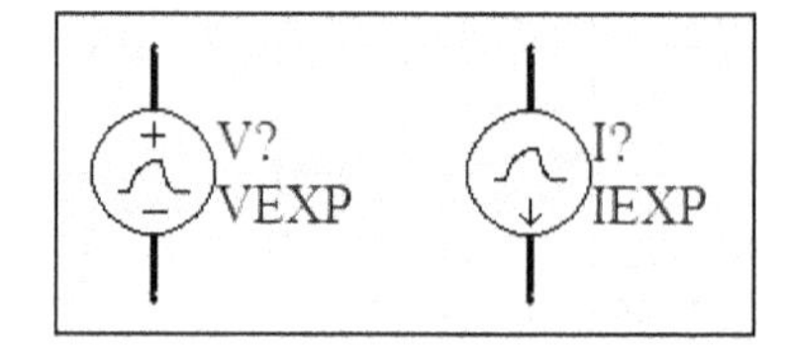

图 9-23　指数电压源和指数电流源

- 【DC Magnitude】：指数信号的直流参数，设置为“0”。
- 【AC Magnitude】：交流小信号分析的电流（电压）值，通常设置为“1”。如果不进行交流小信号分析，可以设置为任意值。
- 【AC Phase】：交流小信号分析的电流（电压）初始相位值，通常设置为“0”。
- 【Initial Value】：指数信号的初始值设置。
- 【Pulsed Value】：指数信号的跳变值设置。
- 【Rise Delay Time】：指数信号的上升延时时间。
- 【Rise Time Constant】：指数信号的上升时间设置。

➢【Fall Delay Time】：指数信号的下降延时时间设置。
➢【Fall Time Constant】：指数信号的下降时间设置。

（5）单频调频激励源

单频调频激励源是用来为仿真电路提供一个单频调频的激励波形，包括单频调频电压源“VSFFM”和单频调频电流源“ISFFM”两种，如图 9-25 所示。

要设置的仿真参数是相同的，如图 9-26 所示。

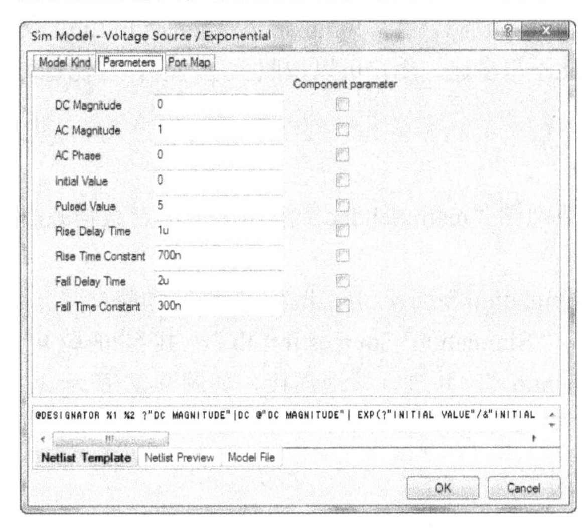

图 9-24　指数激励源的仿真参数

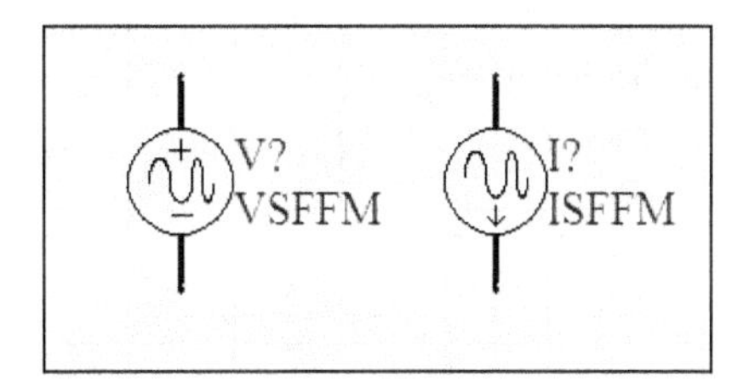

图 9-25　调频电压源和调频电流源

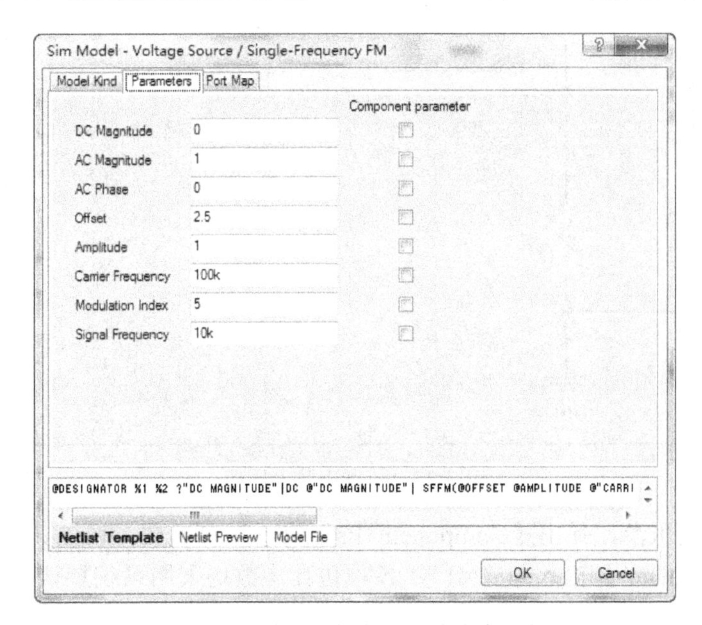

图 9-26　单频调频激励源的仿真参数

➢【DC Magnitude】：调频信号的直流参数，设置为“0”。
➢【AC Magnitude】：交流小信号分析的电流（电压）值，通常设置为“1”。如果不进行交流小信号分析，可以设置为任意值。

- ➢【AC Phase】：交流小信号分析的电流（电压）初始相位值，通常设置为“0”。
- ➢【Offset】：调频信号上叠加的直流分量，即幅值偏移量。
- ➢【Amplitude】：调频信号的载波幅值设置。
- ➢【Carrier Frequency】：调频信号的载波频率。
- ➢【Modulation Index】：调频信号的载波调制系数。
- ➢【Signal Frequency】：调频信号的频率。

以上介绍了几种仿真中常用的电源和仿真激励源，在“Simulation Sources.IntLib”集成库中还有线性受控源、非线性受控源等，在此不再多述。用户可以按照上述内容，自己练习。

9.4.3 放置仿真激励源

本节中，将为如图 9-14 所示的仿真原理图“math.Schdoc”添加一个仿真激励源产生正弦电压源。

- 在系统提供的集成库中，找到“Simulation Sources.IntLib”，并进行加载。
- 在元件库面板中，打开集成库“Simulation Sources.IntLib”，找到正弦电压源“VSIN”，放置在原理图“math.Schdoc”，并进行接地连接，如图 9-27 所示。

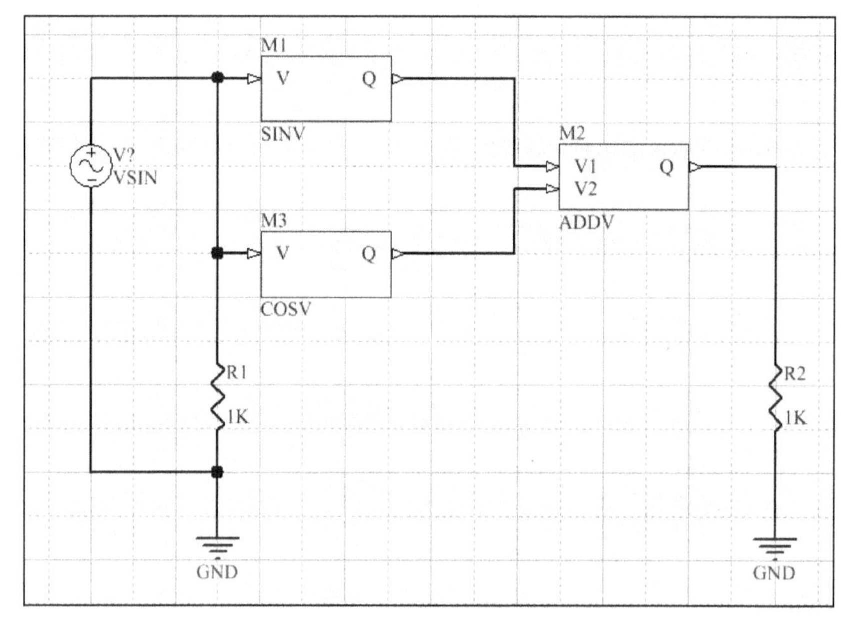

图 9-27　放置正弦电压源

- 双击正弦电压源，弹出【Component Properties】对话框，设置其基本参数及仿真参数。【Designator】输入为“V1”，各项仿真参数均采用系统默认值即可，如图 9-28 所示。
- 单击【OK】按钮返回后，最后的仿真原理图如图 9-29 所示，其中各个参数的设置如图 9-28 所示。

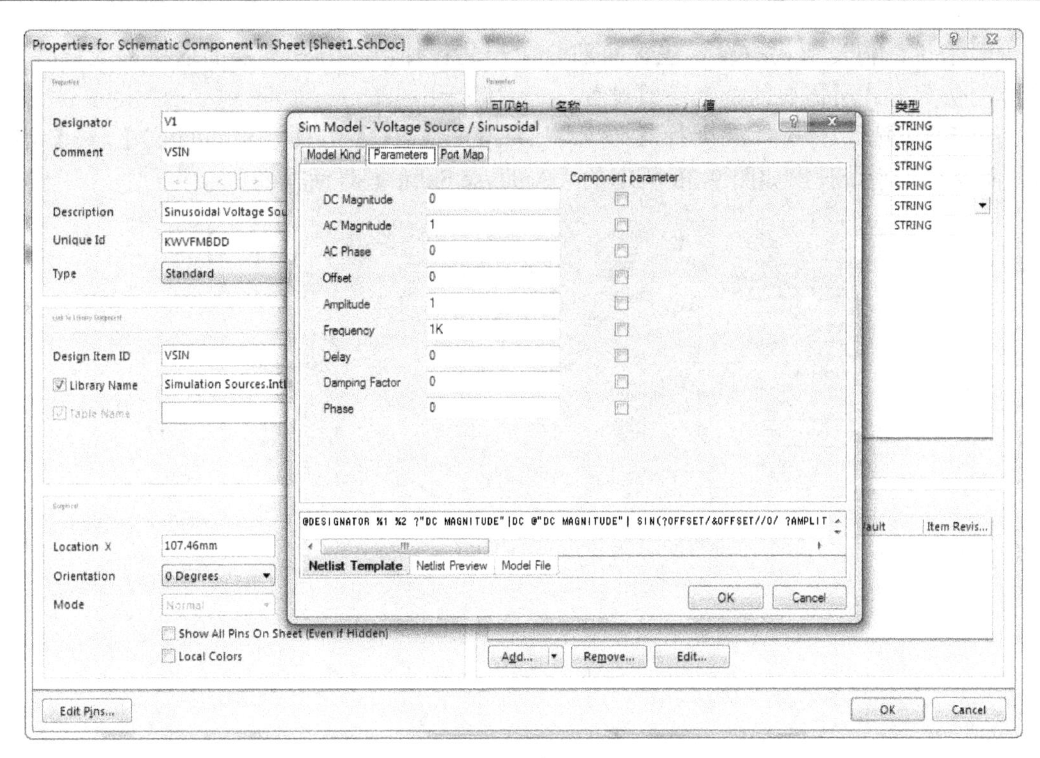

图 9-28　正弦电压激励源的参数设置

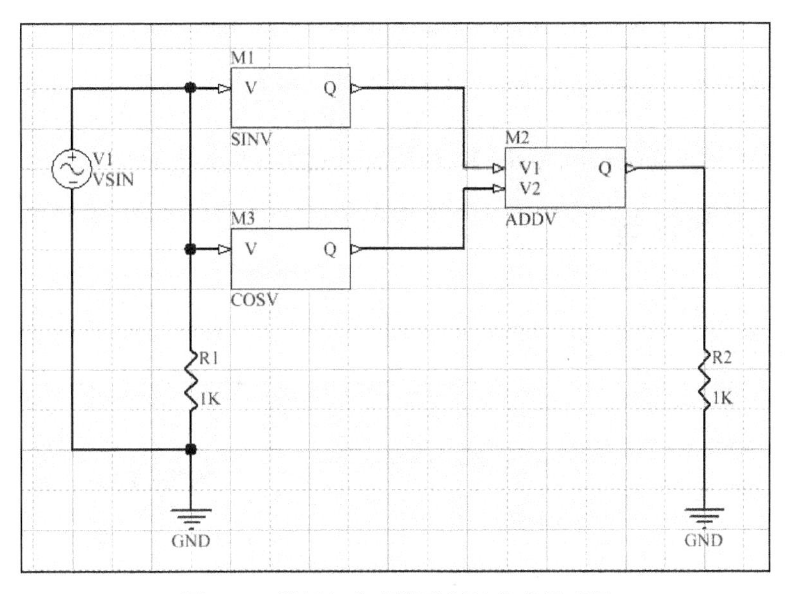

图 9-29　设置好仿真激励源的仿真原理图

9.5　仿真形式

选择适当的仿真形式，并设置合理的仿真参数，是仿真能够正确运行并获得良好的仿真效果的关键保证。

一般来说，仿真形式的设置包含两部分，一是各种仿真方式需要的通用参数设置；二是具体的仿真方式所需要的特定参数设置，二者缺一不可。

在原理图编辑环境中，执行【设计（Design）】→【仿真（Simulate）】→【Mixed Sim】命令，则系统弹出如图 9-30 所示的【Analyse Setup】对话框。

图 9-30　【分析设置（Analyse Setup）】对话框

在该对话框左侧的【分析/选项（Analyses/Options）】栏中，列出了若干选项供用户选择，包括各种具体的仿真方式。而对话框的右侧则用来显示与选项相对应的具体设置内容。系统的默认选项为【General Setup】，即仿真方式的通用参数设置。

9.5.1　通用参数设置

- 【为了…收集数据（Collect Data For）】：该下拉菜单用于设置仿真程序需要计算的数据类型，如图 9-31 所示。

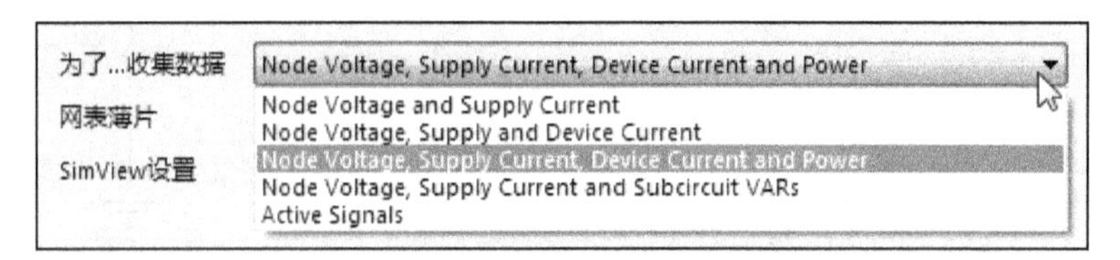

图 9-31　【为了…收集数据（Collect Data For）】下拉菜单

- ➢【Node Voltage and Supply Current】：节点电压和电源电流。
- ➢【Node Voltage, Supply and Device Current】：节点电压和电源，以及元件电流。
- ➢【Node Voltage, Supply Current, Device Current and Power】：节点电压和电源电流，以及元件电流和电源。
- ➢【Node Voltage, Supply Current and Subcircuit VARs】：节点电压和电源电流，支路

电压和功率。

➢【Active Signals】：仅计算【Active Signals】列表框中列出的信号。

单击右侧的【下拉】按钮，可以看到系统提供了几种需要计算的数据组合，用户可以根据具体仿真的要求加以选择，系统默认为“Node Voltage, Supply Current, Device Current and Power”。

一般来说，应设置为“Active Signals”，这样一方面可以灵活选择要观测的信号，另一方面减少了仿真的计算量，提高了效率。

- 【网表薄片（Sheets To Netlist）】：该下拉菜单用于设置仿真程序作用的范围，如图 9-32 所示。

➢【Active sheet】：当前电路仿真原理图。

➢【Active Project】：当前的整个项目。

- 【SimView 设置（SimView Setup）】：该下拉菜单用于设置仿真结果的显示内容，如图 9-33 所示。

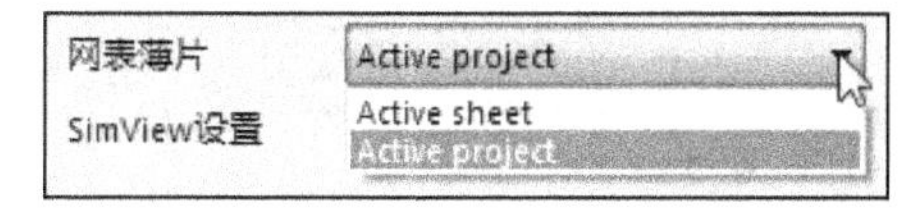

图 9-32 【Sheets To Netlist】菜单

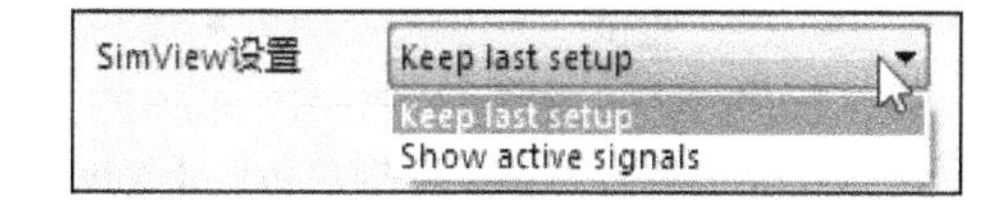

图 9-33 【SimView 设置（SimView Setup）】菜单

➢【Keep last setup】：忽略“Active Signals”栏中所列出的信号，按照上一次仿真操作的设置在仿真结果图中显示信号波形。

➢【Show active signals】：按照“Active Signals”栏中所列出的信号，在仿真结果图中显示信号波形。

- 【有用的信号（Available Signals）】：该列表框中列出了所有可供选择的观测信号。具体内容随着【为了…收集数据（Collect Data For）】列表框的变化而变化，即对于不同的数据组合，可以观测的信号是不同的。
- 【积极信号（Active Signals）】：该列表框列出了仿真程序结束后，能够立刻在仿真结果图中显示的信号。

在【有用的信号（Available Signals）】列表框中选中某一个需要显示的信号后，如选择【NETM1_1】，单击右向单箭头按钮，可以将该信号加入到【积极信号（Active Signals）】列表框；单击左向单箭头按钮，可以将【Active Signals】列表框中不需要显示的信号移回【有用的信号（Available Signals）】列表框中；或者单击右向双箭头直接将全部可用的信号加入到【积极信号（Active Signals）】列表框；单击左向双箭头直接将全部信号移回【有用的信号（Available Signals）】列表框中。

上面讲述的是在仿真运行前需要设定的通用参数。而对于用户具体选用的仿真形式，还需要进行一些特定参数的设定。

在【分析选项（Analyses/Options）】栏中，最后一项为【Advanced Options】设置，显示的是各种仿真方式都应该遵循的系统默认基本条件，如图 9-34 所示，一般来说，尽量不要去修改，以免导致某些仿真程序无法正常运行。

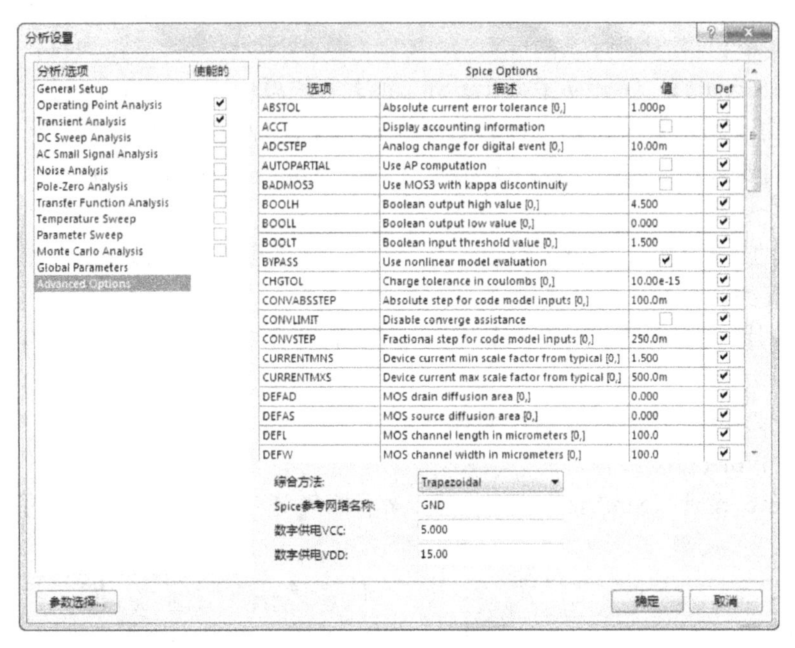

图 9-34 【Advanced Options】对话框

9.5.2 各种仿真模式

在 Altium Designer 系统中提供了 10 种仿真模式。

- Operating Point Analysis：工作点分析。
- Transient Analysis：瞬态特性分析与傅里叶分析。
- DC Sweep Analysis：直流传输特性分析。
- AC Small Signal Analysis：交流小信号分析。
- Noise Analysis：噪声分析。
- Pole-Zero Analysis：零-极点分析。
- Transfer Function Analysis：传递函数分析。
- Temperature Sweep：温度扫描。
- Parameter Sweep：参数扫描。
- Monte Carlo Analysis：蒙特卡罗分析。

9.5.3 工作点分析

工作点分析（Operating Point Analysis）就是静态工作点分析，这种方式是在分析放大电路时提出来的。当把放大器的输入信号短路时，放大器就处在了无信号输入状态，即静态。若静态工作点选择不合适，则输出波形会失真，因此，设置合适的静态工作点是放大电路正常工作的前提。

在该分析方式中，所有的电容将被看作开路，所有的电感将被看作短路，之后计算各个节点的对地电压及流过每一元件的电流。由于方式比较确定，因此，不需要用户再进行特定参数的设置，使用该方式时，只需要选中即可运行，如图 9-35 所示。

图 9-35　选中【Operating Point Analysis】对话框

9.5.4　瞬态特性分析和傅里叶分析

瞬态特性分析（Transient Analysis）与傅里叶分析是电路仿真中经常使用的仿真方式。瞬态特性分析是一种时域仿真分析方式，通常是从零时间开始，到规定的终止时间结束，在一个类似示波器的窗口中，显示出观测信号的时域变化波形。

傅里叶分析则可以与瞬态特性分析同时进行，属于频域分析，用于计算瞬态特性分析结果的一部分，在仿真结果图中将显示出观测信号的直流分量、基波，以及各次谐波的振幅和相位。

在【分析设置（Analyze Setup)】对话框中选择【Transient Analysis】选项，相应的参数窗口如图 9-36 所示，各参数设置的意义如下。

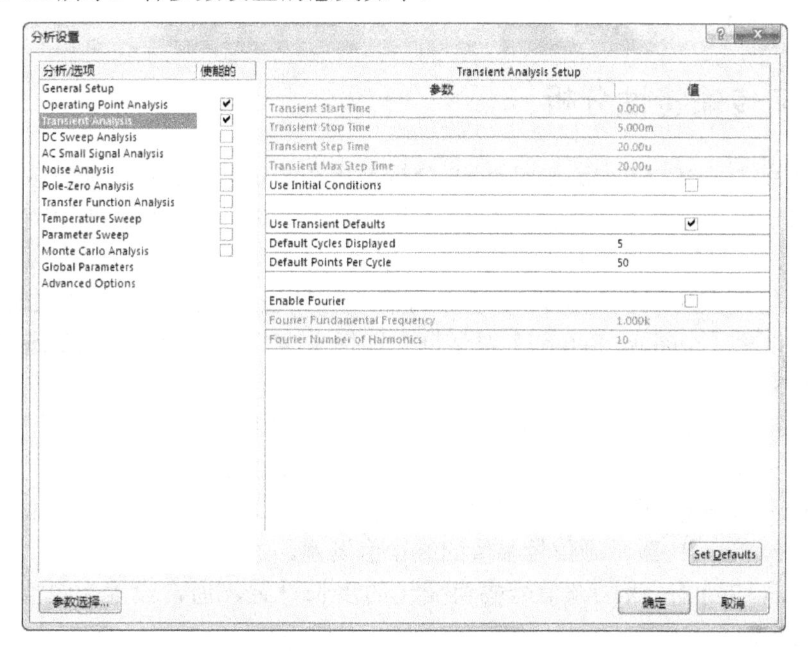

图 9-36 【Transient Analysis】选项对话框

- 【Transient Start Time】：瞬态仿真分析的起始时间设置，通常设置为“0”。
- 【Transient Stop Time】：瞬态仿真分析的终止时间设置，需要根据具体的电路来调整设置。若设置太小，则无法观测到完整的仿真过程，仿真结果中只显示一部分波形，不能作为仿真分析的依据；设置太大，则有用的信息会被压缩在一小段区间内，同样不利于分析。
- 【Transient Step Time】：仿真的时间步长设置，同样需要根据具体的电路来调整。设置太小，仿真程序的计算量会很大，运行时间会很长；设置太大，则仿真结果粗糙，无法真切地反映信号的细微变化。
- 【Transient Max Step Time】：仿真的最大时间步长设置，通常设置与时间步长值相同。
- 【Use Initial Conditions】：该复选框用于设置电路仿真时是否使用初始设置条件，一般选是。
- 【Use Transient Conditions】：该复选框用于设置电路仿真时是否采用系统的默认设置。若选中了该复选框，则所有的参数选项颜色都将变成灰色，不再允许用户修改设置，通常情况下，为了获得较好的仿真效果，应对各参数进行手工调整配置，不应选中该复选框。
- 【Default Cycles Displayed】：电路仿真时显示的波形周期数设置。
- 【Default Points Per Cycles】：每次显示周期中的点数设置，其数值多少决定了曲线的光滑程度。
- 【Enable Fourier】：该复选框用于设置电路仿真时，是否进行傅里叶分析。
- 【Fourier Fundamental Frequency】：傅里叶分析中基波频率设置。
- 【Fourier Number of Harmonics】：傅里叶分析中的谐波次数设置，通常使用系统默认值“10”。

9.5.5 直流传输特性分析

直流传输特性（DC Sweep Analysis）分析是指在一定的范围内，通过改变输入信号源的电压值，对节点进行静态工作点的分析。根据所获得的一系列直流传输特性曲线，可以确定输入信号、输出信号的最大范围及噪声容限等。

该仿真分析方式可以同时对两个节点的输入信号进行扫描分析，不过计算量会相当大。在【分析设置（Analyse Setup）】对话框中选择【DC Sweep Analysis】选项，相应的参数窗口如图 9-37 所示。

- 【Primary Source】：用来设置直流传输特性分析的第一个输入激励源。选择该选项后，其右边出现一个下拉菜单，供用户选择输入激励源。
- 【Primary Start】：激励源信号幅值的初始值设置。
- 【Primary Stop】：激励源信号幅值的终止值设置。
- 【Primary Step】：激励源信号幅值变化的步长设置，通常设置为幅值变化范围的 1%或 2%。
- 【Enable Secondary】：用于选择是否设置进行直流传输特性分析的第二个输入激励

源。选中该复选框后，就可以对第二个输入激励源的相关参数进行设置，设置内容及方式都与上面相同。

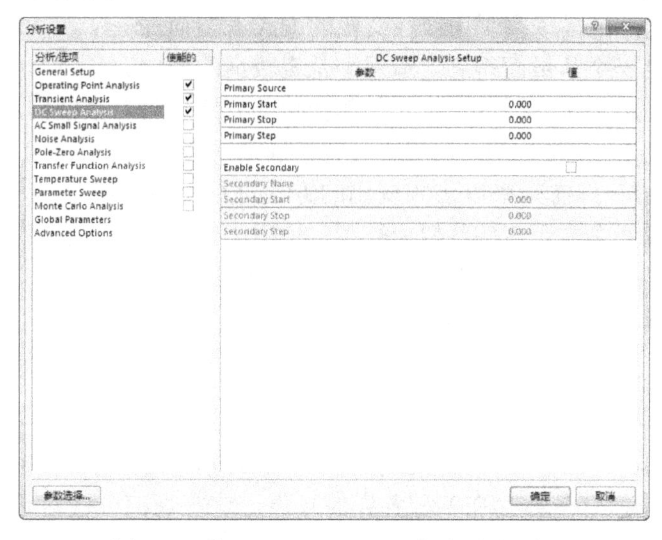

图 9-37 【DC Sweep Analysis】选项对话框

9.5.6 交流小信号分析

交流小信号分析（AC Small Signal Analysis）主要用于分析仿真电路的频率响应特性，即输出信号随着输入信号的频率变化而变化的情况，借助于该仿真分析方式，可以得到电路的幅频特性和相频特性。

在【分析设置（Analyze Setup)】对话框中选择【AC Small Signal Analysis】选项，相应的参数窗口如图 9-38 所示。

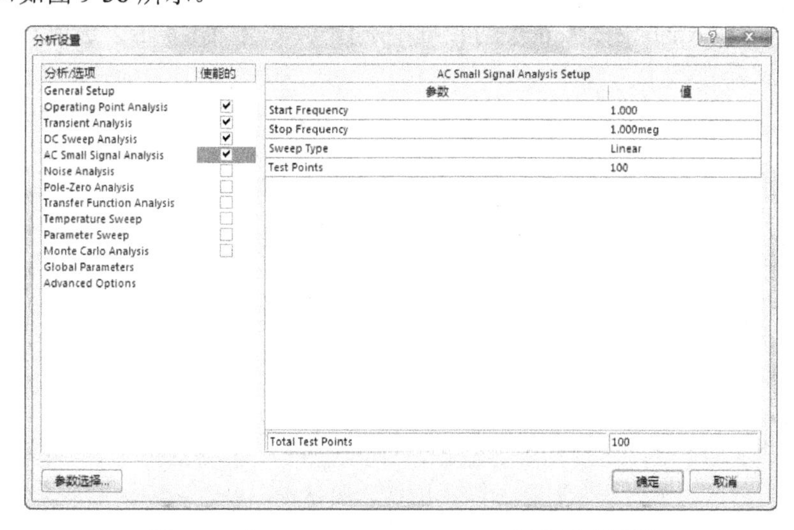

图 9-38 【AC Small Signal Analysis】选项对话框

➢【Start Frequency】：交流小信号分析的起始频率设置。

- 【Stop Frequency】：交流小信号分析的终止频率设置。
- 【Sweep Type】：扫描方式设置，有三种选择。
  - ✓【Linear】：扫描频率采用线性变化的方式。扫描过程中，下一个频率值是由当前值加上一个常量而得到，适用于带宽较窄的情况。
  - ✓【Decade】：扫描频率采用 10 倍频变化的方式进行对数扫描。下一个频率值是当前值乘以 10 而得到，适用于带宽特别宽的情况。
  - ✓【Octave】：扫描频率以倍频变化的方式进行对数扫描。下一个频率值是由当前值乘以一个大于 1 的常数而得到，适用于带宽较宽的情况。
- 【Test Points】：交流小信号分析的测试点的数目设置。
- 【Total Test Points】：交流小信号分析的总测试点的数目设置，通常使用系统的默认值。

9.5.7 噪声分析

噪声分析（Noise Analysis）一般是同交流小信号分析一起进行的。在实际的电路中，由于各种因素的影响，总是会存在各种各样的噪声，这些噪声分布在很宽的频带内，每个元件对于不同频段上的噪声敏感程度是不同的。

在噪声分析时，电容、电感和受控源应被视为无噪声的元件。对交流小信号分析中的每一个频率，电路中的每一个噪声源的噪声电频都会被计算出来，它们对输出节点的贡献通过将各方均值相加而得到。

使用 Altium Designer 的仿真程序可以测量和分析以下几种噪声。

- 输出噪声：在某一个特定的输出节点处测量得到的噪声。
- 输入噪声：在输入节点处测量得到的噪声。
- 元件噪声：每个元件对输出噪声的贡献。输出噪声的大小就是所有产生噪声的元件噪声的叠加。

在【分析设置（Analyze Setup)】对话框中选择【Noise Analysis】选项，相应的参数窗口如图 9-39 所示。

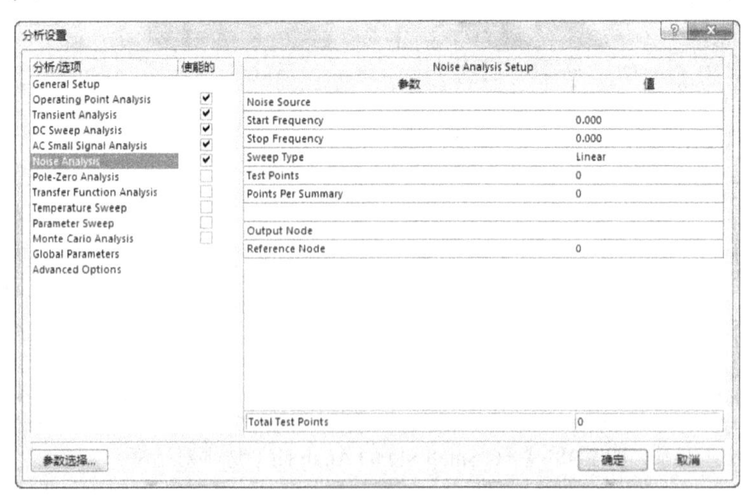

图 9-39 【Noise Analysis】选项对话框

➢【Noise Source】：选择一个用于计算噪声的参考信号源。选中该项后，其右边会出现一个下拉菜单，供用户进行选择。
➢【Start Frequency】：扫描起始频率设置。
➢【Stop Frequency】：扫描终止频率设置。
➢【Sweep Type】：扫描方式设置，与交流小信号分析中的扫描方式选择设置相同。
➢【Test Points】：噪声分析的测试点的数目设置。
➢【Points Per Summary】：噪声分析的扫描测试点的数目设置。
➢【Output Node】：噪声分析的输出点设置。选中该项后，其右边会出现一个下拉菜单，供用户选择需要的噪声输出节点。
➢【Reference Node】：噪声分析的参考节点设置，通常设置为“0”，表示以接地点作为参考点。
➢【Total Test Points】：噪声分析的总测试点的数目设置。

9.5.8 零-极点分析

零-极点分析（Pole-Zero Analysis）主要用于对电路系统转移函数的零-极点位置进行描述。根据零-极点位置与系统性能的对应关系，用户可以据此对系统性能进行相关的分析。

在【分析设置（Analyse Setup）】对话框中选择【Pole-Zero Analysis】选项，相应的参数窗口如图 9-40 所示。

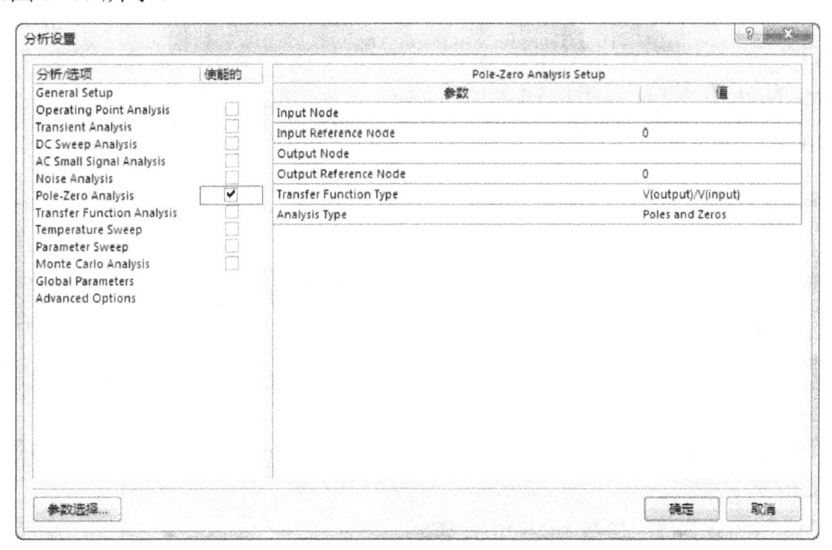

图 9-40 【Pole-Zero Analysis】选项对话框

➢【Input Node】：输入节点选择设置。
➢【Input Reference Node】：输入参考节点选择设置，通常设置为“0”。
➢【Output Node】：输出节点选择设置。
➢【Output Reference Node】：输出参考节点选择设置，通常设置为“0”。
➢【Input Reference Node】：输入参考节点选择设置，通常设置为“0”。

- 【Transfer Function Type】：转移函数类型设置，有两种选择，即电压数值比和阻抗函数两种。
- 【Analysis Type】：分析类型设置，有“Poles Only”、“Zeros Only”、“Poles and Zeros”三种选择。

9.5.9 传递函数分析

传递函数分析（Transfer Function Analysis）主要用于计算电路的直流输入、输出阻抗。在【Analyse Setup】对话框中选中【Transfer Function Analysis】选项，相应的参数窗口如图 9-41 所示。

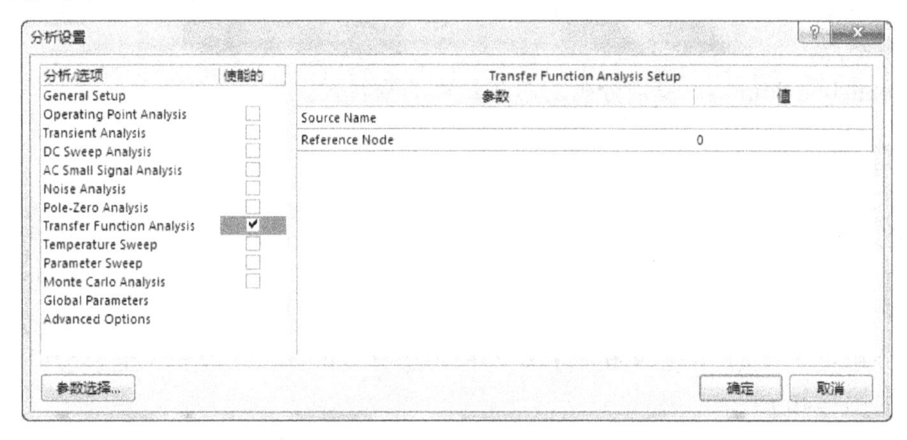

图 9-41 【Transfer Function Analysis】选项对话框

- 【Source Node】：设置参考的输入信号源。
- 【Reference Node】：设置参考节点。

9.5.10 温度扫描

温度扫描（Temperature Sweep）是指在一定的温度范围内，通过对电路的参数进行各种仿真分析，如瞬态特性分析、交流小信号分析、直流传输特性分析、传递函数分析等，从而确定电路的温度漂移等性能指标。需注意的是，温度扫描只有与其他的仿真方式中的一种或几种同时运行时才有意义。

在【分析设置（Analyse Setup）】对话框中选择【Temperature Sweep】选项，相应的参数窗口如图 9-42 所示。

- 【Start Temperature】：设置扫描起始温度。
- 【Stop Temperature】：设置扫描终止温度。
- 【Step Temperature】：设置扫描步长温度。

仿真时，如果仅仅选择了温度扫描的分析方式，则系统会弹出如图 9-43 所示的提示框，因此，温度扫描是必须与其他的扫描方式相配合应用的。

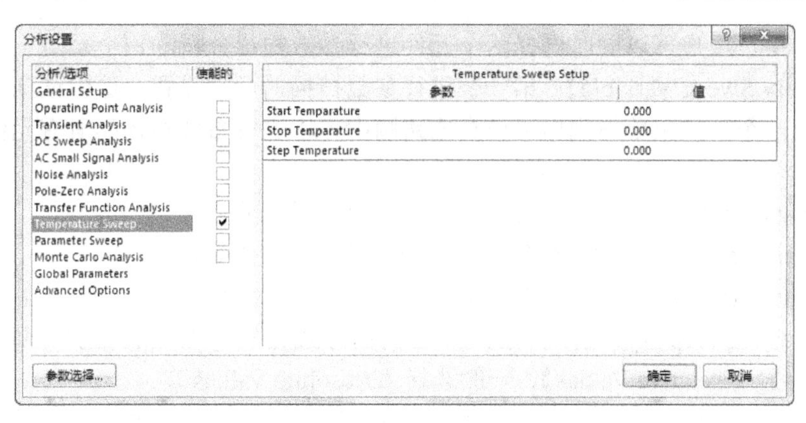

图 9-42 【Temperature Sweep】选项对话框

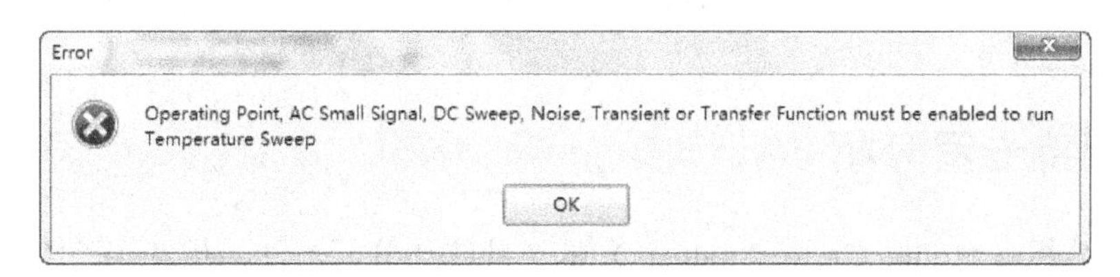

图 9-43 【与温度扫描相配合的仿真方式选择】提示框

9.5.11 参数扫描

参数扫描（Parameter Sweep）分析主要用于研究电路中某一元件的参数发生变化时对整个电路性能的影响。借助于该仿真方式，可以确定某些关键元件的最优化参数值，以获得最佳的电路性能。该分析方式与上述的温度扫描分析类似，只有与其他的仿真方式中的一种或几种同时运行时才有意义。

在【分析设置（Analyse Setup)】对话框中选中【Parameter Sweep】选项，相应的参数窗口如图 9-44 所示。

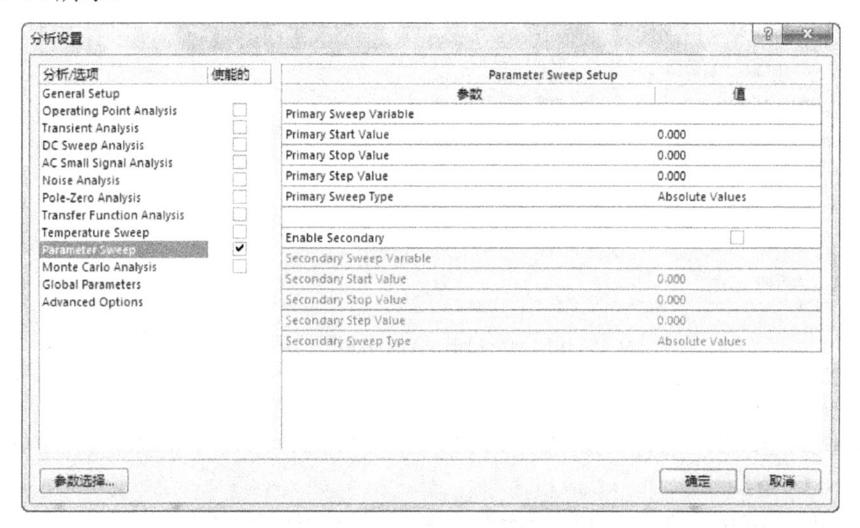

图 9-44 【Parameter Sweep】选项对话框

仿真过程中，用户可以同时选择两个元件进行参数扫描分析。

- 【Primary Sweep Variable】：第一个进行参数扫描的元件设置。选中该项后，其右边会出现一个下拉菜单，列出了仿真电路图中可以进行参数扫描的所有元件，供用户选择。
- 【Primary Start Value】：进行参数扫描的元件初始值设置。
- 【Primary Stop Value】：进行参数扫描的元件终止值设置。
- 【Primary Step Value】：扫描变化的步长设置。
- 【Primary Sweep Type】：参数扫描的扫描方式设置，有两种选择，即【Absolute Values】、【Relative Values】。一般选择“Absolute Values”。
- 【Enable Secondary】：用于选择是否设置进行参数扫描分析的第二个元件。选中该复选框后，就可以对第二个元件的相关参数进行设置，设置内容及方式都与上面相同。

9.5.12 蒙特卡罗分析

蒙特卡罗分析（Monte Carlo Analysis）是一种统计分析方法，借助于随机数发生器按元件的概率分布来选择元件，然后对电路进行直流、交流小信号、瞬态特性等仿真分析。通过多次的分析结果估算出电路性能的统计分布规律，从而可以对电路生产时的成品率，以及成本等进行预测。

在【分析设置（Analyse Setup）】对话框中选择【Monte Carlo Analysis】选项，相应的参数窗口如图 9-45 所示。

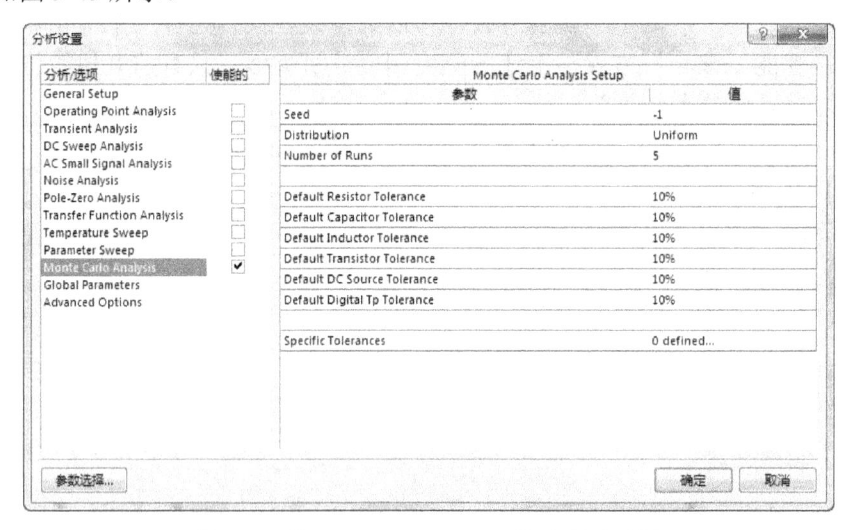

图 9-45 【Monte Carlo Analysis】选项对话框

- 【Seed】：随机数发生器的种子数设置，系统默认为“1”。
- 【Distribution】：元件分布规律设置，有三种选择，即【Uniform】、【Gaussian】、【Worst Case】。
- 【Numbers of Runs】：仿真运行次数设置，系统默认为“5”。

- 【Default Resistor Tolerance】：电阻容差设置。默认为10%，可以单击更改，输入可以是绝对值，也可以是百分比，但含义不同。如一电阻的标称值为1kΩ，若用户输入的电阻容差为15，则表示该电阻将在985~1015Ω之间变化；若输入为15%。则表示该电阻的变化范围为850~1150Ω。
- 【Default Capacitor Tolerance】：电容容差设置，默认为10%，同样可以单击更改。
- 【Default Inductor Tolerance】：电感容差设置，默认为10%。
- 【Default Transisitor Tolerance】：晶体管容差设置，默认为10%。
- 【Default DC Source Tolerance】：直流电源容差设置，默认为0%。
- 【Default Digital Tp Tolerance】：数字元件的传播延迟容差设置，默认为10%。
- 【Specific Tolerance】：特定元件的单独容差设置。

9.6 仿真波形管理

执行仿真并且成功运行以后，系统进入了仿真编辑环境中。单击窗口右下方面板控制中心处的【Sim Data】标签页，打开【Sim Data】面板，有一个完整的仿真编辑环境。

在该环境中，用户可以方便地查看各种仿真的显示波形及精确的数据。此外，利用系统提供的一些与仿真信号有关的操作命令，还可以对仿真波形进行有效的管理，如调整波形的显示范围，局部放大仿真波形，对仿真波形进行叠加及数学运算，添加新的小信号波形等。

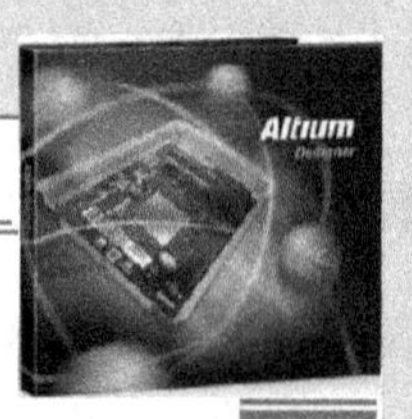

第 10 章　设计实例 1：网络通信模块电路设计

随着网络技术与芯片制作工艺的快速发展，单片机上网已经变得非常简单，本章的实例就是设计一个网络通信模块，该网络通信模块以 Microchip 公司最新的集成网络通信芯片 ENC28j60 为核心，可以方便地与单片机、ARM、DSP 等 MCU 集成，实现芯片的上网，该电路可以应用在家用电器、智能楼宇等领域。

——附带光盘“视频\10.avi”文件

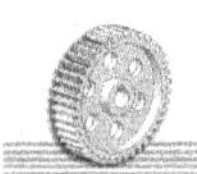

本章内容

- 网络通信模块原理图设计
- 网络通信模块 PCB 的绘制
- 手工制作电路板的过程

本章案例

- 基于 ENC28j60 的网络通信模块的设计

10.1　实例简介

本实例所介绍的网络通信模块以 Microchip 公司的网络通信芯片 ENC28j60 和集成网络变压器的 RJ-45 接口模块 HR911105 为核心。ENC28j60 采用 SPI 同步串行外设接口与主控的单片机进行通信，只需 4 根信号线，相比于当前大多数采用 16 位并行通信的网络芯片来说，布线的复杂程度可以大大降低；网络隔离变压器则采用了中山汉仁公司生产的集成了网络变压器的 RJ-45 接口 HR911105。整个模块仅仅用到 ENC28j60、HR911105，以及用来供电的 1117 稳压电源芯片，结构简单，便于自己手工制板，在设计完 PCB 后可以尝试使用感光 PCB 板来 DIY 一个网络通信模块，如图 10-1 所示。

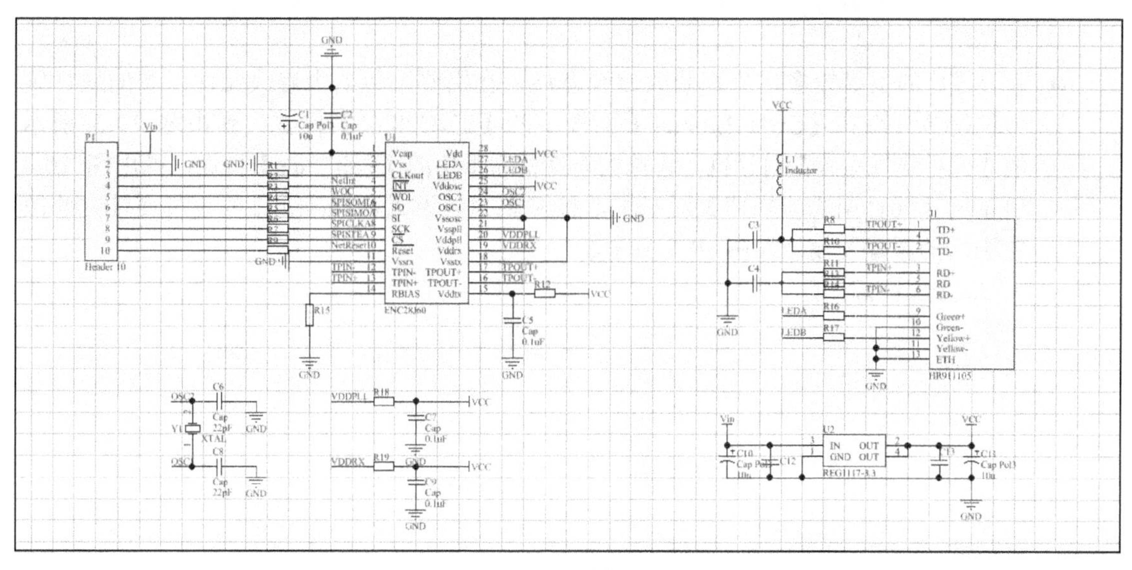

图 10-1　网络通信模块原理图

10.2　新建工程

执行【文件（File）】→【新建（New）】→【工程（Project）】→【PCB 工程（PCB Project）】命令，新建一个空白的工程文件，并将其保存在网络通信文件夹下，重新命名为“ENC28j60.PrjPCB”。

执行【文件（File）】→【新建（New）】→【原理图（Schematic）】命令，新建一个空白的原理图设计文件，命名为“ENC28j60.SchDoc”。

至此，网络通信模块电路设计工程就建立完毕了，下面将详细介绍电路原理图和 PCB 的设计制作。

10.3　元件的制作

由于 Altium Designer 并不带有 ENC28j60 芯片和 HR911105 模块的原理图和 PCB 封装，所以，在绘制电路图之前还要自己设计这两个图件的封装。

10.3.1　制作 ENC28j60 芯片的封装

- 执行菜单命令【文件（File）】→【新建（New）】→【库（Library）】→【原理图库（Schematic Library）】，新建库文件，命名为“ENC28j60.SchLib”并保存。
- 执行菜单命令【工具（Tools）】→【新器件（New Component）】，在弹出的对话框中将新建的元件命名为 ENC28j60，如图 10-2 所示。
- 执行菜单命令【放置（Place）】→【矩形（Rectangle）】在绘图区绘制一个大小合适的矩形。
- 执行菜单命令【放置（Place）】→【引脚（Pin）】放置引脚，ENC28j60 共有 28 个引脚。

- 由于芯片的引脚较多，分别修改比较麻烦，在引脚编辑器中修改元件引脚的属性则方便得多。双击【SCH Library】面板中的【ENC28j60】标签，弹出图 10-3 所示的【元件属性设置】对话框，再单击对话框左下角的【Edit Pins】按钮，弹出图 10-4 所示的【元件引脚编辑器】对话框。按照图中的设置来修改元件的引脚属性，修改完毕后的原理图模型如图 10-5 所示。

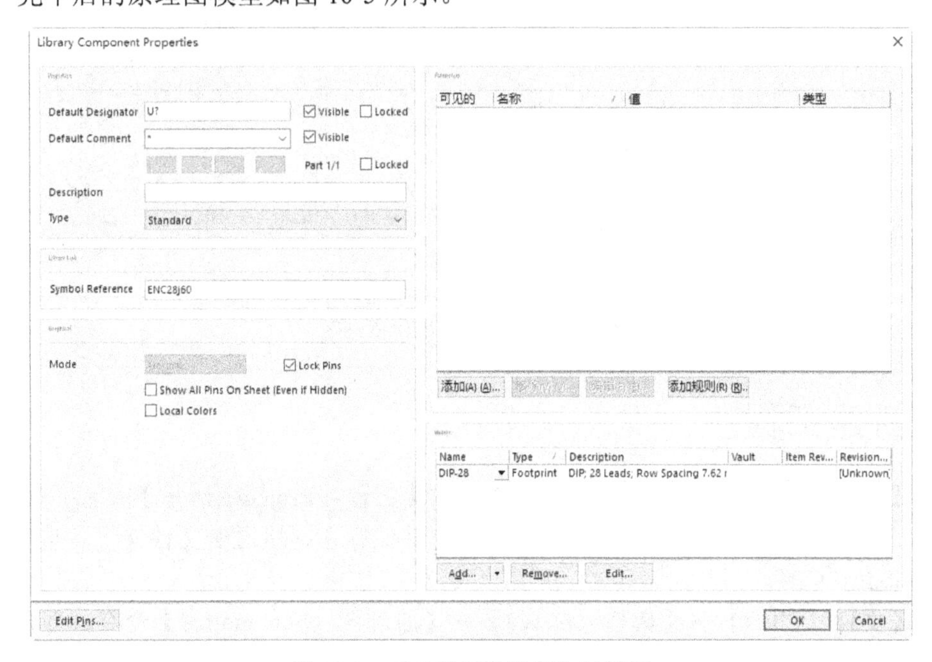

图 10-3 【元件属性设置】对话框

元件管脚编辑器

标识	名称	Desc	DIP-28	类型	所有...	展示	数量	名称	Pin/Pkg Length
1	Vcap		1	Passive	1	✔	✔	✔	0mil
2	Vss		2	Passive	1	✔	✔	✔	0mil
3	CLKout		3	Output	1	✔	✔	✔	0mil
4	I\N\T\		4	Output	1	✔	✔	✔	0mil
5	W\O\L\		5	Output	1	✔	✔	✔	0mil
6	SO		6	Output	1	✔	✔	✔	0mil
7	SI		7	Input	1	✔	✔	✔	0mil
8	SCK		8	Input	1	✔	✔	✔	0mil
9	C\S\		9	Input	1	✔	✔	✔	0mil
10	R\e\s\e\		10	Input	1	✔	✔	✔	0mil
11	Vssrx		11	Passive	1	✔	✔	✔	0mil
12	TPIN-		12	Input	1	✔	✔	✔	0mil
13	TPIN+		13	Input	1	✔	✔	✔	0mil
14	RBIAS		14	Input	1	✔	✔	✔	0mil
15	Vddtx		15	Passive	1	✔	✔	✔	0mil
16	TPOUT-		16	Output	1	✔	✔	✔	0mil
17	TPOUT+		17	Output	1	✔	✔	✔	0mil
18	Vsstx		18	Passive	1	✔	✔	✔	0mil

添加(A) (A)... 删除(R) (R)... 编辑(E) (E)... 确定 取消

图 10-4 【元件引脚编辑器】对话框

- 为 ENC28j60 添加 PCB 封装。在如图 10-3 所示的对话框中单击【Models】区域的【Add】按钮，选择“Footprint”引脚封装。并在弹出的如图 10-6 所示的 PCB 模型对话框中单击【浏览（Browse)】按钮浏览封装模型，如图 10-7 所示。

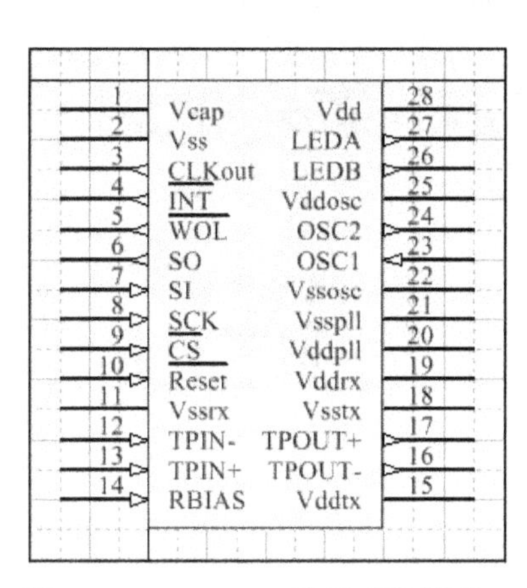

图 10-5　ENC28j60 的原理图模型

图 10-6　【PCB 模型】对话框

● ENC28j60 的封装为“DIP-28”，这个封装所在的库位于“C:\Users\Public\Documents\Altium\AD16\Library\PCB\Thru Hole”目录下的“Dual-In-Line Package.PcbLib”文件中，将其加载并选中其中的“DIP-28”，封装的预览如图 10-7 所示的右半部分。

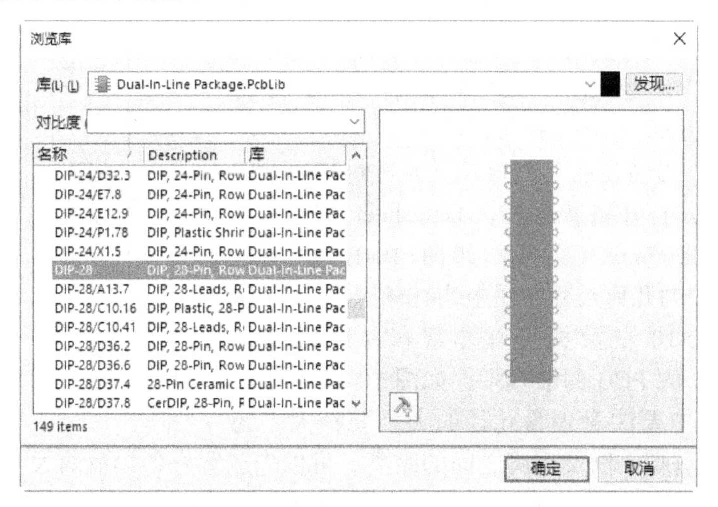

图 10-7　浏览元件封装模型

至此，完整的 ENC28j60 库文件就制作完成了。

10.3.2　制作 HR911105 模块的封装

● 执行菜单命令【工具（Tools）】→【新器件（New Component）】，在弹出的对话框中将新建的元件命名为“HR911105”。
● 执行菜单命令【放置（Place）】→【矩形（Rectangle）】，在绘图区绘制一个大小合适的矩形。

- 执行菜单命令【放置（Place）】→【引脚（Pin）】放置引脚，各引脚的设置如图 10-8 所示，绘制完毕的“HR911105”原理图模型如图 10-9 所示。

元件管脚编辑器

标识	名称	Desc	HR911105A	类型	所有者	展示	数量	名称	Pin/Pkg Length
1	TD+		1	Passive	1	✔	✔	✔	0mil
2	TD-		2	Passive	1	✔	✔	✔	0mil
3	RD+		3	Passive	1	✔	✔	✔	0mil
4	TD		4	Passive	1	✔	✔	✔	0mil
5	RD		5	Passive	1	✔	✔	✔	0mil
6	RD-		6	Passive	1	✔	✔	✔	0mil
8	ETH		8	Passive	1	✔	✔	✔	0mil
9	Green+		9	Passive	1	✔	✔	✔	0mil
10	Green-		10	Passive	1	✔	✔	✔	0mil
11	Yellow-		11	Passive	1	✔	✔	✔	0mil
12	Yellow+		12	Passive	1	✔	✔	✔	0mil

添加(A) (A)... 删除(R) (R)... 编辑(E) (E)...

确定 取消

图 10-8 “HR911105”的引脚设置

- HR911105 的 PCB 封装并非标准的封装，如图 10-9 所示，所以需要自己来绘制。执行菜单命令【文件（File）】→【新建（New）】→【库（Library）】→【PCB 元件库（PCB Library）】，新建 PCB 库文件，命名为“ENC28j60.PcbLib”并保存。

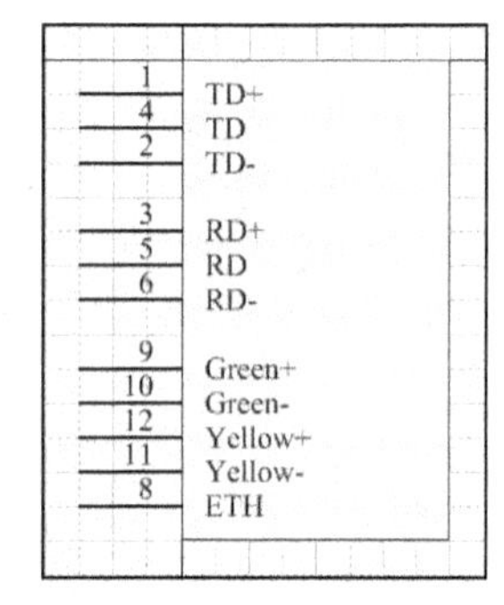

图 10-9 HR911105 的原理图模型

- 绘制 PCB 封装之前首先得知道元件封装模型的尺寸大小，打开随书光盘中 Datasheet 文件夹下的 HR911105a.pdf 文件，如图 10-10 所示，HR911105 的几何尺寸在图中均有标识。
- 按照图 10-10 的数据可以非常容易地绘制出 HR911105 的 PCB 封装模型，如图 10-11 所示。绘制过程中要注意焊盘孔径的大小要稍大于元件实际的引脚，以及引脚之间的距离。可以先放置好各焊盘的大致位置，设置好焊盘的孔径，然后使用系统的【报告（Reports）】→【测量距离（Measure Distance）】工具来确定焊盘的精确位置，最后再绘制丝印层的几何图形。
- 接下来将 HR911105 的 PCB 封装添加到 HR911105 的原理图模型中去。与 ENC28j60 添加 PCB 封装的过程一样，在如图 10-3 所示的元件属性对话框中为 HR911105 添加 PCB 封装。需注意的是，添加封装前还需将刚刚绘制完成的“ENC28j60.PcbLib”加载到系统中。

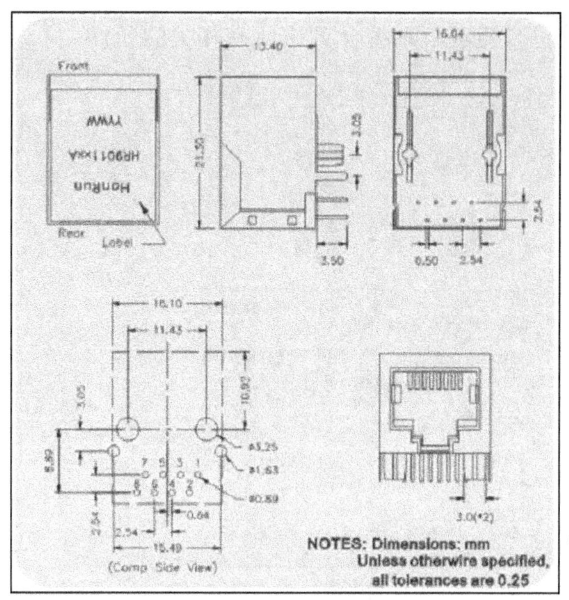

图 10-10　HR911105 的尺寸

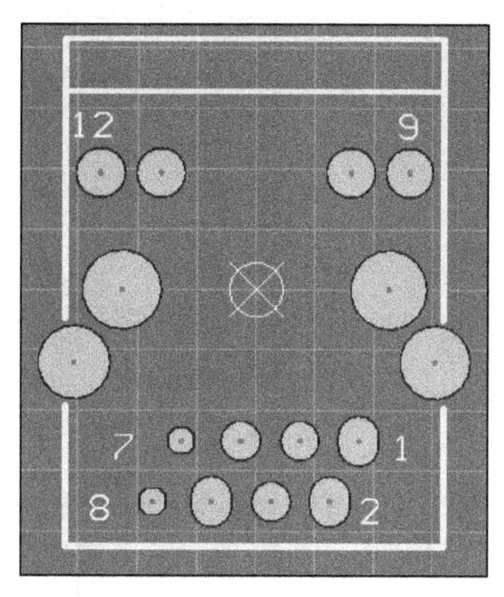

图 10-11　HR911105 的 PCB 封装

10.4　绘制电路原理图

网络通信模块的原理图结构较为简单，外部控制电路通过 10 孔的接头与 ENC28j60 进行 SPI 通信，同时，ENC28j60 产生的中断信号也通过该接头传送给外部控制单元；ENC28j60 产生的以太网数据包通过 HR911105 集成的网络隔离变压器隔离后传送到外部网络。整个系统采用线性稳压芯片 1117 提供 3.3V 的恒定电压。

10.4.1　系统供电电路

这是一个典型的线性稳压电路，输入电压 1117 降压稳定到 3.3V 给系统供电，如图 10-12 所示。注意输入与输出端的去耦电容与旁路电容是必不可少的。

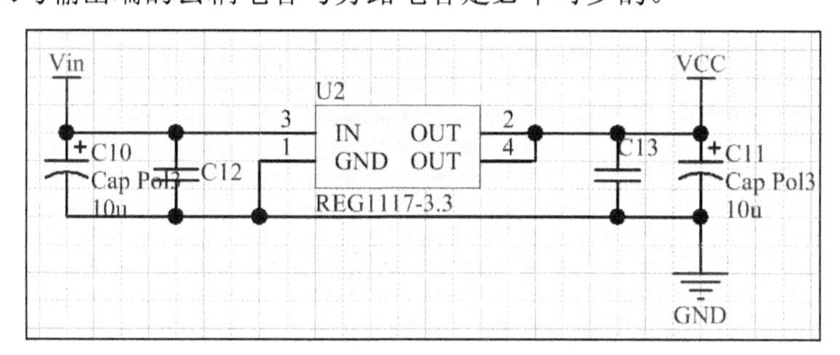

图 10-12　系统供电电路图

发现系统默认加载的原理图库文件中找不到 1117 稳压芯片的模型，需要自己加载 1117 元件所在的库，在【Libraries】面板中单击【查找（Search）】按钮，弹出如图 10-13 所示的【元件库查找】对话框，在上面的文本框中填入需要查找的元件名“reg1117”并单击【查找（Search）】按钮开始查找，经过一段时间的搜索，系统会列出所有相关的元件。

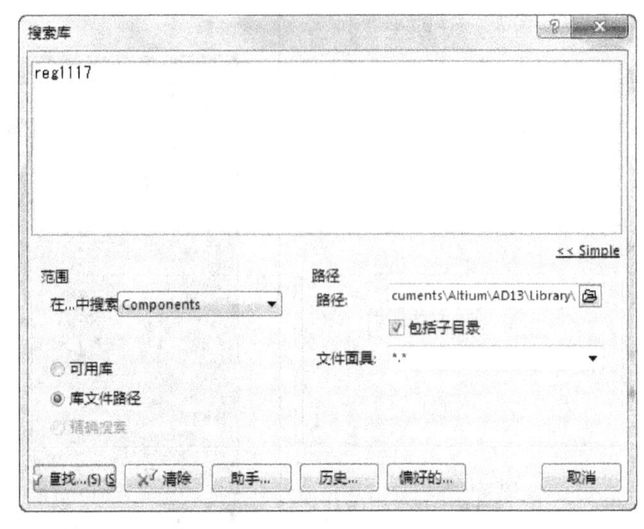

图 10-13　【元件库查找】对话框

10.4.2　ENC28j60 通信电路

ENC28j60 是 10Mb/s 的网络通信芯片，一方面它通过 SPI 接口与外部控制电路交换数据信息，并且产生接收和发送中断信号；另一方面将待发送的数据以 10Mb/s 的速度发送到网络变压器，如图 10-14 所示。

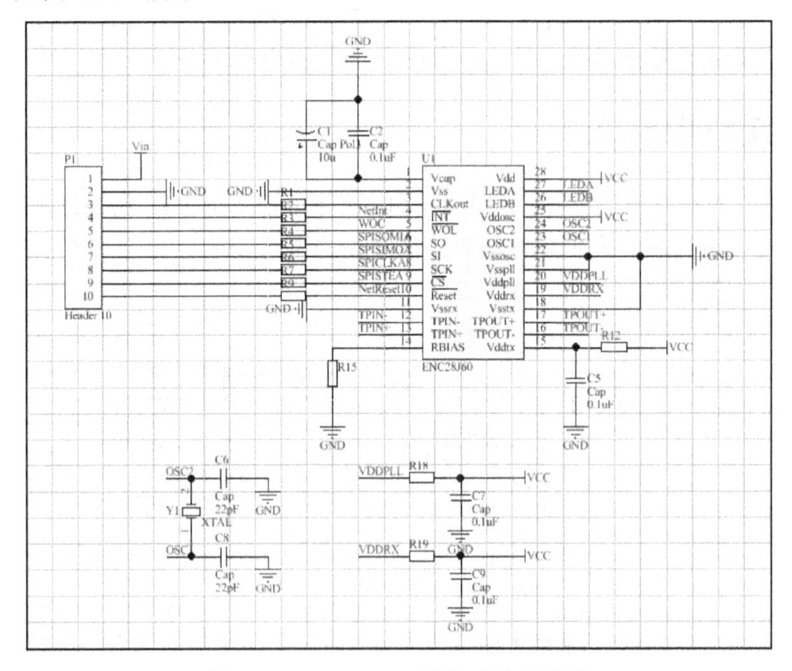

图 10-14　ENC28j60 通信电路电路图

10.4.3 HR911105 网络接口电路

HR911105 网络接口电路集成了网络变压器、RJ-45 接口和 LED，如图 10-15 所示，电感 L1 是必需的，在这里可以选择电感或者是铁氧体磁珠。

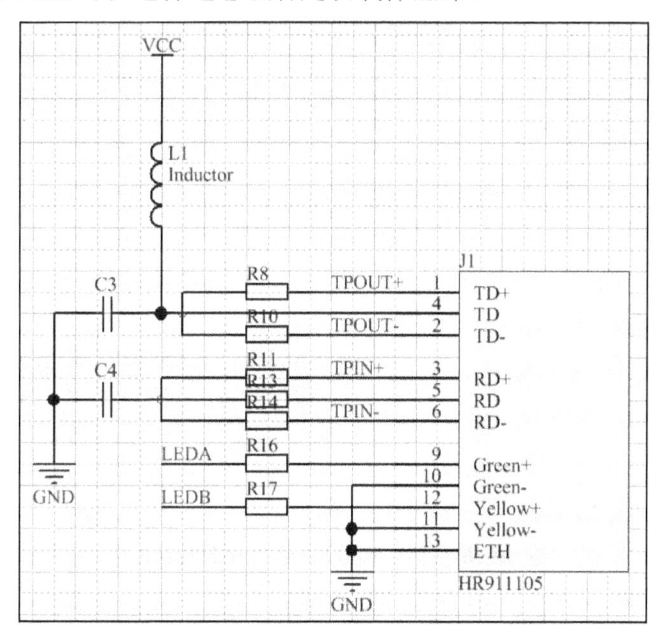

图 10-15 HR911105 网络接口电路电路图

10.5 电路原理图的后续操作

原理图设计完成后还要进行一系列的后续处理，如元件的统一标注、封装属性设置、编译与查错、报表输出等，只有将这些步骤完成才能保证在下一步的 PCB 设计过程不会出现意想不到的错误。

10.5.1 元件的标注

在前面的设计中对元件进行标注比较麻烦，因为剪切、复制等操作造成元件标注的混乱，所以，设计原理图时一般是在绘制完成后在对原理图的元件进行统一标注。

- 执行【工具（Tools)】菜单下的【注解（Annotate Schematic)】命令，弹出如图 10-16 所示的【元件自动标注设置】对话框，执行下面的【更新更改列表（Update Changes List)】命令，系统对所有元件进行预编号，编号的结果显示在 Proposed 栏中。
- 执行【接收更改（Accept Changes)】命令，弹出如图 10-17 所示的工程变更单，该对话框中显示出了即将对原理图做出的更改。
- 执行【生效更改（Validate Changes)】对原理图做出的更改进行验证，验证无误后执行【执行更改（Execute Changes)】命令更改，如图 11-18 所示，单击【关闭

（Close）】按钮完成自动标注。

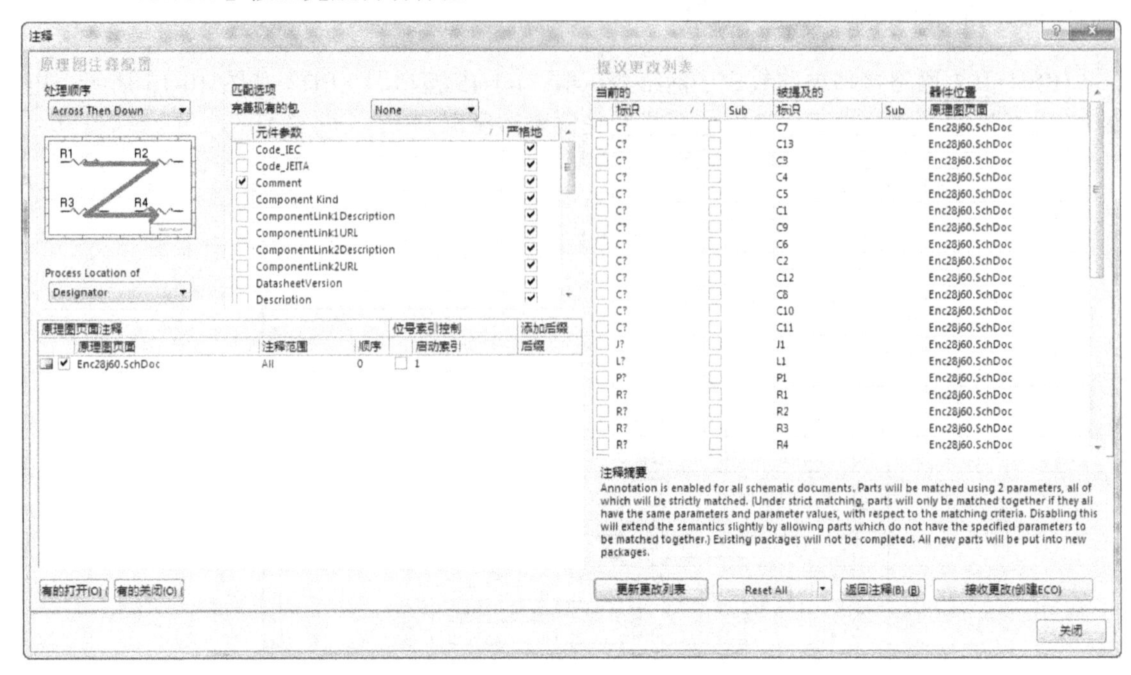

图 10-16　【元件自动标注设置】对话框

工程更改顺序

修改					状态		
使能	作用	受影响对象		受影响文档	检测	完成	消息
Annotate Component(38)							
✔	Modify	C? -> C1	In	Enc28j60.SchDoc			
✔	Modify	C? -> C2	In	Enc28j60.SchDoc			
✔	Modify	C? -> C3	In	Enc28j60.SchDoc			
✔	Modify	C? -> C4	In	Enc28j60.SchDoc			
✔	Modify	C? -> C5	In	Enc28j60.SchDoc			
✔	Modify	C? -> C6	In	Enc28j60.SchDoc			
✔	Modify	C? -> C7	In	Enc28j60.SchDoc			
✔	Modify	C? -> C8	In	Enc28j60.SchDoc			
✔	Modify	C? -> C9	In	Enc28j60.SchDoc			
✔	Modify	C? -> C10	In	Enc28j60.SchDoc			
✔	Modify	C? -> C11	In	Enc28j60.SchDoc			
✔	Modify	C? -> C12	In	Enc28j60.SchDoc			
✔	Modify	C? -> C13	In	Enc28j60.SchDoc			
✔	Modify	J? -> J1	In	Enc28j60.SchDoc			
✔	Modify	L? -> L1	In	Enc28j60.SchDoc			
✔	Modify	P? -> P1	In	Enc28j60.SchDoc			
✔	Modify	R? -> R1	In	Enc28j60.SchDoc			
✔	Modify	R? -> R2	In	Enc28j60.SchDoc			
✔	Modify	R? -> R3	In	Enc28j60.SchDoc			
✔	Modify	R? -> R4	In	Enc28j60.SchDoc			
✔	Modify	R? -> R5	In	Enc28j60.SchDoc			

生效更改　执行更改　报告更改(R) (R)...　仅显示错误　关闭

图 10-17　工程变更单

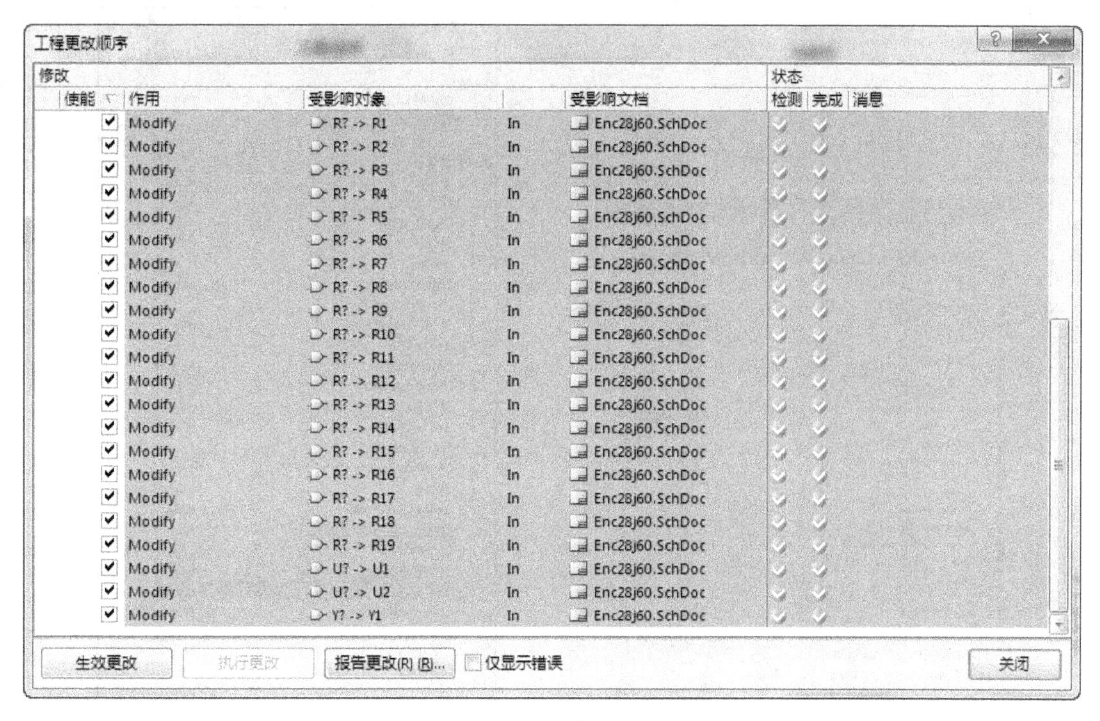

图 10-18　执行标号的更改

10.5.2　更改元件的 PCB 封装

设计原理图时，系统默认的电阻、电容封装分别为 AXIAL-0.4 和 RAD-0.3，这是直插式封装，体积比较大，为了减小网络通信模块的体积，将所有的电阻、电容均换成贴片元件。

- 执行菜单命令【编辑（Edit）】→【查找相似对象（Find Similar Objects）】，光标变成十字状，将光标移至任何一个电阻元件上单击弹出如图 10-19 所示的【查找相似对象】对话框。将对话框中的【Symbol Reference】项后的【Any】改为【Same】，再单击【确定】按钮确认，此时，原理图中所有的电阻元件均处于选中状态，下面再统一修改引脚封装属性。
- 打开【SCH Inspector】面板，将面板中的“Current Footprint”由当前的 AXIAL-0.4 改为 C0805 贴片封装并确认，此时，会发现电路图中所有的电阻元件封装都变成了 C0805，如图 10-20 所示。
- 以同样的方法将电路中所有的无极性去耦电容封装由原先的 RAD-0.3 改为 C0805。
- 将原理图中其他元件的封装按照 10.5.4 节导出的元件报表中的内容进行修改。

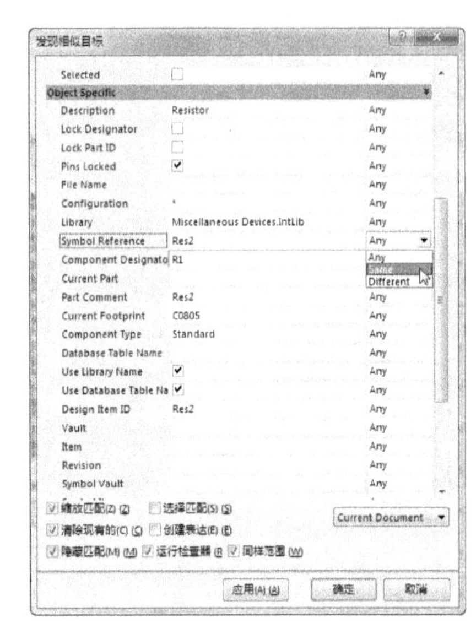

图 10-19　【查找相似对象】对话框

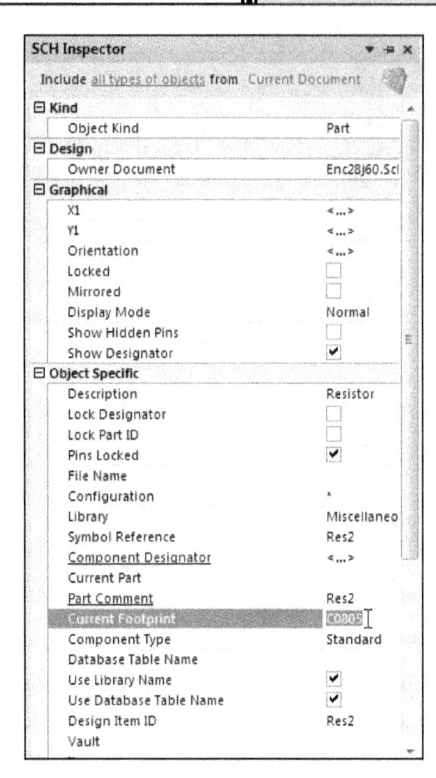

图 10-20　修改电阻元件的引脚封装

10.5.3　原理图的编译与查错

接下来对原理图进行编译，执行【工程（Project）】→【Compile Document ENC28j60.SchDoc】命令，编译完毕后系统会提示原理图的编译结果，若有错误则在【Message】面板中显示编译错误的信息，编译完全通过的话则没有错误提示。

10.5.4　生成元件报表

生成元件报表可以对电路中元件的封装、标号等进行进一步的检查。

执行菜单命令【报告（Reports)】→【Bill of Materials】，出如图 10-21 所示的【元件报表生成】对话框，这里面列出了原理图中元件注释、描述、标号，以及封装的具体信息。为了方便保存或是打印，可以将该报表导出为 Excel 文件格式，导出前先进行预览，单击【菜单（Menu)】按钮，在弹出的菜单中选择【报告（Report)】命令，打开如图 10-22 所示的元件清单导出预览框。若对预览满意的话单击【输出（Export)】按钮，在工程文件夹下的“Project Outputs for ENC28j60”文件夹中生成 Excel 格式文档，打开该文档如图 10-23 所示，内容与元件列表对话框中的内容相同。

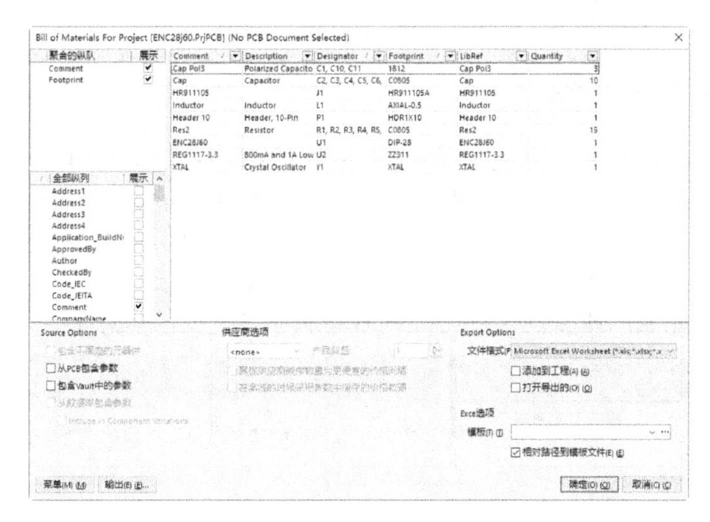

图 10-21 【元件报表生成】对话框

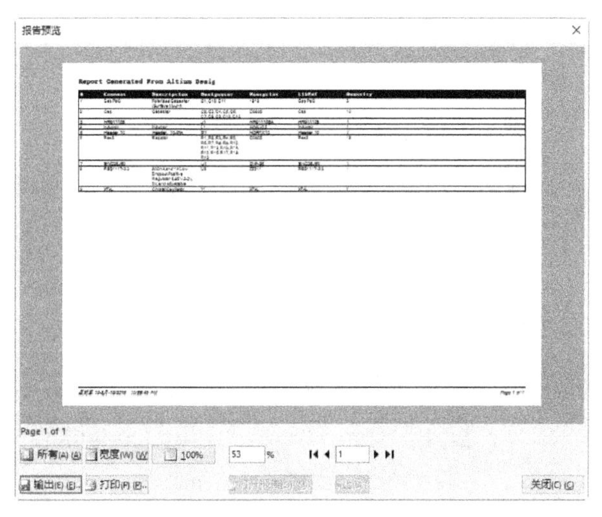

图 10-22 元件报表导出预览

	A	B	C	D	E	F	G	H	I	J	K
1	Report Generated From Altium Designer										
2											
3	Cap Pol3		Polarized Capacitor (Surface Mount)		C1, C10, C11		1812		Cap Pol3		3
4	Cap		Capacitor		C2, C3, C4, C5, C6, C7, C8, C9, C12, C13		C0805		Cap		10
5	HR911105				J1		HR911105A		HR911105		1
6	Inductor		Inductor		L1		AXIAL-0.5		Inductor		1
7	Header 10		Header, 10-Pin		P1		HDR1X10		Header 10		1
8	Res2		Resistor		R1, R2, R3, R4, R5, R6, R7, R8, R9, R10, R11, R12, R13, R14, R15, R16, R17, R18, R19		C0805		Res2		19
9	ENC28J60				U1		DIP-28		ENC28J60		1
	REG1117-3.3		800mA and 1A Low Dropout Positive Regulator 2.85V, 3.3V, 5V, and Adjustable		U2		ZZ311		REG1117-3.3		1

图 10-23 生成的 Excel 格式元件报表

10.5.5 生成网络报表

执行菜单命令【设计（Design）】→【文件的网络表（Netlist for Document）】→【Protel】，系统会在 Project 面板的“Generated\Netlist Files”目录中生成“ENC28j60.NET”网络报表，双击打开报表，如图 10-24 所示，在该表的基础上可以完成 PCB 的设计。其实在 Altium Designer 中进行原理图和 PCB 设计并不需要自己单独生成网络报表，系统会自动完成原理图设计系统和 PCB 编辑系统之间的信息交互。

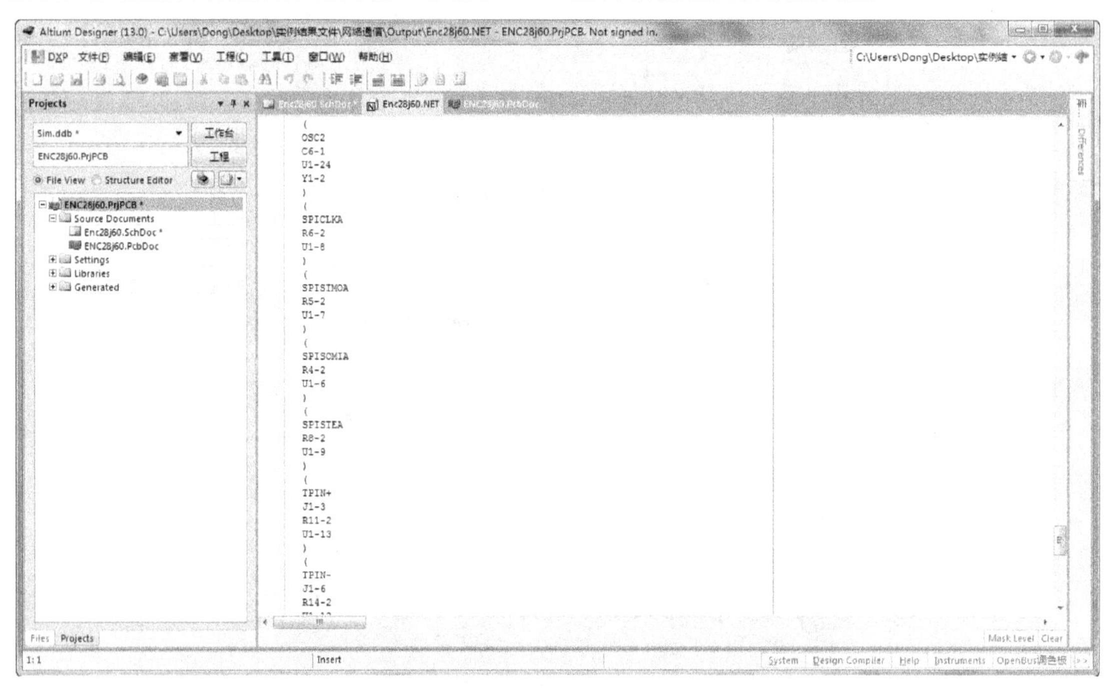

图 10-24 生成的网络报表

10.6 绘制 PCB

执行菜单命令【文件（File）】→【新建（New）】→【PCB】，新建一个 PCB 设计文件，并保存为“ENC28j60. PcbDoc”。

10.6.1 规划 PCB

打开新建的“ENC28j60.PcbDoc”文件，执行菜单命令【设计（Design）】→【层叠管理（Layer Stack Manager）】，弹出如图 10-25 所示的【PCB 板层设置】对话框，设置 PCB 为双层板并确定。

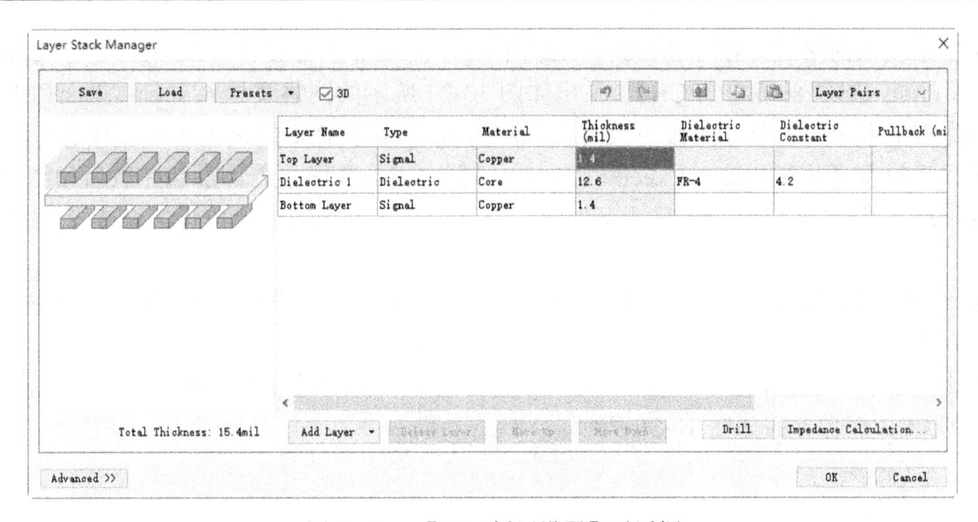

图 10-25　【PCB 板层设置】对话框

执行菜单命令【设计（Design）】→【板参数选项（Options）】，设置 PCB 图纸。可以按照自己的设计习惯来设置图纸的尺寸及网络的大小，一般不需要修改默认的图纸尺寸，如图 10-26 所示。

图 10-26　PCB 图纸属性设置

10.6.2　载入网络表和元件封装

在载入原理图网络表前首先要在 PCB 编辑环境中加载入元件所需的引脚封装。将前面所建立的元件引脚封装“ENC28j60.PcbLib”加载到系统中来。并且还要加载“C:\Users\Public\Documents\Altium\AD16\Library\PCB\Thru Hole”目录下的“Dual-In-Line Package. PcbLib”。

接下来载入网络表，在 PCB 编辑系统中执行菜单命令【设计（Design）】→【Import Changes From ENC28j60.PRJPCB】，弹出如图 10-27 所示的网络表导入窗口，里面列出了所有的网络表加载项，执行【生效更改（Validate Changes）】命令对所有的加载项进行验证，验证无误后执行【执行更改（Execute Changes）】命令加载网络表，加载完成后如图 10-28 所示的“Status”状态栏中全部呈“√”状，表示加载正确无误，单击【Close】按钮关闭该对话框。

载入网络表和元件的引脚封装后的 PCB 编辑界面如图 10-29 所示，载入的元件引脚封装分布在 PCB 板框的右部，网络连线以预拉线的形式存在。

单击选择右方蓝色的元件放置空间，并按键盘上的【Del】键将其删除。删除元件放置空间后的 PCB 编辑界面如图 10-30 所示。

工程更改顺序

使能	作用	受影响对象		受影响文档	检测	完成	消息
	Add Components(38)						
✔	Add	C1	To	PCB1.PcbDoc			
✔	Add	C2	To	PCB1.PcbDoc			
✔	Add	C3	To	PCB1.PcbDoc			
✔	Add	C4	To	PCB1.PcbDoc			
✔	Add	C5	To	PCB1.PcbDoc			
✔	Add	C6	To	PCB1.PcbDoc			
✔	Add	C7	To	PCB1.PcbDoc			
✔	Add	C8	To	PCB1.PcbDoc			
✔	Add	C9	To	PCB1.PcbDoc			
✔	Add	C10	To	PCB1.PcbDoc			
✔	Add	C11	To	PCB1.PcbDoc			
✔	Add	C12	To	PCB1.PcbDoc			
✔	Add	C13	To	PCB1.PcbDoc			
✔	Add	J1	To	PCB1.PcbDoc			
✔	Add	L1	To	PCB1.PcbDoc			
✔	Add	P1	To	PCB1.PcbDoc			
✔	Add	R1	To	PCB1.PcbDoc			
✔	Add	R2	To	PCB1.PcbDoc			
✔	Add	R3	To	PCB1.PcbDoc			

生效更改　执行更改　报告更改(R) (B)...　仅显示错误　关闭

图 10-27　网络表导入窗口

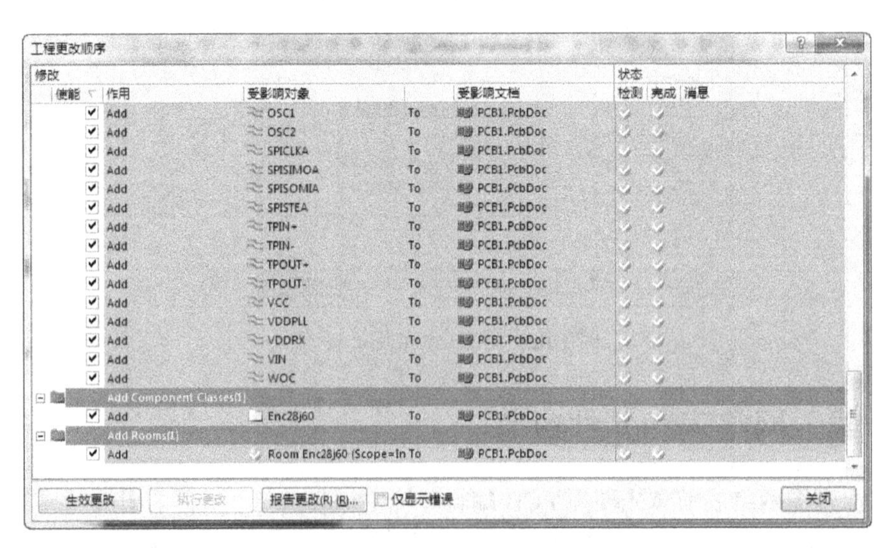

图 10-28　网络表加载完成

图 10-29 完成导入后的 PCB 编辑界面

图 10-30 删除元件放置空间

10.6.3 元件的布局

本章实例由于元件较少，手工布局非常方便，而且效果要比系统自动布局好得多，所以在这里选择了手工布局。

为了便于该网络通信模块后面的手工制板，在这里将所有的贴片元件（如贴片电阻电容等）都放置在电路板的底层，而直插式元件包括网络通信芯片、隔离变压器等则放在 PCB 的顶层，这样做是为了使所有的焊盘均放置在底层，手工制板可以采用单面板制作。布局完成后的电路板如图 10-31 所示。

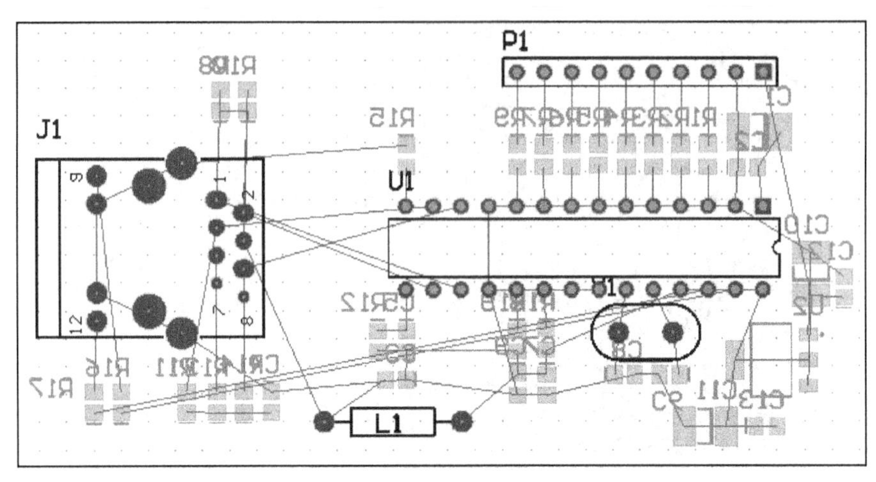

图 10-31　布局完成后的 PCB

为了元件布局和布线时便于查看，隐藏 PCB 上的字符串信息可以使界面变得整洁清晰。单击编辑区域左下角的按钮并切换到【显示/隐藏（Show/Hide）】选项卡，如图 10-32 所示，将【串（String）】字符串选项设置为【隐藏（Hidden）】。

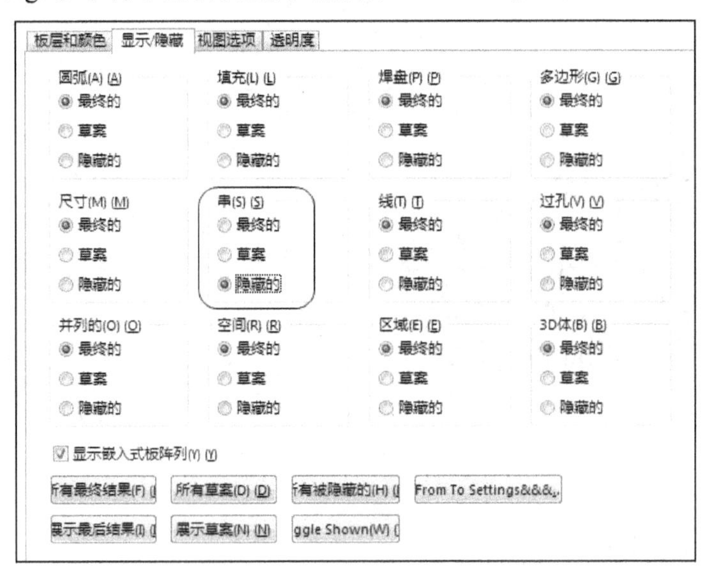

图 10-32　【Show/Hide】选项卡设置

10.6.4　自动布线

本实例电路简单可以采用自动布线后手工修改的方式布线。

布线规则的设置直接影响到系统布线的质量，所以，首先对布线的设计规则进行设定，这里仅对走线宽度和间隔两个规则进行设定。由于要手工制板，腐蚀 PCB 时铜膜走线的宽度和间隔都不能太窄，这里将铜膜走线宽度首选为 15mil，走线间隔则最小为 20mil。设置分别如图 10-33 和图 10-34 所示。

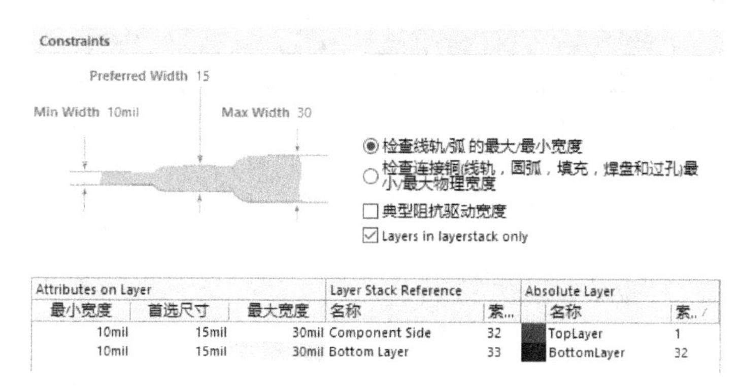

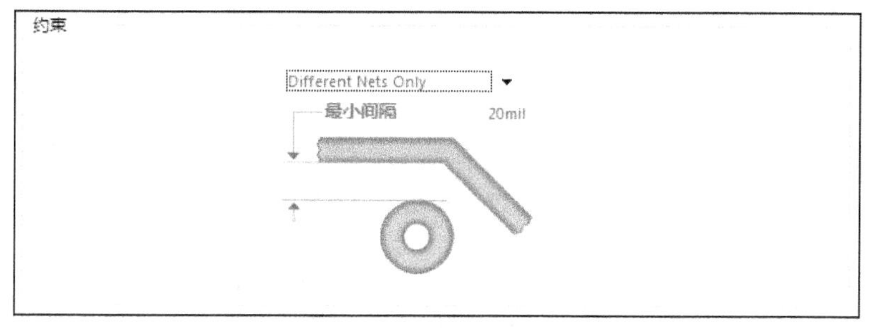

Attributes on Layer			Layer Stack Reference		Absolute Layer	
最小宽度	首选尺寸	最大宽度	名称	索...	名称	索..
10mil	15mil	30mil	Component Side	32	TopLayer	1
10mil	15mil	30mil	Bottom Layer	33	BottomLayer	32

图 10-33　设置走线宽度

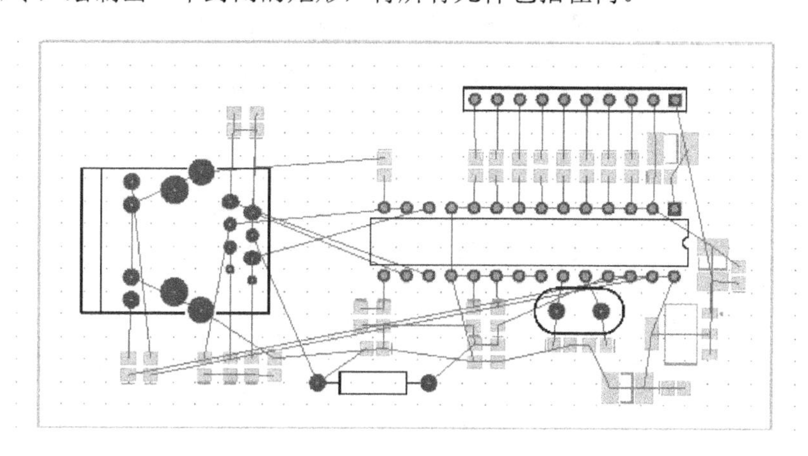

图 10-34　设置走线间隔

自动布线还需对布线的范围进行设计，如图 10-35 所示即在“Keep-Out Layer”绘制出一个封闭的走线区域。切换到“Keep-Out Layer”，执行【放置（Place)】→【走线（Line)】命令，绘制出一个封闭的矩形，将所有元件包括在内。

图 10-35　设置布线范围

执行菜单命令【自动布线（AutoRoute)】→【全部（All)】，弹出如图 10-36 所示的布线策略选择窗口，选择其中的“Default 2 Layer Board”，即默认的布线策略，并单击下面的【Route All】按钮开始自动布线。自动布线成功后的电路板如图 10-37 所示，同时，【Messages】面板显示自动布线的状态信息，布线结束后【Messages】面板的内容如图 10-38 所示。

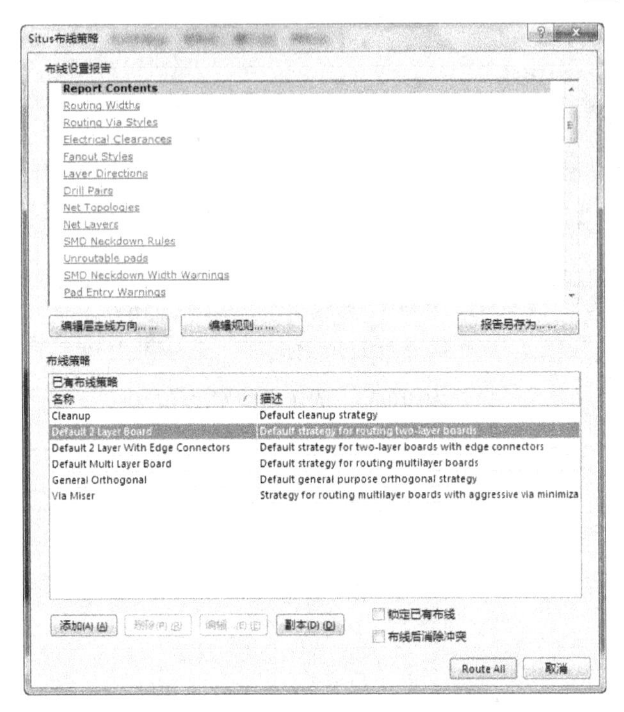

图 10-36　布线策略选择窗口

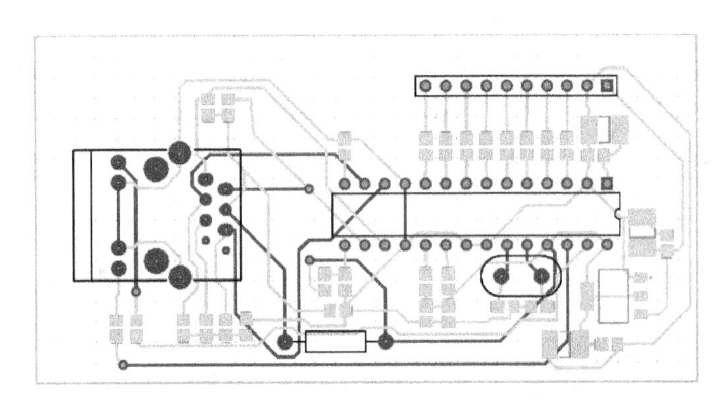

图 10-37　自动布线完成后的 PCB

Messages

Class	Document	Source	Message	Time	Date	No.
Ro...	ENC28j60.P...	Situs	76 of 76 connections routed (100.00...	17:35:14	2013/3/28	18
Ro...	ENC28j60.P...	Situs	Calculating Board Density	17:35:11	2013/3/28	8
Ro...	ENC28j60.P...	Situs	Calculating Board Density	17:35:13	2013/3/28	11
Sit...	ENC28j60.P...	Situs	Completed Completion in 0 Seconds	17:35:13	2013/3/28	14
Sit...	ENC28j60.P...	Situs	Completed Fan out to Plane in 0 Sec...	17:35:11	2013/3/28	4
Sit...	ENC28j60.P...	Situs	Completed Layer Patterns in 0 Secon...	17:35:12	2013/3/28	9
Sit...	ENC28j60.P...	Situs	Completed Main in 1 Second	17:35:13	2013/3/28	12
Sit...	ENC28j60.P...	Situs	Completed Memory in 0 Seconds	17:35:11	2013/3/28	6
Sit...	ENC28j60.P...	Situs	Completed Straighten in 0 Seconds	17:35:14	2013/3/28	17
Ro...	ENC28j60.P...	Situs	Creating topology map	17:35:11	2013/3/28	2
Sit...	ENC28j60.P...	Situs	Routing finished with 0 contention...	17:35:14	2013/3/28	19
Sit...	ENC28j60.P...	Situs	Routing Started	17:35:11	2013/3/28	1
Sit...	ENC28j60.P...	Situs	Starting Completion	17:35:13	2013/3/28	13
Sit...	ENC28j60.P...	Situs	Starting Fan out to Plane	17:35:11	2013/3/28	3
Sit...	ENC28j60.P...	Situs	Starting Layer Patterns	17:35:11	2013/3/28	7
Sit...	ENC28j60.P...	Situs	Starting Main	17:35:12	2013/3/28	10
Sit...	ENC28j60.P...	Situs	Starting Memory	17:35:11	2013/3/28	5
Sit...	ENC28j60.P...	Situs	Starting Straighten	17:35:13	2013/3/28	15

Files　Projects　Messages

图 10-38　自动布线的状态信息

10.6.5 手工修改布线

自动布线不可能做到尽善尽美，存在一些不完美的地方，需要手工调整布线，经过修改后的 PCB 电路图如图 10-39 所示，去除了不少的冗余走线，而且将大多数的走线调整至底层，顶层仅仅有四条走线。这样做是因为手工制作 PCB 单面板的难度远远低于双面板，在这里将采用手工制作单面板，顶层的走线则采用飞线的方式完成。

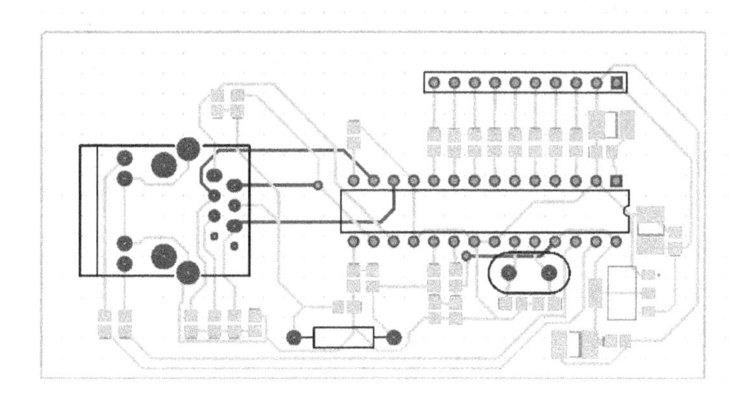

图 10-39 手工修改布线后的 PCB 电路图

10.7 PCB 设计的后续操作

PCB 布线完毕后还有许多后续的工作要处理，例如，定义电路板形状、覆铜、DRC 检查，如果要自己手工制作 PCB 则还要将电路图打印出来。

10.7.1 重新定义电路板形状

布线完成后电路板的尺寸大小也就确定了，下面来重新定义电路板的形状。

- 切换到“Keep-Out Layer”，用【放置（Place）】→【走线（Line）】命令根据实际 PCB 的尺寸重新绘出电路板的边界。
- 用鼠标框选整个电路板区域，使板框内（包括 Keep-Out Layer 中的边界线）处于选中状态，如图 10-40 所示。

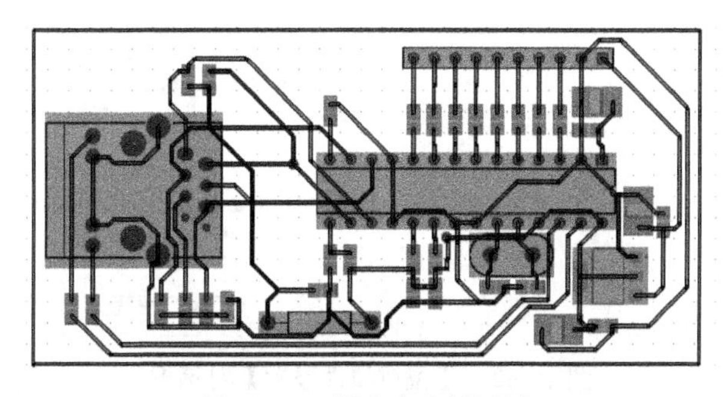

图 10-40 框选电路板区域

- 执行菜单命令【设计（Design）】→【板子形状（Board Shape）】→【按照选择对象定义（Define from selected objects）】，则系统会根据绘制的板框边界线计算 PCB 的形状，执行完毕后的 PCB 如图 10-41 所示。

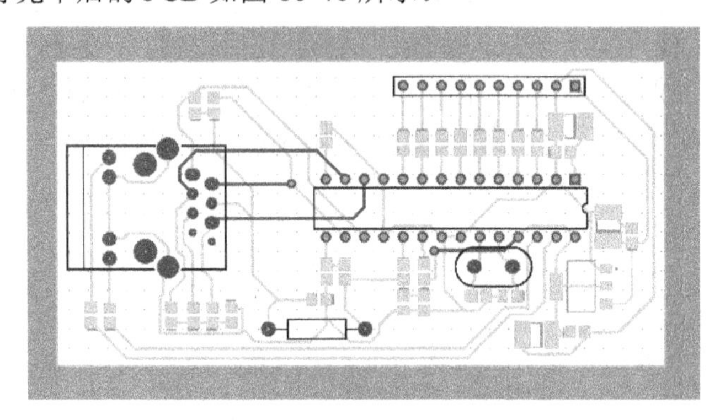

图 10-41　执行完毕后的 PCB

10.7.2　覆铜

手工制作 PCB 时覆铜是必需的，因为，手工制作 PCB 时需要腐蚀覆铜板，覆铜可以减小需要腐蚀的铜膜的面积，从而提高腐蚀的速度。

由于是单面板制作，覆铜仅需在走线的板层即底层进行。切换到底层后执行【放置（Place）】→【多边形敷铜（Polygon Place）】命令，弹出如图 10-42 所示的【覆铜属性设置】对话框，在此选择实心式覆铜，并将覆铜连接到 GND 网络确定后用鼠标沿着板框边界绘制覆铜的范围，系统会自动计算覆铜面积的大小。

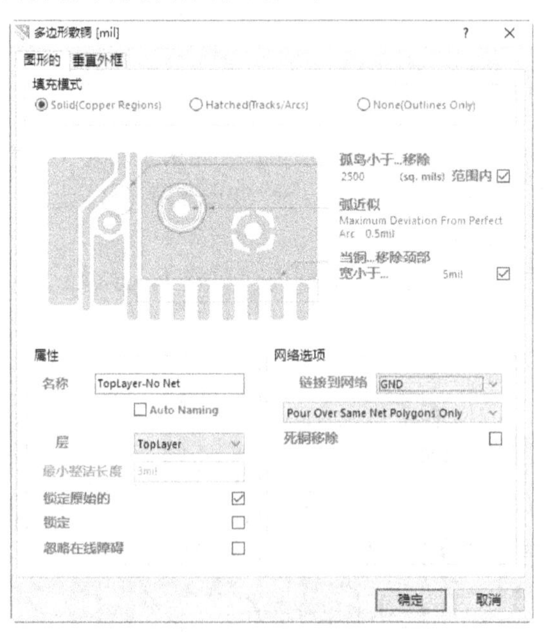

图 10-42　【覆铜属性设置】对话框

覆铜完成后的效果图如图 10-43 所示。

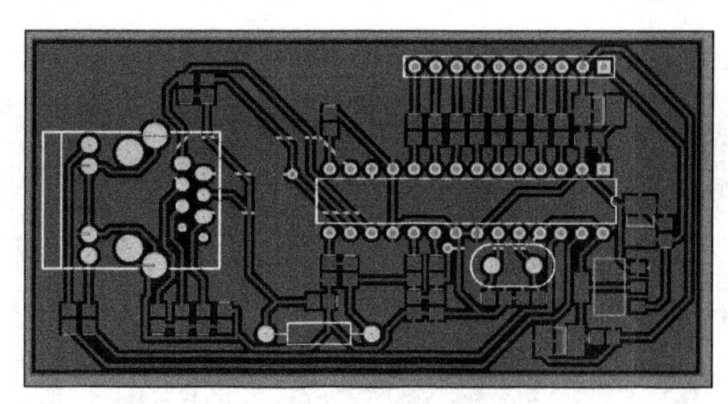

图 10-43　覆铜完成效果图

10.7.3　字符串信息整理

在前面的设计过程中，为了更方便地观察元件之间的电气关系已经将字符串信息隐藏，但是在 PCB 制作过程中这些信息又是必不可少的，字符串信息必须准确而且美观。在如图 10-32 所示的【显示/隐藏（Show/Hide)】选项卡中将字符串显示，同时将覆铜隐藏，PCB 的显示如图 10-44 所示。可见字符信息显得十分凌乱，并且由于元件大多是分布在 PCB 的底层，字符串也是镜像显示的，不容易分辨。执行菜单命令【察看（View)】→【翻转板子（Flip Board)】可以将电路板翻转，即电路板的底层与顶层将翻转显示，显示效果如图 10-45 所示，可以非常清楚地看出字符串的内容了。

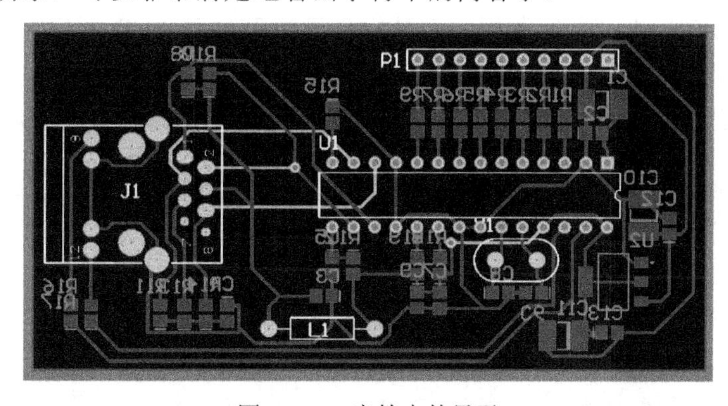

图 10-44　字符串的显示

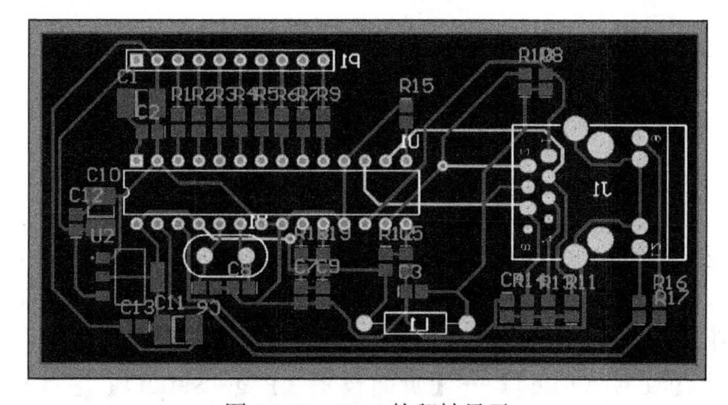

图 10-45　PCB 的翻转显示

字符串整理完毕后的 PCB 最终效果图如图 10-46 所示，十分整洁漂亮。

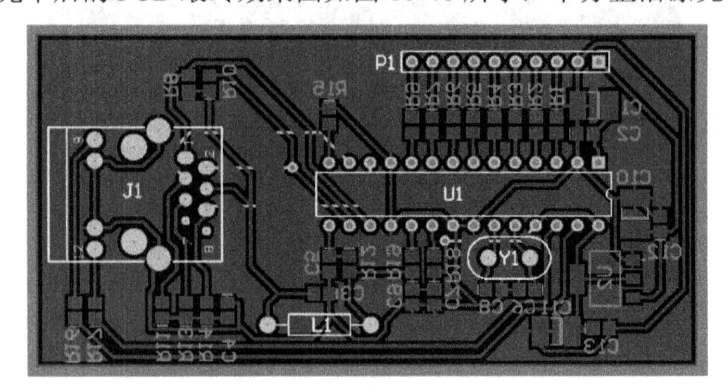

图 10-46　PCB 最终效果图

10.7.4　DRC 检查

对 PCB 进行 DRC 检查，以验证是否有违反设计规则的情况发生。执行菜单命令【工具（Tools）】→【设计规则检查（Design Rule Check）】，在弹出的对话框中单击【运行 DRC（Run Design Rule Check）】按钮进行 DRC 校验。DRC 检查结果如图 10-47 所示，可见检查完全通过，没有违反设计规则的情况发生。

至此，网络通信模块的 PCB 设计已经全部完成，可以直接将最终的“ENC28j60.PcbDoc”提供给 PCB 生产厂家制板，若是想自己亲手制作 PCB，还得按照下面的步骤将 PCB 文件打印出来。

Warnings	Count
Total	0

Rule Violations	Count
Short-Circuit Constraint (Allowed=No) (All),(All)	0
Un-Routed Net Constraint ((All))	0
Clearance Constraint (Gap=20mil) (All),(All)	0
Power Plane Connect Rule(Relief Connect)(Expansion=20mil) (Conductor Width=10mil) (Air Gap=10mil) (Entries=4) (All)	0
Width Constraint (Min=10mil) (Max=30mil) (Preferred=15mil) (All)	0
Height Constraint (Min=0mil) (Max=1000mil) (Prefered=500mil) (All)	0
Hole Size Constraint (Min=1mil) (Max=100mil) (All)	0
SMD Neck-Down Constraint (Percent=50%) (All)	0
Total	0

图 10-47　DRC 检查结果

10.7.5　打印电路图

打印电路图是为了将设计好的 PCB 在半透明的纸或胶片上打印出来，覆盖在感光电路板上使电路图转印到感光 PCB 上再进行腐蚀制板。由于是单面板，所以，只需打印电路板底层的焊盘、导孔与铜膜走线的信息，而丝印层的信息是不用打印的。

执行菜单命令【文件（File）】→【页面设置（Page Setup）】进行打印属性设置，如

图 10-48 所示，单击【高级（Advanced）】按钮进入 PCB 打印属性设置界面。如图 10-49 所示，系统默认是打印当前的所有页面，即 Top Overlay、Bottom Overlay、Top Layer、Bottom Layer、Keep-out Layer、MultiLayer。只需打印底层布线 PCB，即 Bottom Layer。双击【MultiLayer Composite Print】栏，弹出如图 10-50 所示的打印属性设置页，分别选中 Top Overlay、Bottom Overlay、Top Layer、Keep-out Layer、MultiLayer 等板层，单击下面的【删除（Remove）】按钮将这些不用打印的板层删除。另外还要将【选项（Options）】区域的“显示孔（Show Hole）”和“层镜像（Mirror Layers）”选择，“显示孔（Show Hole）”是将 PCB 中的孔显示出来，便于制作时手工钻孔；“层镜像（Mirror Layers）”是将底层 PCB 镜像打印。设置完毕后的属性界面如图 10-51 所示。

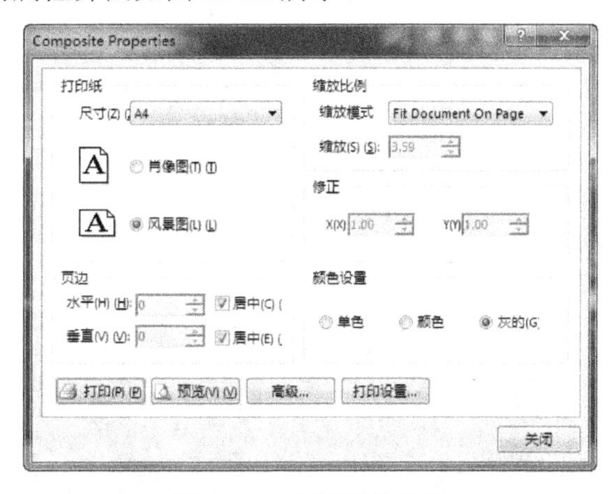

图 10-48 打印属性设置

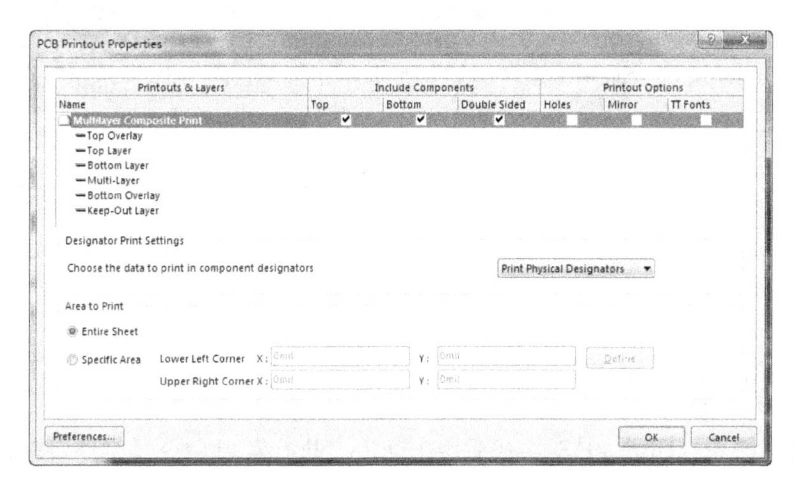

图 10-49 PCB 打印属性设置

单击【确定】按钮返回到编辑界面，执行【文件（File）】→【打印预览（Print Preview）】进行打印预览，预览的效果如图 10-52 所示，没有错误即可单击【打印（Print）】按钮进行打印。

图 10-50　默认的打印属性设置

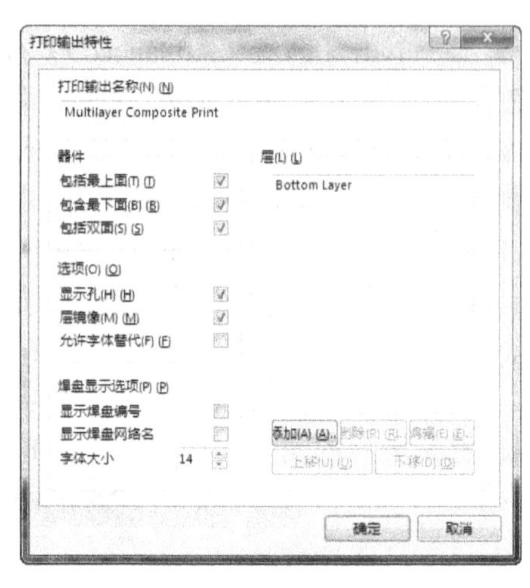

图 10-51　设置完后的打印属性设置

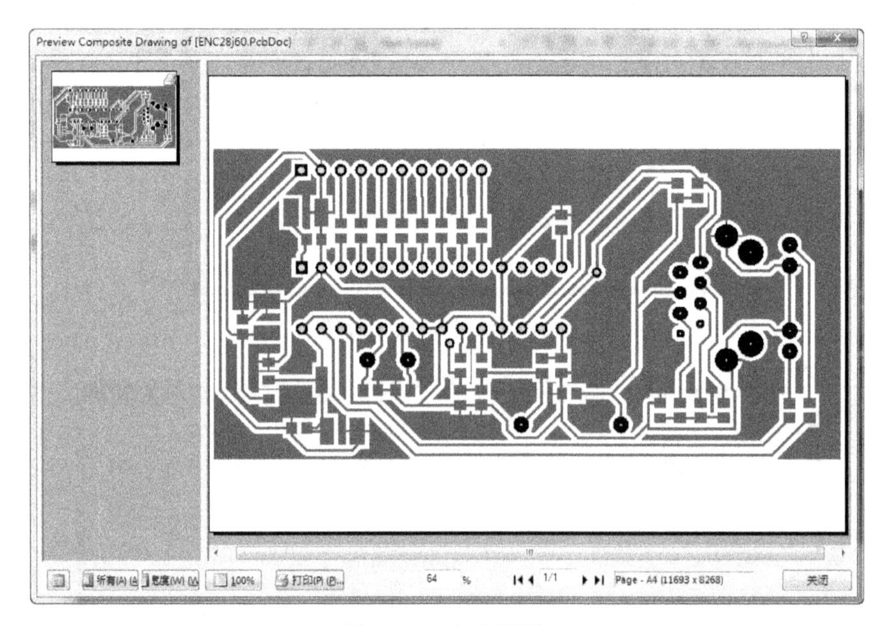

图 10-52　打印预览

10.7.6　打印 PDF 文档

也可以将电路图打印成 PDF 格式后用于交流。执行菜单命令【文件（File）】→【智能 PDF（Smart PDF）】，启动智能 PDF 生成器。启动界面如图 10-53 所示，单击【Next】按钮选择打印的范围及输出的路径，如图 10-54 所示，选择打印整个 ENC28j60 工程；在如图 10-55 所示的界面中选择所需打印的文档，选择原理图和 PCB 文档均打印；在如图 10-56 所示，进行打印元件清单的设置；如图 10-57 所示则是进行打印层面的设置，设置方法与前面的打印电路图设置一致，若是要制板则只需打印底层电路；如图 10-58 所示是添加打印参数的设置；而如图 10-59 所示则是 PDF 文件打印结构的设置；PDF 设置的最终界面如图 10-60 所示，选择生成 PDF 文档后直接打开。

图 10-53　Smart PDF 启动界面

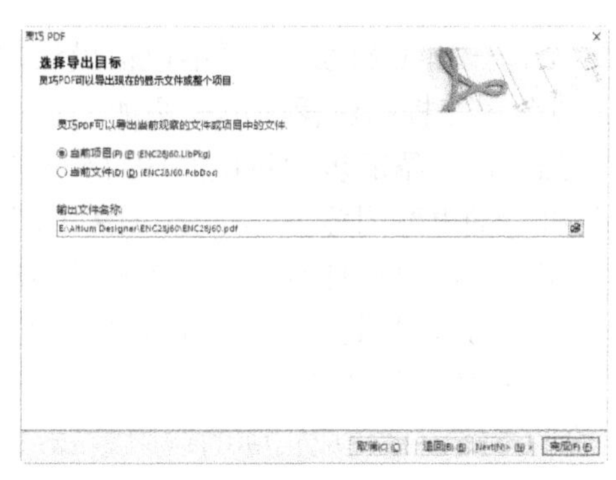

图 10-54　打印范围及输出路径的选择

图 10-55　打印文档选择

图 10-56　打印清单选择

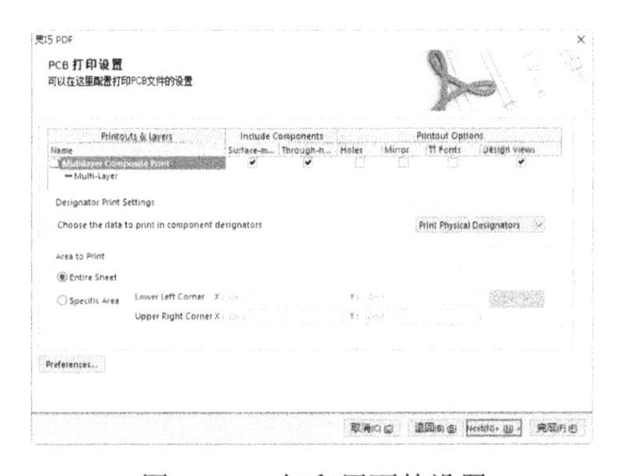

图 10-57　打印层面的设置

图 10-58　PDF 添加打印设置

图 10-59　打印结构的设置

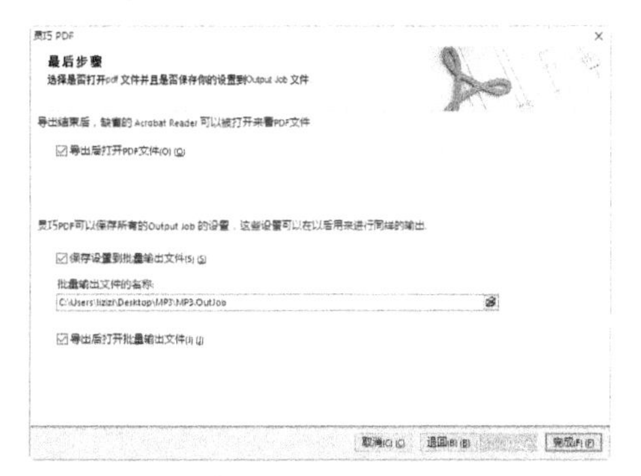

图 10-60　PDF 打印设置完毕

至此，基于 ENC28j60 的网络通信模块的 PCB 设计已经完成。下一步就进入制板的流程，手工制作电路板的流程简单介绍如下。

- 按照上面介绍的步骤将电路图打印在半透明的硫酸纸或是透明胶片上；
- 将打印的电路图覆盖在感光 PCB 上，并用透明的玻璃砖置于上面压紧；
- 使用白色的日光灯对感光电路板进行曝光；
- 使用显影剂对感光后的 PCB 进行显影，显影后 PCB 将会转印在覆铜 PCB 上；
- 将 PCB 置于加热的三氯化铁溶液中进行腐蚀，经过一段时间的腐蚀后，网络通信模块的电路图将变成实际的铜膜走线；
- 使用电钻对焊盘和导孔进行钻孔；
- 用细砂纸对 PCB 进行抛光打磨，去掉铜膜上残存的黑色感光粉；
- 将 PCB 用松香溶液刷洗一遍，可以保护铜膜免受氧化，同时也起到了助焊的作用；
- 焊接元件；
- 将 PCB 顶层残存的四根走线用导线连接。

经过上面的制作一块漂亮的手工制作的 PCB 就诞生了。

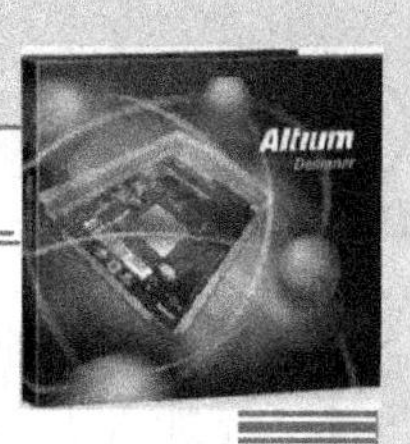

第 11 章　设计实例 2：MP3 播放器硬件电路设计

MP3 播放器作为时尚的数码产品已经融入了年轻人的日常生活中，一款常见的 MP3 播放器往往具有音乐播放、视频播放、液晶显示等功能，因此，MP3 对于普通人来说是高科技的产品，其实 MP3 播放器的硬件结构并没有想象中的那么神秘，本章就以一个简单的 MP3 播放器的硬件电路设计为例，熟悉复杂电路的电路原理图和 PCB 设计。

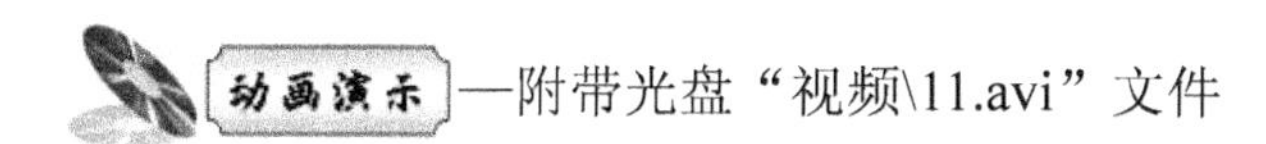

—附带光盘“视频\11.avi”文件

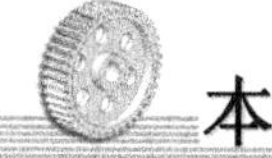

本章内容

- MP3 原理图文件的设计
- MP3 PCB 电路的设计
- PCB 文件格式的转化

本章案例

- MP3 播放器硬件电路设计

11.1　实例简介

本实例所介绍的 MP3 播放器以高性价比的 AVR 单片机 Mega16L 为核心，控制音频解码芯片 STA013，再通过模数转换芯片 PCM1770 A/D 转换后从音频输出端口输出模拟的音频信号。播放器的播放文件来自 SD 卡，从计算机的 USB 端口取电，并通过 RS-232 串口与计算机通信，另外播放器还提供了 LCD 液晶显示，音量调节按钮等人机交互功能。该款 MP3 播放器的硬件电路并不复杂，采用的均是市面上常见的音频信号处理芯片，而且还加入了 Mega16L 单片机的 JTAG 调试接口和 ISP 程序下载端口，可以方便读者自己学习 MP3 的制作。MP3 播放器原理图如图 11-1 所示。

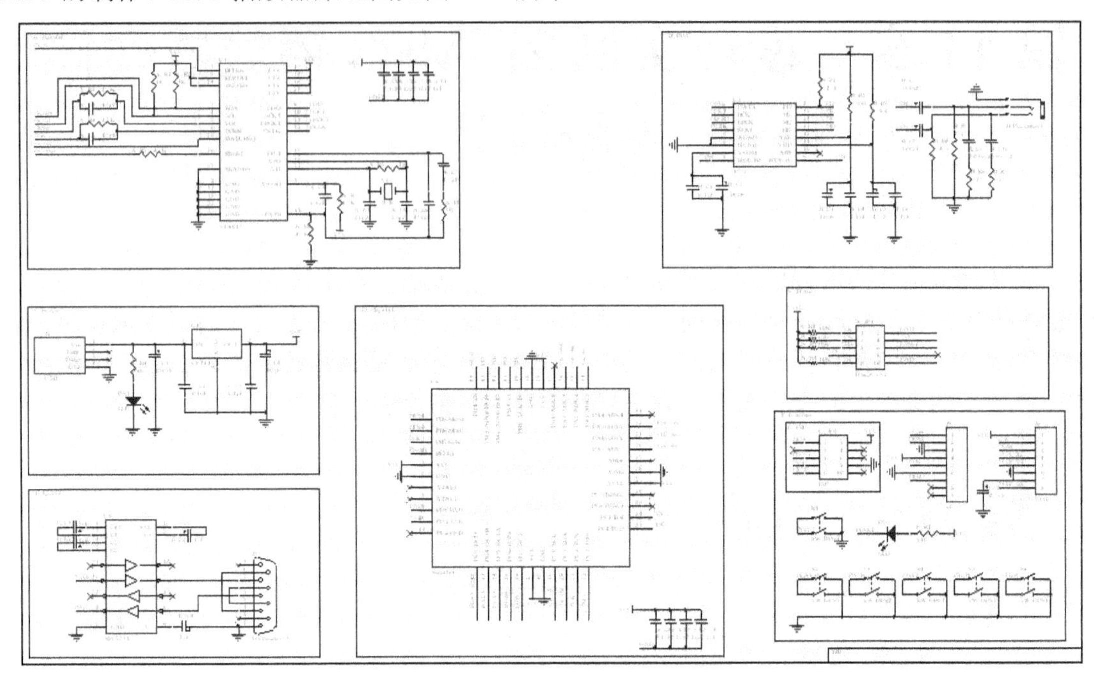

图 11-1　MP3 播放器原理图

11.2　新建工程

执行【文件（File）】→【新建（New）】→【工程（Project）】→【PCB 工程（PCB Project）】命令，新建一个空白的工程文件，并将其保存在 MP3 文件夹下，重新命名为“MP3.PrjPCB”。

执行【文件（File）】→【新建（New）】→【原理图（Schematic）】命令，新建一个空白的原理图设计文件，命名为“MP3.SchDoc”。

至此，MP3 播放器硬件电路设计工程就建立完毕了，下面将详细介绍电路原理图和 PCB 的设计制作。

11.3　载入元件库

为了方便设计，本书已将工程中所需用到的元件封装整理出来放在随书所带的光盘中，将“MP3.SCHLIB”和“MP3.PcbLib”两个库文件复制到当前的工程项目文件目录中，并在【库（Libraries）】弹出式面板中载入“MP3.SCHLIB”，如图 11-2 所示。

图 11-2　载入“MP3.SCHLIB”

11.4　绘制电路原理图

在绘制电路原理图之前首先要对原理图图纸的属性进行设置，由于本工程项目的电路图并不是十分复杂，不需要采用层次式原理图设计或是多图纸设计，采用简单的单一图纸设计反而更加简单明了，执行【设计（Design）】→【文档选项（Document Options）】命令，弹出图纸参数设置对话框，按照如图 11-3 所示的参数进行设置。

图 11-3　原理图图纸参数设置

根据电路功能的不同，本播放器可划分为 Mega16L 单片机控制系统、USB 电源供电系统、232 串口通信系统、STA013 音频解码器系统、DAC 模拟信号转换系统，以及人机交互系统等，下面就分别介绍。

11.4.1　Mega16L 单片机控制系统

Mega16L 单片机是整个控制系统的核心，该单片机通过 SPI 同步串口控制解码芯片、LCD 液晶屏，并以 SPI 通信的方式访问 SD 存储卡，如图 11-4 所示。为了减少绘图的复杂程度，便于阅读，单片机与外部电路的电气连接均通过网络标识的形式进行。需注意的是，单片机的供电电源上布置了四个 0.1μF 的去耦电容。

- 在【库（Libraries）】弹出式面板的“MP3.SCHLIB”元件库中找到“minimega16l”元件，选择“Place minimega16l”命令进入元件的放置状态，在图纸中找到合适的位置放置好元件，并双击元件进行属性设置，如图 11-5 所示。保持元件的默认属性不用修改，元件标号默认为“U？”，可以在原理图绘制完毕后统一修改。
- 以同样的方式放置四个 0.1μF 的去耦电容，将电容值改为 0.1μF，并绘制导线将电容并联在电源和地之间。
- 放置电源符号、接地符号，以及网络标识。

至此，Mega16L 单片机控制系统部分的原理图绘制完毕，为了防止原理图编译时不必要的错误，还需将 Mega16L 未使用的引脚加上“No ERC”标识。

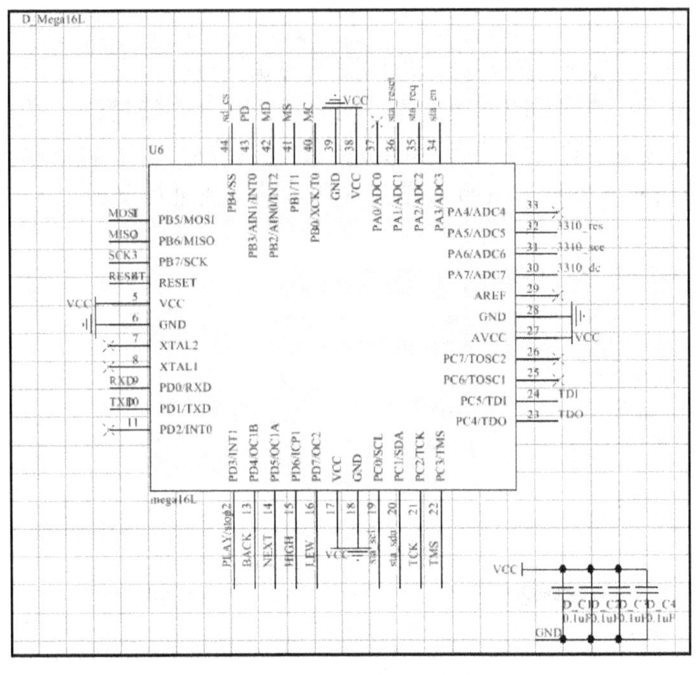

图 11-4　Mega16L 单片机控制系统原理图

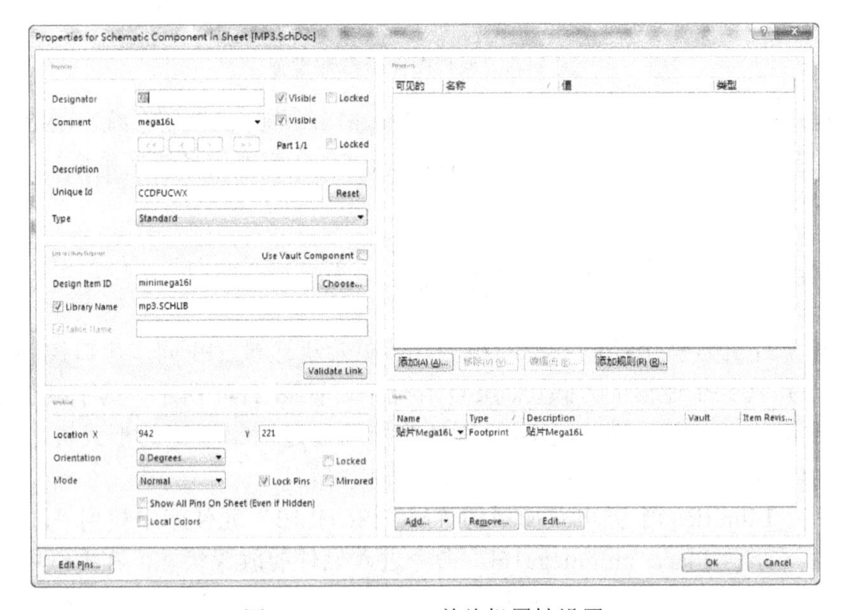

图 11-5　Mega16L 单片机属性设置

11.4.2　USB 电源供电系统

该款 MP3 播放器采用 USB 口取电，这也是为了设计过程中便于调试。如图 11-6 所示，取自 USB 的供电电压经过三端稳压芯片 CYT117 稳压输出 3.3V 后给整个系统供电。

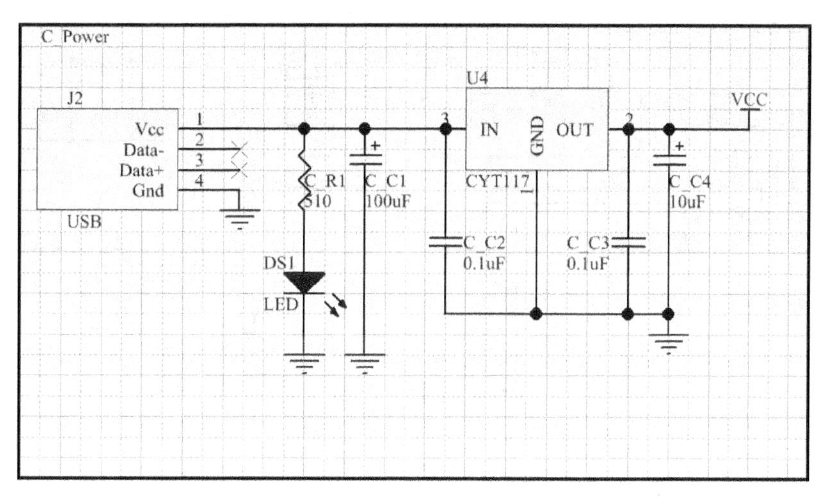

图 11-6　USB 电源供电系统原理图

11.4.3　RS-232 串口通信系统

RS-232 串口用于与计算机的通信，该部分电路采用了常见的串口电平转换芯片 MAX232，并通过 9 针串口与计算机相连，如图 11-7 所示。

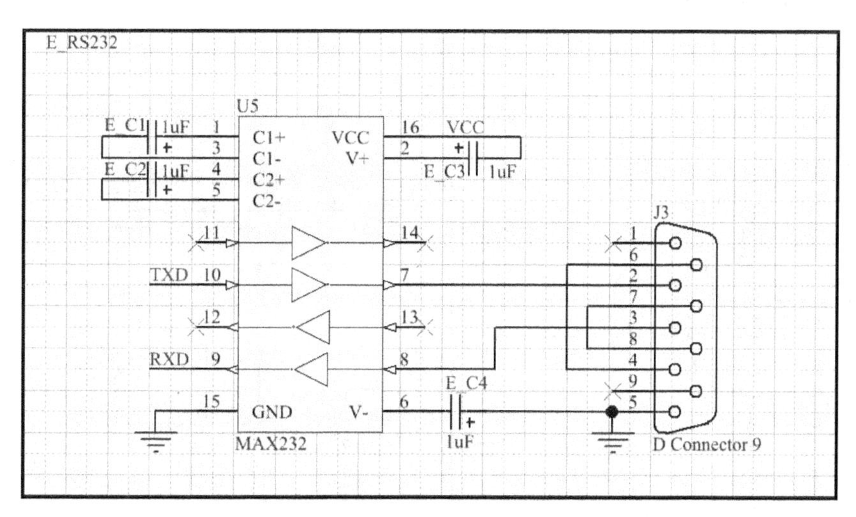

图 11-7　RS-232 串口通信系统原理图

11.4.4　STA013 音频解码器系统

播放器采用专用的音频解码芯片 STA013，解码后的数字信号再输出给数模转换芯片 PCM1770，如图 11-8 所示。

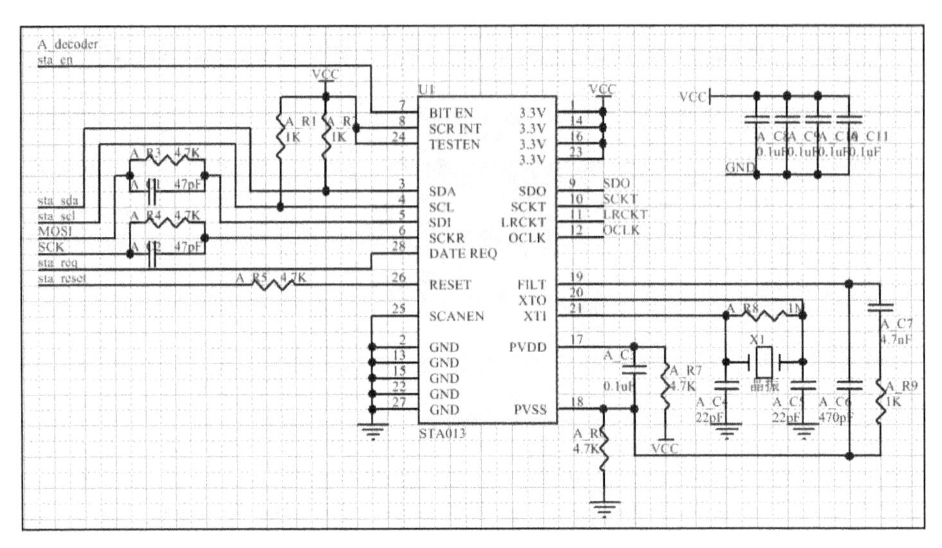

图 11-8　STA013 音频解码器系统原理图

11.4.5　DAC 模拟信号转换系统

PCM1770 负责将音频解码芯片 STA013 输出的数字信号转化为人耳能够识别的模拟信号，并通过耳机输出口输出，如图 11-9 所示。

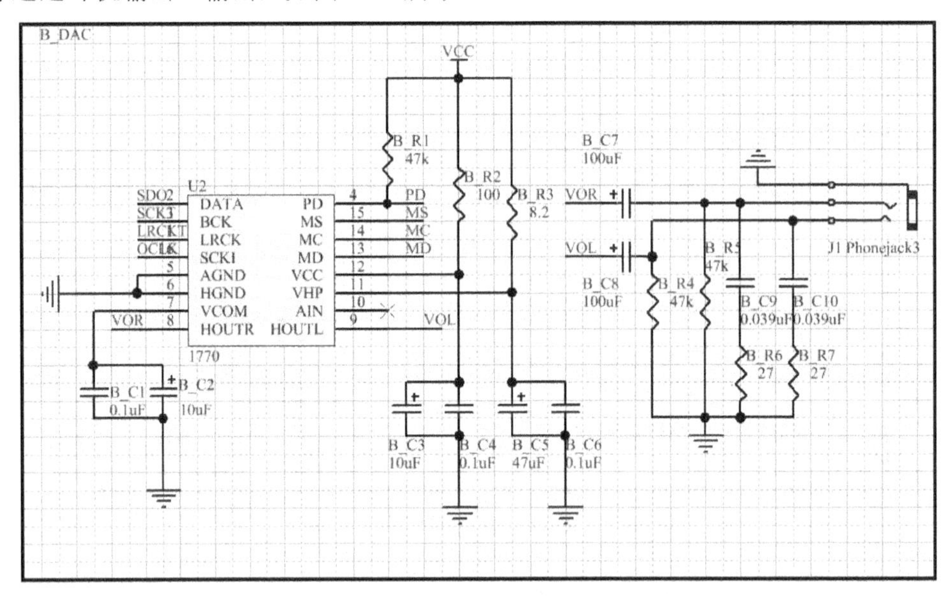

图 11-9　DAC 模拟信号转换系统原理图

11.4.6　人机交互系统

人机交互体统包括液晶显示屏，以及键盘的输入。液晶显示屏选用诺基亚 3310 手机的液晶屏 LCD 3310，通过 SPI 口与单片机通信。系统总共有四个控制键盘，包括开关键、前进后退键，以及音量调节键。

至此，整个 MP3 电路原理图已经绘制完成，为了方便阅读，还需调整电路图各部分的布局，并绘制直线将各部分的电路描绘出来，最终的电路图如图 11-10 所示。

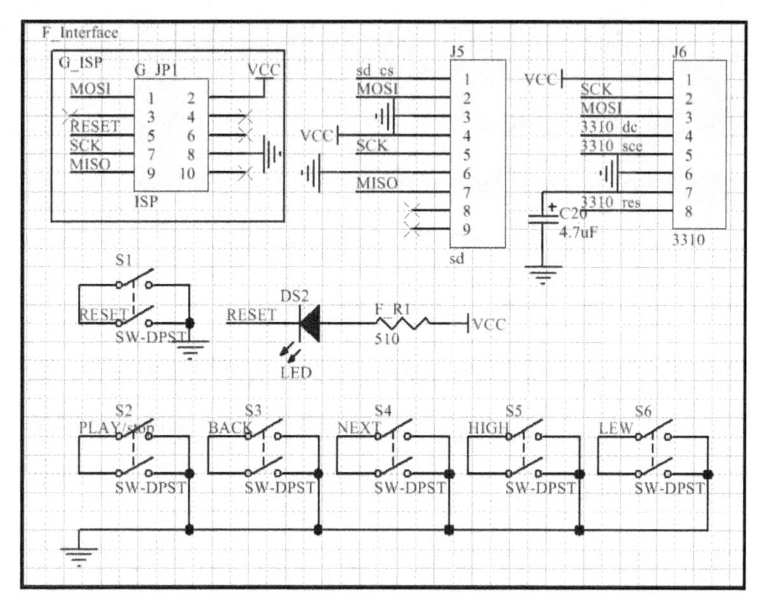

图 11-10　人机交互系统原理图

11.5　原理图的后续操作

原理图设计完成后还要进行一系列的后续处理，如元件的统一标注、属性设置、编译与查错、报表输出等。

11.5.1　元件的标注

在前面的设计中，为了方便绘图并没有对元件进行编号，所以，在绘制完毕后还需对图纸中的元件进行统一标注。

- 执行【工具（Tools）】菜单下的【注解（Annotate Schematic）】命令，弹出如图 11-11 所示的【自动标注设置】对话框，执行下面的【更新更改列表（Update Changes List）】命令，系统对所有元件进行预编号，编号的结果显示在 Proposed 栏中。
- 执行【接收更改（Accept Changes）】命令，弹出如图 11-12 所示的工程变更单，该对话框中显示出了即将对原理图做出的更改。
- 执行【生效更改（Validate Changes）】对即将对原理图做出的更改进行验证，验证无误后执行【执行更改（Execute Changes）】命令执行更改，如图 11-13 所示，单击【关闭（Close）】按钮完成自动标注。

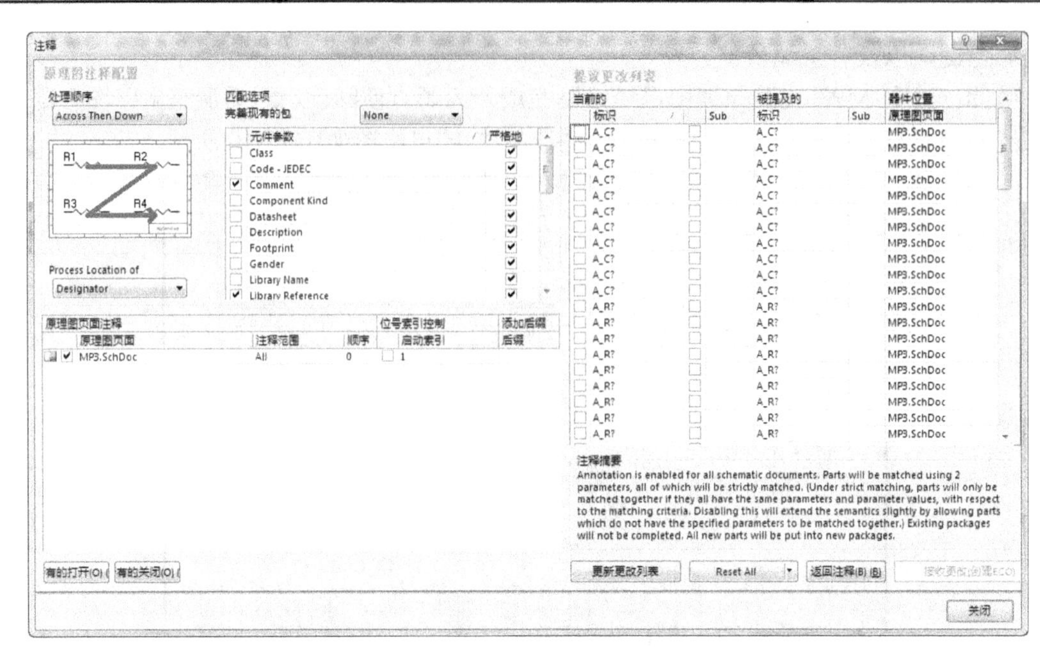

图 11-11 【自动标注设置】对话框

工程更改顺序

使能	作用	受影响对象		受影响文档	检测	完成	消息
	Annotate Component(77)						
✔	Modify	A_C? -> A_C1	In	MP3.SchDoc			
✔	Modify	A_C? -> A_C2	In	MP3.SchDoc			
✔	Modify	A_C? -> A_C3	In	MP3.SchDoc			
✔	Modify	A_C? -> A_C4	In	MP3.SchDoc			
✔	Modify	A_C? -> A_C5	In	MP3.SchDoc			
✔	Modify	A_C? -> A_C6	In	MP3.SchDoc			
✔	Modify	A_C? -> A_C7	In	MP3.SchDoc			
✔	Modify	A_C? -> A_C8	In	MP3.SchDoc			
✔	Modify	A_C? -> A_C9	In	MP3.SchDoc			
✔	Modify	A_C? -> A_C10	In	MP3.SchDoc			
✔	Modify	A_C? -> A_C11	In	MP3.SchDoc			
✔	Modify	A_R? -> A_R1	In	MP3.SchDoc			
✔	Modify	A_R? -> A_R2	In	MP3.SchDoc			
✔	Modify	A_R? -> A_R3	In	MP3.SchDoc			
✔	Modify	A_R? -> A_R4	In	MP3.SchDoc			
✔	Modify	A_R? -> A_R5	In	MP3.SchDoc			
✔	Modify	A_R? -> A_R6	In	MP3.SchDoc			
✔	Modify	A_R? -> A_R7	In	MP3.SchDoc			
✔	Modify	A_R? -> A_R8	In	MP3.SchDoc			

生效更改　执行更改　报告更改(R) (B)...　仅显示错误　关闭

图 11-12 工程变更单

11.5.2 原理图的编译与查错

接下来对原理图进行编译，执行【工程（Project）】→【Compile Document MP3.SchDoc】命令，编译完毕后系统会提示原理图的编译结果，如图 11-4 所示，有两个警告产生，双击警告条款，弹出编译错误面板，详细列出了警告的具体内容，如图 11-15 所示，警告原因为“NetJ3_3 has no driving source”，这是由于元件引脚之间的属性不匹配造成的，并不属于错误，对电路原理图的电气属性无影响，因此不必理会。

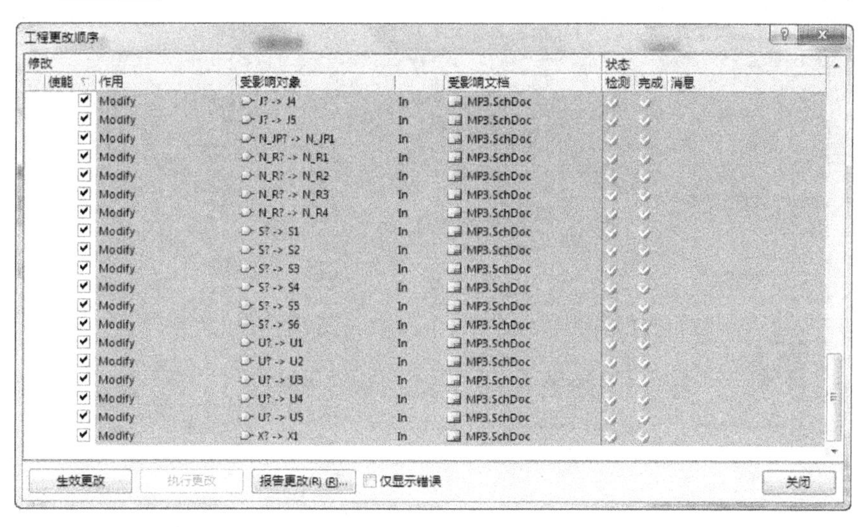

图 11-13　执行标号的更改

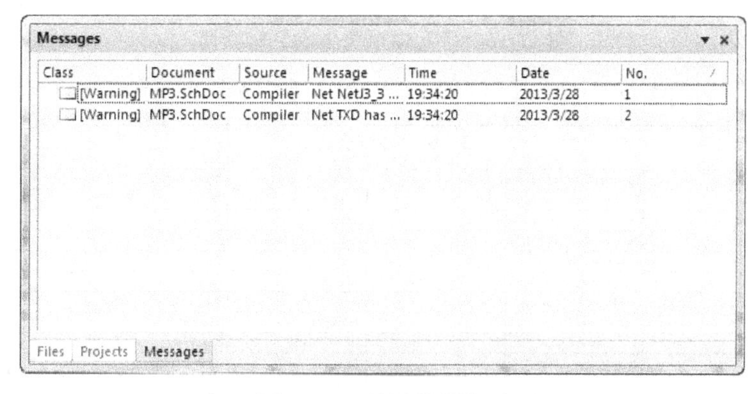

图 11-14　编译结果提示

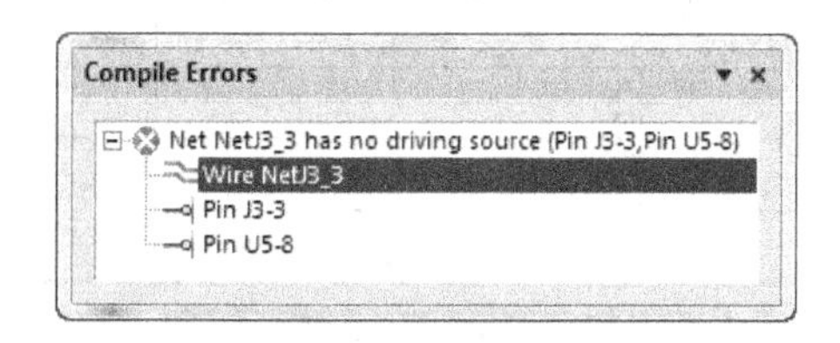

图 11- 15 编译错误提示

11.5.3　生成元件报表

生成元件报表可以对电路中元件的封装、标号等进行进一步的检查。执行菜单命令【报告（Reports）】→【Bill of Materials】，弹出如图 11-16 所示的【元件报表生成】对话框，这里面列出了原理图中元件注释、描述、标号，以及封装的具体信息。为了方便保存或是打印，可以将该报表导出为 Excel 文件格式，单击【输出（Export）】按钮在工程文件夹下的“Project Outputs for MP3”文件夹中生成 Excel 格式文档，打开该文档如图 11-17 所示，内容与元件列表对话框中的内容相同。

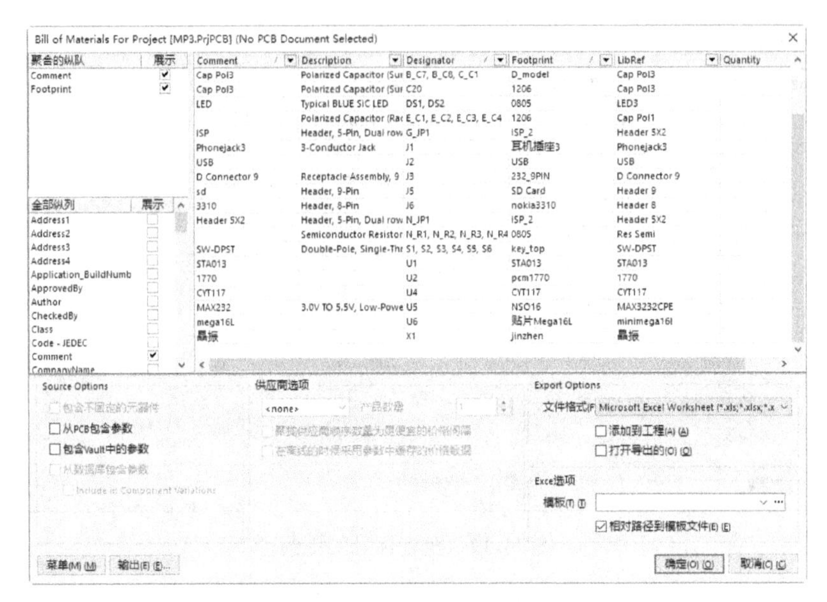

图 11-16　【元件报表生成】对话框

	A	B	C	D	E	F
1	Comment	Description	Designator	Footprint	LibRef	Quantity
2	Cap Semi	Capacitor (Semiconductor	A_C1, A_C2, A_C3, A_C4, A	0805	Cap Semi	22
3	Res3	Resistor	A_R1, A_R2, A_R3, A_R4, A_	0805	Res3	18
4	Cap Pol3	Polarized Capacitor (Surfac	B_C2, B_C3, C_C4	1210	Cap Pol3	3
5	Cap Pol3	Polarized Capacitor (Surfac	B_C5	C_model	Cap Pol3	1
6	Cap Pol3	Polarized Capacitor (Surfac	B_C7, B_C8, C_C1	D_model	Cap Pol3	3
7	Cap Pol3	Polarized Capacitor (Surfac	C20	1206	Cap Pol3	1
8	LED	Typical BLUE SiC LED	DS1, DS2	0805	LED3	2
9		Polarized Capacitor (Radial	E_C1, E_C2, E_C3, E_C4	1206	Cap Pol1	4
10	ISP	Header, 5-Pin, Dual row	G_JP1	ISP_2	Header 5X2	1
11	Phonejack3	3-Conductor Jack	J1	耳机插座3	Phonejack3	1
12	USB		J2	USB	USB	1
13	D Connector 9	Receptacle Assembly, 9 Po	J3	232_9PIN	D Connector 9	1
14	sd	Header, 9-Pin	J5	SD Card	Header 9	1
15	3310	Header, 8-Pin	J6	nokia3310	Header 8	1
16	Header 5X2	Header, 5-Pin, Dual row	N_JP1	ISP_2	Header 5X2	1
17		Semiconductor Resistor	N_R1, N_R2, N_R3, N_R4	0805	Res Semi	4
18	SW-DPST	Double-Pole, Single-Throw	S1, S2, S3, S4, S5, S6	key_top	SW-DPST	6
19	STA013		U1	STA013	STA013	1
20	1770		U2	pcm1770	1770	1
21	CYT117		U4	CYT117	CYT117	1
22	MAX232	3.0V TO 5.5V, Low-Power,	U5	NSO16	MAX3232CPE	1
23	mega16L		U6	贴片Mega16L	minimega16l	1
24	晶振		X1	jinzhen	晶振	1

图 11-17　生成的 Excel 格式元件报表

11.5.4　生成网络报表

执行菜单命令【设计（Design）】→【文件的网络表（Netlist for Document）】→【Protel】，系统会在 Project 面板的“Generated\Netlist Files”目录中生成“MP3.NET”网络报表，双击打开报表，如图 11-18 所示，在该表的基础上可以完成 PCB 的设计。其实在 Altium Designer 中进行原理图和 PCB 设计并不需要自己单独生成网络报表，系统会自动完成原理图设计系统和 PCB 编辑系统之间的信息交互。

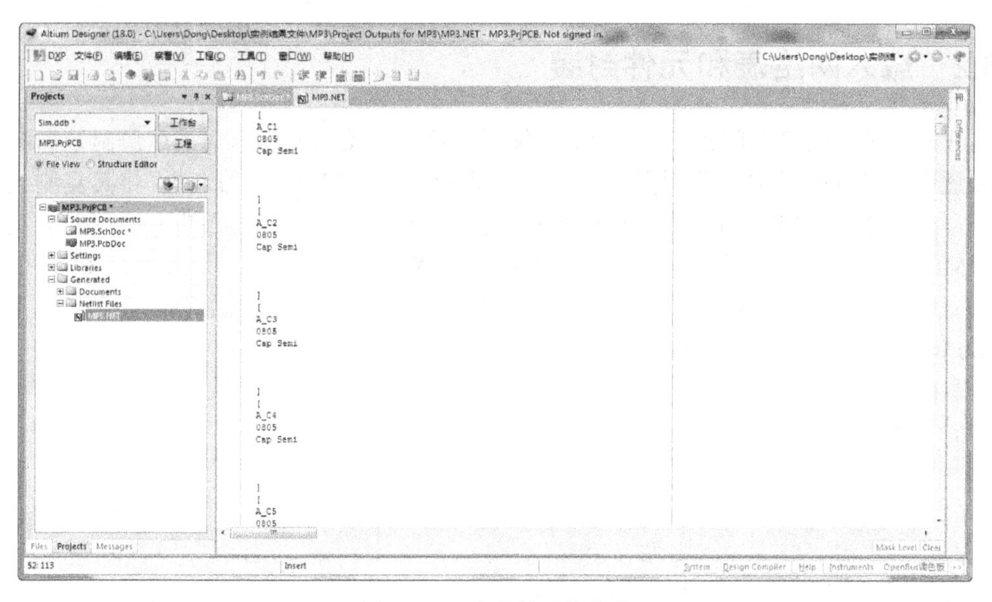

图 11-18　生成的网络报表

11.6　绘制 PCB

原理图绘制完成后紧接着进行 PCB 设计，在工程中新建一个 PCB 文件，重命名为“MP3.PcbDoc”保存。

11.6.1　电路板板框设置

打开“MP3.PcbDoc”文件，执行菜单命令【设计（Design）】→【板参数选项（Board Options）】，进入【板框参数设置】选项卡，如图 11-19 所示，按照图中参数设置板框。

图 11-19　【板框参数设置】选项卡

11.6.2 载入网络表和元件封装

在载入原理图网络表前首先要在 PCB 编辑环境中加载入元件所需的引脚封装。随书所带的光盘中已经附带了本工程所需的 PCB 引脚封装文件“MP3.PcbLib”，将其复制到工程目录下，并在【库（Libraries）】面板中加载，如图 11-20 所示。细心的读者可能会发现，加载“MP3.PcbLib”后在【库（Libraries）】面板中找不到该库文件，这是因为 PCB 引脚封装库被过滤掉了，单击如图 11-21 所示中的【…】按钮，在弹出的对话框中选择【封装（Footprints）】选项，这时【MP3.PcbLib】就能被选择了。

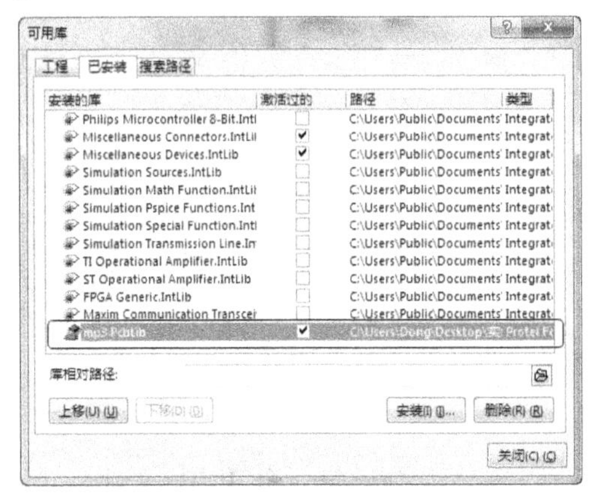

图 11-20 加载引脚封装库

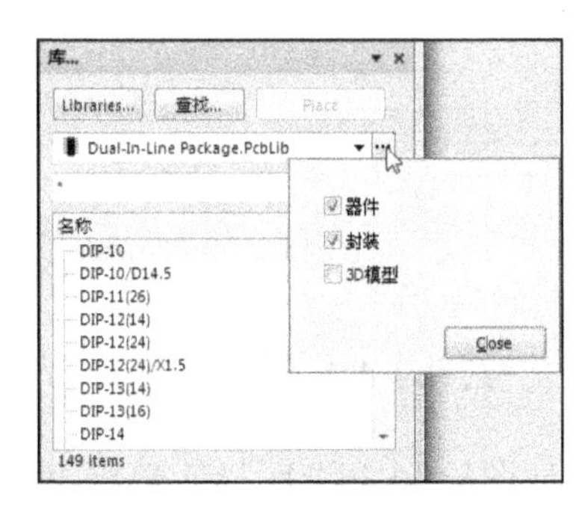

图 11-21 加载“MP3.PcbLib”

接下来载入网络表，在 PCB 编辑系统中执行菜单命令【设计（Design）】→【Import Changes From MP3.PRJPCB】，弹出如图 11-22 所示的网络表导入界面，里面列出了所有的网络表加载项，执行【生效更改（Validate Changes）】命令对所有的加载项进行验证，验证无误后执行【执行更改（Execute Changes）】命令加载网络表，加载完成后。图 11-23 中“状态（Status）”状态栏中全部呈“√”状，表示加载正确无误，单击【关闭（Close）】按钮关闭该对话框。

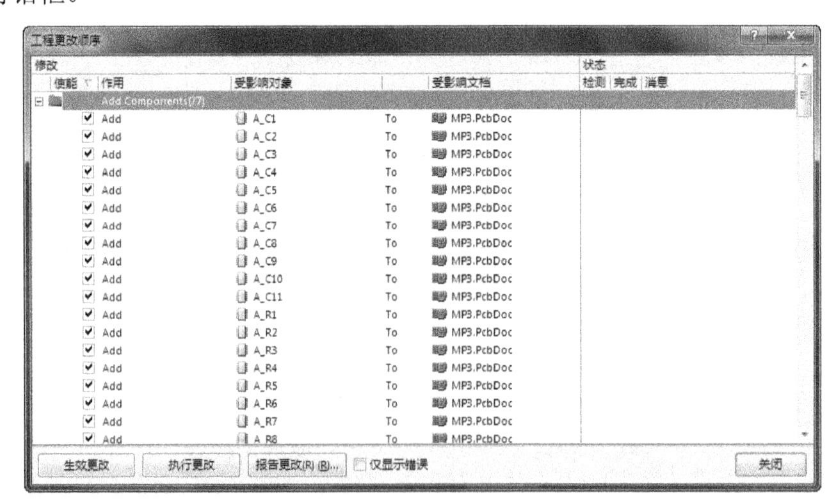

图 11-22 网络表导入界面

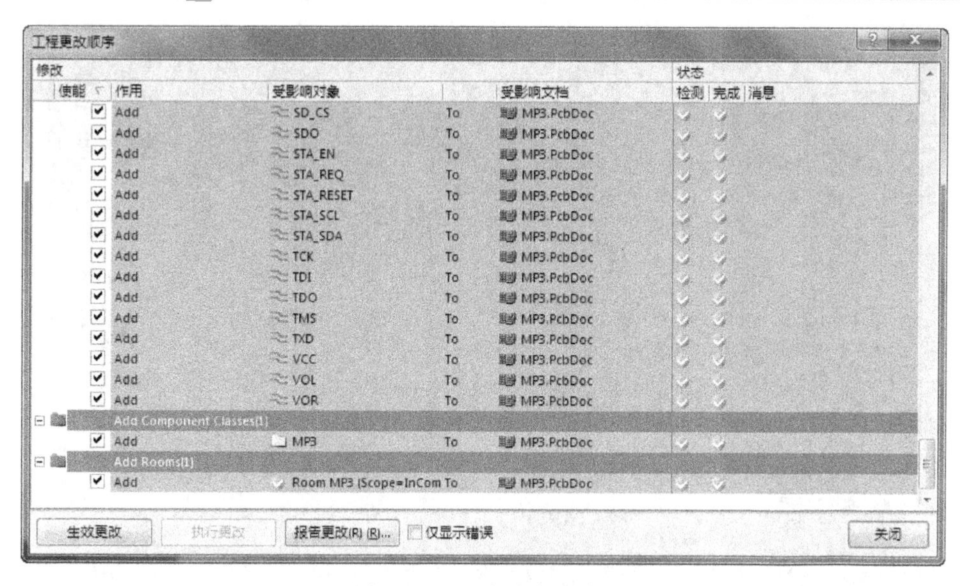

图 11-23　网络表加载完成

载入网络表和元件的引脚封装后的 PCB 编辑界面如图 11-24 所示，载入的元件引脚封装分布在 PCB 板框的右部，网络连线以预拉线的形式存在。

单击选择右方红色的元件放置空间，按【Del】键将其删除，删除元件放置空间后的 PCB 编辑界面如图 11-25 所示。

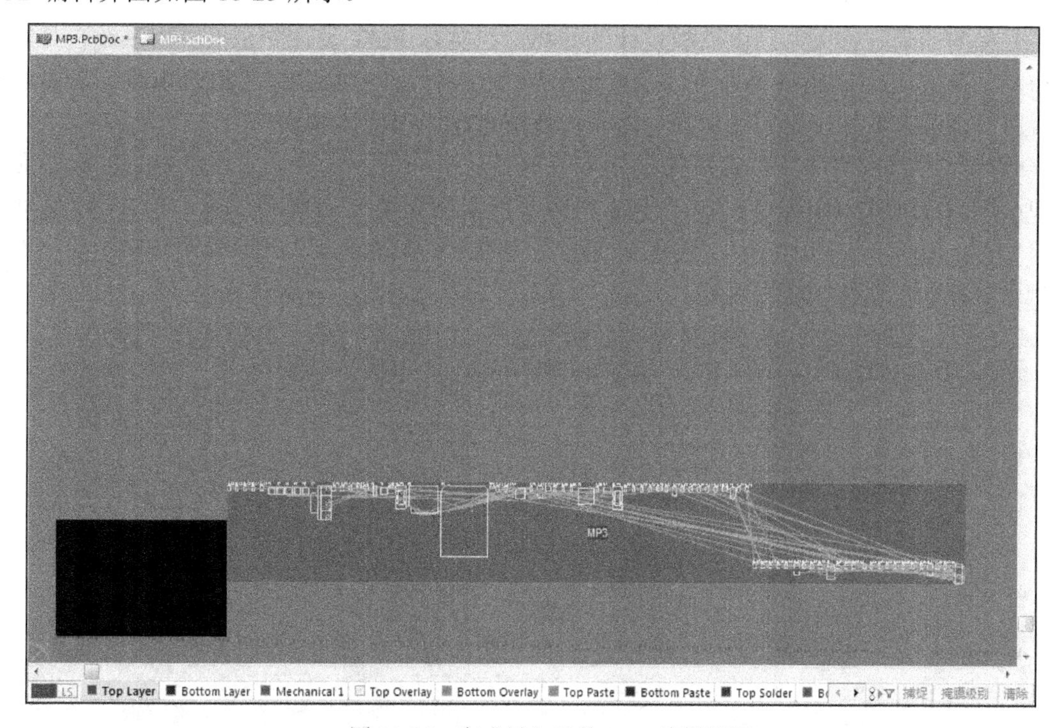

图 11-24　完成导入后的 PCB 编辑界面

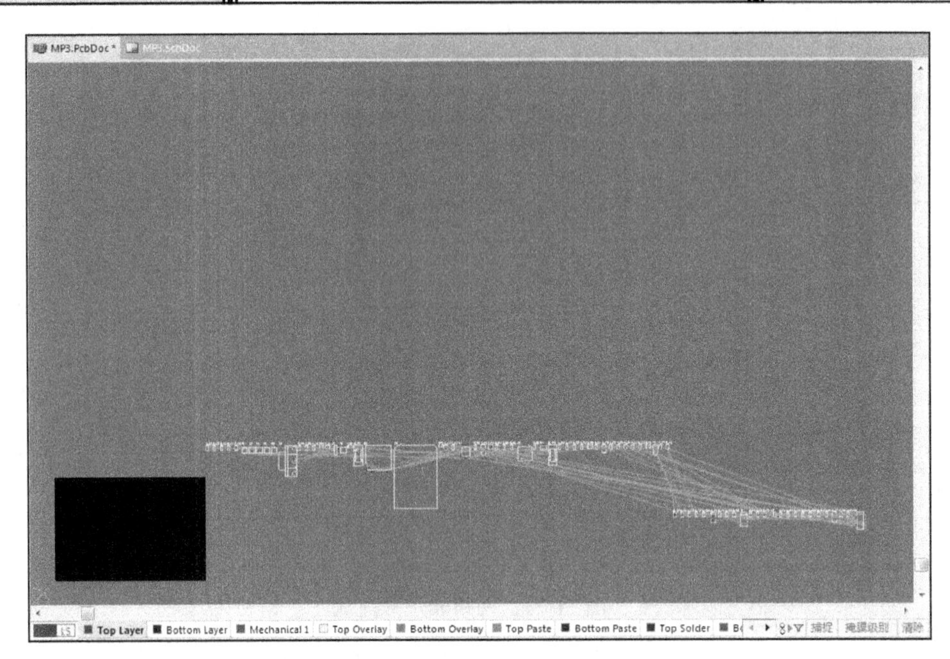

图 11-25　删除元件放置空间

11.6.3　元件的布局

元件的布局直接关系到电路板设计的好坏，在实际 PCB 设计中是很少用系统自带的元件布局工具的，MP3 播放器由于涉及的元件较多，而且含有数字模拟混合电路，若是布局不合理可能会影响输出音频的音质，尤其应该注意布局的合理性。

布局时应该按照功能将电路板划分为若干个区域，每个区域又应该以各自的核心元件为中心来放置元件。如图 11-26 所示，本例布局时应该首先放置单片机、LCD 液晶屏、USB 接口，串口等体积比较大的元件，需注意的是串口接头，SD 卡座等元件由于要与外界接触需放置在电路板的边缘位置。

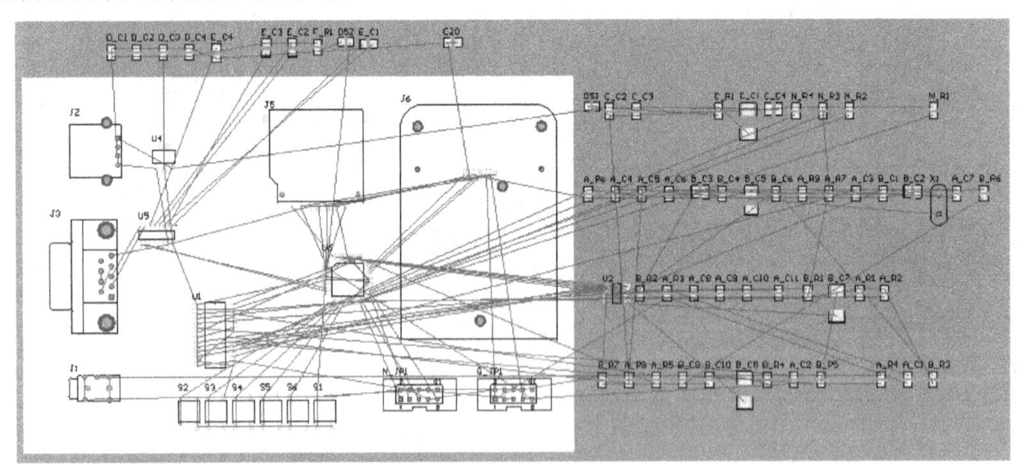

图 11-26　主要元件的布局

放置完主要的元件后紧接着以这些放置好的元件为中心放置其他体积比较小的、如电阻、电容等元件。布局完成后的电路图如图 11-27 所示，整个 PCB 的布局十分整齐美观，布局整齐并不意味着布线方便，在实际布线时还需要根据需要来调整某些元件的位置。

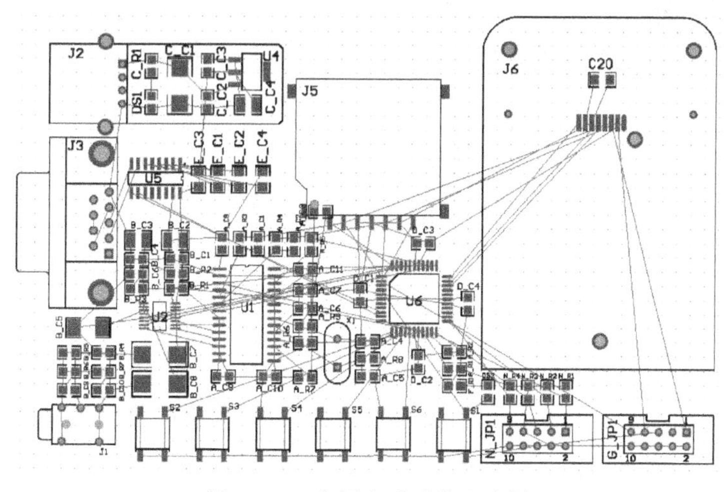

图 11-27　布局完成后的电路图

11.6.4　手动布线

接下来是 PCB 的布线，布线是电路板设计中最重要也是最耗时的工作，好的设计习惯可以提高布线的效率，如图 11-27 所示的布局完成后的电路效果图显示了所有元件的引脚，以及各类字符串信息，整个设计界面显得十分复杂，设计者布线只需看到元件的引脚即可，隐藏字符串信息可以使界面变得整洁清晰。单击编辑区域左下角的 LS 按钮并切换到【显示/隐藏（Show/Hide）】选项卡，如图 11-28 所示，将【串（String）】字符串选项设置为【隐藏（Hidden）】，设置完毕后 PCB 编辑界面的显示效果如图 11-29 所示，这样便于布线。

板层和颜色　显示/隐藏　视图选项　透明度

圆弧(A) (A)	填充(L) (L)	焊盘(P) (P)	多边形(G) (G)
◉最终的 ○草案 ○隐藏的	◉最终的 ○草案 ○隐藏的	◉最终的 ○草案 ○隐藏的	◉最终的 ○草案 ○隐藏的
尺寸(M) (M)	串(S) (S)	线(T) (T)	过孔(V) (V)
◉最终的 ○草案 ○隐藏的	○最终的 ○草案 ◉隐藏的	◉最终的 ○草案 ○隐藏的	◉最终的 ○草案 ○隐藏的
并列的(O) (O)	空间(R) (R)	区域(E) (E)	3D体(B) (B)
◉最终的 ○草案 ○隐藏的	◉最终的 ○草案 ○隐藏的	◉最终的 ○草案 ○隐藏的	◉最终的 ○草案 ○隐藏的

☑显示嵌入式板阵列(V) (V)
☑Show Design Views
所有最终结果(F)　所有草案(D) (D)　所有被隐藏的(H)　From To Settings&&&...
展示最后结果(I)　展示草案(N) (N)　Toggle Shown(W)

图 11-28　【显示/隐藏（Show/Hide）】选项卡设置

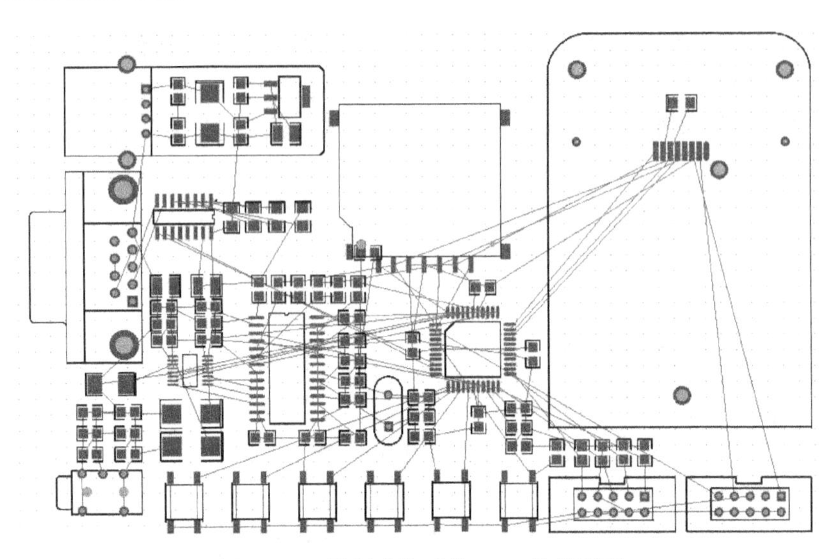

图 11-29　设置完毕后的 PCB 编辑界面

考虑到 MP3 播放器电路的复杂性，本例中全部采用手工布线，当然在设计过程中可以借助自动布线工具来寻找可能的路径作为参考。

由于是双面板设计，没有独立的电源内电层，所以需要先布设电源网络 VCC 和 GND，考虑到电源走线电流较大，电源网络的走线宽度不能低于 30mil；接下来再对其他较为重要的信号线进行布设，信号走线的宽度一般为 20mil，最低不能小于 10mil；最后再对剩下的较为次要的走线进行布设。

布线完毕后的 PCB 图如图 11-30 所示，可以看到图中还有少量的预拉线没有布线完成，仔细观察这些预拉线是属于 GND 网络的，之所以保留少量的 GND 网络的预拉线是因为最后要对电路板进行大面积的覆铜，而覆铜正是连接到 GND 网络。

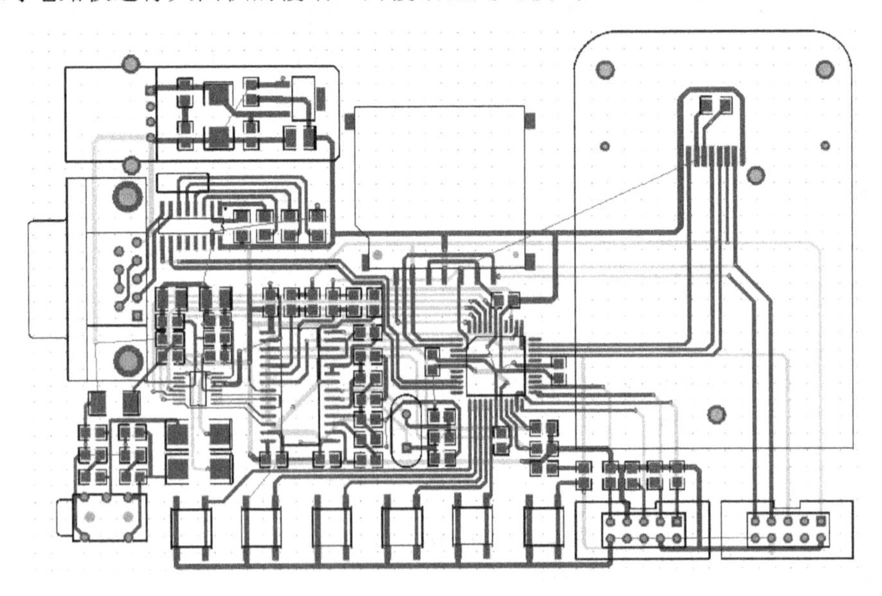

图 11-30　布线完毕的 PCB 图

11.7 PCB 设计的后续操作

布线完成后并不是意味这 PCB 设计完成，这时的 PCB 还不能拿去工厂进行制版，因为还有很多后续工作要进行。

11.7.1 添加机械固定孔

机械固定孔是为了固定 PCB，PCB 设计中没有专门的机械固定孔，通常用导孔或者焊盘来代替。在 PCB 的四个脚上各自添加一个导孔来实现机械固定孔，如图 11-31 所示，四个导孔的属性设置如图 11-32 所示，因为机械设计多采用公制，注意导孔的直径是以毫米为单位，另外机械固定孔是不能连接到任何电气网络的。

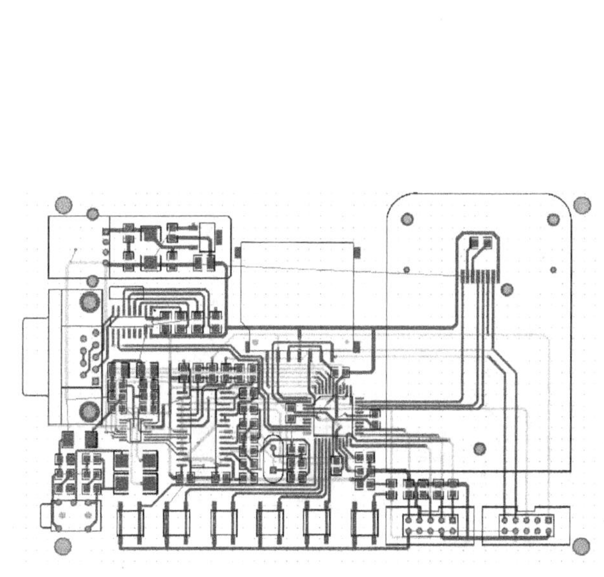

图 11-31　添加机械固定孔

图 11-32　四个导孔的属性设置

11.7.2 重新定义电路板形状

布线完毕并添加机械固定孔后此时 PCB 的尺寸形状已经可以确定，下面来重新定义电路板的形状。

- 切换到 Keep-Out Layer，用【放置（Place）】→【走线（Line）】命令绘出 PCB 四周的边框，用【放置（Place）】→【圆弧（Arc）】命令绘出板框的四个圆弧角，需注意绘制的 PCB 的边框必须是全封闭的，如图 11-33 所示。
- 用鼠标框选整个 PCB 区域，使板框内（包括 Keep-Out Layer 中的边界线）处于选中状态。
- 执行菜单命令【设计（Design）】→【板子形状（Board Shape）】→【按照选择对象定义（Define from selected objects）】，则系统会根据绘制的板框边界线计算 PCB 的形状，执行完毕后的电路板如图 11-34 所示。

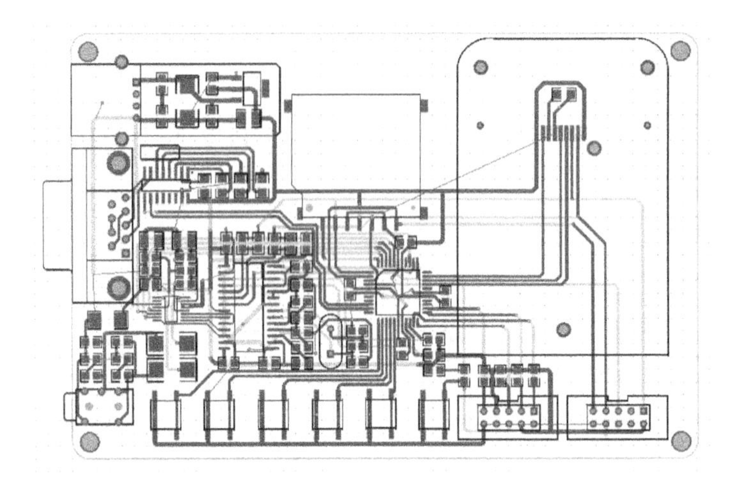

图 11-33　Keep-Out Layer 画出板框范围

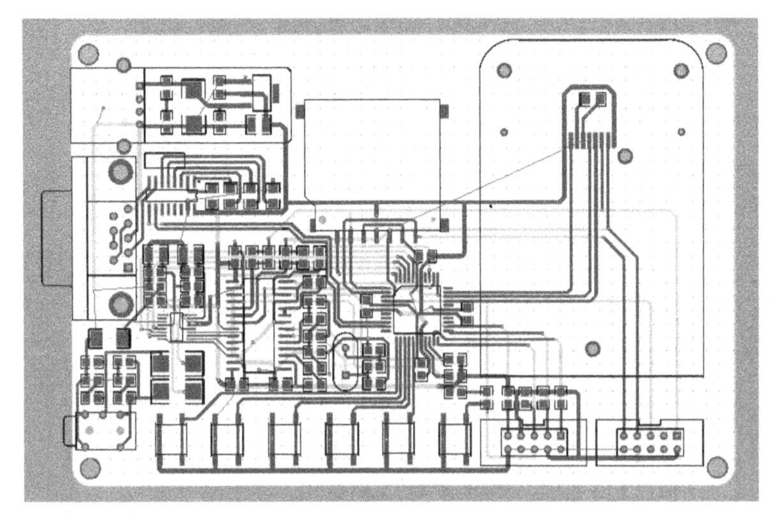

图 11-34　执行完毕后的 PCB

11.7.3　大面积覆铜

覆铜将分别在 PCB 的顶层和底层进行，为了减小地平面的分布阻抗，通常会在需要较大面积覆铜的地方放置一些导孔，将 PCB 顶层的覆铜和底层的覆铜连接起来，如图 11-35 所示的方框内所示。导孔的属性编辑如图 11-36 所示，需注意的是，导孔必须连接到 GND 网络，即【网络（Net）】属性设置为 GND。

接下来进行实际覆铜，切换到顶层后执行【放置（Place）】→【多边形敷铜（Polygon Place）】命令，弹出如图 11-37 所示的【覆铜属性设置】对话框，在此选择实心式覆铜，并将覆铜连接到 GND 网络，由于在上面的布线过程中有少量的 GND 网络布线未完成，所以还要选择【Pour Over Same Net Polygon Only】选项。确定后用鼠标沿着板框边界绘制铺铜的范围，系统会自动计算覆铜面积的大小。

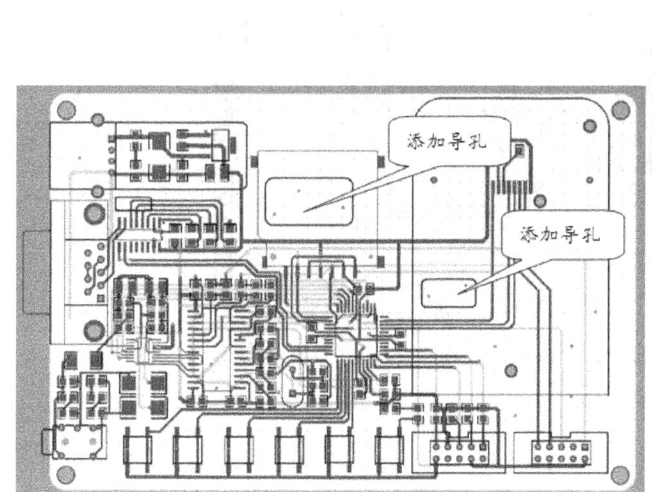

图 11-35　连接顶层和底层的导孔

图 11-36　导孔的属性编辑

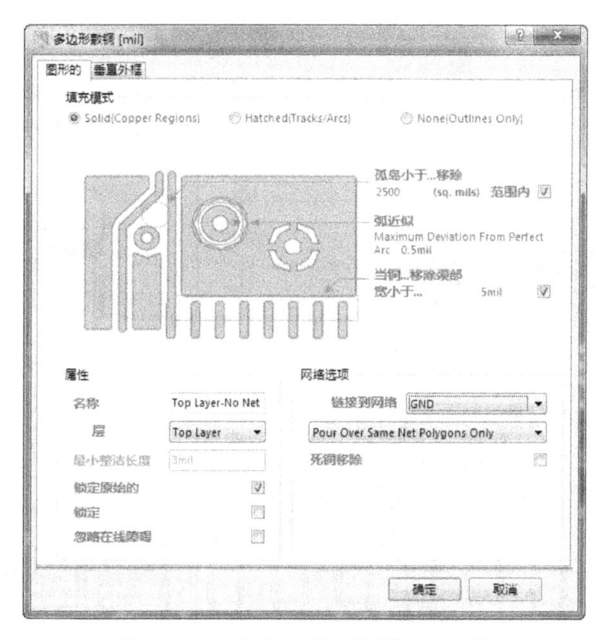

图 11-37　【覆铜属性设置】对话框

至此，就完成了 PCB 顶层的覆铜，按照同样的方法对 PCB 底层进行覆铜，覆铜完成后的效果图如图 11-38 所示。

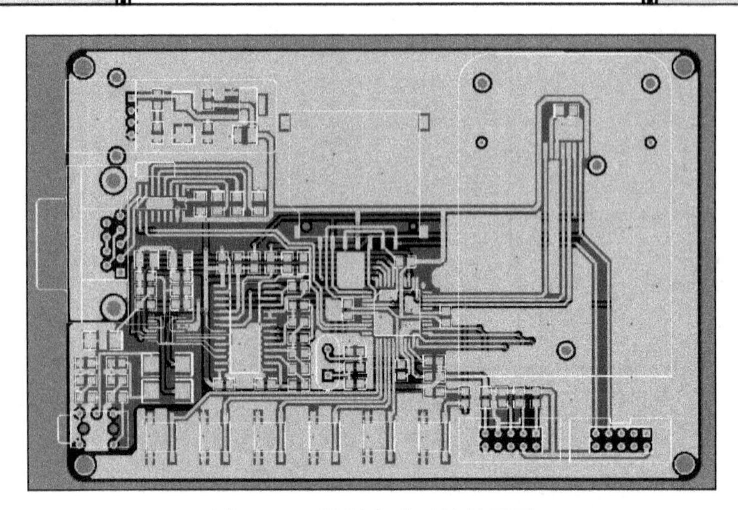

图 11-38　覆铜完成后的效果图

11.7.4　字符串信息的整理

在前面的设计过程中为了更方便的观察元件之间的电气关系已经将字符串信息隐藏，但是在 PCB 制作过程中这些信息又是必不可少的，字符串信息必须准确而且美观。字符串整理完毕后的 PCB 如图 11-39 所示，为了保密，可以将元件的值隐藏。

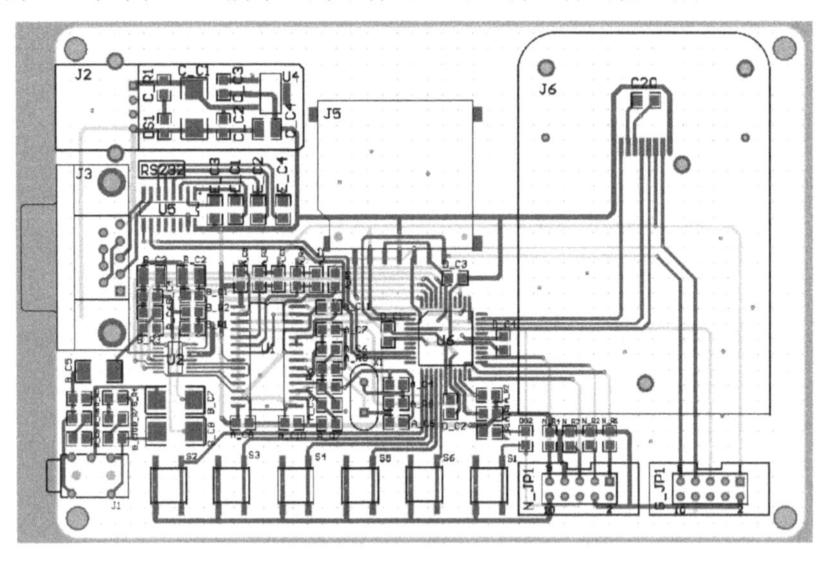

图 11-39　字符串排列效果图

接下来还要在 PCB 上绘制一些提示信息，如各部分电路的功能介绍、按键的功能介绍等，这些都要在丝印层上绘制，绘制完毕后再将覆铜等隐藏的信息显示出来。PCB 的最终显示效果如图 11-40 所示。

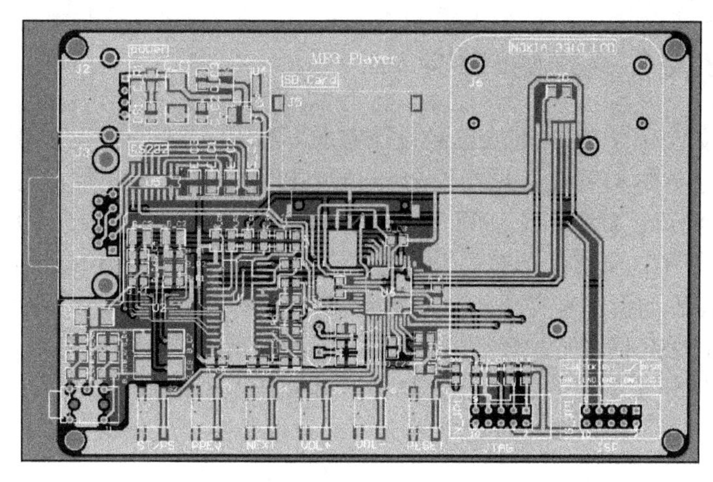

图 11-40　PCB 的最终显示效果

11.7.5　DRC 检查

PCB 设计完毕后还需进行 DRC 检查，以验证是否有违反设计规则的情况发生。执行菜单命令【工具（Tools）】→【设计规则检查（Design Rule Check）】，在弹出的对话框中单击【运行 DRC（Run Design Rule Check）】按钮进行 DRC 校验。

检验的结果如图 11-41 所示，发现有 6 个“Hole Size Constraint”违反规则的情况发生。单击错误连接查看错误的具体信息，如图 11-42 所示，发现孔径大小错误是由于 PCB 上的四个机械固定孔和串口插座的两个固定孔引起的，并不是实际的错误，所以无需理会。

Warnings	Count
Total	0

Rule Violations	Count
Hole Size Constraint (Min=1mil) (Max=100mil) (All)	6
Height Constraint (Min=0mil) (Max=1000mil) (Prefered=500mil) (All)	0
Width Constraint (Min=10mil) (Max=30mil) (Preferred=10mil) (All)	0
Power Plane Connect Rule(Relief Connect)(Expansion=20mil) (Conductor Width=10mil) (Air Gap=10mil) (Entries=4) (All)	0
Clearance Constraint (Gap=10mil) (InNet('GND')),(All)	0
Un-Routed Net Constraint ((All))	0
Short-Circuit Constraint (Allowed=No) (All),(All)	0
Total	6

图 11-41　DRC 检查结果

Hole Size Constraint (Min=1mil) (Max=100mil) (All)
Hole Size Constraint (118.11mil > 100mil) : Via (1781.016mil,3628.929mil) Top Layer to Bottom Layer
Hole Size Constraint (118.11mil > 100mil) : Via (1781.016mil,2643.929mil) Top Layer to Bottom Layer
Hole Size Constraint (137.795mil > 100mil) : Via (1540mil,4500mil) Top Layer to Bottom Layer
Hole Size Constraint (137.795mil > 100mil) : Via (1541mil,1433mil) Top Layer to Bottom Layer
Hole Size Constraint (137.795mil > 100mil) : Via (6277mil,4501mil) Top Layer to Bottom Layer
Hole Size Constraint (137.795mil > 100mil) : Via (6280mil,1434mil) Top Layer to Bottom Layer
Back to top

图 11-42　“Hole Size Constraint”详细信息

11.7.6 PCB 文件格式的转化

经过 DRC 校验后的 PCB 其实已经设计完成，可以去工厂生产了，但是在国内很多小型的制板厂家进行 PCB 打样往往只接收 Protel 99SE 格式的 PCB 文件，这就需要 PCB 文件格式的转化。在 Altium Designer 中可以直接将 PCB 文件另存为 Protel 99SE 格式，但是这样直接保存会导致 PCB 覆铜信息的丢失，这是因为 Protel 99SE 并不支持实心覆铜的格式，实心覆铜需要以特殊的形式来实现，当 Altium Designer 设计的 PCB 文件含中含有实心覆铜，转换为 Protel 99SE 格式时就会产生错误，所示转换前还需重新设置文件中覆铜的属性。

双击覆铜，打开【覆铜的属性设置】对话框，按照如图 11-43 所示的设置重新设置覆铜的属性。不同的是在该属性设置中填充模式已经由实心覆铜改为了网状覆铜，只不过网状覆铜的网格大小设置为 0。单击【确定】按钮后在弹出的对话框中确定重新覆铜如图 11-44 所示，并执行菜单命令【文件（File)】→【保存为（Save Copy as)】，在弹出的文件对话框中选择存储文件的格式，Altium Designer 提供了多种 PCB 文件的格式，如图 11-45 所示，选中“PCB 4.0 Binary File”类型并保存，这是保存的 Protel 99SE 格式的 PCB 文件。

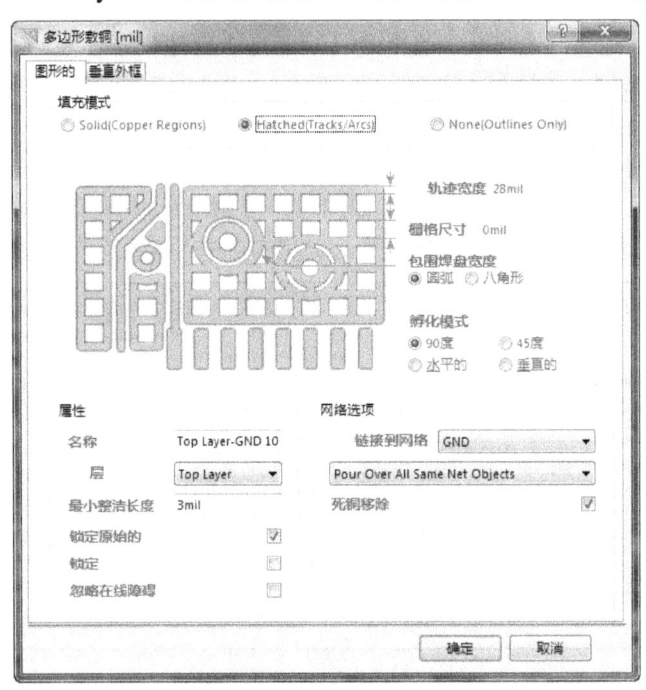

图 11-43　覆铜属性的更改

图 11-44　重新覆铜

11.7.7　PDF 文档输出

PCB Binary Files (*.PcbDoc)
PCB 3.0 Binary File (*.pcb)
PCB 4.0 Binary File (*.pcb)
PCB 5.0 Binary File (*.PcbDoc)
PCB ASCII File (*.PcbDoc)
Export Protel Netlist (*.net)
Export AutoCAD Files (*.dwg;*.dxf)
Export HyperLynx (*.hyp)
Export P-CAD ASCII (*.pcb)
Export Protel PCB 2.8 ASCII (*.pcb)
Export Specctra Design File (*.dsn)
Export IDF Board Files (*.brd;*.bdf;*.idb;*.emn)
Export STEP (*.step; *.stp)
Export SiSoft Files (*.csv)
Export Ansoft Neutral File (*.anf)

图 11-45　PCB 存储文件格式选择

可以将电路图打印成 PDF 格式后用于交流。执行菜单命令【文件（File）】→【智能 PDF（Smart PDF)】启动智能 PDF 生成器。启动界面如图 11-46 所示，单击【Next】按钮选择打印的范围及输出的路径，如图 11-47 所示，选择打印整个 MP3 工程；在如图 11-48 所示的界面中选择所需打印的文档，选择原理图和 PCB 文档均打印；在如图 11-49 所示的界面中进行打印元件清单的设置；在如图 11-50 所示的界面中进行打印层面的设置，默认打印所有层面；如图 11-51 所示是添加打印参数的设置；而如图 11-52 所示则是 PDF 文件打印结构的设置；PDF 设置的最终界面如图 11-53 所示，选择生成 PDF 文档后直接打开。

图 11-46　【Smart PDF】启动界面

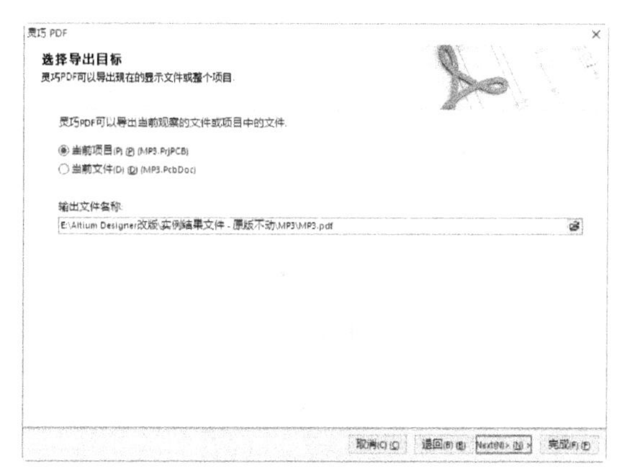

图 11-47　打印范围选择

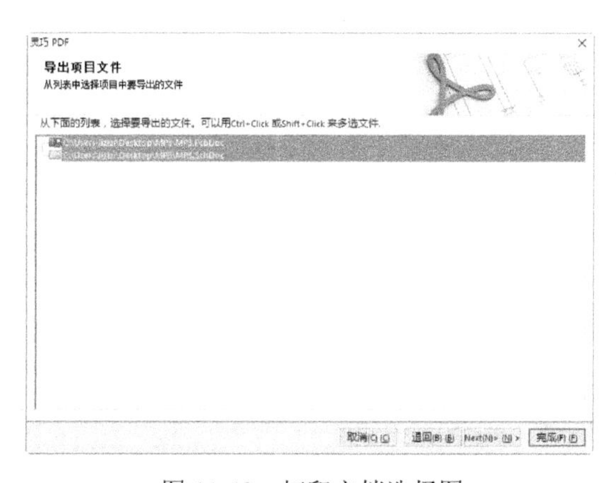

图 11-48　打印文档选择图

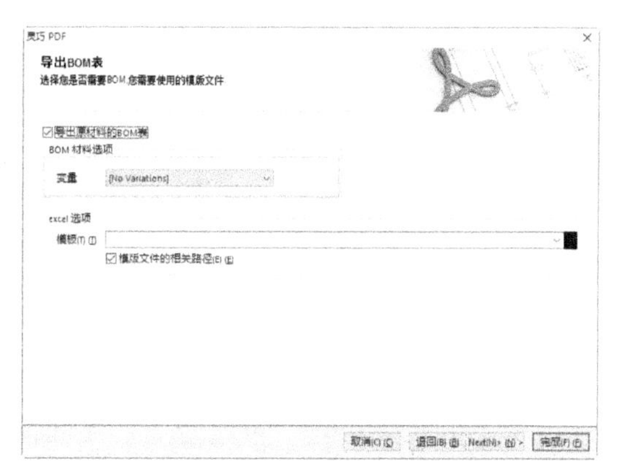

图 11-49　打印清单选择

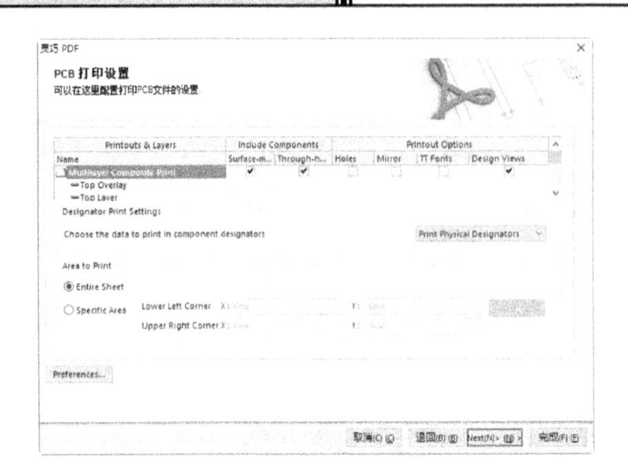

图 11-50　打印属性设置

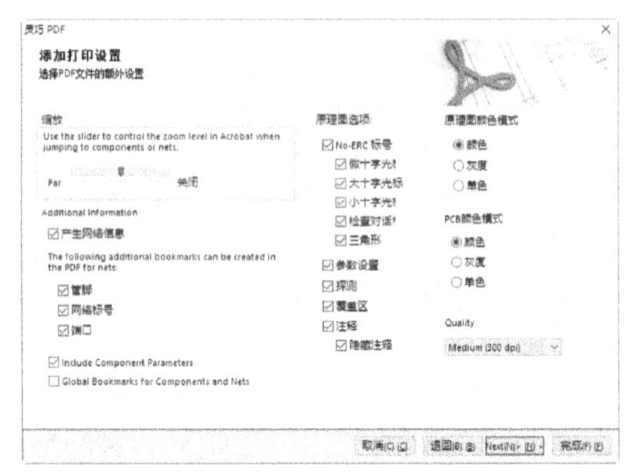

图 11-51　PDF 添加打印设置

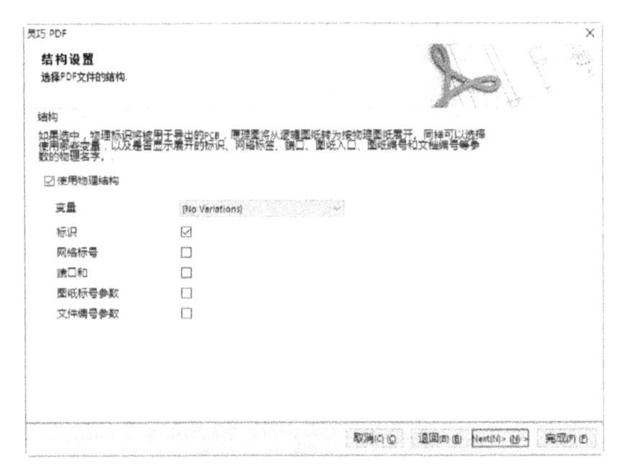

图 11-52　打印结构的设置

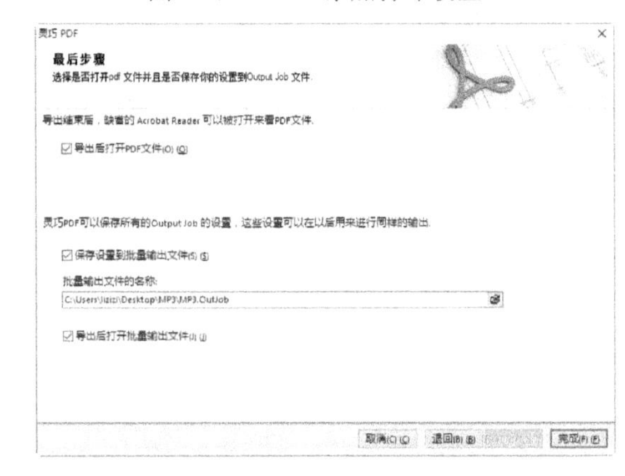

图 11-53　PDF 打印设置完毕

反侵权盗版声明

举报电话：（010）88254396；（010）88258888

传　　真：（010）88254397

E-mail：　dbqq@phei.com.cn

通信地址：北京市万寿路 173 信箱

电子工业出版社总编办公室

邮　　编：100036